普通高等教育"十一五"国家级规划教材

移动通信

(第五版)

李建东　郭梯云　邬国扬　编著

西安电子科技大学出版社

内 容 简 介

本书系统地阐述了现代移动通信的基本原理、基本技术和当前广泛应用的典型移动通信系统，较充分地反映了当代移动通信发展的最新技术。

全书共10章：概论、调制解调、移动信道的传播特性、抗衰落技术、组网技术、频分多址(FDMA)模拟蜂窝网、时分多址(TDMA)数字蜂窝网、码分多址(CDMA)移动通信系统(一)、码分多址(CDMA)移动通信系统(二)、移动通信的展望。每章均附有思考题与习题。

本书可作为高等学校工科通信专业和有关专业的高年级本科生教材，也可供通信工程技术人员和科研人员用作参考书。

图书在版编目(CIP)数据

移动通信/李建东，郭梯云，邬国扬编著．—5版．西安：西安电子科技大学出版社，2021.10(2022.9重印)
ISBN 978-7-5606-5904-6

Ⅰ．①移…　Ⅱ．①李…　②郭…　③邬…　Ⅲ．①移动通信—高等学校—教材　Ⅳ．①TN929.5

中国版本图书馆CIP数据核字(2021)第194135号

责任编辑　张　倩　黄薇谚
出版发行　西安电子科技大学出版社(西安市太白南路2号)
电　　话　(029)88202421　88201467　　邮　　编　710071
网　　址　www.xduph.com　　电子邮箱　xdupfxb001@163.com
经　　销　新华书店
印刷单位　陕西日报社
版　　次　2021年10月第5版　2022年9月第2次印刷
开　　本　787毫米×1092毫米　1/16　印张26.5
字　　数　631千字
印　　数　3001～7000册
定　　价　60.00元
ISBN 978-7-5606-5904-6/TN

XDUP 6206005-2

＊＊＊如有印装问题可调换＊＊＊

前　言

自第四版修订以来，移动通信系统经历了从第三代到第四代和第五代的发展，为了能够反映这些进展，本次修订主要是修订了第10章的内容，增加了万物互联的概念，第三代、第四代和第五代移动通信标准的进展，改进的多载波调制技术，多点协同处理技术，新型多址技术，异构无线网络技术，移动网络的自组织技术等内容。

本书的两位作者郭梯云先生和邬国扬先生已经离开我们，以本次修订来缅怀两位先生，愿两位先生在天堂一切安好！

编　者

于西安电子科技大学

2020年8月

第四版前言

本次修订在内容上与第三版的内容基本相同，主要增加了部分基础性的内容和专用名词的解释，以便于教学；修正了第三版中的错误；增加了常用英文缩写的中英文对照，以便读者更好地了解教材的内容。教学安排与第三版相同。

在本书的修订过程中，作者仍按照第二版中的分工负责修订。郭梯云对全书进行了审校，李建东负责全书的统稿。

本书的修订得到了“高等学校优秀青年教师教学科研奖励计划”“国家自然科学基金重大项目(60496316)”以及西安电子科技大学综合业务网理论和关键技术国家重点实验室的资助，在此表示感谢。同时也感谢西安电子科技大学通信工程学院同仁的支持。

由于编者水平有限，书中难免有错误和不妥之处，欢迎读者来信指正(jdli@mail.xidian.edu.cn)。

编　者
于西安电子科技大学
2006年6月

目　　录

第1章　概　　论

随着社会的发展，人们对通信的需求日益迫切，对通信的要求也越来越高。理想的目标是在任何时候、在任何地方、与任何人都能及时沟通联系、交流信息。显然，没有移动通信，这种愿望是无法实现的。

顾名思义，移动通信是指通信双方至少有一方在移动中(或者临时停留在某一非预定的位置上)进行信息传输和交换，这包括移动体(车辆、船舶、飞机或行人)和移动体之间的通信，移动体和固定点(固定无线电台或有线用户)之间的通信。

1.1　移动通信的主要特点

早在1897年，马可尼在陆地和一只拖船之间，用无线电进行了消息传输，这是移动通信的开端。至今，移动通信已有100多年的历史。近20年来，移动通信的发展极为迅速，已广泛应用于国民经济的各个部门和人民生活的各个领域之中。

1. 移动通信必须利用无线电波进行信息传输

这种传播媒质允许通信中的用户可以在一定范围内自由活动，其位置不受束缚，不过无线电波的传播特性一般都很差。首先，移动通信的运行环境十分复杂，电波不仅会随着传播距离的增加而发生弥散损耗，并且会受到地形、地物的遮蔽而发生“阴影效应”，而且信号经过多点反射，会从多条路径到达接收地点，这种多径信号的幅度、相位和到达时间都不一样，它们相互叠加会产生电平衰落和时延扩展；其次，移动通信常常在快速移动中进行，这不仅会引起多普勒(Doppler)频移，产生随机调频，而且会使得电波传播特性发生快速的随机起伏，严重影响通信质量。因此，移动通信系统必须根据移动信道的特征，进行合理的设计。

2. 移动通信是在复杂的干扰环境中运行的

除去一些常见的外部干扰，如天电干扰、工业干扰和信道噪声外，系统本身和不同系统之间，还会产生这样或那样的干扰。因为在移动通信系统中，常常有多部用户电台在同一地区工作，基站还会有多部收发信机在同一地点上工作，这些电台之间会产生干扰。随着移动通信网所采用的制式不同，所产生的干扰也会有所不同(有的干扰在某一制式中容易产生，而在另一制式中不会发生)。归纳起来说，这些干扰有邻道干扰、互调干扰、共道干扰、多址干扰，以及近地无用强信号压制远地有用弱信号的现象(称为远近效应)，等等。因此，在移动通信系统中，如何对抗和减少这些有害干扰的影响是至关重要的。

3. 移动通信可以利用的频谱资源非常有限，而移动通信业务量的需求却与日俱增

如何提高通信系统的通信容量，始终是移动通信发展中的焦点。为了解决这一矛盾，一方面要开辟和启用新的频段；另一方面要研究各种新技术和新措施，以压缩信号所占的频带宽度和提高频谱利用率。可以说，移动通信无论是从模拟向数字过渡，还是再向新一代发展，都离不开这些新技术和新措施的支撑。此外，有限频谱的合理分配和严格管理是有效利用频谱资源的前提，这是国际上和各国频谱管理机构及组织的重要职责。

4. 移动通信系统的网络结构多种多样，网络管理和控制必须有效

根据通信地区的不同需要，移动通信网络可以组成带状(如铁路公路沿线)、面状(如覆盖一城市或地区)或立体状(如地面通信设施与中、低轨道卫星通信网络的综合系统)等，可以单网运行，也可以多网并行并实现互连互通。为此，移动通信网络必须具备很强的管理和控制功能，诸如用户的登记和定位，通信(呼叫)链路的建立和拆除，信道的分配和管理，通信的计费、鉴权、安全和保密管理以及用户过境切换和漫游的控制等。

5. 移动通信设备(主要是移动台)必须适于在移动环境中使用

对手机的主要要求是体积小、重量轻、省电、操作简单和携带方便。车载台和机载台除要求操作简单和维修方便外，还应保证在震动、冲击、高低温变化等恶劣环境中正常工作。

1.2 移动通信系统的分类

移动通信有以下多种分类方法：

① 按使用对象可分为民用设备和军用设备；

② 按使用环境可分为陆地通信、海上通信和空中通信；

③ 按多址方式可分为频分多址(FDMA)、时分多址(TDMA)和码分多址(CDMA)；

④ 按覆盖范围可分为广域网和局域网；

⑤ 按业务类型可分为电话网、数据网和多媒体网；

⑥ 按工作方式可分为同频单工、异频单工、异频双工和半双工；

⑦ 按服务范围可分为专用网和公用网；

⑧ 按信号形式可分为模拟网和数字网。

本节只简要地说明通信系统分类的几个主要问题。

1.2.1 工作方式

无线通信的传输方式分单向传输(广播式)和双向传输(应答式)。单向传输只用于无线电寻呼系统。双向传输有单工、双工和半双工三种工作方式。

1. 单工通信

所谓单工通信，是指通信双方电台交替地进行收信和发信。根据收、发频率的异同，又可分为同频单工和异频单工。单工通信常用于点到点通信，参见图 1－1。

同频单工是指通信双方(如图 1－1 中的电台甲和电台乙)使用相同的频率 f_1 工作，发送时不接收，接收时不发送。平常各接收机均处于守候状态，即把天线接至接收机等候被呼。当电台甲要发话时，它就按下其送受话器的按讲开关(PTT)，一方面关掉接收机，另一方面将天线接至发射机的输出端，接通发射机开始工作。当确知电台乙接收到载频为 f_1 的信号时，即可进行信息传输。同样，电台乙向电台甲传输信息也使用载频 f_1。同频单工工作方式的收发信机是轮流工作的，故收发天线可以共用，收发信机中的某些电路也可共用，因而电台设备简单、省电，且只占用一个频点。但是，这样的工作方式只允许一方发送时另一方进行接收，例如，在甲方发送期间，乙方只能接收而无法应答，这时即使乙方启动其发射机也无法通知甲方使其停止发送。此外，任何一方当发话完毕时，必须立即松开其按讲开关，否则将收不到对方发来的信号。

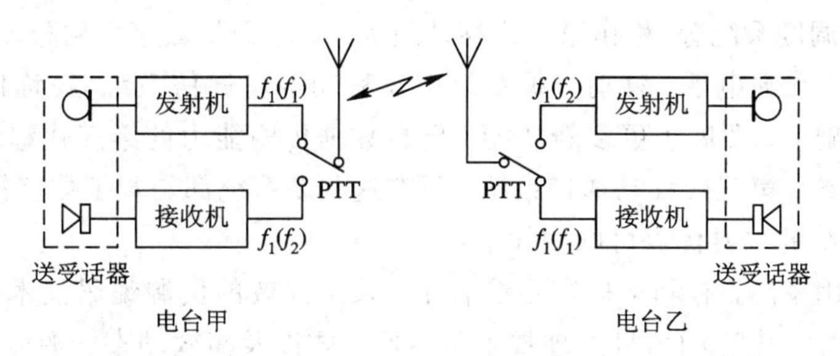

图 1-1 单工通信

异频单工通信方式是指收发信机使用两个不同的频率分别进行发送和接收。例如，电台甲的发射频率及电台乙的接收频率为 f_1，电台乙的发射频率及电台甲的接收频率为 f_2。不过，同一部电台的发射机与接收机还是轮换进行工作的，这一点它与同频单工是相同的。异频单工与同频单工的差异仅仅是收发频率的异同而已。

2. 双工通信

所谓双工通信，是指通信双方可同时进行传输消息的工作方式，有时亦称全双工通信，如图 1-2 所示。图中，基站的发射机和接收机分别使用一副天线，而移动台通过双工器共用一副天线。双工通信一般使用一对频道，以实施频分双工(FDD)工作方式。这种工作方式使用方便，同普通有线电话相似，接收和发射可同时进行。但是，在电台的运行过程中，不管是否发话，发射机总是工作的，故电源消耗较大，这一点对用电池作电源的移动台而言是不利的。

为缓解这个问题和减少对系统频带的要求，可在通信设备中采用同步的半双工通信方式，即时分双工(TDD)。此时，时间轴被周期地分割成时间帧，每一帧分为两部分，前半部分用于电台 A(或移动台 A)发送，后半部分用于电台 B(或基站)发送，这样就可以实现电台 A 和 B(移动台与基站)的双向通信。

3. 半双工通信

半双工通信的组成与图 1-2 相似，移动台采用单工的“按讲”方式，即按下按讲开关，发射机才工作，而接收机总是工作的。基站工作情况与双工方式完全相同。

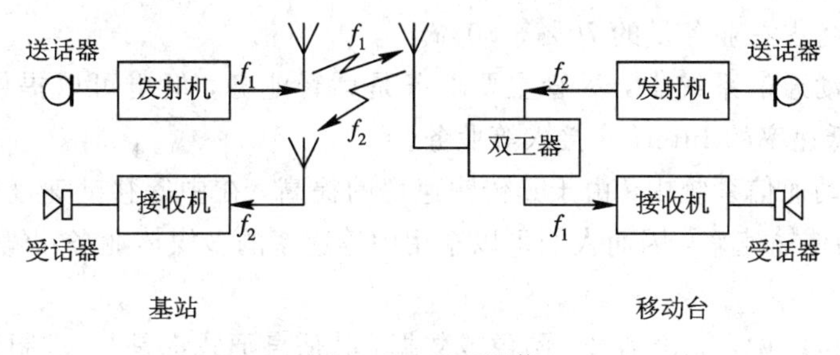

图 1-2 双工通信

1.2.2 模拟网和数字网

通信系统和网络经过数字化的进程后，目前主要的通信系统和网络都是数字化的系统和网络，移动通信也是如此。通常，人们把模拟移动通信系统(包括模拟蜂窝网、模拟无绳电话与模拟集群调度系统等)称作第一代移动通信系统，而把数字化的移动通信系统(包括数字蜂窝网、数字无绳电话、移动数据系统以及移动卫星通信系统等)称作第二代移动通信系统。在此基础上，发展了更多新功能、更高数据传输能力的第三代移动通信系统、第四代移动通信系统、第五代移动通信系统。所有这些新系统都是基于数字技术的。

数字通信系统的主要优点可归纳如下：

(1) 频谱利用率高，有利于提高系统容量。采用高效的信源编码技术、高频谱效率的数字调制解调技术、先进的信号处理技术和多址方式以及高效动态资源分配技术等，可以在不增加系统带宽的条件下增多系统同时通信的用户数。

(2) 能提供多种业务服务，提高通信系统的通用性。数字系统传输的是“1”、“0”形式的数字信号。话音、图像、音乐或数据等数字信息在传输和交换设备中的表现形式都是相同的，信号的处理和控制方法也是相似的，因而用同一设备来传送任何类型的数字信息都是可能的。利用单一通信网络来提供综合业务服务正是未来通信系统的发展方向。

(3) 抗噪声、抗干扰和抗多径衰落的能力强。这些优点有利于提高信息传输的可靠性，或者说保证通信质量。采用纠错编码、交织编码、自适应均衡、分集接收以及扩跳频技术等，可以控制由任何干扰和不良环境产生的损害，使传输差错率低于规定的阈值。

(4) 能实现更有效、灵活的网络管理和控制。数字系统可以设置专门的控制信道用来传输信令信息，也可以把控制指令插入业务信道的比特流中以控制信息的传输，因而便于实现多种可靠的控制功能。此外，数字系统的移动台、基站及移动交换中心等设备均能在传输过程中检测有关的信号特性(如信号强度)和传输质量(如差错率)，并在相互通信中彼此施加控制，从而使整个通信系统形成一个有机的整体，协调地实施网络的管理和控制。

(5) 便于实现通信的安全保密。

(6) 可降低设备成本以及减小用户手机的体积和重量。

本书前半部分的内容是带共性的章节，后半部分主要介绍数字通信系统。

1.2.3 通信业务

移动通信的传统业务是电话通信。最近10多年来，随着计算机的迅速发展和人们信息交往的日益频繁与多样化，对数据传输的需求也与日俱增。据估计，未来移动通信中的多媒体业务数据量将占总业务量的70%～80%。

在第二代移动通信系统中，尽管主要业务是话音业务，但也可以提供丰富的数据业务，如短消息、低速率的Internet接入等业务。

在第三代移动通信系统中，由于其传输速率的提高，在中等移动速度的情况下，可以达到384 kb/s的传输速率，因而人们可以享用中等速率的多媒体业务，包括话音、图像和数据等。

在数字通信网络中，无论话音、图像或数据，其信息形式都是“二进制数字”，但是，传输不同类型的业务通常有不同的要求。例如，话音业务对传输时延比较敏感，时延超过

100 ms，收听者就会有不舒服的感觉；而在数据网络中，虽然也不希望有时延，但一般时延是数据用户可以接受的。另外，每次通话过程所占用的时间较长，长度也比较均匀(约3分钟到10分钟)，因而几秒钟的通信建立时间对通话者来说，并没有明显的影响。与此不同，每次数据服务期间所传输的信息量可能在很大的范围内变化，小到只有几个字节的电子邮件，大到上兆字节的文件，而平均来看，包含在一次数据通信期间的信息容量比起一次通话期间的数字化话音(可达上兆字节)来说是甚小的。数据通信这种平均通信时间甚短和所传信息量不确定的特征，使得数据业务服务不允许存在长的建立时间。此外，分组话音可允许分组丢失率达到1%(或比特差错率达到相同的数量级)而不会明显地降低业务质量；对于不编码的数据传输而言，可以允许10^{-6}的差错率。但是数据分组的任何丢失总是不可接受的，因而在数据传输时，通常要采用强有力的纠错编码，必要时还要用检错重传技术，以保证数据传输的可靠性。

任何工业的发展都与产生它的背景相适应，移动通信的发展也不例外，它既受技术发展的驱动，也受市场需求的驱动。若干年来，移动通信基本上围绕着两种主干网络在发展，这就是基于话音业务的通信网络和基于分组数据传输的通信网络。根据运行环境和市场需求的不同，前者又分为以蜂窝网为代表的高功率宽(广)域网和以无绳电话网为代表的低功率局域网；后者又可分为宽带LAN之类的高速局域网和移动数据网之类的低速宽(广)域网。图1-3是移动通信网络分类的示意图。

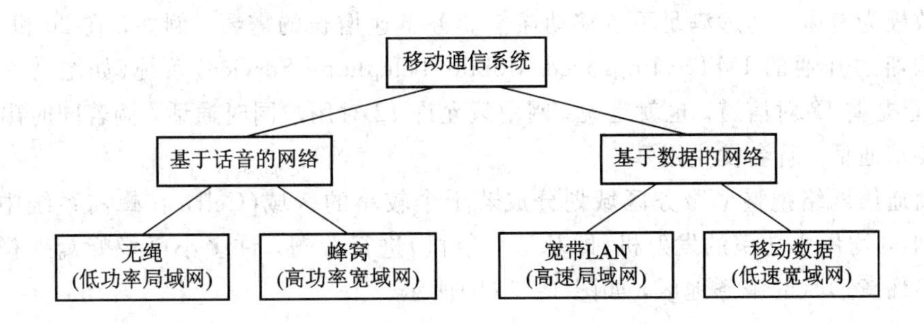

图1-3　移动通信网络的分类

1.3　常用移动通信系统

随着移动通信应用范围的扩大，移动通信系统的类型也越来越多。下面将分别简述几种典型的移动通信系统。

1.3.1　无线电寻呼系统

无线电寻呼系统是一种单向通信系统。无线电寻呼系统的用户设备是袖珍式接收机，称作袖珍铃，俗称“BB机”，这是由于它的振铃声近似于“B…B…”声音之故。

图1-4显示出了无线电寻呼系统的组成。其中，寻呼控制中心与市话网相连，市话用户要呼叫某一“袖珍铃”用户时，可拨寻呼中心的专用号码，寻呼中心的话务员记录所要寻找的用户号码及要代传的消息，并自动地在无线信道上发出呼叫；这时，被呼用户的袖珍式接收机会发出呼叫声，并能在液晶屏上显示主呼用户的电话号码及简要消息。如有必

要，袖珍铃用户可利用邻近市话电话机与主呼用户通话。无线电寻呼系统虽然是单向的传输系统，通话双方不能直接利用它对话，但由于袖珍接收机小巧玲珑、价格低廉、携带方便，因而受到用户欢迎，20 世纪 90 年代在国内外发展极为迅速。

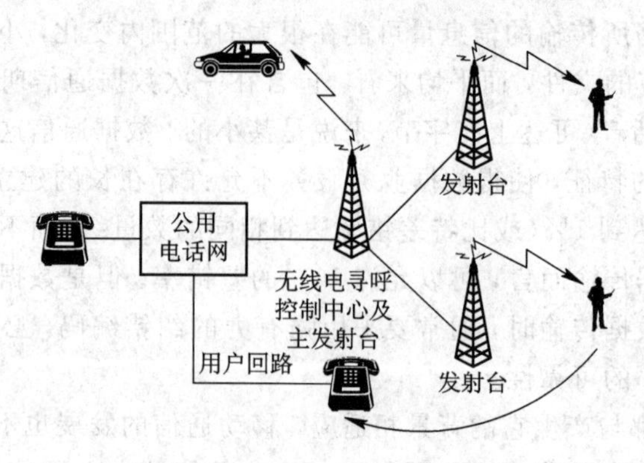

图 1-4　无线电寻呼系统示意图

1.3.2　蜂窝移动通信系统

早期的移动通信系统在其覆盖区域中心设置大功率的发射机，采用高架天线把信号发送到整个覆盖地区(半径可达几十千米)。这种系统的主要矛盾是它同时能提供给用户使用的信道数极为有限，远远满足不了移动通信业务迅速增长的需要。例如，在 20 世纪 70 年代于美国纽约开通的 IMTS(Improved Mobile Telephone Service)系统(如图 1-5(a)所示)，仅能提供 12 对信道。也就是说，网中只允许 12 对用户同时通话，倘若同时出现第 13 对用户要求通话，就会发生阻塞。

蜂窝通信网络把整个服务区域划分成若干个较小的区域(Cell，在蜂窝系统中称为**小区**)，各小区均用小功率的发射机(即基站发射机)进行覆盖，许多小区像蜂窝一样能布满(即覆盖)任意形状的服务地区，如图 1-5(b)所示。

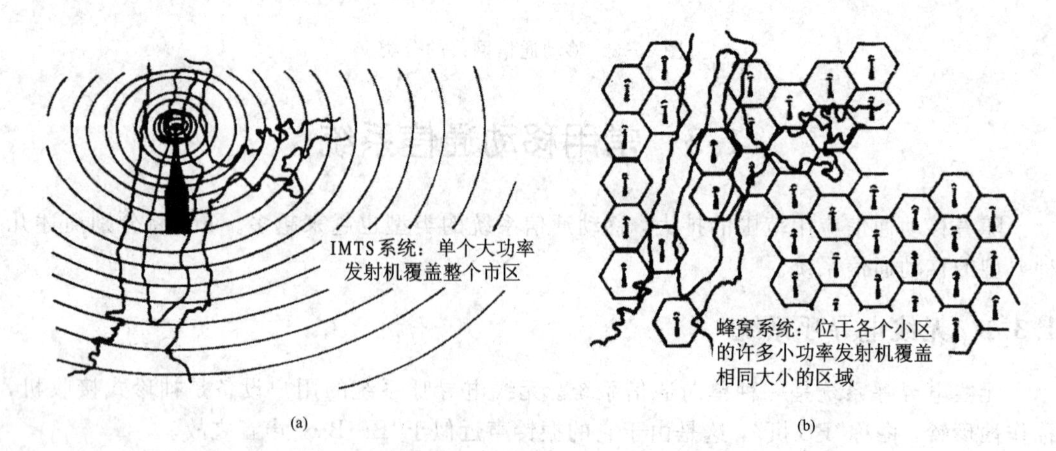

图 1-5　大区覆盖与小区覆盖

(a) 大区覆盖；(b) 小区覆盖

通常，相邻小区不允许使用相同的频道，否则会发生相互干扰(称同道干扰)。但由于各小区在通信时所使用的功率较小，因而任意两个小区只要相互之间的空间距离大于某一数值，即使使用相同的频道，也不会产生显著的同道干扰(保证信干比高于某一门限)。为此，把若干相邻的小区按一定的数目划分成**区群**(Cluster)，并把可供使用的无线频道分成若干个(等于区群中的小区数)频率组，区群内各小区均使用不同的频率组，而任一小区所使用的频率组，在其他区群相应的小区中还可以再用，这就是**频率再用**，如图 1-6 所示。频率再用是蜂窝通信网络解决用户增多而被有限频谱制约的重大突破。

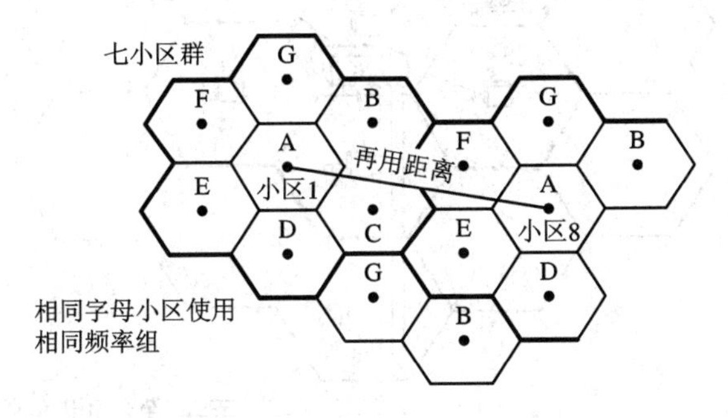

图 1-6　蜂窝系统的频率再用

一般来说，小区越小(频率组不变)，单位面积可容纳的用户数越多，即系统的频率利用率越高。由此可以设想，当用户数增多并达到小区所能服务的最大限度时，如果把这些小区分割成更小的蜂窝状区域，并相应减小新小区的发射功率和采用相同的频率再用模式，那么分裂后的新小区能支持和原小区同样数量的用户，也就提高了系统单位面积可服务的用户数。而且，当新小区所支持的用户数又达到饱和时，还可以将这些小区进一步分裂，以适应持续增长的业务需求。这种过程称为**小区分裂**，是蜂窝通信系统在运行过程中为适应业务需求的增长而逐步提高其容量的独特方式。但是不能说，无限制地减小小区面积可以无限度地增加用户数量，因为小区半径减小到原小区半径的1/10时，可容纳的用户数能增加100倍，而小区数目也需要增多100倍。一般小区基站的建立费用是昂贵的，特别在城市区域中，所占用房地产资源的费用十分高，这是不能不考虑的实际问题(另外还有其他限制)。此外，基群中的小区数越少，系统所需划分的频率组数越少，每个频率组所含的频道数越多，因而每个小区可使用的频道数增多，可同时服务的用户数也增多，然而频率再用距离是和区群所含小区数有关的，区群所含的小区数越少，频率再用距离越短，相邻区群中使用相同频率的小区之间的同道干扰越强。只有频率再用距离足够大，才能保证这种同道干扰低于预定的门限值，这也就限制了区群中所含小区数目不能小于某种值(在模拟蜂窝网中不小于7，在数字蜂窝网中可小到4或3)。

图 1-7 是蜂窝移动通信系统的示意图。图中七个小区构成一个区群，小区编号代表不同的频率组，和小区移动交换中心(MSC)相连。MSC在网中起控制和管理作用，对所在地区已注册登记的用户实施频道分配，建立呼叫，进行频道切换，提供系统维护和性能测试，并存储计费信息等。MSC是移动通信网和公共电话交换网的接口单元，既保证网中移动用户之间的通信，又保证移动用户和有线用户之间的通信。

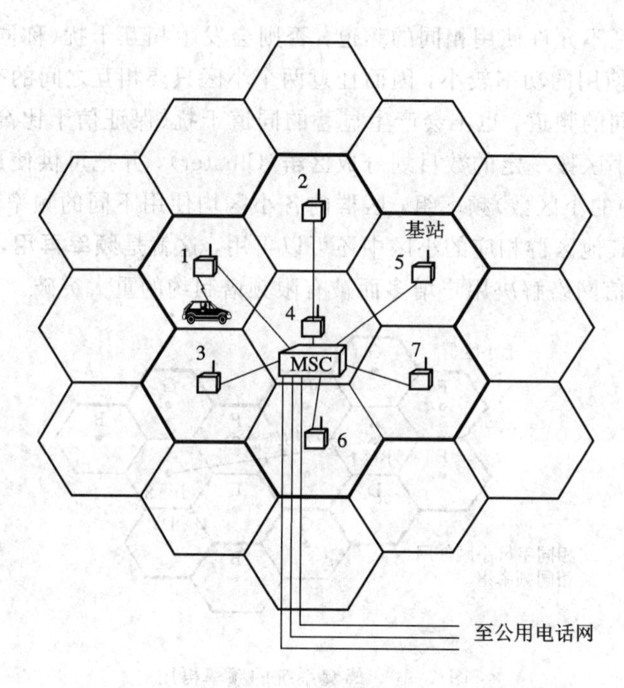

图 1-7　蜂窝移动通信系统的示意图

当移动用户在蜂窝服务区中快速运动时，用户之间的通话常常不会在一个小区中结束。快速行驶的汽车在一次通话的时间内可能跨越多个小区。当移动台从一个小区进入另一相邻的小区时，其工作频率及基站与移动交换中心所用的接续链路必须从它离开的小区转换到正在进入的小区，这一过程称为**越区切换**。其控制机理如下：当通信中的移动台到达小区边界时，该小区的基站能检测出此移动台的信号正在逐渐变弱，而邻近小区的基站能检测出这个移动台的信号正在逐渐变强，系统收集来自这些有关基站的检测信息，进行判决，当需要实施越区切换时，就发出相应的指令，使正在越过边界的移动台将其工作频率和通信链路从离开的小区切换到进入的小区。整个过程自动进行，用户并不知道，也不会中断行进中的通话。越区切换的示意图见图 1-8。

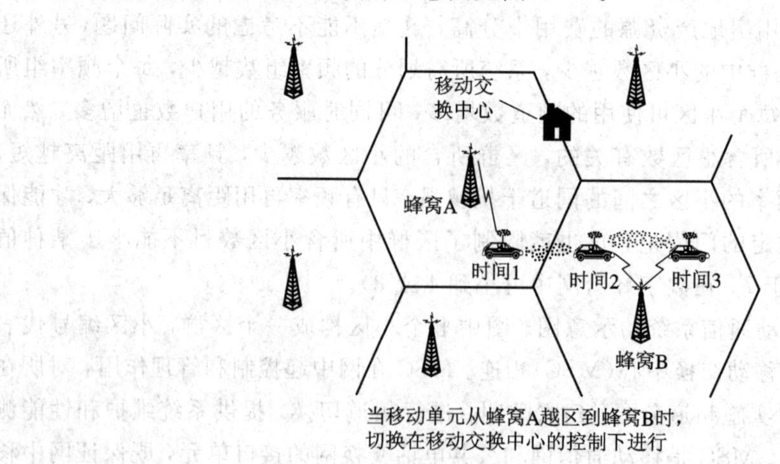

图 1-8　越区切换示意图

越区切换必须准确可靠，且不影响通信中的话音质量。它是蜂窝移动通信系统中的关键技术，是移动通信系统利用众多小区实现大面积覆盖的必要条件。一般来说，移动台的速度越快和小区半径越小，通信中的越区切换就越频繁。越区切换过于频繁不仅会增加切换控制的难度，也会导致系统附加开销的增大。因此，在蜂窝移动通信系统中，小区半径不宜过小。

表 1-1 给出了几种模拟蜂窝移动通信系统的性能参数。这些系统包括：AMPS、TACS、NMT、C-450、NTT 等。我们将在第 7 章和第 8 章中对第二代数字蜂窝移动通信系统进行讨论，它们包括 GSM、IS-54、IS-95、JDC(后改名为 PDC)等，其性能参数可参见表 7-3。在第 8 章和第 9 章中还将对第三代数字蜂窝移动通信系统进行讨论，它们主要包括 WCDMA、cdma2000、TD-SCDMA 等，其性能参数可参见表 9-4。

表 1-1　几种模拟蜂窝移动通信系统

系统名称		AMPS（美国）	TACS（英国）	NMT（北欧）		C-450（德国）	NTT（日本）
				NMT-450	NMT-900		
无线频段/MHz		900	900	450	900	450	800
收发间隔/MHz		45	45	10	45	10	55
频带宽度/MHz		25×2	25×2	4.5×2	25×2	4.4×2	25×2
频率间隙/kHz		30	25	25	12.5	20	12.5
发射功率/W	基站	40	100	50	25，6，1.5	20	25.5
	车台	3	4～10	15	6	15	1
	手机	0.6	0.6～1.6	2	2	—	1
小区半径/km	市区	2～7	1～4	4	2	>2	2～3
	郊区	10～20	<15	20	10	25	5～10
话音调制方式		FM	FM	FM	FM	FM	FM
数字信令调制方式及速率		FSK 10 kb/s	FSK 8 kb/s	FSK 1.2 kb/s	FSK 1.2 kb/s	FSK 5.28 kb/s	FSK 2.4 kb/s

1.3.3　无绳电话系统

简单的无绳电话机把普通的电话单机分成座机和手机两部分，座机与有线电话网连接，手机与座机之间用无线电连接。这样，允许携带手机的用户可以在一定范围内自由活动时进行通话，见图 1-9。因为手机与座机之间不需要用电线连接，故称之为“无绳”电话机。

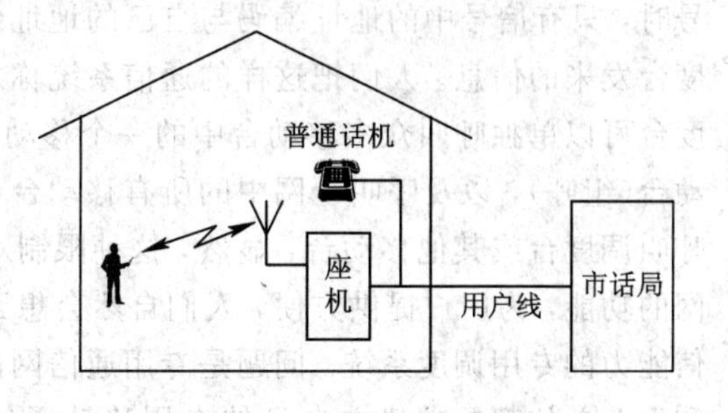

图 1-9　无绳电话系统示意图

随着通信技术的发展，无绳电话也朝着网络化的方向发展。比如，在用户比较密集的地区设置电信点(Telepoint)(类似蜂窝系统的基站)。此电信点与有线电话网连接，并有若干个频道为用户所共用。用户在电信点的无线覆盖区域内，可选用空闲频道，进入有线电话网，对有线网中的固定用户发起呼叫并建立通信链路。

无绳电话的手机、座机与电信点所发射的功率均在10 mW以下，无线覆盖半径约在100 m左右。表1-2给出了几种模拟无绳电话系统的主要参数。表中给出了日本、美国和欧洲的标准。我国模拟无绳电话系统采用45 MHz/48 MHz的频段。数字无绳电话系统包括CT-2、DECT、PHS、PACS。

表1-2 几种模拟无绳电话系统的主要参数

性能＼系统		日本(邮政省标准)	美国(FCC标准)	欧洲(CEPT标准)
频段/MHz	手机发	253.8625～254.9625	49.830～49.990	914.0125～914.9875
	座机发	380.2125～381.3125	46.610～46.970	959.0125～959.9875
频道间隔/kHz		12.5	20/40	25
频道数目		88	18/9	40
发射功率		10 mW以下	10 mW以下	10 mW以下
频道共用方式		多频道	单频道	多频道
话音调制方式		FM	FM	FM
控制信号		副载波FM	单音	副载波FM

无绳电话是一种以有线电话网为依托的通信方式，也可以说它是有线电话网的无线延伸，具有发射功率小、省电、设备简单、价格低廉、使用方便等优点，因而发展十分迅速。

1.3.4 集群移动通信系统

集群移动通信系统属于调度系统的专用通信网。最简单的调度通信网是由若干个使用同一频率的移动电台组成的。其中，一个移动台充当调度台，由它用广播方式向所有其他的移动台发送消息，以进行指挥与控制。这种调度通信网通常以单向传输为主(调度台向移动台传输)，各移动台只能在获得调度台的许可后，才能发送信息；否则，就会使众多移动台争用同一频道而相互干扰。此外，在这种调度通信网中，当调度台向任一移动台传输信息时，其他无关的移动台都会收到此信息。为了克服后一个缺点，可以为每个移动台配置一个“选呼”电路并赋予每个移动台以不同的地址编码，各移动台在收到调度台发来的信号时，只有信号中的地址编码与自己的地址编码相符合，其音频电路才打开，从而听到调度台发来的信息。人们把这样的通信系统称之为“选址通信系统”。在选址通信系统中，调度台可以单独呼叫众多移动台中的一个移动台(单呼)，也可以呼叫众多移动台中的一组移动台(组呼)，以及呼叫全网中的所有移动台(通呼)。但是，网中的移动台仍然不允许任意呼叫调度台或其他移动台，显然，这种限制对用户来说是很不方便的。为了增加调度通信网的功能，为用户提供方便，人们自然会想到建立具有指挥台(类似于基站)和具有双向通信能力的专用调度系统。问题是专用通信网的用户非常多，如果在各个行业中，各种企业和事业单位都要求建立自己的专用移动通信网，那么，日益紧张的频率资源是无法支撑的。集群移动通信系统就是在这样的背景下发展起来的。

1. 集群的概念

集群移动通信系统采用的基本技术是频率共用技术。其主要做法是：

① 把一些由各部门分散建立的专用通信网集中起来，统一建网和管理，并动态地利用分配给它们的有限个频道，容纳数目更多的用户；

② 改进频道共用的方式，即移动用户在通信的过程中，不是固定地占用某一个频道，而是在按下其“按讲开关”(PTT)时，才能占用一个频道；一旦松开PTT，频道将被释放，变成空闲频道，并允许其他用户占用该频道。

以下说明用这种办法能提高频道利用率的理由。令基站共有5个频道，分别用A、B、C、D和E表示。假若各个频道平均忙闲的时间都是各占50%，则当某一用户要单独占用其中任一个频道时，发生阻塞的概率也是50%。倘若这个用户能利用这5个频道的空闲时间传输其信息，则只有当5个频道一起处于全忙状态时，才会出现呼叫阻塞。显然，这时的阻塞概率会显著减小。设单独占用各个频道的阻塞概率分别为$P(\mathrm{A})=P(\mathrm{B})=P(\mathrm{C})=P(\mathrm{D})=P(\mathrm{E})=50\%$，则采用上述办法后的阻塞概率为$\eta=P(\mathrm{A})\wedge P(\mathrm{B})\wedge P(\mathrm{C})\wedge P(\mathrm{D})\wedge P(\mathrm{E})=3.125\%$。

传统的集群通信系统采用半双工通信方式，即基站以双工方式工作，移动台以异频单工方式工作。考虑到调度通信具有通话时间短的特点，集群通信系统都具有通话限时功能。

由此可见，集群系统采取上述的各种措施都围绕着一个目的，即尽可能地提高系统的频率利用率，以便在有限的频段内为更多用户服务。

2. 集群系统的用途和特点

集群系统主要以无线用户为主，即以调度台与移动台之间的通话为主。集群系统与蜂窝式通信系统在技术上有很多相似之处，但在主要用途、网络组成和工作方式上有很多差异。

① 集群通信系统属于专用移动通信网，适用于在各个行业(或几个行业合用)中间进行调度和指挥，对网中的不同用户常常赋予不同的优先等级。蜂窝通信系统属于公众移动通信网，适用于各阶层和各行业中个人之间的通信，一般不分优先等级。

② 集群通信系统根据调度业务的特征，通常具有一定的限时功能，一次通话的限定时间大约为(15～60) s(可根据业务情况调整)。蜂窝通信系统对通信时间一般不进行限制。

③ 集群通信系统的主要服务业务是无线用户和无线用户之间的通信，蜂窝通信系统却有大量的无线用户与有线用户之间的通话业务。在集群通信系统中也允许有一定的无线用户与有线用户之间的通话业务，但一般只允许这种话务量占总业务量的5%～10%。

④ 集群通信系统一般采用半双工(现在已有全双工产品)工作方式，因而，一对移动用户之间进行通信只需占用一对频道。蜂窝通信系统都采用全双工工作方式，因而，一对移动用户之间进行通信，必须占用两对频道。

⑤ 在蜂窝通信系统中，可以采用频道再用技术来提高系统的频率利用率；而在集群系统中，主要是以改进频道共用技术来提高系统的频率利用率的。

值得指出的是：随着通信技术的发展，上述两种系统的特征都会不断地发生变化，其中有许多技术可以相互借鉴，但是专用网和公用网各有其不同的服务要求和运行环境，因而各有其不同的发展方向和发展策略，不能认为在某种系统中行之有效的功能，在另一种系统中也一定适用。比如，如果集群系统像蜂窝网一样，大量增加网中无线用户和有线用户之间的通信数量，以至取消其通话限时功能，那么，集群系统势必丧失自己的优势，以致没有存在的必要。

3. 集群系统的组成

集群系统均以基本系统为模块，并用这些模块扩展为区域网。根据覆盖的范围及地形条件，基本系统可由单基站或多基站组成。集群系统的控制方式有两种，即专用控制信道的集中控制方式和随路信令的分布控制方式，分别如图 1－10(a)和(b)所示。在集群网络的基本结构中，都包含移动台(车载台和手机)、调度台(或指令台)、基站转发器、系统管理终端以及有关的控制部分。在集中控制方式中，系统控制由系统控制中心承担；在分布控制方式中，系统控制是由每个转发器上的逻辑控制单元分散处理的。两种基本结构都可扩展而构成区域网。在构成区域网时，两种结构都要增加一个具有交换和控制功能的区域管理器，以进行整个区域的系统管理。

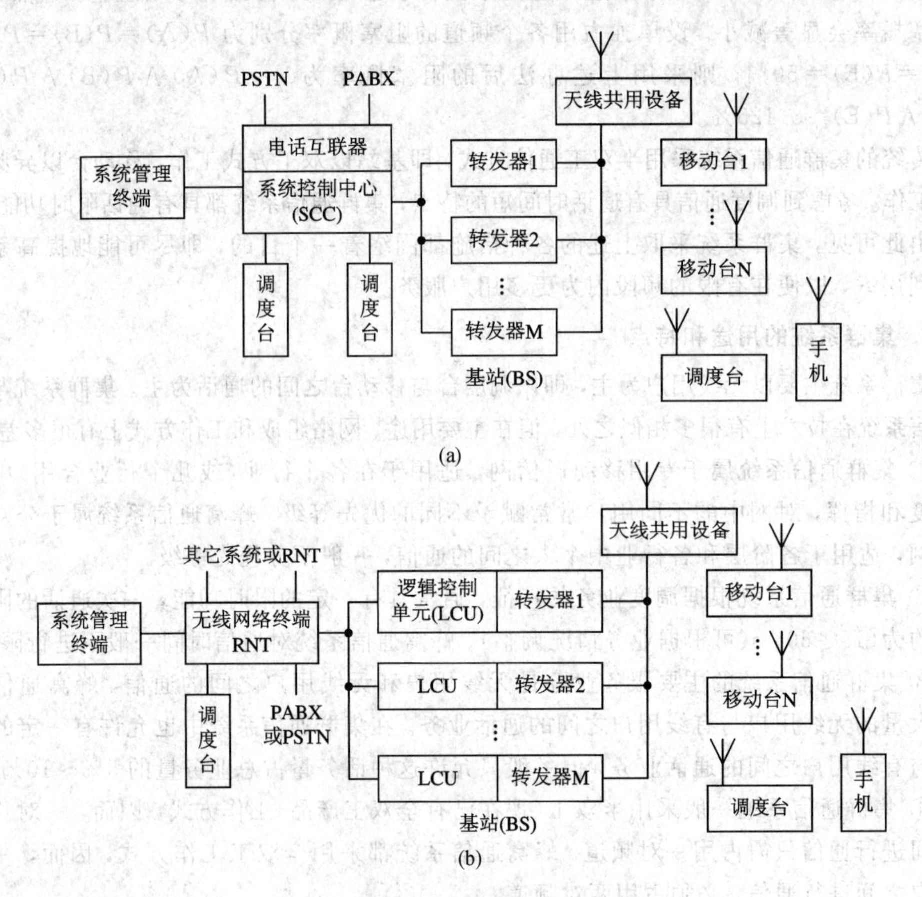

图 1－10 集群网络的基本结构
(a) 集中控制方式；(b) 分布控制方式

采用分布控制方式的系统，无需专门的系统控制器。因而，系统设备简单，成本低，适用于共用频道数较少(如小于 12 个)的中小容量的单区通信网。集中控制方式的系统，由于具有专门的系统控制器，因而，系统功能齐全，便于处理多种特殊功能，而且也便于把基本系统连成大的区域网，因此，适宜于大中容量的多基站通信网。集群系统还可由多个区域的网络组成一个地域更广、容量更大的网络。

集群系统的基本设备如下：

① 转发器。它由收发信机和电源组成，每个频道均配一个转发器。对于分布式控制的集群系统，每个转发器均有一个逻辑控制单元。

② 天线共用设备。它包括天线、馈线和共用器(如收发天线共用器、基站的发射合路器和接收耦合器)。

③ 系统控制中心(系统控制器)。分布式控制系统虽无集中控制中心，但在连网时，可通过无线网络控制终端。

④ 调度台。调度台可分为无线调度台和有线调度台。无线调度台由收发信机、控制单元、操作台、天线和电源等组成。有线调度台可以是简单的电话机或带显示的操作台。

⑤ 移动台。移动台有车载台和手机。它们均由收发信机、控制单元、天线和电源等组成。

除上述基本设备外，还可根据系统设计和用户要求，增设系统中心操作台、系统监控设备、中继转发器以及计费和打印设备等。

4. 集群方式

按通信占用频道的方式，集群系统可分为消息集群、传输集群和准传输集群等三种方式。

(1) 消息集群(Message Trunking)。在消息集群系统中，每一次呼叫通话期间，一次性地分配一对无线频道，而且在通话完毕后(即松开 PTT 开关后)，转发器继续在该频道上工作 6 s 左右(即脱离时间约为 6 s)，才算完成此次接续过程。消息集群的典型呼叫格式如图 1－11 所示。这里所谓的典型呼叫格式，是通过大量实测和统计而得到的结果，指的是在一次通信过程中，通信双方占用时间的统计规律，并非通常所说的消息格式。

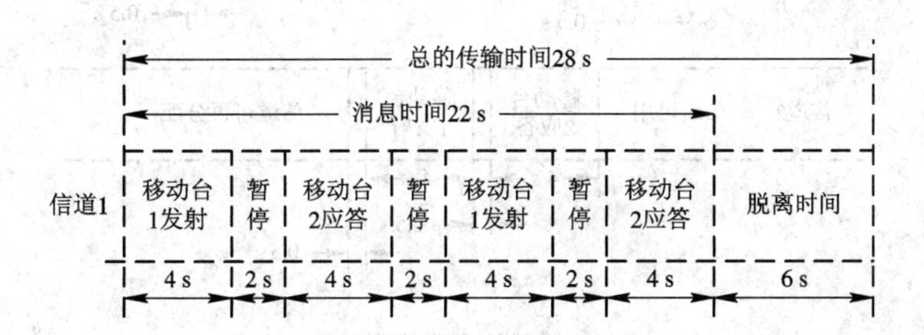

图 1－11　消息集群的典型呼叫格式

(2) 传输集群(Transmission Trunking)。传输集群通话中，并非始终占用某一个频道，当发话一方松开 PTT 时，对这一频道的占用即告结束，对方回答或本方再发话时，都要重新分配并占用新的空闲频道。亦即在通话中，每按一次 PTT 开关就重新占用频道一次。因此，传输集群可以充分利用频道的空闲时间，其频道利用率可以明显提高。不过，要实现这种传输集群，用户所用的 PTT 必须保证用户讲话时立即接通，讲话停顿时立即松开。这样做会带来一个问题，即用户的话音略有间隙时，PTT 就可能松开，使所用频道也立即放弃而被其他用户所占用，其后再讲话时又要重新占用新的空闲频道，从而会导致消息传输不连续或形成通话中断现象。传输集群的典型呼叫格式如图 1－12 所示。

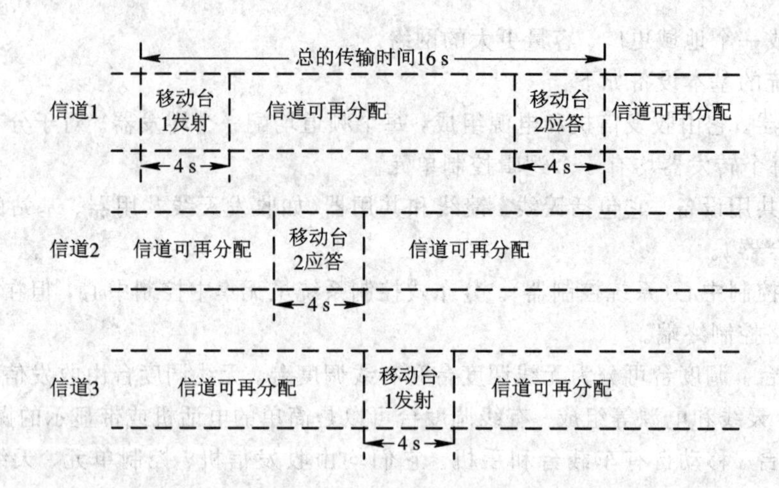

图 1-12 传输集群的典型呼叫格式

(3) 准传输集群(Quasi Transmission Trunking)。准传输集群是为了克服传输集群的缺点而提出的一种改进型集群方式，也可以看作是传输集群和消息集群的折中方案。其做法是：一方面(和消息集群相比)把脱离的时间缩短为(0.5～2) s；另一方面(和传输集群相比)在每次 PTT 松开之后增加 0.5 s 的保持时间，然后释放频道。其典型呼叫格式见图 1-13。

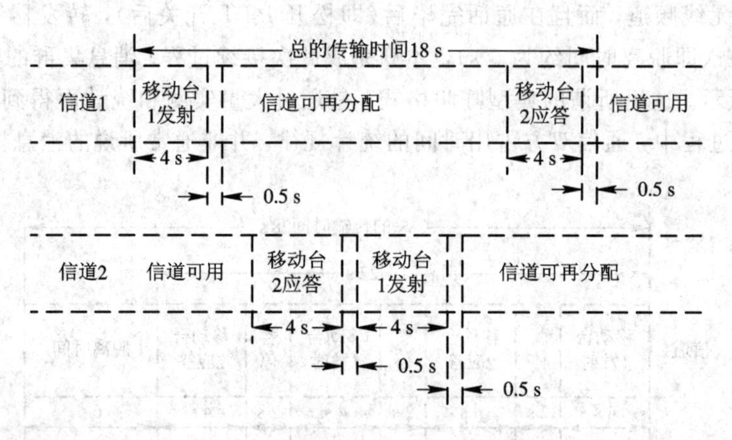

图 1-13 准传输集群的典型呼叫格式

这种准传输集群的工作方式首先由美国摩托罗拉(Motorola)公司使用，经过大量试验后表明这种方法的频率利用率略低于传输集群，但能防止有害的消息中断现象。

表 1-3 给出了部分集群移动通信系统的主要参数。

在数字集群通信方面，国外有两个典型的标准：TETRA 和 iDEN。TETRA 是欧洲电信标准组织制定的数字集群通信系统标准，它是基于传统大区制调度通信系统并进行数字化后形成的专用移动通信无线电标准，采用 TDMA 多址方式。iDEN 是美国 Motorola 公司提出的标准，用于集群公网应用，因此 iDEN 除了以指挥调度业务为主外，还兼有完善的双工电话互连、数据和短消息等功能。它将数字调度通信和数字蜂窝通信综合在一套系统内。国内也有利用现有 CDMA、TD-SCDMA 等技术实现数字集群通信系统的。另一方面，在现有第二代、第三代移动通信系统中增加集群通信的功能也是一个重要的趋势。

表 1-3 部分集群移动通信系统的主要参数

厂家 / 系统 / 性能	美 Motorola	美 E. F. Johson	美 Uniden	瑞典 Ericssion	荷兰 Philips	新西兰 TAIT
	Smartnet	Multi-Net	F. A. S. T.	GE16 PLUS	TN10 TN106 TN200	TAIT
频段/MHz	800	800，900	800	400，800	66～88 132～225 405～512 890～966	66～88 136～225 400～520
通信方式	半双工	半双工	半双工	半双工	半双工	半双工
基本系统频道数	10～20	10～30	5～20	1～20	3～20	5～24
频道间隔/kHz	25	25	25	25	25	25
信道控制	专用控制信道 集中控制	随路信令 分布控制	随路信令 分布控制	专用控制信道 集中控制	专用控制信道 集中控制	专用控制信道 集中控制
数字信令速率/(b/s)	3600	300	300	9600	1200	1200
有线电话互连	可以	可以	可以	可以	可以	可以

1.3.5 移动卫星通信系统

利用卫星中继，在海上、空中和地形复杂而人口稀疏的地区中实现移动通信，具有独特的优越性，很早就引起人们的重视。1976 年，国际海事卫星组织(IMARSAT)首先在太平洋、大西洋和印度洋上空发射了三颗同步卫星，组成了 IMARSAT-A 系统，为在这三个大洋上航行的船只提供通信服务。其后，又先后增加了 IMARSAT-C、IMARSAT-M、IMARSAT-B 和 IMARSAT-机载等系统。与此同时，在 20 世纪 80 年代初，一些幅员广大的国家开始探索把同步卫星用于陆地移动通信的可能性，提出在卫星上设置多波束天线，像蜂窝网中把小区分成区群那样，把波束分成波束群，实现频率再用，以提高系统的通信容量。1993 年，美国休斯公司提出的 Spaceway 计划，是一双星移动通信系统，其目标是为北美地区提供话音、数据和图像服务。

众所周知，接收信号电平是与通信传输距离的平方成反比的，利用同步卫星实现海上或陆地移动通信时，为了接收来自卫星的微弱信号，用户终端所用的天线必须具有足够的增益，甚至使用伺服平台，保证天线能不随载体晃动而准确地跟踪卫星。这样的要求在船载终端或车载终端上可以实现，而在便携式终端和手持式终端上还难以做到。尽管如此，迄今人们并没有放弃利用静止卫星为手持式终端提供话音和数据服务的想法，试验和研究工作也不断在进行当中。上面提到的国际海事卫星组织已提出在 21 世纪实现使用手机进行卫星移动通信的规划，并把这一系统定名为 IMARSAT-P。此外，还有美国的 TRITIUM 系统和 CELSAT 系统，以及日本 MPT 的 COMETS 等计划。

为了使地面用户只借助手机即可实现卫星移动通信，许多人都把注意力集中于中、低轨道卫星移动通信系统。这类卫星不能与地球自转保持同步，从地面上看，卫星总是缓慢移动的。如果要求地面上任一地点的上空在任一时刻都有一颗卫星出现，就必须设置多条卫星轨道，每条轨道上均有多颗卫星有顺序地在地球上空运行。在卫星和卫星之间通过星际链路互相连接。这样就构成了环绕地球上空、不断运动但能覆盖全球的卫星中继网络。

一般来说，卫星轨道越高，所需的卫星数目越少；卫星轨道越低，所需的卫星数目越多。目前，世界上有不少国家提出了发展低轨道卫星通信的计划，表 1-4 给出了低轨道移动卫星通信系统的部分参数。

表 1-4　低轨道移动卫星通信系统的部分参数

系统名称		ARIES	TELEDESIC	ELLIPSO BOREALIS	ELLIPSO CONCORDLA	GLOBALSTAR	IRIDIUM
轨道高度/km		圆，1018	圆，700	椭圆，520/7800	圆，7800	圆，1389	圆，780
倾角		90°	98.2°	116.5°	0°	47°　52°	86.4°
周期		105.5′	98.77′	180′	280′	113.53′	100.13′
轨道平面数		4	21	3	1	8　8	6
每平面卫星数		12	40	5	9	3　6	11
总的卫星数		48	840	15	9	24　48	66
频率	用户链路	L/S 频段	Ka 频段	L/S/C 频段		上行 L 频段 下行 S 频段	L 频段
	系统控制链路	C 频段	Ka 频段	L/S/C 频段		C 频段	Ka 频段
业务	话音	有	有	有(4.8)		有 (2.4/4.8/9.6)	有 (2.4/4.8)
	数据/(kb/s)	2.4	16～2048	0.3～9.6		9.6	2.4
估计成本/美元		<5 亿	90 亿	6 亿		17 亿 (48 颗星)	33.7 亿
多址方式		CDMA	上行 FDMA 下行 ATDM	CDMA		CDMA	TDMA

表中由美国 Motorola 公司提出的“铱”(IRIDIUM)系统开始计划设置 7 条圆形轨道均匀分布于地球的极地方向，每条轨道上有 11 颗卫星，总共有 77 颗卫星在地球上空运行，这和铱原子中有 77 个电子围绕原子核旋转的情况相似，故取名为铱系统。图 1-14 是铱系统的卫星轨道示意图。现在该系统改用 66 颗卫星，分 6 条轨道在地球上空运行，但原名未改。下面对铱系统的特点作简略介绍。

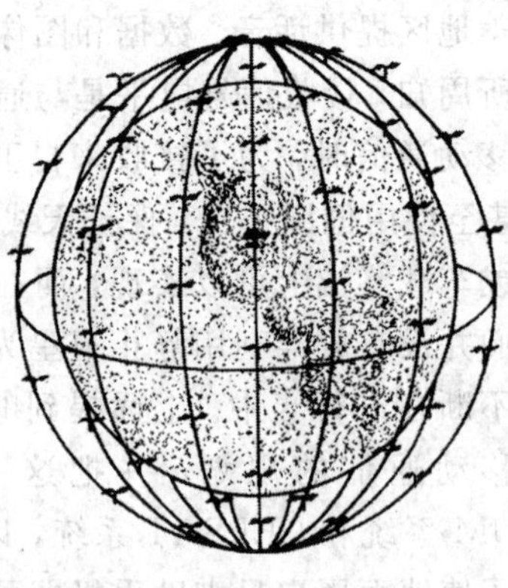

铱系统能实现全球覆盖，能为边远地区提供通信服务，也能为陆海空移动用户提供立体通信服务。

图 1-14　铱系统卫星轨道示意图

卫星轨道高度 780 km，是同步轨道卫星的 1/46，相应的传播损耗可减少 33 dB，因而可用手持式终端进行通信。手持式终端在 L 波段工作，功率只需 0.4 W。

每颗卫星可覆盖地面上直径为 350 mile(海里，350 mile=648 km)的地区，用 48 个点波束构成区群，以实现频率再用。当卫星飞向高纬度极区时，随着所需覆盖面积的减少，各卫星可自动逐渐关闭边沿上的波束，避免重叠。

同一轨道平面的相邻卫星(相距 4027 km)用双向链路相连。相邻轨道平面的卫星(距离随纬度不同而变化，最大距离(赤道上空)达 4633 km)也用交叉链路相连。这些链路均工作在 Ka 波段，它们把 66 颗卫星在空中连接成一个不断运动的中继网络。此外，在地面还建有若干个汇接站，分布在不同地域，每个汇接站均工作在 Ka 波段与卫星互连。另外，它们还与地面的有关网络接口。

采用 TDMA 多址方式和 TDD 双工方式，能提供话音、数据和寻呼服务，话音编码速率为 2.4 kb/s 或 4.8 kb/s，数据速率为 2.4 kb/s。

当卫星系统中的用户呼叫地面网络中的用户时，主呼用户先将呼叫信号发送到卫星，由卫星转发给地面汇接站，再由地面汇接站转送到有关地面网络中的被呼用户，双方即可建立通信链路以进行通信。当主呼用户和被呼用户均属卫星系统中的用户时，主呼用户先将其呼叫信号发送到其上空的卫星，该卫星通过星间链路将信号转发到被呼用户上空的卫星，由后一卫星直接向被呼用户发送，双方即可建立通信链路以进行通信。在用户通信过程中，正在服务的卫星由于移动(包括卫星移动和用户移动，主要是前者)可能会离开该用户的所在地区，而另外一颗卫星将相继进入该地区，这时通信联络应自动由离开该地区的卫星切换到进入该地区的卫星，如同蜂窝中的越区切换一样。同样，当地面用户由一个波束区落入另一个波束区时，也要自动进行波束切换。此外，用户在地面所处的地区同样要区分归属区和访问区，并进行位置登记，以支持用户在漫游中的通信。

卫星直径为 1 m，高 2 m，重 341 kg，平均工作寿命 5 年，可望维持到 8 年。该系统的所有卫星发射完毕后，于 1998 年投入运行。

1.3.6 分组无线网

分组无线网是一种利用无线信道进行分组交换的通信网络，即网络中传送的信息要以“分组”或称“信包”(有时简称“包”)为基本单元。分组是由若干比特组成的信息段，通常包含“包头”和“正文”两部分。包头中含有该分组的源地址(起始地址)、宿地址(目的地址)和有关的路由信息等；正文是真正需要传送的信息。

分组传输方式是存储转发方式的一种，用户终端必须先把要传送的信息存储、分段、加上包头以构成分组，才能送上无线信道进行传输。这一过程必然要产生额外的时间延迟。因此，分组无线网特别适用于实时性要求不严和短消息比较多的数据通信。如果要用分组无线网传输分组话音，则必须保证时间延迟不大于规定值。

分组传输能适应不同网络结构的应用。常见的网络结构有星形结构和分布式结构。前者网中设有中心站，类似于蜂窝网中的基站，用户通信均受其控制并由它转接；后者网中不设中心站，所有用户终端均属网络中的节点，可以随机分布在网络覆盖区的任意位置，每个节点均可作为源节点或宿节点来发送或接收信息，也可作为中继节点转发其他用户需要传送的信息，而且可利用分组包头中的控制信息分别为每个分组选择传输路由。因此，即使网络发生故障只剩下一条通信路由，也可以通过迂回转发，保持通信不中断。

最早的分组无线网是 1968 年由美国夏威夷大学开发的 ALOHA 系统。这是一种计算机数据通信系统，其主要目的是供分布在 4 个岛上 7 个分校的人员，对设在瓦胡岛上的主计算机中心进行访问，而避免使用费用高又不可靠的电话线路。该系统使用两个频率，从终端到中心站的载波频率为407.35 MHz，从中心站到终端的载波频率为413.475 MHz；信道宽度为100 kHz，最高传输速率为24 kb/s，实际使用100～9600 b/s；网络属星形结构，传输的主要是终端和中心站之间的业务，而没有终端之间的业务。由中心站发向各用户终端的信息(亦称正向传输或下行传输)可采用时分复用方式，由若干用户终端发向中心站的信息(亦称反向传输或上行传输)需采用以竞争方式随机接入共用信道的多址方式。多址方式的做法是：任一节点在需要发送其分组时，不管当时的信道状态如何，就立即占用共用信道进行发送；如果一次发送之后，在规定的时间内，没有收到目的节点的确认消息，则认为这次发送因为发生冲突(也称碰撞)而失败，需要重发。为了避免再次发送时连续出现碰撞，规定该信包必须经过一随机时延后才能再次发送。这种接入共用信道的多址方式首先由ALOHA系统使用，故人们通常称之为ALOHA多址方式。为了更好地解决随机多址容易发生碰撞的缺点，人们在ALOHA方式的基础上提出了许多改进的办法。例如，时隙ALOHA(S-ALOHA)多址方式、载波检测多址(CSMA)方式(用于数据传输时亦称DSMA方式)、带碰撞检测的载波检测多址(CSMA/CD)方式、忙音多址(BTMA)和闲音多址(ITMA)方式、分组预约多址(PRMA)等。ALOHA系统的简图如图1-15所示。

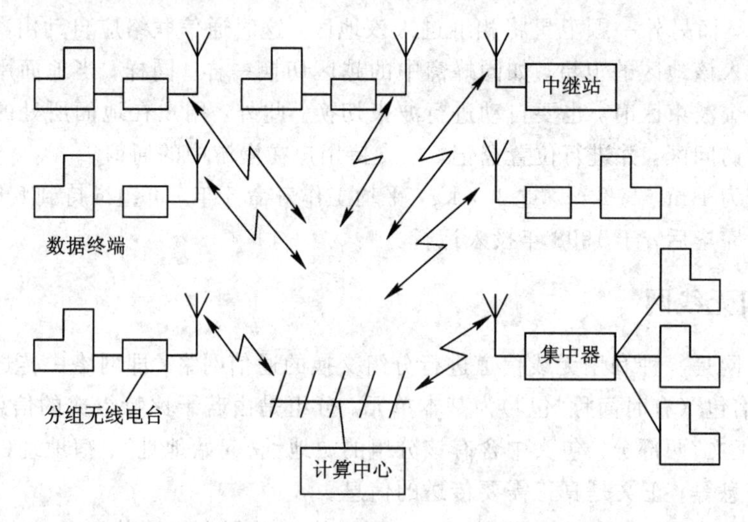

图1-15 ALOHA系统简图

随着数据业务的增长，世界上各国都在致力于发展移动数据通信网络，其中大都以分组传输技术为基础。例如：

(1) ARDIS系统(先进的无线电数据信息设备)，由美国IBM和Motorola公司在1983年提出。

(2) Mobitex系统(全国性互连的集群无线电网络)，由Ericsson公司和瑞典电信公司开发，1986年在瑞典首次运行，1991年为美国采用。

(3) CDPD系统(蜂窝数字分组数据)，由IBM公司联合9家运营商开发。

(4) TETRA系统(全欧集群无线电)，是ESTI为集群无线电和移动数据系统制定的公共标准。

(5) 第二代北美数字蜂窝IS-54和IS-95系统，均能提供一组数据业务，其中既有电路模式业务，又有分组模式业务。在 GSM 系统中，分组模式成为通用分组无线业务(GPRS)，我们将在第7章对其作详细介绍。

表1-5列出了几种移动数据设备的特性和参数。

表1-5 几种移动数据设备的特性和参数

系统		ARDIS	Mobitex①	CDPD	IS-95	TETRA
频段	基站到移动台/MHz	(800波段，45 kHz间隔)	935～940	869～894	869～894	400/900波段
	移动台到基站/MHz		896～901	824～849	824～849	
RF信道间隔/kHz		25(U.S.)	12.5	30	12.5	25
信道接入/多用户接入		FDMA/DSMA②	FDMA/动态S-ALOHA④	FDMA/DSMA	FDMA/CDMA-SS	FDMA/CDMA和SAPR⑤
调制方式		FSK，4-FSK	GMSK	GMSK	4-PSK/DSSS③	π/4-QDPSK
信道比特率/(kb/s)		19.2	8.0	19.2	9.6	36
分组长度		可达256字节(HDLC)	可达512字节	24～928 bit	(分组业务特定)	192 bit(短) 384 bit(长)
开放结构		否	是	是	是	是
专用或公用		专用	专用	公用	公用	公用
服务地区		主要城市地区	主要城市地区	所有AMPS地区	所有CDMA蜂窝地区	欧洲集群无线电地区
覆盖类型		室内和移动	室内和移动	移动	移动	移动

注：① 美国的频率分配(在英国使用380～450 MHz波段)；② DSMA为数据检测多址；③ DSSS为直接序列扩频；④ S-ALOHA为时隙ALOHA；⑤ SAPR为时隙ALOHA分组预约。

1.4 移动通信的基本技术

现代移动通信系统的发展是以多种先进通信技术为基础的。移动通信的主要基本技术介绍如下。

1.4.1 调制技术

调频技术的应用曾对模拟移动通信的发展产生过极大的推动作用，迄今，这种调制技术仍广泛应用于许多模拟移动通信系统中。

第二代移动通信是数字移动通信，其中的关键技术之一是数字调制技术。对数字调制技术的主要要求是：已调信号的频谱窄和带外衰减快(即所占频带窄，或者说频谱利用率高)；易于采用相干或非相干解调；抗噪声和抗干扰的能力强；以及适宜在衰落信道中传输。

数字信号调制的基本类型分为振幅键控(ASK)、频移键控(FSK)和相移键控(PSK)。此外，还有许多由基本调制类型改进或综合而获得的新型调制技术。

在实际应用中，有两类用得最多的数字调制方式：

(1) 线性调制技术，主要包括PSK、QPSK、DQPSK、OK-QPSK、π/4-DQPSK和

多电平 PSK 等。应该注意，此处所谓的“线性”，是指这类调制技术要求通信设备从频率变换到放大和发射的过程中保持充分的线性。显然，这种要求在制造移动设备中会增大难度和成本，但是这类调制方式可获得较高的频谱利用率。

(2) 恒定包络(连续相位)调制技术，主要包括 MSK、GMSK、GFSK 和 TFM 等。这类调制技术的优点是已调信号具有相对窄的功率谱和对放大设备没有线性要求，不足之处是其频谱利用率通常低于线性调制技术。

提高频谱利用率是提高通信容量的重要措施，是人们规划和设计通信系统的焦点。在20世纪80年代初期，当人们选用数字调制技术时，大多把注意力集中于恒定包络数字调制(例如，泛欧 GSM 蜂窝网络采用 GMSK)，但在80年代中期以后，人们却着重采用 QPSK 之类的线性数字调制(例如，美国的 IS-54 和日本的 PDC 蜂窝网络均采用 π/4-DQPSK，美国的 IS-95 蜂窝网络采用 QPSK 和 OQPSK)。

另一种获得迅速发展的数字调制技术是振幅和相位联合调制(QAM)技术。目前，4电平、16电平、64电平以至256电平的 QAM 都已在微波通信中获得成功应用。以往，人们认为多电平 QAM 信号的特征不适于在移动环境中进行传输。近几年，随着研究工作的深入，人们提出了不少改进方案。例如，根据移动信道特性的好坏可自适应地改变 QAM 的电平数，即改变信道传输速率，从而构成变速率 QAM(VR-QAM)；为减少码间干扰和时延扩展的影响，把将要传输的数据流划分成若干个子数据流(每个子数据流具有低得多的传输速率)，并且用这些子数据流去调制若干个载波，从而形成多载波 QAM(MC-QAM)或 OFDM 等。可以预期，在移动信道中使用多电平 QAM 调制和多载波技术将成为主要的调制技术。

此外，在第三代移动通信系统中，码分多址(CDMA)是最主要的多址方式。其主要的研究课题有：为克服码间干扰而将正交频分复用(OFDM)技术用于 CDMA 调制(OFDM-CDMA)；为提高 CDMA 系统的传输速率和自适应性能，根据业务需求提供不同传输速率，从而提出的多码码分多址(MC-CDMA)和可变扩频增益的码分多址(VSG-CDMA)等。

1.4.2 移动信道中电波传播特性的研究

移动信道的传播特性对移动通信技术的研究、规划和设计十分重要，历来是人们非常关注的研究课题。在移动信道中，发送到接收机的信号会受到传播环境中地形、地物的影响而产生绕射、反射或散射，因而形成多径传播。多径传播将使接收端的合成信号在幅度、相位和到达时间上发生随机变化，严重地降低接收信号的传输质量，这就是所谓的多径衰落。此外，自由空间传播所引起的扩散损耗以及阴影效应所引起的慢衰落，也会影响所需信号的传输质量。

研究移动信道的传播特性，首先要弄清移动信道的传播规律和各种物理现象的机理以及这些现象对信号传输所产生的不良影响，进而研究消除各种不良影响的对策。为了给通信系统的规划和设计提供依据，人们通常通过理论分析或根据实测数据进行统计分析(或二者结合)，来总结和建立有普遍性的数学模型，利用这些模型，可以估算一些传播环境中的传播损耗和其他有关的传播参数。

理论分析方法通常用射线表示电磁波束的传播，在确定收发天线的高度、位置和周围环境的具体特征后，根据直射、折射、反射、散射、透射等波动现象，用电磁波理论计算电波传播的路径损耗及有关信道参数。

实测分析方法是指在典型的传播环境中进行现场测试，并用计算机对大量实测数据进行统计分析，以建立预测模型(如冲击响应模型)，进行传播预测。

无论用哪种分析方法得到的结果，在进行信道预测时，其准确程度都与预测环境的具体特征有关。由于移动通信的传播环境十分复杂，有城市、乡村、山区、森林、室外、室内、海上和空中，等等，因而难以用一种甚至几种模型来表征各种不同地区的传播特性。通常，每种预测模型都是根据某一特定传播环境总结出来的，都有其局限性，选用时应注意其适用范围。

随着移动通信的发展，通信区域的覆盖方法正在由小区制向微小区、微微小区扩展(包括室内小区)。小区半径越小，小区传播环境的特殊性越突出，越难以用统一的传播模型来进行信道预测。近年来，人们对室内传播特性的研究已进行了大量的工作。

1.4.3 多址方式

多址方式的基本类型有频分多址(FDMA)、时分多址(TDMA)和码分多址(CDMA)。实际中也常用到三种基本多址方式的混合多址方式，比如频分多址/时分多址(FDMA/TDMA)、频分多址/码分多址(FDMA/CDMA)、时分多址/码分多址(TDMA/CDMA)，等等。此外，随着数据业务的需求日益增长，另一类随机多址方式如ALOHA和载波检测多址(CSMA)等也日益得到广泛应用，其中也包括固定多址和随机多址的综合应用。

选用什么样的多址方式取决于通信系统的应用环境和要求。若干年来，由于移动通信业务的需求量与日俱增，移动通信网络的发展重点一直是在频谱资源有限的条件下，努力提高通信系统的容量。因此，未来采用什么样的多址方式更有利于提高通信系统的容量，也成为人们非常关心和有争议的问题。

通常认为：TDMA系统的通信容量大于FDMA系统，而CDMA系统的通信容量又大于FDMA和TDMA系统。因此，有关CDMA多址方式的应用研究从20世纪90年代以来一直非常活跃。美国TIA于1993年通过了以Qualcomm公司所提出的以窄带CDMA方案(系统带宽为1.25 MHz)为基础的双模式CDMA标准(IS-95)。IS-95标准已获得广泛应用。在第三代移动通信系统中也主要采用CDMA多址技术，但有多种具体的实现方案，如WCDMA、MC-CDMA、TD-SCDMA等。另外，我国学者还提出了LAS-CDMA的技术方案。

在未来移动通信系统中，为了提高传输速率，可以采用正交频分多址(OFDMA)和CDMA相结合的多址技术。

1.4.4 抗干扰措施

抗干扰历来是无线电通信的重点研究课题。在移动信道中，除存在大量的环境噪声和干扰外，还存在大量电台产生的干扰，如邻道干扰、共道干扰和互调干扰等。网络设计者在设计、开发和生产移动通信网络时，必须预计到网络运行环境中会出现的各种干扰(包括网络外部产生的干扰和网络自身产生的干扰)强度，并采取有效措施，保证网络在运行时，干扰电平和有用信号相比不超过预定的门限值(通常用信噪比S/N或载干比C/I来度量)，或者保证传输差错率不超过预定的数量级。

移动通信系统中采用的抗干扰措施是多种多样的，主要有：

- 利用信道编码进行检错和纠错(包括前向纠错FEC和自动请求重传ARQ)是降低

通信传输的差错率，保证通信质量和可靠性的有效手段；

· 为克服由多径干扰所引起的多径衰落，广泛采用分集技术(包括空间分集、频率分集、时间分集以及 RAKE 接收技术等)、自适应均衡技术和选用具有抗码间干扰和时延扩展能力的调制技术(如多电平调制、多载波调制等)；

· 为提高通信系统的综合抗干扰能力而采用扩频和跳频技术；

· 为减少蜂窝网络中的共道干扰而采用扇区天线、多波束天线和自适应天线阵列等；

· 在 CDMA 通信系统中，为了减少多址干扰而使用干扰抵消和多用户信号检测器技术。

1.4.5 组网技术

移动通信组网涉及的技术问题非常多，大致可分为网络结构、网络接口和网络的控制与管理等几个方面。

1. 网络结构

在通信网络的总体规划和设计中必须解决的一个问题是：为了满足运行环境、业务类型、用户数量和覆盖范围等要求，通信网络应该设置哪些基本组成部分(比如，基站和移动台、移动交换中心、网络控制中心、操作维护中心等)和这些组成部分应该怎样部署，才能构成一种实用的网络结构。作为例子，图 1-16 给出的是数字蜂窝通信系统的网络结构，其组成部分为：移动交换中心(MSC)，基站分系统(BSS)(含基站控制器(BSC)、基站收发信台(BTS))，移动台(MS)，归属位置寄存器(HLR)，访问位置寄存器(VLR)，设备标识寄存器(EIR)，认证中心(AUC)和操作维护中心(OMC)。网络通过移动交换中心(MSC)还与公共交换电话网(PSTN)、综合业务数字网(ISDN)以及公共数据网(PDN)相连接。

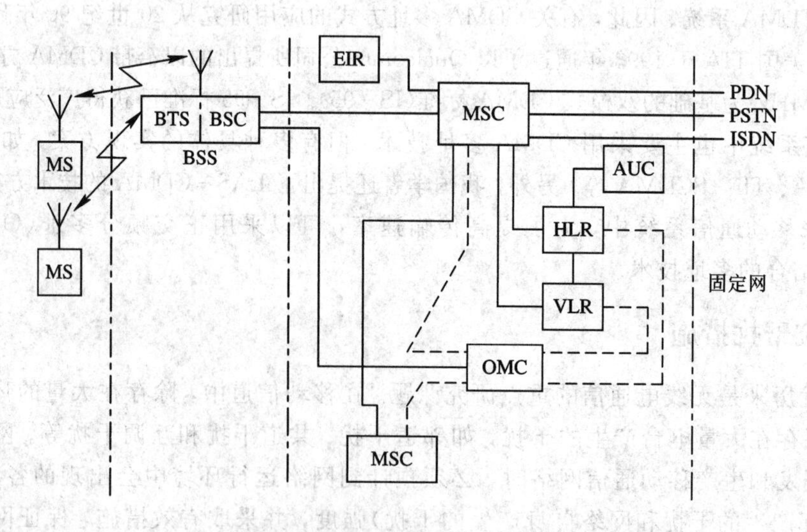

图 1-16　数字蜂窝通信系统的网络结构

随着移动通信的发展，网络结构的确定也日益复杂和困难。举例来说，在蜂窝结构的研究中，为了适应不同用户的要求，既能满足大地区、高速移动用户的需求，又能满足高密度、低速移动用户的需求，同时还能满足室内用户的需求，有人曾提出一种混合蜂窝结构：用宏蜂窝满足高速移动用户的需要，用微蜂窝满足行人和慢速移动终端的需要，用微微蜂窝满足室内用户终端的需要。这种网络构思确有新意，但是移动用户是移动的，可能在通话过程中，由步行改为乘车，或者由室外进入室内，因而要保证用户通话的连续性和通话质量，就必须能在不同蜂窝层次之间，快速有效地支持通话用户的越区切换。显然，这种要求并不是简单易行的。此外，混合蜂窝还必须满足不同通信环境的不同业务需求，一般行人的通信业务是通话或简短的消息传递(如寻呼)，车载终端的通信业务通常是通话和低速数据传输(如调度指令)，而室内终端的通信业务除通话外，还会有传真、会议电视和高速数据传输(如大型文件交换)。显然，这种混合蜂窝结构如何在不同蜂窝层次之间动态分配和共享有限资源(频率和时间)，也是必须解决的难题。

2. 网络接口

如前所述，移动通信网络由若干个基本部分(或称功能实体)组成。在用这些功能实体进行网络部署时，为了相互之间交换信息，有关功能实体之间都要用接口进行连接。同一通信网络的接口，必须符合统一的接口规范。作为例子，图 1－17 给出的是蜂窝系统所用的各种接口。其中：Sm 是用户和网络之间的接口，也称人机接口；Um 是移动台与基站收发信台之间的接口，也称无线接口或空中接口；A 是基站和移动交换中心之间的接口；Abis 是基站控制器和基站收发信台之间的接口；B 是移动交换中心和访问位置寄存器之间的接口；C 是移动交换中心和归属位置寄存器之间的接口；D 是归属位置寄存器和访问位置寄存器之间的接口；E 是移动交换中心之间的接口；F 是移动交换中心和设备标识寄存器之间的接口；G 是访问位置寄存器之间的接口。

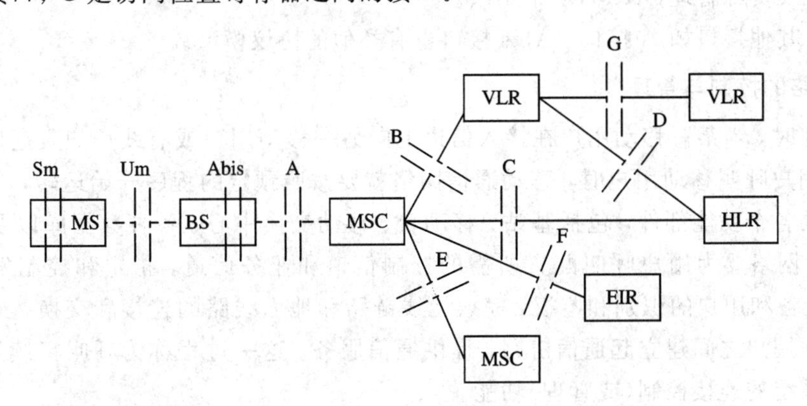

图 1－17 蜂窝系统所用的接口

除此之外，大部分移动通信网络需要与公共电信网络(PSTN、ISDN 等)互连，这种互连是在二者的交换机之间进行的。通常双方采用 7 号信令系统实现互连。

在一个地区或国家中，常常会设置多个移动通信网络，为了使移动用户能在更大的范围内实现漫游，不同网络之间应实现互连。若两个网络的技术规范相同，则二者可通过 MSC 直接互连；若二者的技术规范不同，则需设立中介接口设备实现互连。

在一个移动通信网络中，上述许多接口的功能和运行程序必须具有明确要求并建立统一的标准，这就是所谓的**接口规范**。只要遵守接口规范，无论哪一厂家生产的设备都可以用来组网，而不必限制这些设备在开发和生产中采用何种技术。显然，这对厂家的大规模生产与不断进行设备的改进也提供了方便。

在诸多接口当中，“无线接口 Um(也称 MS-BS 接口)”是人们最为关注的接口之一，因为移动通信网是靠此接口来完成移动台和基站之间的无线传输的，它对移动环境中的通信质量和可靠性具有重要的影响。数字移动通信的无线接口也采用开放系统互连(OSI)参考模型的概念来规定其协议模型。这种模型分作三层，如图 1-18 所示。

L_3	连接管理(CM)
	移动管理(MM)
	无线资源管理(RRM)
L_2	数据链路层
L_1	物理层

图 1-18 Um 接口协议模型举例

第一层(最低层)L_1 是物理层。它为高层信息传输提供无线信道，能支持在物理媒介上传输信息所需要的全部功能，如频率配置、信道划分、传输定时、比特或时隙同步、功率设定、调制和解调等。

第二层 L_2 是数据链路层。它向第三层提供服务，并接受第一层的服务。其主要功能是为网络层提供必需的数据传输结构，并对数据传输进行控制。

第三层 L_3 是网络层。它的主要功能是管理链路连接，控制呼叫过程，支持附加业务和短消息业务，以及进行移动管理和无线资源管理等。网络层包括连接管理(CM)、移动管理(MM)和无线资源管理(RRM)三个子层。

同样，其他接口如 A 接口、Abis 接口也有类似的协议模型。

3. 网络的控制与管理

无论何时，当某一移动用户在接入信道上向另一移动用户或有线用户发起呼叫，或者某一有线用户呼叫移动用户时，移动通信网络就要按照预定的程序开始运转，这一过程会涉及网络的各个功能部件，包括基站、移动台、移动交换中心、各种数据库以及网络的各个接口等。网络要为用户呼叫配置所需的控制信道和业务信道，指定和控制发射机的功率，进行设备和用户的识别和鉴权，完成无线链路和地面线路的连接和交换，最终在主呼用户和被呼用户之间建立起通信链路，提供通信服务。这一过程称为呼叫接续过程，提供移动通信系统的连接控制(或管理)功能。

当移动用户从一个位置区漫游到(即随机地移动到自己注册的服务区以外)另一个位置区时，网络中的有关位置寄存器要随之对移动台的位置信息进行登记、修改或删除。如果移动台在通信过程中越区，网络要在不影响用户通信的情况下，控制该移动台进行越区切换，其中包括判定新的服务基站、指配新的频率或信道以及更换原有地面线路等程序。这种功能是移动通信系统的移动管理功能。

在移动通信网络中，重要的管理功能还有无线资源管理。无线资源管理的目标是在保证通信质量的条件下，尽可能提高通信系统的频谱利用率和通信容量。为了适应传播环境、网络结构和通信路由的变化，有效的办法是采用动态信道分配(DCA)法，即根据当前用户周围的业务分布和干扰状态，选择最佳的(无冲突或干扰最小)信道，分配给通信用户使用。显然，这一过程既要在用户的常规呼叫时完成，也要在用户越区切换的通信过程中迅速完成。

上述控制和管理功能均由网络系统的整体操作实现，每一过程均涉及各个功能实体的相互支持和协调配合，为此，网络系统必须为这些功能实体规定明确的操作程序、控制规程和信令格式。

思考题与习题

1. 什么叫移动通信？移动通信有哪些特点？

2. 单工通信与双工通信有何区别？各有何优缺点？

3. 数字移动通信系统有哪些优点？

4. 常用移动通信系统包括哪几种类型？

5. 蜂窝通信系统采用了哪些技术？它与无线寻呼、无绳电话、集群系统的主要差别是什么？

6. 集群的基本概念和方式是什么？它与常用的话音通信有何差别？

7. 移动卫星通信的典型系统有哪些？它与地面蜂窝移动通信的差别是什么？

8. 什么叫分组无线网？

9. 移动通信包括哪些主要技术？各项技术的主要作用是什么？

10. 移动通信系统由哪些功能实体组成？其无线接口包括哪几层的功能？

第2章 调 制 解 调

2.1 概 述

调制的目的是把要传输的模拟信号或数字信号变换成适合信道传输的高频信号。该信号称为**已调信号**。调制过程用于通信系统的发端。在接收端需将已调信号还原成要传输的原始信号，该过程称为**解调**。

按照调制器输入信号(该信号称为调制信号)的形式，调制可分为模拟调制(或连续调制)和数字调制。模拟调制指利用输入的模拟信号直接调制(或改变)载波(正弦波)的振幅、频率或相位，从而得到调幅(AM)、调频(FM)或调相(PM)信号。数字调制指利用数字信号来控制载波的振幅、频率或相位。常用的数字调制有：移频键控(FSK)和移相键控(PSK)等。

移动通信信道的基本特征是：第一，带宽有限，它取决于使用的频率资源和信道的传播特性；第二，干扰和噪声影响大，这主要是移动通信工作的电磁环境所决定的；第三，存在着多径衰落。针对移动通信信道的特点，已调信号应具有高的频谱利用率和较强的抗干扰、抗衰落的能力。

高的频谱利用率要求已调信号所占的带宽窄。它意味着已调信号频谱的主瓣要窄，同时副瓣的幅度要低(即辐射到相邻频道的功率要小)。对于数字调制而言，频谱利用率常用单位频带(1 Hz)内能传输的比特率(b/s)来表征。

高的抗干扰和抗多径性能要求在恶劣的信道环境下，经过调制解调后的输出信噪比(S/N)较大或误码率较低。

对于调制解调研究，需要关心的另一个问题就是可实现性。如采用恒定包络调制，则可采用限幅器、低成本的非线性高效功率放大器件。如采用非恒定包络调制，则需要采用成本相对较高的线性功率放大器件。此外，还必须考虑调制器和解调器本身的复杂性。

综上所述，研究调制解调技术的主要内容包括：调制的原理及其实现方法、已调信号的频谱特性、解调的原理和实现方法、解调后的信噪比或误码率性能等。

下面以调频信号为例说明调制解调的过程及其信号特征和性能。

设载波信号为

$$u(t) = U_c \cos(\omega_c t + \theta_0) \tag{2-1}$$

式中，U_c 为载波信号的振幅，ω_c 为载波信号的角频率，θ_0 为载波信号的初始相位。

调频和调相信号可写成下列一般形式：

$$u(t) = U_c \cos(\omega_c t + \varphi(t)) \tag{2-2}$$

式中，$\varphi(t)$为载波的瞬时相位。

设调制信号为 $u_m(t)$，则调频信号的瞬时角频率与输入信号的关系为

$$\frac{d\varphi(t)}{dt} = k_f u_m(t) \tag{2-3}$$

或

$$\varphi(t) = \int_0^t k_f u_m(\tau) d\tau \tag{2-4}$$

式中，k_f 为调制灵敏度。

因而调频信号的形式为

$$u_{FM}(t) = U_c \cos[\omega_c t + k_f \int_0^t u_m(\tau)\, d\tau] \tag{2-5}$$

假设

$$u_m(t) = U_m \cos \Omega t \tag{2-6}$$

则

$$u_{FM}(t) = U_c \cos[\omega_c t + m_f \sin \Omega t] \tag{2-7}$$

式中，

$$m_f = \frac{k_f U_m}{\Omega} = \frac{\Delta\omega_m}{\Omega} \tag{2-8}$$

为调制指数。

将式(2-7)展开成级数得

$$\begin{aligned} u_{FM}(t) = U_c\{ & J_0(m_f) \sin\omega_c t + \\ & J_1(m_f) \sin[(\omega_c + \Omega)t] - J_1(m_f) \sin[(\omega_c - \Omega)t] + \\ & J_2(m_f) \sin[(\omega_c + 2\Omega)t] - J_2(m_f) \sin[(\omega_c - 2\Omega)t] + \\ & \cdots\} \end{aligned} \tag{2-9}$$

式中，$J_k(m_f)$为 k 阶第一类贝塞尔函数：

$$J_k(m_f) = \sum_{j=0}^{\infty} \frac{(-1)^j (m_f/2)^{2j+k}}{j!(k+j)!} \tag{2-10}$$

由式(2-9)可以看出，已调信号包括载频分量(ω_c)和无穷多个边频分量($\omega_c \pm k\Omega$)，边频分量的谱线间隔为 Ω。FM 信号的频谱如图 2-1 所示。

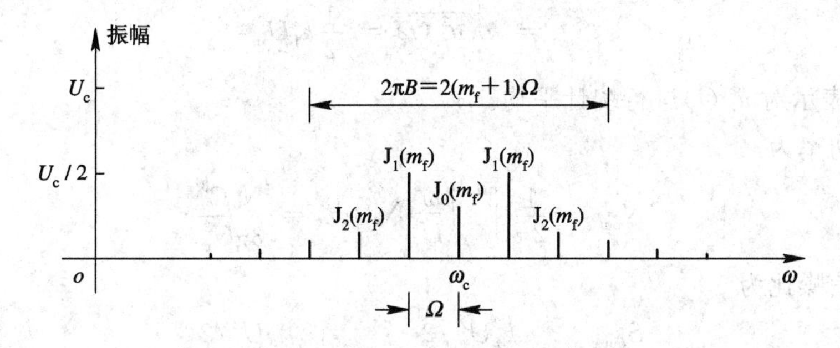

图 2-1 FM 信号的频谱($m_f=2$)

若以 90%能量所包括的谱线宽度(以载频为中心)作为调频信号的带宽，则可以证明调频信号的带宽为

$$B = 2(m_f + 1)F_m = 2(\Delta f_m + F_m) \tag{2-11}$$

式中，$F_m=\Omega/2\pi$ 为调制频率，$\Delta f_m = m_f \cdot F_m$ 为调制频偏。

若以 99%能量计算，则调频信号的带宽为

$$B = 2(1 + m_f + \sqrt{m_f}) \cdot F_m \tag{2-12}$$

FM 信号的产生可以用压控振荡器(VCO)直接调频，也可以将调制信号积分后送入调

相器进行间接调频。FM信号解调可采用鉴频器或锁相环鉴频。

在接收端，输入的高斯白噪声(其双边功率谱密度为 $N_0/2$)和信号一起通过带宽 $B=2(m_f+1)F_m$ 的前置放大器，经限幅后送入到鉴频器，再经低通滤波后得到所需的信号。在限幅器前，信号加噪声可表示为

$$\begin{aligned} r(t) &= u_{FM}(t)+n(t) \\ &= U_c\cos[\omega_c t+\varphi(t)]+x_c(t)\cos(\omega_c t)-y_c(t)\sin(\omega_c t) \\ &= U_c\cos[\omega_c t+\varphi(t)]+V(t)\cos[\omega_c t+\theta(t)] \\ &= U_c'(t)\cos\Psi(t) \end{aligned} \tag{2-13}$$

式中，$U_c'(t)$经限幅器限幅后将为一常量，而

$$\Psi(t)=\omega_c t+\varphi(t)+\arctan\left[\frac{V(t)\sin[\theta(t)-\varphi(t)]}{U_c+V(t)\cos[\theta(t)-\varphi(t)]}\right] \tag{2-14}$$

在大信噪比情况下，即 $U_c\gg V(t)$，有

$$\begin{aligned} \Psi(t) &\approx \omega_c t+\varphi(t)+\frac{V(t)}{U_c}\sin[\theta(t)-\varphi(t)] \\ &= \omega_c t+\varphi(t)+\frac{y(t)}{U_c} \end{aligned} \tag{2-15}$$

鉴频器的输出为

$$\begin{aligned} u_{out}(t) &= \frac{d\Psi(t)}{dt}-\omega_c=\frac{d\varphi(t)}{dt}+\frac{1}{U_c}\frac{dy(t)}{dt} \\ &= k_f u_m(t)+\frac{1}{U_c}\frac{dy(t)}{dt} \end{aligned} \tag{2-16}$$

式中，第一项为信号项，第二项为噪声项。

经过低通滤波后，信号的功率为

$$S_{out}=k_f^2\overline{u_m^2(t)}=\frac{1}{2}k_f^2U_m^2 \tag{2-17}$$

式中，$\overline{u_m^2(t)}$表示对 $u_m^2(t)$进行统计平均。

噪声的功率为

$$N_{out}=\frac{1}{2\pi}\int_{-\Omega}^{\Omega}\left(\frac{\omega^2}{U_c^2}N_0\right)d\omega=\frac{N_0\Omega^3}{3\pi U_c^2} \tag{2-18}$$

从而得输出信噪比为

$$\frac{S_{out}}{N_{out}}=\frac{k_f^2U_m^2/2}{N_0\Omega^3/3\pi U_c^2}=\frac{3}{2}m_f^2\frac{U_c^2/2}{N_0F_m} \tag{2-19}$$

因为输入信噪比为

$$\frac{S_{in}}{N_{in}}=\frac{\frac{1}{2}U_c^2}{\frac{N_0}{2}2B}=\frac{U_c^2/2}{N_0\cdot 2(m_f+1)F_m}=\frac{1}{2(m_f+1)}\cdot\frac{U_c^2/2}{N_0F_m} \tag{2-20}$$

所以经过鉴频器解调后，信噪比的增益为

$$G=\frac{S_{out}/N_{out}}{S_{in}/N_{in}}=3m_f^2(m_f+1) \tag{2-21}$$

但在小信噪比情况下，即 $U_c \ll V(t)$，由式(2-14)得

$$\Psi(t) \approx \omega_0 t + \theta(t) + \frac{U_c}{V(t)}\sin[\varphi(t) - \theta(t)] \tag{2-22}$$

此时没有单独的信号项存在，解调器的输出几乎完全由噪声决定。也就是说，有用信号已被噪声淹没，使得解调器的性能恶化。因此，调频信号在解调后要获得信噪比增益，输入信噪比必须大于某一门限值，这种现象称为“门限效应”。FM 解调器的性能及门限效应如图 2-2 所示。

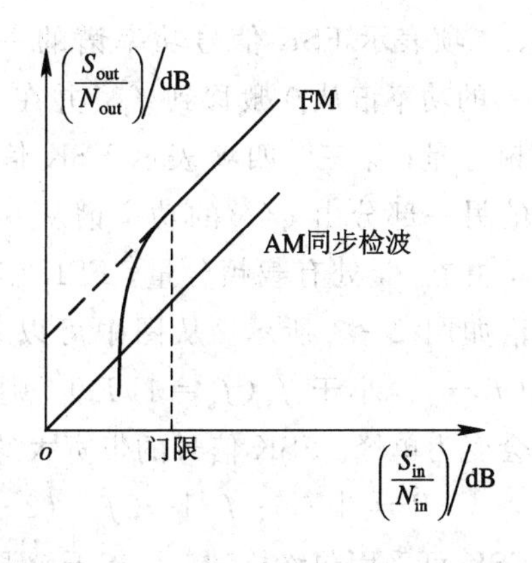

图 2-2 FM 解调器的性能及门限效应

2.2 数字频率调制

2.2.1 移频键控(FSK)调制

设输入到调制器的比特流为$\{a_n\}$，$a_n=\pm1$，$n=-\infty\sim+\infty$。FSK 的输出信号形式(第 n 个比特区间)为

$$s(t) = \begin{cases} \cos(\omega_1 t + \varphi_1) & a_n = +1 \\ \cos(\omega_2 t + \varphi_2) & a_n = -1 \end{cases} \tag{2-23}$$

即当输入为传号“+1”时，输出频率为 f_1 的正弦波；当输入为空号“-1”时，输出频率为 f_2 的正弦波。

令 $g(t)$为宽度 T_s 的矩形脉冲且

$$b_n = \begin{cases} 1 & a_n = +1 \\ 0 & a_n = -1 \end{cases}$$

$$\overline{b_n} = \begin{cases} 0 & a_n = +1 \\ 1 & a_n = -1 \end{cases}$$

则 $s(t)$可表示为

$$s(t) = \sum_n b_n g(t - nT_s)\cos(\omega_1 t + \varphi_1) + \sum_n \overline{b_n} g(t - nT_s)\cos(\omega_2 t + \varphi_2) \tag{2-24}$$

令 $g(t)$的频谱为 $G(\omega)$，a_n 取+1 和-1 的概率相等，则 $s(t)$的功率谱表达式为

$$\begin{aligned} P_s(f) = & \frac{1}{16} f_s [\,|G(f+f_1)|^2 + |G(f-f_1)|^2] + \\ & \frac{1}{16} f_s^2 \,|G(0)|^2 [\delta(f+f_1) + \delta(f-f_1)] + \\ & \frac{1}{16} f_s [\,|G(f+f_2)|^2 + |G(f-f_2)|^2] + \\ & \frac{1}{16} f_s^2 \,|G(0)|^2 [\delta(f+f_2) + \delta(f-f_2)] \end{aligned} \tag{2-25}$$

第一、二项表示 FSK 信号功率谱的一部分由 $g(t)$的功率谱从 0 搬移到 f_1，并在 f_1 处有载频分量；第三、四项表示 FSK 信号功率谱的另一部分由 $g(t)$的功率谱从 0 搬移到 f_2，并在 f_2 处有载频分量。FSK 信号的功率谱如图 2-3 所示。从图中可以看到，如果(f_2-f_1)小于 $f_s(f_s=1/T_s)$，则功率谱将会变为单峰。FSK 信号的带宽大约为

$$B = |f_2-f_1|+2f_s \quad (2-26)$$

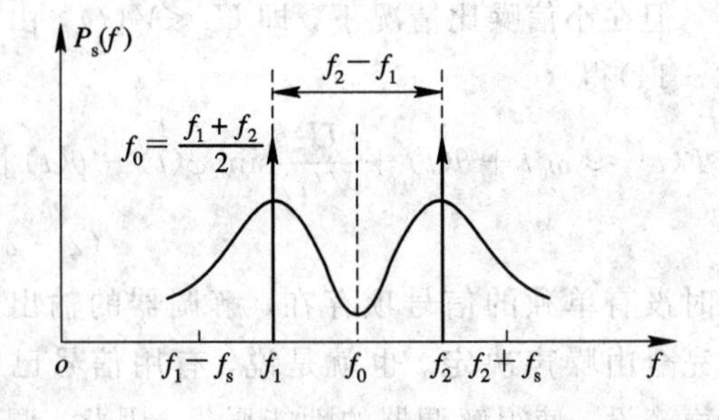

图 2-3 FSK 信号的功率谱

FSK 可采用包络检波法、相干解调法和非相干解调法等方法解调。FSK 相位连续时，可采用鉴频器解调。包络检波法是指收端采用两个带通滤波器，其中心频率分别为 f_1 和 f_2，它们的输出经过包络检波。如果 f_1 支路的包络强于 f_2 支路，则判为“+1”；反之判为“-1”。非相干解调时输入信号分别经过对 $\cos\omega_1 t$ 和 $\cos\omega_2 t$ 匹配的两个匹配滤波器，其输出再经过包络检波和比较判决。如果 f_1 支路的包络强于 f_2 支路的包络，则判为“+1”；反之判为“-1”。相干解调的框图如图 2-4 所示。

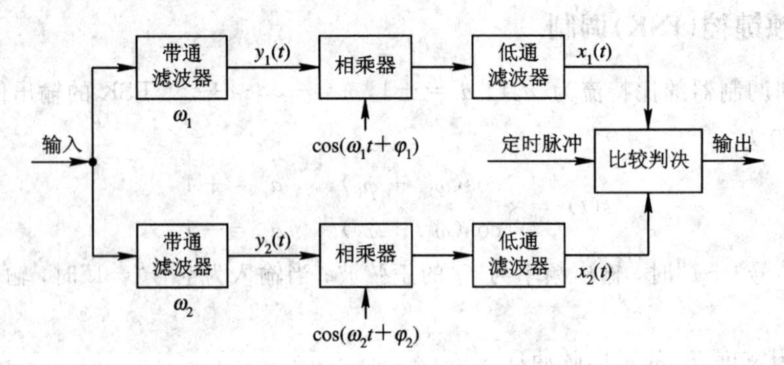

图 2-4 FSK 的相干解调框图

设图 2-4 中两个带通滤波器的输出分别为 $y_1(t)$和 $y_2(t)$。它们包括有用信号分量和噪声分量。设噪声分量为加性窄带高斯噪声，可分别表示为

ω_1 支路：$n_{c1}(t)\cos(\omega_1 t+\varphi_1)-n_{s1}(t)\sin(\omega_1 t+\varphi_1)$

ω_2 支路：$n_{c2}(t)\cos(\omega_2 t+\varphi_2)-n_{s2}(t)\sin(\omega_2 t+\varphi_2)$

式中，$n_{c1}(t)$，$n_{s1}(t)$，$n_{c2}(t)$，$n_{s2}(t)$是均值为 0、方差为 σ_n^2 的高斯随机过程。

发“+1”时：

$$\begin{cases} y_1(t) = a\cos(\omega_1 t+\varphi_1)+n_{c1}(t)\cos(\omega_1 t+\varphi_1)-n_{s1}(t)\sin(\omega_1 t+\varphi_1) \\ y_2(t) = n_{c2}\cos(\omega_2 t+\varphi_2)-n_{s2}(t)\sin(\omega_2 t+\varphi_2) \end{cases} \quad (2-27)$$

发“-1”时：

$$\begin{cases} y_1(t) = n_{c1}\cos(\omega_1 t+\varphi_1)-n_{s1}(t)\sin(\omega_1 t+\varphi_1) \\ y_2(t) = a\cos(\omega_2 t+\varphi_2)+n_{c2}(t)\cos(\omega_2 t+\varphi_2)-n_{s2}(t)\sin(\omega_2 t+\varphi_2) \end{cases} \quad (2-28)$$

经过相乘器和低通滤波后的输出为

发"+1"时：

$$\begin{cases} x_1(t) = a + n_{c1}(t) \\ x_2(t) = n_{c2}(t) \end{cases} \tag{2-29a}$$

发"−1"时：

$$\begin{cases} x_1(t) = n_{c1}(t) \\ x_2(t) = a + n_{c2}(t) \end{cases} \tag{2-29b}$$

设在取样时刻，$x_1(t)$和 $x_2(t)$对应的样点值为 x_1 和 x_2，$n_{c1}(t)$和 $n_{c2}(t)$对应的样点值为 n_{c1} 和 n_{c2}，则在输入"+1"和"−1"等概的条件下，误比特率就等于发送比特为"+1"(或"−1")的误比特率，即

$$P_e = P(x_1 < x_2) = P(a + n_{c1} < n_{c2}) = P(a + n_{c1} - n_{c2} < 0) \tag{2-30}$$

由于 $n_{c1}(t)$和 $n_{c2}(t)$是均值为 0、方差为 σ_n^2 的高斯随机过程，则有 $z=a+n_{c1}-n_{c2}$ 是均值为 a、方差为 $\sigma_z^2=2\sigma_n^2$ 的高斯随机变量，从而有

$$P_e = \int_{-\infty}^{0} f(z)\mathrm{d}z = \frac{1}{\sqrt{2\pi}\sigma_z}\int_{-\infty}^{0} e^{-(z-a)^2/2\sigma_z^2}\mathrm{d}z = \frac{1}{2}\mathrm{erfc}\left(\sqrt{\frac{r}{2}}\right) \tag{2-31}$$

式中，$r = \dfrac{a^2/2}{\sigma_n^2}$为输入信噪比，erfc($x$)为互补误差函数，即

$$\mathrm{erfc}(x) = \frac{2}{\sqrt{\pi}}\int_{x}^{\infty} e^{-z^2}\mathrm{d}z \tag{2-32}$$

2.2.2　最小移频键控(MSK)调制

MSK 是一种特殊形式的 FSK，其频差是满足两个频率相互正交(即相关函数等于 0)的最小频差，并要求 FSK 信号的相位连续。其频差 $\Delta f = f_2 - f_1 = 1/2T_b$，即调制指数为

$$h = \frac{\Delta f}{1/T_b} = 0.5 \tag{2-33}$$

式中，T_b 为输入数据流的比特宽度。

MSK 的信号表达式为

$$S(t) = \cos\left[\omega_c t + \frac{\pi}{2T_b}a_k t + x_k\right] \tag{2-34}$$

式中，x_k 是为了保证 $t=kT_b$ 时相位连续而加入的相位常量。

令

$$\varphi_k = \omega_c t + \theta_k \qquad kT_b \leqslant t \leqslant (k+1)T_b \tag{2-35}$$

式中

$$\theta_k = \frac{\pi}{2T_b}a_k t + x_k$$

为了保持相位连续，在 $t=kT_b$ 时应有下式成立：

$$\varphi_{k-1}(kT_b) = \varphi_k(kT_b) \tag{2-36}$$

将式(2-35)代入式(2-36)可得

$$x_k = x_{k-1} + (a_{k-1} - a_k)\frac{k\pi}{2} \tag{2-37}$$

若令 $x_0=0$，则 $x_k=0$ 或 $\pm\pi$(模 2π)，$k=0, 1, 2, \cdots$。该式表明本比特内的相位常数不仅

与本比特区间的输入有关，还与前一个比特区间内的输入及相位常数有关。

在给定输入序列$\{a_k\}$的情况下，MSK 的相位轨迹如图 2 - 5 所示。各种可能的输入序列所对应的所有可能的相位轨迹如图 2 - 6 所示。

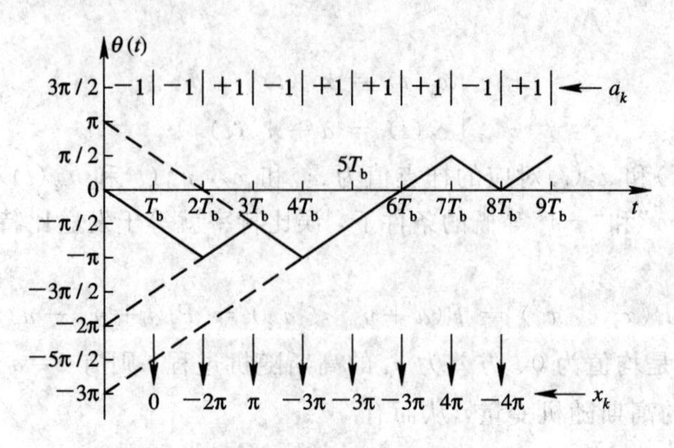

图 2 - 5　MSK 的相位轨迹

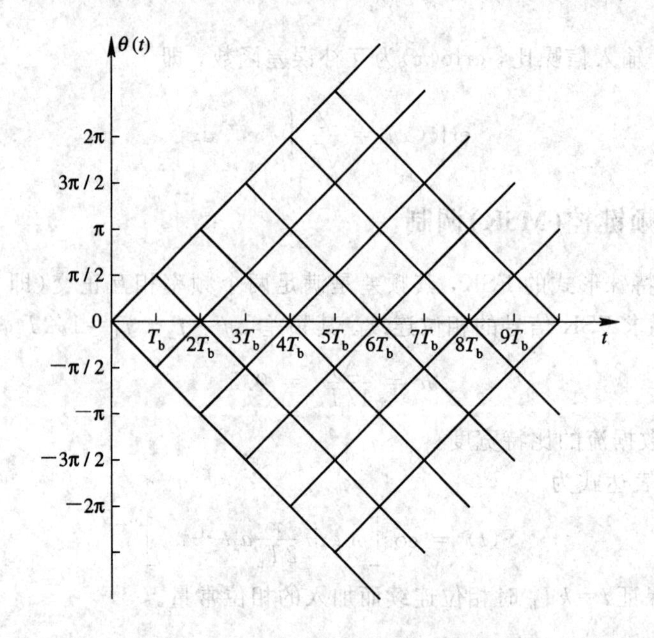

图 2 - 6　MSK 的可能相位轨迹

从图 2 - 5 和图 2 - 6 可以看出：当$t=2lT_b$，$l=0, 1, 2, \cdots$时，相位取值只能是 0 或$\pm\pi$(模 2π)；当$t=(2l+1)T_b$，$l=0, 1, 2, \cdots$时，相位取值只能是$\pm\pi/2$(模 2π)；在一个比特区间内，相位线性地增加或减少 $\pi/2$。

MSK 信号表达式可正交展开为下式：

$$\begin{aligned} S(t) &= \cos\left(\omega_c t + \frac{\pi}{2T_b}a_k t + x_k\right) \\ &= \cos x_k \cos\left(\frac{\pi}{2T_b}t\right)\cos\omega_c t - a_k \cos x_k \sin\left(\frac{\pi}{2T_b}t\right)\sin\omega_c t \end{aligned} \qquad (2-38)$$

由式(2－37)得:

$$x_k = \begin{cases} x_{k-1} & a_k = a_{k-1} \\ x_{k-1} \pm k\pi & a_k \neq a_{k-1} \end{cases}$$

$$\cos x_k = \cos\left[x_{k-1} + (a_{k-1} - a_k)\left(\frac{k\pi}{2}\right)\right]$$

$$= \cos x_{k-1} \cos\left[(a_{k-1} - a_k)\left(\frac{k\pi}{2}\right)\right] - \sin x_{k-1} \sin\left[(a_{k-1} - a_k)\left(\frac{k\pi}{2}\right)\right]$$

因为

$$\sin x_{k-1} = 0$$

$$a_{k-1} - a_k = 0, \pm 2$$

$$\sin\left[(a_{k-1} - a_k)\left(\frac{k\pi}{2}\right)\right] = 0$$

$$\cos\left[(a_{k-1} - a_k)\left(\frac{k\pi}{2}\right)\right] = \begin{cases} +1 & a_k = a_{k-1} \\ -1 & a_k \neq a_{k-1} \text{ 且 } k \text{ 为奇数} \\ +1 & a_k \neq a_{k-1} \text{ 且 } k \text{ 为偶数} \end{cases}$$

所以上式可以写成(令 $k=2l$，$l=0, 1, 2, \cdots$)：

$$\begin{cases} \cos x_{2l} = \cos x_{2l-1} \\ a_{2l+1} \cos x_{2l+1} = a_{2l} \cos x_{2l} \end{cases} \tag{2-39}$$

由此式可以看出：I 支路数据($\cos x_k$)和 Q 支路数据($a_k \cos x_k$)并不是每隔 T_b 秒就可能改变符号，而是每隔 $2T_b$ 秒才有可能改变符号。I 支路与 Q 支路的码元在时间上错开 T_b 秒，如图 2－7 所示。若输入数据 d_k 经过差分编码(即 $a_k = d_k \cdot d_{k-1}$)后，再进行 MSK 调制，则只要对 $\cos x_k$ 和 $a_k \cos x_k$ 交替取样就可以恢复输入数据 d_k。

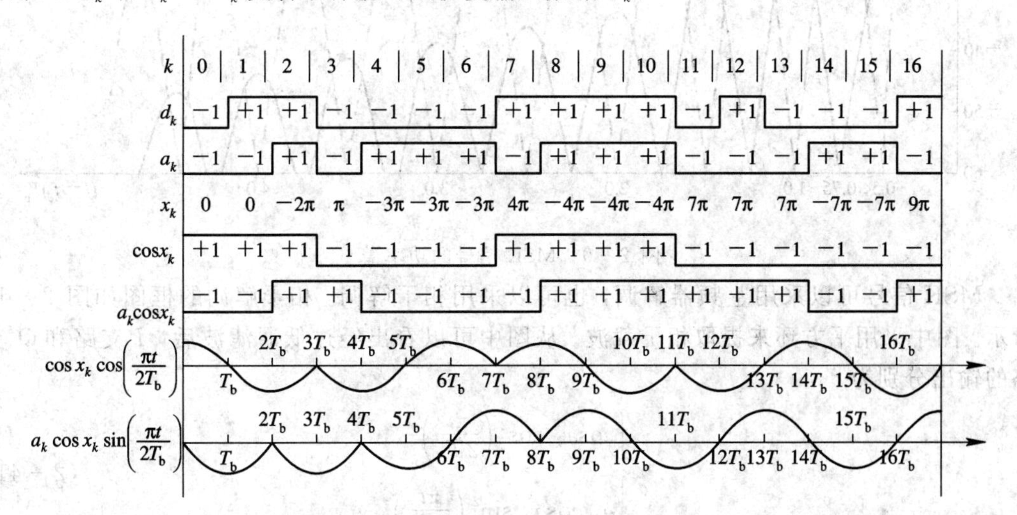

图 2－7　MSK 的输入数据与各支路数据及基带波形的关系

根据式(2－38)、式(2－39)及式(2－37)，可得 MSK 信号的产生框图如图 2－8 所示。

MSK 信号也可以将非归零的二进制序列直接送入 FM 调制器中来产生，这里要求 FM 调制器的调制指数为 0.5。

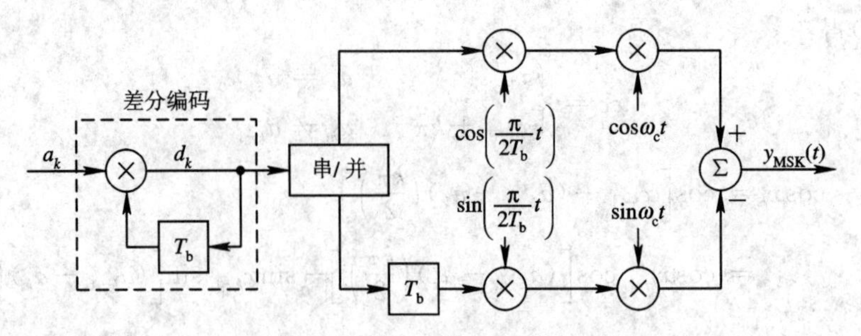

图 2-8 MSK 调制器框图

MSK 信号的单边功率谱表达式为

$$P_{MSK}(f)=\frac{8T_b}{\pi^2[1-16(f-f_c)^2T_b^2]}\cos^2[2\pi(f-f_c)T_b] \tag{2-40}$$

MSK 信号的功率谱如图 2-9 所示。图中还给出了 QPSK 信号的功率谱。从图中可以看出，与 QPSK 相比，MSK 的功率谱具有较宽的主瓣，其第一个零点出现在$(f-f_c)T_b=0.75$ 处，而 QPSK 的第一个零点出现在$(f-f_c)T_b=0.5$ 处。当$(f-f_c)T_b\to\infty$时，MSK 的功率谱以$[(f-f_c)T_b]^{-4}$的速率衰减，比 QPSK 的衰落速率$[(f-f_c)T_b]^{-2}$快得多。

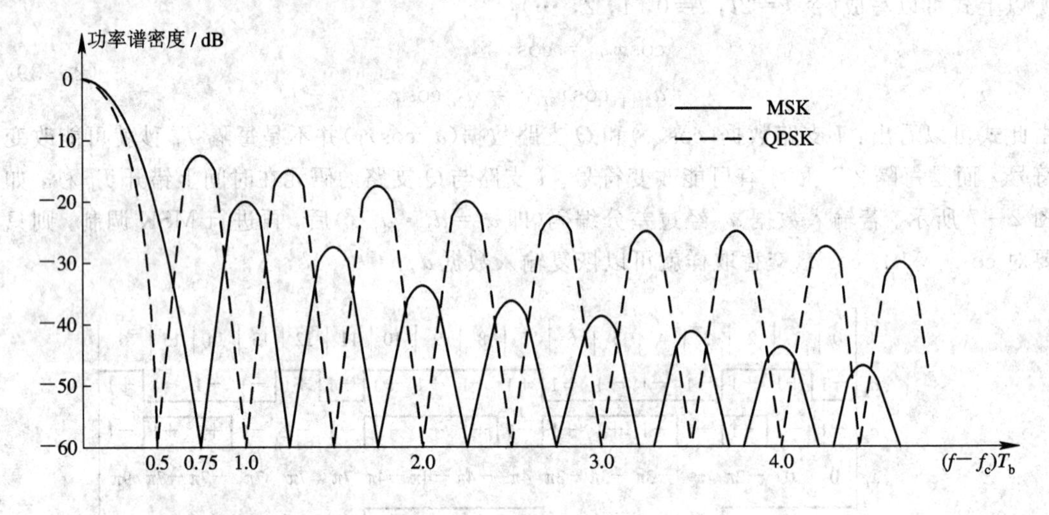

图 2-9 MSK 信号的功率谱

MSK 信号可以采用鉴频器解调，也可以采用相干解调。相干解调的框图如图 2-10 所示。图中采用平方环来提取相干载波。从图中可以看出经过低通滤波后，I 支路和 Q 支路的输出分别为

$$\begin{cases}\cos x_k\cos^2\left(\dfrac{\pi t}{2T_b}\right)\\ a_k\cos x_k\sin^2\left(\dfrac{\pi t}{2T_b}\right)\end{cases} \tag{2-41}$$

通过对 I 支路和 Q 支路交替采样就可以恢复 b_k，再经差分译码后就可以恢复 a_k。

参照 FSK 的误码率分析，在输入为窄带高斯噪声(均值为 0，方差为 σ_n^2)的情况，各支路的误码率为

$$P_s=\frac{1}{2}\text{erfc}(\sqrt{r}) \tag{2-42}$$

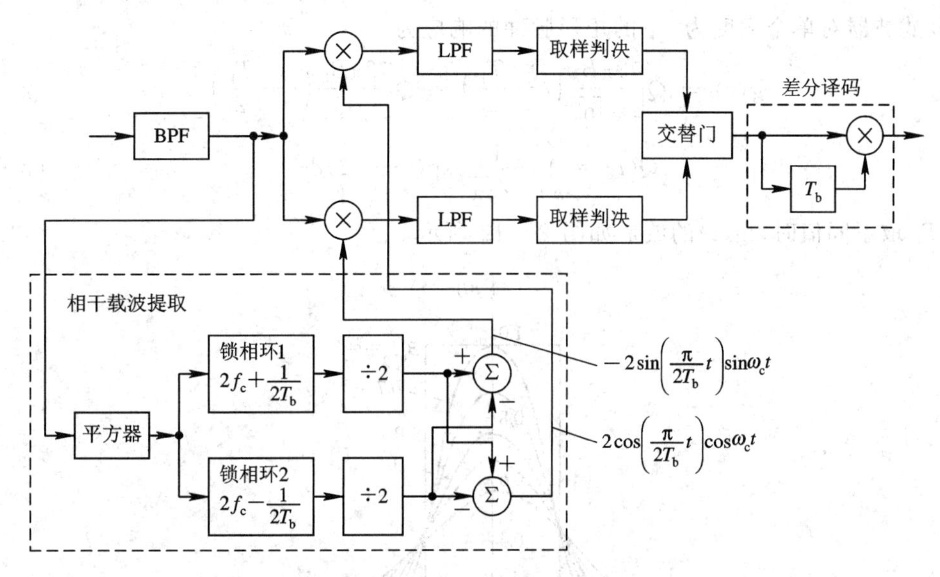

图 2-10　MSK相干解调框图

式中，$r=a^2/2\sigma_n^2$，a 为接收信号幅度。

与FSK性能相比，由于各支路的实际码元宽度为 $2T_b$，其对应的低通滤波器带宽减少为原带宽的1/2，从而使MSK的输出信噪比提高了一倍。

经过差分译码后的误比特率为

$$P_e=2P_s(1-P_s) \tag{2-43}$$

2.2.3　高斯滤波的最小移频键控(GMSK)调制

尽管MSK信号已具有较好的频谱和误比特率性能，但仍不能满足功率谱在相邻频道取值(即邻道辐射)低于主瓣峰值60 dB以上的要求。这就要求在保持MSK基本特性的基础上，对MSK的带外频谱特性进行改进，使其衰减速度加快。

由2.2.2节可以看出，MSK信号可由FM调制器来产生，由于输入二进制非归零脉冲序列具有较宽的频谱，从而导致已调信号的带外衰减较慢。如果将输入信号经过滤波以后再送入FM调制，必然会改善已调信号的带外特性。

GMSK信号就是通过在FM调制器前加入高斯低通滤波器(称为预调制滤波器)而产生的，如图2-11所示。

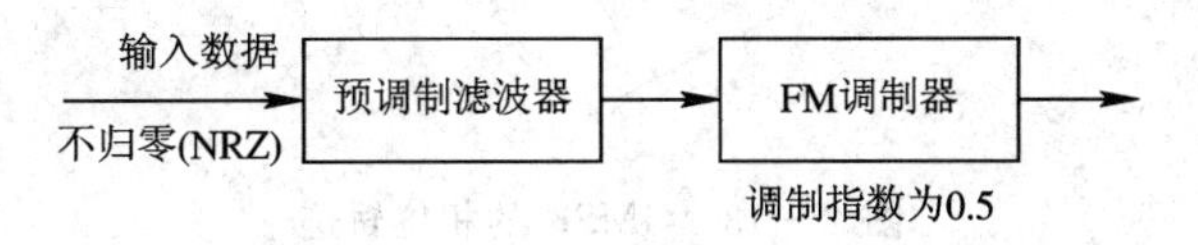

图 2-11　GMSK信号的产生原理

高斯低通滤波器的冲击响应为

$$h(t)=\sqrt{\pi}\alpha\ \exp(-\pi^2\alpha^2t^2) \tag{2-44}$$

$$\alpha=\sqrt{\frac{2}{\ln 2}}B_b$$

式中，B_b 为高斯滤波器的3 dB带宽。

该滤波器对单个宽度为 T_b 的矩形脉冲的响应为

$$g(t) = Q\left[\frac{2\pi B_b}{\sqrt{\ln 2}}\left(t-\frac{T_b}{2}\right)\right]-Q\left[\frac{2\pi B_b}{\sqrt{\ln 2}}\left(t+\frac{T_b}{2}\right)\right] \tag{2-45}$$

式中

$$Q(t) = \int_t^{\infty}\frac{1}{\sqrt{2\pi}}\exp(-\tau^2/2)\,d\tau \tag{2-46}$$

当 B_bT_b 取不同值时，$g(t)$ 的波形如图 2-12 所示。

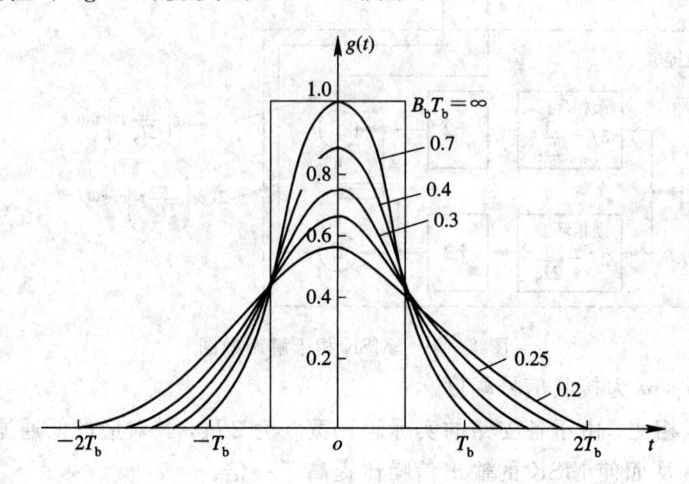

图 2-12 高斯滤波器的矩形脉冲响应

GMSK 的信号表达式为

$$S(t) = \cos\left\{\omega_c t+\frac{\pi}{2T_b}\int_{-\infty}^{t}\left[\sum a_n g\left(\tau-nT_b-\frac{T_b}{2}\right)\right]d\tau\right\} \tag{2-47}$$

GMSK 的相位轨迹如图 2-13 所示。

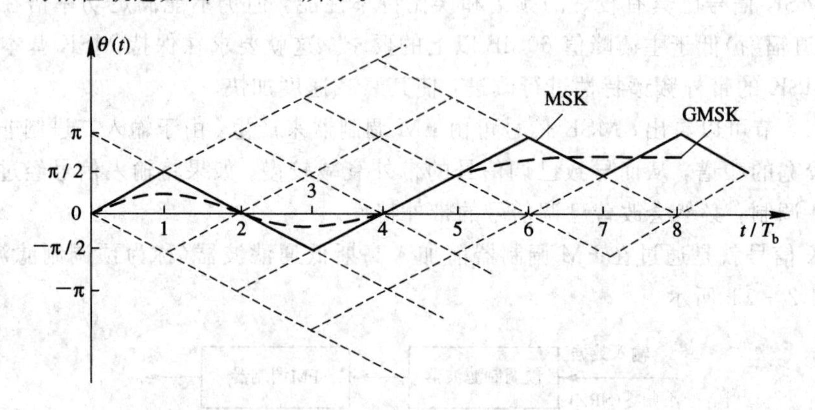

图 2-13 GMSK 的相位轨迹

从图 2-12 和图 2-13 可以看出，GMSK 通过引入可控的码间干扰（即部分响应波形）来达到平滑相位路径的目的，它消除了 MSK 相位路径在码元转换时刻的相位转折点。从图中还可以看出，GMSK 信号在一码元周期内的相位增量，不像 MSK 那样固定为 $\pm\pi/2$，而是随着输入序列的不同而不同。

由式(2-47)可得

$$S(t) = \cos(\omega_c t+\theta(t)) = \cos\theta(t)\,\cos\omega_c t-\sin\theta(t)\,\sin\omega_c t \tag{2-48}$$

式中

$$\theta(t)=\frac{\pi}{2T_b}\int_{-\infty}^{t}\left[\sum a_n g\left(\tau-nT_b-\frac{T_b}{2}\right)\right]d\tau$$

$$=\theta(kT_b)+\Delta\theta(t) \qquad kT_b\leqslant t<(k+1)T_b \qquad (2-49)$$

尽管 $g(t)$在理论上是在$-\infty<t<+\infty$范围内取值的，但实际中需要对 $g(t)$进行截短，仅取$(2N+1)T_b$ 区间，这样可以证明$\theta(t)$在码元转换时刻的取值$\theta(kT_b)$是有限的，在当前码元内的相位增量$\Delta\theta(t)$仅与$(2N+1)$个比特有关，因此$\theta(t)$的状态是有限的。这样我们就可以事先制作 $\cos\theta(t)$和 $\sin\theta(t)$两张表，根据输入数据读出相应的值，再进行正交调制就可以得到 GMSK 信号，如图 2 - 14 所示。

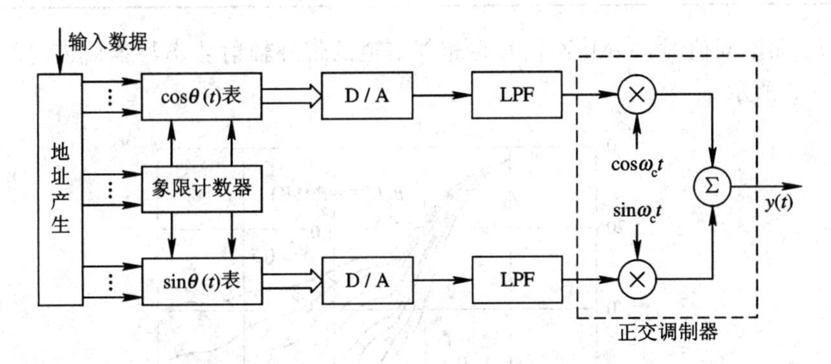

图 2 - 14　波形存储正交调制法产生 GMSK 信号

GMSK 信号的功率谱密度如图 2 - 15 所示。从图中可以看出，随着 B_bT_b 的减小，功率谱衰减明显加快。在 GSM 系统中，要求在$(f-f_c)T_b=1.5$ 时功率谱密度低于 60 dB，从图 2 - 15 中可以看出，$B_bT_b=0.3$ 时 GMSK 的功率谱即可满足 GSM 的要求。

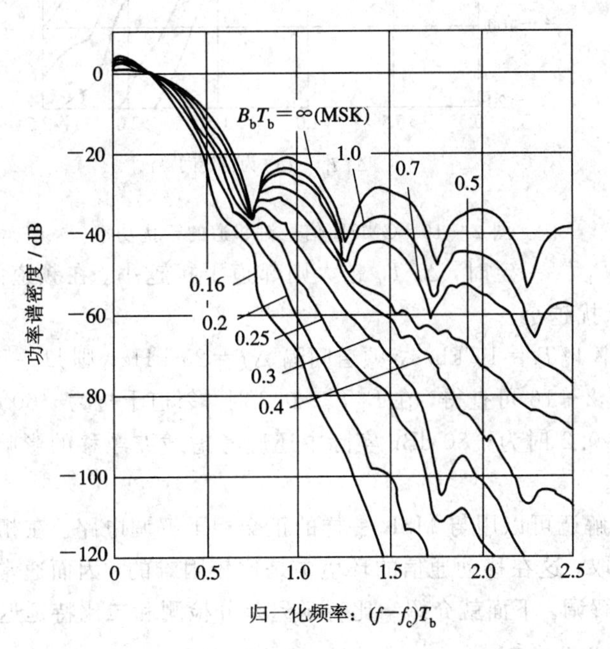

图 2 - 15　GMSK 的功率谱密度

当B_bT_b取不同值时，GMSK信号中包含给定百分比功率(指落入此带宽内的信号功率占信号总功率的比例)所占的归一化带宽如表2-1所示。

表2-1 GMSK在给定百分比功率下的占用带宽

B_bT_b \ %	90	99	99.9	99.99
0.2	0.52	0.79	0.99	1.22
0.25	0.57	0.86	1.09	1.37
0.5	0.69	1.04	1.33	2.08
∞(MSK)	0.78	1.20	2.76	6.00

当B_bT_b取不同值时，GMSK信号在相邻信道的带外辐射功率与本信道内的总功率之比如图2-16所示。

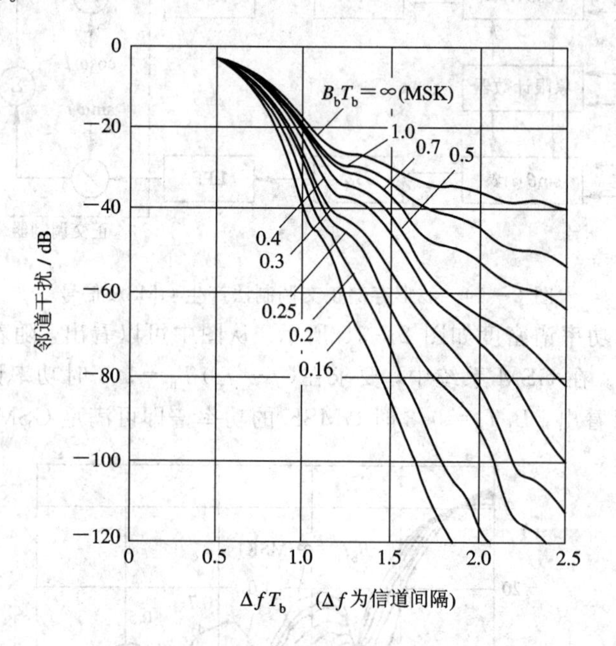

图2-16 GMSK信号对邻道的干扰功率

由图可见，在B_bT_b一定时，ΔfT_b越大则邻道干扰越小。在频道间隔ΔfT_b一定时，B_bT_b越小则邻道干扰越小。

例如，数据速率$1/T_b=16$ kb/s，频道间隔$\Delta f=25$ kHz，则归一化频道间隔$\Delta fT_b=25/16=1.56$。从图2-16可查得，在$B_bT_b=0.3$时，邻道干扰为−60 dB；$B_bT_b=0.25$时为−70 dB；$B_bT_b=0.2$时为−80 dB。实际中还应考虑载波漂移的影响，邻道干扰会比上述计算值严重一些。

GMSK信号的解调可以用与MSK一样的正交相干解调电路。在相干解调中最为重要的是相干载波的提取，这在移动通信的环境中是比较困难的，因而通常采用差分解调和鉴频器解调等非相干解调。下面就介绍一比特延迟差分检测和二比特延迟差分检测的原理。

1. 一比特延迟差分检测

一比特延迟差分检测器的框图如图2-17所示。设中频滤波器的输出信号为

$$S_{IF}(t)=R(t)\cos[\omega_c t+\theta(t)] \tag{2-50}$$

式中，$R(t)$是时变包络；ω_c是中频载波角频率；$\theta(t)$是附加相位函数。

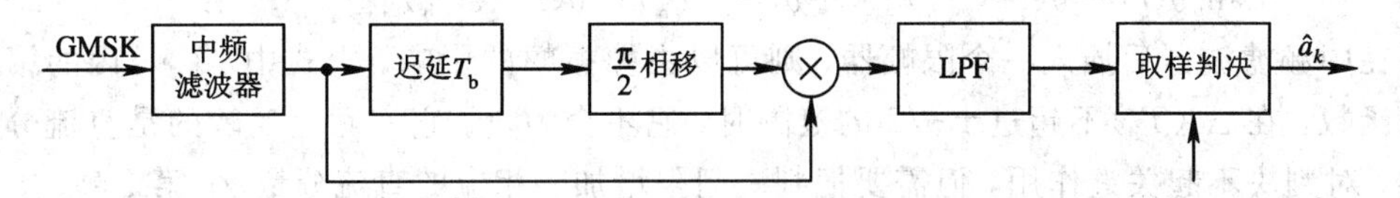

图 2-17　一比特延迟差分检测器的框图

在不计输入噪声与干扰的情况下，图中相乘器的输出为

$$R(t)\cos[\omega_c t+\theta(t)]\cdot R(t-T_b)\sin[\omega_c(t-T_b)+\theta(t-T_b)]$$

经 LPF 后的输出信号为

$$Y(t)=\frac{1}{2}R(t)R(t-T_b)\sin[\omega_c T_b+\Delta\theta(T_b)] \tag{2-51}$$

其中

$$\Delta\theta(T_b)=\theta(t)-\theta(t-T_b)$$

当$\omega_c T_b=k(2\pi)$（k为整数）时，

$$Y(t)=\frac{1}{2}R(t)R(t-T_b)\sin\Delta\theta(T_b) \tag{2-52}$$

式中，$R(t)$和$R(t-T_b)$是信号的包络，永远是正值。因而$Y(t)$的极性取决于相差信息$\Delta\theta(T_b)$。令判决门限为零，即判决规则为

$$Y(t)>0 \qquad 判为“+1”$$
$$Y(t)<0 \qquad 判为“-1”$$

当输入“+1”时$\theta(t)$增大，当输入“-1”时$\theta(t)$减小。用上述判决规则即可恢复出原来的数据，即$\hat{a}_k=a_k$。

2. 二比特延迟差分检测

二比特延迟差分检测器的框图如图 2-18 所示。图中相乘器的输出信号为

$$\begin{aligned}&R(t)\cos[\omega_c t+\theta(t)]\cdot R(t-2T_b)\cos[\omega_c(t-2T_b)+\theta(t-2T_b)]\\&=R(t)R(t-2T_b)\cos[\omega_c t+\theta(t)]\cos[\omega_c(t-2T_b)+\theta(t-2T_b)]\end{aligned} \tag{2-53}$$

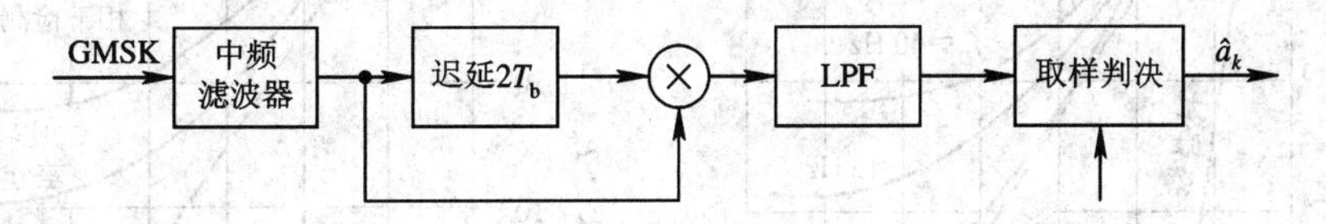

图 2-18　二比特延迟差分检测器的框图

经 LPF 后的输出

$$Y(t)=\frac{1}{2}R(t)R(t-2T_b)\cos[2\omega_c T_b+\Delta\theta(2T_b)] \tag{2-54}$$

式中

$$\begin{aligned}\Delta\theta(2T_b)&=\theta(T)-\theta(t-2T_b)\\&=\theta(t)-\theta(t-T_b)+\theta(t-T_b)-\theta(t-2T_b)\end{aligned}$$

当$2\omega_c T_b=k(2\pi)$（k为整数）时

$$Y(t) = \frac{1}{2}R(t)R(t-2T_b)\{\cos[\theta(t)-\theta(t-T_b)]\cos[\theta(t-T_b)-\theta(t-2T_b)]-$$
$$\sin[\theta(t)-\theta(t-T_b)]\sin[\theta(t-T_b)-\theta(t-2T_b)]\} \tag{2-55}$$

如果在中频滤波器后插入一个限幅器，则可以去掉振幅的影响。上式中，{·}内的第一项为偶函数，在 $\Delta\theta(T_b)$不超过$\pm\pi/2$ 的范围时，它不会为负。它实际上反映的是直流分量的大小，对判决不起关键作用，但需要把判决门限增加一相应的直流分量 γ；第二项

$$\sin[\theta(t)-\theta(t-T_b)]\sin[\theta(t-T_b)-\theta(t-2T_b)] \tag{2-56}$$

才是判决的依据。为了从式(2-56)中恢复出传输的数据，令其中的 $\sin[\theta(t)-\theta(t-T_b)]$ 对应于原始数据 a_k 经差分编码后的 c_k，而 $\sin[\theta(t-T_b)-\theta(t-2T_b)]$则对应于 c_{k-1}，两者相乘等效于两者的模 2 相加 $c_k \oplus c_{k-1}$。若发端进行差分编码，根据差分编码的规则 $c_k=a_k\oplus c_{k-1}$，可得 $\tilde{a}=c_k\oplus c_{k-1}$，即为解调输出。

由此可见，检测器只要设置一个判决门限 γ，并令判决规则为

$$Y(t) > \gamma \qquad 判为“+1”$$
$$Y(t) < \gamma \qquad 判为“-1”$$

而相应在发端，需对原始数据 a_k 进行差分编码，如图 2-19 所示。

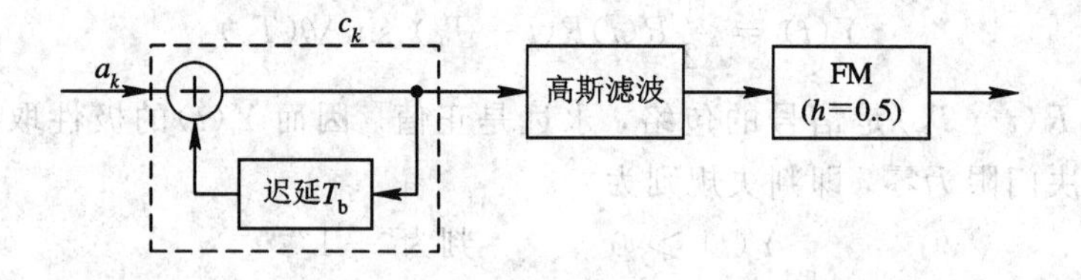

图 2-19　差分编码的 GMSK 调制器

GMSK 信号在衰落信道中传输时，检测的误码率和其他调制方式一样，与信噪比(E_b/N_0)、多普勒频移等多种因素有关。图 2-20 是其相干检测的误码率特性。图 2-21 给出了二比特延迟差分检测的误码率特性，两者比较，后者的误码率特性优于前者。

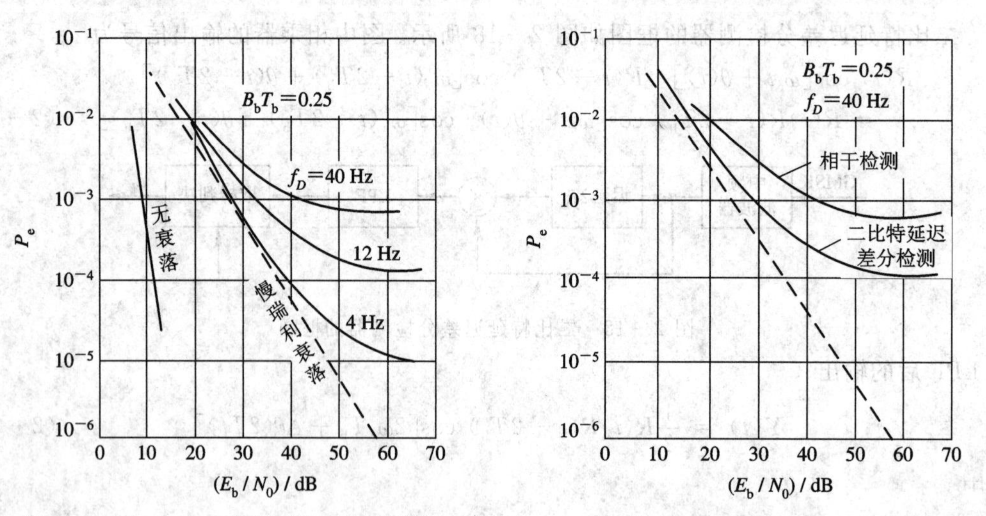

图 2-20　GMSK 相干检测的误码率特性　　图 2-21　GMSK 二比特延迟差分检测的误码率特性

此外，二比特延迟差分检测的误码性能还优于一比特延迟差分检测。

2.2.4 高斯滤波的移频键控(GFSK)调制

由前面的讨论可知，MSK 和 GMSK 两种调制方式对调制指数是有严格规定的，即 $h=0.5$，从而对调制器也有严格的要求。GFSK 吸取了 GMSK 的优点，但放松了对调制指数的要求，通常调制指数在 0.4～0.7 之间即可满足要求。例如在第二代无绳电话系统(CT-2)标准中规定，发射“+1”时对应的频率比 f_c 低 14.4 kHz 到 25.2 kHz。因此，GFSK 调制的原理框图如图 2-22 所示。GFSK 与 GMSK 类似，是连续相位的恒包络调制。

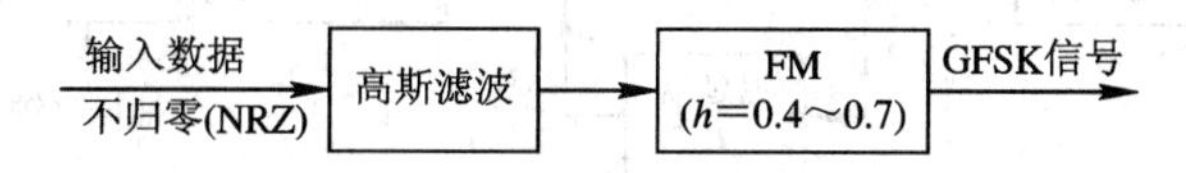

图 2-22 GFSK 调制的原理框图

2.3 数字相位调制

2.3.1 移相键控(PSK)调制

设输入比特率为$\{a_n\}$，$a_n=\pm1$，$n=-\infty\sim+\infty$，则 PSK 的信号形式为

$$S(t)=\begin{cases}A\cos(\omega_c t) & a_n=+1\\ -A\cos(\omega_c t) & a_n=-1\end{cases}\qquad nT_b\leqslant t<(n+1)T_b \tag{2-57}$$

$S(t)$还可以表示为

$$S(t)=a_nA\cos\omega_c t=A\cos\left[\omega_c t+\left(\frac{1-a_n}{2}\right)\pi\right]\qquad nT_b\leqslant t<(n+1)T_b \tag{2-58}$$

即当输入为“+1”时，对应的信号附加相位为“0”；当输入为“−1”时，对应的信号附加相位为“π”。

设 $g(t)$是宽度为 T_b 的矩形脉冲，其频谱为 $G(\omega)$，则 PSK 信号的功率谱为(假定“+1”和“−1”等概出现)

$$P_s(f)=\frac{1}{4}[\,|G(f-f_0)|^2+|G(f+f_0)|^2] \tag{2-59}$$

PSK 可采用相干解调和差分相干解调，如图 2-23 所示。

若输入噪声为窄带高斯噪声(其均值为 0，方差为 σ_n^2)，则在输入序列“+1”和“−1”等概出现的条件下，相干解调后的误比特率为

$$P_e=\frac{1}{2}\text{erfc}(\sqrt{r}) \tag{2-60}$$

式中，$r=a^2/2\sigma_n^2$，a 为接收信号幅度。

在相同的条件下，差分相干解调的误比特率为

$$P_e=\frac{1}{2}e^{-r} \tag{2-61}$$

式中，$r=a^2/2\sigma_n^2$。

比较式(2-31)和式(2-60)，可以发现在相同的误比特率情况下，PSK 所需要的信噪

比 r 要比 FSK 小 3 dB，即 PSK 的性能优于 FSK。

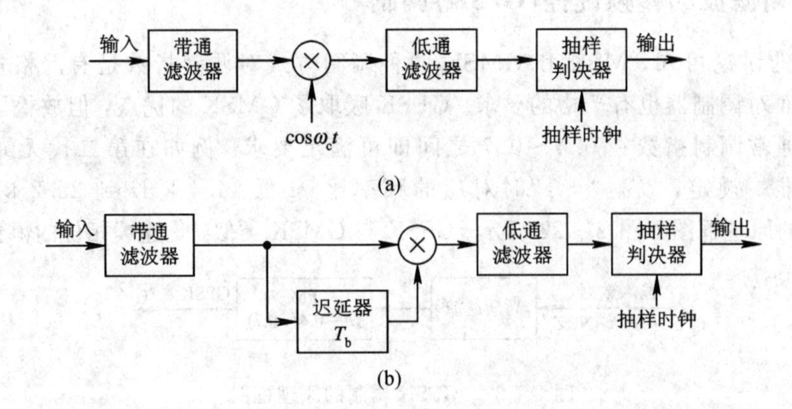

图 2－23　PSK 的解调框图

(a) 相干解调；(b) 差分相干解调

2.3.2　四相移相键控(QPSK)调制和交错四相移相键控(OQPSK)调制

QPSK 和 OQPSK 信号的产生原理如图 2－24 所示。

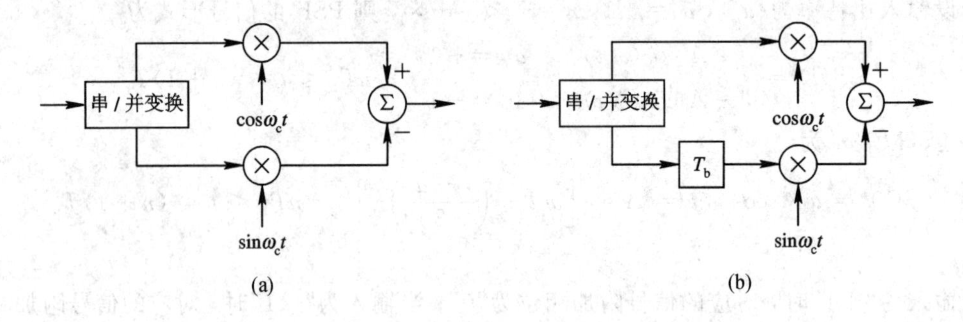

图 2－24　QPSK 和 OQPSK 信号的产生原理

(a) QPSK 信号的产生；(b) OQPSK 信号的产生

假定输入二进制序列为$\{a_n\}$，$a_n=\pm1$，则在 $kT_s\leqslant t<(k+1)T_s(T_s=2T_b)$的区间内，QPSK 的产生器的输出为(令 $n=2k+1$)

$$S(t)=\begin{cases}A\cos\left(\omega_c t+\dfrac{\pi}{4}\right) & a_n a_{n-1}=(+1)(+1)\\ A\cos\left(\omega_c t-\dfrac{\pi}{4}\right) & a_n a_{n-1}=(+1)(-1)\\ A\cos\left(\omega_c t+\dfrac{3}{4}\pi\right) & a_n a_{n-1}=(-1)(+1)\\ A\cos\left(\omega_c t-\dfrac{3}{4}\pi\right) & a_n a_{n-1}=(-1)(-1)\end{cases}$$

$$=A\cos(\omega_c t+\theta_k) \tag{2-62}$$

式中，$\theta_k=\pm\pi/4$，$\pm3\pi/4$。其相位的星座图如图 2－25(a)所示。在实际中，也可以产生 $\theta_k=0$，$\pm\pi/2$，π 的 QPSK 信号，即将图 2－25(a)的星座旋转 45°。比较式(2－57)和式(2－62)，我们可以看到，在 QPSK 的码元速率(T_s)与 PSK 信号的比特速率相等的情况下，QPSK信号是两个 PSK 信号之和，因而它具有和 PSK 信号相同的频谱特征和误比特率性能。

由图 2.24(b)可知，OQPSK 调制与 QPSK 调制类似，不同之处是在正交支路引入了一个比特(半个码元)的时延，这使得两个支路的数据不会同时发生变化，因而不可能像QPSK那样产生±π 的相位跳变，而仅能产生±π/2 的相位跳变，如图 2-25(b)所示。因此，OQPSK 频谱旁瓣要低于 QPSK 信号的旁瓣。

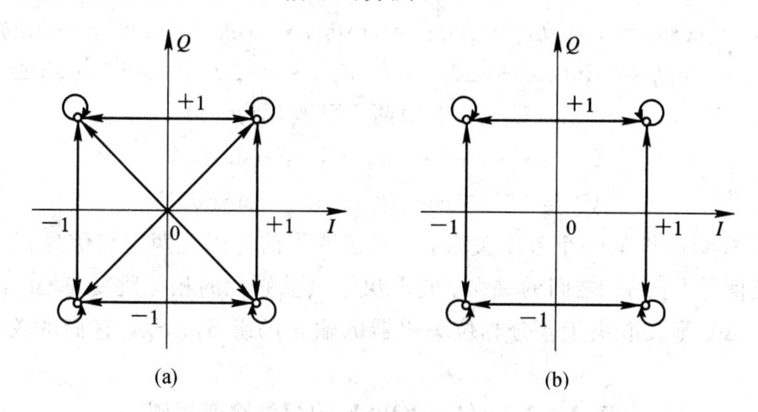

图 2-25　QPSK 和 OQPSK 的星座图和相位转移图

(a) QPSK；(b) OQPSK

QPSK 和 OQPSK 调制与 PSK 调制相同，均可采用相干解调。

2.3.3　π/4-DQPSK 调制

π/4-DQPSK 是对 QPSK 信号的特性进行改进的一种调制方式。改进之一是将 QPSK 的最大相位跳变±π 降为±3π/4，从而改善了 π/4-DQPSK 的频谱特性；改进之二是解调方式，QPSK 只能用相干解调，而 π/4-DQPSK 既可以用相干解调也可以采用非相干解调。π/4-DQPSK 已应用于美国的 IS-136 数字蜂窝系统、日本的(个人)数字蜂窝系统(PDC)和美国的个人接入通信系统(PACS)中。

π/4-DQPSK 调制器的原理框图如图 2-26 所示，输入数据经串/并变换之后得到同相通道 I 和正交通道 Q 的两种非归零脉冲序列 S_I 和 S_Q。通过差分相位编码，使得在 $kT_s \leqslant t < (k+1)T_s$ 时间内，I 通道的信号 U_k 和 Q 通道的信号 V_k 发生相应的变化，再分别进行正交调制之后合成为 π/4-DQPSK 信号。(这里 T_s 是 S_I 和 S_Q 的码宽，$T_s = 2T_b$。)

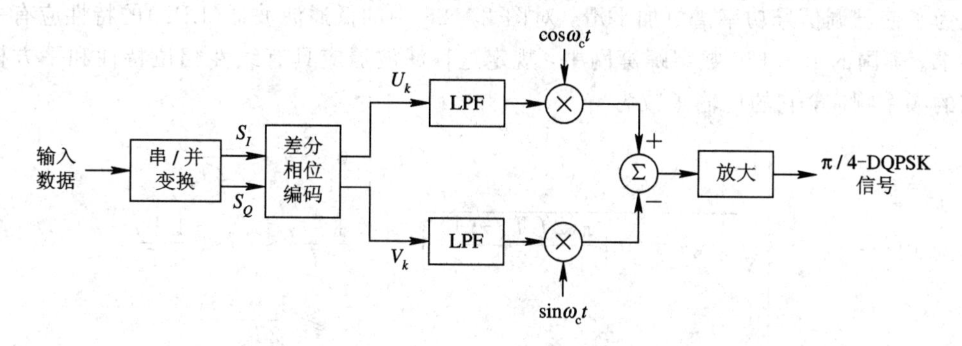

图 2-26　π/4-DQPSK 调制器原理框图

设已调信号

$$S_k(t) = \cos(\omega_c t + \theta_k) \tag{2-63}$$

式中，θ_k 为 $kT_s \leqslant t < (k+1)T_s$ 之间的附加相位。上式可展开成

$$S_k(t) = \cos\omega_c t \cos\theta_k - \sin\omega_c t \sin\theta_k \tag{2-64}$$

当前码元的附加相位 θ_k 是前一码元附加相位 θ_{k-1} 与当前码元相位跳变量 $\Delta\theta_k$ 之和，即

$$\theta_k = \theta_{k-1} + \Delta\theta_k \tag{2-65}$$

$$U_k = \cos\theta_k = \cos(\theta_{k-1} + \Delta\theta_k) = \cos\theta_{k-1} \cdot \cos\Delta\theta_k - \sin\theta_{k-1} \cdot \sin\Delta\theta_k \tag{2-66}$$

$$V_k = \sin\theta_k = \sin(\theta_{k-1} + \Delta\theta_k) = \sin\theta_{k-1} \cdot \cos\Delta\theta_k + \cos\theta_{k-1} \cdot \sin\Delta\theta_k \tag{2-67}$$

其中，$\sin\theta_{k-1} = V_{k-1}$，$\cos\theta_{k-1} = U_{k-1}$，上面两式可改写为

$$\left.\begin{aligned} U_k &= U_{k-1} \cdot \cos\Delta\theta_k - V_{k-1} \cdot \sin\Delta\theta_k \\ V_k &= V_{k-1} \cdot \cos\Delta\theta_k + U_{k-1} \cdot \sin\Delta\theta_k \end{aligned}\right\} \tag{2-68}$$

这是π/4－DQPSK 的一个基本关系式。它表明了前一码元两正交信号 U_{k-1}、V_{k-1} 与当前码元两正交信号 U_k、V_k 之间的关系。它取决于当前码元的相位跳变量 $\Delta\theta_k$，而当前码元的相位跳变量 $\Delta\theta_k$ 则又取决于差分相位编码器的输入码组 S_I、S_Q，它们的关系如表 2－2 所规定。

表 2－2　π/4－DQPSK 的相位跳变规则

S_I	S_Q	$\Delta\theta_k$	$\cos\Delta\theta_k$	$\sin\Delta\theta_k$
1	1	$\pi/4$	$1/\sqrt{2}$	$1/\sqrt{2}$
−1	1	$3\pi/4$	$-1/\sqrt{2}$	$1/\sqrt{2}$
−1	−1	$-3\pi/4$	$-1/\sqrt{2}$	$-1/\sqrt{2}$
1	−1	$-\pi/4$	$1/\sqrt{2}$	$-1/\sqrt{2}$

上述规则决定了在码元转换时刻的相位跳变量只有 $\pm\pi/4$ 和 $\pm 3\pi/4$ 四种取值。π/4－DQPSK 的相位关系如图 2－27 所示。从图中可以看出信号相位跳变必定在图 2－27 中的"∘"组和"■"组之间跳变。即在相邻码元，仅会出现从"∘"组到"■"组相位点(或"■"组到"∘"组)的跳变，而不会在同组内跳变。同时也可以看到，U_k 和 V_k 只可能有 0、$\pm 1/\sqrt{2}$、± 1 五种取值，分别对应于图 2－27 中八个相位点的坐标值。

为了使已调信号功率谱更加平滑，对图 2－26 中的低通滤波器(LPF)的特性应有一定的要求。美国的 IS－136 数字蜂窝网中，规定这种滤波器应具有线性相位特性和平方根升余弦的频率响应，它的传输函数为

$$|G(f)| = \begin{cases} 1 & 0 \leqslant f < \dfrac{1-\alpha}{2T_s} \\ \sqrt{\dfrac{1}{2}\left\{1 - \sin\left[\dfrac{\pi(2fT_s - 1)}{2\alpha}\right]\right\}} & \dfrac{1-\alpha}{2T_s} \leqslant f < \dfrac{1+\alpha}{2T_s} \\ 0 & f \geqslant \dfrac{1+\alpha}{2T_s} \end{cases} \tag{2-69}$$

式中，α 为滚降因子。在 IS－136 中，取 $\alpha = 0.35$。

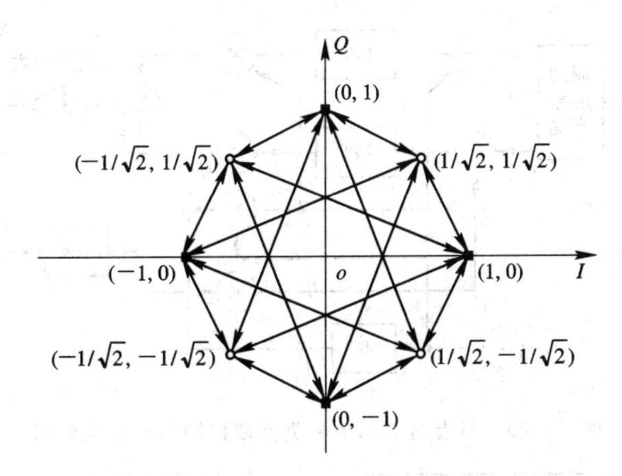

图 2-27 π/4-DQPSK 的相位关系

设该滤波器的矩形脉冲响应函数为 $g(t)$，那么最后形成的 π/4-DQPSK 信号可以表示为

$$S(t)=\sum_k g(t-kT_s)\cos\theta_k\cos\omega_c t-\sum_k g(t-kT_s)\sin\theta_k\sin\omega_c t \qquad (2-70)$$

低通滤波器输出信号的眼图如图 2-28 所示。从图中可以看到，归一化的取样值为 $\pm\sqrt{2}/2$、0 和 ±1。

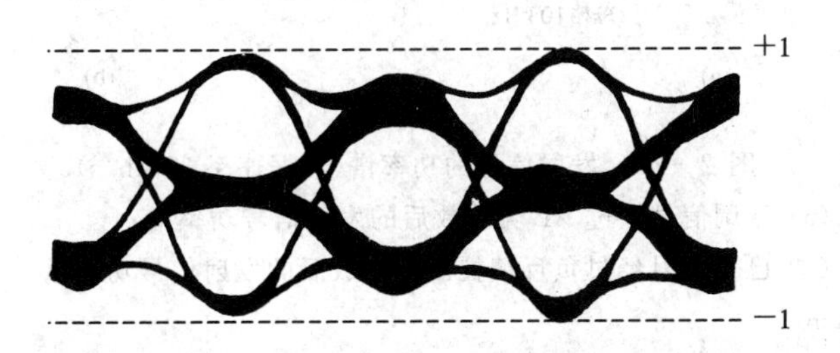

图 2-28 π/4-DQPSK 基带信号的眼图

由式(2-70)可以看出，π/4-DQPSK 是一种线性调制。它具有较高的频谱利用率，但其包络不恒定。若在发射中采用非线性功率放大器，将会使已调信号的频谱展宽，从而降低了频谱利用率，不能满足对相邻信道的干扰功率电平比本信道的功率电平低(60～70) dB 的要求；若采用线性功率放大器，则其功率效率较差。为改善功率放大器的动态范围，一种实用的 π/4-DQPSK 的发射机结构如图 2-29 所示。它采用了笛卡尔坐标负反馈控制和 AB 类功率放大器。它的中心频率为 145 MHz，数据速率为 32 kb/s，发端采用滚降因子为 0.5 的升余弦滤波器时，实测的信号功率谱如图 2-30 所示。图 2-30(a)为不加负反馈控制，即已调信号直接经过 AB 类功率放大器后的功率谱。图 2-30(b)为已调信号经过负反馈控制的功率放大器后的功率谱。从图中可以看出，采用负反馈控制后，可使已调信号的带外辐射降低 28 dB，即可使带外辐射降低到 −60 dB。因此，只要通过合理地设计发射机结构，就可以使 π/4-DQPSK 发射信号的功率谱满足移动通信系统的要求。

π/4-DQPSK 信号可以用相干检测、差分检测或鉴频器检测。如前所述，π/4-DQPSK 中的信息完全包含在载波的相位跳变 $\Delta\theta_k$ 之中，便于差分检测。这里对差分检测作简要介绍，也对鉴频检测作一简单说明。

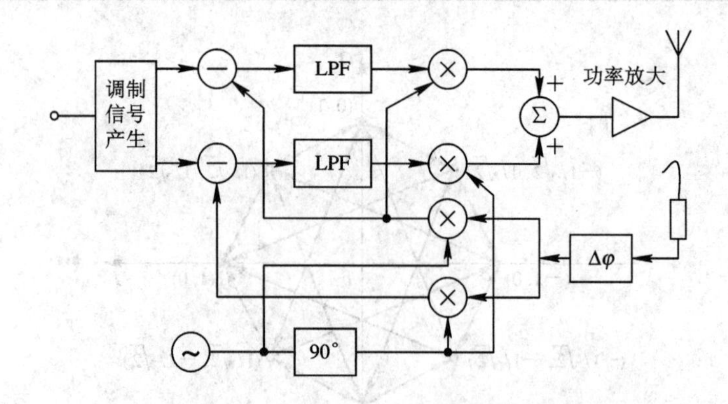

图 2-29　具有笛卡尔坐标负反馈控制的发射机框图

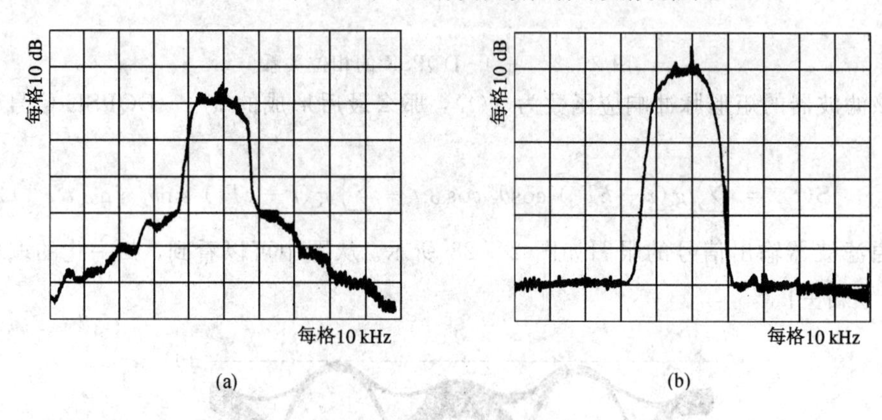

图 2-30　发射信号的功率谱(数据速率 32 kb/s)

(a) 已调信号经过 AB 类功放后的发射信号功率谱；

(b) 已调信号经过负反馈控制的功放后的发射信号功率谱

1. 基带差分检测

基带差分检测的框图如图 2-31 所示。图中，本地正交载波 $\cos(\omega_c t+\varphi)$ 和 $\sin(\omega_c t+\varphi)$ 只要求与信号的未调载波 ω_c 同频，并不要求相位相干，可以允许有一定的相位差 φ，这个相位差是可以在差分检测过程中消去的。

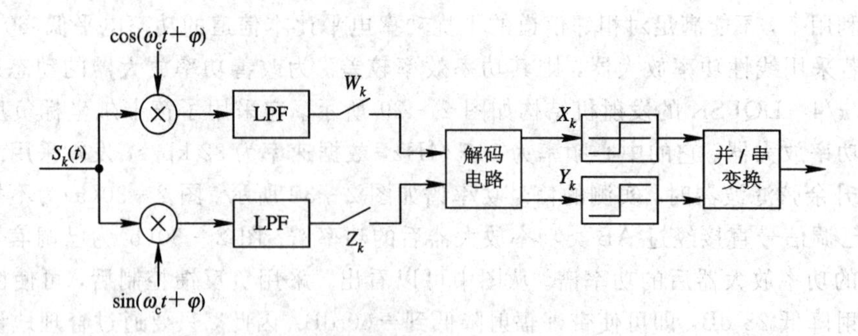

图 2-31　基带差分检测框图

设接收信号

$$S_k(t) = \cos(\omega_c t + \theta_k) \qquad kT_s \leqslant t < (k+1)T_s \tag{2-71}$$

在同相支路，经与本地载波 $\cos(\omega_c t+\varphi)$ 相乘，滤波后的低频信号为

$$W_k = \frac{1}{2}\cos(\theta_k - \varphi) \tag{2-72}$$

在正交支路，与 $\sin(\omega_c t+\varphi)$ 相乘，滤波后的低频信号为

$$Z_k = \frac{1}{2}\sin(\theta_k - \varphi) \tag{2-73}$$

式中，θ_k 是信号相位。从调制器电路图 2-26 可知：

$$\theta_k = \arctan\frac{V_k}{U_k} \tag{2-74}$$

令解码电路的运算规则为

$$\left.\begin{aligned} X_k &= W_k W_{k-1} + Z_k Z_{k-1} \\ Y_k &= Z_k W_{k-1} - W_k Z_{k-1} \end{aligned}\right\} \tag{2-75}$$

可以得到

$$\begin{aligned} X_k &= \frac{1}{2}\cos(\theta_k - \varphi)\cdot\frac{1}{2}\cos(\theta_{k-1} - \varphi) + \frac{1}{2}\sin(\theta_k - \varphi)\cdot\frac{1}{2}\sin(\theta_{k-1} - \varphi) \\ &= \frac{1}{4}\cos(\theta_k - \theta_{k-1}) = \frac{1}{4}\cos\Delta\theta_k \end{aligned} \tag{2-76}$$

$$\begin{aligned} Y_k &= \frac{1}{2}\sin(\theta_k - \varphi)\cdot\frac{1}{2}\cos(\theta_{k-1} - \varphi) - \frac{1}{2}\cos(\theta_k - \varphi)\cdot\frac{1}{2}\sin(\theta_{k-1} - \varphi) \\ &= \frac{1}{4}\sin(\theta_k - \theta_{k-1}) = \frac{1}{4}\sin\Delta\theta_k \end{aligned} \tag{2-77}$$

从式(2-76)和式(2-77)可以看出，通过解码电路的运算，消除了本地载频和信号的相差 φ，使得 X_k 和 Y_k 仅与 $\Delta\theta_k$ 相关。

根据调制时的相位跳变规则(表 2-2)，可制定判决规则如下：

$$\begin{aligned} &\left.\begin{aligned} X_k > 0 \quad & 判“+1” \\ X_k < 0 \quad & 判“-1” \end{aligned}\right\} \\ &\left.\begin{aligned} Y_k > 0 \quad & 判“+1” \\ Y_k < 0 \quad & 判“-1” \end{aligned}\right\} \end{aligned} \tag{2-78}$$

获得的结果，再经并/串变换之后，即可恢复所传输的数据。

2. 中频差分检测

中频差分检测的原理框图如图 2-32 所示。输入信号 $S_k(t)=\cos(\omega_c t+\theta_k)$ 经两个支路相乘后的信号分别为

$$\begin{aligned} &\cos(\omega_c t + \theta_k)\cdot\cos(\omega_c(t - T_s) + \theta_{k-1}) \\ &\sin(\omega_c t + \theta_k)\cdot\cos(\omega_c(t - T_s) + \theta_{k-1}) \end{aligned} \tag{2-79}$$

经低通滤波后，所得低频分量为(取 $\omega T_s = 2\pi n$)：

$$X_k = \frac{1}{2}\cos(\theta_k - \theta_{k-1}) = \frac{1}{2}\cos\Delta\theta_k \tag{2-80}$$

$$Y_k = \frac{1}{2}\sin(\theta_k - \theta_{k-1}) = \frac{1}{2}\sin\Delta\theta_k \tag{2-81}$$

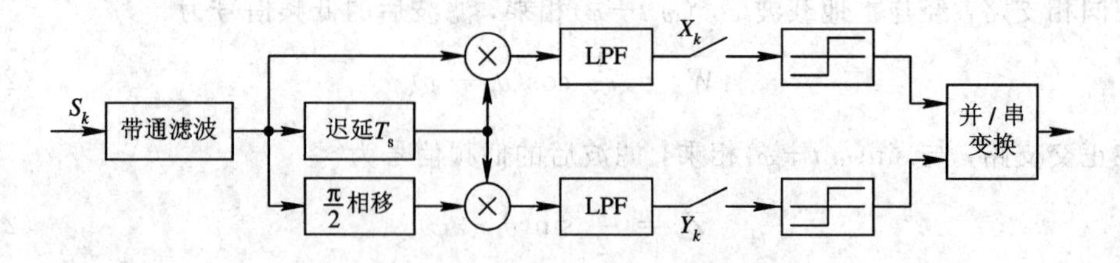

图 2-32 中频差分检测原理框图

后面的判决过程与基带差分检测完全一样。

此方案的优点是不用本地产生载波。

3. 鉴频器检测

鉴频器检测框图如图 2-33 所示。信号经过平方根升余弦滚降的带通滤波器后进入硬限幅器，再经鉴频器和积分—采样—清除电路之后，用模 2π 检测器检测出两采样瞬间的相位差，从而可判决出所传输的数据。

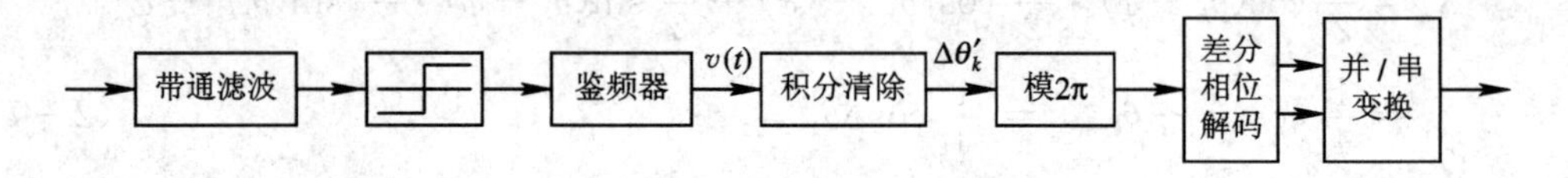

图 2-33 鉴频器检测框图

理想的鉴频器特性为

$$v(t) = \frac{\mathrm{d}\theta(t)}{\mathrm{d}t} \tag{2-82}$$

经过积分和采样后有

$$\Delta\theta_k' = \int_{kT_s}^{(k+1)T_s} v(t)\,\mathrm{d}t = \theta_k - \theta_{k-1} \tag{2-83}$$

若直接根据 $\Delta\theta_k'$ 进行判决，就可能出现错判。例如，$\theta_k = 10°$，$\theta_{k-1} = 340°$，则 $\Delta\theta_k' = 10° - 340° = -330°$，但实际的相差仅为 30°。因此，在差分相位解码前要加入一个模 2π 的校正电路。其校正规则如下：

$$\left.\begin{array}{l}\text{如果 } \Delta\theta_k' < -180°\text{，则 } \Delta\theta_k' = \Delta\theta_k' + 360° \\ \text{如果 } \Delta\theta_k' > 180°\text{，则 } \Delta\theta_k' = \Delta\theta_k' - 360°\end{array}\right\} \tag{2-84}$$

根据校正后的 $\Delta\theta_k'$，就可以按照表 2-2 判决出输出数据。

可以证明，上述三种解调方式即基带差分检测、中频差分检测和鉴频器检测是等价的。在基带差分检测中，设计的难点在于本地振荡器。如果本地振荡器的频率与信号的载频存在着频差 Δf，则在一个码元内，将有 $2\pi\Delta f T_s$ 的相位漂移。该相位漂移将引起误比特率性能的恶化。在中频差分检测和鉴频器检测中，设计的难点在于带通滤波器的设计。带通滤波器特性的不理想，将引起码间串扰，并且其噪声带宽可能宽于 Nyquist 带宽，从而会引起系统性能的恶化。

由于 π/4-DQPSK 的三种非相干解调方式是等价的，下面仅以基带差分检测为例进行分析。

下面首先考察 π/4-DQPSK 的静态性能。

(1) π/4－DQPSK 在理想高斯信道条件下系统的抗噪声性能。基带差分检测的误比特率为

$$P_e(\gamma_b) = e^{-2\gamma_b}\sum_{k=0}^{\infty}(\sqrt{2}-1)^k I_k(\sqrt{2}\gamma_b) - \frac{1}{2}I_0(\sqrt{2}\gamma_b)e^{-2\gamma_b} \quad (2-85)$$

式中，$\gamma_b = E_b/N_0$，I_k 是第一类第 k 阶修正 Bessel 函数。

误比特率曲线如图 2－34 中的实线所示。

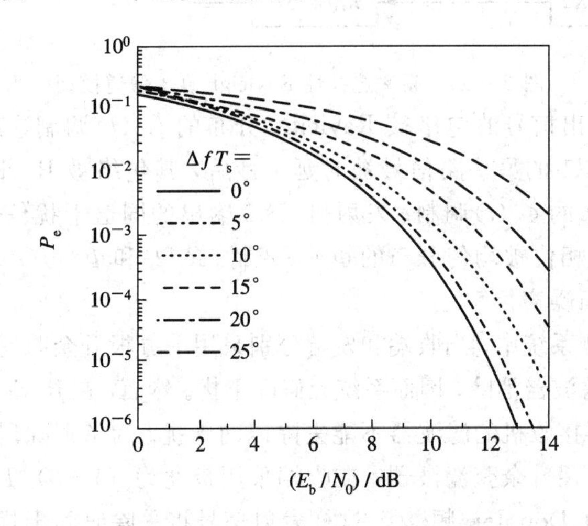

图 2－34　π/4－DQPSK 的误比特率性能及频差 Δf 引起的相位漂移 $\Delta\theta=\Delta f T_s$ 对误比特率的影响

对于基带差分检测来说，最主要的问题是收发两端的频差 Δf 引起的相位漂移 $\Delta\theta = 2\pi\Delta f T_s$。当 $\Delta\theta > \pi/4$ 时，将会引起系统的错误判决。因此，系统设计必须保证 $\Delta\theta < \pi/4$。由于 $\Delta\theta$ 的存在，将使一个支路的信号电平增加，即从 $\cos\frac{\pi}{4}$ 或 $\sin\frac{\pi}{4}$ 增加至 $\cos\left(\frac{\pi}{4}-\Delta\theta\right)$ 或 $\sin\left(\frac{\pi}{4}+\Delta\theta\right)$，而使另一个支路的信号电平从 $\cos\frac{\pi}{4}$ 或 $\sin\frac{\pi}{4}$ 降至 $\cos\left(\frac{\pi}{4}+\Delta\theta\right)$ 或 $\sin\left(\frac{\pi}{4}-\Delta\theta\right)$。因此，在有 $\Delta\theta$ 的情况下，系统的平均误比特率为

$$P_e(\gamma_b \mid \Delta\theta) = \frac{1}{2}(P_1 + P_2) \quad (2-86)$$

式中：

$$P_1 = P_e\left[2\cos^2\left(\frac{\pi}{4}-\Delta\theta\right)\gamma_b\right] \quad (2-87)$$

$$P_2 = P_e\left[2\cos^2\left(\frac{\pi}{4}+\Delta\theta\right)\gamma_b\right] \quad (2-88)$$

当 $\Delta\theta$ 取不同值时，$P_e(\gamma_b \mid \Delta\theta)$ 的曲线如图 2－34 所示。从图中可以看出，当 $\Delta f = 0.025/T_s$ 时，即频率偏差为码元速率的 2.5%时，在一个码元内将引起 9°的相差。在误比特为 10^{-4} 时，该相差将会引起 1 dB 的性能恶化。

(2) π/4－DQPSK 在多径衰落信道和有同道干扰及邻道干扰条件下的系统性能。美国 TIA 标准委员会建议，在数字蜂窝系统中采用两条路径的模型来评估系统对时延扩展的容忍程度。因此，在这里采用如图 2－35 所示的系统模型。图中，发射机 TX1 到接收机 RX1

是需要的信道，发射机 TX2 为同道干扰发射机。

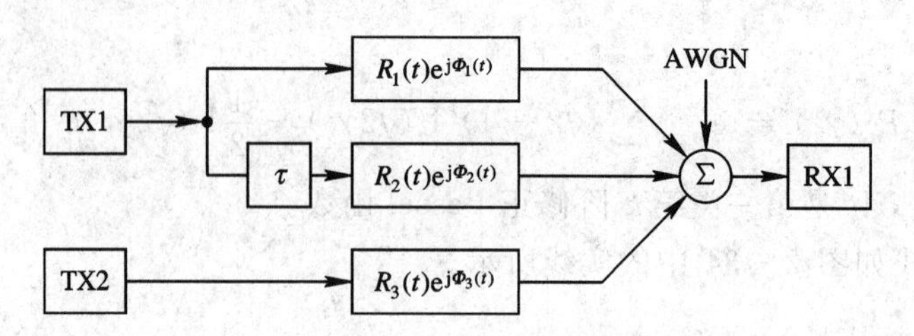

图 2－35 频率选择性 Rayleigh 衰落信道模型

发射机 TX1 的输出信号的包络被 Rayleigh 分布的 $R_1(t)$调制，其相位被均匀分布的 $\Phi_1(t)$调制。发射机 TX1 的另一路信号被时延 τ 秒后，其包络被 Rayleigh 分布的 $R_2(t)$调制，其相位被均匀分布的 $\Phi_2(t)$调制。发射机 TX2 输出的同道干扰信号的包络被 Rayleigh 分布的 $R_3(t)$调制，其相位被均匀分布的 $\Phi_3(t)$调制。$R_i(t)$和 $\Phi_i(t)$($i=1, 2, 3$)分别统计独立，噪声为加性白高斯噪声。

在理想的差分检测系统中，当收端和发端分别采用平方根升余弦滤波器时，发端产生的码间干扰将被收端的滤波器消除，因而系统无码间干扰。然而，在 Rayleigh 衰落信道中，由于信道的时变特性，使得接收机的滤波器不能去除码间干扰。为了消除码间干扰，可采用下面的设计策略：在发端采用升余弦滤波器，在收端采用带宽为$[(1+\alpha)/T_s]+f_{Dmax}$的矩形滤波器($f_{Dmax}$为最大多普勒(Doppler)频移)。这样发射信号将去除码间干扰，且接收滤波器能无失真地通过接收信号。在实现过程中，收端用最大平坦滤波器代替矩形滤波器引起的性能恶化是可以忽略的。

在上述滤波器设计策略下，当信号载频为 850 MHz、信息速率为 48 kb/s、滚降因子 $\alpha=0.2$ 时，通过理论分析和数值计算，可得出在以下不同信道条件下，π/4－DQPSK 的基带差分检测性能。

(1) 无多普勒频移和无时延扩散的 Rayleigh 衰落信道。

在该信道条件下，在不同平均载波干扰功率比(C/I)条件下，误比特率与平均载波噪声功率比(C/N)的曲线如图 2－36 所示。

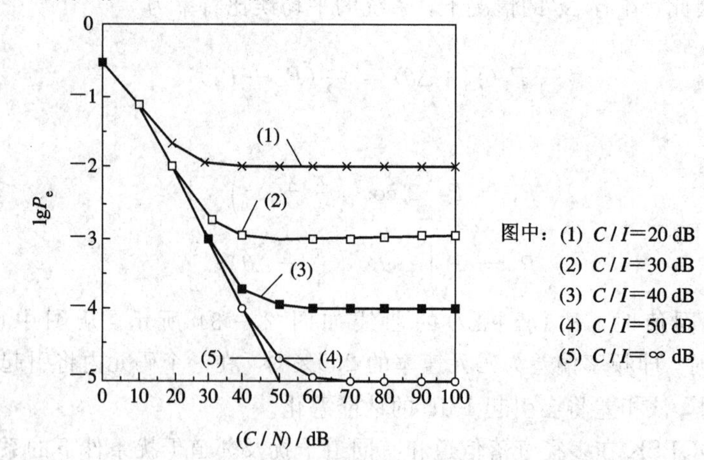

图 2－36 π/4－DQPSK 在无多普勒频移和无时延扩散的衰落信道下的性能

从图中可以看出，当 $C/I<20$ dB 时，即使载噪比为无穷大，P_e 仍大于 10^{-2}。

(2) 无时延扩散和有多普勒频移 Rayleigh 衰落信道。

在无时延扩散的平坦快衰落信道中，在无同道干扰但运动速度不同的条件下，误比特率与载噪比的曲线如图 2－37 所示。

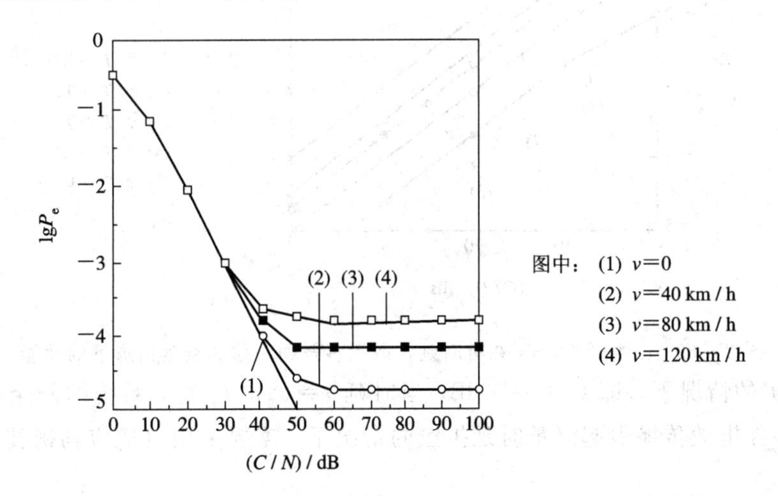

图 2－37 π/4－DQPSK 在有多普勒频移和无时延扩散的衰落信道下的性能

在有同道干扰(CCI)、有多普勒频移和无时延扩散的信道下，在不同载干比 C/I 条件下，误比特率与多普勒频移的关系曲线如图 2－38 所示。

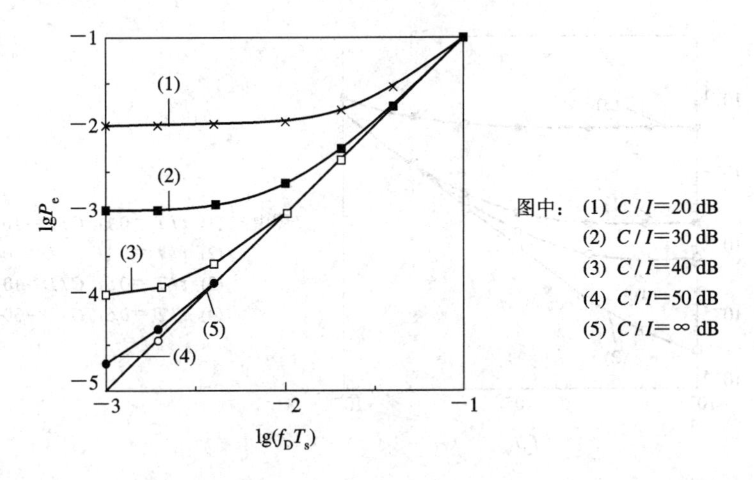

图 2－38 π/4－DQPSK 在有同道干扰、有多普勒频移和无时延扩散衰落信道下的性能

从图中可以看出，当 $C/I<20$ dB 时，在运动速度 $v<160$ km/h(即 $f_D T_s<5\times10^{-3}$)的情况下，误比特率基本上为常数。也就是说，当 $C/I=20$ dB 时，同道干扰对系统误比特率的好坏起决定作用。

(3) 有时延扩散无多普勒频移的衰落信道。

在该信道中，在无噪声、无干扰和无多普勒频移的条件下，在时延大小不同时，误比特率 P_e 与功率比 C/D(C 为主路径的平均信号功率，D 为时延路径的平均信号功率)的关系曲线如图 2－39 所示。

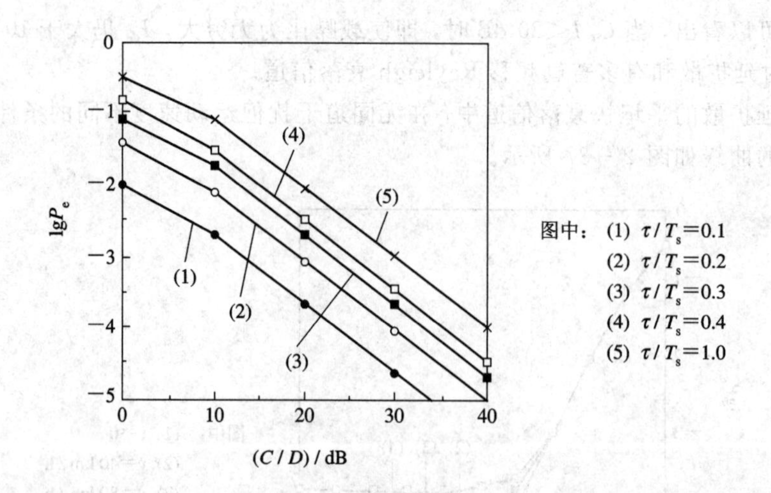

图 2-39 π/4-DQPSK 在有时延扩散无多普勒频移的衰落信道下的性能

在最恶劣的情况下，即 $C/D=0$ dB，当时延 $\tau=0.3\ T_s$ 时，系统的剩余误比特率达 10^{-1}。因此，在电波传播引起严重时延扩散的情况下，需要采用自适应均衡技术来改善系统的性能。

(4) 有时延扩散和多普勒频移的 Rayleigh 衰落信道。

在该信道中，当无干扰和无噪声时，在时延扩散和多普勒频移取不同值的条件下，系统的误比特曲线如图 2-40 所示。

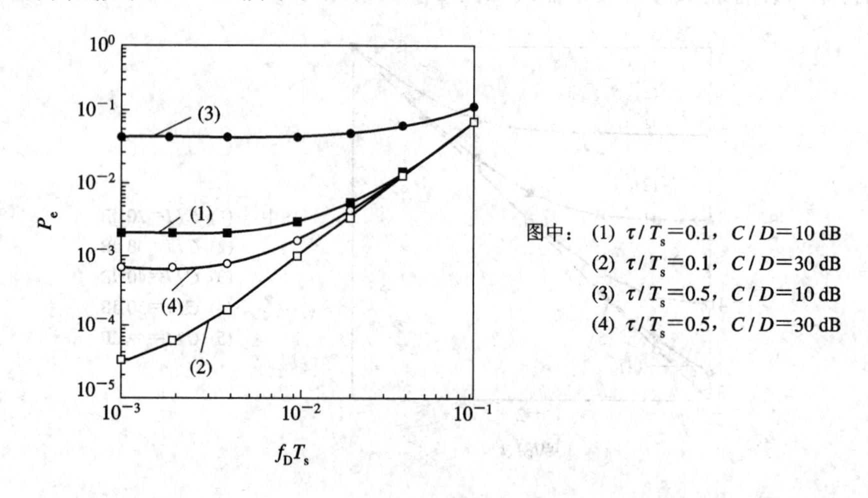

图 2-40 π/4-DQPSK 在有时延扩散和多普勒频移的衰落信道下的性能

2.4 正交振幅调制(QAM)

正交振幅调制是二进制的 PSK、四进制的 QPSK 调制的进一步推广，通过相位和振幅的联合控制，可以得到更高频谱效率的调制方式，从而可在限定的频带内传输更高速率的数据。

正交振幅调制的一般表达式为

$$y(t) = A_m \cos\omega_c t + B_m \sin\omega_c t \qquad 0 \leqslant t < T_s \tag{2-89}$$

上式由两个相互正交的载波构成，每个载波被一组离散的振幅 $\{A_m\}$、$\{B_m\}$ 所调制，故称这种调制方式为正交振幅调制。式中，T_s 为码元宽度；$m=1, 2, \cdots, M$，M 为 A_m 和 B_m 的电平数。

QAM 中的振幅 A_m 和 B_m 可以表示成：

$$\left.\begin{aligned} A_m &= d_m A \\ B_m &= e_m A \end{aligned}\right\} \tag{2-90}$$

式中，A 是固定的振幅，(d_m, e_m) 由输入数据确定。(d_m, e_m) 决定了已调 QAM 信号在信号空间中的坐标点。

QAM 的调制和相干解调框图如图 2-41 所示。在调制端，输入数据经过串/并变换后分为两路，分别经过 2 电平到 L 电平的变换，形成 A_m 和 B_m。为了抑制已调信号的带外辐射，A_m 和 B_m 还要经过预调制低通滤波器，才分别与相互正交的各路载波相乘。最后将两路信号相加就可以得到已调输出信号 $y(t)$。

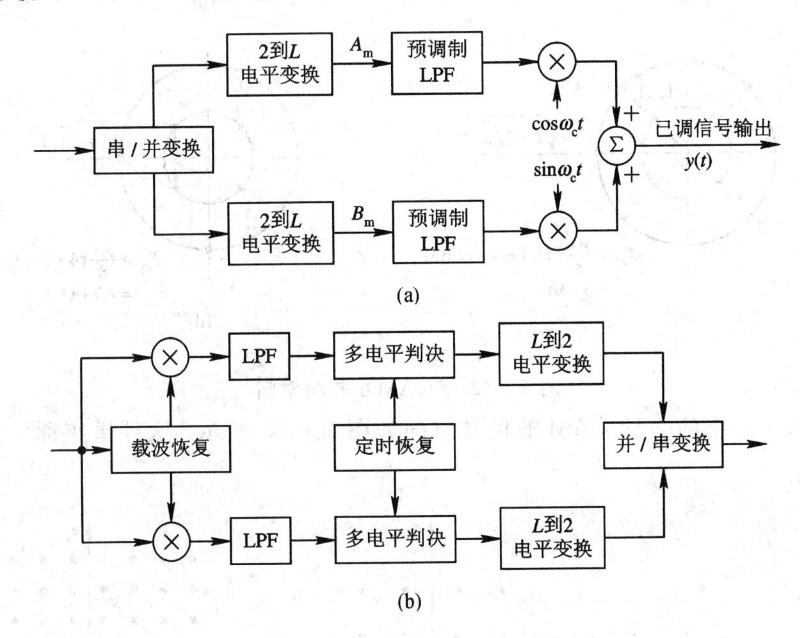

图 2-41　QAM 调制解调原理框图
(a) QAM 调制框图；(b) QAM 解调框图

在接收端，输入信号与本地恢复的两个正交载波信号相乘以后，经过低通滤波器、多电平判决、L 电平到 2 电平变换，再经过并/串变换就得到输出数据。

对 QAM 调制而言，如何设计 QAM 信号的结构不仅影响到已调信号的功率谱特性，而且影响已调信号的解调及其性能。常用的设计准则是在信号功率相同的条件下，选择信号空间中信号点之间距离最大的信号结构，当然还要考虑解调的复杂性。

作为例子，图 2-42 是在限定信号点数目 $M=8$，要求这些信号点仅取两种振幅值，且信号点之间的最小距离为 $2A$ 的条件下，得到的几种信号空间结构。

在所有信号点等概出现的情况下，平均发射信号功率为

$$P_{\mathrm{av}} = \frac{A^2}{M}\sum_{m=1}^{M}(d_m^2 + e_m^2) \tag{2-91}$$

图 2-42 中(a)～(d)的平均功率分别为 $6A^2$、$6A^2$、$6.83A^2$ 和 $4.73A^2$。因此，在相等信号功率条件下，图 2-42(d)中的最小信号距离最大，其次为图 2-42(a)和(b)，图 2-42(c)中的最小信号距离最小。

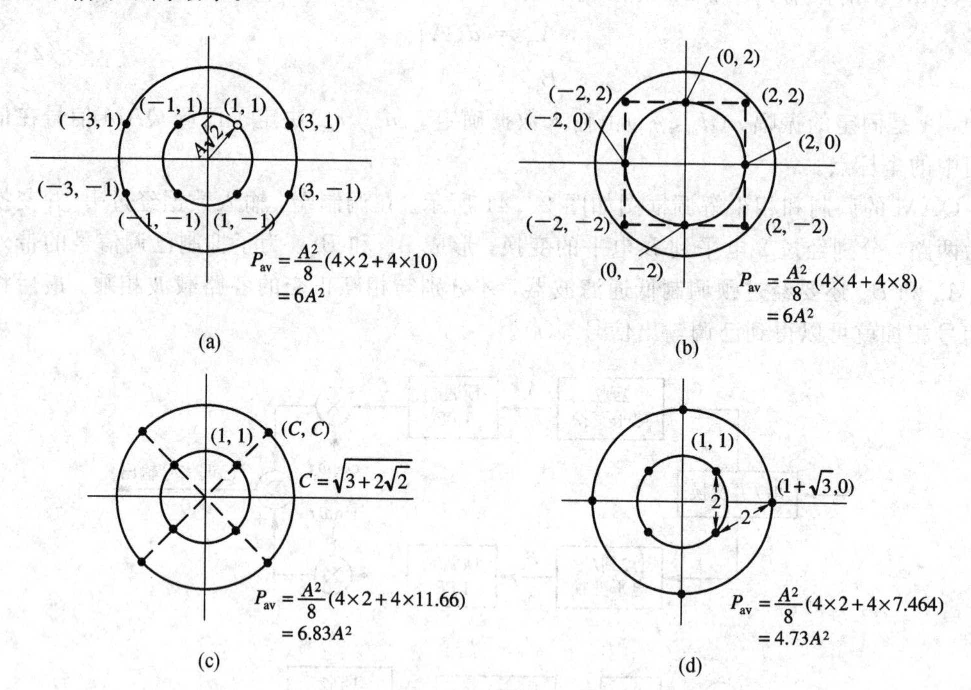

图 2-42 8QAM 的信号空间

在实际中，常用的一种 QAM 的信号空间如图 2-43 所示。这种星座称为方型 QAM 星座。

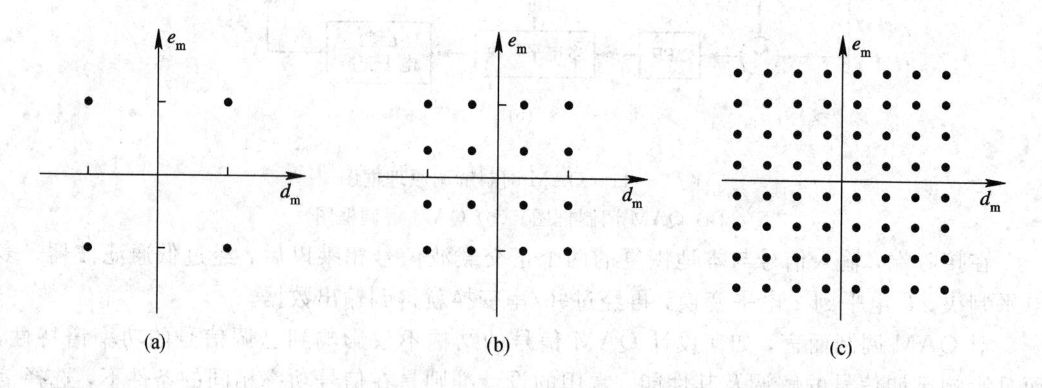

图 2-43 方型 QAM 星座

(a) 4QAM；(b) 16QAM；(c) 64QAM

对于方型 QAM 来说，它可以看成是两个脉冲振幅调制信号之和，因此利用脉冲振幅调制的分析结果，可以得到 M 进制 QAM 的误码率为

$$P_M = 2\left(1-\frac{1}{\sqrt{M}}\right)\mathrm{erfc}\left(\sqrt{\frac{3}{2(M-1)}k\gamma_b}\right)\cdot\left[1-\frac{1}{2}\left(1-\frac{1}{\sqrt{M}}\right)\mathrm{erfc}\left(\sqrt{\frac{3}{2(M-1)}k\gamma_b}\right)\right] \tag{2-92}$$

式中，k 为每个码元内的比特数，$k=\mathrm{lb}M(\mathrm{lb}x=\log_2 x)$，$\gamma_b$ 为每比特的平均信噪比。其计算结果如图 2-44 所示。

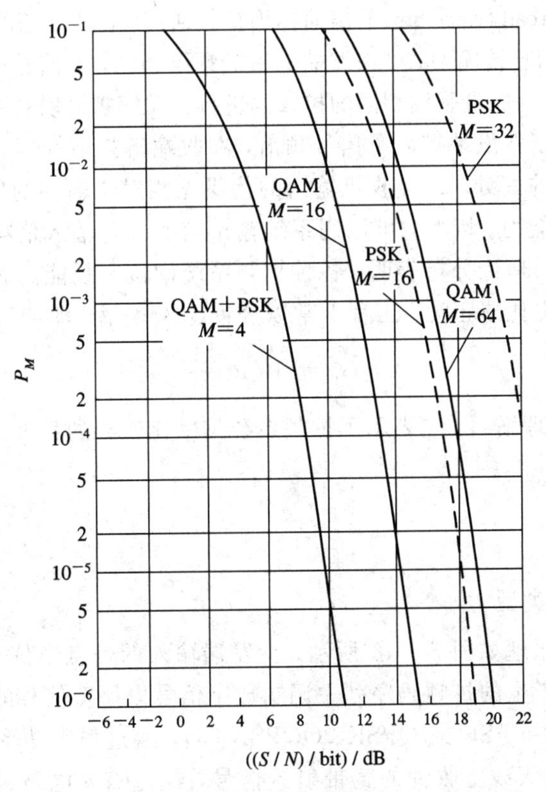

图 2-44　M 进制方型 QAM 的误码率曲线

为了改善方型 QAM 的接收性能，还可以采用星型的 QAM 星座，如图 2-45 所示。将十六进制方型 QAM 和十六进制星型 QAM 进行比较，可以发现，星型 QAM 的振幅环由方型的 3 个减少为 2 个，相位由 12 种减少为 8 种，这将有利于接收端的自动增益控制和载波相位跟踪。

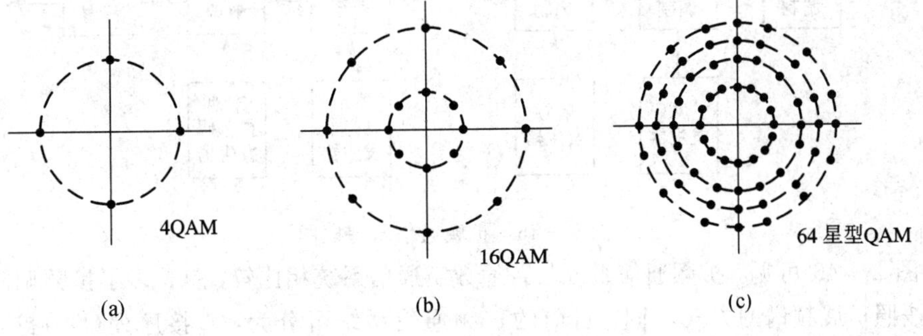

图 2-45　M 进制星型 QAM 星座图

(a) 4QAM；(b) 16QAM；(c) 64QAM

2.5 扩展频谱调制

2.5.1 扩展频谱通信的基本概念

扩展频谱(SS, Spread Spectrum)通信简称为扩频通信。扩频通信的定义可简单表述如下：扩频通信技术是一种信息传输方式，在发端采用扩频码调制，使信号所占的频带宽度远大于所传信息必需的带宽，在收端采用相同的扩频码进行相关解扩以恢复所传信息数据。

扩频通信系统由于在发端扩展了信号频谱，在收端解扩后恢复了所传信息，这一处理过程带来了信噪比上的好处，即接收机输出的信噪比相对于输入的信噪比大有改善，从而提高了系统的抗干扰能力。因此，可以用系统输出信噪比与输入信噪比二者之比来表征扩频系统的抗干扰能力。理论分析表明，各种扩频系统的抗干扰能力大体上都与扩频信号带宽 B 与信息带宽 B_m 之比成正比。工程上常以分贝(dB)表示，即

$$G_p = 10\lg\frac{B}{B_m} \tag{2-93}$$

G_p 称作扩频系统的处理增益，它表示了扩频系统信噪比改善的程度。因此，G_p 是扩频系统一个重要的性能指标。

2.5.2 扩频调制

1. 扩频通信系统类型

扩频通信的一般原理如图 2-46 所示。在发端输入的信息经信息调制形成数字信号，然后由扩频码发生器产生的扩频码序列去调制数字信号以展宽信号的频谱。展宽以后的信号再对载频进行调制(如 PSK 或 QPSK、OQPSK 等)，通过射频功率放大送到天线上发射出去。在收端，从接收天线上收到的宽带射频信号，经过输入电路、高频放大器后送入变频器，下变频至中频，然后由本地产生的与发端完全相同的扩频码序列去解扩，最后经信息解调，恢复成原始信息输出。

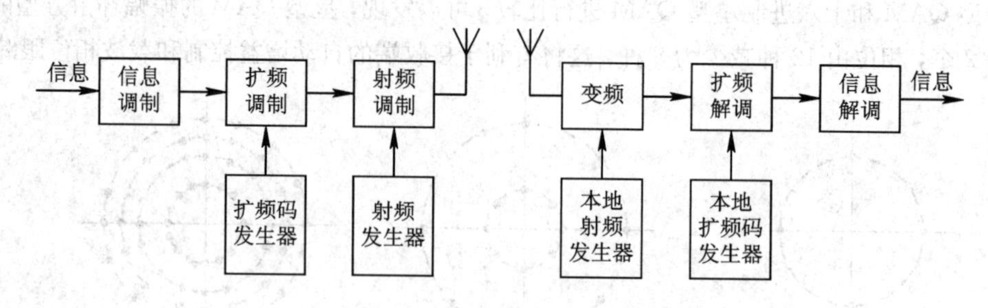

图 2-46 扩频通信原理框图

由图 2-46 可见，扩频通信系统与普通数字通信系统相比较，就是多了扩频调制和解扩部分。按照扩展频谱的方式不同，目前的扩频通信系统可分为：直接序列(DS)扩频、跳频(FH)、跳时(TH)、线性调频(Chirp)以及上述几种方式的组合。下面分别作一些简要的说明。

1) 直接序列(DS)扩频

所谓直接序列(DS, Direct Sequency)扩频，是指直接用具有高码率的扩频码序列在发

端去扩展信号的频谱。而在收端，用相同的扩频码序列去进行解扩，把展宽的扩频信号还原成原始的信息。直接序列扩频的原理如图 2-47 所示。例如我们用窄脉冲序列对某一载波进行二相相移键控调制，如果采用平衡调制器，则调制后的输出为二相相移键控信号，它相当于载波抑制的调幅双边带信号。图中输入载波信号的频率为 f_c，窄脉冲序列的频谱函数为 $G(f)$，它具有很宽的频带。平衡调制器的输出则为两倍脉冲频谱宽度，而 f_c 被抑制的双边带扩频信号，其频谱函数为 $G(f+f_c)$。以后我们将说明，在接收端应用相同的平衡调制器作为解扩器，可将频谱为 $G(f+f_c)$ 的扩频信号，用相同的码序列进行再调制，将其恢复成原始的载波信号 f_c。关于直接序列扩频系统的组成和工作原理及抗干扰性能等问题，我们将在下面作较为详细的介绍。

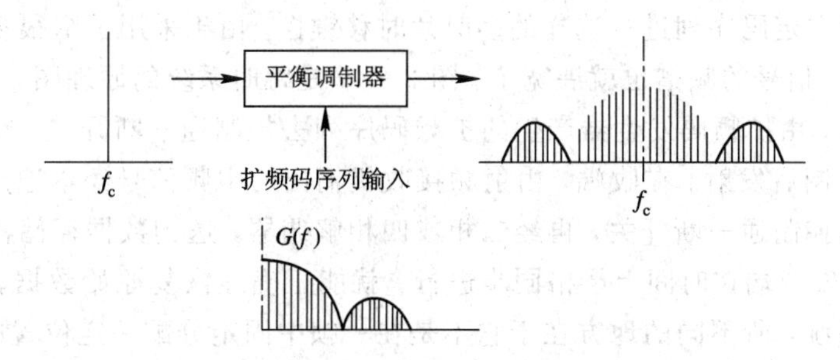

图 2-47　直接序列扩展频谱示意图

2）跳频（FH）

另外一种扩展信号频谱的方式称为跳频（FH，Frequency Hopping）。所谓跳频，比较确切的意思是：用一定码序列进行选择的多频率频移键控。也就是说，用扩频码序列去进行频移键控调制，使载波频率不断地跳变，因此称为跳频。简单的频移键控如 2FSK，只有两个频率，分别代表传号和空号。而跳频系统则有几个、几十个甚至上千个频率，由所传信息与扩频码的组合去进行选择控制，不断跳变。图 2-48(a)为跳频的原理示意图。发端

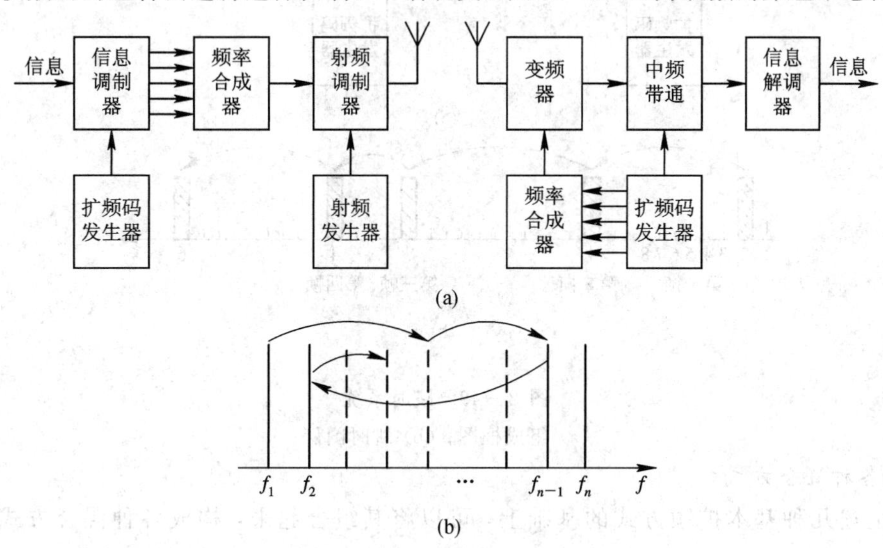

图 2-48　跳频(FS)系统

(a) 原理示意图；(b) 频率跳变图案

信息码序列与扩频码序列组合以后按照不同的码字去控制频率合成器。其输出频率根据码字的改变而改变，形成了频率的跳变，故称跳频。从图 2-48(b)中可以看出，在频域上输出频谱在一宽频带内所选择的某些频率随机地跳变。在收端，为了解调跳频信号，需要有与发端完全相同的本地扩频码发生器去控制本地频率合成器，使其输出的跳频信号能在混频器中与接收信号差频出固定的中频信号，然后经中频带通滤波器及信息解调器输出恢复的信息。从上述作用原理可以看出，跳频系统也占用了比信息带宽要宽得多的频带。

3) 跳时(TH)

与跳频相似，跳时(TH, Time Hopping)是指使发射信号在时间轴上跳变。我们先把时间轴分成许多时片。在一帧内哪个时片发射信号由扩频码序列去进行控制。因此，可以把跳时理解为用一定码序列进行选择的多时片时移键控。由于采用了窄很多的时片去发送信号，相对来说，信号的频谱也就展宽了。图 2-49 是跳时系统的原理图。在发端，输入的数据先存储起来，由扩频码发生器产生的扩频码序列去控制通—断开关，经二相或四相调制后再经射频调制后发射。在收端，由射频接收机输出的中频信号经本地产生的与发端相同的扩频码序列控制通—断开关，再经二相或四相解调器，送到数据存储器经再定时后输出数据。只要收发两端在时间上严格同步进行，就能正确地恢复原始数据。跳时也可以看成是一种时分系统，所不同的地方在于它不是在一帧中固定分配一定位置的时片，而是由扩频码序列控制的按一定规律跳变位置的时片。跳时系统的处理增益等于一帧中所分的时片数。由于简单的跳时抗干扰性不强，故很少单独使用。跳时通常都与其他方式结合使用，组成各种混合方式。

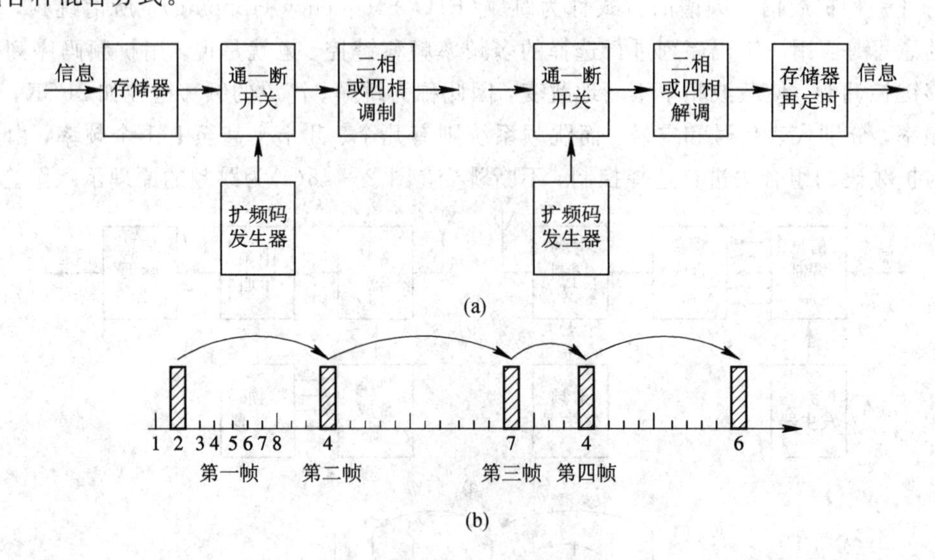

图 2-49 跳时系统
(a) 组成框图；(b) 跳时图例

4) 各种混合方式

在上述几种基本扩频方式的基础上，可以将其组合起来，构成各种混合方式。例如 DS/FH、DS/TH、DS/FH/TH 等。一般来说，采用混合方式看起来在技术上要复杂一些，实现起来也要困难一些。但是，不同方式结合起来的优点是有时能得到只用其中一种方式得不到的特性。例如 DS/FH 系统，就是一种中心频率在某一频带内跳变的直接序列扩频系统。其信号的频谱如图 2-50 所示。由图可见，一个 DS 扩频信号在一个更宽的频带范围内进行跳变。DS/FH 系统的处理增益为 DS 和 FH 处理增益之和。因此，有时采用 DS/FH 反而比单独采用 DS 或 FH 可获得更宽的频谱扩展和更大的处理增益。甚至有时相对来说，其技术复杂性比单独用 DS 来展宽频谱或用 FH 在更宽的范围内实现频率的跳变还要容易些。对于 DS/TH 方式，它相当于在 DS 扩频方式中加上时间复用。采用这种方式可以容纳更多的用户。在实现上，DS 本身已有严格的收发两端扩频码的同步，加上跳时，只不过增加了一个通一断开关，并不增加太多技术上的复杂性。对于 DS/FH/TH，它把三种扩频方式组合在一起，在技术实现上肯定是很复杂的。但是对于一个有多种功能要求的系统，DS、FH、TH 可分别实现各自独特的功能。因此，对于需要同时解决诸如抗干扰、多址组网、定时定位、抗多径和远—近问题时，就不得不同时采用多种扩频方式。

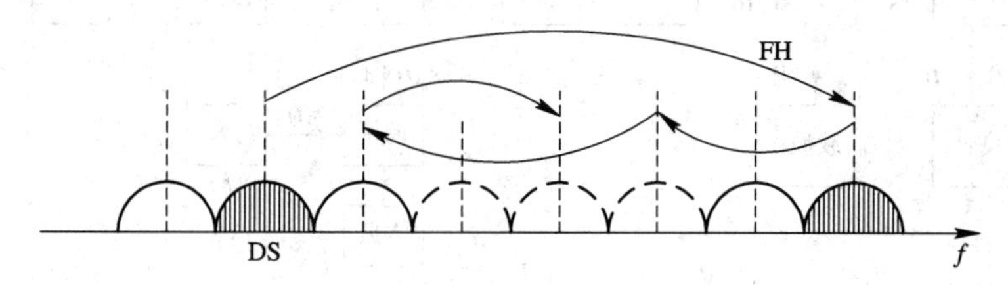

图 2-50　DS/FH 混合扩频示意图

2. 直接序列扩频(DS)原理

由于 CDMA 移动通信采用直接序列扩频系统(简称直扩系统)，因此有必要进一步说明直扩通信系统的组成、工作原理及其主要特点。

前面已经说过，所谓直接序列扩频(DS)，就是直接用具有高速率的扩频码序列在发端去扩展信号的频谱。而接收端，用相同的扩频码序列进行解扩，把展宽的扩频信号还原成原始信息。图 2-51 示出了直扩通信系统的原理及有关波形和相位关系。

在发送端输入信息码元 $m(t)$，它是二进制数据，图中为 0、1 两个码元，其码元宽度为 T_b。加入扩频调制器，图中为一个模 2 加法器，扩频码为一个伪随机码(PN 码)，记作 $p(t)$。伪码的波形如图 2-51(b)中第(2)个波形所示，其码元宽度为 T_p，且取 $T_b=16T_p$。通常在 DS 系统中，伪码的速率 R_p 远远大于信码速率 R_m，即 $R_p \gg R_m$，也就是说，伪码的宽度 T_p 远远小于信码的宽度，即 $T_p \ll T_b$，这样才能展宽频谱。模 2 加法器运算规则可用下式表示：

$$c(t) = m(t) \oplus p(t) \tag{2-94}$$

当 $m(t)$与 $p(t)$符号相同时，$c(t)$为 0；而当 $m(t)$与 $p(t)$符号不同时，则为 1。$c(t)$的波形如图 2-51(b)中的第(3)个波形所示。由图可见，当信码 $m(t)$为 0 时，$c(t)$与 $p(t)$相同；而当信码 $m(t)$为 1 时，则 $c(t)$为 $p(t)$取反。显然，包含信码的 $c(t)$其码元宽度已变成了 T_p，亦即已进行了频谱扩展。其扩频处理增益也可用下式表示

$$G_p = 10\ \lg \frac{T_b}{T_p} \tag{2-95}$$

在 T_b 一定的情况下，伪码速率越高，亦即伪码宽度(码片宽度)T_p 越窄，则扩频处理增益越大。

经过扩频，还要进行载频调制，以便信号在信道上有效地传输。图中采用二相相移键

控方式(BPSK)。

通常载波频率较高，或者说载频周期 T_c 较小，它远小于伪码的周期 T_p，即满足 $T_c \ll T_p$。但图 2-51(b)中(4)示出的载频波形是 $T_c = T_p$，这是为了便于看得清楚一些，否则要在一个 T_p 期间内画几十个甚至几百个正弦波。对于 PSK 来说，主要是看清楚已调波与调制信号之间的相位关系。图 2-51(b)中(5)为已调波 $s_1(t)$ 的波形。这里，当 $c(t)$ 为 1 码时，已调波与载波取反相；而当 $c(t)$ 为 0 码时，取同相。已调波与载波的相位关系如图 2-51(b)中(6)所示。

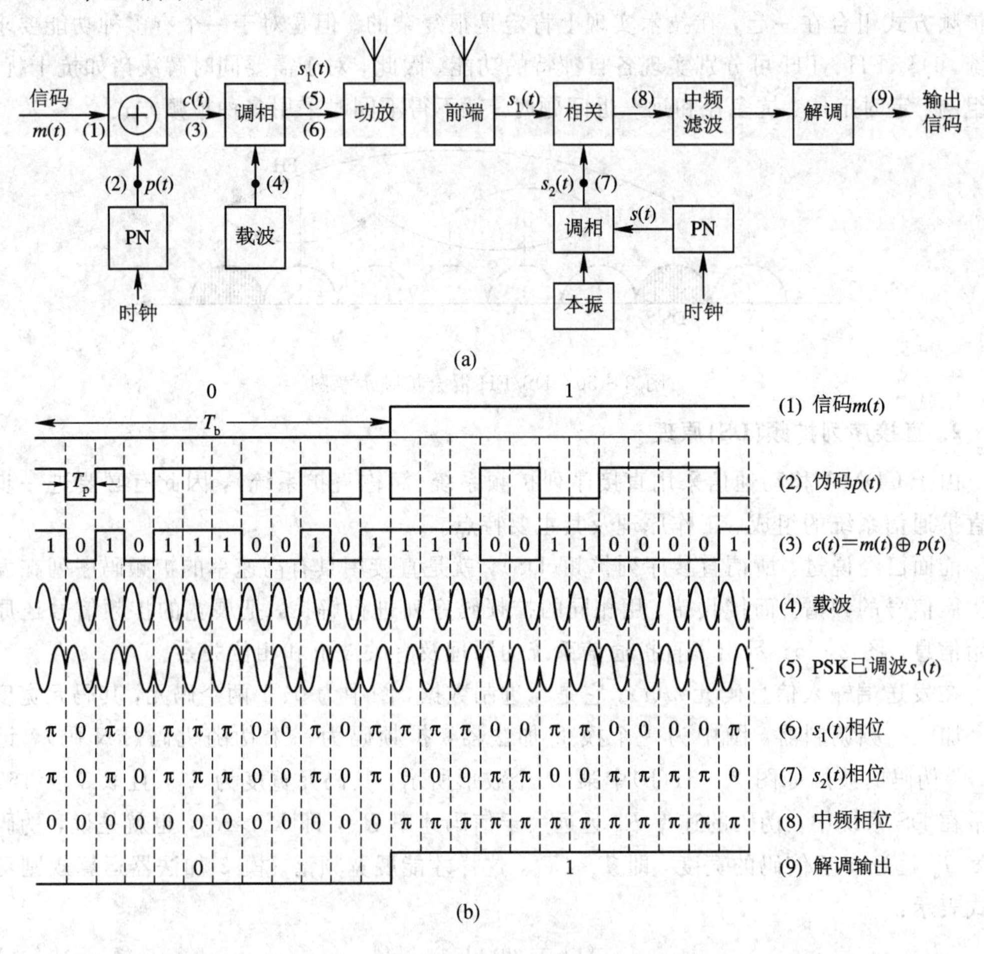

图 2-51　直扩通信系统原理

(a) 系统组成框图；(b) 主要波形或相位

下面分析接收端工作原理。

假设发射的信号经过信道传输，不出现差错，经过接收机前端电路(包括输入电路、高频放大器等)，输出仍为 $s_1(t)$。这里不考虑信道衰减等问题，因为对 PSK 调制信号而言，重要的是相位问题，这样的假定在分析工作原理时是不受影响的。相关器完成相干解调和解扩。接收机中的本振信号频率与载频相差为一个固定的中频。假定收端的伪码(PN)与发端的 PN 码相同，且已同步。接收端本地调相情况与发端相类似，这里的调制信号是 $p(t)$，亦即调相器输出信号 $s_2(t)$ 的相位仅决定于 $p(t)$，当 $p(t)=1$ 时，$s_2(t)$ 的相位为 π；当

$p(t)=0$ 时，$s_2(t)$的相位为 0。$s_2(t)$的相位如图 2－51(b)中(7)所示。

相关器的作用在这里可等效为对输入相关器的 $s_1(t)$、$s_2(t)$相位进行模 2 加。对二元制的 0、π 而言，同号模 2 加为 0，异号模 2 加为 π。因此，相关器输出的中频相位如图 2－51(b)中(8)所示。然后通过中频滤波器，滤除不相关的各种干扰，经解调恢复出原始信息。

需要补充说明的是：这里解扩使用了相关检测的方法，除此之外还可以用匹配滤波器法。对 PSK 信号，还可以用声表面波滤波器(SAW)同时完成解扩、解调任务。

2.5.3　伪随机(PN)序列

1. 码序列的相关性

1) 相关性概念

前面讨论中，伪随机码在扩频系统或码分多址系统中起着十分重要的作用。这是由于这类码序列最重要的特性是它具有近似于随机信号的性能，也可以说具有近似于白噪声的性能。但是，真正的随机信号或白噪声是不能重复再现和产生的。我们只能产生一种周期性的脉冲信号(即码序列)来逼近它的性能，故称为伪随机码或 PN 码。选用随机信号来传输信息的理由是这样的：在信息传输中各种信号之间的差异性越大越好，这样任意两个信号不容易混淆，也就是说，相互之间不易发生干扰，不会发生误判。理想的传输信息的信号形式应是类似白噪声的随机信号，因为取任何时间上不同的两段噪声来比较都不会完全相似，若能用它们代表两种信号，其差别性就最大。换句话说，为了实现选址通信，信号间必须正交或准正交(互相关性为零或很小)。所谓正交，比如两条直线垂直称为正交，又如同一个载频相位差为 90° 的两个波形也为正交，用数学公式可表示为

$$\int_0^{2\pi} \sin\omega t \cdot \cos\omega t \,\mathrm{d}\omega t = 0 \tag{2-96}$$

一般情况下，在数学上是用自相关函数来表示信号与其自身时延以后的信号之间的相似性的。随机信号的自相关函数的定义为

$$R_a(\tau) = \lim_{T\to\infty}\int_{-T/2}^{T/2} f(t)f(t-\tau)\,\mathrm{d}t \tag{2-97}$$

式中，$f(t)$为信号的时间函数，τ 为延迟时间。$R_a(\tau)$的大小表征 $f(t)$与自身延迟后的 $f(t-\tau)$的相关性，故称为自相关函数。下面让我们来看看随机噪声的自相关性。图 2－52(a)为任一随机噪声的时间波形及其延迟一段 τ 后的波形。图 2－52(b)为其自相关函数。当 $\tau=0$ 时，两个波形完全相同、重叠，相乘积分为一常数。如果稍微延迟 τ，对于完完全全的随机噪声，由于相乘以后正负抵消，积分为 0，因而，$\tau\neq0$ 时，$R_a(\tau)=0$，即处于横坐标上。可见，随机噪声的自相关函数具有理想的二值自相关特性，即 $\tau=0$ 时为一个常数；$\tau\neq0$ 时为 0。利用这种特性，我们就很容易判断接收到的信号与本地产生的相同信号复制品之间的波形和相位是否完全一致。遗憾的是，这种理想的情况在工程中是不能实现的。所能做到的就是产生一种具有近似随机噪声的自相关特性的周期性信号，这就是前面多次提到的伪随机序列，即 PN 码。

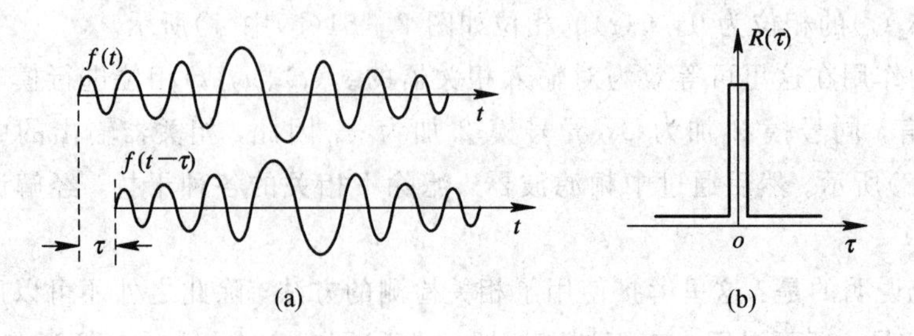

图 2－52　随机噪声的自相关函数

(a) 波形；(b) 自相关函数

自相关函数只用于表征一个信号与延迟τ后自身信号的相似性，而两个不同信号的相似性则需用互相关函数来表征。互相关性的概念在码分多址通信中尤为重要。在码分多址系统中，不同的用户应选用互相关性小的信号作为地址码。两个不同信号波形$f(t)$与$g(t)$之间的相似性用互相关函数表示为

$$R_c(\tau)=\lim_{T\to\infty}\frac{1}{T}\int_{-T/2}^{T/2}f(t)g(t-\tau)\mathrm{d}t \tag{2-98}$$

如果上式为0，则表明$f(t)$和$g(t-\tau)$的互相关函数为0，称之为正交的，否则为非正交的。

2）码序列的自相关

采用二进制的码序列，长度(周期)为P的码序列x的自相关函数$R_x(\tau)$为

$$R_x(\tau)=\sum_{i=1}^{P}x_i\cdot x_{i+\tau} \tag{2-99}$$

式中，x_i是周期长度为P的某一码序列，而$x_{i+\tau}$是x_i移位τ后的码序列。

有时，将自相关函数归一化，即用自相关系数来表示相关性。对式(2－99)进行归一化，则自相关系数$\rho_x(\tau)$为

$$\rho_x(\tau)=\frac{1}{P}\sum_{i=1}^{P}x_i\cdot x_{i+\tau} \tag{2-100}$$

自相关系数值最大不超过1。

下面通过实例来分析自相关特性。

图2－53所示为四级移位寄存器组成的码序列产生器，先求出它的码序列，然后求出它的相关系数。

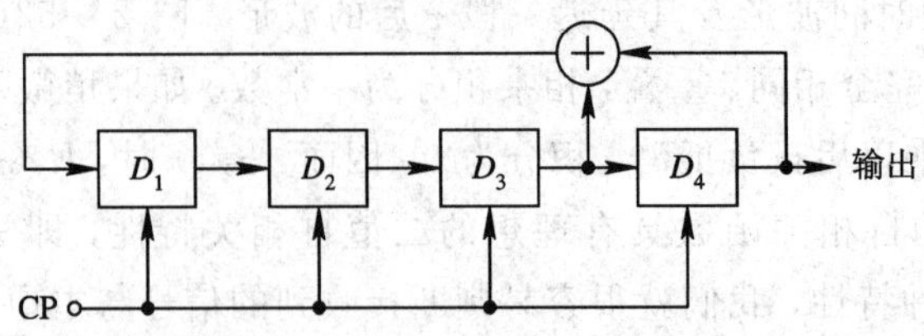

图 2－53　$n=4$码序列产生器电路

假设起始状态为1111，在时钟脉冲(CP)作用下，逐级移位，$D_3\oplus D_4$作为D_1输入，则$n=4$码序列产生过程如表2－3所示。

表 2-3　$n=4$ 码序列产生过程

CP \ D	D_1	D_2	D_3	D_4（输出）	$D_3 \oplus D_4$
0	1	1	1	1	0
1	0	1	1	1	0
2	0	0	1	1	0
3	0	0	0	1	1
4	1	0	0	0	0
5	0	1	0	0	0
6	0	0	1	0	1
7	1	0	0	1	1
8	1	1	0	0	0
9	0	1	1	0	1
10	1	0	1	1	0
11	0	1	0	1	1
12	1	0	1	0	1
13	1	1	0	1	1
14	1	1	1	0	1
15	1	1	1	1	0

可见，该码序列产生器产生的序列为

1 1 1 1 0 0 0 1 0 0 1 1 0 1 0

其码序列的周期 $P=2^4-1=15$。

下面分析该码序列的自相关系数。

假定原码序列为 A，码元宽度为 T_c，其波形如图 2-54 所示。该码序列位移 4 比特(即 $\tau=4T_c$)的码序列为 B，则 $A\times B$ 如图 2-54(a)所示，即可求得自相关系数为 $-1/15$。

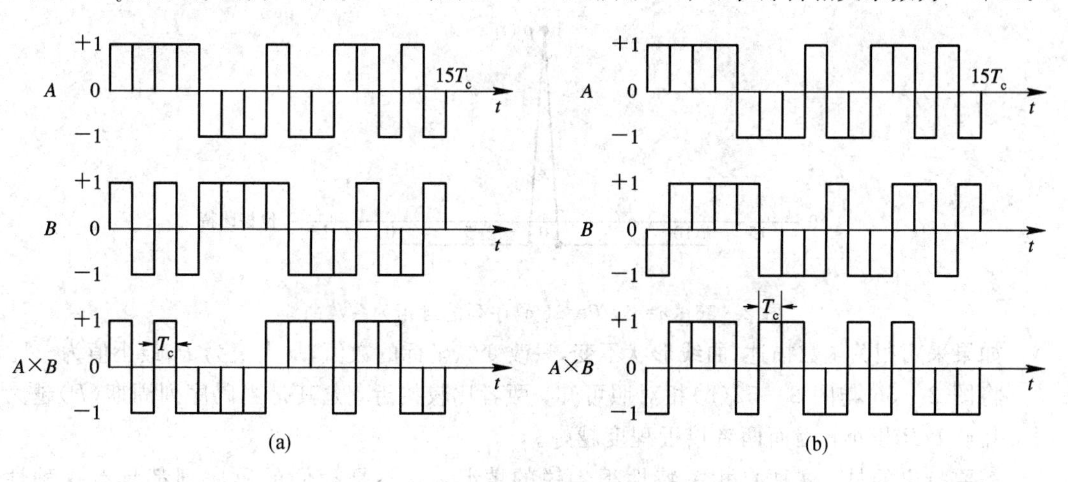

图 2-54　15 位码序列 $\tau\neq0$ 时的自相关系数

(a) $\tau=4T_c$；(b) $\tau=T_c$

图 2-54(b)示出的是该码序列与右移 1 比特的码序列，其自相关系数也为 $-1/15$。

同理，其他的 τ 值，$\tau=nT_c$($n=\pm1$，$n=\pm2$，…，$n=\pm14$)，自相关系数均为 $-1/15$。

只有 $\tau=0$ 时，即码序列 A 与码序列 B 完全相同，此时自相关系数达到最大，即为 1，如图 2-55 所示。

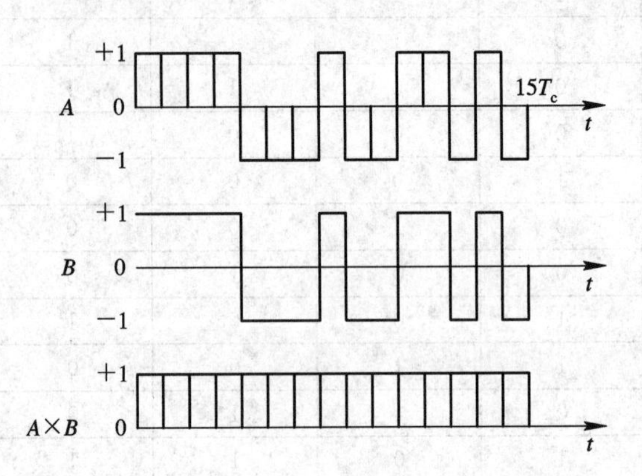

图 2-55 15 位码序列 $\tau=0$ 时的自相关系数

由图 2-54 和图 2-55 可见，对于二进制序列，其自相关系数也可由下式求得

$$\rho(\tau)=\frac{A-D}{A+D}=\frac{A-D}{P} \tag{2-101}$$

式中，A 是相对应码元相同的数目，D 是相对应码元不同的数目，P 是码序列周期长度。

例如图 2-54 所示，$\tau=4T_c$ 时，$A=7$，$D=8$，其自相关系数为 $(7-8)/15=-1/15$；对于图 2-55 所示情况，由于 $A=15$，$B=0$，所以 $\rho_a(0)=15/15=1$。根据上述分析，码序列的自相关系数 $\rho_a(\tau)$ 与位移比特数之间的关系如图 2-56 所示。

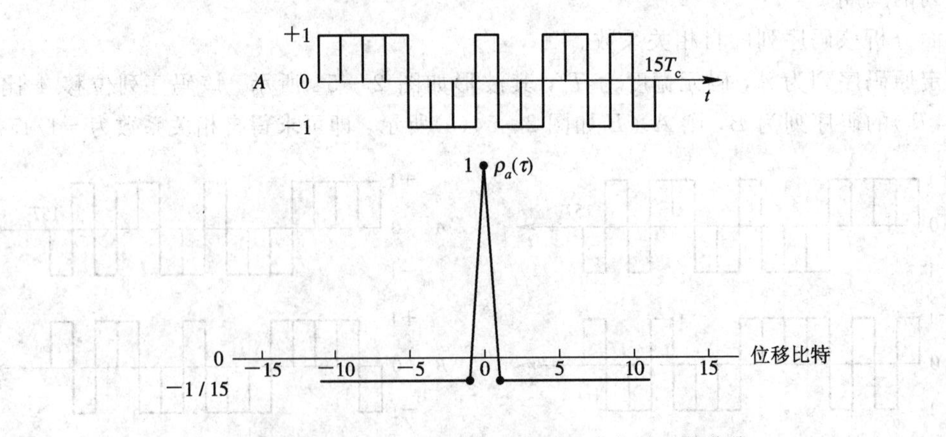

图 2-56 $n=4$，$P=15$ 码序列的自相关系数曲线

如果采用相关函数描述，曲线形状不变，只改变纵坐标的数值，最大值为 P，最小值为 -1。

将图 2-56 与图 2-52(b)相对照可知，两者比较接近，尤其是当码序列周期(P)越大时，由于 $1/P$ 越小，因而两者接近程度越好。

需要指出的是，这种自相关特性很尖锐的情况，并不是随便的码序列都具有这种性能。前面举出的 $n=4$ 的码序列为 m 序列，有关 m 序列的一般产生方法以及性能等问题将在后面讨论。

3）码序列的互相关

两个不同码序列之间的相关性，用互相关函数(或互相关系数)来表征。

对于二进制码序列，周期均为 P 的两个码序列 x 和 y，其相关函数称为互相关函数，记作 $R(x,y)$，即

$$R(x,y) = \sum_{i=1}^{P} x_i y_i \tag{2-102}$$

其互相关系数为

$$\rho(x,y) = \frac{1}{P} \sum_{i=1}^{P} x_i y_i \tag{2-103}$$

在码分多址中，希望采用互相关小的码序列，理想情况是希望 $\rho_{x,y}(\tau)=0$，即两个码序列完全正交。图 2-57 示出的是码长为 4 的 4 组正交码的波形，它们之中任两个码都是正交的，因为在一个周期中，两个码之间相同位的与不同位的数目均相等，即 $A=D$，故 $\rho=0$。

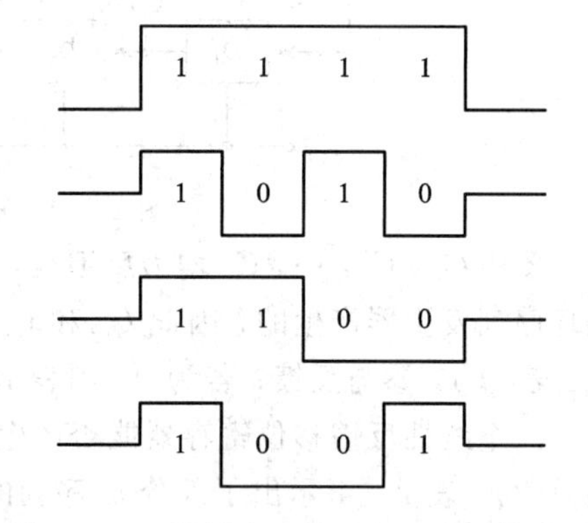

图 2-57　码长为 4 的 4 组正交码的波形

2. *m* 序列

二进制的 m 序列是一种重要的伪随机序列，有优良的自相关特性，有时称为伪噪声(PN)序列。“伪”的意思是说这种码是周期性的序列，易于产生和复制，但其随机性接近于噪声或随机序列。m 序列在扩展频谱及码分多址技术中有着广泛的应用，并且在 m 序列基础上还能构成其他的码序列，因此无论从 m 序列直接应用还是从掌握伪随机序列基本理论而言，必须熟悉 m 序列的产生及其主要特性。

1）m 序列的产生

(1) m 序列的含义。

m 序列是最长线性移位寄存器序列的简称。顾名思义，m 序列是由多级移位寄存器或其延迟元件通过线性反馈产生的最长的码序列。在二进制移位寄存器中，若 n 为移位寄存器的级数，n 级移位寄存器共有 2^n 个状态，除去全 0 状态外还剩下 2^n-1 种状态，因此它能产生的最大长度的码序列为 2^n-1 位。产生 m 序列的线性反馈移位寄存器称作最长线性移位寄存器。

产生 m 序列的移位寄存器的电路结构，其反馈线连接不是随意的，m 序列的周期 P 也不能取任意值，而必须满足

$$P = 2^n - 1 \tag{2-104}$$

式中，n 是移位寄存器的级数。

例如，$n=3$，$P=7$；$n=4$，$P=15$；$n=5$，$P=31$，等等。在 CDMA 蜂窝系统中，使用了两种 m 序列，一种是 $n=15$，称作短码 m 序列；另一种是 $n=42$，称作长码 m 序列。

下面就来介绍一般 n 级移位寄存器产生 m 序列的方法。

(2) m 序列产生原理。

图 2-58 示出的是由 n 级移位寄存器构成的码序列发生器。寄存器的状态决定于时钟控制下输入的信息(“0”或“1”)，例如第 i 级移位寄存器状态决定于前一时钟脉冲后的第 $i-1$ 级移位寄存器的状态。

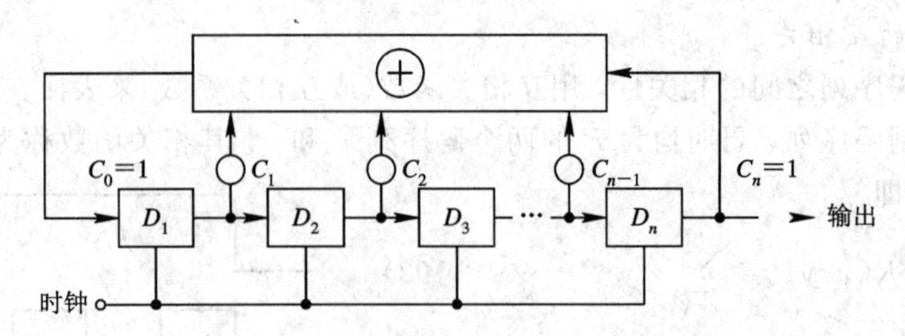

图 2-58 n 级循环序列发生器的模型

图中 C_0，C_1，…，C_n 均为反馈线，其中 $C_0=C_n=1$，表示反馈连接。因为 m 序列是由循环序列发生器产生的，因此 C_0 和 C_n 肯定为 1，即参与反馈。而反馈系数 C_1，C_2，…，C_{n-1} 若为 1，参与反馈；若为 0，则表示断开反馈线，即开路，无反馈连线。

一个线性反馈移位寄存器能否产生 m 序列，决定于它的反馈系数 C_i（C_0，C_1，…，C_n 的总称）。表 2-4 示出了部分 m 序列的反馈系数 C_i。

表 2-4 部分 m 序列反馈系数表

级数 n	周期 P	反馈系数 C_i（八进制）
3	7	13
4	15	23
5	31	45，67，75
6	63	103，147，155
7	127	203，211，217，235，277，313，325，345，367
8	255	435，453，537，543，545，551，703，747
9	511	1021，1055，1131，1157，1167，1175
10	1023	2011，2033，2157，2443，2745，3471
11	2047	4005，4445，5023，5263，6211，7363
12	4095	10123，11417，12515，13505，14127，15053
13	8191	20033，23261，24633，30741，32535，37505
14	16383	42103，51761，55753，60153，71147，67401
15	32767	100003，110013，120265，133663，142305
16	65535	210013，233303，307572，311405，347433
17	131071	400011，411335，444257，527427，646775

反馈系数 C_i 是以八进制表示的。使用该表时，首先将每位八进制数写成二进制形式。最左边的 1 就是 C_0（C_0 恒为 1），从此向右，依次用二进制数表示 C_1，C_2，…，C_n。有了 C_1，C_2，…，C_n值后，就可构成 m 序列发生器。

例如，表中 $n=5$，反馈系数 $C_i=(45)_8$，将它化成二进制数为 100101，即相应的反馈系数依次为 $C_0=1$，$C_1=0$，$C_2=0$，$C_3=1$，$C_4=0$，$C_5=1$。

根据上面的反馈系数，画出 $n=5$ 的 m 序列发生器的电路原理图如图 2-59 所示。

根据图 2-59 所示电路，假设一种移位寄存器的状态，即可产生相应的码序列，其周期 $P=2^n-1=2^5-1=31$。表 2-5 为 $n=5$，$C_i=(45)_8$ 的 m 序列发生器各级变化状态，初始状态为 00001。

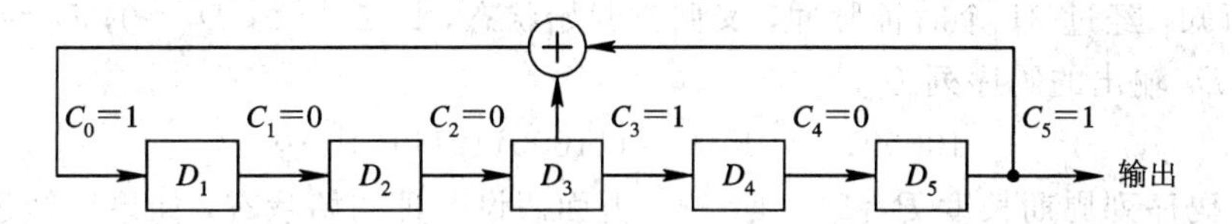

图 2-59 $n=5$，$C_i=(45)_8$ 的 m 序列发生器原理图

表 2-5 $n=5$，$C_i=(45)_8$ 的 m 序列发生器状态表

CP \ D	D_1	D_2	D_3	D_4	D_5(输出)	$D_3 \oplus D_5$
0	0	0	0	0	1	1
1	1	0	0	0	0	0
2	0	1	0	0	0	0
3	0	0	1	0	0	1
4	1	0	0	1	0	0
5	0	1	0	0	1	1
6	1	0	1	0	0	1
7	1	1	0	1	0	0
8	0	1	1	0	1	0
9	0	0	1	1	0	1
10	1	0	0	1	1	1
11	1	1	0	0	1	1
12	1	1	1	0	0	1
13	1	1	1	1	0	1
14	1	1	1	1	1	0
15	0	1	1	1	1	0
16	0	0	1	1	1	0
17	0	0	0	1	1	1
18	1	0	0	0	1	1
19	1	1	0	0	0	0
20	0	1	1	0	0	1
21	1	0	1	1	0	1
22	1	1	0	1	1	1
23	1	1	1	0	1	0
24	0	1	1	1	0	1
25	1	0	1	1	1	0
26	0	1	0	1	1	1
27	1	0	1	0	1	0
28	0	1	0	1	0	0
29	0	0	1	0	1	0
30	0	0	0	1	0	0
31	0	0	0	0	1	1

由表可知，经过 31 个时钟脉冲，又回到起始状态，即 $D_1=0$，$D_2=0$，$D_3=0$，$D_4=0$，$D_5=1$。从 D_5 输出的码序列为

$$1000010010110011111000110111010\cdots$$

可见，码序列周期长度 $P=2^5-1=31$。上面假设一种初始状态，如果反馈逻辑关系不变，换另一种初始状态，则产生的序列仍为 m 序列，只是起始位置不同而已。表 2-6 示出了几种不同初始状态下输出的序列。

表 2-6 $C_i=45$ 不同初始状态下的输出序列

初始状态	输出序列
00001	1000010010110011111000110111010
11111	1111100011011101010000100101100
10000	0000100101100111110001101110101

由表 2-6 可知，初始状态不同，输出序列初始位置就不同。例如初始状态“10000”的输出序列是初始状态“00001”输出序列循环右移一位而已。

值得指出的是，移位寄存器级数(n)相同，反馈逻辑不同，产生的 m 序列就不同。例如，5 级移位寄存器($n=5$)、周期为 $P=2^5-1=31$ 的 m 序列，其反馈系数 C_i 可分别为 $(45)_8$、$(67)_8$ 和 $(75)_8$，其产生的不同 m 序列如表 2-7 所示。

表 2-7 5 级移位寄存器的不同反馈系数的 m 序列

反馈系数 C_i	码序列
45	0000100101011001111100011011101
67	0000111001101111101000100010011
75	1100100111110111000101011101000

由以上讨论可见，移位寄存器的反馈逻辑决定是否产生 m 序列，起始状态仅仅决定其序列的起始点，而不同的反馈系数产生不同的码序列。

必须注意的是，如果在初始状态每一级存数均为 0，即起始状态为全 0，那么移位寄存器输出恒为 0。因此，在码序列发生器中，为避免进入全 0 状态，必须装有全 0 检测电路和启动电路。

2) *m* 序列的特性

m 序列是一种随机序列，具有随机性，其自相关函数具有二值的尖锐特性，但互相关函数是多值的。下面就 m 序列主要特性进行分析。

(1) m 序列的随机性。

在 m 序列码中，码元为“1”的数目和码元为“0”的数目只相差 1 个。

例如级数 $n=3$，码长 $P=2^3-1=7$ 时，起始状态为“111”，$C_i=(13)_8=(1011)_2$，即 $C_0=1$，$C_1=0$，$C_2=1$，$C_3=1$。产生的 m 序列为 1010011。其中码元为“1”的有 4 个，为“0”的有 3 个，即“1”和“0”相差 1 个，而且是“1”比“0”多 1 个。

又如级数 $n=4$，码长 $P=2^4-1=15$ 时，起始状态为“1111”，$C_i=(23)_8=(10011)_2$，即 $C_0=1$，$C_1=0$，$C_2=0$，$C_3=1$，$C_4=1$。产生的 m 序列为 111100010011010，其中，“1”为 8 个，“0”为 7 个，“1”与“0”相差 1 个，且“1”比“0”多 1 个。

总之，在 $P=2^n-1$ 周期中，码元为“1”的出现 2^{n-1} 次，码元为“0”的出现 $2^{n-1}-1$ 次，即“0”比“1”少出现 1 次。这是由于在 m 序列中不允许出现全“0”状态的缘故。

m 序列中，一个周期内长度为 1（单个“0”或单个“1”）的游程占总游程数的一半，长度为 2 的游程(即“00”或“11”连符)占总游程数的 1/4，长度为 3 的游程(即“000”或“111”连符)占总游程数的 1/8…… 只有一个包含 n 个“1”的游程，也只有一个包含 $(n-1)$ 个“0”的游程。

为了理解 m 序列中游程的分布，表 2-8 列出了长度为 15($n=4$)的 m 序列游程分布。

表 2-8 “111101011001000”游程分布

游程长度/比特	游程数目		所包含的比特数
	“1”	“0”	
1	2	2	4
2	1	1	4
3	0	1	3
4	1	0	4
	游程总数为 8		

一般 m 序列中，游程总数为 2^{n-1}，n 是移位寄存器级数。游程长度为 K 的游程出现的比例为 $2^{-K}=1/2^K$，而 $1\leqslant K\leqslant n-2$。此外，还有一个长度为 n 的“1”游程和一个长度为 $(n-1)$ 的“0”游程。

除了上述的随机性之外，m 序列与其循环移位序列逐位比较，相同码的位数与不同码的位数相差 1 位。

例如原序列 $\{x_i\}=1110100$，那么右移 2 位的序列 $\{x_{i-2}\}=0011101$，它们模 2 加后为

$$
\begin{array}{rl}
\{x_i\} & = 1110100 \\
\oplus \quad \{x_{i-2}\} & = 0011101 \\
\hline
 & \quad 1101001
\end{array}
$$

其中模 2 加后相对应的不相同的码元为“1”的有 4 个，相同码元为“0”的有 3 个，即相同码的位数与不相同码的位数相差 1 位。

m 序列和其移位后的序列逐位模 2 相加，所得的序列还是 m 序列，只是起始位不同而已(有时称作相移或相位不同)。例如上例中，原序列 1110100 与右移 2 位的序列模 2 加后为 1101001，它是原序列左移 1 位后的结果，因此仍为 m 序列。

(2) m 序列的自相关函数。

根据式(2-99)知，在二进制序列情况下，只要比较序列 $\{a_n\}$ 与移位后序列 $\{a_{n-\tau}\}$ 对应位码元即可。根据上述 m 序列的特性，即

自相关函数为

$$R(\tau) = A - D \tag{2-105}$$

式中，A 为对应位码元相同的数目；D 为对应位码元不同的数目。

自相关系数为

$$\rho(\tau) = \frac{A-D}{P} = \frac{A-D}{A+D} \tag{2-106}$$

对于 m 序列，其码长为 $P=2^n-1$，在这里 P 也等于码序列中的码元数，即“0”和“1”个数的总和。其中“0”的个数因为去掉移位寄存器的全“0”状态，所以 A 值为

$$A = 2^{n-1}-1 \tag{2-107}$$

“1”的个数(即不同位)D 为

$$D = 2^{n-1} \tag{2-108}$$

根据移位相加特性，m 序列$\{a_n\}$与位移后的序列$\{a_{n-\tau}\}$进行模 2 加后，仍然是一个 m 序列，所以“0”和“1”的码元个数仍差 1。由式(2-106)～(2-108)可得 m 序列的自相关系数为

$$\rho(\tau) = \frac{(2^{n-1}-1)-2^{n-1}}{P} = -\frac{1}{P} \qquad \tau \neq 0 \text{ 时} \tag{2-109}$$

当 $\tau=0$ 时，因为$\{a_n\}$与$\{a_{n-0}\}$的码序列完全相同，经模 2 加后，全部为“0”，即 $D=0$，而 $A=P$。由式(2-106)可知

$$\rho(0) = \frac{P-0}{P} = 1 \qquad \text{当 } \tau = 0 \text{ 时}$$

因此，m 序列的自相关系数为

$$\rho(\tau) = \begin{cases} 1 & \tau = 0 \\ -\dfrac{1}{P} & \tau \neq 0,\ \tau = 1,\ 2,\ \cdots,\ P-1 \end{cases} \tag{2-110}$$

假设码序列周期为 P，码元宽度(常称为码片宽度，以便于区别信息码元宽度)为 T_c，那么自相关系数是以 PT_c 为周期的函数，如图 2-60 所示。图中横坐标以 τ/T_c 表示，如 $\tau/T_c=1$，则移位 1 比特，即 $\tau=T_c$；若 $\tau/T_c=2$，则 $\tau=2T_c$，即移位 2 比特，等等。

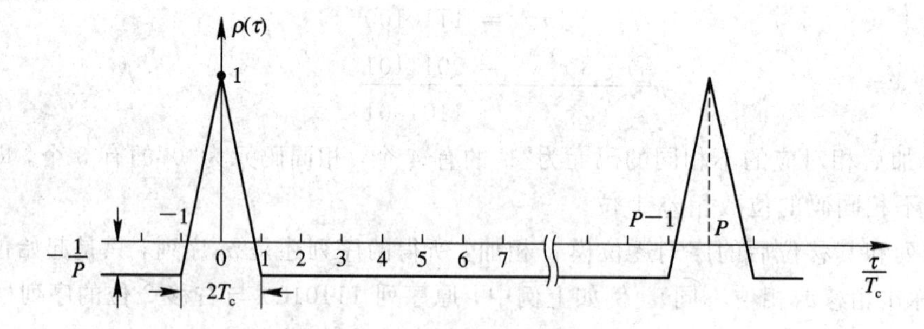

图 2-60 m 序列的自相关系数

在$|\tau|\leqslant T_c$ 的范围内，自相关系数为

$$\rho(\tau) = 1-\left(\frac{P+1}{P}\right)\frac{|\tau|}{T_c} \qquad |\tau| \leqslant T_c \tag{2-111}$$

由图 2-60 可知，m 序列的自相关系数在 $\tau=0$ 处出现尖峰，并以 PT_c 时间为周期重复出现。尖峰底宽 $2T_c$。T_c 越小，相关峰越尖锐。周期 P 越大，$|-1/P|$就越小。在这种情况下，m 序列的自相关特性就越好。

自相关系数$\rho(\tau)$或自相关函数$R(\tau)$是偶函数，即$R(\tau)=R(-\tau)$，或$\rho(\tau)=\rho(-\tau)$。

由于m序列自相关系数在T_c的整数倍处取值只有1和$-1/P$两种，因而m序列称作二值自相关序列。

(3) m序列的互相关函数。

两个码序列的互相关函数是两个不同码序列一致程度(相似性)的度量，它也是位移量的函数。当使用码序列来区分地址时，必须选择码序列互相关函数值很小的码，以避免用户之间互相干扰。

研究表明，两个长度周期相同，由不同反馈系数产生的m序列，其互相关函数(或互相关系数)与自相关函数相比，没有尖锐的二值特性，是多值的。作为地址码而言，希望选择的互相关函数越小越好，这样便于区分不同用户，或者说，抗干扰能力强。

互相关函数见式(2-102)。在二进制情况下，假设码序列周期为P的两个m序列，其互相关函数$R_{xy}(\tau)$为

$$R_{xy}(\tau) = A - D \tag{2-112}$$

式中，A为两序列对应位相同的个数，即两序列模2加后"0"的个数；D为两序列对应位不同的个数，即两序列模2加后"1"的个数。

为了理解上述指出的互相关函数问题，下面举例予以详细说明。

由表2-4可知，不同的反馈系数可以产生不同的m序列，其自相关函数(或自相关系数)均满足上述特性。但它们之间的互相关函数是多值的，例如$n=5$，$C_i=(45)_8$的m序列为

$$\{x\} = 1000010010110011111000110111010$$

下面求$C_i=(75)_8$的m序列，设它为$\{y\}$，求出$\{y\}$后，即能求互相关函数。

根据反馈系数C_i，先画出m序列发生器的组成。由于$C_i=(75)_8=(111101)_2$，即$C_0=1,C_1=1,C_2=1,C_3=1,C_4=0,C_5=1$，因此$m$序列发生器组成原理如图2-61所示。

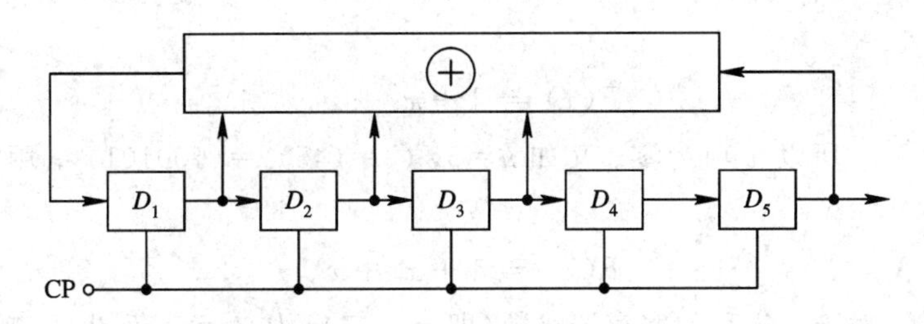

图2-61 $n=5$，$C_i=75$的m序列发生器组成原理

由图2-61，不难求得输出m序列$\{y\}$为

$$\{y\} = 1111101110001010110100001100100$$

这里，起始状态设为"11111"。

$\{x\}$和$\{y\}$两个m序列的互相关函数曲线如图2-62所示。图中实线为互相关函数$R(\tau)$。显然它是一个多值函数，有正有负。图中虚线示出了自相关函数，其最大值为31，而互相关函数最大值的绝对值为9。

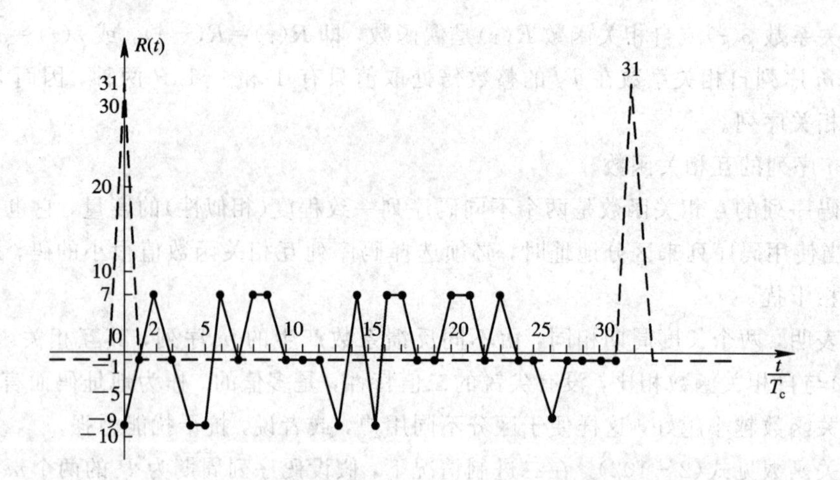

图 2-62 两个 m 序列($P=31$)互相关函数曲线

3. 其他码序列

在扩频通信中常用的码序列除了 m 序列之外，还有 M 序列、Gold 序列、$R-S$ 码等。在 CDMA 移动通信中还使用相互正交的 Walsh 函数。

1) m 序列的优选对与 Gold 序列

(1) m 序列的优选对。

m 序列发生器的反馈系数的关系可用特征多项式表示，一般记作

$$F(x) = \sum_{i=0}^{n} C_i x^i \tag{2-113}$$

式中，n 是移位寄存器级数；C_i 为反馈系数，$C_i=1$ 表示参与反馈，$C_i=0$ 则不参与反馈；x^i 表示移位寄存器，如 x^1 对应于 D_1，x^2 对应于 D_2，…，x^n 对应于 D_n。

例如表 2-4 中，$n=3$，$P=7$ 的 m 序列反馈系数 $C_i=(13)_8=(1011)_2$，用特征多项式可写成

$$F(x) = 1 + x^2 + x^3$$

因为 $0\times x=0$，所以 x 项为零。又如 $n=5$，$C_i=(45)_8=(100101)_2$，用特征多项式可写成

$$F(x) = 1 + x^3 + x^5$$

表 2-4 中，对于一定移位寄存器级数(即 n 一定)，如 $n=5$，列出了三种反馈系数均可产生同样周期的 m 序列，但不是全部 m 序列。利用对偶关系，还有三种 m 序列，即所谓镜像抽头序列。例如 $n=5$，$C_i=(45)_8=(100101)_2$，其镜像抽头为 $(101001)_2=(51)_8$，其序列发生器结构具有对称性，参见图 2-63(a)和(b)所示。同理 $C_i=(67)_8=(110111)_2$，其镜像抽头序列为 $(111011)_2=(73)_8$；$C_i=(75)_8=(111101)_2$，其镜像抽头序列的反馈系数为 $(101111)_2=(57)_8$。因此，5 级移位寄存器的 m 序列发生器共有 6 种，亦即能产生 6 个 m 序列。图 2-63 示出这 6 种 m 序列发生器的原理图。

由图 2-63 不难求出 6 种不同的 m 序列。现在的问题是，这 6 种不同的 m 序列中，两个 m 序列之间的互相关特性如何？作为地址码应用，希望互相关函数值越小越好。理论研

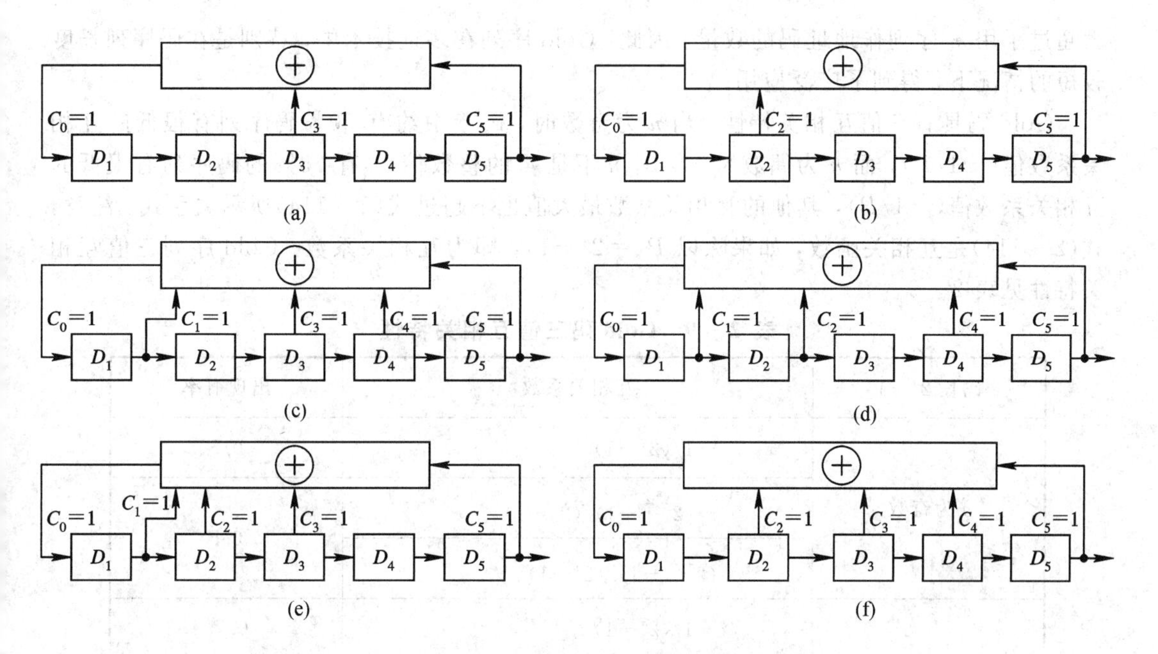

图 2 - 63　$n=5$ 的 m 序列发生器

(a) $C_i=45$；(b) $C_i=51$；(c) $C_i=67$；

(d) $C_i=73$；(e) $C_i=75$；(f) $C_i=57$

究和实践表明，它们之中有的互相关特性较好，有的较差。为此，提出 m 序列优选对的概念。

如果两个 m 序列，它们的互相关函数满足下式条件：

$$|R(\tau)|=\begin{cases}2^{\frac{n+1}{2}}+1 & n\text{ 为奇数}\\ 2^{\frac{n+2}{2}}+1 & n\text{ 为偶数(但不是 4 的倍数)}\end{cases}\tag{2 - 114}$$

则这两个 m 序列可构成优选对。

例如 $n=5$，则 $|R(\tau)|=2^3+1=9$，因此前面讨论的 $n=5$ 时，由 C_i 为 45 和 75 产生的两个 m 序列可构成优选对。

(2) Gold 序列。

Gold 码是 m 序列的复合码，是由 R · Gold 在 1967 年提出的，它是由两个码长相等、码时钟速率相同的 m 序列优选对模 2 加组成的，如图 2 - 64 所示。图中，码 1 和码 2 为 m 序列优选对。每改变两个 m 序列相对位移就可得到一个新的 Gold 序列。因为总共有 2^n-1 个不同的相对位移，加上原来的两个 m 序列本身，所以，两个 n 级移位寄存器可以产生 2^n+1 个 Gold 序列。因此，Gold 序列数比 m 序列数多得多。例如$n=5$，m 序列数只有 6 个，而 Gold 序列数为 $2^5+1=33$ 个。

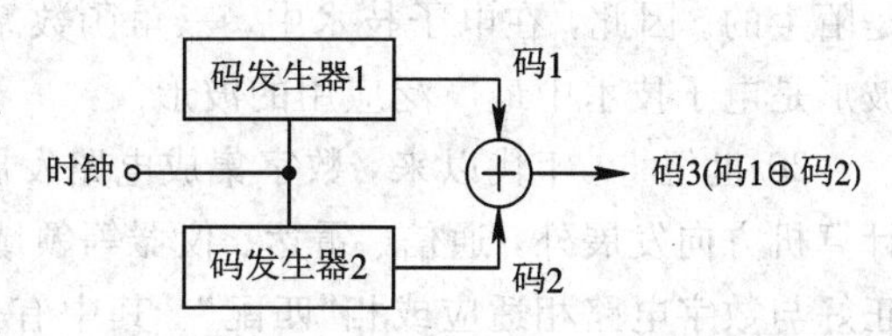

图 2 - 64　Gold 序列构成示意图

更为重要的是，它们之间的互相关特性都满足式(2 - 114)。由于 Gold 序列码这一特性，使得码族中任一码序列都可作为地址码。这样，采用 Gold 码族作地址码，其地址数大

大超过了用 m 序列作地址码的数量。因此，Gold 序列在多址技术中，特别是在码序列长度较短的情况下，得到了广泛应用。

Gold 码具有三值互相关特性。当 n 为奇数时，码族中约有 50%码序列有很低的互相关系数值($-1/P$)；而 n 为偶数时($n\neq0$，n 不是 4 的整数倍)，有 75%的码序列有很低的互相关系数值($-1/P$)，其他的互相关系数最大值也不超过式(2-114)所示关系式。注意，式(2-114)是互相关函数，如果除以 $P(=2^n-1)$，即为互相关系数。Gold 序列三值互相关特性见表 2-9。

表 2-9　Gold 码三值互相关特性

码长 2^n-1	互相关系数	出现概率
n 为奇数	$-1/(2^n-1)$	0.5
	$-(2^{\frac{n+1}{2}}+1)/(2^n-1)$	0.5
	$(2^{\frac{n+1}{2}}-1)/(2^n-1)$	
n 为偶数	$-1/(2^n-1)$	0.75
	$-(2^{\frac{n+2}{2}}+1)/(2^n-1)$	0.25
	$(2^{\frac{n+2}{2}}-1)/(2^n-1)$	

Gold 码的自相关的旁瓣也同互相关函数一样取三值，只是出现的位置不一样。Gold 码同族内互相关取值也有表 2-9 所示的理论结果。但不同优选对产生的不同族之间的互相关函数尚无理论结果。用计算机搜寻发现，不同族序列间的互相关函数已不是三值而是多值，互相关函数值也大大超过优选对的互相关函数值。

2) Walsh(沃尔什)函数

(1) Walsh 函数的含义。

Walsh 函数是一种非正弦的完备正交函数系。它仅有可能的取值：+1 和 −1(或 0 和 1)，比较适合于用来表达和处理数字信号。Walsh 函数并非是新近出现的，1923 年沃尔什(J. L. Walsh)已提出了关于这种函数的完整数学理论。此后，约有 40 多年的时间，沃尔什函数在电子技术中没有得到大的发展与应用，以致电子工程技术人员对于这种函数一般都是陌生的。因此，在电子技术中，三角函数系是广泛应用的一种最重要的数学工具，正弦波形是电子技术中最广泛应用的波形。

20 世纪 60 年代以来，数字集成电路发展特别迅速，除了电子计算机主要向数字电子计算机方向发展外，通信、雷达、仪器等领域也快速走向数字化。而取值离散的二值函数，正好与数字电路相适应或相“匹配”。其中有代表性的一种重要数学函数就是沃尔什函数。特别要指出的是，沃尔什函数具有理想的互相关特性。在沃尔什函数族中，两两之间的互相关函数为“0”，亦即它们之间是正交的。因而在码分多址通信中，Walsh 函数可以作为地址码使用。在 IS-95 码分多址移动通信系统中，正向传输信道使用了 64 阶沃尔什函数。

下面先讨论沃尔什函数的产生方法。

(2) 沃尔什函数的产生。

沃尔什函数可用哈达玛(Hadamard)矩阵 $\boldsymbol{H}$ 表示，利用递推关系很容易构成沃尔什函数序列族。为此先简单介绍有关哈达码矩阵的概念。

哈达码矩阵 $\boldsymbol{H}$ 是由 $+1$ 和 -1 元素构成的正交方阵。所谓正交方阵，是指它的任意两行(或两列)都是互相正交的。这时我们把行(或列)看作一个函数，任意两行或两列函数都是互相正交的。更具体地说，任意两行(或两列)的对应位相乘之和等于零，或者说，它们的相同位(A)和不同位(D)是相等的，即互相关函数为零。

例如，2 阶哈达码矩阵 $\boldsymbol{H}_2$ 为

$$\boldsymbol{H}_2=\begin{bmatrix}1 & 1\\ 1 & -1\end{bmatrix}\quad 或\quad \boldsymbol{H}_2=\begin{bmatrix}0 & 0\\ 0 & 1\end{bmatrix}$$

不难发现，两行(或两列)对应位相乘之和为

$$1\times 1+1\times(-1)=0$$

或者，直接观察对应位相同位(A)为 1，不同位(D)亦即 1，因此是相互正交的。

4 阶哈达码矩阵为

$$\boldsymbol{H}_4=\boldsymbol{H}_{2\times 2}=\begin{bmatrix}\boldsymbol{H}_2 & \boldsymbol{H}_2\\ \boldsymbol{H}_2 & \overline{\boldsymbol{H}}_2\end{bmatrix}=\begin{bmatrix}1 & 1 & 1 & 1\\ 1 & -1 & 1 & -1\\ 1 & 1 & -1 & -1\\ 1 & -1 & -1 & 1\end{bmatrix}\ 或\ \begin{bmatrix}0 & 0 & 0 & 0\\ 0 & 1 & 0 & 1\\ 0 & 0 & 1 & 1\\ 0 & 1 & 1 & 0\end{bmatrix}$$

式中，$\overline{\boldsymbol{H}}_2$ 为 $\boldsymbol{H}_2$ 取反。

8 阶哈达码矩阵为

$$\boldsymbol{H}_8=\boldsymbol{H}_{2\times 4}=\begin{bmatrix}\boldsymbol{H}_4 & \boldsymbol{H}_4\\ \boldsymbol{H}_4 & \overline{\boldsymbol{H}}_4\end{bmatrix}=\begin{bmatrix}0 & 0 & 0 & 0 & 0 & 0 & 0 & 0\\ 0 & 1 & 0 & 1 & 0 & 1 & 0 & 1\\ 0 & 0 & 1 & 1 & 0 & 0 & 1 & 1\\ 0 & 1 & 1 & 0 & 0 & 1 & 1 & 0\\ 0 & 0 & 0 & 0 & 1 & 1 & 1 & 1\\ 0 & 1 & 0 & 1 & 1 & 0 & 1 & 0\\ 0 & 0 & 1 & 1 & 1 & 1 & 0 & 0\\ 0 & 1 & 1 & 0 & 1 & 0 & 0 & 1\end{bmatrix}$$

一般关系式为

$$\boldsymbol{H}_{2N}=\begin{bmatrix}\boldsymbol{H}_N & \boldsymbol{H}_N\\ \boldsymbol{H}_N & \overline{\boldsymbol{H}}_N\end{bmatrix}\tag{2-115}$$

根据式(2-115)，不难写出 $\boldsymbol{H}_{16}$、$\boldsymbol{H}_{32}$ 和 $\boldsymbol{H}_{64}$，即

$$\boldsymbol{H}_{16}=\boldsymbol{H}_{2\times 8}=\begin{bmatrix}\boldsymbol{H}_8 & \boldsymbol{H}_8\\ \boldsymbol{H}_8 & \overline{\boldsymbol{H}}_8\end{bmatrix}$$

$$\boldsymbol{H}_{32}=\boldsymbol{H}_{2\times 16}=\begin{bmatrix}\boldsymbol{H}_{16} & \boldsymbol{H}_{16}\\ \boldsymbol{H}_{16} & \overline{\boldsymbol{H}}_{16}\end{bmatrix}$$

$$\boldsymbol{H}_{64}=\boldsymbol{H}_{2\times 32}=\begin{bmatrix}\boldsymbol{H}_{32} & \boldsymbol{H}_{32}\\ \boldsymbol{H}_{32} & \overline{\boldsymbol{H}}_{32}\end{bmatrix}$$

(3) 沃尔什函数的性质。

沃尔什函数有 4 个参数。它们是时基(Time base)、起始时间、振幅和列率(Sequency)。现分述如下。

时基：即为沃尔什函数正交区间的长度。例如，正交区间为$[t_a, t_b)$，则时基为$T=t_b-t_a$。正交区间为$[0, T)$，则时基为T。

起始时间：在正交区间$[t_a, t_b)$中，t_a 就是起始时间。为简明起见，常把起始时间设定为零。

振幅：前面所说的沃尔什函数是只取±1 两个值的，这也是归一化了的。一般来说，沃尔什函数可以取$\pm V$ 值。

列率：沃尔什函数取+1 与−1，它们出现的时间间隔是不等的。因此，在三角函数$\sin 2\pi ft$ 中，频率 f 的概念在这里不适用了。但是，如果我们把频率的概念予以推广，把它理解为某三角函数在单位时间内符号变更(或通过零)数目的一半，那么，对沃尔什函数来说，我们也可以把它们在时基 T 内(以秒计算)平均起来符号变更数目(或通过零点)的一半定义为列率。

按列率由小至大排列的 8 阶沃尔什函数的波形如图 2-65 所示。

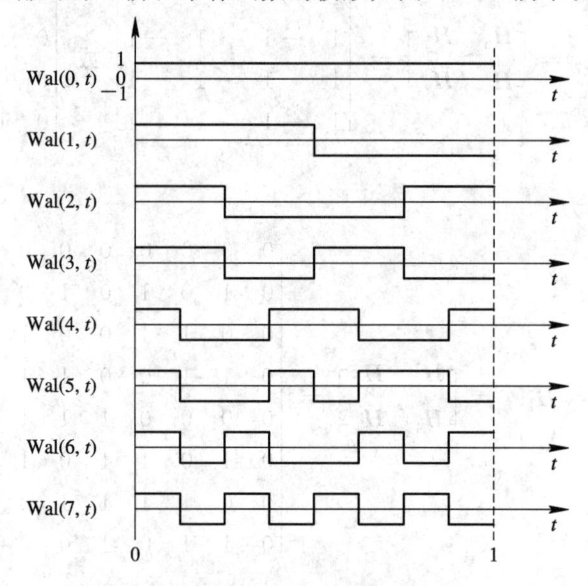

图 2-65　8 阶沃尔什函数的波形

从图 2-65 不难发现沃尔什函数在$[0, 1)$区间内，除 Wal(0, t)外，其他沃尔什函数取+1 和取−1 的时间是相等的。

沃尔什函数正交性在数学上可表示为

$$\int_0^1 \mathrm{Wal}(n, t) \cdot \mathrm{Wal}(m, t)\, \mathrm{d}t = \begin{cases} 0 & \text{当 } n \neq m \text{ 时} \\ 1 & \text{当 } n = m \text{ 时} \end{cases} \qquad (2-116)$$

从沃尔什函数波形上看，两两之间的相同位和不同位的时间是相等的，即有 $A=D$，因此互相关系数为零。

不难想像，上述沃尔什函数中的元素全部取反，即+1 换成−1，−1 换成+1，取反后的 Walsh 函数仍能保持正交性。简单地用 W 表示沃尔什函数，$\overline{W}$ 表示沃尔什函数取反。W

和 $\overline{W}$ 都具有正交性，这一点在沃尔什函数扩频调制中将会用到。

沃尔什函数由数字集成电路产生是十分方便的，在这里就不进行讨论了。

2.6 多载波调制

2.6.1 多载波传输系统

多载波传输首先把一个高速的数据流分解为若干个低速的子数据流(这样每个子数据流将具有低得多的比特速率)，然后，每个子数据流经过调制(符号匹配)和滤波(波形形成 $g(t)$)，去调制相应的子载波，从而构成多个并行的已调信号，经过合成后进行传输。其基本结构如图 2-66 所示。

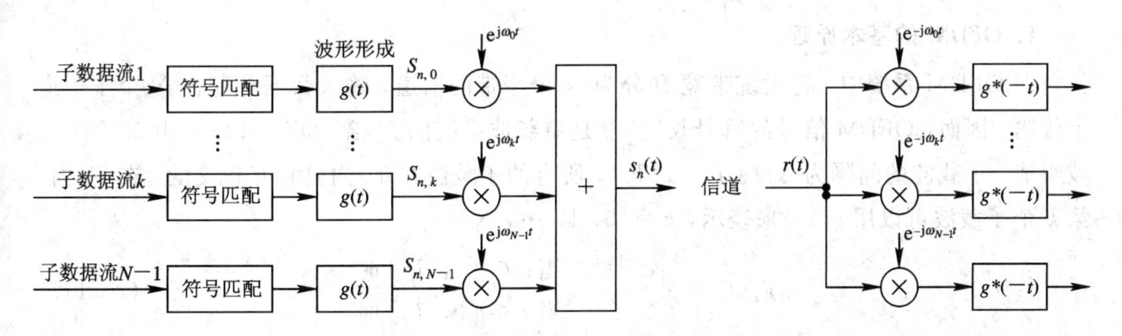

图 2-66 多载波传输系统的基本结构

在单载波系统中，一次衰落或者干扰就可以导致整个传输链路失效，但是在多载波系统中，某一时刻只会有少部分的子信道会受到深衰落或干扰的影响，因此多载波系统具有较高的传输能力以及抗衰落和干扰能力。

在多载波传输技术中，对每一路载波频率(子载波)的选取可以有多种方法，它们的不同选取将决定最终已调信号的频谱宽度和形状。

第 1 种方法是：各子载波间的间隔足够大，从而使各路子载波上的已调信号的频谱不相重叠，如图 2-67(a)所示。该方案就是传统的频分复用方式，即将整个频带划分成 N 个不重叠的子带，每个子带传输一路子载波信号，在接收端可用滤波器组进行分离。这种方法的优点是实现简单、直接；缺点是频谱的利用率低，子信道之间要留有保护频带，而且多个滤波器的实现也有不少困难。

第 2 种方法是：各子载波间的间隔选取，使得已调信号的频谱部分重叠，使复合谱是平坦的，如图 2-67(b)所示。重叠的谱的交点在信号功率比峰值功率低 3 dB 处。子载波之间的正交性通过交错同相和正交子带的数据得到(即将不同子载波数据流偏移半个码元)。

第 3 种方案是：各子载波是互相正交的，且各子载波的频谱有 1/2 的重叠。如图 2-67(c)所示。该调制方式被称为正交频分复用(OFDM)。此时的系统带宽比 FDMA 系统的带宽可以节省一半。

在每个子载波上可以采用多种调制方式，如 MPSK、MQAM 等。

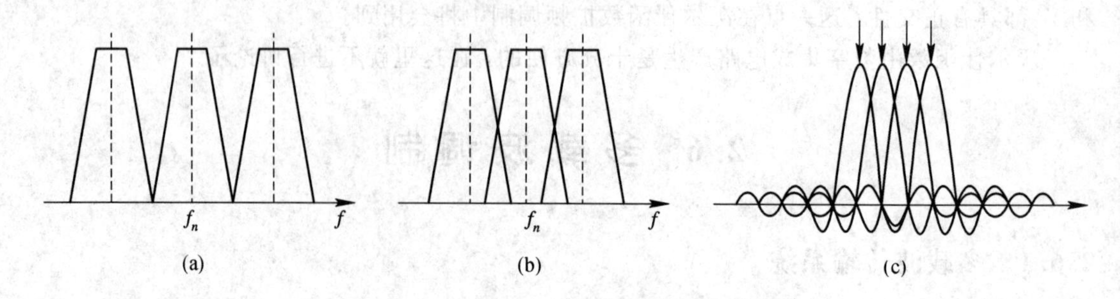

图 2-67　子载波频率设置

(a) 传统的频分复用；(b) 3 dB 频分复用；(c) OFDM

2.6.2　正交频分复用(OFDM)调制

1. OFDM 的基本原理

在 OFDM 系统中，将系统带宽 B 分为 N 个窄带的信道，输入数据分配在 N 个子信道上传输。因而，OFDM 信号的符号长度 T_s 是单载波系统的 N 倍。OFDM 信号由 N 个子载波组成，子载波的间隔为 $\Delta f(\Delta f=1/T_s)$，所有的子载波在 T_s 内是相互正交的。在 T_s 内，第 k 个子载波可以用 $g_k(t)$ 来表示，$k=0, 1, \cdots, N-1$。

$$g_k(t)=\begin{cases}e^{j2\pi k\Delta ft} & \text{当 } t\in[0,\ T_s] \text{ 时}\\0 & \text{当 } t\notin[0,\ T_s] \text{ 时}\end{cases}\tag{2-117}$$

为了消除码间干扰(ISI)，通常要引入保护间隔 T_G。通常 T_G 的选取应大于无线信道中最大多径的时延的长度，这样可以保证前后码元之间不会产生干扰。在保护间隔内，可以不传输任何信息，但此时可能会产生载波间的干扰(ICI)，即子载波之间的正交性会被破坏，如图 2-68 所示。图中给出了第一子载波和第二子载波的时延信号。从图中可以看到，由于在一个 OFDM 码元的信号区间内，第一子载波和第二子载波之间的周期个数之差不再是整数，所以当接收机试图对第一子载波进行解调时，第二子载波会对第一子载波造成干扰(子载波相乘积分后不为 0)。同样，当接收机对第二子载波进行解调时，也会存在来自第一子载波的干扰。为了解决 ICI，可将子载波延拓一个保护间隔，如图 2-69 所示。

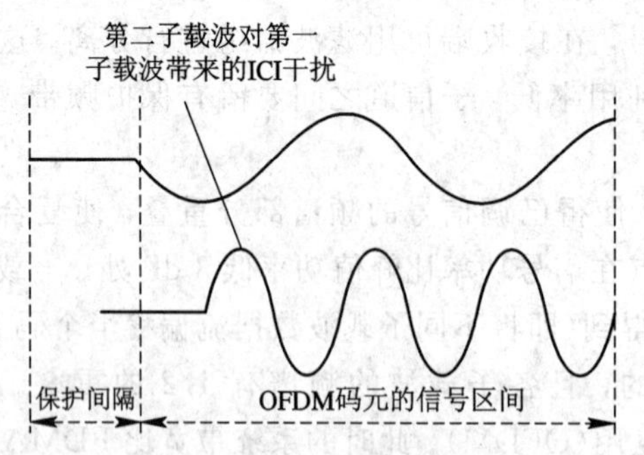

图 2-68　多径情况下，空闲保护间隔在子载波间造成的干扰

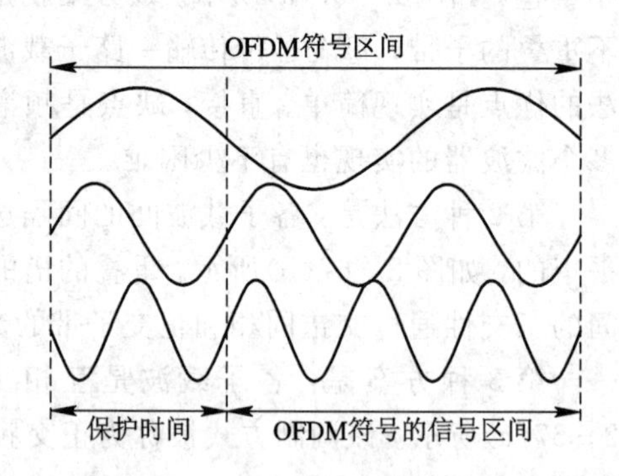

图 2-69　子载波的延拓

经过延拓后的子载波信号为

$$g_k(t)=\begin{cases}e^{j2\pi k\Delta ft} & 当 t\in[-T_G,T_s] 时\\ 0 & 当 t\notin[-T_G,T_s] 时\end{cases} \tag{2-118}$$

其对应的子载波的频谱函数为

$$G_k(f)=T\sin[\pi T(f-k\Delta f)] \tag{2-119}$$

加入保护时间后的OFDM的信号码元长度为 $T=T_s+T_G$。假定各子载波上的调制符号可以用 $S_{n,k}$ 来表示(见图2-66)，n 表示OFDM符号区间的编号，k 表示第 k 个子载波，则第 n 个OFDM符号区间内的信号可以表示为

$$s_n(t)=\frac{1}{\sqrt{N}}\sum_{k=0}^{N-1}S_{n,k}g_k(t-nT) \tag{2-120}$$

总的时间连续的OFDM信号可以表示为

$$s(t)=\frac{1}{\sqrt{N}}\sum_{n=0}^{\infty}\sum_{k=0}^{N-1}S_{n,k}g_k(t-nT) \tag{2-121}$$

根据式(2-119)和式(2-120)可知，尽管OFDM信号的子载波的频谱是相互重叠的，但是在区间 T_s 内是相互正交的，即有：

$$\langle g_k,g_l\rangle=\int_0^{T_s}g_k(t)g_l^*(t)\,dt=T_s\delta_{k,l} \tag{2-122}$$

式中，$g_l^*(t)$ 表示 $g_l(t)$ 的共轭，$\langle\ \rangle$ 表示内积运算。

利用该正交性，在接收端就可以恢复发送数据，如下式所示：

$$S_{n,k}=\frac{\sqrt{N}}{T_s}\langle s_n(t),g_k^*(t-nT)\rangle \tag{2-123}$$

在实际运用中，信号的产生和解调都是采用数字信号处理的方法来实现的，此时要对信号进行抽样，形成离散时间信号。由于OFDM信号的带宽为 $B=N\cdot\Delta f$，信号必须以 $\Delta t=1/B=1/(N\cdot\Delta f)$ 的时间间隔进行采样。采样后的信号用 $s_{n,i}$ 表示，$i=0,1,\cdots,N-1$，则有

$$s_{n,i}=\frac{1}{\sqrt{N}}\sum_{k=0}^{N-1}S_{n,k}e^{j2\pi ik/N} \tag{2-124}$$

从该式可以看出，它是一个严格的离散反傅立叶变换(IDFT)的表达式。IDFT可以采用快速反傅立叶变换(IFFT)来实现。

发送信号 $s(t)$ 经过信道传输后，到达接收端的信号用 $r(t)$ 表示，其采样后的信号为 $r_n(t)$。只要信道的多径时延小于码元的保护间隔 T_G，子载波之间的正交性就不会被破坏。各子载波上传输的信号可以利用各载波之间的正交性来恢复，如下式所示：

$$R_{n,k}=\frac{\sqrt{N}}{T_s}\langle r_n(t),g_k^*(t-nT)\rangle \tag{2-125}$$

与发端相类似，上述相关运算可以通过离散傅立叶变换(DFT)或快速傅立叶变换(FFT)来实现，即：

$$r_{n,k}=\frac{1}{\sqrt{N}}\sum_{i=0}^{N-1}r_{n,i}e^{-j2\pi ik/N} \tag{2-126}$$

利用离散反傅立叶变换(IDFT)或快速反傅立叶变换(IFFT)实现的OFDM基带系统如图2-70所示。输入已经过调制(符号匹配)的复信号经过串/并变换后，进行IDFT或

IFFT 和并/串变换，然后插入保护间隔，再经过数/模变换后形成 OFDM 调制后的信号 $s(t)$。该信号经过信道后，接收到的信号 $r(t)$经过模/数变换，去掉保护间隔以恢复子载波之间的正交性，再经过串/并变换和 DFT 或 FFT 后，恢复出 OFDM 的调制信号，再经过并/串变换后还原出输入的符号。

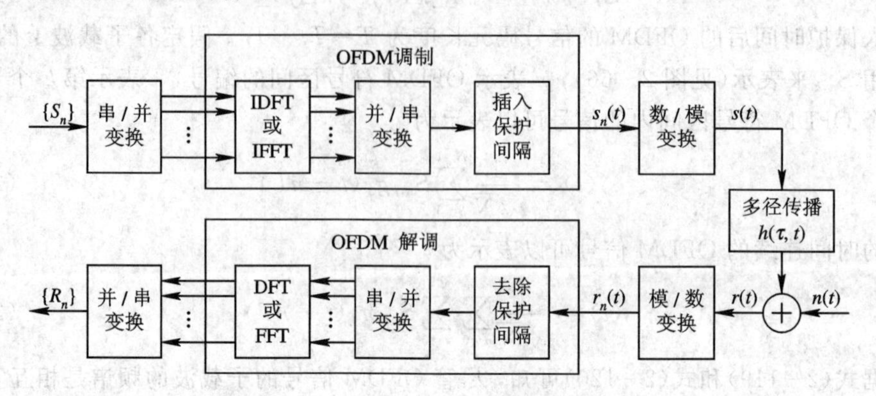

图 2－70 OFDM 系统的实现框图

图中保护间隔的插入过程如图 2－71 所示。为了消除码间干扰，将 IFFT 传输的末尾的样点复制到保护间隔。

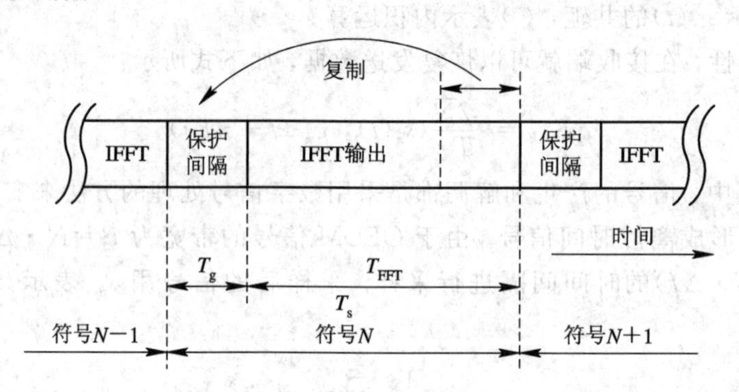

图 2－71 保护间隔的插入过程

由式(2－120)可得 OFDM 信号的功率谱密度为

$$|S(f)|^2=\frac{1}{N}\sum_{k=0}^{N-1}\left|S_{n,k}T\frac{\sin[\pi(f-k\cdot\Delta f)T]}{\pi(f-k\cdot\Delta f)T}\right|^2 \qquad (2-127)$$

它是 N 个子载波上的信号的功率谱之和。图 2－72 中给出了 $N=16$ 的 OFDM 信号的功率谱密度图。纵坐标为归一化的功率谱密度，单位为 dB，横坐标为归一化频率 $f/(N\cdot\Delta f)$。图中给出了当各子载波具有相同发送功率时的 OFDM 频谱。图中的打点线为第一调制子载波的功率谱密度，其他各调制子载波的功率谱是将第一调制子载波的功率谱密度依次在频率上进行 $1/T$ 位移得到的，所有 N 个子载波的功率谱密度构成以实线绘出的 OFDM 符号的功率谱密度。从图 2－72 可见，当 N 增大时，在频率 $f/(N\cdot\Delta f)\in[-0.5, 0.5]$内幅频特性会更加平坦，边缘会更陡峭，因此能逼近理想的低通滤波特性。为了便于比较，在图中也给出了 BPSK 的归一化功率谱密度。

根据 OFDM 符号的功率谱密度表达式(2－127)，其带外功率谱密度衰减比较慢，即带外辐射功率比较大。随着子载波数量 N 的增加，由于每个子载波功率谱密度主瓣、旁瓣幅

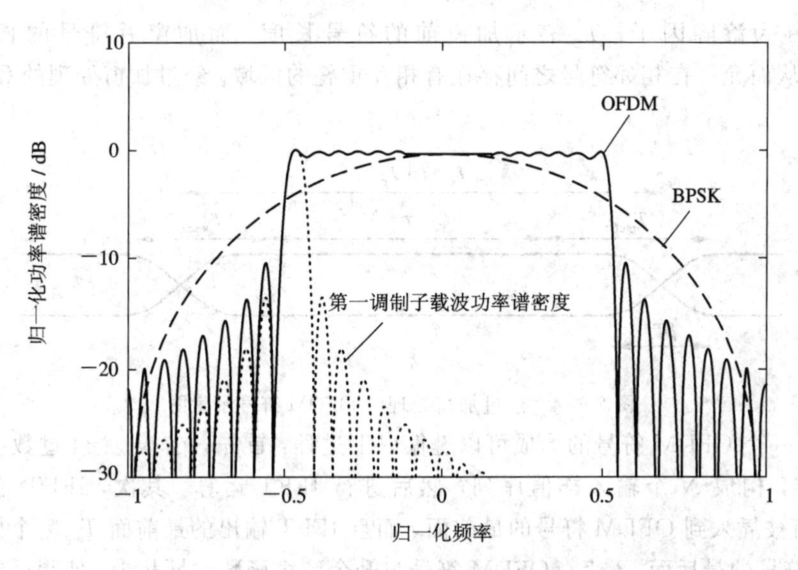

图 2-72　OFDM 信号的功率谱密度

度下降的陡度增加，所以 OFDM 符号功率谱密度的旁瓣下降速度会逐渐增加，但是即使在 $N=256$ 个子载波的情况下，其 -40 dB 带宽仍然会是 -3 dB 带宽的 4 倍，参见图 2-73。

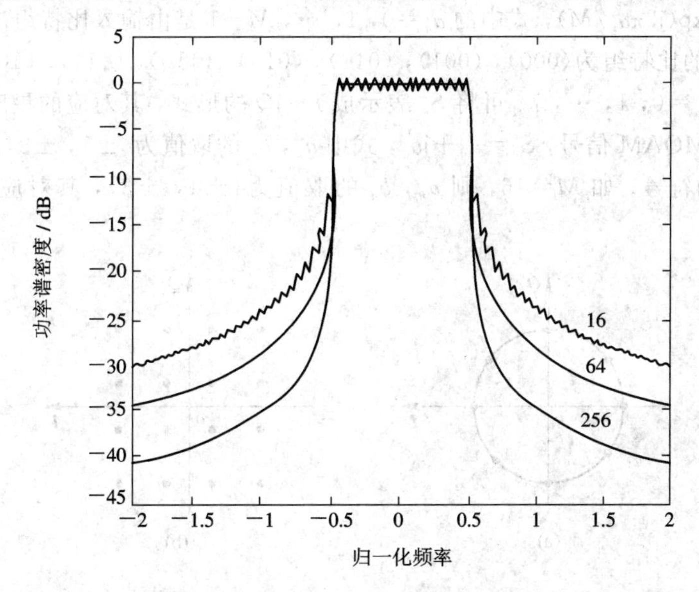

图 2-73　子载波个数分别为 16、64 和 256 的 OFDM 系统的功率谱密度(PSD)

因此，为了让带宽之外的功率谱密度下降得更快，需要对 OFDM 符号进行“加窗”处理(Windowing)。对 OFDM 符号“加窗”意味着令符号周期边缘的幅度值逐渐过渡到零。通常采用的窗类型就是升余弦函数，其定义如下：

$$w(t)=\begin{cases}0.5+0.5\cos\left(\pi+\dfrac{t\pi}{\beta T_s}\right) & 0\leqslant t<\beta T_s\\ 1.0 & \beta T_s\leqslant t<T_s\\ 0.5+0.5\cos\left(\dfrac{(t-T_s)\pi}{\beta T_s}\right) & T_s\leqslant t\leqslant(1+\beta)T_s\end{cases}\qquad(2-128)$$

其中，β 为滚降因子，T_s 表示加窗前的符号长度，而加窗后符号的长度应该为 $(1+\beta)T_s$，从而允许在相邻符号之间存在有相互重叠的区域。经过加窗处理的 OFDM 符号见图2-74。

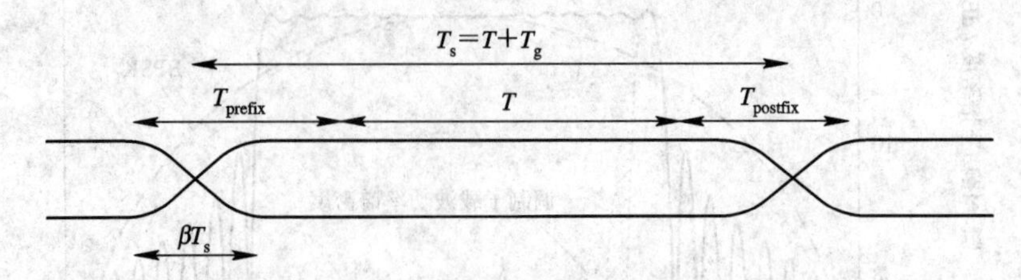

图 2-74　经过加窗处理的 OFDM 符号示意图

实际上一个 OFDM 符号的形成可以遵循以下过程：首先，在 N_c 个经过数字调制的符号后面补零，构成 N 个输入样值序列，然后进行 IFFT 运算。其次，IFFT 输出的最后 T_{prefix} 个样值被插入到 OFDM 符号的最前面，而且 IFFT 输出的最前面 $T_{postfix}$ 个样值被插入到 OFDM 符号的最后面。最后，OFDM 符号与升余弦窗函数时域相乘，使得系统带宽之外的功率可以快速下降，其下降速度取决于滚降因子 β 的选取。

在图 2-66 中的输入符号 S_n 可以是经过 MPSK 或 MQAM 调制的符号。对于 MPSK 信号，有 $S_n=\exp(j2\pi\alpha_n/M)$，式中的 $\alpha_n=0, 1, \cdots, M-1$ 是由输入比特组决定的符号。如 $M=8$，则输入的比特组为(000)，(001)，(011)，(010)，(110)，(111)，(101)和(100)，其对应的符号为 $\alpha_n=0, 1, \cdots, 7$。可将 S_n 表示成 $I+jQ$ 的形式，其对应的星座图如图 2-75(a)所示。对于 MQAM 信号，$S_n=a_n+jb_n$，式中 a_n，b_n 的取值为$\{\pm1, \pm3, \cdots\}$，它是由输入比特组决定的符号。如 $M=16$，则 a_n，b_n 的取值为$\{\pm1, \pm3\}$，其对应的星座图如图 2-75(b)所示。

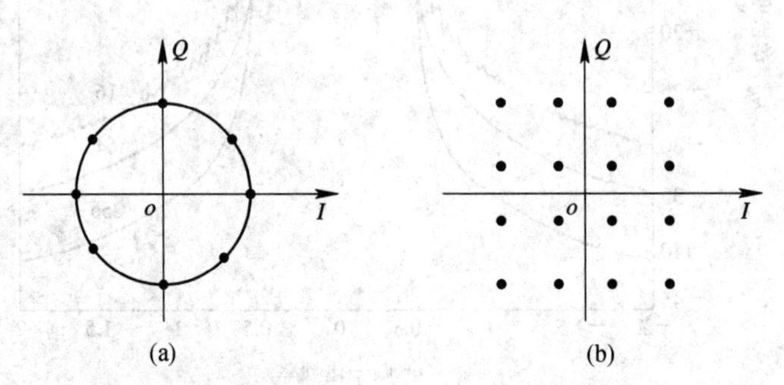

图 2-75　8PSK 和 16QAM 调制星座分布图

(a) 8PSK 的星座分布图；(b) 16QAM 的星座分布图

2. OFDM 信号的特征与性能

1) OFDM 信号峰值功率与平均功率比

与单载波系统相比，由于 OFDM 符号是由多个独立的经过调制的子载波信号相加而成的，这样的合成信号就有可能产生比较大的峰值功率(Peak Power)，由此会带来较大的峰值平均功率比(Peak-to-Average Ratio)，简称峰均比(PAR)。峰均比可以被定义为

$$PAR = 10\lg\frac{\max\limits_{n,i}\{|s_{n,i}|^2\}}{E\{|s_{n,i}|^2\}} \qquad (2-129)$$

式中 $s_{n,i}$ 表示经过 IFFT 运算之后所得到的输出信号(参见式(2-124))。对于包含 N 个子信道的 OFDM 系统来说，当 N 个子信号都以相同的相位求和时，所得到信号的峰值功率就会是平均功率的 N 倍，因而基带信号的峰均比可以为 $PAR=10\ \lg N$。例如，$N=256$ 的情况下，OFDM 系统的 $PAR=24$ dB，当然这是一种非常极端的情况，OFDM 系统内的峰均比通常不会达到这一数值。

考虑只包含 4 个子载波的 OFDM 系统，其中各子载波采用 BPSK 调制方法，并且假设所有符号都具有归一化的能量，即信息“1”对应于符号 $+1$，信息“0”对应于符号 -1。对于所有可能的 16 种 4 比特码字(即从 0000 到 1111)来说，一个符号周期内的 OFDM 符号包络功率值可以参见图 2-76，其中横坐标表示十进制的码字，纵坐标表示码字对应的包络功率值。从图中可以看到，在 16 种可能传输的码字中，有 4 种码字(0,5,10,15)可以生成最大 16 W 的 PAR 值，并且另外 4 种码字(3,6,9,12)可以生成 9.45 W 的 PAR，其余 8 个码字可以生成 7.07 W 的 PAR。根据前面的描述可知，由于各子载波相互正交，因而 $E\{|s_{n,i}|^2\}=4$，$\max\limits_{n,i}\{|s_{n,i}|^2\}=16$，这种信号的 PAR 是 $10\ \lg 4=6.02$ dB。

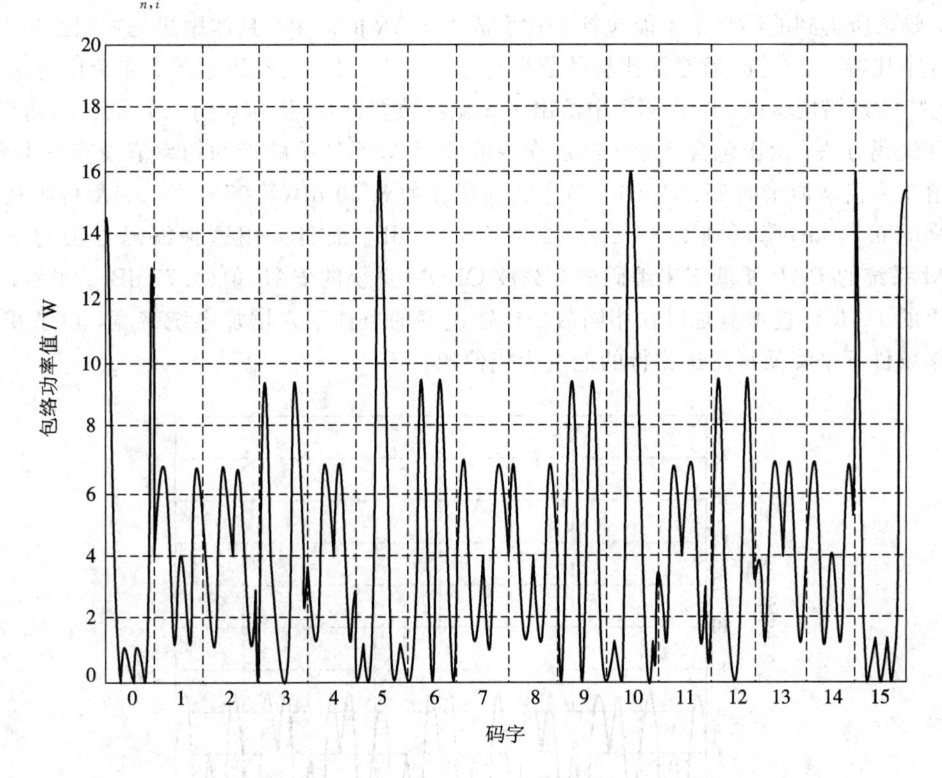

图 2-76　4 比特码字的 OFDM 符号包络功率值

由于一般的功率放大器都不是线性的，而且其动态范围也是有限的，所以当 OFDM 系统内这种变化范围较大的信号通过非线性部件(例如进入放大器的非线性区域)时，信号会产生非线性失真，产生谐波，造成较明显的频谱扩展干扰以及带内信号畸变，导致整个系统性能的下降，而且同时还会增加 A/D 和 D/A 转换器的复杂度并且降低它们的准确性。

因此，PAR 较大是 OFDM 系统所面临的一个重要问题，必须要考虑如何减小大峰值功率信号的出现概率，从而避免非线性失真的出现。克服这一问题最传统的方法是采用大动态范围的线性放大器，或者对非线性放大器的工作点进行补偿，但是这样所带来的缺点就是功率放大器的效率会大大降低，绝大部分能量都将转化为热能被浪费掉。

常用的减小 PAR 的方法大概可以被分为三类：第一类是信号预畸变技术，即在信号经过放大之前，首先要对功率值大于门限值的信号进行非线性畸变，包括限幅(Clipping)、峰值加窗或者峰值消除等操作。这些信号畸变技术的好处在于直观、简单，但信号畸变对系统性能造成的损害是不可避免的。第二类是编码方法，即避免使用那些会生成大峰值功率信号的编码图样，例如采用循环编码方法。这种方法的缺陷在于，可供使用的编码图样数量非常少，特别是当子载波数量 N 较大时，编码效率会非常低，从而导致这一矛盾更加突出。第三类就是利用不同的加扰序列对 OFDM 符号进行加权处理，从而选择 PAR 较小的 OFDM 符号来传输。

例如，在上面包含 4 个子载波的 OFDM 系统(每个子载波采用 BPSK 调制)中，有 8 个码字的峰值功率较高。因此，如果可以避免传输上述的 8 种码字，则可以降低 OFDM 系统的 PAR。我们通过采用分组编码来实现这种传输方式，如把 3 比特的数据映射为 4 比特的码字，要求所得到的码组中不能包括上述生成大 PAR 的码字。具体做法是：4 比特码字中的前 3 个比特 c_1、c_2、c_3 就是 3 比特的数据符号 d_1、d_2、d_3，而且码字的第 4 个比特 c_4 是前 3 个比特的奇偶校验位。图 2-77 中给出了 3 比特数据符号(从 000 到 111)的包络功率。采用这种编码方法，由于包含 4 个子载波在内的 OFDM 系统中的平均功率值没有发生变化，而峰值功率值从原来的 12.04 dB(16)降低到现在的 8.50 dB(7.07)，则 PAR 可以相应地从原来的 6.02 dB 降低到 2.48 dB，减少了 3.54 dB。而且采用这种编码方法的 4 载波 OFDM 系统的 PAR 要低于未编码的 3 载波 OFDM 系统的 PAR 值(4.77 dB)。当然，这样所获得的 PAR 性能增益是以在相同数据传输速率的条件下来增加系统带宽，以及相同发射功率条件下来降低每发送比特的能量为代价的。

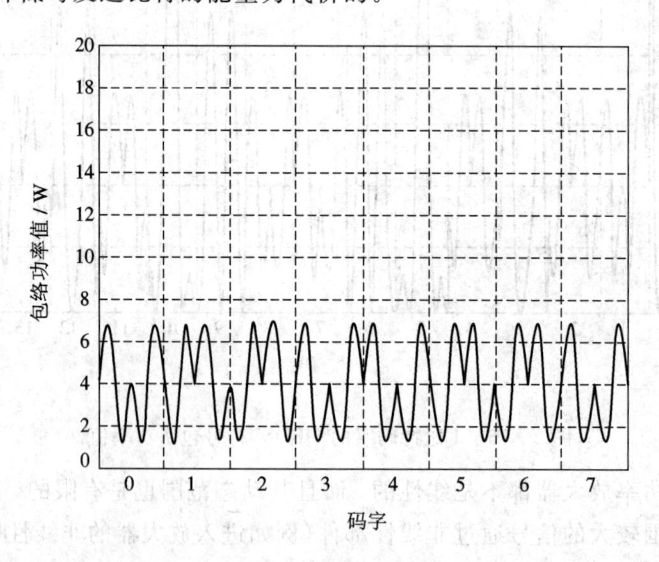

图 2-77 3 比特数据符号(000 到 111)的包络功率

2) OFDM 系统中的同步问题

在单载波系统中，载波频率的偏移只会对接收信号造成一定的幅度衰减和相位旋转。

而对于多载波系统来说，载波频率的偏移会导致子信道之间产生干扰。

例如：设系统由两个子载波组成，其频率为 ω_1 和 $2\omega_1$，其表达式为 $s(t)=a_1\mathrm{e}^{\mathrm{j}\omega_1 t}+a_2\mathrm{e}^{\mathrm{j}2\omega_1 t}$。这两个子载波在一个OFDM码元内严格正交。如果接收端恢复的子载波不准确，如恢复出的第一个子载波为 $\omega=\Delta\omega+\omega_1$，则 $s(t)\cdot\mathrm{e}^{-\mathrm{j}\omega t}=a_1\mathrm{e}^{-\mathrm{j}\Delta\omega t}+a_2\mathrm{e}^{\mathrm{j}(\omega_1-\Delta\omega)t}$，式中的第二项在一个OFDM符号内的积分不再为0，也就是说第二个子载波对第一个子载波的数据产生了干扰。这种干扰称为子载波间的干扰(ICI)。

由于OFDM系统内存在多个正交子载波，其输出信号是多个子信道信号的叠加，因而子信道的相互覆盖对它们之间的正交性提出了严格的要求。无线信道时变性的一种具体体现就是多普勒频移，多普勒频移与载波频率以及移动台的移动速度都成正比。因此，对于要求子载波保持严格同步的正交频分复用系统来说，载波的频率偏移所带来的影响会更加严重，而且如果不采取措施对这种ICI加以克服，会对系统性能带来非常严重的地板效应，即在信噪比达到一定值以后，无论怎样增加信号的发射功率，也不能显著地改善系统的误码性能(基本保持不变)。

除了要求严格的载波同步外，OFDM系统中还要求样值同步(发送端和接收端的抽样频率一致)和符号同步(IFFT和FFT的起止时刻一致)。图2-78中说明了OFDM系统中的同步要求，并且大概给出各种同步在系统中所处的位置。

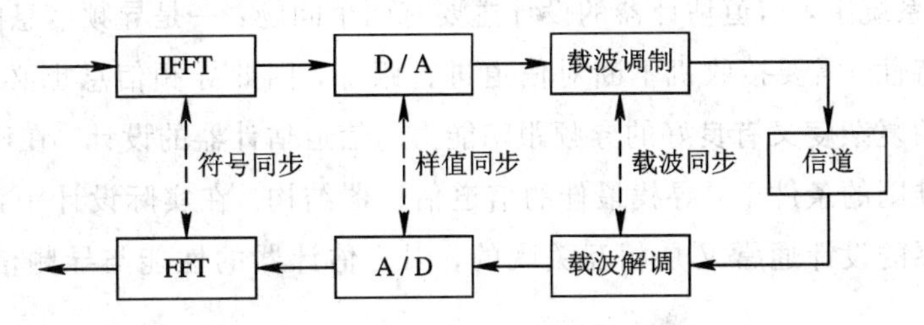

图2-78 OFDM系统内的同步示意图

3) OFDM系统的信道估计

无线通信系统的性能主要受到无线信道的制约。无线信道具有很大的随机性，导致接收信号的幅度、相位和频率失真，这些问题对接收机的设计提出了很大的挑战。而在接收机中，信道估计器是一个很重要的组成部分。如果我们能够知道无线信道的确切特征，将能很好地恢复接收信号，改善系统的性能。

信道估计可以定义为描述物理信道对输入信号的影响而进行定性研究的过程。如果信道是线性的话，那么信道估计就是对系统冲激响应进行估计。需要强调的是，所谓信道估计，就是信道对输入信号影响的一种数学表示。而“好”的信道估计就是使得某种估计误差最小化的估计算法。如图2-79所示，$Y(n)$是接收的信号，$\hat{Y}(n)$是原始信号通过估计的信道再生出来的接收信号，$e(n)$为估计误差。信道估计算法就是要使均方误差 $E[e^2(n)]$最小(即MMSE)。通常算法的精确度越高，其复杂性越大，实现的成本越高。因此算法精确度与复杂度是一对矛盾。

信道估计算法有两种基本的方法：一种是基于训练序列的信道估计算法；另一种是盲信道估计算法。

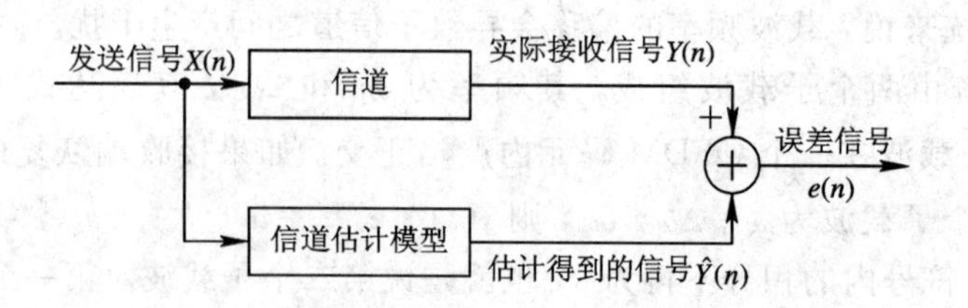

图 2-79　一般信道估计的过程

基于训练序列的信道估计算法是指利用接收机已知的信息(训练序列)来进行信道估计。它的一个好处在于其应用广泛，几乎可以用于所有的无线通信系统。它的缺点是训练序列占用了信息比特，降低了信道传输的有效性，浪费了带宽；在接收端，要将整帧的信号接收后才能提取出训练序列进行信道估计，带来了不可避免的时延；对帧结构提出了限制要求，通常要求帧长或训练序列之间的间隔要小于信道的相干时间。

盲信道估计不需要训练序列。盲估计算法的实现需要利用传输数据内在的数字信息。这种算法与基于训练序列的算法相比虽然节约了带宽，但仍有自身的缺点，即算法的运算量太大，灵活性很差，在实时系统中的应用受到了限制。

在 OFDM 系统中，信道估计器的设计主要有两个问题：一是导频信息的插入，由于无线信道的时变特性，需要接收机不断对信道进行跟踪，因此导频信息也必须不断地传送；二是既有较低的复杂度又有良好的导频跟踪能力的信道估计器的设计，在确定导频发送方式和信道估计准则的条件下，寻找最佳的信道估计器结构。在实际设计中，导频信息的选择和最佳估计器的设计通常又是相互关联的，因为估计器的性能与导频信息的传输方式有关。

基于训练序列的信道估计方法的基本思想就是利用发端和收端都已知的序列进行信道估计。基于训练序列的信道估计方法大致可以分为两类：一类是在频域内进行信道估计，另一类是在时域内进行估计。

根据 OFDM 的基本构成，可以在时域和频域内进行导频的插入。典型的导频插入形式有块状导频和梳状导频，它们分别对应慢衰落和快衰落的信道情况。块状导频的插入方法如图 2-80 所示，块状导频周期性地在时域内插入特定的 OFDM 符号“·”在信道中传输。这种导频的插入方式适用于慢衰落的无线信道，即在一个 OFDM 块中，信道视为准静止的。因为这种训练序列包括所有的子载波，不需要在接收端进行频域内的插值，所以这种导频设计方案对频率选择性不是很敏感。梳状导频的插入方法如图 2-81 所示，梳状导频均匀分布于每个 OFDM 块中。假设两种导频方式的导频载荷相同，梳状导频有更高的重传率，因此梳状导频在快衰落信道下估计的效果更好。但是在梳状导频情况下，非导频子载波上的信道特性只有根据对导频子载波上的信道特性的插值才能得到，因此这种导频方式对频率选择性衰落比较敏感。为了有效对抗频率选择性衰落，子载波间隔要求比信道的相干带宽小很多。除了上述基本的插入方法外，还可以采用混合导频方法，如图 2-82 所示。

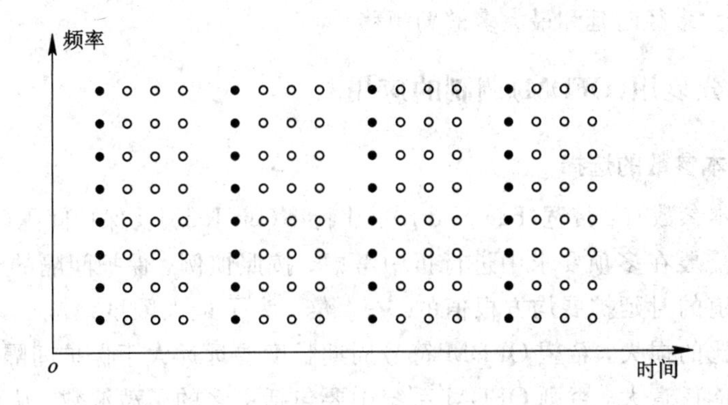

图 2-80 块状导频下的 OFDM 符号结构

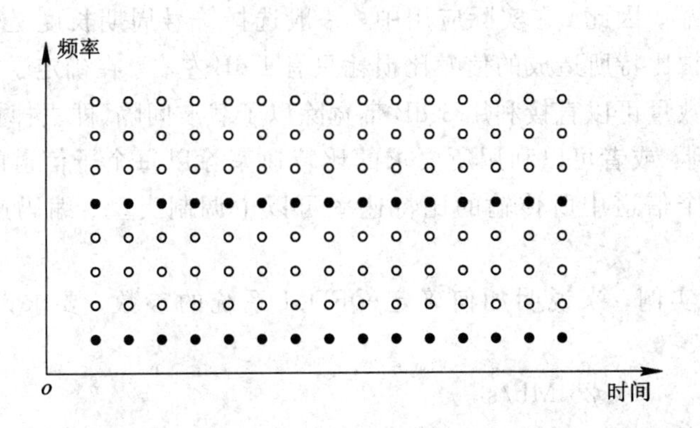

图 2-81 梳状导频下的 OFDM 符号结构

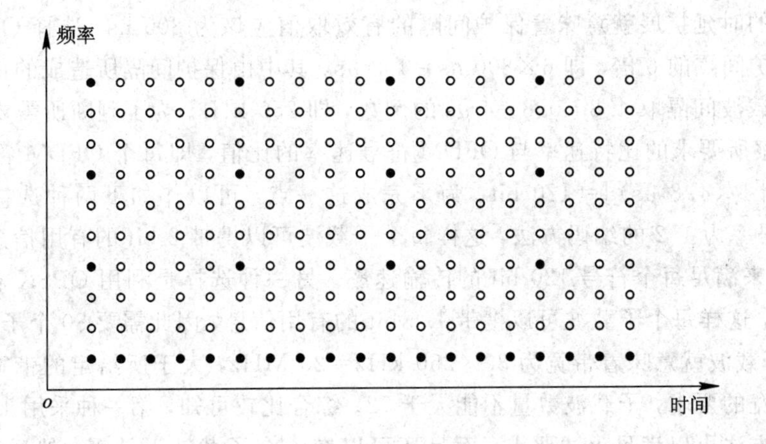

图 2-82 混合导频下的 OFDM 符号结构

为对付时间选择性和频率选择性衰落，要求导频的频率间隔和时间间隔满足下列要求：

$$n_f < \frac{1}{\tau_{\max}\Delta f} \tag{2-130}$$

$$n_t < \frac{1}{2f_{\mathrm{D\,max}}T} \tag{2-131}$$

即导频间隔在时间上要小于 n_t 个 OFDM 符号，在频率上要小于 n_f 个子载波间隔。式中 $\tau_{\max}$

和 $f_{D\max}$ 分别为最大多径时延和最大多谱勒频移。

2.6.3 正交频分复用(OFDM)调制的应用

1. OFDM基本参数的选择

OFDM的基本参数有：带宽(Bandwidth)、比特率(Bit Rate)及保护间隔(Guard Interval)。这些参数的选择需要在多项要求中进行折中考虑。按照惯例，保护间隔的时间长度应该为应用移动环境信道的时延扩展均方根值的2～4倍。为了最大限度地减少由于插入保护比特所带来的信噪比的损失，希望OFDM符号周期长度要远远大于保护间隔长度。但是符号周期长度又不可能任意大，否则OFDM系统中要包括更多的子载波数，从而导致子载波间隔相应减少，系统的实现复杂度增加，而且还加大了系统的峰值平均功率比，同时使系统对频率偏差更加敏感。因此，在实际应用中，一般选择符号周期长度是保护间隔长度的5倍，这样由插入保护比特所造成的信噪比损耗只有1 dB左右。在确定了符号周期和保护间隔之后，子载波的数量可以直接利用3 dB带宽除以子载波间隔(即去掉保护间隔之后的符号周期的倒数)得到，或者可以利用所要求的比特速率除以每个子信道的比特速率来确定子载波的数量。每个信道中所传输的比特速率可以由调制类型、编码速率和符号速率来确定。

下面通过一个实例，来说明如何确定OFDM系统的参数，要求设计系统满足如下条件：

比特率	25 Mb/s
可容忍的时延扩展	200 ns
带宽	<18 MHz

200 ns的时延扩展就意味着保护间隔的有效取值应该为800 ns。选择OFDM符号周期长度为保护间隔的6倍，即6×800 ns=4.8 μs，其中由保护间隔所造成的信噪比损耗小于1 dB。子载波间隔取4.8−0.8=4 μs的倒数，即250 kHz。为了判断所需要的子载波个数，需要观察所要求的比特速率与OFDM符号速率的比值，即每个OFDM符号需要传送(25 Mb/s)/[1/(4.8 μs)]=120 bit。为了完成这一点，可以作如下两种选择：一是利用16QAM和码率为1/2的编码方法，这样每个子载波可以携带2 bit的有用信息，因此需要60个子载波来满足每个符号120 bit的传输速率。另一种选择是利用QPSK和码率为3/4的编码方法，这样每个子载波可以携带1.5 bit的有用信息，因此需要80个子载波来传输。然而80个子载波就意味着带宽为80×250 kHz=20 MHz，大于所给定的带宽要求，因此为了满足带宽的要求，子载波数量不能大于72。综合比较可知，第一种采用16QAM和60个子载波的方法可以满足上述要求，而且还可以在4个子载波上补零，然后利用64点的IFFT/FFT来实现调制和解调。

2. OFDM在无线局域网中的应用

在美国的IEEE 802.11a/g和欧洲ETSI的HiperLAN/2中，均采用了OFDM技术。IEEE 802.11a工作在5 GHz频带，IEEE 802.11g工作在2.4 GHz频带，它们采用OFDM调制技术，速率可达54 Mb/s。HiperLAN/2物理层应用了OFDM和链路自适应技术，媒体接入控制(MAC，Media Access Contro1)层采用面向连接、集中资源控制的

TDMA/TDD 方式和无线 ATM 技术，最高速率达 54 Mb/s，实际应用最低也能保持在 20 Mb/s 左右。

这里主要讨论 IEEE 802.11a 的物理层。

在 IEEE 802.11a 中采用了两种 OFDM 的符号格式，如图 2-83 所示。每一种格式都进行了加窗处理。其窗函数的表达式为

$$w_T(t)=\begin{cases}\sin^2\left(\dfrac{\pi}{2}\left(0.5+\dfrac{t}{T_{\mathrm{TR}}}\right)\right) & (-T_{\mathrm{TR}}/2<t<T_{\mathrm{TR}}/2)\\ 1 & (T_{\mathrm{TR}}/2\leqslant t<T-T_{\mathrm{TR}}/2)\\ \sin^2\left(\dfrac{\pi}{2}\left(0.5-\dfrac{t-T}{T_{\mathrm{TR}}}\right)\right) & (T-T_{\mathrm{TR}}/2\leqslant t<T+T_{\mathrm{TR}}/2)\end{cases} \tag{2-132}$$

式中 T_{TR} 约为 100 ns。在图 2-83(b)中，将两个 OFDM 的符号合成一个长的符号，其保护间隔是正常符号的两倍，在数据部分将两个 OFDM 符号中的数据部分直接连在一起传输。该长符号主要用于信道估计和频率的细同步。

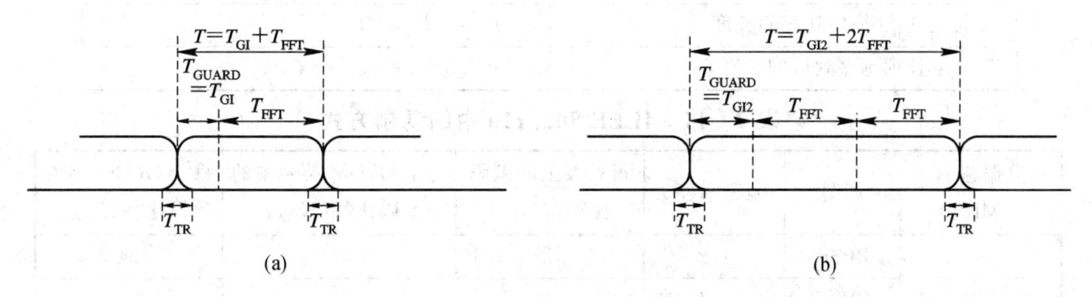

图 2-83　IEEE 802.11a 中两种 OFDM 的符号格式

(a) 单符号格式；(b) 长符号格式

IEEE 802.11a 中物理层的传输格式如图 2-84 所示。OFDM 的前导训练序列(Preamble Training Symbol)包括 10 个短训练序列(Short Training Symbol)(t_1 到 t_{10})，2 个长训练序列(Long Training Symbol)(T_1 和 T_2)。前导训练序列用来作系统的同步、信道估计、频差估计、自动增益控制(AGC)等，其中 t_1 到 t_7 用于信号检测、自动增益控制(AGC)和分集选择；t_8 到 t_{10} 用于粗频差估计和定时同步；T_1 到 T_2 用于信道估计和细频差估计。前导训练序列后面是信令段，信令段用于指示后面数据域的传输速率和传输长度。最后面是数据(Data)域，数据域中的第一个 OFDM 符号中包括业务类型域和数据。物理层的具体参数如表 2-10 所示，所采用的调制方式如表 2-11 所示。前导训练序列和信令段采用固定编码率为 1/2 的编码、BPSK 符号调制。数据域根据信道情况可选择不同的调制方式。

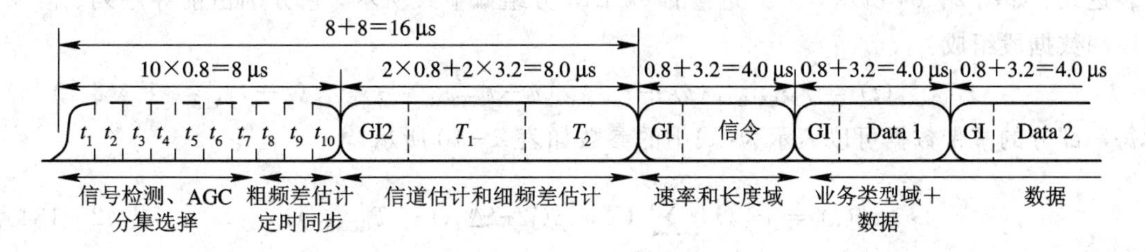

图 2-84　IEEE 802.11a 中物理层的传输格式

表 2-10 IEEE 802.11a 的物理参数

参数	取值
N_{SD}：数据子载波数	48
N_{SP}：导频子载波数	4
N_{ST}：总的子载波数	$52(N_{SD}+N_{SP})$
Δ_F：子载波频率间隔	0.3125 MHz(=20 MHz/64)
T_{FFT}：IFFT/FFT 周期	$3.2\ \mu s(1/\Delta_F)$
$T_{PREAMBLE}$：前导训练序列长度	$16\ \mu s(T_{SHORT}+T_{LONG})$
T_{SIGNAL}：信令域 BPSK OFDM 符号长度	$4.0\ \mu s(T_{GI}+T_{FFT})$
T_{GI}：GI 区间	$0.8\ \mu s(T_{FFT}/4)$
T_{GI2}：训练符号的 GI 区间	$1.6\ \mu s(T_{FFT}/2)$
T_{SYM}：符号间隔	$4\ \mu s(T_{GI}+T_{FFT})$
T_{SHORT}：短训练序列区间长度	$8\ \mu s(10\times T_{FFT}/4)$
T_{LONG}：长训练序列区间长度	$8\ \mu s(T_{GI2}+2\times T_{FFT})$

表 2-11 IEEE 802.11a 中的调制方式

数据速率/(Mb/s)	调制	编码率(R)	每载波上的编码比特(N_{BPSC})	每个 OFDM 符号中的编码比特(N_{CBPS})	每个 OFDM 中的数据比特(N_{DBPS})
6	BPSK	1/2	1	48	24
9	BPSK	3/4	1	48	36
12	QPSK	1/2	2	96	48
18	QPSK	3/4	2	96	72
24	16-QAM	1/2	4	192	96
36	16-QAM	3/4	4	192	144
48	64-QAM	2/3	6	288	192
54	64-QAM	3/4	6	288	216

OFDM 信号的具体表达式为

$$r_{(RF)}(t)=\mathrm{Re}\{r(t)\exp(\mathrm{j}2\pi f_c t)\}$$

式中，Re{ }表示取实部，f_c 为射频载波频率，$r(t)$为基带信号。下面主要讨论基带信号的表达式。如图 2-84 所示，一个完整的 OFDM 分组如下式所示，它分别由前导序列、信令段和数据段组成：

$$r_{PACKET}(t)=r_{PREAMBLE}(t)+r_{SIGNAL}(t-t_{SIGNAL})+r_{DATA}(t-t_{DATA}) \tag{2-133}$$

每一部分的基带数据可以表示为(式中的参数如表 2-10 所示)

$$r(t)=w_T(t)\sum_{-N_{ST}/2}^{N_{ST}/2}C_k\exp(\mathrm{j}2\pi k\Delta_f(t-T_{GUARD})) \tag{2-134}$$

式中，C_k 是训练序列、导频或数据。

完整的 OFDM 分组数据传输的时间-频率分布图如图 2-85 所示。其中深色的表示训练符号和导频符号。从图中可以清楚地看到，分组数据包是如何从只占用 12 个子信道的短训练符号开始的，然后是占用 52 个子信道的长训练符号和数据符号，而且在数据符号中还存在 4 个已知的导频子载波。

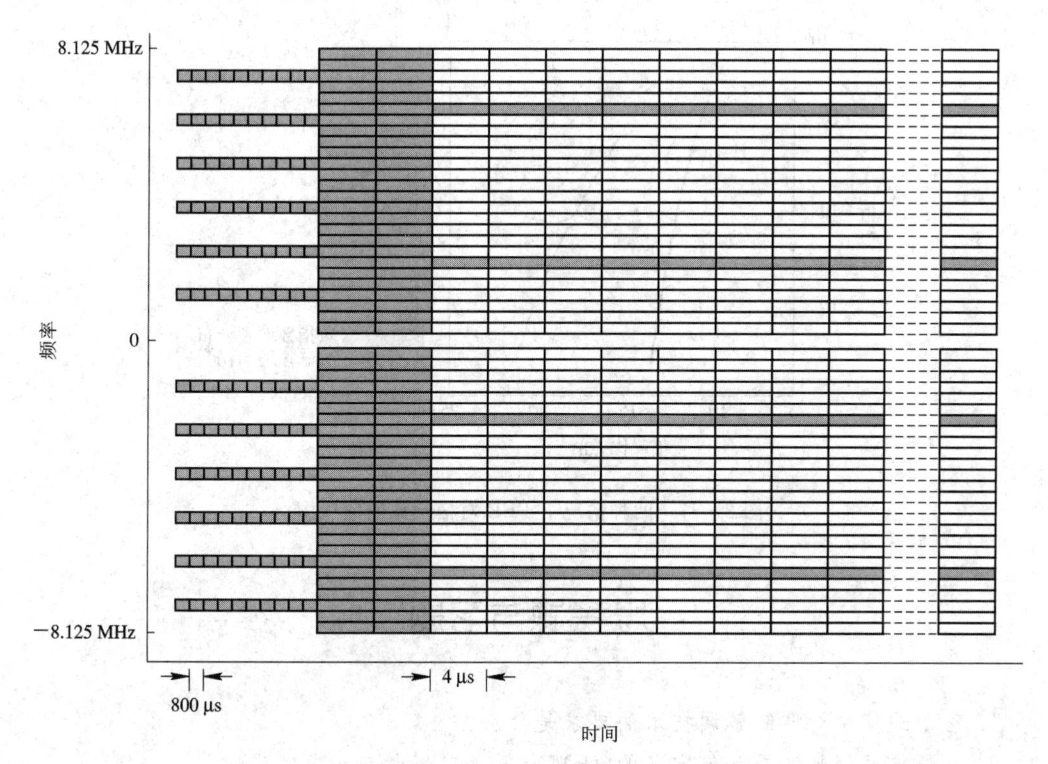

图 2-85　OFDM 分组数据传输的时间-频率分布图

一个完整的利用 OFDM 调制的传输系统如图 2-86 所示。输入数据经过前向纠错编码(FEC)、交织和映射、IFFT、添加保护间隔(GI)、符号波形形成、IQ 正交调制、频率搬移、功率放大后，发送到信道中。收端经过放大、频率搬移、自动增益控制(AGC)、IQ 检测、移去保护间隔、FFT、解映射和反交织，再经过 FEC 译码后，恢复出发端的输入数据。在接收端还包括自动频率控制(AFC)和时钟恢复模块。

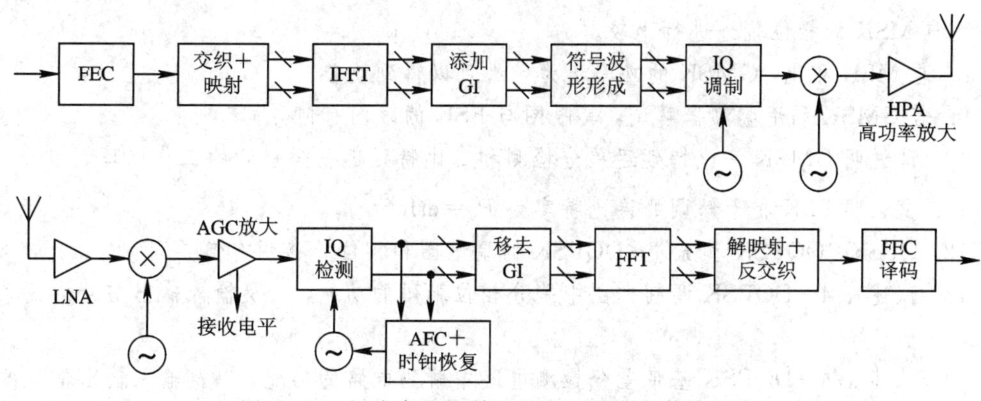

图 2-86　一个完整的利用 OFDM 调制的传输系统

图 2-87 给出当数据速率为 24 Mb/s 时，AWGN 信道与 100 ns 时延扩展条件下的瑞利衰落信道中的分组错误概率(PER)对信噪比的曲线图。在衰落信道中，1%的 PER 所要求的信噪比大约为 18 dB，而在理想 AWGN 信道中，信噪比性能至少可以提高 6 dB。当然，对于其他数据速率业务来说会存在不同的要求。

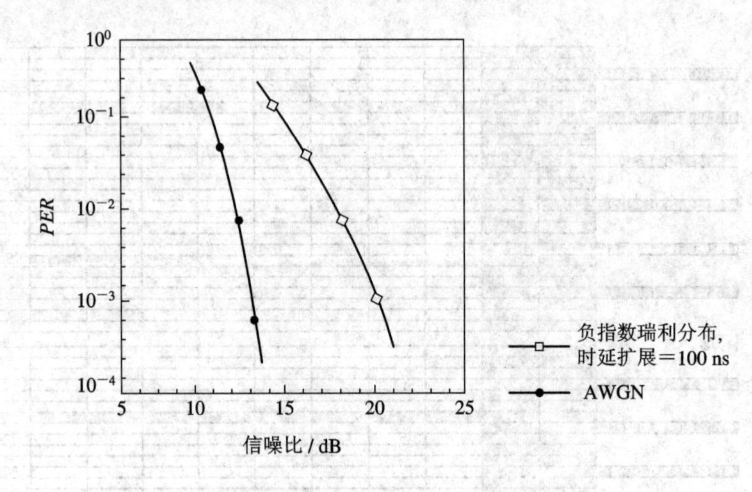

图 2-87 两种情况下 PER 对信噪比的曲线图

思考题与习题

1. 移动通信中对调制解调技术的要求是什么?

2. 已调信号的带宽是如何定义的? FM 信号的带宽如何计算?

3. 什么是调频信号解调时的门限效应? 它的形成机理如何?

4. 试证明采用包络检测时，FSK 的误比特率为 $e^{-r/2}/2$。

5. 试述 MSK 调制和 FSK 调制的区别和联系。

6. 设输入数据速率为 16 kb/s，载频为 32 kHz，若输入序列为{0010100011100110}，试画出 MSK 信号的波形，并计算其空号和传号对应的频率。

7. 设输入序列为{00110010101111000001}。试画出 GMSK 在 $B_b T_b=0.2$ 时的相位轨迹，并与 MSK 的相位轨迹进行比较。

8. 与 MSK 相比，GMSK 的功率谱为什么可以得到改善?

9. 若 GMSK 利用鉴频器解调，其眼图与 FSK 的眼图有何异同?

10. 试说明 GMSK 一比特延迟差分检测和二比特延迟差分检测的工作原理。

11. 试证明 PSK 相干解调的误比特率为 $P_e=\mathrm{erfc}(\sqrt{r})$。

12. QPSK、OQPSK 和 π/4-DQPSK 的星座图和相位转移图有何异同?

13. 试述 π/4-DQPSK 调制框图中差分相位编码的功能，以及输入输出信号的关系表达式。

14. 试述 π/4-DQPSK 基带差分检测电路中解码电路的功能，以及输入输出信号的关系表达式。

15. 试说明 $\pi/4$ - DQPSK 信号的基带差分检测和中频差分检测的原理。为什么说两者是等效的？收发频差对它的性能有何影响？

16. 试说明 $\pi/4$ - DQPSK 在信道中仅有同道干扰：无时延扩散和有多普勒频移，有时延扩散和无多普勒频移，以及既有时延扩散又有多普勒频移等情况下，其性能的异同点。

17. 在正交振幅调制中，应按什么样的准则来设计信号结构？

18. 方型 QAM 星座与星型 QAM 星座有何异同？

19. 扩频系统的抗干扰容限是如何定义的？它与扩频处理增益的关系如何？

20. 直接序列扩频通信系统中，PN 码速率为 1.2288 Mc/s(c/s 即 chip/s，片/秒)，基带数据速率为 9.6 kb/s，试问处理增益是多少？假定系统内部的损耗为 3 dB，解调器输入信噪比要求大于 7 dB，试求该系统的抗干扰容限。

21. 为什么 m 序列称为最长线性移位寄存器序列，其主要特征是什么？

22. 试画出 $n=15$ 的 m 序列发生器的原理，其码序列周期 p 是多少？码序列速率由什么决定？

23. 试述多载波调制与 OFDM 调制的区别和联系。

24. OFDM 信号有哪些主要参数？假定系统带宽为 450 kHz，最大多径时延为 32 μs，传输速率在 280～840 kb/s 间可变(不要求连续可变)，试给出采用 OFDM 调制的基本参数。

25. 接收端恢复的载波频率有偏差的情况下，对 OFDM 的解调有何影响？克服该影响的基本方法是什么？

26. 在 OFDM 传输系统中，可否采用非线性功率放大器？为什么？

27. 在 IEEE 802.11a 标准中，发送信号的格式中如何支持收端的同步和信号跟踪？

28. 采用 IFFT/FFT 实现 OFDM 信号的调制和解调有什么好处？它避免了哪些实现方面的难题？

第3章 移动信道的传播特性

任何一个通信系统，信道是必不可少的组成部分。信道按传输媒质分为有线信道和无线信道。有线信道包括架空明线、电缆和光纤；无线信道中有中、长波地表面传播，短波电离层反射传播，超短波和微波直射传播以及各种散射传播。根据信道特性参数随外界各种因素的影响而变化的快慢，通常分为“恒参信道”和“变参信道”。所谓“恒参信道”，是指其传输特性的变化量极微且变化速度极慢；或者说，在足够长的时间内，其参数基本不变。“变参信道”与此相反，其传输特性随时间的变化较快。移动信道为典型的“变参信道”。本章在阐述VHF和UHF频段电波传播特性的基础上，重点讨论陆地移动信道的特征、传播损耗的估算方法，并对其他移动信道作简要介绍。

3.1 无线电波传播特性

现代移动通信广泛使用VHF、UHF频段，因此必须熟悉它们的传播方式和特点。

3.1.1 电波传播方式

发射机天线发出的无线电波，可依不同的路径到达接收机，当频率 $f>30$ MHz时，典型的传播通路如图3-1所示。沿路径①从发射天线直接到达接收天线的电波称为直射波，它是VHF和UHF频段的主要传播方式；沿路径②的电波经过地面反射到达接收天线，称为地面反射波；路径③的电波沿地球表面传播，称为地表面波。由于地表面波的损耗随频率升高而急剧增大，传播距离迅速减小，因此在VHF和UHF频段地表面波的传播可以忽略不计。除此之外，在移动信道中，电波遇到各种障碍物时会发生反射和散射现象，它对直射波会引起干涉，即产生多径衰落现象。下面先讨论直射波和反射波的传播特性。

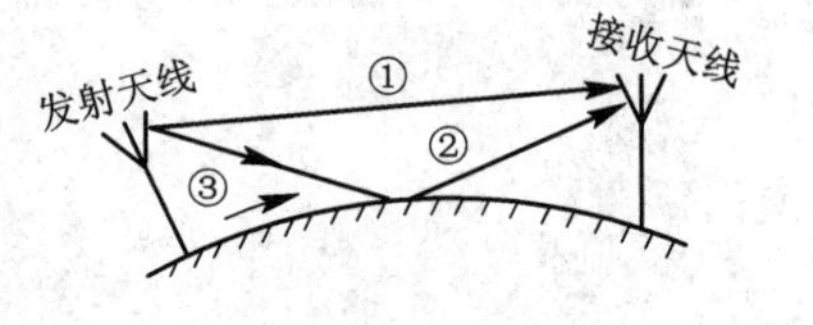

图3-1 典型的传播通路

3.1.2 直射波

直射波传播可按自由空间传播来考虑。所谓自由空间传播，是指天线周围为无限大真空时的电波传播，它是理想的传播条件。电波在自由空间传播时，其能量既不会被障碍物所吸收，也不会产生反射或散射。实际情况下，只要地面上空的大气层是各向同性的均匀媒质，其相对介电常数 ε_r 和相对导磁率 μ_r 都等于1，传播路径上没有障碍物阻挡，到达接收天线的地面反射信号场强也可以忽略不计，在这种情况下，电波可视作在自由空间传播。

虽然电波在自由空间里传播不受阻挡，不产生反射、折射、绕射、散射和吸收，但是，当电波经过一段路径传播之后，能量仍会受到衰减，这是由辐射能量的扩散而引起的。由电磁场理论可知，若各向同性天线（亦称全向天线或无方向性天线）的辐射功率为 P_T 瓦，则距辐射源 d m 处的电场强度有效值 E_0 为

$$E_0 = \frac{\sqrt{30P_T}}{d} \quad (\text{V/m}) \tag{3-1}$$

磁场强度有效值 H_0 为

$$H_0 = \frac{\sqrt{30P_T}}{120\,\pi d} \quad (\text{A/m}) \tag{3-2}$$

单位面积上的电波功率密度 S 为

$$S = \frac{P_T}{4\pi d^2} \quad (\text{W/m}^2) \tag{3-3}$$

若用发射天线增益为 G_T 的方向性天线取代各向同性天线，则上述公式应改写为

$$E_0 = \frac{\sqrt{30P_T G_T}}{d} \quad (\text{V/m}) \tag{3-4}$$

$$H_0 = \frac{\sqrt{30P_T G_T}}{120\,\pi d} \quad (\text{A/m}) \tag{3-5}$$

$$S = \frac{P_T G_T}{4\pi d^2} \quad (\text{W/m}^2) \tag{3-6}$$

接收天线获取的电波功率等于该点的电波功率密度乘以接收天线的有效面积，即

$$P_R = SA_R \tag{3-7}$$

式中，A_R 为接收天线的有效面积，它与接收天线增益 G_R 满足下列关系：

$$A_R = \frac{\lambda^2}{4\pi}G_R \tag{3-8}$$

式中，$\lambda^2/(4\pi)$为各向同性天线的有效面积。

由式(3 - 6)至式(3 - 8)可得

$$P_R = P_T G_T G_R \left(\frac{\lambda}{4\pi d}\right)^2 \tag{3-9}$$

当收、发天线增益为 0 dB，即当 $G_R = G_T = 1$ 时，接收天线上获得的功率为

$$P_R = P_T \left(\frac{\lambda}{4\pi d}\right)^2 \tag{3-10}$$

由上式可见，自由空间传播损耗 L_{fs} 可定义为

$$L_{fs} = \frac{P_T}{P_R} = \left(\frac{4\pi d}{\lambda}\right)^2 \tag{3-11}$$

以 dB 计，得

$$[L_{fs}](\text{dB}) = 10\lg\left(\frac{4\pi d}{\lambda}\right)^2 (\text{dB}) = 20\lg\frac{4\pi d}{\lambda} \quad (\text{dB}) \tag{3-12}$$

或

$$[L_{fs}](\text{dB}) = 32.44 + 20\lg d(\text{km}) + 20\lg f(\text{MHz}) \tag{3-13}$$

式中，d 的单位为 km，频率单位以 MHz 计。

由上式可见，自由空间中电波传播损耗（亦称衰减）只与工作频率 f 和传播距离 d 有

关。当 f 或 d 增大一倍时，$[L_{fs}]$将分别增加 6 dB。

3.1.3　大气中的电波传播

在实际移动信道中，电波在低层大气中传播。由于低层大气并不是均匀介质，它的温度、湿度以及气压均随时间和空间而变化，因此会产生折射及吸收现象。在 VHF、UHF 波段的折射现象尤为突出，它将直接影响视线传播的极限距离。

1. 大气折射

在不考虑传导电流和介质磁化的情况下，介质折射率 n 与相对介电系数 ε_r 的关系为

$$n = \sqrt{\varepsilon_r} \tag{3-14}$$

众所周知，大气的相对介电系数与温度、湿度和气压有关。大气高度不同，ε_r 也不同，即 dn/dh 是不同的。根据折射定律，电波传播速度 v 与大气折射率 n 成反比，即

$$v = \frac{c}{n} \tag{3-15}$$

式中，c 为光速。

当一束电波通过折射率随高度变化的大气层时，由于不同高度上的电波传播速度不同，从而使电波射束发生弯曲，弯曲的方向和程度取决于大气折射率的垂直梯度 dn/dh。这种由大气折射率引起电波传播方向发生弯曲的现象，称为大气对电波的折射。

大气折射对电波传播的影响，在工程上通常用“地球等效半径”来表征，即认为电波依然按直线方向行进，只是地球的实际半径 R_0（6.37×10^6 m）变成了等效半径 R_e，R_e 与 R_0 之间的关系为

$$k = \frac{R_e}{R_0} = \frac{1}{1 + R_0\dfrac{dn}{dh}} \tag{3-16}$$

式中，k 称作地球等效半径系数。

当 $dn/dh<0$ 时，表示大气折射率 n 随着高度升高而减小，因而 $k>1$，$R_e>R_0$。在标准大气折射情况下，即当 $dn/dh\approx-4\times10^{-8}$(1/m)时，等效地球半径系数 $k=4/3$，等效地球半径 $R_e=8500$ km。

由上可知，大气折射有利于超视距的传播，但在视线距离内，因为由折射现象所产生的折射波会同直射波同时存在，从而也会产生多径衰落。

2. 视线传播极限距离

视线传播的极限距离可由图 3-2 计算，天线的高度分别为 h_t 和 h_r，两个天线顶点的连线 AB 与地面相切于 C 点。由于地球等效半径 R_e 远远大于天线高度，不难证明，自发射天线顶点 A 到切点 C 的距离 d_1 为

$$d_1 \approx \sqrt{2R_e h_t} \tag{3-17}$$

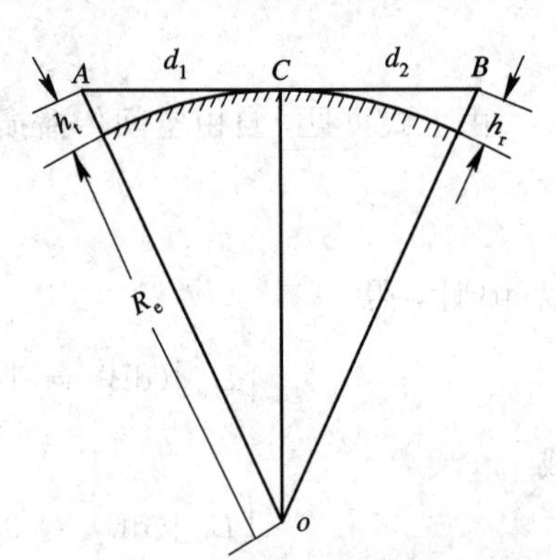

图 3-2　视线传播极限距离

同理，由切点 C 到接收天线顶点 B 的距离 d_2 为

$$d_2 \approx \sqrt{2R_e h_r} \tag{3-18}$$

可见，视线传播的极限距离 d 为

$$d = d_1 + d_2 = \sqrt{2R_e}(\sqrt{h_t} + \sqrt{h_r}) \tag{3-19}$$

在标准大气折射情况下，$R_e = 8500$ km，故

$$d = 4.12(\sqrt{h_t} + \sqrt{h_r}) \tag{3-20}$$

式中，h_t、h_r 的单位是 m，d 的单位是 km。

3.1.4　障碍物的影响与绕射损耗

在实际情况下，电波的直射路径上存在各种障碍物，由障碍物引起的附加传播损耗称为绕射损耗。

设障碍物与发射点和接收点的相对位置如图 3－3 所示。图中，x 表示障碍物顶点 P 至直射线 TR 的距离，称为菲涅尔余隙。规定阻挡时余隙为负，如图 3－3(a)所示；无阻挡时余隙为正，如图 3－3(b)所示。由障碍物引起的绕射损耗与菲涅尔余隙的关系如图 3－4 所示。图中，纵坐标为绕射引起的附加损耗，即相对于自由空间传播损耗的分贝数。横坐标为x/x_1，其中 x_1 是第一菲涅尔区在 P 点横截面的半径，它由下列关系式可求得：

$$x_1 = \sqrt{\frac{\lambda d_1 d_2}{d_1 + d_2}} \tag{3-21}$$

式中，x_1、λ、d_1、d_2 的单位是 m。

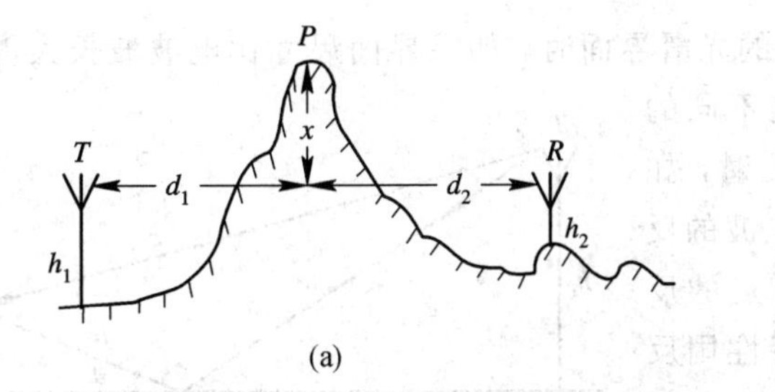

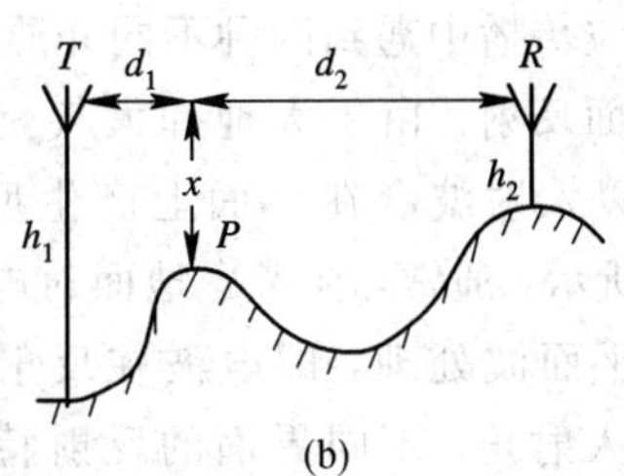

图 3－3　障碍物与余隙

(a) 负余隙；(b) 正余隙

由图 3－4 可见，当 $x/x_1 > 0.5$ 时，附加损耗约为 0 dB，即障碍物对直射波传播基本上没有影响。为此，在选择天线高度时，根据地形尽可能使服务区内各处的菲涅尔余隙 $x > 0.5x_1$；当 $x < 0$，即直射线低于障碍物顶点时，损耗急剧增加；当 $x = 0$，即 TR 直射线从障碍物顶点擦过时，附加损耗约为 6 dB。

例 3－1　设图 3－3(a)所示的传播路径中，菲涅尔余隙 $x = -82$ m，$d_1 = 5$ km，$d_2 = 10$ km，工作频率为 150 MHz。试求出电波传播损耗。

解　先由式(3－13)求出自由空间传播的损耗 L_{fs} 为

$$[L_{fs}] = 32.44 + 20\lg(5 + 10) + 20\lg 150 = 99.5 \text{ dB}$$

由式(3－21)求第一菲涅尔区半径 x_1 为

$$x_1 = \sqrt{\frac{\lambda d_1 d_2}{d_1 + d_2}} = \sqrt{\frac{2 \times 5 \times 10^3 \times 10 \times 10^3}{15 \times 10^3}} = 81.7 \text{ m}$$

式中，$\lambda = c/f$，c 为光速，f 为频率。

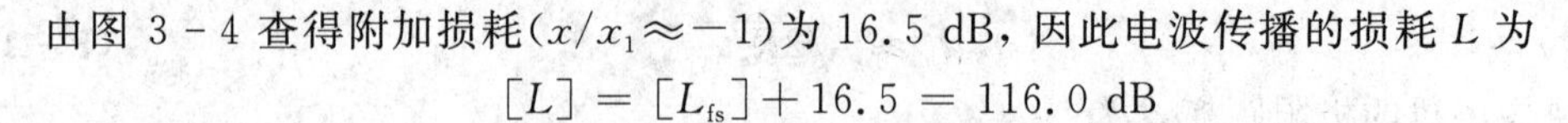

由图 3-4 查得附加损耗($x/x_1 \approx -1$)为 16.5 dB，因此电波传播的损耗 L 为

$$[L] = [L_{fs}] + 16.5 = 116.0\ \text{dB}$$

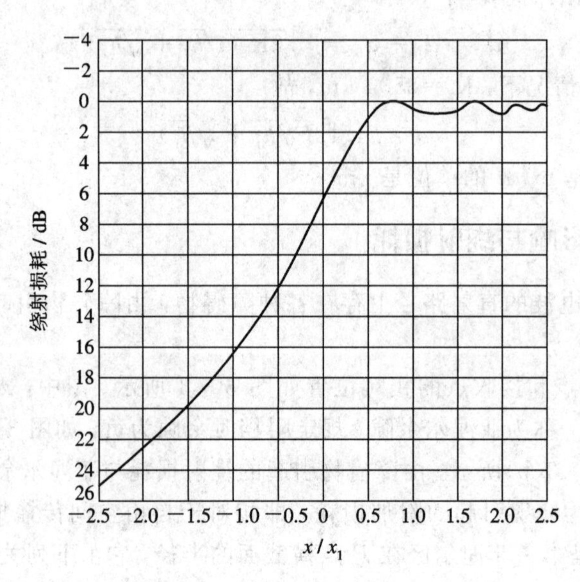

图 3-4 绕射损耗与余隙关系

3.1.5 反射波

当电波传播中遇到两种不同介质的光滑界面时，如果界面尺寸比电波波长大得多，就会产生镜面反射。由于大地和大气是不同的介质，所以入射波会在界面上产生反射，如图 3-5 所示。通常，在考虑地面对电波的反射时，按平面波处理，即电波在反射点的反射角等于入射角。不同界面的反射特性用反射系数 R 表征，它定义为反射波场强与入射波场强的比值，R 可表示为

$$R = |R|\ e^{-j\psi} \qquad (3-22)$$

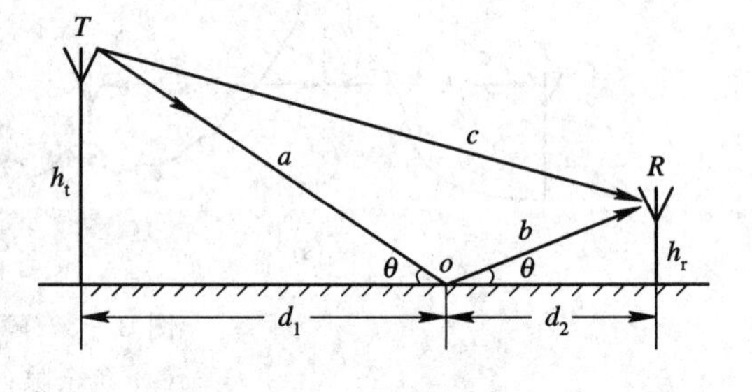

图 3-5 反射波与直射波

式中，$|R|$ 为反射点上反射波场强与入射波场强的振幅比，ψ 代表反射波相对于入射波的相移。

水平极化波和垂直极化波的反射系数 R_h 和 R_v 分别由下列公式计算：

$$R_h = |R_h|\ e^{-j\psi} = \frac{\sin\theta - (\varepsilon_c - \cos^2\theta)^{1/2}}{\sin\theta + (\varepsilon_c - \cos^2\theta)^{1/2}} \qquad (3-23)$$

$$R_v = \frac{\varepsilon_c \sin\theta - (\varepsilon_c - \cos^2\theta)^{1/2}}{\varepsilon_c \sin\theta + (\varepsilon_c - \cos^2\theta)^{1/2}} \qquad (3-24)$$

式中，ε_c 是反射介质的等效复介电常数，它与反射介质的相对介电常数 ε_r、电导率 δ 和工作波长 λ 有关，即

$$\varepsilon_c = \varepsilon_r - j60\lambda\delta \qquad (3-25)$$

对于地面反射，当工作频率高于 150 MHz($\lambda < 2$ m)时，$\theta < 1°$，由式(3-23)和式

(3-24)可得

$$R_v = R_h = -1 \tag{3-26}$$

即反射波场强的幅度等于入射波场强的幅度，而相差为180°。

在图3-5中，由发射点T发出的电波分别经过直射线(TR)与地面反射路径(ToR)到达接收点R，由于两者的路径不同，从而会产生附加相移。由图3-5可知，反射波与直射波的路径差为

$$\begin{aligned}\Delta d &= a+b-c = \sqrt{(d_1+d_2)^2+(h_t+h_r)^2}-\sqrt{(d_1+d_2)^2+(h_t-h_r)^2} \\ &= d\left[\sqrt{1+\left(\frac{h_t+h_r}{d}\right)^2}-\sqrt{1+\left(\frac{h_t-h_r}{d}\right)^2}\right]\end{aligned} \tag{3-27}$$

式中，$d=d_1+d_2$。

通常$(h_t+h_r)\ll d$，故上式中每个根号均可用二项式定理展开，并且只取展开式中的前两项。例如：

$$\sqrt{1+\left(\frac{h_t+h_r}{d}\right)^2} \approx 1+\frac{1}{2}\left(\frac{h_t+h_r}{d}\right)^2$$

由此可得到

$$\Delta d = \frac{2h_t h_r}{d} \tag{3-28}$$

由路径差Δd引起的附加相移$\Delta\varphi$为

$$\Delta\varphi = \frac{2\pi}{\lambda}\Delta d \tag{3-29}$$

式中，$2\pi/\lambda$称为传播相移常数。

这时接收场强E可表示为

$$E = E_0(1+Re^{-j\Delta\varphi}) = E_0(1+|R|e^{-j(\psi+\Delta\varphi)}) \tag{3-30}$$

由上式可见，直射波与地面反射波的合成场强将随反射系数以及路径差的变化而变化，有时会同相相加，有时会反相抵消，这就造成了合成波的衰落现象。$|R|$越接近于1，衰落就越严重。为此，在固定地址通信中，选择站址时应力求减弱地面反射，或调整天线的位置或高度，使地面反射区离开光滑界面。当然，这种做法在移动通信中是很难实现的。

3.2　移动信道的特征

在陆地移动通信中，移动台常常工作在城市建筑群和其他地形、地物较为复杂的环境中，其传输信道的特性是随时随地而变化的，因此移动信道是典型的随参信道。本节着重就移动信道中几个比较突出的问题进行讨论，至于移动信道的场强(或损耗)计算将在下节进行分析。

3.2.1　传播路径与信号衰落

在VHF、UHF移动信道中，电波传播方式除了上述的直射波和地面反射波之外，还需要考虑传播路径中各种障碍物所引起的散射波。图3-6是移动信道传播路径的示意图。

图中，h_b 为基站天线高度，h_m 为移动台天线高度。直射波的传播距离为 d，地面反射波的传播距离为 d_1，散射波的传播距离为 d_2。移动台接收信号的场强由上述三种电波的矢量合成。为分析简便，假设反射系数 $R=-1$（镜面反射），则合成场强 E 为

$$E = E_0(1-\alpha_1 e^{-j\frac{2\pi}{\lambda}\Delta d_1} - \alpha_2 e^{-j\frac{2\pi}{\lambda}\Delta d_2}) \tag{3-31}$$

式中，E_0 是直射波场强，λ 是工作波长，α_1 和 α_2 分别是地面反射波和散射波相对于直射波的衰减系数，而 $\Delta d_1 = d_1 - d$，$\Delta d_2 = d_2 - d$。

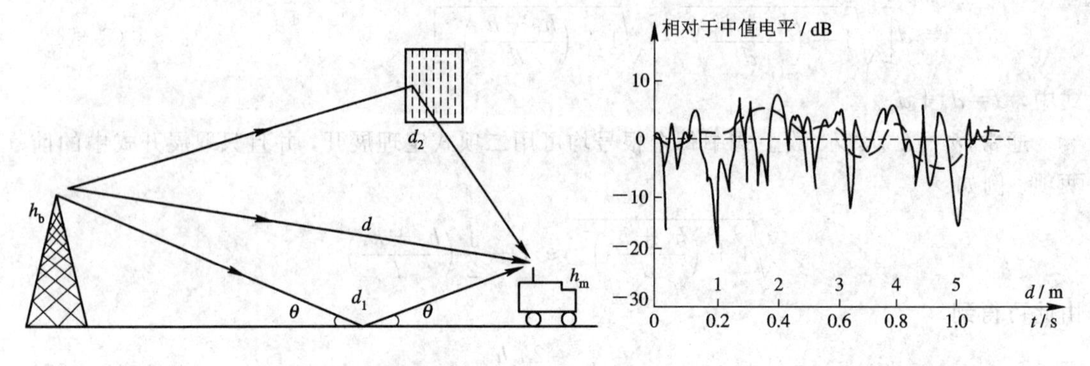

图 3-6　移动信道的传播路径　　　　图 3-7　典型信号衰落特性

在实际移动信道中，散射体很多，因此接收信号是由多个电波合成的。直射波、反射波或散射波在接收地点形成干涉场，使信号产生深度且快速的衰落，如图 3-7 所示。图中，横坐标是时间或距离（$d=vt$，v 为车速），纵坐标是相对信号电平（以 dB 计），信号电平的变动范围约为 30～40 dB。图中，虚线表示的是信号的局部中值，其含义是在局部时间（或地点）中，信号电平大于或小于它的时间各为 50%。由于移动台的不断运动，电波传播路径上的地形、地物是不断变化的，因而局部中值也是变化的。这种变化所造成的衰落比多径效应所引起的快衰落要慢得多，所以称为慢衰落。对局部中值在不同的传播环境下取平均，可得全局中值。有关场强中值的计算将在下节讨论，下面将先分析快衰落和慢衰落特性。

3.2.2　多径效应与瑞利衰落

在陆地移动通信中，移动台往往受到各种障碍物和其他移动体的影响，以致到达移动台的信号是来自不同传播路径的信号之和，如图 3-8 所示。假设基站发射的信号为

$$S_0(t) = \alpha_0 \exp[j(\omega_0 t + \varphi_0)] \tag{3-32}$$

式中，ω_0 为载波角频率，φ_0 为载波初相。经反射（或散射）到达接收天线的第 i 个信号为 $S_i(t)$，其振幅为 α_i，相移为 φ_i。假设 $S_i(t)$ 与移动台运动方向之间的夹角为 θ_i，其多普勒频移值为

$$f_i = \frac{v}{\lambda}\cos\theta_i = f_m \cos\theta_i \tag{3-33}$$

式中，v 为车速，λ 为波长，f_m 为 $\theta_i=0°$ 时的最大多普勒频移，因此 $S_i(t)$ 可写成

$$S_i(t) = \alpha_i \exp\left[j(\varphi_i + \frac{2\pi}{\lambda}vt\cos\theta_i)\right]\exp[j(\omega_0 + \varphi_0)] \tag{3-34}$$

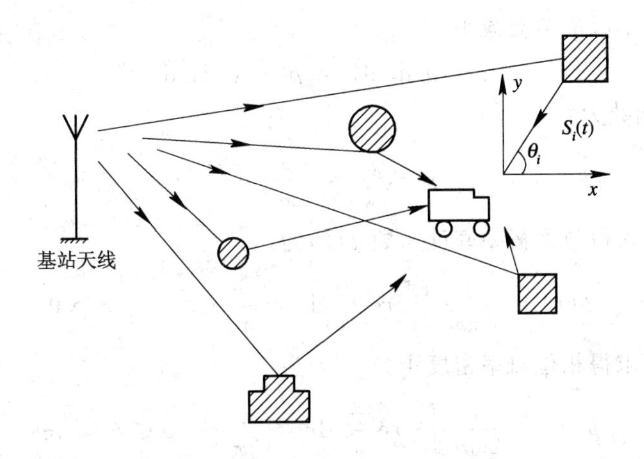

图 3-8　移动台接收 N 条路径信号

假设 N 个信号的幅值和到达接收天线的方位角是随机的且满足统计独立，则接收信号为

$$S(t) = \sum_{i=1}^{N} S_i(t) \tag{3-35}$$

令：

$$\Psi_i = \varphi_i + \frac{2\pi}{\lambda} vt \cos\theta_i$$

$$x = \sum_{i=1}^{N} \alpha_i \cos\Psi_i = \sum_{i=1}^{N} x_i \tag{3-36}$$

$$y = \sum_{i=1}^{N} \alpha_i \sin\Psi_i = \sum_{i=1}^{N} y_i \tag{3-37}$$

则 $S(t)$可写成

$$S(t) = (x + \mathrm{j}y)\exp[\mathrm{j}(\omega_0 t + \varphi_0)] \tag{3-38}$$

由于 x 和 y 都是独立随机变量之和，因而根据概率的中心极限定理，大量独立随机变量之和的分布趋向正态分布，即有概率密度函数为

$$p(x) = \frac{1}{\sqrt{2\pi}\sigma_x} \mathrm{e}^{-\frac{x^2}{2\sigma_x^2}} \tag{3-39}$$

$$p(y) = \frac{1}{\sqrt{2\pi}\sigma_y} \mathrm{e}^{-\frac{y^2}{2\sigma_y^2}} \tag{3-40}$$

式中，σ_x、σ_y 分别为随机变量 x 和 y 的标准偏差。x、y 在区间 $\mathrm{d}x$、$\mathrm{d}y$ 上的取值概率分别为 $p(x)\mathrm{d}x$、$p(y)\mathrm{d}y$，由于它们相互独立，因而在面积 $\mathrm{d}x\,\mathrm{d}y$ 中的取值概率为

$$p(x,y)\mathrm{d}x\,\mathrm{d}y = p(x)\mathrm{d}x \cdot p(y)\mathrm{d}y \tag{3-41}$$

式中，$p(x, y)$为随机变量 x 和 y 的联合概率密度函数。

假设 $\sigma_x^2 = \sigma_y^2 = \sigma^2$，且 $p(x)$和 $p(y)$均值为零，则

$$p(x,y) = \frac{1}{2\pi\sigma^2} \mathrm{e}^{\frac{x^2+y^2}{2\sigma^2}} \tag{3-42}$$

通常，二维分布的概率密度函数使用极坐标系(r, θ)表示比较方便。此时，接收天线处的信号振幅为 r，相位为 θ，对应于直角坐标系为

$$r^2 = x^2 + y^2, \quad \theta = \arctan\frac{y}{x}$$

在面积 $dr\,d\theta$ 中的取值概率为

$$p(r,\theta)dr\,d\theta = p(x,y)dx\,dy$$

得联合概率密度函数为

$$p(r,\theta) = \frac{r}{2\pi\sigma^2}\,e^{-\frac{r^2}{2\sigma^2}} \tag{3-43}$$

对 θ 积分，可求得包络概率密度函数 $p(r)$ 为

$$p(r) = \frac{1}{2\pi\sigma^2}\int_0^{2\pi} re^{-\frac{r^2}{2\sigma^2}}\,d\theta = \frac{r}{\sigma^2}\,e^{-\frac{r^2}{2\sigma^2}} \qquad r \geqslant 0 \tag{3-44}$$

同理，对 r 积分可求得相位概率密度函数 $p(\theta)$ 为

$$p(\theta) = \frac{1}{2\pi\sigma^2}\int_0^{\infty} re^{-\frac{r^2}{2\sigma^2}}\,dr = \frac{1}{2\pi} \qquad 0 \leqslant \theta \leqslant 2\pi \tag{3-45}$$

由式(3-44)可知，多径衰落的信号包络服从瑞利分布，故把这种多径衰落称为瑞利衰落。

由式(3-44)不难得出瑞利衰落信号的如下一些特征：

均值
$$m = E(r) = \int_0^{\infty} rp(r)\,dr = \sqrt{\frac{\pi}{2}}\sigma = 1.253\sigma \tag{3-46}$$

均方值
$$E(r^2) = \int_0^{\infty} r^2 p(r)dr = 2\sigma^2 \tag{3-47}$$

瑞利分布的概率密度函数 $p(r)$ 与 r 的关系如图 3-9 所示。

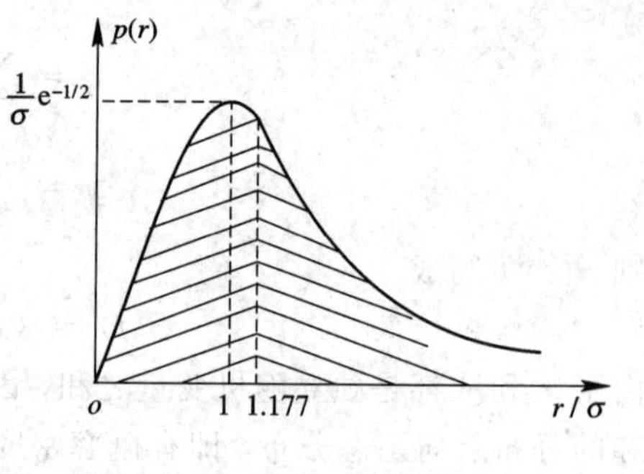

图 3-9 瑞利分布的概率密度

当 $r=\sigma$ 时，$p(r)$ 为最大值，表示 r 在 σ 值出现的可能性最大。由式(3-44)不难求得

$$p(\sigma) = \frac{1}{\sigma}\exp\left(-\frac{1}{2}\right) \tag{3-48}$$

当 $r=\sqrt{2\ln 2}\sigma \approx 1.177\sigma$ 时，有

$$\int_0^{1.177\sigma} p(r)dr = \frac{1}{2} \tag{3-49}$$

上式表明，衰落信号的包络有 50% 概率大于 1.177σ。这里的概率即是指任意一个足够长的观察时间内，有 50% 时间信号包络大于 1.177σ。因此，1.177σ 常称为包络 r 的中值，记作 r_{mid}。

信号包络低于 σ 的概率为

$$\int_0^{\sigma} p(r)dr = 1 - e^{-\frac{1}{2}} = 0.39$$

同理，信号包络 r 低于某一指定值 $k\sigma$ 的概率为

$$\int_0^{k\sigma} p(r)dr = 1 - e^{-\frac{k^2}{2}} \tag{3-50}$$

按照这样的办法，可以指定一任意电平来计算信号包络 r 大于或小于指定电平 r_0 的概率，结果见图 3-10。图中，横坐标是以 r_{mid} 进行归一化，并以分贝表示的电平值，即 $20\lg r_0/r_{mid}$。纵坐标是包络电平大于(左)和小于(右)横坐标的概率。通过上述分析和大量实测表明，多径效应使接收信号包络变化接近瑞利分布。在典型移动信道中，衰落深度达 30 dB 左右，衰落速率(它等于每秒钟信号包络经过中值电平次数的一半)约 30～40 次/秒。

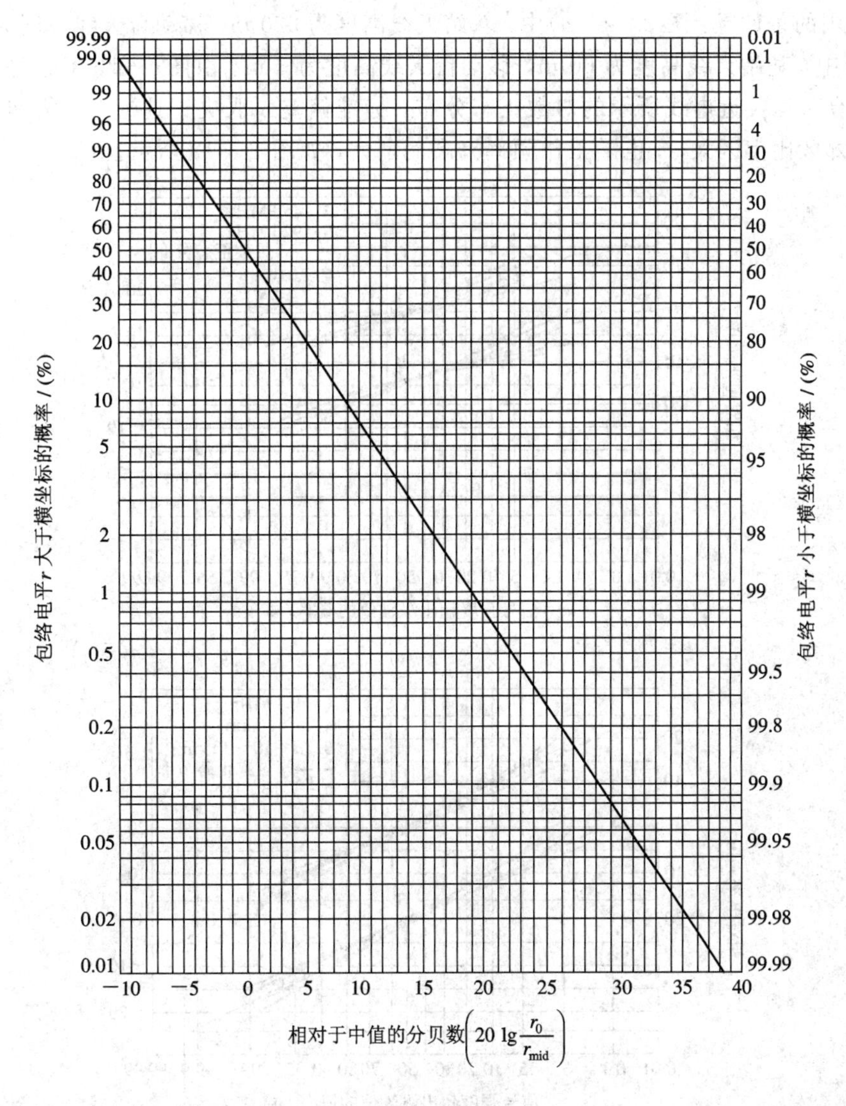

图 3-10　瑞利衰落的累积分布

3.2.3　慢衰落特性和衰落储备

在移动信道中，由大量统计测试表明：在信号电平发生快衰落的同时，其局部中值电平还随地点、时间以及移动台速度作比较平缓的变化，其衰落周期以秒级计，称为慢衰落或长期衰落。慢衰落近似服从对数正态分布。所谓对数正态分布，是指以分贝数表示的信号电平为正态分布。

此外，还有一种随时间变化的慢衰落，它也服从对数正态分布。这是由于大气折射率的平缓变化，使得同一地点处所收到的信号中值电平随时间作慢变化，这种因气象条件造成的慢衰落其变化速度更缓慢(其衰落周期常以小时甚至天为量级计)，因此常可忽略不计。

为研究慢衰落的规律，通常把同一类地形、地物中的某一段距离(1～2 km)作为样本区间，每隔 20 m(小区间)左右观察信号电平的中值变动，以统计分析信号在各小区间的累积分布和标准偏差。图 3-11(a)和(b)分别画出了市区和郊区的慢衰落分布曲线。绘制两种曲线所用的条件是：图 3 - 11(a)中，基站天线高度为 220 m，移动台天线高度为 3 m；图 3 - 11(b)中，基站天线高度为 60 m，移动台天线高度为 3 m。由图可知，不管是市区还是郊区，慢衰落均接近虚线所示的对数正态分布。标准偏差 σ 取决于地形、地物和工作频率等因素，郊区比市区大，σ 也随工作频率升高而增大，如图 3 - 12 所示。

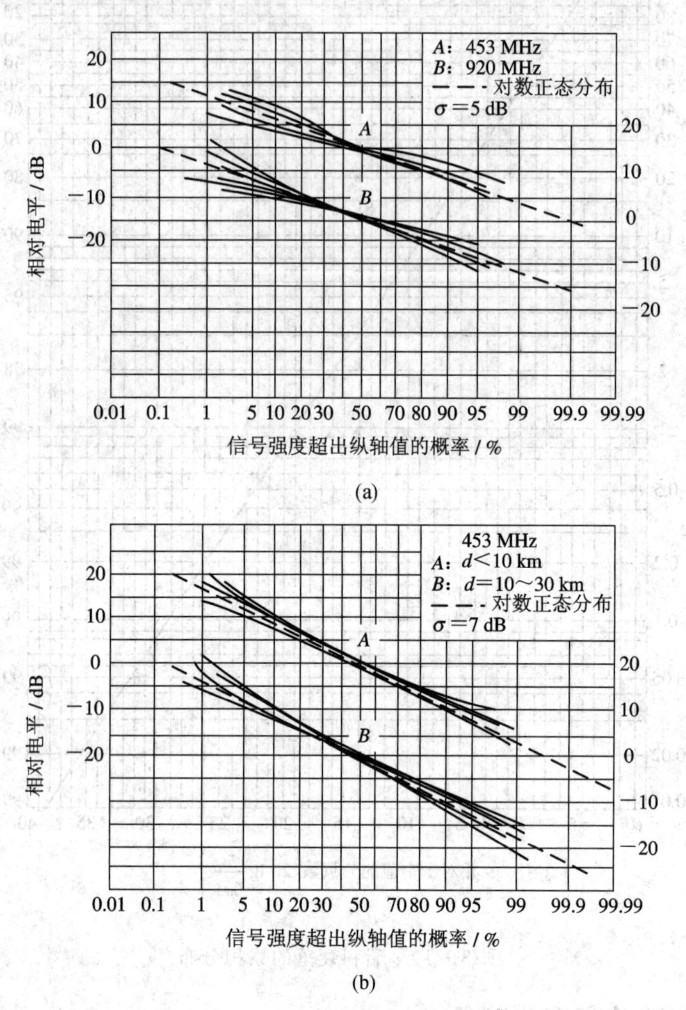

图 3 - 11 信号慢衰落特性曲线

(a) 市区；(b) 郊区

为了防止因衰落(包括快衰落和慢衰落)引起的通信中断，在信道设计中，必须使信号的电平留有足够的余量，以使中断率 R 小于规定指标。这种电平余量称为衰落储备。衰落储备的大小决定于地形、地物、工作频率和要求的通信可靠性指标。通信可靠性也称为可通率，用 T 表示，它与中断率的关系是 $T=1-R$。

图 3 - 13 示出了可通率 T 分别为 90%、95%和 99%的三组曲线，根据地形、地物、工作频率和可通率要求，由此图可查得必需的衰落储备量。例如：$f=450$ MHz，市区工作，要求 $T=99\%$，则由图可查得此时必需的衰落储备约为 22.5 dB。

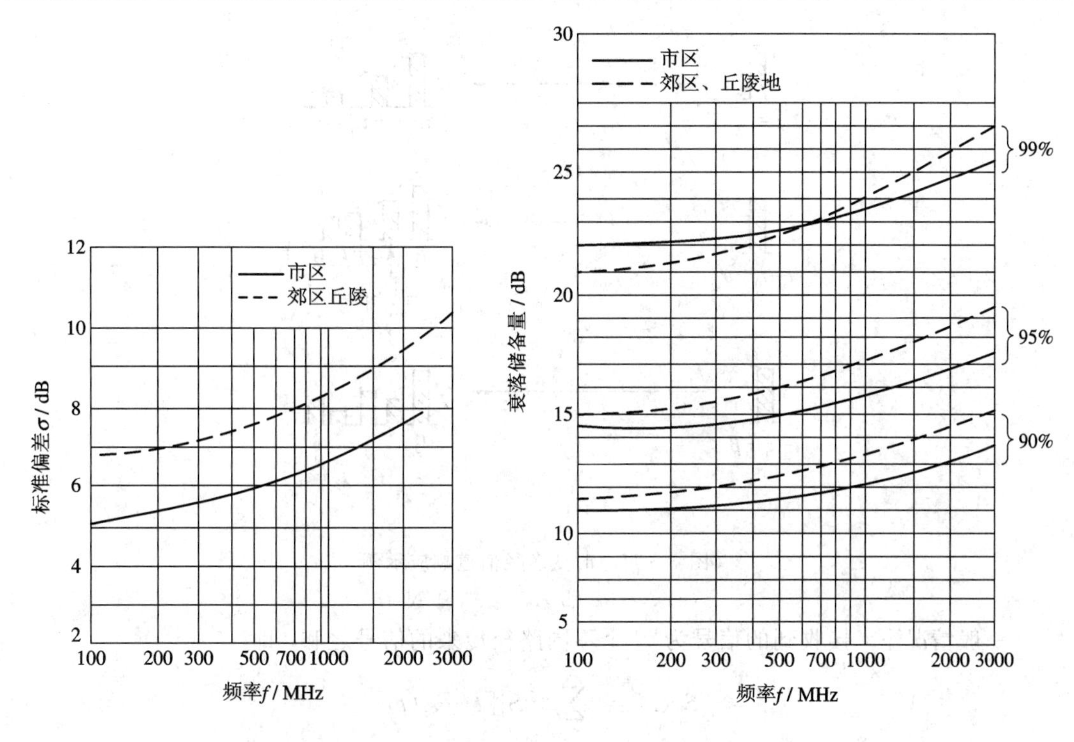

图 3 - 12　慢衰落中值标准偏差　　　　图 3 - 13　衰落储备量

3.2.4　多径时散与相关带宽

1. 多径时散

多径效应在时域上将造成数字信号波形的展宽，为了说明它对移动通信的影响，首先看一个简单的例子(参见图 3 - 14)。

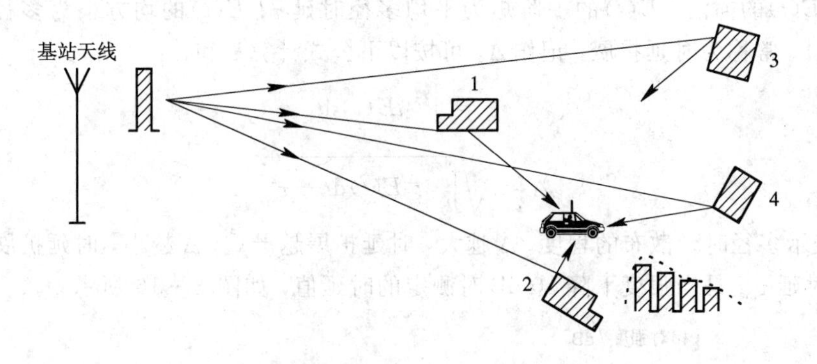

图 3 - 14　多径时散示例

假设基站发射一个极短的脉冲信号 $S_i(t)=a_0\delta(t)$，经过多径信道后，移动台接收信号呈现为一串脉冲，结果使脉冲宽度被展宽了。这种因多径传播造成信号时间扩散的现象，称为多径时散。

必须指出，多径性质是随时间而变化的。如果进行多次发送脉冲试验，则接收到的脉冲序列是变化的，如图 3 - 15 所示。它包括脉冲数目 N 的变化、脉冲大小的变化及脉冲延时差的变化。

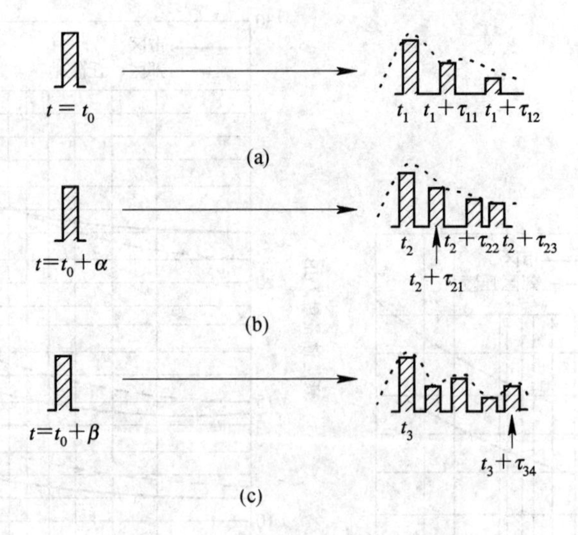

图 3-15　时变多径信道响应示例

(a) $N=3$；(b) $N=4$；(c) $N=5$

一般情况下，接收到的信号为 N 个不同路径传来的信号之和，即

$$S_0(t)=\sum_{i=1}^{N}a_iS_i[t-\tau_i(t)] \tag{3-51}$$

式中，a_i 是第 i 条路径的衰减系数；$\tau_i(t)$为第 i 条路径的相对延时差。

实际上，情况比图 3-15 要复杂得多，各个脉冲幅度是随机变化的，它们在时间上可以互不交叠，也可以相互交叠，甚至随移动台周围散射体数目的增加，所接收到的一串离散脉冲将会变成有一定宽度的连续信号脉冲。根据统计测试结果，移动通信中接收机接收到多径的时延信号强度大致如图 3-16 所示。图中，t 是相对时延值；$E(t)$为归一化的时延强度曲线，它是由不同时延信号强度所构成的时延谱，也有人称之为多径散布谱。图中，$t=0$ 表示 $E(t)$的前沿。$E(t)$的一阶矩为平均多径时延 $\bar{\tau}$；$E(t)$的均方根为多径时延散布(简称时散)，常称为时延扩展，记作 Δ。可按以下公式计算 $\bar{\tau}$ 和 Δ：

$$\bar{\tau}=\int_0^{\infty}tE(t)\,\mathrm{d}t \tag{3-52}$$

$$\Delta=\sqrt{\int_0^{\infty}t^2E(t)\,\mathrm{d}t-\bar{\tau}^2} \tag{3-53}$$

式中，Δ 表示多径时延散布的程度。Δ 越大，时延扩展越严重；Δ 越小，时延扩展越轻。

最大时延 $\tau_{\max}$ 是当强度下降 30 dB 时测定的时延值，如图 3-16 所示。

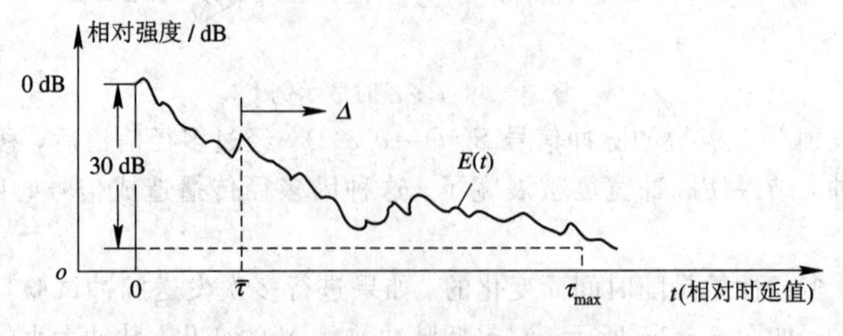

图 3-16　多径时延信号强度

多径时散参数典型值如表 3－1 所示。

表 3－1　多径时散参数典型值

参　　数	市　　区	郊　　区
平均时延 $\bar{\tau}/\mu s$	1.5～2.5	0.1～2.0
对应路径距离差/m	450～750	30～600
时延扩展 $\Delta/\mu s$	1.0～3.0	0.2～2.0
最大时延 $\tau_{max}/\mu s$	5.0～12	3.0～7.0

表 3－1 所列数据是工作频段为 450 MHz 时测得的典型值，它也适合于 900 MHz 频段。时延大小主要取决于地物(如高大建筑物)和地形影响。一般情况下，市区的时延要比郊区大。也就是说，从多径时散考虑，市区传播条件更为恶劣。为了避免码间干扰，如无抗多径措施，则要求信号的传输速率必须比 $1/\Delta$ 低得多。

2. 相关带宽

从频域观点而言，多径时散现象将导致频率选择性衰落，即信道对不同频率成分有不同的响应。若信号带宽过大，就会引起严重的失真。为了说明这一问题，先讨论两条射线的情况，即如图 3－17 所示的双射线信道。为分析简便，不计信道的固定衰减，用“1”表示第一条射线，信号为 $S_i(t)$；用“2”表示另一条射线，其信号为 $rS_i(t)e^{j\omega\Delta(t)}$，这里 r 为一比例常数。于是，接收信号为两者之和，即

$$S_0(t) = S_i(t)(1 + re^{j\omega\Delta(t)}) \tag{3-54}$$

图 3－17 所示的双射线信道等效网络的传递函数为

$$H_e(\omega,t) = \frac{S_0(t)}{S_i(t)} = 1 + re^{j\omega\Delta(t)}$$

信道的幅频特性为

$$A(\omega,t) = |1 + r\cos\omega\Delta(t) + jr\sin\omega\Delta(t)| \tag{3-55}$$

由上式可知，当 $\omega\Delta(t)=2n\pi$ 时(n 为整数)，双径信号同相叠加，信号出现峰点；而当 $\omega\Delta(t)=(2n+1)\pi$ 时，双径信号反相相消，信号出现谷点。根据式(3－55)画出的幅频特性如图 3－18 所示。

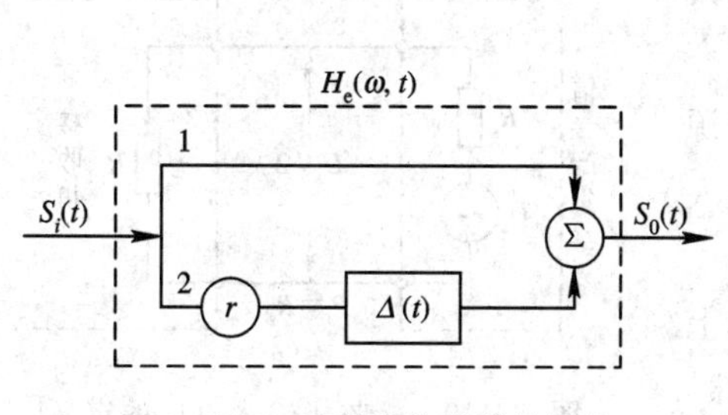

图 3－17　双射线信道等效网络

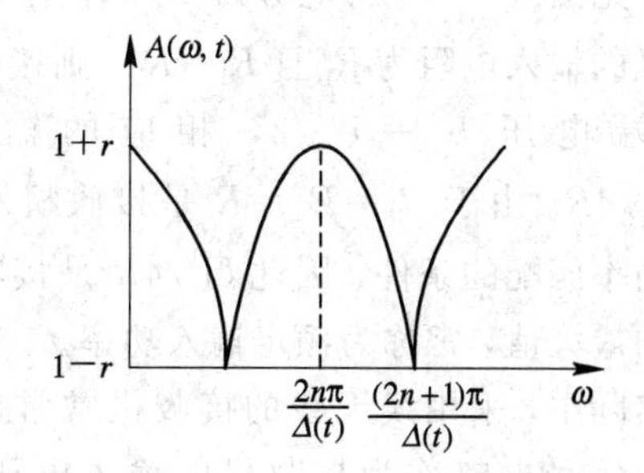

图 3－18　双射线信道的幅频特性

由图可见，其相邻两个谷点的相位差为

$$\Delta\varphi = \Delta\omega \times \Delta(t) = 2\pi$$

则

$$\Delta\omega = \frac{2\pi}{\Delta(t)}, \quad 或 \quad B_c = \frac{\Delta\omega}{2\pi} = \frac{1}{\Delta(t)}$$

由此可见，两相邻场强为最小值的频率间隔是与相对多径时延差$\Delta(t)$成反比的，通常称B_c为多径时散的相关带宽。若所传输的信号带宽较宽，以至与B_c可比拟时，则所传输的信号将产生明显的畸变。

实际上，移动信道中的传播路径通常不止两条，而是多条，且由于移动台处于运动状态，相对多径时延差$\Delta(t)$也是随时间而变化的，因而合成信号振幅的谷点和峰点在频率轴上的位置也将随时间而变化，使信道的传递函数呈现复杂情况，这就很难准确地分析相关带宽的大小。工程上，对于角度调制信号，相关带宽可按下式估算：

$$B_c = \frac{1}{2\pi\Delta} \tag{3-56}$$

式中，Δ为时延扩展。

例如，$\Delta=3\ \mu s$，$B_c=1/(2\pi\Delta)=53$ kHz。此时传输信号的带宽应小于$B_c=53$ kHz。

3.3 陆地移动信道的传输损耗

由于移动信道中电波传播的条件十分恶劣和复杂，因而要准确地计算信号场强或传播损耗是很困难的，通常采用分析和统计相结合的办法。通过分析，了解各因素的影响；通过大量实验，找出各种地形和地物下的传播损耗与距离、频率、天线高度之间的关系。本节着重研究陆地移动信道场强中值的估算，它先以自由空间传播为基础，再分别考虑各种地形、地物对电波传播的实际影响，并逐一予以必要的修正。至于衰落问题已在上节讨论，在信道设计中需留有足够的衰落储备，以保证通信的可靠性，本节就不再重复。

3.3.1 接收机输入电压、功率与场强的关系

在信道分析或设计中，首先要求出接收信号场强与距离的关系，然后由场强求出接收机的输入电压或输入功率。

1. 接收机输入电压的定义

参见图 3-19。将电势为U_s和内阻为R_s的信号源（如天线）接到接收机的输入端，若接收机的输入电阻为R_i且$R_i=R_s$，则接收机输入端的端电压$U=U_s/2$，相应的输入功率$P=U_s^2/4R$。由于$R_i=R_s=R$是接收机和信号源满足功率匹配的条件，因此$U_s^2/4R$是接收机输入功率的最大值，常称为额定输入功率。

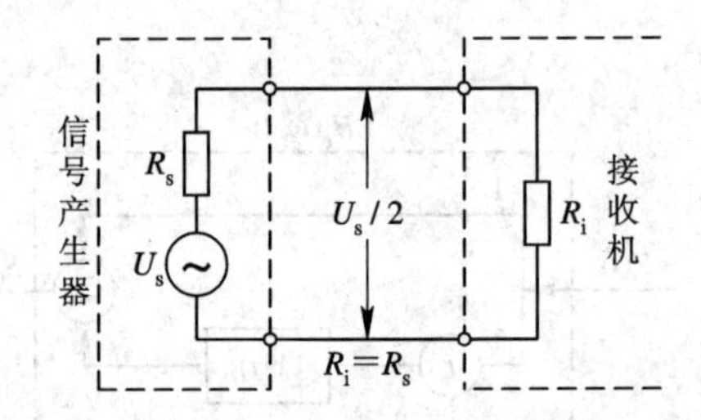

图 3-19 接收机输入电压的定义

实际中，采用线天线的接收机常常用天线上感应的信号电势作为接收机的输入电压。显然，这种感应电势，即图 3-19 中的U_s，它并不等于接收机输入端的端电压U。由图可知，$U_s=2U$。因此，在谈到接收机的输入电压时，应分清是指端电压U还是电势U_s。在下面的分析中，我们将以电势U_s作为接收机的输入

电压。

为了计算方便，电压或功率常以分贝计。其中，电压常以 1 μV 作基准，功率常以 1 mW作基准，因而有：

$$[U_s] = 20\lg U_s + 120 \quad (\text{dB}\mu\text{V}) \tag{3-57}$$

$$[P] = 10\lg \frac{U_s^2}{4R} + 30 \quad (\text{dBm}) \tag{3-58}$$

式中，U_s 以 V 计。

2. 接收场强与接收电压的关系

当采用线天线时，接收场强 E 是指有效长度为 1 m 的天线所感应的电压值，常以 μV/m作单位。为了求出基本天线即半波振子所产生的电压，必须先求半波振子的有效长度(参见图 3－20)。半波振子天线上的电流分布呈余弦函数，中点的电流最大，两端电流均为零。如果将中点电流作为高度构成一个矩形，如图中虚线所示，并假定图中虚线与实线所围面积相等，则矩形的长度即为半波振子的有效长度。经过计算，半波振子天线的有效长度为 λ/π。这样半波振子天线的感应电压 U_s 为

$$U_s = E \times \frac{\lambda}{\pi} \tag{3-59}$$

式中，E 的单位为 μV/m，λ 以 m 为单位，U_s 的单位为 μV。若场强用 dBμV/m 计，则

$$[U_s] = [E] + 20\lg \frac{\lambda}{\pi} \quad (\text{dB}\mu\text{V}) \tag{3-60}$$

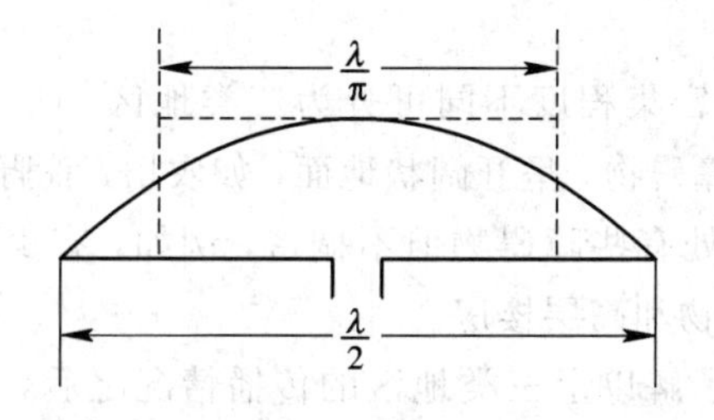

图 3－20　半波振子天线的有效长度

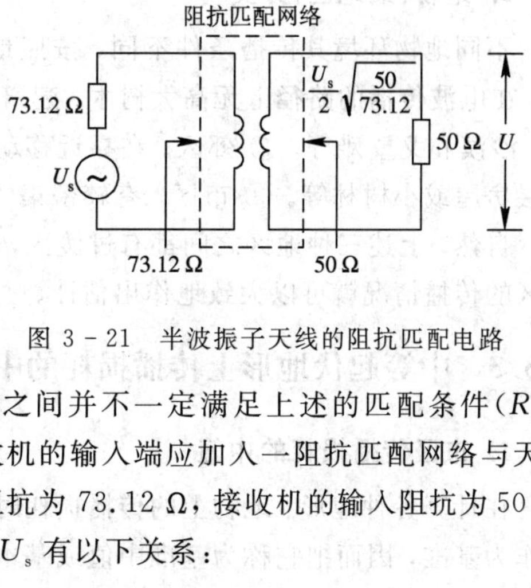

图 3－21　半波振子天线的阻抗匹配电路

在实际中，接收机的输入电路与接收天线之间并不一定满足上述的匹配条件($R_s = R_i = R$)。在这种情况下，为了保持匹配，在接收机的输入端应加入一阻抗匹配网络与天线相连接，如图 3－21 所示。在图中，假定天线阻抗为 73.12 Ω，接收机的输入阻抗为 50 Ω。接收机输入端的端电压 U 与天线上的感应电势 U_s 有以下关系：

$$U = \frac{1}{2}U_s\sqrt{\frac{R_i}{R_s}} = \frac{1}{2}U_s\sqrt{\frac{50}{73.12}} = 0.41\,U_s$$

3.3.2　地形、地物分类

1. 地形的分类与定义

为了计算移动信道中信号电场强度中值(或传播损耗中值)，可将地形分为两大类，即中等起伏地形和不规则地形，并以中等起伏地形作传播基准。所谓中等起伏地形，是指在

传播路径的地形剖面图上，地面起伏高度不超过 20 m，且起伏缓慢，峰点与谷点之间的水平距离大于起伏高度。其他地形如丘陵、孤立山岳、斜坡和水陆混合地形等统称为不规则地形。

由于天线架设在高度不同地形上，天线的有效高度是不一样的。(例如，把 20 m 的天线架设在地面上和架设在几十层的高楼顶上，通信效果自然不同。)因此，必须合理规定天线的有效高度，其计算方法参见图 3－22。若基站天线顶点的海拔高度为 h_{ts}，从天线设置地点开始，沿着电波传播方向的 3 km 到 15 km 之内的地面平均海拔高度为 h_{ga}，则定义基站天线的有效高度h_b 为

$$h_b = h_{ts} - h_{ga} \tag{3-61}$$

若传播距离不到 15 km，则 h_{ga}是 3 km 到实际距离之间的平均海拔高度。

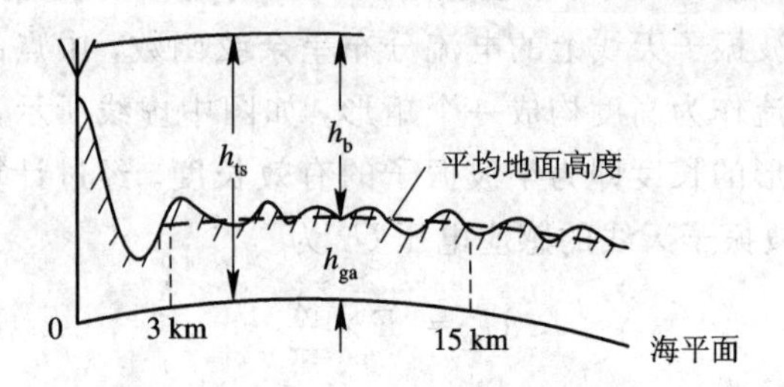

图 3－22 基站天线有效高度(h_b)

移动台天线的有效高度 h_m 总是指天线在当地地面上的高度。

2. 地物(或地区)分类

不同地物环境其传播条件不同，按照地物的密集程度不同可分为三类地区：① 开阔地。在电波传播的路径上无高大树木、建筑物等障碍物，呈开阔状地面，如农田、荒野、广场、沙漠和戈壁滩等。② 郊区。在靠近移动台近处有些障碍物但不稠密，例如，有少量的低层房屋或小树林等。③ 市区。有较密集的建筑物和高层楼房。

自然，上述三种地区之间都有过渡区，但在了解以上三类地区的传播情况之后，对过渡区的传播情况就可以大致地作出估计。

3.3.3 中等起伏地形上传播损耗的中值

1. 市区传播损耗的中值

在计算各种地形、地物上的传播损耗时，均以中等起伏地上市区的损耗中值或场强中值作为基准，因而把它称为基准中值或基本中值。

由电波传播理论可知，传播损耗取决于传播距离 d、工作频率 f、基站天线高度 h_b 和移动台天线高度 h_m 等。在大量实验、统计分析的基础上，可作出传播损耗基本中值的预测曲线。图 3－23 给出了典型中等起伏地上市区的基本损耗中值 $A_m(f, d)$与频率、距离的关系曲线。图上，纵坐标刻度以 dB 计，是以自由空间的传播损耗为 0 dB 的相对值。换言之，曲线上读出的是基本损耗中值大于自由空间传播损耗的数值。由图可见，随着频率升高和距离增大，市区传播基本损耗中值都将增加。图中曲线是在基准天线高度情况下测得的，即基站天线高度 h_b=200 m，移动台天线高度 h_m=3 m。

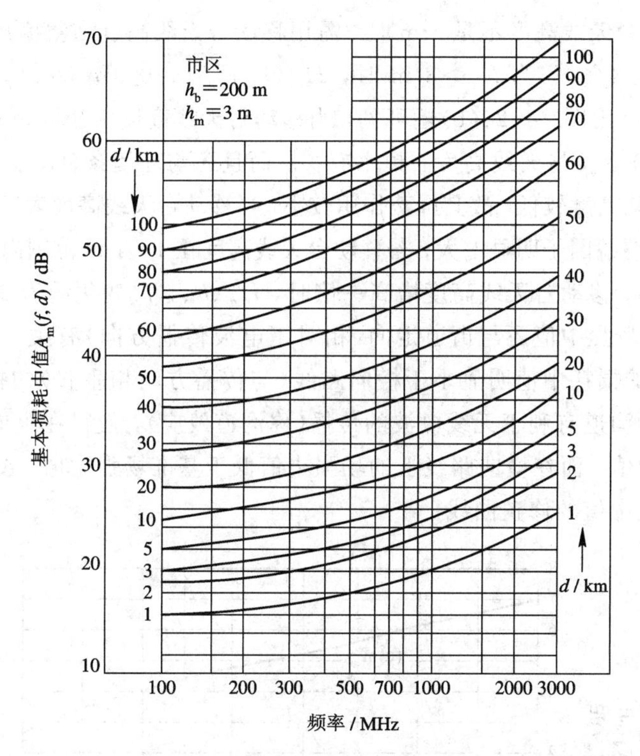

图 3 - 23　中等起伏地上市区基本损耗中值

如果基站天线的高度不是 200 m，则损耗中值的差异用基站天线高度增益因子 $H_b(h_b, d)$表示。图 3 - 24(a)给出了不同通信距离 d 时，$H_b(h_b, d)$与 h_b 的关系。显然，当$h_b>200$ m 时，$H_b(h_b, d)>0$ dB；反之，当 $h_b<200$ m 时，$H_b(h_b, d)<0$ dB。

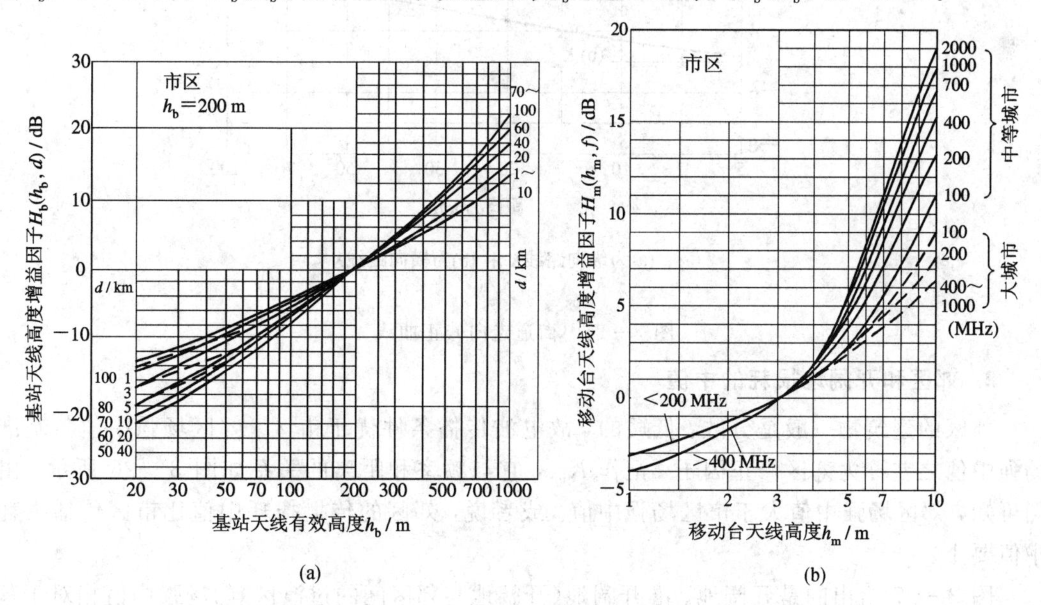

图 3 - 24　天线高度增益因子

(a) 基站 $H_b(h_b, d)$；(b) 移动台 $H_m(h_m, f)$

同理，当移动台天线高度不是 3 m 时，需用移动台天线高度增益因子 $H_m(h_m, f)$加以修正，参见图 3-24(b)。当 $h_m>3$ m 时，$H_m(h_m, f)>0$ dB；反之，当 $h_m<3$ m 时，$H_m(h_m, f)<0$ dB。由图 3-24(b)还可见，当移动台天线高度大于 5 m 以上时，其高度增益因子 $H_m(h_m, f)$不仅与天线高度、频率有关，而且还与环境条件有关。例如，在中小城市，因建筑物的平均高度较低，故其屏蔽作用较小，当移动台天线高度大于 4 m 时，随天线高度增加，天线高度增益因子明显增大；若移动台天线高度在 1～4 m 范围内，$H_m(h_m, f)$受环境条件的影响较小，移动台天线高度增高一倍时，$H_m(h_m, f)$变化约为 3 dB。

此外，市区的场强中值还与街道走向(相对于电波传播方向)有关。纵向路线(与电波传播方向相平行)的损耗中值明显小于横向路线(与传播方向相垂直)的损耗中值。这是由于沿建筑物形成的沟道有利于无线电波的传播(称沟道效应)，使得在纵向路线上的场强中值高于基准场强中值，而在横向路线上的场强中值低于基准场强中值。图 3-25 给出了它们相对于基准场强中值的修正曲线。

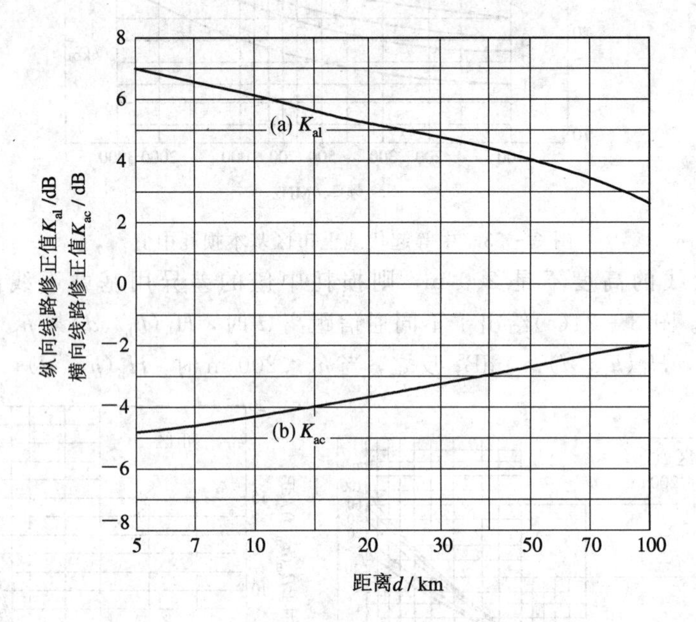

(a)为纵向路线K_{al}；(b)为横向路线K_{ac}

图 3-25 街道走向修正曲线

2. 郊区和开阔地损耗的中值

郊区的建筑物一般是分散、低矮的，故电波传播条件优于市区。郊区场强中值与基准场强中值之差称为郊区修正因子，记作 K_{mr}，它与频率和距离的关系如图 3-26 所示。由图可知，郊区场强中值大于市区场强中值。或者说，郊区的传播损耗中值比市区传播损耗中值要小。

图 3-27 给出的是开阔地、准开阔地(开阔地与郊区间的过渡区)的场强中值相对于基准场强中值的修正曲线。Q_o 表示开阔地修正因子，Q_r 表示准开阔地修正因子。显然，开阔地的传播条件优于市区、郊区及准开阔地，在相同条件下，开阔地上的场强中值比市区高近 20 dB。

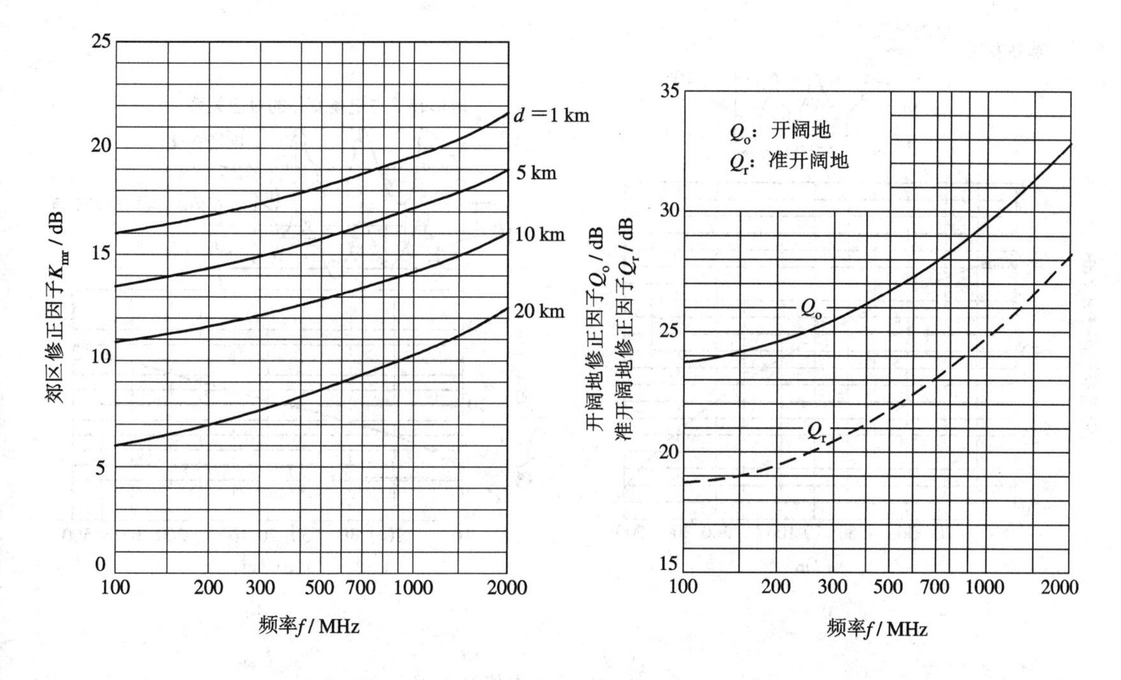

图 3-26　郊区修正因子　　　　图 3-27　开阔地、准开阔地修正因子

为了求出郊区、开阔地及准开阔地的损耗中值，应先求出相应的市区传播损耗中值，然后再减去由图 3-26 或图 3-27 查得的修正因子即可。

3.3.4　不规则地形上传播损耗的中值

对于丘陵、孤立山岳、斜坡及水陆混合等不规则地形，其传播损耗计算同样可以采用基准场强中值修正的办法。下面分别予以叙述。

1. 丘陵地的修正因子 K_h

丘陵地的地形参数用地形起伏高度 Δh 表征。它的定义是：自接收点向发射点延伸 10 km的范围内，地形起伏的 90%与 10%的高度差(参见图 3-28(a)上方)即为 Δh。这一定义只适用于地形起伏达数次以上的情况，对于单纯斜坡地形将用后述的另一种方法处理。

丘陵地的场强中值修正因子分为两项：一是丘陵地平均修正因子 K_h；二是丘陵地微小修正因子 K_{hf}。

图 3-28(a)是丘陵地平均修正因子 K_h(简称丘陵地修正因子)的曲线，它表示丘陵地场强中值与基准场强中值之差。由图可见，随着丘陵地起伏高度(Δh)的增大，由于屏蔽影响的增大，传播损耗随之增大，因而场强中值随之减小。此外，可以想到在丘陵地中，场强中值在起伏地的顶部与谷部必然有较大差异，为了对场强中值进一步加以修正，图 3-28(b)给出了丘陵地上起伏的顶部与谷部的微小修正值曲线。图中，上方画出了地形起伏与电场变化的对应关系，顶部处修正值 K_{hf}(以 dB 计)为正，谷部处修正值 K_{hf}为负。

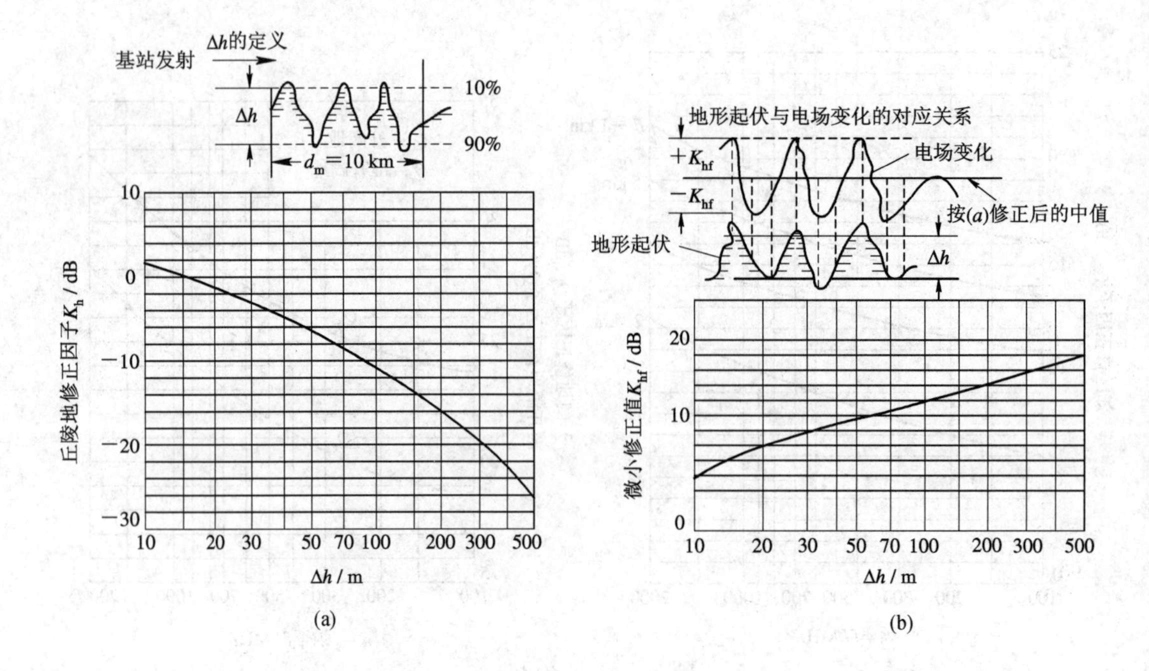

图 3-28 丘陵地场强中值修正因子

(a) 修正因子 K_h；(b) 微小修正因子 K_{hf}

2. 孤立山岳修正因子 K_{js}

当电波传播路径上有近似刃形的单独山岳时，若求山背后的电场强度，一般从相应的自由空间场强中减去刃峰绕射损耗即可。但对天线高度较低的陆上移动台来说，还必须考虑障碍物的阴影效应和屏蔽吸收等附加损耗。由于附加损耗不易计算，故仍采用统计方法给出的修正因子 K_{js} 曲线。

图 3-29 给出的是适用于工作频段为 450～900 MHz、山岳高度在 110～350 m 范围，由实测所得的孤立山岳地形的修正因子 K_{js} 的曲线。其中，d_1 是发射天线至山顶的水平距

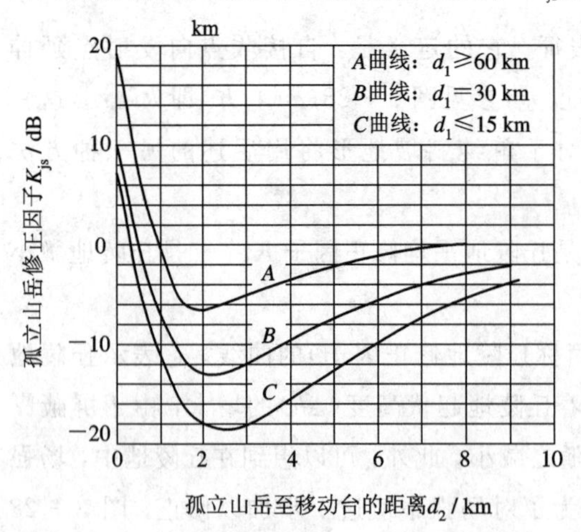

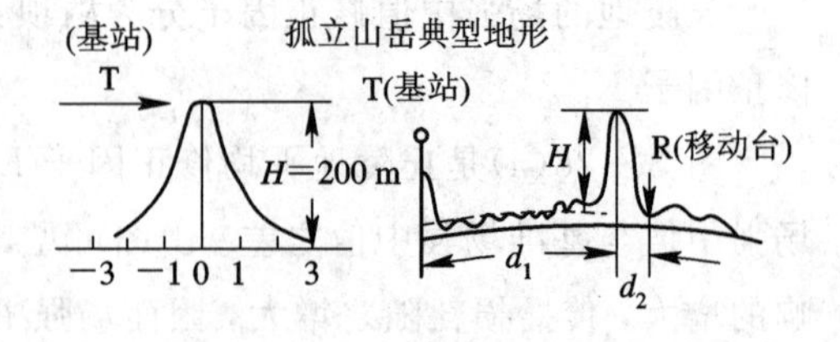

图 3-29 孤立山岳修正因子 K_{js}

离，d_2 是山顶至移动台的水平距离。图中，K_{js} 是针对山岳高度 $H=200$ m 所得到的场强中值与基准场强的差值。如果实际的山岳高度不为 200 m，则上述求得的修正因子 K_{js} 还需乘以系数 α。计算 α 的经验公式为

$$\alpha = 0.07\sqrt{H} \tag{3-62}$$

式中，H 的单位为 m。

3. 斜波地形修正因子 K_{sp}

斜坡地形系指在 5～10 km 范围内的倾斜地形。若在电波传播方向上，地形逐渐升高，称为正斜坡，倾角为 $+\theta_m$；反之为负斜坡，倾角为 $-\theta_m$，如图 3－30 的下部所示。图 3－30 给出的斜坡地形修正因子 K_{sp} 的曲线是在 450 MHz 和 900 MHz 频段得到的，横坐标为平均倾角 θ_m，以毫弧度(mrad)作单位。图中给出了三种不同距离的修正值，其他距离的值可用内插法近似求出。此外，如果斜坡地形处于丘陵地带，则还必须增加由 Δh 引起的修正因子 K_h。

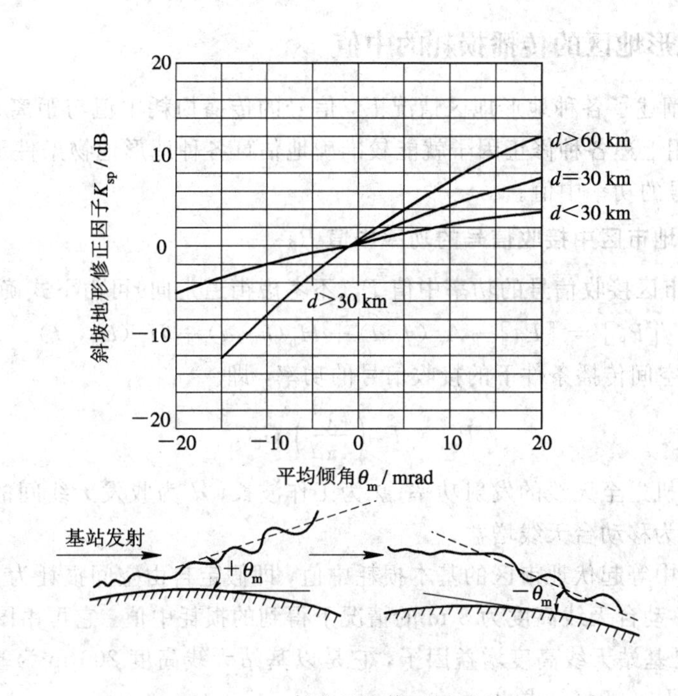

图 3－30　斜坡地形修正因子 K_{sp}

4. 水陆混合路径修正因子 K_S

在传播路径中如遇有湖泊或其他水域，接收信号的场强往往比全是陆地时要高。为估算水陆混合路径情况下的场强中值，用水面距离 d_{SR} 与全程距离 d 的比值作为地形参数。此外，水陆混合路径修正因子 K_S 的大小还与水面所处的位置有关。图 3－31 中，曲线 A 表示水面靠近移动台一方的修正因子，曲线 B(虚线)表示水面靠近基站一方时的修正因子。在同样 d_{SR}/d 的情况下，水面位于移动台一方的修正因子 K_S 较大，即信号场强中值较大。如果水面位于传播路径中间，则应取上述两条曲线的中间值。

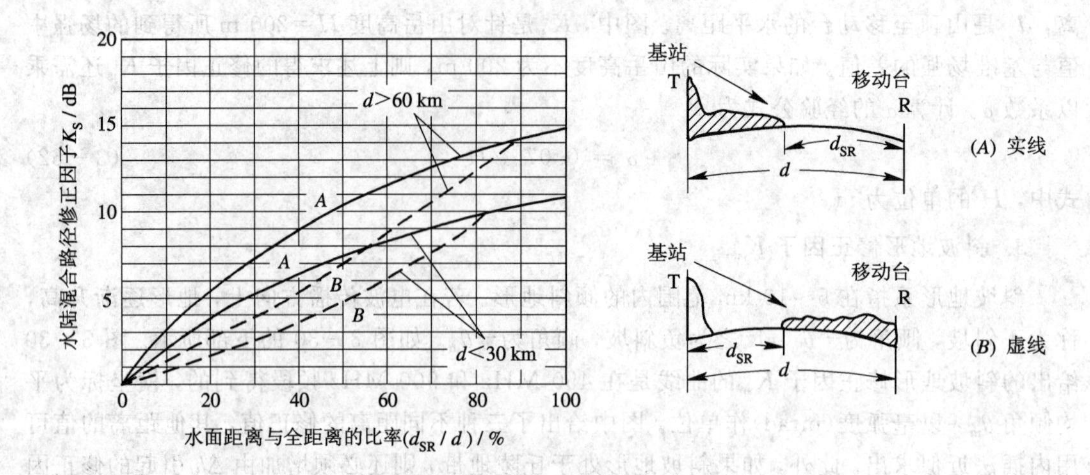

图 3-31 水陆混合路径修正因子

3.3.5 任意地形地区的传播损耗的中值

上面已分别阐述了各种地形地区情况下，信号的传播损耗中值与距离、频率及天线高度等的关系，利用上述各种修正因子就能较准确地估算各种地形地物条件下的传播损耗中值，进而求出信号的功率中值。

1. 中等起伏地市区中接收信号的功率中值 P_P

中等起伏地市区接收信号的功率中值 P_P(不考虑街道走向)可由下式确定：

$$[P_P] = [P_0] - A_m(f,d) + H_b(h_b,d) + H_m(h_m, f) \tag{3-63}$$

式中，P_0 为自由空间传播条件下的接收信号的功率，即

$$P_0 = P_T\left(\frac{\lambda}{4\pi d}\right)^2 G_b G_m \tag{3-64}$$

式中：P_T 为发射机送至天线的发射功率；λ 为工作波长；d 为收发天线间的距离；G_b 为基站天线增益；G_m 为移动台天线增益。

$A_m(f, d)$是中等起伏地市区的基本损耗中值，即假定自由空间损耗为 0 dB，基站天线高度为 200 m，移动台天线高度为 3 m 的情况下得到的损耗中值，它可由图 3-23 求出。

$H_b(h_b, d)$是基站天线高度增益因子，它是以基站天线高度 200 m 为基准得到的相对增益，其值可由图 3-24(a)求出。

$H_m(h_m, f)$是移动台天线高度增益因子，它是以移动台天线高度 3 m 为基准得到的相对增益，可由图 3-24(b)求得。

若需要考虑街道走向，式(3-63)还应再加上纵向或横向路径的修正值。

2. 任意地形地区接收信号的功率中值 P_{PC}

任意地形地区接收信号的功率中值以中等起伏地市区接收信号的功率中值 P_P 为基础，加上地形地物修正因子 K_T，即

$$[P_{PC}] = [P_P] + K_T \tag{3-65}$$

地形地物修正因子 K_T 一般可写成

$$K_T = K_{mr} + Q_o + Q_r + K_h + K_{hf} + K_{js} + K_{sp} + K_S \tag{3-66}$$

式中：K_{mr}为郊区修正因子，可由图 3 - 26 求得；Q_o、Q_r 为开阔地、准开阔地修正因子，可由图 3 - 27 求得；K_h、K_{hf}为丘陵地修正因子、微小修正因子，可由图 3 - 28 求得；K_{js}为孤立山岳修正因子，可由图 3 - 29 求得；K_{sp}为斜坡地形修正因子，可由图 3 - 30 求得；K_S 为水陆混合路径修正因子，可由图 3 - 31 求得。

根据地形地物的不同情况，确定 K_T 包含的修正因子，例如传播路径是开阔地上斜坡地形，那么 $K_T=Q_o+K_{sp}$，其余各项为零；又如传播路径是郊区和丘陵地，则 $K_T=K_{mr}+K_h+K_{hf}$。其他情况类推。

任意地形地区的传播损耗中值

$$L_A = L_T - K_T \tag{3 - 67}$$

式中，L_T 为中等起伏地市区传播损耗中值，即

$$L_T = L_{fs} + A_m(f, d) - H_b(h_b, d) - H_m(h_m, f) \tag{3 - 68}$$

例 3 - 2　某一移动信道，工作频段为 450 MHz，基站天线高度为 50 m，天线增益为 6 dB，移动台天线高度为 3 m，天线增益为 0 dB；在市区工作，传播路径为中等起伏地，通信距离为 10 km。试求：

(1) 传播路径损耗中值；

(2) 若基站发射机送至天线的信号功率为 10 W，求移动台天线得到的信号功率中值。

解　(1) 根据已知条件，$K_T=0$，$L_A=L_T$，式(3 - 68)可分别计算如下：

由式(3 - 13)可得自由空间传播损耗

$$[L_{fs}] = 32.44 + 20\lg f + 20\lg d = 32.44 + 20\lg 450 + 20\lg 10 = 105.5\ \text{dB}$$

由图 3 - 23 查得市区基本损耗中值

$$A_m(f,d) = 27\ \text{dB}$$

由图 3 - 24(a)可得基站天线高度增益因子

$$H_b(h_b, d) = -12\ \text{dB}$$

移动台天线高度增益因子

$$H_m(h_m, f) = 0\ \text{dB}$$

把上述各项代入式(3 - 68)，可得传播路径损耗中值为

$$L_A = L_T = 105.5 + 27 + 12 = 144.5\ \text{dB}$$

(2) 由式(3 - 63)和式(3 - 64)可求得中等起伏地市区中接收信号的功率中值

$$\begin{aligned}
[P_P] &= \left[P_T\left(\frac{\lambda}{4\pi d}\right)^2 G_b G_m\right] - A_m(f,d) + H_b(h_b, d) + H_m(h_m, f) \\
&= [P_T] - [L_{fs}] + [G_b] + [G_m] - A_m(f,d) + H_b(h_b,d) + H_m(h_m,f) \\
&= [P_T] + [G_b] + [G_m] - [L_T] \\
&= 10\lg 10 + 6 + 0 - 144.5 \\
&= -128.5\ \text{dBW} = -98.5\ \text{dBm}
\end{aligned}$$

例 3 - 3　若上题改为郊区工作，传播路径是正斜坡，且 $\theta_m=15$ mrad，其他条件不变，再求传播路径损耗中值及接收信号功率中值。

解　由式(3 - 67)可知 $L_A=L_T-K_T$，由上例已求得 $L_T=144.5$ dB。根据已知条件，地形地区修正因子 K_T 只需考虑郊区修正因子 K_{mr}和斜坡修正因子 K_{sp}，因而

$$K_T = K_{mr} + K_{sp}$$

由图 3 - 26 查得 K_{mr} 为

$$K_{mr} = 12.5 \text{ dB}$$

由图 3 - 30 查得 K_{sp} 为

$$K_{sp} = 3 \text{ dB}$$

所以传播路径损耗中值为

$$L_A = L_T - K_T = L_T - (K_{mr} + K_{sp}) = 144.5 - 15.5 = 129 \text{ dB}$$

接收信号功率中值为

$$[P_{PC}] = [P_T] + [G_b] + [G_m] - L_A = 10 + 6 - 129 = -113 \text{ dBW} = -83 \text{ dBm}$$

或

$$[P_{PC}] = [P_P] + K_T = -98.5 \text{ dBm} + 15.5 \text{ dB} = -83 \text{ dBm}$$

3.4 移动信道的传播模型

3.4.1 传播损耗预测模型

1. Hata 模型

Hata 模型是针对 3.3 节讨论的由 Okumura 用图表给出的路径损耗数据的经验公式，该公式适用于 150～1500 MHz 频率范围。Hata 将市区的传播损耗表示为一个标准的公式和一个应用于其他不同环境的附加校正公式。

在市区的中值路径损耗的标准公式为(CCIR 采纳的建议)

$$L_{urban}(\text{dB}) = 69.55 + 26.16 \lg f_c - 13.82 \lg h_b - a(h_m) + (44.9 - 6.55 \lg h_b) \lg d \tag{3-69}$$

式中：f_c 是在 150～1500 MHz 内的工作频率；h_b 是基站发射机的有效天线高度(单位为 m，适用范围 30～200 m)，其定义为天线相对海平面高度 h_{ts} 减去距离从 3 km 到 15 km 之间的平均地面高度 h_{ga}；h_m 是移动台接收机的有效天线高度(单位为 m，适用范围 1～10 m)；d 是收发天线之间的距离(单位为 km，适用范围 1～10 km)；$a(h_m)$ 是移动台接收机的有效天线高度的修正因子。

对于小城市到中等城市，$a(h_m)$ 的表达式为

$$a(h_m) = (1.1 \lg f_c - 0.7) h_m - (1.56 \lg f_c - 0.8) \text{ dB} \tag{3-70}$$

对于大城市，$a(h_m)$ 的表达式为

$$a(h_m) = 8.29(\lg 1.54 h_m)^2 - 1.1 \text{ dB} \qquad f_c \leqslant 300 \text{ MHz} \tag{3-71}$$

$$a(h_m) = 3.2(\lg 11.754 h_m)^2 - 4.97 \text{ dB} \qquad f_c \geqslant 300 \text{ MHz} \tag{3-72}$$

为了得到郊区的路径损耗，式(3 - 69)可以修正为

$$L_{suburban}(\text{dB}) = L_{urban} - 2[\lg(f_c/28)]^2 - 5.4 \tag{3-73}$$

对于开阔的农村地带的路径损耗，式(3 - 69)可以修正为

$$L_{rural}(\text{dB}) = L_{urban} - 4.78(\lg f_c)^2 + 18.33 \lg f_c - 40.94 \tag{3-74}$$

2. COST - 231/Walfish/Ikegami 模型

欧洲研究委员会 COST - 231 在 Walfish 和 Ikegami 分别提出的模型的基础上，对实测数据加以完善而提出了 COST - 231/Walfish/Ikegami 模型。这种模型考虑到了自由空间损

耗、沿传播路径的绕射损耗以及移动台与周围建筑屋顶之间的损耗。COST－231 模型已被用于微小区的实际工程设计。

该模型中的主要参数有：

· 建筑物高度 h_{roof}(m)；

· 道路宽度 w(m)；

· 建筑物的间隔 b(m)；

· 相对于直达无线电路径的道路方位 φ。

这些参数的定义见图 3－32。

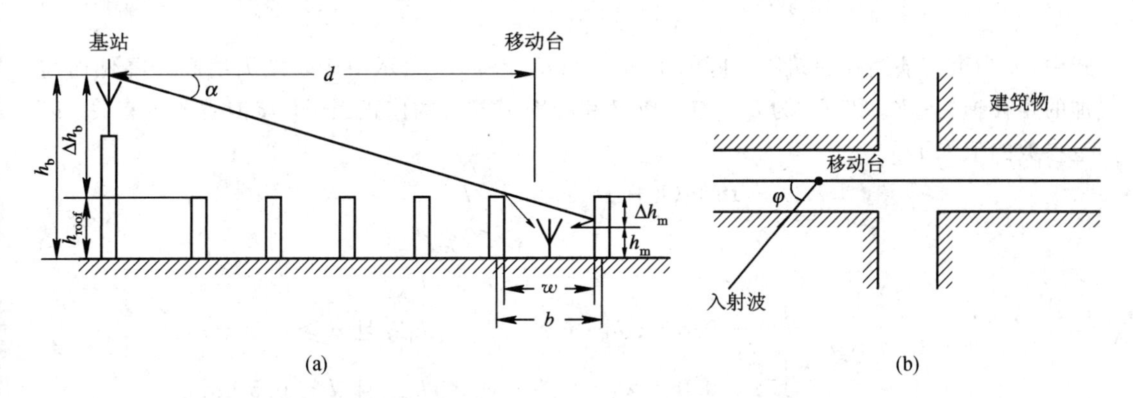

图 3－32　COST－231/Walfish/Ikegami 模型中的参数定义

(a) 模型中所用的参数；(b) 街道方位的定义

该模型适用的范围：

· 频率 f：800～2000 MHz；

· 距离 d：0.02～5 km；

· 基站天线高度 h_b：4～50 m；

· 移动台天线高度 h_m：1～3 m。

1) 可视传播路径损耗

可视传播路径损耗的计算公式为

$$L_b = 42.6 + 26\ \lg d + 20\ \lg f \tag{3-75}$$

式中损耗 L_b 以 dB 计算，距离 d 以 km 计算，频率 f 以 MHz 计算。(下面公式中的参量单位与该式相同。)

2) 非可视传播路径损耗

非可视传播路径损耗的计算公式为

$$L_b = L_0 + L_{rts} + L_{msd} \tag{3-76}$$

式中，L_0 是自由空间传播损耗；L_{rts}是屋顶至街道的绕射及散射损耗；L_{msd}是多重屏障的绕射损耗。

(1) 自由空间传播损耗的计算公式为

$$L_0 = 32.4 + 20\ \lg d + 20\ \lg f \tag{3-77}$$

(2) 屋顶至街道的绕射及散射损耗(基于 Ikegami 模型)的计算公式为

$$L_{rts} = \begin{cases} -16.9 - 10\ \lg w + 10\ \lg f + 20\ \lg \Delta h_m + L_{ori} & h_{roof} > h_m \\ 0 & L_{rts} > 0 \end{cases} \tag{3-78}$$

式中：w 为街道宽度(m)；$\Delta h_m = h_{roof} - h_m$ 为建筑物高度 h_{roof} 与移动台天线高度 h_m 之差(m)；L_{ori} 是考虑到街道方向的实验修正值，且

$$L_{ori} = \begin{cases} -10 + 0.354\varphi & 0 \leqslant \varphi < 35^\circ \\ 2.5 + 0.075(\varphi - 35) & 35^\circ \leqslant \varphi < 55^\circ \\ 4.0 - 0.114(\varphi - 55) & 55^\circ \leqslant \varphi < 90^\circ \end{cases} \tag{3-79}$$

式中的 φ 是入射电波与街道走向之间的夹角。

(3) 多重屏障的绕射损耗(基于 Walfish 模型)的计算公式为

$$L_{msd} = \begin{cases} L_{bsh} + K_a + K_d \lg d + K_f \lg f - 9 \lg b \\ 0 \quad L_{msd} < 0 \end{cases} \tag{3-80}$$

式中，b 为沿传播路径建筑物之间的距离(m)；L_{bsh} 和 K_a 表示由于基站天线高度降低而增加的路径损耗；K_d 和 K_f 为 L_{msd} 与距离 d 和频率 f 相关的修正因子，与传播环境有关。以上参数的值如下：

$$L_{bsh} = \begin{cases} -18 \lg(1 + \Delta h_b) & h_b > h_{roof} \\ 0 & h_b \leqslant h_{roof} \end{cases} \tag{3-81}$$

$$K_a = \begin{cases} 54 & h_b > h_{roof} \\ 54 - 0.8 \times \Delta h_b & h_b \leqslant h_{roof} \text{ 且 } d \geqslant 0.5 \text{ km} \\ 54 - 0.8 \times \Delta h_b \times \dfrac{d}{0.5} & h_b \leqslant h_{roof} \text{ 且 } d < 0.5 \text{ km} \end{cases} \tag{3-82}$$

$$K_d = \begin{cases} 18 & h_b > h_{roof} \\ 18 - 5 \times \dfrac{\Delta h_b}{h_{roof}} & h_b \leqslant h_{roof} \end{cases} \tag{3-83}$$

$$K_f = \begin{cases} -4 + 0.7\left(\dfrac{f}{925} - 1\right) & \text{用于中等城市及具有中等密度树木的郊区中心} \\ -4 + 1.5\left(\dfrac{f}{925} - 1\right) & \text{用于大城市中心} \end{cases} \tag{3-84}$$

以上式中的 h_b 和 h_{roof} 分别为基站天线和建筑物屋顶的高度(m)，Δh_b 为两者之差：

$$\Delta h_b = h_b - h_{roof} \tag{3-85}$$

3) f=1800 MHz 的传输损耗

在同一条件下，f=1800 MHz 的传输损耗可用 900 MHz 的损耗值求出，即：

$$L_{1800} = L_{900} + 10 \text{ dB} \tag{3-86}$$

一般来说，用 COST-231 模型进行微蜂房覆盖区预测时，需要详细的街道及建筑物的数据，不宜采用统计近似值。但在缺乏周围建筑物详细数据时，COST-231 推荐使用下述缺省值：

- b=20～50 m；
- w=b/2；
- $h_{roof} = 3 \times (\text{楼层数}) + \begin{cases} 3 & \text{斜顶} \\ 0 & \text{平顶} \end{cases}$；
- φ=90°。

应该说明，当基站天线高度与其附近的屋顶高度大致在同一水平时，其高度差的微小

变化将引起路径损耗的急剧变化，此时采用 COST－231 模型进行场强预测误差较大。此外，当天线高度远小于屋顶高度时，误差也较大。

对 COST－231/Walfish/Ikegami 模型在某城市的预测值与实测值作比较，平均误差在 ±3 dB 的范围内，标准偏差为 5～7 dB。

假定 $f=880$ MHz，$h_m=1.5$ m，$h_b=30$ m，$h_{roof}=30$ m，平顶建筑，$\varphi=90°$，$w=15$ m，则 COST－231/Walfish/Ikegami 模型和 Hata 模型的比较如图 3－33 所示。从图中可以看出，Hata 模型给出的路径损耗要低 13～16 dB。

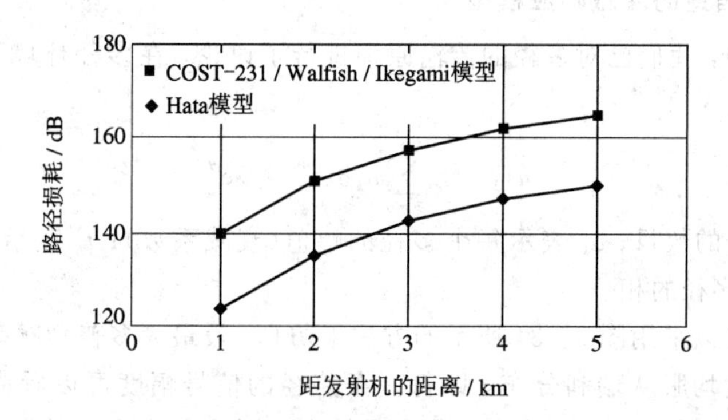

图 3－33　COST－231/Walfish/Ikegami 模型和 Hata 模型的比较

3. 室内(办公室)测试环境路径损耗模型

室内(办公室)路径损耗的基础是 COST－231 模型，定义如下：

$$L = L_{fs} + L_c + \sum k_{wi} L_{wi} + n^{\left(\frac{n+2}{n+1}-b\right)} \times L_f \tag{3-87}$$

式中：L_{fs}为发射机和接收机之间的自由空间损耗；L_c为固定损耗；k_{wi}为被穿透的 i 类墙的数量；n 为被穿透楼层数量；L_{wi}为 i 类墙的损耗；L_f 为相邻层之间的损耗；b 为经验参数。(注：L_c 一般设为 37 dB；对室内(办公室)环境，$n=4$ 是平均数。为了在适中的不利环境中计算容量，把该模型修正为 $n=3$。)

对损耗分类的加权平均见表 3－2。

表 3－2　对损耗分类的加权平均

损耗类型	说　明	因子/dB
L_f	典型的楼层结构(即办公室) —空心墙砖； —加钢筋的混凝土； —厚度＜30 cm	18.3
L_{w1}	轻型内墙 —灰泥板； —有大量孔洞的墙(例如窗户)	3.4
L_{w2}	内墙 —混凝土、砖； —最小数量的孔洞	6.9

室内路径损耗(dB)模型可用下面的简化形式表示：

$$L = 37 + 30\ \lg d + 18.3 n^{\left(\frac{n+2}{n+1} - 0.46\right)} \tag{3-88}$$

式中，d 为收发信机的间隔距离(m)，n 为在传播路径中楼层的数目。注意，在计算时 L 在任何情况下应不小于自由空间的损耗。

3.4.2　多径信道的冲激响应模型

1. 基本多径信道的冲激响应模型

在 3.2.4 节中，我们已对多径的传输原理进行了讨论，在多径环境下，信道的冲激响应可以表示为

$$h(t) = \sum_{k=0}^{N} a_k \delta(t - t_k) e^{j\theta_k} \tag{3-89}$$

式中：N 表示多径的数目；a_k 表示每个多径的幅值(衰减系数)；t_k 表示多径的时延(相对时延差)；θ_k 表示多径的相位。

该多径信道可以采用图 3-34 所示的方法来仿真。设最大多普勒频率为 f_m。图中假定每一条路径的幅度均服从瑞利分布，即每一条路径的信号幅度可以看成是窄带高斯过程(该模型称为 Clarke 模型，每一路径由若干个具有相同功率的从不同角度(按均匀分布)到达接收机的信号组成)，则其功率谱可以表示为

$$S(f) = \frac{P_{av}}{\pi f_m}\left[\frac{1}{1 - (f/f_m)^2}\right]^{1/2} \qquad |f| < f_m \tag{3-90}$$

式中，P_{av}是每一路信号的平均功率。该式被称为典型的多普勒谱(简称为典型谱)。利用该式产生瑞利衰落的过程如图 3-35 所示，它利用了窄带高斯过程的特性，其振幅服从瑞利分布，即 $r(t) = \sqrt{n_c^2(t) + n_s^2(t)}$，式中 $n_c(t)$和 $n_s(t)$分别为窄带高斯过程的同相和正交支路的基带信号。首先产生独立的复高斯噪声的样本，并经过 FFT 后形成频域的样本，然后与 $S(f)$开方后的值相乘，以获得满足(多普勒谱)频谱特性要求的信号，经 IFFT 后变换成时域波形，再经过平方，将两路信号相加并进行开方运算后，形成瑞利衰落的信号。

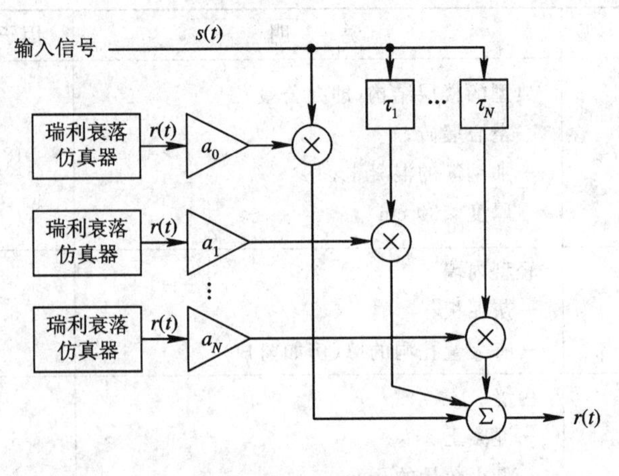

图 3-34　多径信道的仿真模型

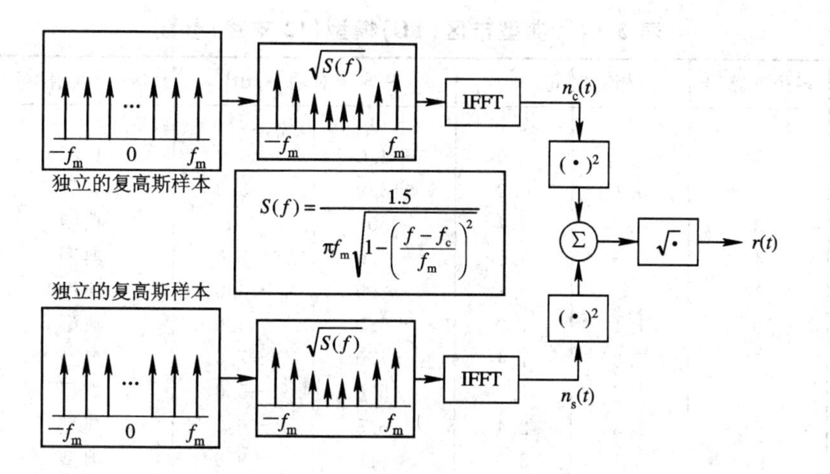

图 3-35　瑞利衰落的产生示意图

当每一路径信号中有直射分量时，其信号幅度的功率谱由典型谱和一条直射路径谱组成，可以表示为

$$S(f)=\frac{0.41}{2\pi f_m}\left[\frac{1}{1-(f/f_m)^2}\right]^{1/2}+0.91\delta(f-0.7f_m) \tag{3-91}$$

该式被称为莱斯多普勒谱(简称为莱斯谱)。

在 COST-207 中还用到了两类高斯多普勒谱(GAUS1 和 GAUS2)，其表达式为

$$S_{GAUS1}(f)=A\exp\left(-\frac{(f+0.8f_m)^2}{2(0.05f_m)^2}\right)+A_1\exp\left(-\frac{(f-0.4f_m)^2}{2(0.1f_m)^2}\right) \tag{3-92}$$

$$S_{GAUS2}(f)=B\exp\left(-\frac{(f-0.7f_m)^2}{2(0.1f_m)^2}\right)+B_1\exp\left(-\frac{(f+0.4f_m)^2}{2(0.15f_m)^2}\right) \tag{3-93}$$

式中：$A_1=A-10$ dB，$B_1=B-15$ dB。

2. GSM 标准中的多径信道模型

在 GSM 标准中规定了乡村地区(RA)、典型市区(TU)、山区地形(HT)等情况下的多径模型。其中乡村地区(RA)和典型市区(TU)及简化的典型市区模型分别如表 3-3、表 3-4 和表 3-5 所示。表中给出了两组等效的参数(1)和(2)；表 3-3 和表 3-5 由 6 条多径组成，表 3-4 由 12 条多径组成，对于每一条多径给出了它的相对时间、平均相对功率和其多普勒频谱的类型，它们主要由莱斯谱和典型谱组成。

表 3-3　乡村地区(RA)模型(6 支路)参数

多径支路号	相对时间/μs		平均相对功率/dB		多普勒频谱类型
	(1)	(2)	(1)	(2)	
1	0.0	0.0	0.0	0.0	莱斯
2	0.1	0.2	−4.0	−2.0	典型
3	0.2	0.4	−8.0	−10.0	典型
4	0.3	0.6	−12.0	−20.0	典型
5	0.4	—	−16.0	—	典型
6	0.5	—	−20.0	—	典型

表 3-4　典型市区(TU)模型(12 支路)参数

多径支路号	相对时间/μs		平均相对功率/dB		多普勒频谱类型
	(1)	(2)	(1)	(2)	
1	0.0	0.0	−4.0	−4.0	典型
2	0.1	0.2	−3.0	−3.0	典型
3	0.3	0.4	0.0	0.0	典型
4	0.5	0.6	−2.6	−2.0	典型
5	0.8	0.8	−3.0	−3.0	典型
6	1.1	1.2	−5.0	−5.0	典型
7	1.3	1.4	−7.0	−7.0	典型
8	1.7	1.8	−5.0	−5.0	典型
9	2.3	2.4	−6.5	−6.0	典型
10	3.1	3.0	−8.6	−9.0	典型
11	3.2	3.2	−11.0	−11.0	典型
12	5.0	5.0	−10.0	−10.0	典型

表 3-5　简化的典型市区(TU)模型(6 支路)参数

多径支路号	相对时间/μs		平均相对功率/dB		多普勒频谱类型
	(1)	(2)	(1)	(2)	
1	0.0	0.0	−3.0	−3.0	典型
2	0.2	0.2	0.0	0.0	典型
3	0.5	0.6	−2.0	−2.0	典型
4	1.6	1.6	−6.0	−6.0	典型
5	2.3	2.4	−8.0	−8.0	典型
6	5.0	5.0	−10.0	−10.0	典型

3. COST-207 多径信道模型

描述多径信号的功率分布，另一个方法就是采用功率时延谱(PDP)，它表述了不同多径时延下多径功率的取值。COST-207 模型中给出了四种典型环境下的 PDP 或各路径的功率取值和多普勒频谱。它给出的 PDP 已被在法国、英国、荷兰、瑞典和瑞士进行的大量实验测量所评估。这四种典型环境是(见图 3-36)：

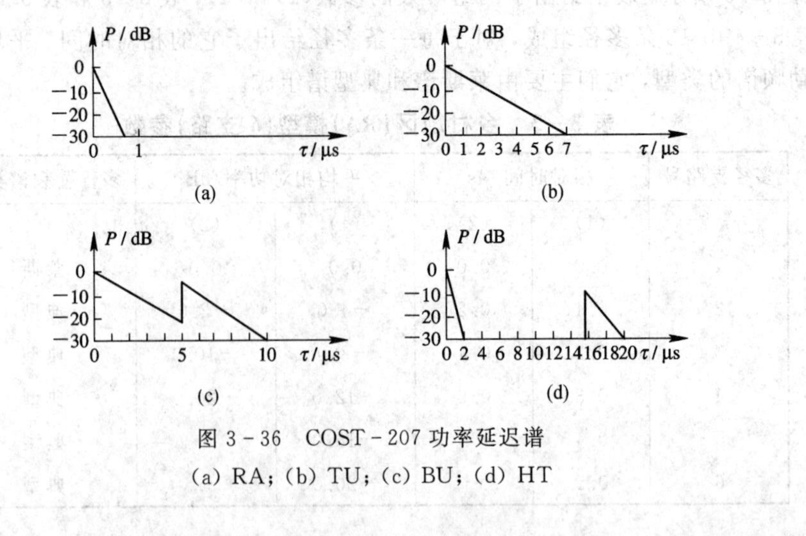

图 3-36　COST-207 功率延迟谱

(a) RA；(b) TU；(c) BU；(d) HT

· 乡村地区(RA)：

$$P(\tau)=\begin{cases}\exp\left(-9.2\dfrac{\tau}{\mu s}\right) & 0<\tau<0.7\ \mu s\\ 0 & \text{其他}\end{cases}\tag{3-94}$$

· 典型市区(TU)：

$$P(\tau)=\begin{cases}\exp\left(-\dfrac{\tau}{\mu s}\right) & 0<\tau<0.7\ \mu s\\ 0 & \text{其他}\end{cases}\tag{3-95}$$

· 恶劣城市地区(BU)：

$$P(\tau)=\begin{cases}\exp\left(-\dfrac{\tau}{\mu s}\right) & 0<\tau<5\ \mu s\\ 0.5\exp\left(5-\dfrac{\tau}{\mu s}\right) & 5<\tau<10\ \mu s\\ 0 & \text{其他}\end{cases}\tag{3-96}$$

· 山区地形(HT)：

$$P(\tau)=\begin{cases}\exp\left(-3.5\dfrac{\tau}{\mu s}\right) & 0<\tau<2\ \mu s\\ 0.1\exp\left(15-\dfrac{\tau}{\mu s}\right) & 15<\tau<20\ \mu s\\ 0 & \text{其他}\end{cases}\tag{3-97}$$

针对上述四种环境，COST－207建议的多普勒谱的形式如表3－6～表3－9所示。

表3－6　乡村地区(没有山坡)(RA)的参数

多径支路号	延迟/μs	功率/dB	多普勒频谱类型
1	0	0	莱斯
2	0.2	−2	典型
3	0.4	−10	典型
4	0.6	−20	典型

表3－7　典型市区(没有山坡)(TU)的参数

多径支路号	延迟/μs	功率/dB	多普勒频谱类型
1	0	−3	典型
2	0.2	0	典型
3	0.6	−2	GAUS1
4	1.6	−6	GAUS1
5	2.4	−8	GAUS2
6	5.0	−10	GAUS2

表 3-8 恶劣(有山坡的)城市地区(BU)的参数

多径支路号	延迟/μs	功率/dB	多普勒频谱类型
1	0	−3	典型
2	0.4	0	典型
3	1.0	−3	GAUS1
4	1.6	−5	GAUS1
5	5.0	−2	GAUS2
6	6.6	−4	GAUS2

表 3-9 山区地形(HT)的参数

多径支路号	延迟/μs	功率/dB	多普勒频谱类型
1	0	0	典型
2	0.2	−2	典型
3	0.4	−4	典型
4	0.6	−7	典型
5	15	−6	GAUS2
6	17.2	−12	GAUS2

4. IMT-2000 多径信道模型

IMT-2000 中给出了三种信道冲激响应模型，其对应的时延扩展和所占的百分比如表 3-10 所示。其不同环境下多普勒谱的形式如表 3-11～表 3-13 所示。

表 3-10 IMT-2000 多径信道模型的时延扩展和所占的百分比

环境	信道 A		信道 B		信道 C	
	多径时延扩展 Δ/ns	出现的比例/%	多径时延扩展 Δ/ns	出现的比例/%	多径时延扩展 Δ/ns	出现的比例/%
室内(办公室)	35	50	100	45	460	5
室外到室内及步行	100	40	750	55	800	5
车载高天线	400	40	4000	55	12 000	5

表 3-11 室内(办公室)测试环境的抽头延迟线参数

多径支路号	信道 A		信道 B		多普勒频谱
	相对时延/ns	平均功率/dB	相对时延/ns	平均功率/dB	
1	0	0	0	0	平坦
2	50	−3.0	100	−3.6	平坦
3	110	−10.0	200	−7.2	平坦
4	170	−18.0	300	−10.8	平坦
5	290	−26.0	500	−18.0	平坦
6	310	−32.0	700	−25.2	平坦

表 3-12　室外到室内和步行测试环境的抽头延迟线参数

多径支路号	信道 A		信道 B		多普勒频谱
	相对时延/ns	平均功率/dB	相对时延/ns	平均功率/dB	
1	0	0	0	0	典型
2	110	−9.7	200	−0.9	典型
3	190	−19.2	800	−4.9	典型
4	410	−22.8	1200	−8	典型
5	—	—	2300	−7.8	典型
6	—	—	3700	−23.9	典型

表 3-13　车辆测试环境、高天线的抽头延迟线参数

多径支路号	信道 A		信道 B		多普勒频谱
	相对时延/ns	平均功率/dB	相对时延/ns	平均功率/dB	
1	0	0	0	−2.5	典型
2	310	−1.0	300	0	典型
3	710	−9.0	8900	−12.8	典型
4	1090	−10.0	12 900	−10.0	典型
5	1730	−15.0	17 100	−25.2	典型
6	2510	−20.0	20 000	−16.0	典型

3.4.3　空时信道的传播模型

在上一小节的讨论中，我们隐含地假定接收端的天线是全向天线。当系统中采用方向性天线或自适应波束形成天线时，上面讨论的模型需要修正。在使用方向性天线的系统中，接收机对不同方向到达的信号具有不同的响应特征，在天线方向的主瓣方向内到达的多径信号被正常接受，而在其他方向上到达的多径信号将被大大衰减，如图 3-37 所示。图中的方块表示反射物，$\theta_{i,j}$，$A_{i,j}$，$\varphi_{i,j}$，$\tau_{i,j}$分别表示第 j 个移动台的第 i 条多径到达基站的角度(AOA，Angle of Arrival)、幅度、相位和时延。

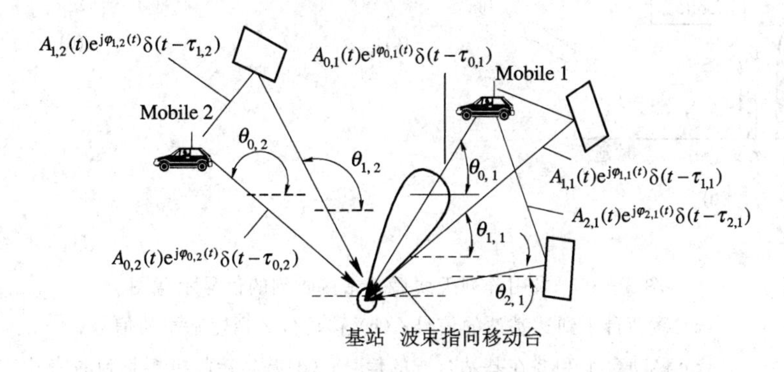

图 3-37　方向性天线系统中多径信道的传播模型

在该模型中，信道的冲激响应可以表示为(以移动台1为例)

$$\boldsymbol{h}_1(t,\tau)=\sum_{l=0}^{L(t)-1}A_{l,1}(t)\mathrm{e}^{\mathrm{j}\varphi_l(t)}\boldsymbol{a}(\theta_l(t))\delta(t-\tau_l(t)) \tag{3-98}$$

式中 $\boldsymbol{a}(\theta_l(t))$ 表示阵列响应矢量(或称为导向矢量)。这是由于在接收端使用了阵列天线，从而在不同的方向上具有不同的增益。在全向天线的情况下，$\boldsymbol{a}(\theta_l(t))=1$。对于一个任意几何结构的阵列天线(如图3-38所示，图中每个圆柱体表示一个阵元)，阵列响应矢量的表达式为

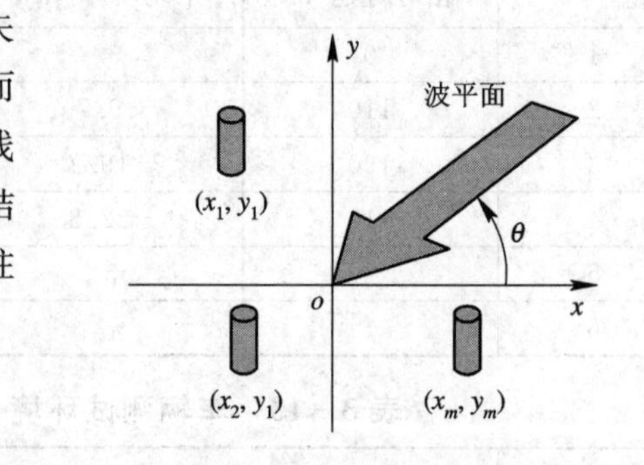

图3-38 阵列天线示意图

$$\boldsymbol{a}(\theta_l(t))=\begin{bmatrix}\exp(-\mathrm{j}\Psi_{l,1})\\ \exp(-\mathrm{j}\Psi_{l,2})\\ \exp(-\mathrm{j}\Psi_{l,3})\\ \vdots\\ \exp(-\mathrm{j}\Psi_{l,m})\end{bmatrix} \tag{3-99}$$

式中：

$$\Psi_{l,i}(t)=[X_i\cos(\theta_l(t))+Y_i\sin(\theta_l(t))]\beta$$

采用阵列天线后，基站接收到的信号示意图如图3-39所示。图中画出了两个移动台的接收信号。由于基站天线的主瓣方向是朝向移动台1的第0和1条多径(参见图3-37)，所以它们的信号被增强；而移动台2的第2条多径和移动台2的多径信号，在基站天线的主瓣方向以外，所以它们的信号被明显地减弱或抑制。

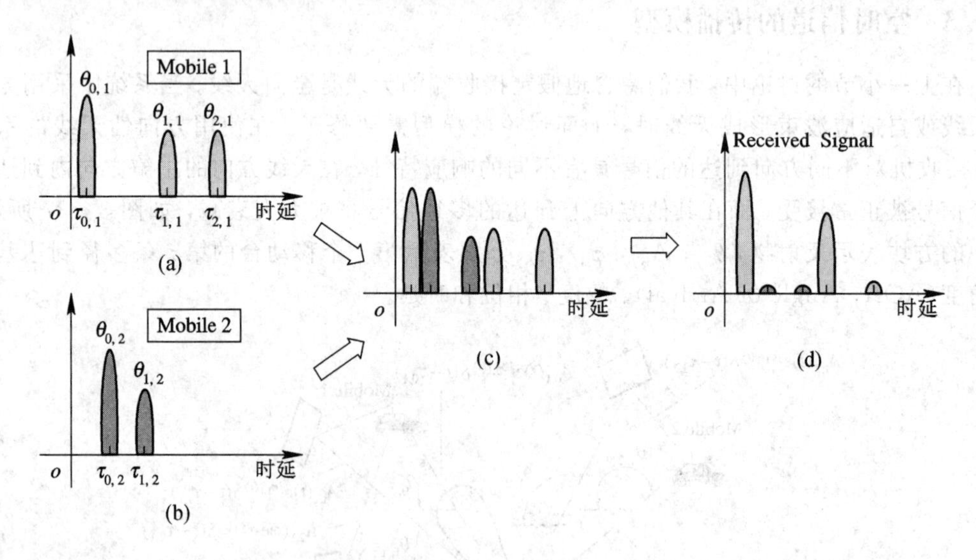

图3-39 采用阵列天线后基站接收到的信号示意图

(a) 移动台1到达基站的信号；(b) 移动台2到达基站的信号；

(c) 移动台1和2在基站合成的信号；(d)基站接收机接收到的信号

采用阵列天线后，在宏小区情况下的信号传输过程如图 3-40 所示。基站天线的主瓣宽度为 θ_{BW}。基站天线通常会高于附近的建筑物和地形，多径的形成主要取决于移动台附近的散射体。

对于其他类型的小区情况，需要考虑的建筑物和地形的情况会不一样。因此，如果我们能够给出移动台和基站周围散射体的模型，就可以得到在方向性天线条件下的传输模型。这里我们给出两种代表性的模型：Lee 模型和高斯广义平稳不相关散射模型(GWSSUS)。

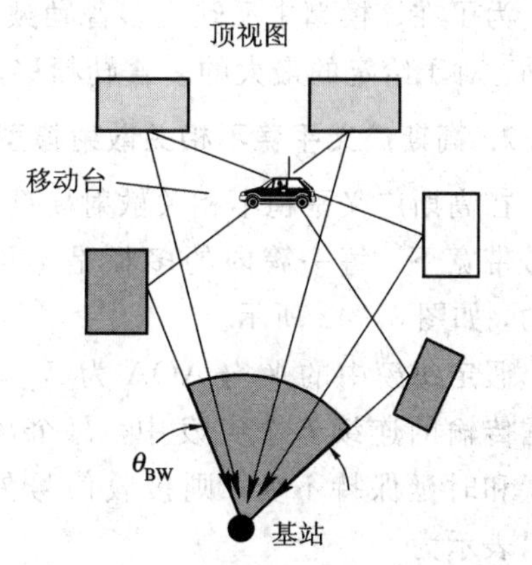

图 3-40　在宏小区情况下的信号传输示意图

1. Lee 模型

Lee模型如图3-41所示，它采用等效的散射体来描述宏小区中移动台附近的多径传播情况。我们知道，一旦散射体的位置给定，则收发之间的传输距离就确定了，相应的传输时延、路径损耗、电波的到达角度(AOA)等就随之确定了，AOA 对应的天线增益也就确定了。散射体的个数给定后，多径的条数也就随之确定了。也就是说，一旦给定散射体的模型，式(3-98)中的各参数就确定了，也就确定了信道冲激响应模型。

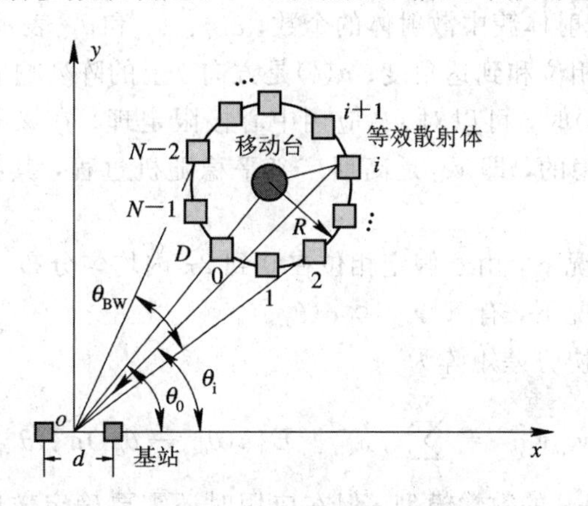

图 3-41　Lee 模型

在该模型中，假定有 N 个散射体均匀地分布在移动台附近半径为 R 的圆上，其中有一个散射体处于移动台与基站的视线传播路径上，各条多径的 AOA 为

$$\theta_i \approx \frac{R}{D}\sin\left(\frac{2\pi}{N}i\right) \qquad i=0,\ 1,\ \cdots,\ N-1 \tag{3-100}$$

式中，D 是移动台与基站之间的传输距离。

各多径信号的相关性由下式表示：

$$\rho(d,\ \theta_0,\ R,\ D)=\frac{1}{N}\sum_{i=0}^{N-1}\exp[-\mathrm{j}2\pi d\cos(\theta_0+\theta_i)] \tag{3-101}$$

式中：d 是基站天线阵元之间的距离；θ_0 是移动台—基站之间连线与基站阵元之间连线的夹角，如图 3-41 所示。

为了在该模型中反映出多普勒频移，应使散射体在环上以一定的角速度围绕该环进行运动。对于给定的最大的多普勒频移，散射体运动的角速度为 v/R，v 是运动的速度。

2. 高斯广义平稳不相关散射模型(GWSSUS)

在高斯广义平稳不相关散射模型(GWSSUS)中，假定散射体组成了很多簇，在给定的信号带宽下，每一簇内的多径是不可区分的，如图 3-42 所示。

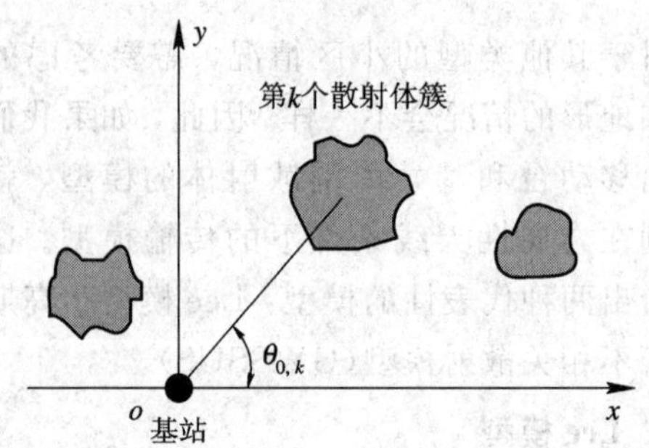

图 3-42 GWSSUS 中散射体簇的分布

假定每簇中的平均 AOA 为 $\theta_{0,k}$，在数据传输的连续 b 个突发中，每个簇的位置和时延保持不变，则接收信号矢量可以表示为

$$\boldsymbol{x}_b(t)=\sum_{k=1}^{d}\boldsymbol{v}_{k,b}s(t-\tau_k) \qquad (3-102)$$

式中：d 表示散射体簇数；$\boldsymbol{v}_{k,b}$ 表示在第 b 个突发中第 k 个散射体簇的复合导向矢量，它可以表示为

$$\boldsymbol{v}_{k,b}=\sum_{i=1}^{N_k}\alpha_{k,i}\mathrm{e}^{\mathrm{j}\varphi_{k,i}}\boldsymbol{a}(\theta_{0,k}-\theta_{k,i}) \qquad (3-103)$$

式中：N_k 表示第 k 个散射体簇中散射体的个数；$\alpha_{k,i}$、$\varphi_{k,i}$ 和 $\theta_{k,i}$ 表示第 k 个散射体簇中第 i 个散射体对应的幅度、相位和到达角度；$\boldsymbol{a}(\theta)$ 是方向 θ 上的阵列响应矢量。

当 N_k 足够大($\geqslant 10$)时，可以对 $\boldsymbol{v}_{k,b}$ 应用中心极限定理。在该条件下，$\boldsymbol{v}_{k,b}$ 服从高斯分布，并假定其是广义平稳的，即 $\boldsymbol{v}_{k,b}$ 是高斯广义平稳随机过程，其特征由其均值和方差决定。$\boldsymbol{v}_{k,b}$ 确定方法如下：

在无视线分量的情况下，由于假定相位在 0 到 2π 内均匀分布，则其均值为 0。

在有视线分量的情况下，有 $E\{\boldsymbol{v}_{k,b}\}\propto\boldsymbol{a}(\theta_{0,k})$。

第 k 个散射体簇的协方差矩阵为

$$R_k=E\{\boldsymbol{v}_{k,b}\boldsymbol{v}_{k,b}^{\mathrm{H}}\}=\sum_{i=1}^{N_k}|\alpha_{k,i}|^2E\{\boldsymbol{a}(\theta_{0,k}-\theta_{k,i})\boldsymbol{a}^{\mathrm{H}}(\theta_{0,k}-\theta_{k,i})\} \qquad (3-104)$$

GWSSUS 是一个很好的数学模型，但在应用时还需要确定散射体簇的数量和位置等参数。

思考题与习题

1. 试简述移动信道中电波传播的方式及其特点。

2. 试比较 10 dBm、10 W 及 10 dB 之间的差别。

3. 假设接收机输入电阻为 50 Ω，灵敏度为 1 μV，试求接收功率为多少 dBm。

4. 在标准大气折射下，发射天线高度为 200 m，接收天线高度为 2 m，试求视线传播极限距离。

5. 某一移动信道，传播路径如图 3-3(a)所示，假设 $d_1=10$ km，$d_2=5$ km，工作频率

为 450 MHz，$|x|=82$ m，试求电波传播损耗值。

6. 某一移动通信系统，基站天线高度为 100 m，天线增益 $G_b=6$ dB，移动台天线高度为 3 m，$G_m=0$ dB，市区为中等起伏地，通信距离为 10 km，工作频率为 150 MHz，试求：

(1) 传播路径上的损耗中值；

(2) 基站发射机送至天线的功率为 10 W，试计算移动台天线上的信号功率中值。

7. 若上题的工作频率改为 450 MHz，试求传播损耗中值。

8. 假定 $f=1040$ MHz，$h_m=1.5$ m，$h_b=20$ m，$h_{roof}=20$ m，平顶建筑，$\varphi=90°$，$w=15$ m，试比较 COST－231/Walfish/Ikegami 模型和 Hata 模型的预测结果。

9. 试画出典型多普勒谱(式(3－90))的波形，对该波形进行讨论，并证明其正确性。

10. 试给出 COST－207 在乡村地区下的信道仿真结果，结果中应包括输出的波形以及相应的功率谱。

11. 试比较 COST－207 和 IMT－2000 多径信道模型的异同点。

12. 在考虑天线的方向性时，信道模型需要考虑哪些因素？

第 4 章　抗衰落技术

衰落是影响通信质量的主要因素。快衰落的深度可达 30～40 dB，利用加大发射功率(1000～10 000 倍)来克服这种深衰落是不现实的，而且会造成对其他电台的干扰。分集接收是抗衰落的一种有效措施。CDMA 系统采用路径分集技术(即 RAKE 接收)，TDMA 系统采用自适应均衡技术，各种移动通信系统使用不同的纠错编码技术、自动功率控制技术等，都能起到抗衰落作用，提高通信的可靠性。

4.1　分集接收

4.1.1　分集接收原理

1. 分集接收的概念

所谓分集接收，是指接收端对它收到的多个衰落特性互相独立(携带同一信息)的信号进行特定的处理，以降低信号电平起伏的办法。为说明问题，图 4-1 给出了一种利用“选择式”合并法进行分集的示意图。图中，A 与 B 代表两个同一来源的独立衰落信号。如果在任意时刻，接收机选用其中幅度大的一个信号，则可得到合成信号如图中 C 所示。由于在任一瞬间，两个非相关的衰落信号同时处于深度衰落的概率是极小的，因此合成信号 C 的衰落程度会明显减小。不过，这里所说的“非相关”条件是必不可少的，倘若两个衰落信号同步起伏，那么这种分集方法就不会有任何效果。

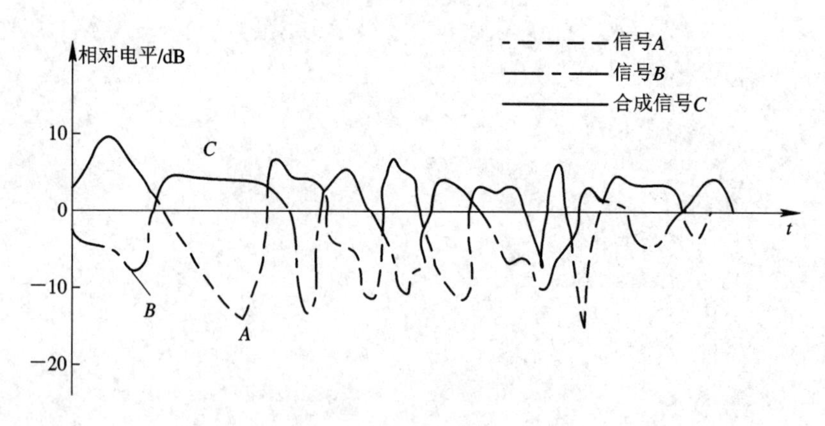

图 4-1　选择式分集合并示意图

分集有两重含义：一是分散传输，使接收端能获得多个统计独立的、携带同一信息的衰落信号；二是集中处理，即接收机把收到的多个统计独立的衰落信号进行合并(包括选择与组合)以降低衰落的影响。

2. 分集方式

在移动通信系统中可能用到两类分集方式：一类称为“宏分集”；另一类称为“微分集”。

“宏分集”主要用于蜂窝通信系统中，也称为“多基站”分集。这是一种减小慢衰落影响的分集技术，其作法是把多个基站设置在不同的地理位置上(如蜂窝小区的对角上)，并使其在不同的方向上，这些基站同时和小区内的一个移动台进行通信(可以选用其中信号最好的一个基站进行通信)。显然，只要在各个方向上的信号传播不是同时受到阴影效应或地形的影响而出现严重的慢衰落(基站天线的架设可以防止这种情况发生)，这种办法就能保持通信不会中断。

“微分集”是一种减小快衰落影响的分集技术，在各种无线通信系统中都经常使用。理论和实践都表明，在空间、频率、极化、场分量、角度及时间等方面分离的无线信号，都呈现互相独立的衰落特性。据此，微分集又可分为下列六种。

(1) 空间分集。空间分集的依据在于快衰落的空间独立性，即在任意两个不同的位置上接收同一个信号，只要两个位置的距离大到一定程度，则两处所收信号的衰落是不相关的。为此，空间分集的接收机至少需要两副相隔距离为 d 的天线。间隔距离 d 与工作波长、地物及天线高度有关，在移动信道中，通常取：

$$\text{市区}\quad d=0.5\lambda \tag{4-1}$$

$$\text{郊区}\quad d=0.8\lambda \tag{4-2}$$

在满足上式的条件下，两信号的衰落相关性已很弱；d 越大，相关性就越弱。

由上式可知，在 900 MHz 的频段工作时，两副天线的间隔也只需 0.27 m，在小汽车的顶部安装这样两副天线并不困难，因此空间分集不仅适用于基站(取 d 为几个波长)，也可用于移动台。

(2) 频率分集。由于频率间隔大于相关带宽的两个信号所遭受的衰落可以认为是不相关的，因此可以用两个以上不同的频率传输同一信息，以实现频率分集。根据相关带宽的定义有

$$B_c = \frac{1}{2\pi\Delta}$$

式中，Δ 为延时扩展。例如，市区中 $\Delta=3\ \mu s$，B_c 约为 53 kHz，这样频率分集需要用两部以上的发射机(频率相隔 53 kHz 以上)同时发送同一信号，并用两部以上的独立接收机来接收信号。它不仅使设备复杂，而且在频谱利用方面也很不经济。

(3) 极化分集。由于两个不同极化的电磁波具有独立的衰落特性，因而发送端和接收端可以用两个位置很近但为不同极化的天线分别发送和接收信号，以获得分集效果。

极化分集可以看成空间分集的一种特殊情况，它也要用两副天线(二重分集情况)，但仅仅利用了不同极化的电磁波所具有的不相关衰落特性，因而缩短了天线间的距离。

在极化分集中，由于射频功率分给两个不同的极化天线，因此发射功率要损失 3 dB。

(4) 场分量分集。由电磁场理论可知，电磁波的 E 场和 H 场载有相同的消息，而反射机理是不同的。例如，一个散射体反射 E 波和 H 波的驻波图形相位差 90°，即当 E 波为最大时，H 波为最小。在移动信道中，多个 E 波和 H 波叠加，结果表明 E_Z、H_X 和 H_Y 的分

量是互不相关的，因此，通过接收三个场分量，也可以获得分集的效果。场分量分集不要求天线间有实体上的间隔，因此适用于较低工作频段(例如低于 100 MHz)。当工作频率较高时(800～900 MHz)，空间分集在结构上容易实现。

场分量分集和空间分集的优点是这两种方式不像极化分集那样要损失 3 dB 的辐射功率。

(5) 角度分集。角度分集的做法是使电波通过几个不同路径，并以不同角度到达接收端，而接收端利用多个方向性尖锐的接收天线能分离出不同方向来的信号分量；由于这些分量具有互相独立的衰落特性，因而可以实现角度分集并获得抗衰落的效果。显然，角度分集在较高频率时容易实现。

(6) 时间分集。快衰落除了具有空间和频率独立性之外，还具有时间独立性，即同一信号在不同的时间区间多次重发，只要各次发送的时间间隔足够大，那么各次发送信号所出现的衰落将是彼此独立的，接收机将重复收到的同一信号进行合并，就能减小衰落的影响。时间分集主要用于在衰落信道中传输数字信号。此外，时间分集也有利于克服移动信道中由多普勒效应引起的信号衰落现象。由于它的衰落速率与移动台的运动速度及工作波长有关，因而为了使重复传输的数字信号具有独立的特性，必须保证数字信号的重发时间间隔满足以下关系：

$$\Delta T \geqslant \frac{1}{2f_m} = \frac{1}{2(v/\lambda)} \tag{4-3}$$

式中，f_m 为衰落频率，v 为车速，λ 为工作波长。例如，移动速度 $v=30$ km/h，工作频率为 450 MHz，可算得 $\Delta T \geqslant 40$ ms。

若移动台处于静止状态，即 $v=0$，由式(4-3)可知，要求 ΔT 为无穷大，表明此时时间分集的得益将丧失。换句话说，时间分集对静止状态的移动台无助于减小此种衰落。

3. 合并方式

接收端收到 $M(M \geqslant 2)$个分集信号后，如何利用这些信号以减小衰落的影响，这就是合并问题。一般均使用线性合并器，把输入的 M 个独立衰落信号相加后合并输出。

假设 M 个输入信号电压为 $r_1(t)$，$r_2(t)$，…，$r_M(t)$，则合并器输出电压 $r(t)$ 为

$$r(t) = a_1 r_1(t) + a_2 r_2(t) + \cdots + a_M r_M(t) = \sum_{k=1}^{M} a_k r_k(t) \tag{4-4}$$

式中，a_k 为第 k 个信号的加权系数。

选择不同的加权系数，就可构成不同的合并方式。常用的合并方式有以下三种。

(1) 选择式合并。选择式合并是指检测所有分集支路的信号，以选择其中信噪比最高的那一个支路的信号作为合并器的输出。由式(4-4)可见，在选择式合并器中，加权系数只有一项为 1，其余均为 0。

图 4-2 为二重分集选择式合并的示意图。两个支路的中频信号分别经过解调，然后进行信噪比比较，选择其中有较高信噪比的支路接到接收机的共用部分。

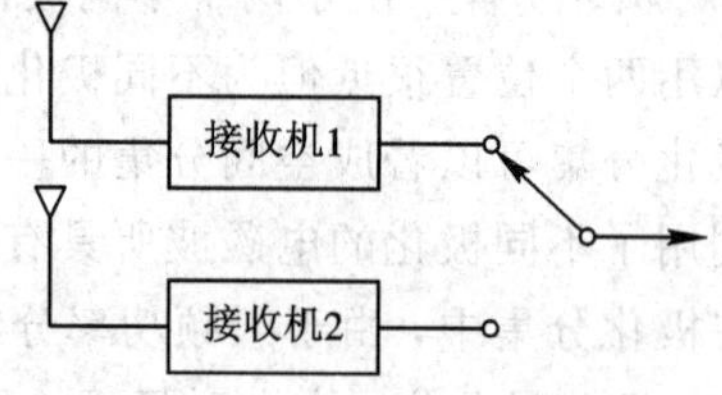

图 4-2 二重分集选择式合并

选择式合并又称开关式相加。这种方式方法简单，实现容易。但由于未被选择的支路

信号弃之不用，因此抗衰落不如后述两种方式。

需要指出的是，如果在中频或高频实现合并，就必须保证各支路的信号同相，这常常会导致电路的复杂度增加。

(2) 最大比值合并。最大比值合并是一种最佳合并方式，其方框图如图 4－3 所示。为了书写简便，每一支路信号包络 $r_k(t)$用 r_k 表示。每一支路的加权系数 a_k 与信号包络 r_k 成正比而与噪声功率 N_k 成反比，即

$$a_k = \frac{r_k}{N_k} \tag{4-5}$$

由此可得最大比值合并器输出的信号包络为

$$r_R = \sum_{k=1}^{M} a_k r_k = \sum_{k=1}^{M} \frac{r_k^2}{N_k} \tag{4-6}$$

式中，下标 R 表征最大比值合并方式。

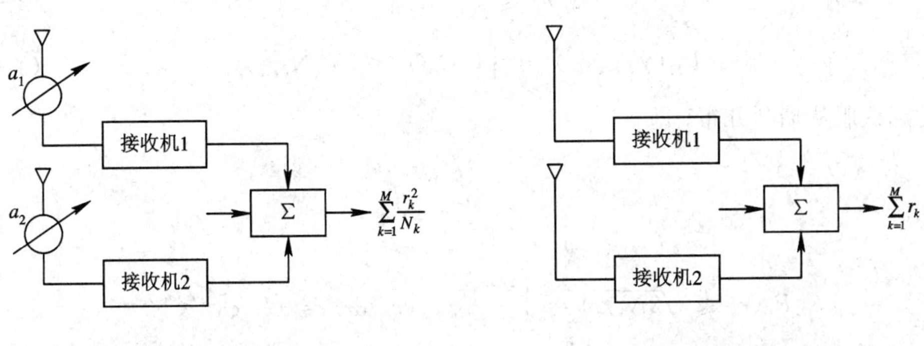

图 4－3　最大比值合并　　　　图 4－4　等增益合并

(3) 等增益合并。等增益合并无需对信号加权，各支路的信号是等增益相加的，其方框图如图 4－4 所示。等增益合并方式实现比较简单，其性能接近于最大比值合并。

等增益合并器输出的信号包络为

$$r_E = \sum_{k=1}^{M} r_k \tag{4-7}$$

式中，下标 E 表征等增益合并方式。

4.1.2　分集合并性能的分析与比较

众所周知，在通信系统中信噪比是一项很重要的性能指标。在模拟通信系统中，信噪比决定了话音质量；在数字通信系统中，信噪比(或载噪比)决定了误码率。分集合并的性能系指合并前、后信噪比的改善程度。为便于比较三种合并方式，假设它们都满足下列三个条件：

(1) 每一支路的噪声均为加性噪声且与信号不相关，噪声均值为零，具有恒定均方根值；

(2) 信号幅度的衰落速率远低于信号的最低调制频率；

(3) 各支路信号的衰落互不相关，彼此独立。

1. 选择式合并的性能

前面已经提到，选择式合并器的输出信噪比即当前选用的那个支路送入合并器的信噪

比。设第 k 个支路的信号功率为 $r_k^2/2$，噪声功率为 N_k，可得第 k 支路的信噪比为

$$\gamma_k = \frac{r_k^2}{2N_k} \tag{4-8}$$

通常，一支路的信噪比必须达到某一门限值 γ_t，才能保证接收机输出的话音质量（或者误码率）达到要求。如果此信噪比因为衰落而低于这一门限，则认为这个支路的信号必须舍弃不用。显然，在选择式合并的分集接收机中，只有全部 M 个支路的信噪比都达不到要求，才会出现通信中断。若第 k 个支路中 $\gamma_k < \gamma_t$ 的概率为 $P_k(\gamma_k < \gamma_t)$，则在 M 个支路情况下中断概率以 $P_M(\gamma_S < \gamma_t)$ 表示时，可得

$$P_M(\gamma_S \leqslant \gamma_t) = \prod_{k=1}^{M} P_k(\gamma_k \leqslant \gamma_t) \tag{4-9}$$

由式(4-8)可见，$\gamma_k \leqslant \gamma_t$，即 $r_k^2/2N_k \leqslant \gamma_t$，或

$$r_k \leqslant \sqrt{2N_k\gamma_t} \tag{4-10}$$

因此

$$P_M(\gamma_S \leqslant \gamma_t) = \prod_{k=1}^{M} P_k(r_k \leqslant \sqrt{2N_k\gamma_t}) \tag{4-11}$$

设 r_k 的起伏服从瑞利分布，即

$$p_k(r_k) = \frac{r_k}{\sigma_k^2}\,\mathrm{e}^{-r_k^2/(2\sigma_k^2)}$$

可得

$$P_k(r_k \leqslant \sqrt{2N_k\gamma_t}) = \int_0^{\sqrt{2N_k\gamma_t}} p_k(r_k)\mathrm{d}r_k = 1 - \mathrm{e}^{-N_k\gamma_t/\sigma_k^2} \tag{4-12}$$

则

$$P_M(\gamma_S \leqslant \gamma_t) = \prod_{k=1}^{M}(1 - \mathrm{e}^{-N_k\gamma_t/\sigma_k^2}) \tag{4-13}$$

如果各支路的信号具有相同的方差，即

$$\sigma_1^2 = \sigma_2^2 = \cdots = \sigma^2$$

各支路的噪声功率也相同，即

$$N_1 = N_2 = \cdots = N \tag{4-14}$$

并令平均信噪比为 $\sigma^2/N=\gamma_0$，则

$$P_M(\gamma_S \leqslant \gamma_t) = (1 - \mathrm{e}^{-\gamma_t/\gamma_0})^M \tag{4-15}$$

由此可得 M 重选择式分集的可通率为

$$T = P_M(\gamma_S > \gamma_t) = 1 - (1 - \mathrm{e}^{-\gamma_t/\gamma_0})^M \tag{4-16}$$

由于 $(1-\mathrm{e}^{-\gamma_t/\gamma_0})$ 的值小于 1，因而在 γ_t/γ_0 一定时，分集重数 M 增大，可通率 T 随之增大。

根据式(4-16)画出的选择式合并器输出载噪比累积概率分布曲线如图 4-5 所示。其中：$M=1$ 表示无分集，$M=2$ 为二重分集，$M=3$ 为三重分集，等等。由图可知，当超过纵坐标的概率为 99%时，用二重分集($M=2$)和三重分集($M=3$)的信噪比与无分集($M=1$)的情况相比，分别有 10 dB 和 14 dB 的增益。但是，当分集重数 $M>3$ 时，随着 M 的增加，所得信噪比增益的增大越来越缓慢。因此，为了简化设备，实际中常用二重分集或三重分集。

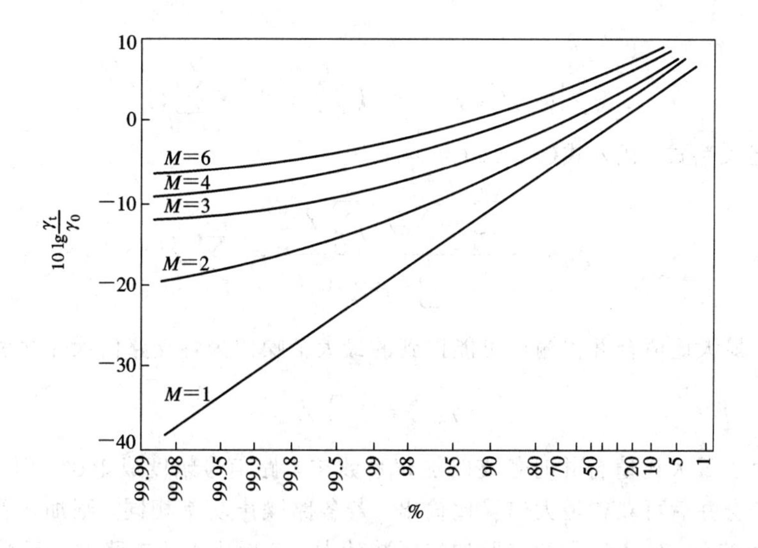

图 4-5 选择式合并输出载噪比累积概率分布曲线

2. 最大比值合并的性能

最大比值合并器输出的信号包络如式(4-6)所示，即

$$r_R = \sum_{k=1}^{M} a_k r_k = \sum_{k=1}^{M} \frac{r_k^2}{N_k}$$

假设各支路的平均噪声功率是相互独立的，合并器输出的平均噪声功率是各支路的噪声功率之和，即为 $\sum_{k=1}^{M} a_k^2 N_k$ 。因此，合并器输出信噪比

$$\gamma_R = \frac{\left(\sum_{k=1}^{M} a_k r_k \big/ \sqrt{2}\right)^2}{\sum_{k=1}^{M} a_k^2 N_k} \tag{4-17}$$

由于各支路信噪比为

$$\gamma_k = \frac{r_k^2}{2N_k}$$

即

$$r_k = \sqrt{2N_k \gamma_k}$$

代入式(4-17)，可得

$$\gamma_R = \frac{\left(\sum_{k=1}^{M} a_k \sqrt{N_k \gamma_k}\right)^2}{\sum_{k=1}^{M} a_k^2 N_k} \tag{4-18}$$

根据许瓦尔兹不等式

$$\left(\sum_{k=1}^{M} pq\right)^2 \leqslant \left(\sum_{k=1}^{M} p^2\right) \cdot \left(\sum_{k=1}^{M} q^2\right)$$

现令

$$p = a_k \sqrt{N_k} \qquad q = \sqrt{\gamma_k}$$

则有

$$\left(\sum_{k=1}^{M} a_k \sqrt{N_k \gamma_k}\right)^2 \leqslant \left(\sum_{k=1}^{M} a_k^2 N_k\right) \cdot \sum_{k=1}^{M} \gamma_k \tag{4-19}$$

利用上述关系式，代入式(4－18)得

$$\gamma_{\mathrm{R}} \leqslant \frac{\left(\sum_{k=1}^{M} a_k^2 N_k\right)\left(\sum_{k=1}^{M} \gamma_k\right)}{\sum_{k=1}^{M} a_k^2 N_k} = \sum_{k=1}^{M} \gamma_k \tag{4-20}$$

由上式可知，最大比值合并器输出可能得到的最大信噪比为各支路信噪比之和，即

$$\gamma_{\mathrm{Rmax}} = \sum_{k=1}^{M} \gamma_k \tag{4-21}$$

综上所述，最大比值合并时各支路加权系数与本路信号幅度成正比，而与本路的噪声功率成反比，合并后可获得最大信噪比输出。若各路噪声功率相同，则加权系数仅随本路的信号振幅而变化，信噪比大的支路加权系数就大，信噪比小的支路加权系数就小。

最大比值合并的信噪比 γ_{R} 的概率密度函数为

$$p_M(\gamma_{\mathrm{R}}) = \frac{\gamma_{\mathrm{R}}^{M-1} \exp(-\gamma_{\mathrm{R}}/\gamma_0)}{\gamma_0^M (M-1)!} \tag{4-22}$$

可求得累积概率分布为

$$P_M(\gamma_{\mathrm{R}}) = 1 - \exp\left(-\frac{\gamma_{\mathrm{R}}}{\gamma_0}\right) \sum_{k=1}^{M} \frac{(\gamma_{\mathrm{R}}/\gamma_0)^{k-1}}{(k-1)!} \tag{4-23}$$

由上式画出的最大比值合并分集系统的累积概率分布曲线如图 4－6 所示。不难得知，在同样条件下，与图 4－5 所示的选择式合并分集系统相比，最大比值合并分集系统具有较强的抗衰落性能。例如，二重分集(M＝2)与无分集(M＝1)相比，在超过纵坐标概率为 99％情况下有 13 dB 增益，优于选择式合并分集系统(10 dB 增益)。

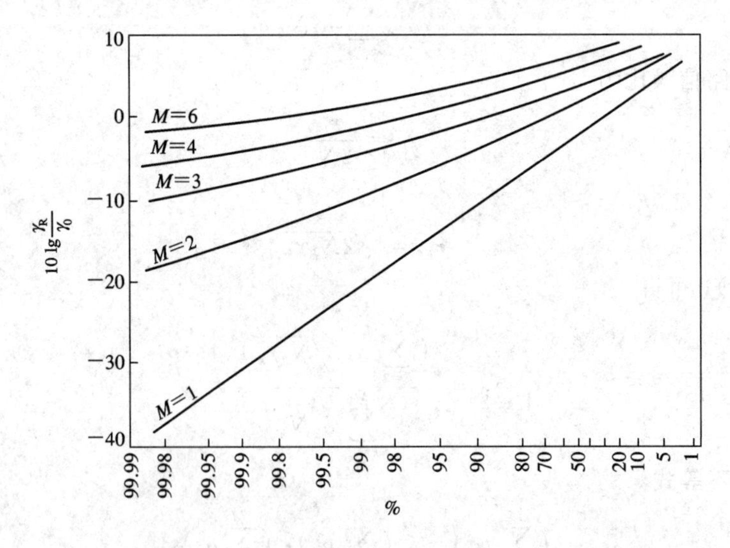

图 4－6　最大比值合并分集系统输出载噪比的累积概率分布曲线

3. 等增益合并的性能

等增益合并意为各支路的加权系数 $a_k(k=1, 2, \cdots, M)$都等于1，因此等增益合并器输出的信号包络 r_E 如式(4－7)所示，即

$$r_E=\sum_{k=1}^{M} r_k$$

若各支路的噪声功率均等于 N，则

$$\gamma_E=\frac{(r_E/\sqrt{2})^2}{NM}=\frac{\left[\sum_{k=1}^{M} r_k\right]^2}{2NM} \tag{4-24}$$

等增益合并分集系统载噪比的累积概率分布如图 4－7 所示。

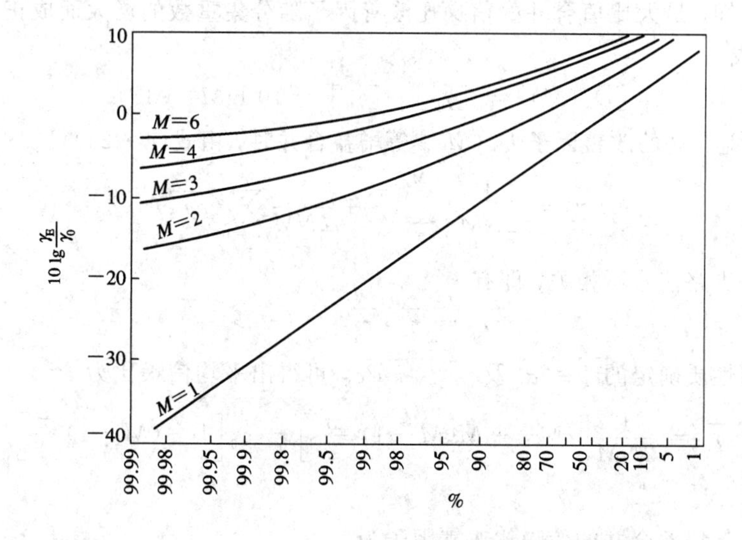

图 4－7 等增益合并分集系统载噪比累积概率分布曲线

4. 平均信噪比的改善

所谓平均信噪比的改善，是指分集接收机合并器输出的平均信噪比较无分集接收机的平均信噪比改善的分贝数。

(1) 选择式合并的改善因子 $\overline{D}_S(M)$。在选择式合并方式中，由信噪比 γ_S 的概率密度 $p(\gamma_S)$可求得平均信噪比为

$$\overline{\gamma}_S=\int_0^{\infty}\gamma_S p(\gamma_S)\mathrm{d}\gamma_S \tag{4-25}$$

式中，$p(\gamma_S)$可由式(4－15)求得，即

$$p(\gamma_S)=\frac{\mathrm{d}}{\mathrm{d}\gamma_S}P_M(\gamma_S)=\frac{M}{\gamma_0}[1-\exp(-\gamma_S/\gamma_0)]^{M-1}\cdot\exp(-\gamma_S/\gamma_0) \tag{4-26}$$

将上式代入式(4－25)，得选择式合并器输出的平均信噪比为

$$\overline{\gamma}_S=\gamma_0\sum_{k=1}^{M}\frac{1}{k} \tag{4-27}$$

因而平均信噪比的改善因子为

$$\overline{D}_S(M)=\frac{\overline{\gamma}_S}{\gamma_0}=\sum_{k=1}^{M}\frac{1}{k} \tag{4-28}$$

由上式可见，选择式合并的平均信噪比改善因子随分集重数(M)增大而增大，但增大速率较小。改善因子常以 dB 计，即式(4－28)可写成

$$[\bar{D}_S(M)] = [\bar{\gamma}_S] - [\gamma_0] = 10\lg\left(\sum_{k=1}^{M}\frac{1}{k}\right) \quad (\mathrm{dB}) \tag{4-29}$$

(2) 最大比值合并的改善因子 $\bar{D}_R(M)$。由式(4－20)可知

$$\bar{\gamma}_R = \sum_{k=1}^{M}\bar{\gamma}_k = M\gamma_0 \tag{4-30}$$

即得最大比值合并的信噪比改善因子为

$$\bar{D}_R(M) = \frac{\bar{\gamma}_R}{\gamma_0} = M \tag{4-31}$$

由上式可知，最大比值合并的信噪比改善因子随分集重数的增大而成正比地增大。以 dB 计时可写成

$$[\bar{D}_R(M)] = [\bar{\gamma}_R] - [\gamma_0] = 10\lg M \quad (\mathrm{dB}) \tag{4-32}$$

(3) 等增益合并的改善因子 $\bar{D}_E(M)$。等增益合并时，由式(4－24)可知

$$\bar{\gamma}_E = \frac{1}{2NM}\left(\sum_{k=1}^{M}\overline{r_k^2}\right) + \frac{1}{2NM}\sum_{\substack{j,k=1\\ j\neq k}}^{M}(\overline{r_j r_k}) \tag{4-33}$$

因为已假定各支路信号不相关，即有

$$\overline{r_j r_k} = \overline{r_j}\cdot\overline{r_k} \qquad j\neq k$$

以及瑞利分布性质确定的$\overline{r_k^2}=2\sigma^2$ 及$\overline{r_k}=\sqrt{\pi/2}\sigma$，可得出平均信噪比为

$$\overline{\gamma_E} = \frac{1}{2NM}\left[2M\sigma^2 + M(M-1)\frac{\pi\sigma^2}{2}\right] = \gamma_0\left[1+(M-1)\frac{\pi}{4}\right] \tag{4-34}$$

式中，$\gamma_0 = \sigma^2/N$。

最后得出等增益合并的信噪比改善因子为

$$\overline{D_E}(M) = \frac{\bar{\gamma}_E}{\gamma_0} = 1+(M-1)\frac{\pi}{4} \tag{4-35}$$

或

$$[\overline{D_E}(M)] = [\bar{\gamma}_E] - [\gamma_0] = 10\lg\left[1+(M-1)\frac{\pi}{4}\right] \quad (\mathrm{dB}) \tag{4-36}$$

例 4－1 在二重分集情况下，试分别求出三种合并方式的信噪比改善因子。

解 由式(4－28)可知

$$\bar{D}_S(M) = \bar{D}_S(2) = 1+\frac{1}{2} = 1.5$$

或

$$[\bar{D}_S(M)] = [\bar{D}_S(2)] = 10\lg 1.5 = 1.76\ \mathrm{dB}$$

由式(4－31)可知

$$\bar{D}_R(M) = \bar{D}_R(2) = 2$$

或

$$[\bar{D}_R(M)] = [\bar{D}_R(2)] = 3\ \mathrm{dB}$$

由式(4－35)可知

$$\overline{D}_E(M) = \overline{D}_E(2) = 1 + \frac{\pi}{4} = 1.78$$

或

$$[\overline{D}_E(M)] = 2.5\ \text{dB}$$

图 4-8 给出了三种合并方式的 $\overline{D}(M)$与 M 的关系曲线。

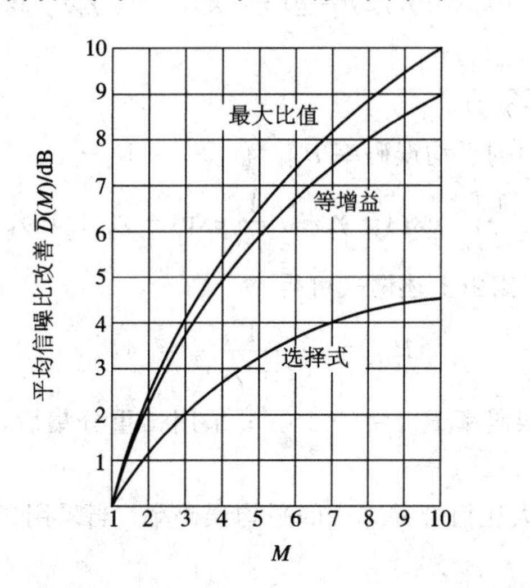

图 4-8　三种合并方式的 $\overline{D}(M)$与 M 关系曲线

由图 4-8 可见，在相同分集重数(即 M 相同)情况下，以最大比值合并方式改善信噪比最多，等增益合并方式次之；在分集重数 M 较小时，等增益合并的信噪比改善接近最大比值合并。选择式合并所得到的信噪比改善量最少，其原因在前面已指出过，在于合并器输出只利用了最强一路信号，而其他各支路都没有被利用。

4.1.3　数字化移动通信系统的分集性能

现代移动通信系统包括模拟和数字两大类，即使在模拟移动通信系统中，也已有很多系统采用了数字信令，因此必须了解数字分集接收系统的抗衰落性能，其衡量的指标是误码率。误码率大小不仅与信号的调制及解调方式有关，在瑞利衰落情况下平均误码率还与分集重数和合并方式密切相关。下面将首先讨论非相干频移键控(NFSK)信号和差分相移键控(DPSK)信号在选择式合并时的误码率，然后比较三种合并方式(均采用 DPSK)的误码率。

1. NFSK 二重分集系统平均误码率

在通信原理教材上已讨论过，在加性高斯噪声情况下，NFSK 的误码率公式为

$$P_e(\gamma) = \frac{1}{2}\exp\left(-\frac{\gamma}{2}\right) \tag{4-37}$$

式中，γ 为信噪比(或载噪比)。

在瑞利衰落信道中，需用平均误码率表征，记作 $\overline{P}_e$，即

$$\overline{P}_e = \frac{1}{2}\int_0^{\infty} \exp\left(-\frac{\gamma}{2}\right)p(\gamma)\mathrm{d}\gamma \tag{4-38}$$

式中，$p(\gamma)$为载噪比 γ 的概率密度函数。

在选择式合并方式中，$p(\gamma)$即为 $p(\gamma_S)$，由式(4－26)可知：

$$p(\gamma_S)=\frac{M}{\gamma_0}[1-\exp(-\gamma_S/\gamma_0)]^{M-1}\exp(-\gamma_S/\gamma_0)$$

二重分集时，$M=2$，此时平均误码率用 $\overline{P}_{e,2}$ 表示，则有

$$\overline{P}_{e,2}=\frac{1}{2}\int_0^{\infty}\exp(-\gamma_S/2)\frac{2}{\gamma_0}[1-\exp(-\gamma_S/\gamma_0)]\exp(-\gamma_S/\gamma_0)d\gamma_S$$

$$=\frac{4}{(2+\gamma_0)(4+\gamma_0)} \tag{4-39}$$

无分集时(即 $M=1$)的平均误码率 $\overline{P}_{e,1}$ 为

$$\overline{P}_{e,1}=\frac{1}{2}\int_0^{\infty}\exp(-\gamma_S/2)\frac{1}{\gamma_0}\exp(-\gamma_S/\gamma_0)d\gamma_S=\frac{1}{2+\gamma_0} \tag{4-40}$$

如果平均载噪比 $\gamma_0\gg 1$，则由上述两式可得

$$\overline{P}_{e,2}\approx\frac{4}{(2+\gamma_0)^2}=4\overline{P}_{e,1}^2 \tag{4-41}$$

例如，无分集时，平均误码率 $\overline{P}_{e,1}=1\times10^{-2}$；采用二重分集后，$\overline{P}_{e,2}=4\times10^{-4}$，即平均误码率下降为无分集时的1/25。

同理，可以求得最大比值合并方式的平均误码率。当采用二重分集时，载噪比 γ_R 的概率密度 $p(\gamma_R)$为

$$p(\gamma_R)=\frac{\gamma_R\exp(-\gamma_R/\gamma_0)}{\gamma_0^2} \tag{4-42}$$

由此可得平均误码率为

$$\overline{P}_{e,2}=\frac{1}{2}\int_0^{\infty}\exp\left(-\frac{\gamma_R}{2}\right)\frac{\gamma_R}{\gamma_0^2}\exp(-\gamma_R/\gamma_0)\,d\gamma_R$$

$$=\frac{2}{(2+\gamma_0)^2}=2\overline{P}_{e,1}^2 \tag{4-43}$$

由上述分析可知，从平均误码率来看，最大比值合并也是最佳的。在二重分集情况下，较选择式合并有3 dB增益。

2. DPSK多重分集系统平均误码率

已知在恒参信道下，DPSK的误码率为

$$P_e(\gamma)=\frac{1}{2}e^{-\gamma} \tag{4-44}$$

而在瑞利衰落信道下，平均误码率为

$$\overline{P}_e=\int_0^{\infty}P_e(\gamma)p(\gamma)\,d\gamma \tag{4-45}$$

式中，$p(\gamma)$为 γ 的概率密度函数，选择式合并的 $p(\gamma)$用 $p(\gamma_S)$表示，由前面分析已知 $p(\gamma_S)$为

$$p(\gamma_S)=\frac{M}{\gamma_0}[1-\exp(\gamma_S/\gamma_0)]^{M-1}\exp(-\gamma_S/\gamma_0)$$

由此可得出，无分集时($M=1$)的平均误码率 $\overline{P}_{e,1}$ 为

$$\overline{P}_{e,1}=\int_0^{\infty}\frac{1}{2}e^{-r_S}\cdot\frac{1}{\gamma_0}e^{-\gamma_S/\gamma_0}d\gamma_S=\frac{1}{2+2\gamma_0} \tag{4-46}$$

同理，可求得二重分集($M=2$)时的平均误码率 $\overline{P}_{e,2}$ 为

$$\overline{P}_{e,2}=\int_0^{\infty}\frac{1}{2}\mathrm{e}^{-\gamma_S}\cdot\frac{2}{\gamma_0}[1-\exp(-\gamma_S/\gamma_0)]\exp(-\gamma_S/\gamma_0)\,\mathrm{d}\gamma_S$$

$$=\frac{1}{(1+\gamma_0)(2+\gamma_0)} \tag{4-47}$$

当平均载噪比 $\gamma_0 \gg 1$ 时，则

$$\overline{P}_{e,2}\approx\frac{1}{\gamma_0^2}=4\,\frac{1}{4\gamma_0^2}\approx 4(\overline{P}_{e,1})^2 \tag{4-48}$$

当 $M=3$ 时，有

$$\overline{P}_{e,3}\approx 24(\overline{P}_{e,1})^3 \tag{4-49}$$

当 $M=4$ 时，有

$$\overline{P}_{e,4}\approx 192(\overline{P}_{e,1})^4 \tag{4-50}$$

由以上所导出的不同分集重数时的平均误码率计算式可知，由无分集改用分集后，误码率获得明显改善。

3. 三种合并方式的误码率比较

表 4-1 列出了三种合并方式下 DPSK 系统的误码率较无分集时的益处。由表可见，误码率的改善以最大比值合并为最好，选择式合并最差。

表 4-1 三种合并方式平均误码率的比较

合并方式 / 分集重数(M)	选择式	等增益	最大比值
1	$\overline{P}_{e,1}$	$\overline{P}_{e,1}$	$\overline{P}_{e,1}$
2	$4\overline{P}_{e,1}^2$	$2.5\overline{P}_{e,1}^2$	$2.5\overline{P}_{e,1}^2$
3	$24\overline{P}_{e,1}^3$	$6.4\overline{P}_{e,1}^3$	$4\overline{P}_{e,1}^3$
4	$192\overline{P}_{e,1}^4$	$16\overline{P}_{e,1}^4$	$8\overline{P}_{e,1}^4$

综上所述，等增益合并的各种性能与最大比值合并相比，低得不多，但从电路实现上看，较最大比值合并简单。尤其是加权系数的调整，前者远较后者简单，因此等增益合并是一种较实用的方式。而当分集重数不多时，选择式合并方式仍然是可取的。

4.2 RAKE 接收

所谓 RAKE 接收机，就是利用多个并行相关器检测多径信号，按照一定的准则合成一路信号供解调用的接收机。需要特别指出的是，一般的分集技术把多径信号作为干扰来处理，而 RAKE 接收机采取变害为利的方法，即利用多径现象来增强信号。图 4-9 示出了简化的 RAKE 接收机的组成。

假设发端从 T_x 发出的信号经 N 条路径到达接收天线 R_x。路径 1 距离最短，传输时延也最小，依次是第二条路径，第三条路径，…，时延最长的是第 N 条路径。通过电路测定各条路径的相对时延差，以第一条路径为基准时，第二条路径相对于第一条路径的相对时延差为 Δ_2，第三条路径相对于第一条路径的相对时延差为 Δ_3，…，第 N 条路径相对于第

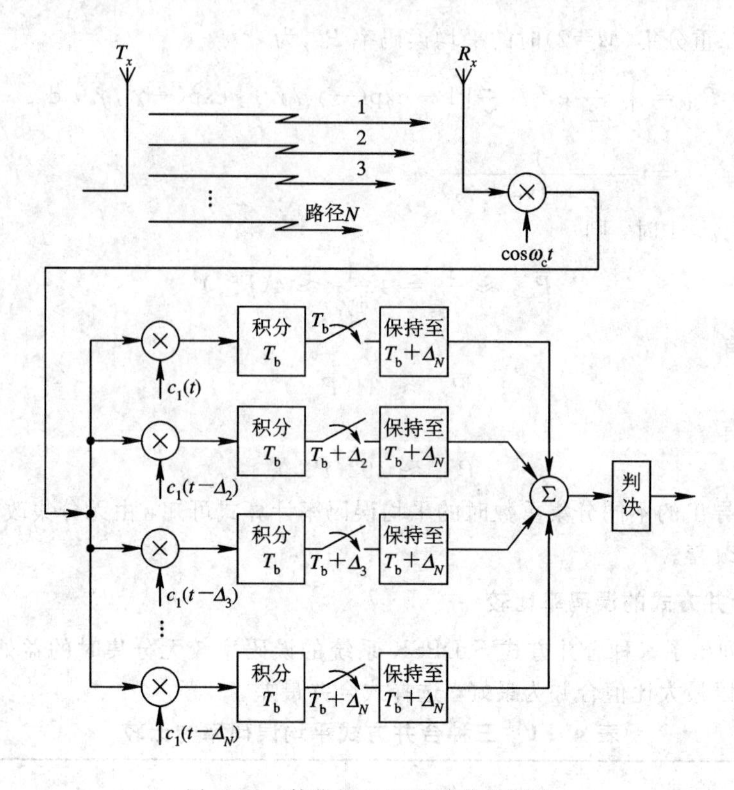

图 4-9　简化的 RAKE 接收机组成

一条路径的相对时延差为 Δ_N，且有 $\Delta_N > \Delta_{N-1} > \cdots > \Delta_3 > \Delta_2 (\Delta_1 = 0)$。

接收端信号通过解调后，送入 N 个并行相关器。(在高通公司提出的 CDMA 系统中，基站接收机 $N=4$，移动台接收机 $N=3$。)图中用户 1 使用伪码 $c_1(t)$，通过定时同步和调整，产生的各个相关器的本地码分别为 $c_1(t)$，$c_1(t-\Delta_2)$，$c_1(t-\Delta_3)$，…，$c_1(t-\Delta_N)$，信号经过解扩(与本地码相乘)后加入积分器。每次积分时间为 T_b，第一支路的输出在 T_b 末尾进入电平保持电路，保持到 $T_b+\Delta_N$，即到最后一个相关器于 $T_b+\Delta_N$ 产生输出。这样 N 个相关器的输出于 $T_b+\Delta_N$ 时刻通过相加求和电路(图中为 $\sum$)，再经判决电路产生数据输出。

在图 4-9 中，由于各条路径加权系数为 1，因此为等增益合并方式。在实际系统中还可以采用最大比合并或最佳样点合并方式。该接收机利用多个并行相关器，获得各多径信号能量，即 RAKE 接收机利用多径信号，提高了通信质量。

在实际系统中，每条多径信号都经受着不同的衰落，具有不同的振幅、相位和到达时间。由于相位的随机性，其最佳非相干接收机的结构由匹配滤波器和包络检波器组成。如图 4-10 所示，图中匹配滤波器用于对 $c_1(t)\cos\omega t$ 匹配。

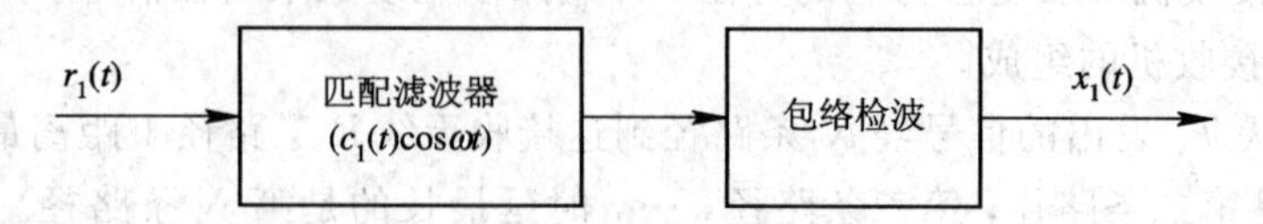

图 4-10　最佳非相干接收机

如果 $r(t)$ 中包括多条路径，则图 4-10 的输出如图 4-11 所示。图中每一个峰值对应一条多径。图中每个峰值的幅度的不同是由每条路径的传输损耗不同引起的。为了将这些多径信号进行有效的合并，可将每一条多径通过延迟的方法使它们在同一时刻达到最大，按最大比的方式合并，就可以得到最佳的输出信号。然后再进行判决恢复发送数据。我们可采用横向滤波器来实现上述时延和最大比合并，如图 4-12 所示。在实现的过程中，需要估计出每一条路径的时延值 $\hat{\Delta}_i$ 和幅值 $\hat{a}_i$。(在图中延迟线的最小抽头间隔为 $1/W$，W 为扩频信号的带宽，$1/W$ 也是扩频系统能分辨的最小多径间隔。)

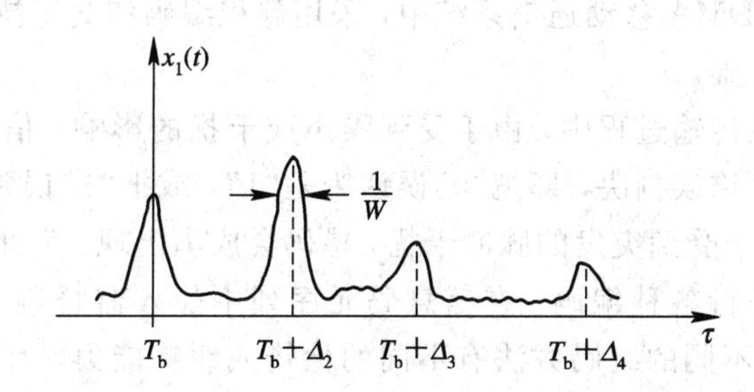

图 4-11　最佳非相干接收机的输出波形

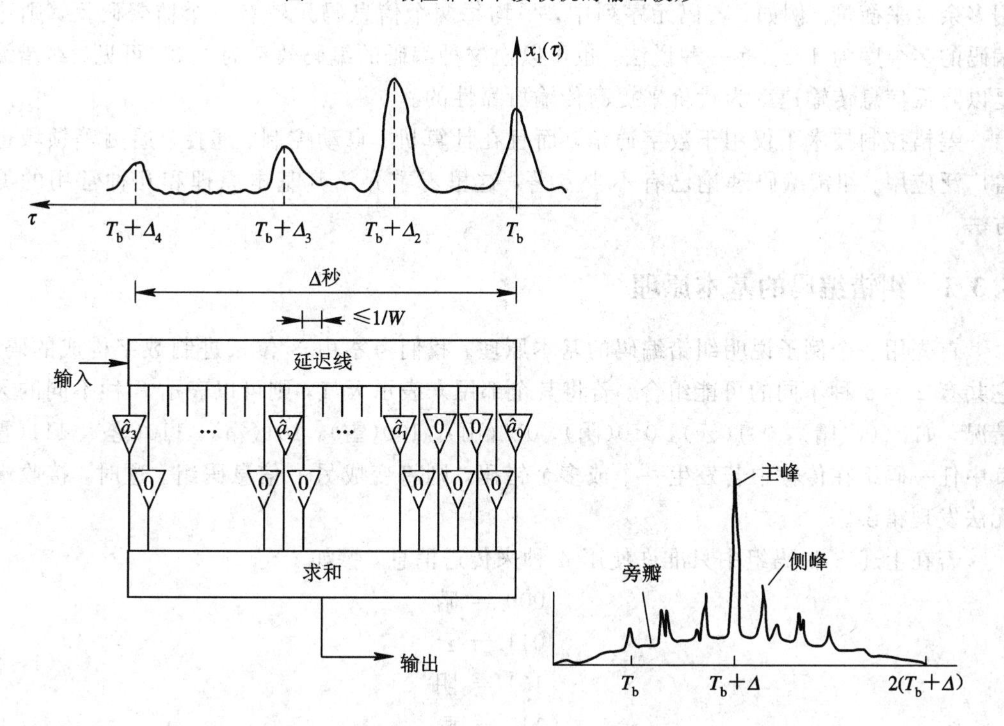

图 4-12　实现最佳合并的横向滤波器

如果延迟线的某一抽头的延迟与多径时延相同，其输出就乘以相应的权值；如果延迟线的抽头无多径对应，则输出就乘以零或者说该抽头就不输出。最后将所有有多径时延对应的抽头求和就可以在 $T_b+\Delta$ 处得到最大的峰值(主峰)。(Δ 是延迟线的延迟总长度。)由于该接收机中横向滤波器具有类似于锯齿状的抽头，故称该接收机为 RAKE 接收机。

4.3 纠错编码技术

当今，各种移动通信系统(包括 CDMA 移动通信系统)无不采用纠错编码技术，数字信号传输既有必要也有可能采用纠错编码。例如，无线寻呼系统中采用 BCH 编码及偶数校验码；模拟蜂窝系统(AMPS 及 TACS)也采用多种格式的 BCH 码以及重复发送、择大判决等纠错措施；在 CDMA 移动通信系统中，采用卷积编码和交织技术等。因此，纠错编码是必不可少的技术基础。

数字信号或信令在传输过程中，由于受到噪声或干扰的影响，信号码元波形变坏，传输到接收端后可能发生错误判决，即把“0”误认为是“1”，或把“1”误判成“0”，这样就各出现一次误码。有时，由于受到突发的脉冲干扰，错码会成串出现。为此，在传送数字信号时往往要根据不同情况进行各种编码。在信息码元序列中加入监督码元就称为差错控制编码，也称为纠错编码。不同的编码方法有不同的检错或纠错能力，有的编码只检错，不能纠错。一般来说，监督位码元所占比例越大，检(纠)错能力就越强。监督码元的多少，通常用多余度来衡量。例如，若码元序列中，平均每两个信息码元就有一个监督码元，则这种编码的多余度为 1/3。换一种说法，也可以说这种编码的编码效率为 2/3。可见，纠错编码是以降低信息传输速率为代价来提高传输可靠性的。

差错控制技术不仅用于数字通信，而且在计算机、自动控制、遥控、遥测等领域也有着广泛应用。纠错编码理论已有不少专著，这里着重介绍其基本原理和几种常用的编码方法。

4.3.1 纠错编码的基本原理

首先用一个例子说明纠错编码的基本原理。我们考察由 3 位二进制数字构成的码组，它共有 $2^3=8$ 种不同的可能组合。若将其全部用来表示天气，则可以表示 8 种不同的天气情况，如：000(晴)，001(云)，010(阴)，011(雨)，100(雪)，101(霜)，110(雾)，111(雹)。其中任一码组在传输中若发生一个或多个错码，则将变成另一信息码组。这时，接收端将无法发现错误。

若在上述 8 种码组中只准许使用 4 种来传送消息，譬如

$$\begin{aligned} 000 &= \text{晴} \\ 011 &= \text{云} \\ 101 &= \text{阴} \\ 110 &= \text{雨} \end{aligned} \qquad (4-51)$$

这时虽然只能传送 4 种不同的天气，但是接收端却有可能发现码组中的一个错码。例如，若 000(晴)中错了一位，则接收码组将变成 100 或 010 或 001。这三种码组都是不准使用的，称为禁用码组。接收端在收到禁用码组时，就知道是错码了。当发生三个错码时，000 变成 111，它也是禁用码组，故这种编码也能检测三个错码。但是，这种码不能发现两个错码，因为发生两个错码后产生的也是许用码组。

上面这种码只能检测错误，不能纠正错误。例如，当收到的为禁用码组 100 时，在接

收端将无法判断是哪一位码发生了错误，因为晴、阴、雨三者错了一位都可以变成100。

要想能纠正错误，还要增加多余度。例如，若规定许用码组只有两个：000(晴)，111(雨)，其他都是禁用码组，则能检测两个以下错码，或能纠正一个错码。例如，当收到禁用码组100时，若当作仅有一个错码，则可判断此错码发生在“1”位，从而纠正为000(晴)，因为另一许用码组111(雨)发生任何一位错码都不会变成这种形式。但是，若假定错码数不超过两个，则存在两种可能性：000错一位和111错两位都可能变成100，因而只能检测出存在错码而无法纠正它。

表4-2 分组码例子(3, 2)

	信息位	监督位
晴	00	0
云	01	1
阴	10	1
雨	11	0

从上面的例子可以得到关于“分组码”的一般概念。如果不要求检(纠)错，为了传输4种不同的信息，用两位码组就够了，它们是：00、01、10和11。这些两位码代表所传信息，称为信息位。在式(4-51)中使用3位码表示4种信息，多增加的那一位称为监督位，表4-2示出这种情况。通常，把这种信息码分组，为每组码附加若干监督码的编码称为分组码。在分组码中，监督码仅监督本码组中的信息码元。

一般分组码用符号(n, k)表示，其中k是每组二进制信息码元的数目，n是编码组的总位数，又称为码组的长度(码长)。$n-k=r$为每码组中的监督码元数目，或称为监督位数目。一般分组码结构如图4-13所示。图中前面k位$(a_{n-1}\cdots a_r)$为信息位，后面附加r个监督位$(a_{r-1}\cdots a_0)$。式(4-51)的分组码中$n=3$，$k=2$，$r=1$。

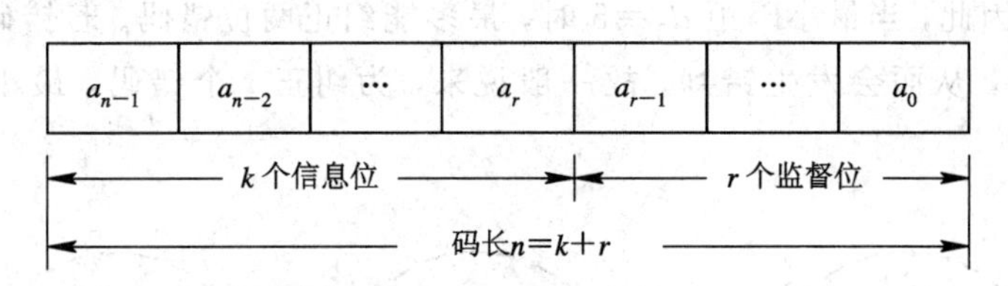

图4-13 分组码结构

在分组码中，把“1”的数目称为码组的重量，而把两个码组对应位上数字(即0，1)不同的位数称为码组的距离，简称码距，又称汉明(Hamming)距离。我们把某种编码中各个码组间距离的最小值称为最小码距(d_0)。例如，按式(4-51)编码的最小码距$d_0=2$。

对于3位的编码组，可用3维空间来说明码距的几何意义。如前所述，3位码共有8种不同的可能码组。在3维空间中它们分别位于一个单位立方体的各顶点上，如图4-14所示。每一码组的3个码元的值(a_2, a_1, a_0)就是该立方体各顶点的坐标。而上述码距的含义在图中就对应于各顶点之间沿立方体各边行走的几何距离，如式(4-51)中4个许用码组之间的距离均为2。因此最小码距$d_0=2$。

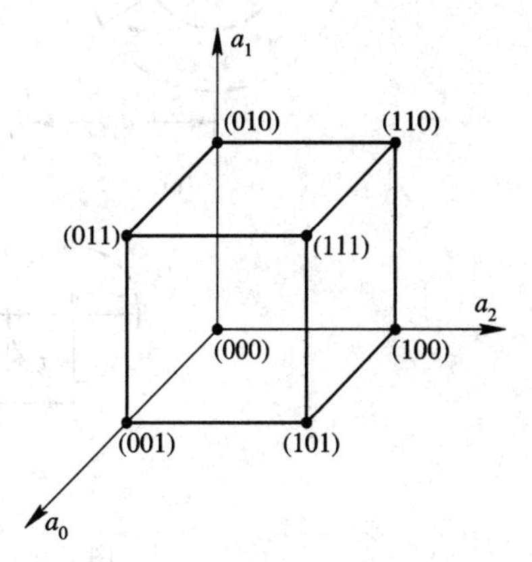

图4-14 码距的几何意义

一种编码的最小码距 d_0 的大小直接关系着这种编码的检错和纠错能力。例如，上述例子表明：$d_0=1$ 时，没有检、纠错能力；$d_0=2$ 时，具有检查一个差错的能力；$d_0=3$ 时，用于检错时具有检查两个差错的能力，用于纠错时具有纠正一个差错的能力。

一般情况下，码的检、纠错能力与最小码距 d_0 的关系可分为以下三种情况。

(1) 为检测 e 个错码，要求最小码距

$$d_0 \geqslant e+1 \tag{4-52}$$

这可以用图 4-15(a)加以证明。设一码组 A 中发生一位错码，则我们可以认为 A 的位置将移动至以 0 点为圆心、以 1 为半径的圆周上某点。若码组 A 中发生两位错码，则其位置不会超出以 0 点为圆心、以 2 为半径的圆。因此，只要最小码距不小于 3(如图中 B 点)，在此半径为 2 的圆上及圆内就不会有其他许用码组，因而能检测的错码位数为 2。同理，若一种编码的最小码距为 d_0，则将能检测 d_0-1 个错码。换句话说，若要求检测 e 个错码，则最小码距 d_0 应不小于 $e+1$。

(2) 为纠正 t 个错码，要求最小码距

$$d_0 \geqslant 2t+1 \tag{4-53}$$

此式可用图 4-15(b)加以说明。图中画出码组 A 和 B 的距离为 5。若码组 A 或 B 发生不多于两位错码，则其位置不会超出半径为 2、以原位置为圆心的圆。这两个圆是不相交的。因此，我们可以这样来判决：若接收码组落于以 A 为圆心的圆上或圆内，就判收到的是码组 A；若落于以 B 为圆心的圆上或圆内就判为码组 B。这样，每种码组只要错码不超过两位都将能纠正。因此，当最小码距 $d_0=5$ 时，最多能纠正两位错码。若错码达到 3 个，就将落入另一圆上，从而会发生错判。故一般说来，为纠正 t 个错码，最小码距应不小于 $2t+1$。

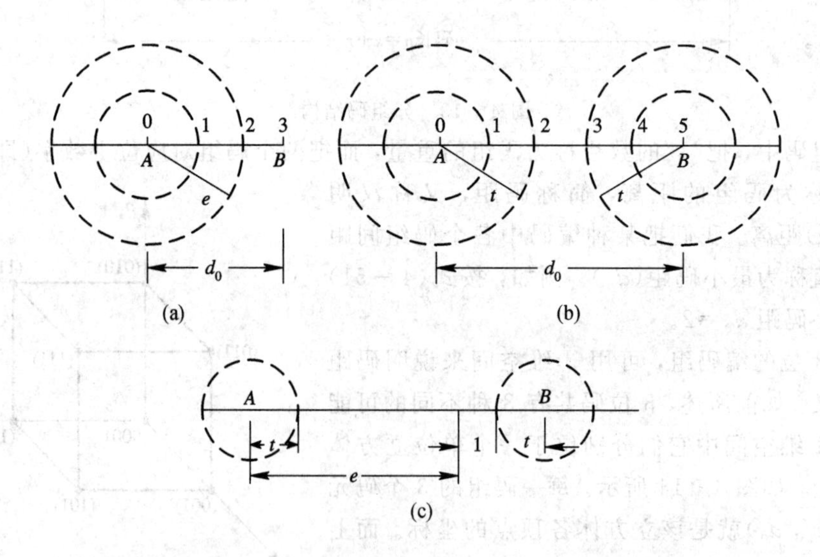

图 4-15 码距与检、纠错能力的关系

(a) 检测 e 个错码；(b) 纠正 t 个错码；(c) 纠正 t 个错码，同时检测 e 个错码

(3) 为纠正 t 个错码，同时检测 e 个错码，要求最小码距

$$d_0 \geqslant e+t+1 \quad (e>t) \tag{4-54}$$

在解释上式之前，先说明什么是“纠正 t 个错码，同时检测 e 个错码”(简称纠检结合)。在某些情况下，要求对于出现较频繁但错码数很少的码组，差错控制设备按纠错方式工作，不需要对方重发此码组，以节省反馈重发时间；同时又希望对一些错误码数较多的码组，在超过该码的纠错能力后，能自动按检错方式工作，要求对方重发该码组，以降低系统的总误码率。这种工作方式就叫“纠检结合”。这时，差错控制设备按照接收码组与许用码组的距离自动改变工作方式。如图 4-15(c)所示，若接收码组与某一许用码组间的距离在纠错能力(t)范围内，则按纠错方式工作；若与任何许用码组的距离都超过 t，则按检错方式工作。因此，若设码的检错能力为 e 个错码，则该码组与任一许用码组(如图中码组 B)的距离应有 $t+1$，否则将落入许用码组 B 的纠错能力范围内，而被错纠为码组 B。这样就要求最小码距满足式(4-54)的条件。

在简要讨论了编码的纠(检)错能力后，再来分析一下差错控制编码的效用。

假设在信道中发送“0”时的错误概率和发送“1”时的错误概率相等，都等于 P，且 $P \ll 1$，则容易证明，在码长为 n 的码组中恰好发生 r 个错码的概率为

$$P_n(r)=C_n^r P^r(1-P)^{n-r} \approx \frac{n!}{r!(n-r)!}P^r \tag{4-55}$$

例如，当码长 $n=7$，$P=10^{-3}$ 时，有

$$P_7(1) \approx 7P = 7 \cdot 10^{-3}$$

$$P_7(2) \approx 21P^2 = 2.1 \cdot 10^{-5}$$

$$P_7(3) \approx 35P^3 = 3.5 \cdot 10^{-8}$$

由上可知，采用了差错控制编码，即使仅能纠正(或检测)码组中 1～2 个错误，也可以使误码率 P 下降几个数量级。这就表明，只能纠(检) 1～2 个错码的简单编码也有很大实用价值。事实上，常用的差错控制编码大多也只能纠正(检测)码组中 1～2 个错误。

4.3.2 常用的检错码

常用的检错方法有两类：一类是奇偶校验，另一类是循环冗余校验 CRC(Cyclic Redundancy Check)。检错的基本思路是发端按照给定的规则在 K 个信息比特后面增加 L 个按照某种规则计算的校验比特，在接收端对收到的信息比特重新计算 L 个校验比特。比较接收到的校验比特和本地重新计算的校验比特，如果相同则认为传输无误，否则认为传输有错。

1. 奇偶校验码

奇偶校验的种类很多，这里给出一个奇偶校验码的例子。如表 4-3 所示，信息序列长 $K=3$，校验序列长 $L=4$；输入信息比特为$\{S_1, S_2, S_3\}$，校验比特为$\{C_1, C_2, C_3, C_4\}$；校验的规则为 $C_1=S_1 \oplus S_3$，$C_2=S_1 \oplus S_2 \oplus S_3$，$C_3=S_1 \oplus S_2$，$C_4=S_2 \oplus S_3$。(注：$\oplus$为模 2 加法。)

表 4-3　奇偶校验码

S_1	S_2	S_3	C_1	C_2	C_3	C_4	校验规则
1	0	0	1	1	1	0	$C_1=S_1\oplus S_3$
0	1	0	0	1	1	1	$C_2=S_1\oplus S_2\oplus S_3$
0	0	1	1	1	0	1	$C_3=S_1\oplus S_2$
1	1	0	1	0	0	1	$C_4=S_2\oplus S_3$
1	0	1	0	0	1	1	
1	1	1	0	1	0	0	
0	0	0	0	0	0	0	
0	1	1	1	0	1	0	

设发送的信息比特为{100}，经过奇偶校验码生成的校验序列为{1110}，则发送的信息序列为{1001110}。若经过物理信道传输后，接收的序列为{1011110}，则本地根据收到的信息比特{101}计算出的校验序列应为{0011}。显然该序列与接收到的校验序列{1110}不同，表明接收的信息序列有错。

如果 L 取 1，$C=S_1\oplus S_2\oplus S_3\oplus\cdots\oplus S_K$，则该方法即为最简单的单比特奇偶校验码，它使得生成的码字(信息比特＋校验比特)所含“1”的个数为偶数。该码可以发现所有奇数个比特错误，但是不能发现任何偶数个错误。

在实际应用奇偶校验码时，每个码字中 K 个信息比特可以是输入信息比特流中 K 个连续的比特，也可以在信息流中每隔一定的间隔(如一个字节)取出一个比特来构成 K 个比特。为了提高检测错误的能力，可将上述两种取法重复使用。

2. CRC 校验

CRC(循环冗余校验)根据输入比特序列(S_{K-1}，S_{K-2}，…，S_1，S_0)，通过 CRC 算法产生 L 位的校验比特序列(C_{L-1}，C_{L-2}，…，C_1，C_0)。

CRC 算法如下：

将输入比特序列表示为下列多项式的系数：

$$S(D)=S_{K-1}D^{K-1}+S_{K-2}D^{K-2}+\cdots+S_1D+S_0 \tag{4-56}$$

式中 D 可以看成为一个时延因子，D^i 对应比特 S_i 所处的位置。

设 CRC 校验比特的生成多项式(即用于产生 CRC 比特的多项式)为

$$g(D)=D^L+g_{L-1}D^{L-1}+\cdots+g_1D+1 \tag{4-57}$$

则校验比特对应下列多项式的系数：

$$C(D)=\text{Remainder}\left[\frac{S(D)\cdot D^L}{g(D)}\right]=C_{L-1}D^{L-1}+\cdots+C_1D+C_0 \tag{4-58}$$

式中：Remainder[·]表示取余数。式中的除法与普通的多项式长除相同，其差别是系数是二进制，其运算以模 2 为基础。例如，$(D^5+D^3)/(D^3+D^2+1)$的商为 D^2+D，余数为 D^2+D。最终形成的发送序列为(S_{K-1}，S_{K-2}，…，S_1，S_0，C_{L-1}，…，C_1，C_0)。

生成多项式的选择不是任意的，它必须使得生成的校验序列有很强的检错能力。常用的几个 L 阶 CRC 生成多项式为

CRC-16(L=16)：

$$g(D)=D^{16}+D^{15}+D^2+1 \tag{4-59}$$

CRC－CCITT($L=16$)：

$$g(D)=D^{16}+D^{12}+D^{5}+1 \tag{4-60}$$

CRC－32($L=32$)：

$$g(D)=D^{32}+D^{26}+D^{23}+D^{22}+D^{16}+D^{12}+D^{11}+D^{10}+D^{8}+D^{7}+D^{5}+D^{4}+D^{2}+D+1 \tag{4-61}$$

其中，CRC－16和CRC－CCITT产生的校验比特为16比特，CRC－32产生的校验比特为32比特。

例如：设输入比特序列为(10110111)，采用CRC－16生成多项式，求其校验比特序列。

输入比特序列可表示为

$$S(D)=D^{7}+D^{5}+D^{4}+D^{2}+D^{1}+1 \qquad (K=8)$$

因为

$$g(D)=D^{16}+D^{15}+D^{2}+1 \qquad (L=16)$$

所以

$$\begin{aligned}
C(D)&=\text{Remainder}\left[\frac{S(D)\cdot D^{L}}{g(D)}\right]\\
&=\text{Remainder}\left[\frac{D^{23}+D^{21}+D^{20}+D^{18}+D^{17}+D^{16}}{D^{16}+D^{15}+D^{2}+1}\right]\\
&=\text{Remainder}\left[\frac{(D^{7}+D^{6}+D^{4}+D^{3}+D)(D^{16}+D^{15}+D^{2}+1)+D^{9}+D^{8}+D^{7}+D^{5}+D^{4}+D}{D^{16}+D^{15}+D^{2}+1}\right]\\
&=D^{9}+D^{8}+D^{7}+D^{5}+D^{4}+D\\
&=0\cdot D^{15}+0\cdot D^{14}+0\cdot D^{13}+0\cdot D^{12}+0\cdot D^{11}+0\cdot D^{10}+1\cdot D^{9}+1\cdot D^{8}+\\
&\quad 1\cdot D^{7}+0\cdot D^{6}+1\cdot D^{5}+1\cdot D^{4}+0\cdot D^{3}+0\cdot D^{2}+1\cdot D^{1}+0
\end{aligned}$$

由此式可得校验比特序列为(0000001110110010)。最终形成的经过校验后的发送序列为(101101110000001110110010)。

在接收端，将接收到的序列

$$R(D)=r_{K+L-1}D^{K+L-1}+r_{K+L-2}D^{K+L-2}+\cdots+r_{1}D+r_{0} \tag{4-62}$$

与生成多项式$g(D)$相除，并求其余数。如果$\text{Remainder}\left[\frac{R(D)}{g(D)}\right]=0$，则认为接收无误。

$\text{Remainder}\left[\frac{R(D)}{g(D)}\right]=0$有两种情况：一是接收的序列正确无误；二是$R(D)$有错，但此时的错误使得接收序列等同于某一个可能的发送序列。出现后一种情况称为漏检。

当信息比特序列长度小于2^{L-1}比特时，由式(4－59)、(4－60)、(4－61)生成的CRC校验码可以检测所有单个和两个错误比特，能够检测出长度不超过L的突发错误。在二进制对称信道(BSC)下其漏检概率小于等于2^{-L}。

4.3.3 卷积码与交织编码

数字化移动信道中，传输过程会产生随机差错，也会出现成串的突发差错。上面讨论的各种编码主要用来纠正随机差错，而卷积码既能纠正随机差错，也具有一定的纠正突发差错的能力。纠正突发差错主要靠交织编码来解决。在CDMA移动通信系统中采用了卷积码和交织编码。因此，下面讨论这两种码的编码原理及纠错原理。

1. 卷积码

卷积码也是分组的，但它的监督元不仅与本组的信息元有关，而且还与前若干组的信息元有关。这种码的纠错能力强，不仅可纠正随机差错，而且可纠正突发差错。卷积码根据需要，有不同的结构及相应的纠错能力，但都有类似的编码规律。图4-16为(3,1)卷积码编码器，它由三个移位寄存器(D)和两个模2加法器组成。每输入一个信息元m_j，就编出两个监督元p_{j1}、p_{j2}，顺次输出成为m_j、p_{j1}、p_{j2}，码长为3，其中信息元只占1位，构成卷积码的一个分组(即1个码字)，称作(3,1)卷积码。由图可知，监督元p_{j1}、p_{j2}不仅与本组输入的信息元m_j有关，还与前几组的信息元已存入到寄存器的m_{j-1}、m_{j-2}和m_{j-3}有关。由图可知，其关系式为

$$\left.\begin{aligned} p_{j1} &= m_j \oplus m_{j-1} \oplus m_{j-3} \\ p_{j2} &= m_j \oplus m_{j-1} \oplus m_{j-2} \end{aligned}\right\} \tag{4-63}$$

式(4-63)称作该卷积码的监督方程。

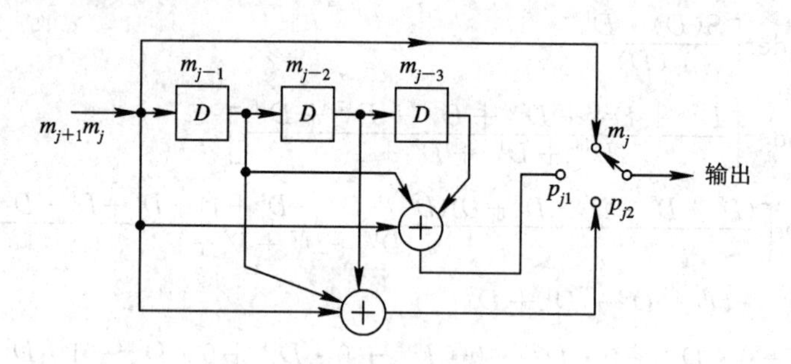

图4-16 (3, 1)卷积码编码器

由于(3, 1)卷积码中，每个码字除了与本组信息元(m_j)相关之外，还与前面3个信息元有关，亦即每个码字共与相邻的4个信息元相关，因而称这个卷积码的约束长度为4。约束长度决定了移位寄存器数目(或长度)，移位寄存器长度加1，即为约束长度。编码与约束长度有关，译码也与约束长度有关。由于这种编码器每3个比特只含1个信息比特，因此称它的码率为1/3。可见，利用监督方程进行纠错，其付出的代价是在信号速率一定的情况下，信息速率降低为1/3，即以牺牲有效性换取了可靠性。

值得指出的是一种(2,1)卷积码，其码率为1/2，它的监督位只有1位，编码效率较高，也比较简单。如使用较长的约束长度，则既可以纠正突发差错，也可以纠正随机差错。为了便于理解卷积码的编码和纠错原理，下面以(2, 1)卷积码、约束长度为2的编(译)码器为例加以说明。

图4-17所示为(2, 1)卷积码、约束长度$k=2$的编码器和译码器，它可在4比特范围内纠正一个差错。

图4-17(a)为编码器，每输入一个信息元(m_j)，编码输出为m_j、p_j，其中p_j为

$$p_j = m_j \oplus m_{j-1} \tag{4-64}$$

式中m_{j-1}为m_j之前的信息元。

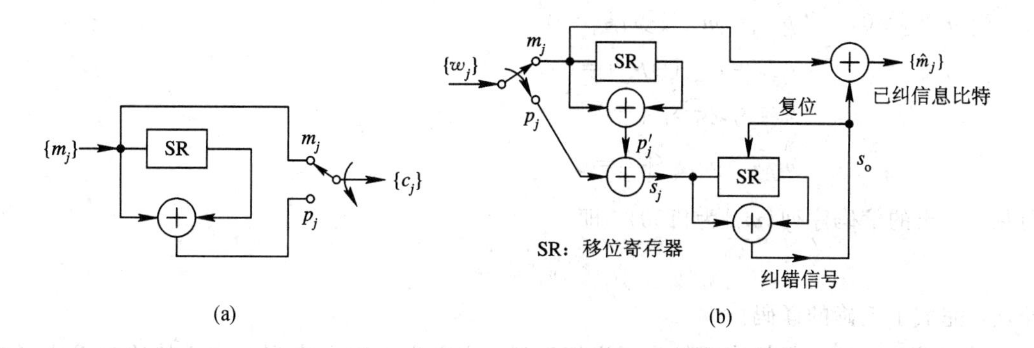

图 4-17 (2，1)卷积码($k=2$)

(a) 编码器；(b) 译码器

假定输入信息元序列为 100(1 先输入)，经过编码后的输出为 110100(其中 1 最先输出)。下面具体分析它的编码过程。

编码开始前，先对移位寄存器进行复位(即置 0)。当输入第 1 个信息元"1"时，输出为 1，由于 $p_j=1\oplus 0=1$，输出开关接到 p_j，输出又为 1。输出端开关速率是信息元速率的两倍，即每输入一个信息元，开关同步地转换一次。因此，上述过程可写成：

输入 $m_j=1$，$p_j=1\oplus 0=1$，所以输出为 11；

输入 $m_{j+1}=0$，$p_{j+1}=m_{j+1}\oplus m_j=0\oplus 1=1$，所以输出为 01；

输入 $m_{j+2}=0$，$p_{j+2}=m_{j+2}\oplus m_{j+1}=0\oplus 0=0$，所以输出为 00。

可见，输入信码 100，经该卷积编码后，输出序列为 110100。

下面讨论译码过程。参见图 4-17(b)所示的译码器电路，它包括两个移位寄存器，其中一个用于本地编码器，另一个用于伴随子寄存器。由图可列出下列关系式：

$$\left.\begin{aligned} s_j &= p_j \oplus p_j' \\ s_o &= s_j \oplus s_{j-1} \\ \hat{m}_j &= m_j \oplus s_o \end{aligned}\right\} \tag{4-65}$$

其中 s_o 为校正信号，$\hat{m}_j$ 为输出信码。

开始时，移位寄存器均清零，输入端开关是码元速率的两倍。假定输入的码序列$\{w_j\}$就是上述的编码器输出序列，即

$$\{w_j\}=\{m_j p_j m_{j+1}\ p_{j+1}\ m_{j+2}\ p_{j+2}\}=\{1\ 1\ 0\ 1\ 0\ 0\}$$

当 $m_j=1$ 时，　$p_j'=m_j\oplus m_{j-1}=1\oplus m_{j-1}=1\oplus 0=1$

$p_j=1$，　$s_j=p_j'\oplus p_j=1\oplus 1=0$

$s_o=s_j\oplus s_{j-1}=0\oplus 0=0$

$\hat{m}_j=m_j\oplus s_o=1\oplus 0=1$

同理 $m_{j+1}=0$，　$p_{j+1}'=m_{j+1}\oplus m_j=0\oplus 1=1$

$p_{j+1}=1$，　$s_{j+1}=p_{j+1}'\oplus p_{j+1}=1\oplus 1=0$

$s_o=s_{j+1}\oplus s_j=0\oplus 0=0$

$\hat{m}_{j+1}=m_{j+1}\oplus s_o=0\oplus 0=0$

$$m_{j+2}=0, \quad p'_{j+2}=m_{j+2}\oplus m_{j+1}=0$$

$$p_{j+2}=0, \quad s_{j+2}=p'_{j+2}\oplus p_{j+2}=0$$

$$s_o=s_{j+2}\oplus s_{j+1}=0$$

$$\hat{m}_{j+2}=m_{j+2}\oplus s_o=0$$

可见，输出的信码序列$\{\hat{m}_j\}$为{100}，即

$$\hat{m}_j = m_j$$

至此，完成了正确的译码。

前已指出，卷积码的作用是为了进行纠错，亦即发送的码序列在信道传输中发生了少量差错，在收端能够自动予以纠正。在上述卷积码序列中，连续4个比特中只有1比特差错，因而能自动纠正。下面举例予以说明。

假设发送的码序列$\{w_j\}$中错了一位，如m_{j+1}由0变成1，即收到的码序列为{111100}。根据上述原理，我们可以进行如下译码过程：

$$m_j=1, \quad p'_j=m_j\oplus m_{j-1}=1\oplus 0=1$$

$$p_j=1, \quad s_j=p'_j\oplus p_j=1\oplus 1=0$$

$$s_o=s_j\oplus s_{j-1}=0$$

$$\hat{m}_j=m_j\oplus s_o=1$$

$$m_{j+1}=1, \quad p'_{j+1}=m_{j+1}\oplus m_j=1\oplus 1=0$$

$$p_{j+1}=1, \quad s_{j+1}=p'_{j+1}\oplus p_{j+1}=0\oplus 1=1$$

$$s_o=s_{j+1}\oplus s_j=1$$

$$\hat{m}_{j+1}=m_{j+1}\oplus s_o=1\oplus 1=0$$

$$m_{j+2}=0, \quad p'_{j+2}=m_{j+2}\oplus m_{j+1}=0\oplus 1=1$$

$$p_{j+2}=0, \quad s_{j+2}=p'_{j+2}\oplus p_{j+2}=1\oplus 0=1$$

$$s_o=s_{j+2}\oplus s_{j+1}=1\oplus 1=0$$

$$\hat{m}_{j+2}=m_{j+2}\oplus s_o=0\oplus 0=0$$

可见，$\hat{m}_j$、$\hat{m}_{j+1}$、$\hat{m}_{j+2}$为100，完成了纠错译码。

上述讨论的卷积码的基本原理，在实际应用中都可根据需要选择卷积码的集成组件，其中译码算法也多种多样，如大数逻辑译码法、序列译码法、维特比(Vitebi)译码法等，这里就不一一介绍了。

2. 交织编码

交织编码主要用来纠正突发差错，即使突发差错分散成为随机差错而得到纠正。通常，交织编码与上述各种纠正随机差错的编码(如卷积码或其他分组码)结合使用，从而具有较强的既能纠正随机差错又能纠正突发差错的能力。交织编码不像分组码那样，它不增加监督元，亦即交织编码前后码速率不变，因此不影响有效性。在移动信道中，数字信号传输常出现成串的突发差错，因此，数字移动通信中经常使用交织编码技术。

交织的方法如下：

一般在交织之前先进行分组码编码，例如采用(7,3)分组码，其中信息位为3比特，监

督位为 4 比特，每个码字为 7 比特。第一个码字为 $c_{11}c_{12}c_{13}c_{14}c_{15}c_{16}c_{17}$，第二个码字为 $c_{21}c_{22}\cdots c_{27}$，…，第 m 个码字为 $c_{m1}c_{m2}\cdots c_{m7}$。将每个码字按图 4-18 所示的顺序先存入存储器，即将码字顺序存入第 1 行，第 2 行，…，第 m 行(图中为第 1 排，第 2 排，…，第 m 排)，共排成 m 行，然后按列顺序读出并输出。这时的序列就变为

$$c_{11}c_{21}c_{31}\cdots c_{m1}c_{12}c_{22}c_{32}\cdots c_{m2}c_{13}c_{23}c_{33}\cdots c_{m3}\cdots c_{17}c_{27}c_{37}\cdots c_{m7}$$

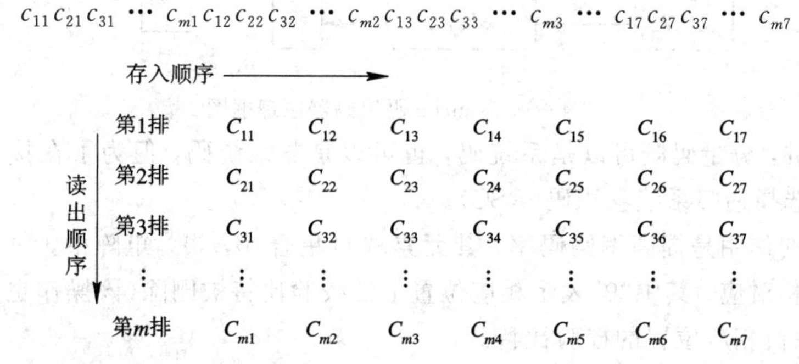

图 4-18　交织的方法

这叫交错码，因为原分组码被交错编织起来了。若在传输的某一时刻发生突发差错，设有 b 个相继的差错(亦即突发差错长度为 b)，在接收时由于把上述过程逆向重复，即先按直行存入存储器，再横排读出，这时仍然恢复成为原来的分组码，但在传输时的突发差错被分散了。只要 $m>b$，则 b 个突发差错就被分散到每一分组码中去，并且每个分组最多只有一个分散了的差错，因此它们可以被分组码所纠正。

m 的数字越大，能纠正的突发长度 b 也越长，故 m 称为交错度，它表示纠突发差错的能力。但因为交织时，收发双方均要进行先存后读的数据处理，所以有一个处理时间的延迟。m 越大，处理时间也越长，必须把处理时间保持在允许的时延之内。

*4.3.4　Turbo 码

1993 年两位法国教授 C. Berrou、A. Glavieux 和一位缅甸籍博士生 P. Thitimajshlwa 等在 ICC 国际会议上提出了一种采用重复迭代(Turbo)译码方式的并行级联码，并采用软输入/输出译码器，可以获得接近 Shannon 编码定理极限的性能。例如，在大的交织器(65536)，采用码率为 1/2 的 Turbo 码，译码迭代达到 18 次和 BER 为 10^{-5} 的条件下，其 E_b/N_0 与 Shannon 编码定理极限(0 dB)仅差 0.7 dB。Turbo 码的优良性能受到移动通信领域广泛的重视，特别是在第三代移动通信体制中，非实时的数据通信广泛采用了 Turbo 码。(英文中前缀 Turbo 带有涡轮驱动，即反复迭代的含义。)

1. Turbo 码编码原理

Turbo 码的编码器可以有多种形式，如采用并行级联卷积码(PCCC)和串行级联卷积码(SCCC)等。

一个采用并行级联卷积码(PCCC)的 Turbo 码编码器原理框图如图 4-19 所示。

图中编码器由下列三部分组成：直接输入复接器部分；经过编码器 1，再经过删余矩阵后送入复接器部分；经过交织器、编码器 2，再经删余矩阵送入复接器部分。

图中两个编码器产生 Turbo 码二维分量码，它可以很自然地推广到多维分量码。分量码既可以是卷积码，也可以是分组码，还可以是级联码；两个分量码既可以相同，也可以

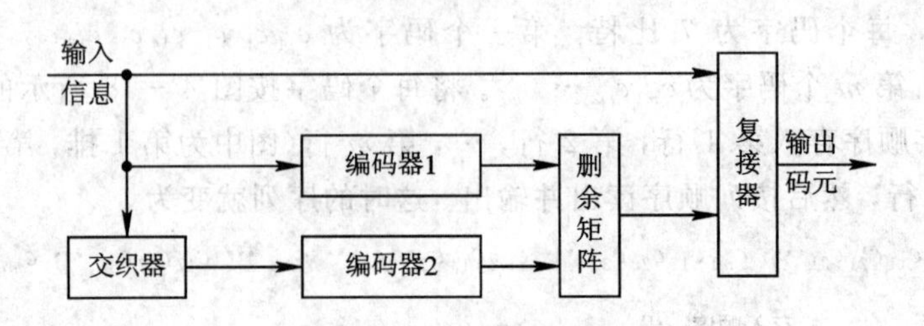

图 4-19　Turbo 码编码器原理框图

不同。原则上讲，分量码既可以是系统码，也可以是非系统码，但为了在接收端进行有效的迭代，一般选择递归系统卷积码(RSC)。

删余矩阵的作用是提高编码码率，其元素取自集合{0, 1}。矩阵中，每一行分别与两个分量编码器相对应，其中“0”表示相应位置上的校验比特被删除(该操作也称为“打孔”)，而“1”则表示保留相应位置的校验比特。

下面通过一个具体实例来说明 PCCC 型 Turbo 码的编码过程。

图 4-20 给出了由约束长度为 3，生成矩阵为(7, 5)(生成多项式为$(1+D+D^2, 1+D^2)$的八进制表示)，码率为 1/2 的两个相同的递归系统卷积码作为分量码的系统 Turbo 码编码器。

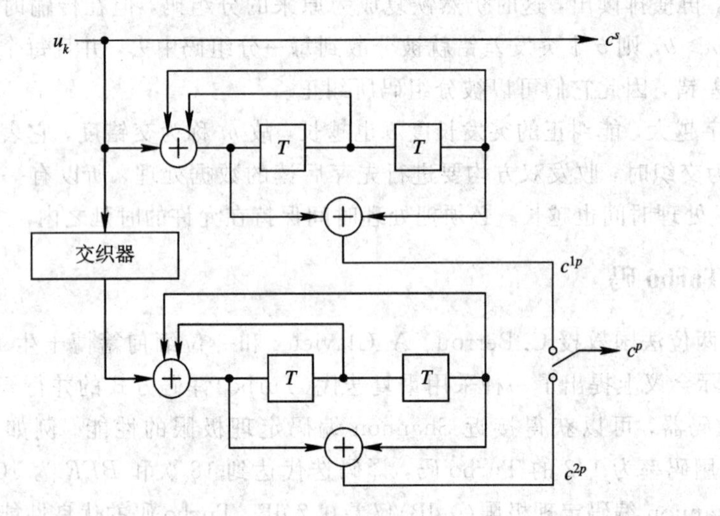

图 4-20　(7, 5)Turbo 码编码器

经过编码后得到的输出中，每个信息比特对应两个递归系统卷积分量码输出的校验比特，从而总的码率为 1/3。若要将码率提高到 1/2，则可以采用如下删余矩阵：

$$\boldsymbol{P}=\begin{bmatrix}1 & 0\\ 0 & 1\end{bmatrix}$$

该删余矩阵 $\boldsymbol{P}$ 表示分别删除$\{x_k^{1p}\}$中位于偶数位置的校验比特和$\{x_k^{2p}\}$中位于奇数位置的校验比特。与系统输出$\{x_k^s\}$复接后得到的码字序列为

$$c=\{x_0^s, x_0^{1p}, x_1^s, x_1^{2p}, x_2^s, x_2^{1p}, \cdots, x_{N-1}^s, x_{N-1}^{2p}\}$$

其中，假设信息序列长度 N 为偶数。

若输入信息序列为

$$u=(1011001)$$

则上面的递归系统卷积分量码编码后的系统输出和校验输出分别为(假定编码器的初始状态均为0)

$$c^{s} = (1011001)$$

和

$$c^{1p} = (1100100)$$

若假设经过交织器交织后的输入信息序列为

$$\tilde{u} = (1101010)$$

则下面的递归系统卷积分量码编码后的校验输出为

$$c^{2p} = (1000000)$$

得到的码率为1/3的输出码字为

$$c = (111,010,100,100,010,000,100)$$

采用上述删余矩阵 **P** 删余后得到的码率为1/2的输出码字为

$$c = (11,00,10,10,01,00,10)$$

同样，也可以通过在码字中增加校验比特的比率来提高Turbo码的性能。校验比特比率的增加导致Turbo码的码率降低。我们可以通过采用低码率的分量码来降低Turbo码的码率。

对于由两个分量码组成的Turbo码，其码率 R 与两个分量码的码率 R_1 和 R_2 之间满足

$$R = \frac{R_1 R_2}{R_1 + R_2} \tag{4-66}$$

显然，降低 R_1 和 R_2 值可以使 R 减小。

同样，提高分量码的码率也可以得到高码率的Turbo码。

在AWGN信道上对PCCC的性能仿真证明，在误比特率随信噪比的增加下降到一定程度以后，就会出现下降缓慢甚至不再降低的情况，一般称为错误平层。为解决这个问题，S. Benedetto等人在1996年提出了串行级联卷积码(SCCC)的概念。SCCC综合了Forney串行级联码(RS码+卷积码)和Turbo码(PCCC)的特点，在适当的信噪比范围内，通过迭代译码可以达到非常优异的译码性能。SCCC的基本编码结构如图4-21所示。

u_k → 外码编码器 → c_k^{O} → 交织器 → $c_{I(k)}^{\mathrm{O}}$ → 内码编码器 → c_k^{I}

图4-21 SCCC的编码器结构

在图4-21中，信息序列$\{u_k\}$经过外码编码器编码后将得到的输出码字序列$\{c_k^{\mathrm{O}}\}$经比特交织后(变为$c_{I(k)}^{\mathrm{O}}$)送入内码编码器，得到的输出码字序列$\{c_k^{\mathrm{I}}\}$再经过调制后送到信道传输。S. Benedetto的研究表明，为使SCCC达到比较好的译码性能，至少其内码要采用递归系统卷积码，外码也应选择具有较好距离特性的卷积码。

若外码编码器和内码编码器的编码速率分别为R_{O}和R_{I}，则SCCC的码率R为

$$R = R_{\mathrm{O}} \times R_{\mathrm{I}} \tag{4-67}$$

2. Turbo码译码器结构

Turbo码获得优异性能的根本原因之一是采用了迭代译码，通过分量译码器之间软信息的交换来提高译码性能。图4-19给出的PCCC相对应的译码结构如图4-22所示。

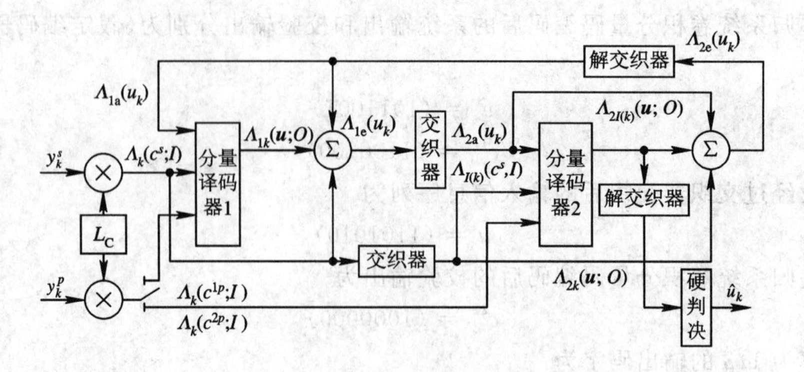

图 4-22　PCCC 的译码结构

在描述迭代译码过程之前，首先说明几个符号的意义。

$p_k(\cdot)$——码字符号或信息符号的概率信息；

$\Lambda_k(\cdot)$——码字符号或信息符号的概率对数似然比(LLR，Logarithm Likelihood Ratio)信息；

$\Lambda_e(\cdot)$——外部对数似然比信息；

$\Lambda_a(\cdot)$——先验对数似然比信息；

u——信息符号；

c——码字符号。

以码率为 1/2 的 PCCC 为例，编码输出信号为

$$X_k = (x_k^s,\ x_k^p)$$

对于 BPSK 调制，X_k 与编码码字

$$C_k = (c_k^s,\ c_k^p)$$

之间满足关系

$$X_k = \sqrt{E_s}(2C_k - 1) \tag{4-68}$$

故

$$x_k^s,\ x_k^p \in (\sqrt{E_s},\ -\sqrt{E_s})$$

接收信号为

$$Y_k = (y_k^s,\ y_k^p)$$

其中

$$\begin{aligned} y_k^s &= x_k^s + i_k \\ y_k^p &= x_k^p + q_k \end{aligned} \tag{4-69}$$

i_k 和 q_k 是服从均值为 0、方差为 $N_0/2$ 的独立同分布高斯随机变量。x_k^s，y_k^s 对应于第 k 个系统比特。

在接收端，接收采样经过匹配滤波器之后得到的接收序列

$$\boldsymbol{R} = (R_1,\ R_2,\ \cdots,\ R_N)$$

经过串/并变换后可得到如下 3 个序列：

(1) 系统接收信息序列

$$\boldsymbol{Y}^s = (y_1^s,\ y_2^s,\ \cdots,\ y_N^s)$$

(2) 用于分量译码器1(与分量编码器1相对应)的接收校验序列

$$\boldsymbol{Y}^{1p} = (y_1^{1p},\ y_2^{1p},\ \cdots,\ y_N^{1p})$$

(3) 用于分量译码器2(对应于分量编码器2)的接收校验序列

$$\boldsymbol{Y}^{2p} = (y_1^{2p},\ y_2^{2p},\ \cdots,\ y_N^{2p})$$

若其中某些校验比特在编码过程中通过删余矩阵被删除，则在接收校验序列的相应位置以“0”来填充。上述3个接收序列$\boldsymbol{Y}^s$、$\boldsymbol{Y}^{1p}$和$\boldsymbol{Y}^{2p}$经过信道置信度L_C加权后作为系统信息序列$\Lambda(c^s;\ I)$、校验信息$\Lambda(c^{1p};\ I)$和$\Lambda(c^{2p};\ I)$送入译码器。对于噪声服从分布$N(0,\ N_0/2)$的AWGN信道来说，信道置信度定义为

$$L_C = 4\sqrt{E_s}/N_0 \tag{4-70}$$

对于第k个被译比特，PCCC译码器中每个分量译码器都包括系统信息$\Lambda_k(c^s;\ I)$、校验信息$\Lambda_k(c^{ip};\ I)$和先验信息$\Lambda_{ia}(u_k)$。其中先验信息$\Lambda_{ia}(u_k)$是由另一个分量译码器生成的外部信息$\Lambda_{3-i,e}(u_k)$经过解交织/交织后的对数似然比值。译码输出为对数似然比$\Lambda_{ik}(\boldsymbol{u};\ O)$，其中$i=1,\ 2$。

在迭代过程中，分量译码器1的输出$\Lambda_{1k}(\boldsymbol{u};\ O)$可表示为系统信息$\Lambda_k(c^s;\ I)$、先验信息$\Lambda_{1a}(u_k)$和外部信息$\Lambda_{1e}(u_k)$之和的形式：

$$\Lambda_{1k}(\boldsymbol{u};\ O) = \Lambda_k(c^s;\ I) + \Lambda_{1a}(u_k) + \Lambda_{1e}(u_k) \tag{4-71}$$

其中

$$\Lambda_{1a}(u_{I(k)}) = \Lambda_{2e}(u_k) \tag{4-72}$$

$I(k)$为交织映射函数。

第一次迭代时

$$\Lambda_{2e}(u_k) = 0 \tag{4-73}$$

从而

$$\Lambda_{1a}(u_k) = 0 \tag{4-74}$$

由于分量译码器1生成的外部信息$\Lambda_{1e}(u_k)$与先验信息$\Lambda_{1a}(u_k)$和信息系统$\Lambda_k(c^s;\ I)$无关，故可在交织后作为分量译码器2的先验信息输入，从而提高译码的准确性。

同样，对于分量译码器2，其外部信息$\Lambda_{2e}(u_k)$为输出对数似然比$\Lambda_{2k}(\boldsymbol{u};\ O)$减去系统信息$\Lambda_{I(k)}(c^s;\ I)$(经过交织映射)和先验信息$\Lambda_{2a}(u_k)$的结果，即

$$\Lambda_{2e}(u_k) = \Lambda_{2k}(\boldsymbol{u};\ O) - \Lambda_{I(k)}(c^s;\ I) - \Lambda_{2a}(u_k) \tag{4-75}$$

其中

$$\Lambda_{2a}(u_k) = \Lambda_{1e}(u_{I(k)}) \tag{4-76}$$

外部信息$\Lambda_{2e}(u_k)$解交织后反馈为分量译码器1的先验输入，完成一轮迭代译码。

随着迭代次数的增加，两个分量译码器得到的外部信息值对译码性能提高的作用越来越小。在达到一定迭代次数后，译码性能不再提高。这时根据分量译码器2的输出对数似然比经过解交织后再进行硬判决即得到译码输出。

图4-22中的分量码译码器可以采用基于后验概率的最优软输出译码器(MAP)或软输出Viterbi译码器(SOVA)。具体的译码算法，请读者参看书后列出的相关参考文献。

3. Turbo码的性能

图4-23给出了复杂性相当的(2,1,14)最大自由距离(MFD, Maximum Free Distance)卷积码和C. Berrou设计的Turbo码在AWGN信道上的性能比较。其中卷积码采用Viterbi译码，Turbo码的分量码为生成矩阵为(37, 21)、码率为1/2的递归系统卷积

码，Turbo码的码率为1/2，交织器为长度$N=65\ 536$分组交织与伪随机交织相结合的交织器。Turbo码的交织过程为：数据按行的顺序写入256×256的方阵，在读出时随机选择列索引，然后按照随机列顺序读出。这个交织过程是Berrou提出的，因此可以称为Berrou交织器。译码采用Log-MAP算法，迭代次数为18次。

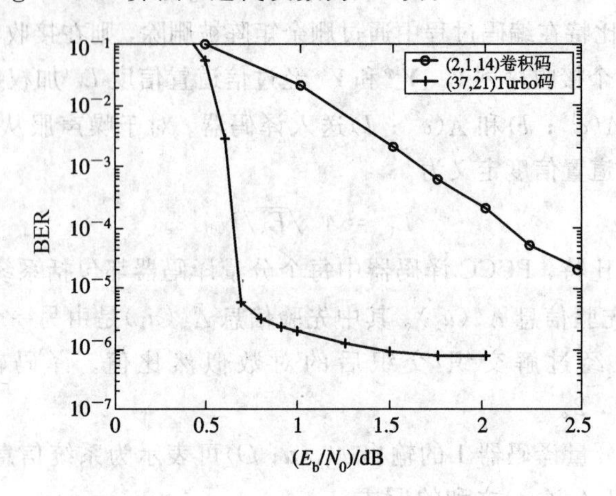

图4-23　Turbo码与卷积码的性能比较

由图4-23可见，在信噪比$E_b/N_0 \geqslant 0.5$ dB的仿真范围内，Turbo码的性能要比卷积码的性能好得多。特别地，当信噪比E_b/N_0大于0.7 dB以后，Turbo码的误比特率$BER \leqslant 10^{-5}$（工程上认为是近似无差错），与带限AWGN信道的Shannon极限相比，相差不到1 dB。但在信噪比E_b/N_0大于0.7 dB以后，Turbo码的误比特率性能随信噪比增加的变化是非常小的，即出现了所谓的错误平层，这主要是因为在信噪比较大时，Turbo码的性能主要由码字自由距离决定，而Turbo码的自由距离又比较小，从而造成了错误平层的出现。

图4-24给出了交织长度较大的情况下Turbo码的性能仿真曲线。其中仿真参数设置同图4-23。

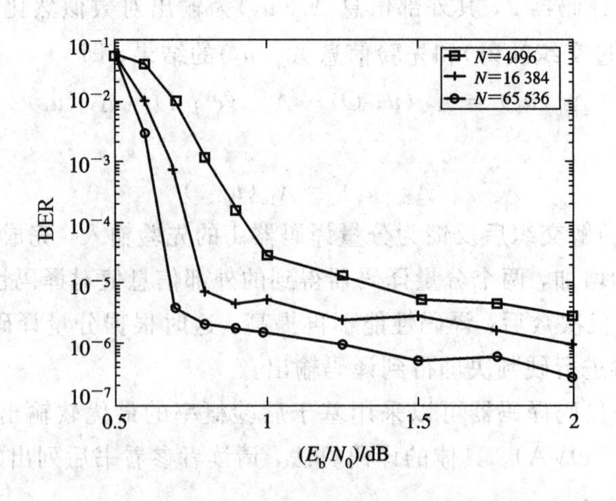

图4-24　不同交织长度条件下Turbo码的性能

这个仿真结果进一步验证了错误平层的存在。同时还可以看出，随着交织长度的增加，Turbo码的自由距离增大，从而在高信噪比条件下错误平层下降。但同时与错误平层出现的位置对应的信噪比值也随着交织长度的增加而减小。此外，交织长度的增加也使

Turbo 码的性能更加接近 Shannon 极限。

4. Turbo 码的应用

在第三代移动通信系统的标准 cdma2000 和 WCDMA 中，均采用了 Turbo 码。这里进行简要的讨论。

1）cdma2000 系统中的 Turbo 码

在 cdma2000 系统中，Turbo 码的码率为 $R=1/2$、$1/3$、$1/4$ 或 $1/5$。设输入比特总数为 N_{turbo}，在 Turbo 编码器中将生成 N_{turbo}/R 个数据符号，后面跟 $6/R$ 个尾输出符号。Turbo编码器采用两个并行连接的系统的递归卷积编码器和一个交织器。分量编码器的输出经过选通和重复得到$(N_{turbo}+6)/R$ 个输出符号。

cdma2000 系统中使用的 1/3 码率的分量码的转移函数为

$$G(D)=\left[1 \quad \frac{n_0(D)}{d(D)} \quad \frac{n_1(D)}{d(D)}\right] \tag{4-77}$$

式中：$d(D)=1+D^2+D^3$，$n_0(D)=1+D+D^3$，$n_1(D)=1+D+D^2+D^3$。

Turbo 编码器如图 4-25 所示。初始时，图中组成编码器的寄存器状态应置为零，开关位于图中注出的位置，即将开关置于上面的位置，用时钟驱动组成编码器 N_{turbo} 次，并将输出按表 4-4(删余矩阵)进行选通，就生成了编码后的输出符号。在表中，“0”表示此符号应删除，“1”表示此符号应通过。(表中数据的读出顺序是从上到下，再从左到右。)

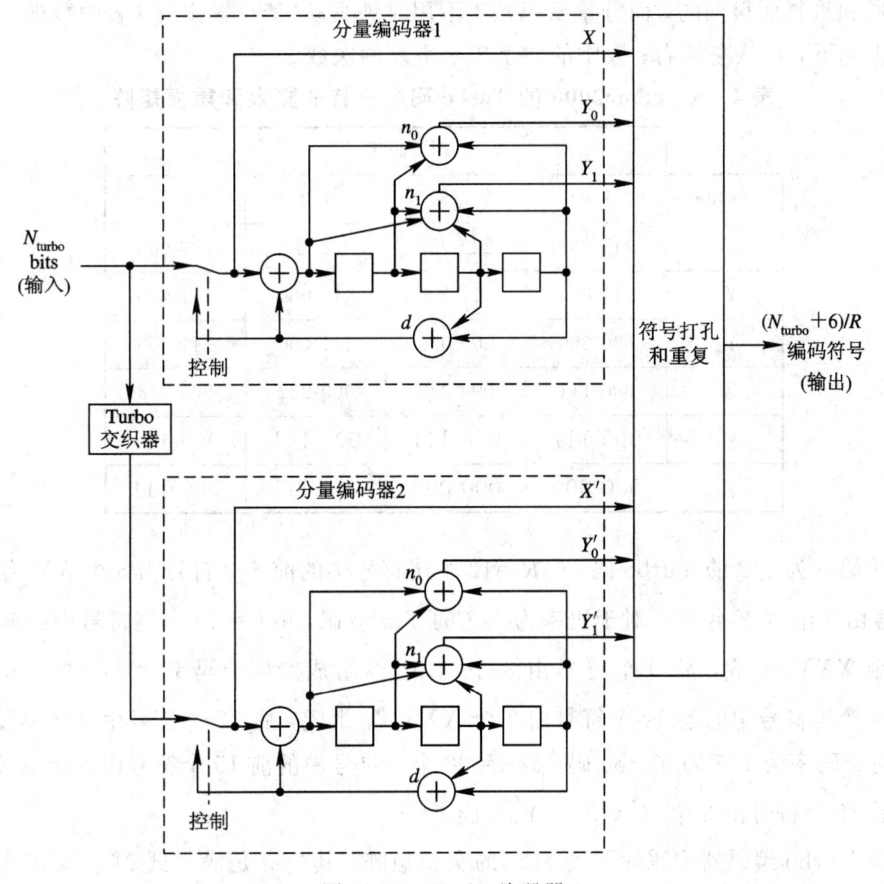

图 4-25　Turbo 编码器

表 4-4 cdma2000 的 Turbo 码删余矩阵

输出	码率			
	1/2	1/3	1/4	1/5
X	11	11	11	11
Y_0	10	11	11	11
Y_1	00	00	10	11
X'	00	00	00	00
Y'_0	01	11	01	11
Y'_1	00	00	11	11

每个比特周期组成编码器的输出按 X，Y_0，Y_1，X'，Y'_0，Y'_1的顺序输出，X 最先输出。在生成编码数据输出符号时，没有使用符号重复。

在编码数据输出符号之后，Turbo 编码器应生成 $6/R$ 个尾符号。前 $3/R$ 个尾符号是通过将分量编码器 1 的开关置于下面的位置，并对得到的分量编码器的输出符号按表 4-5 进行选通和重复而得到的，而分量编码器 2 不用时钟驱动(禁止输出)。后 $3/R$ 个尾符号是通过将分量编码器 2 的开关置于下面的位置，并对得到的分量编码器的输出符号按表 4-5 进行选通和重复而得到的，而分量编码器 1 不用时钟驱动(禁止输出)。(表中数据的读出顺序是从上到下，再从左到右；表中的数字表示重复的次数。)

表 4-5 cdma2000 的 Turbo 码尾比特的删余和重复矩阵

输出	码率			
	1/2	1/3	1/4	1/5
X	111 000	222 000	222 000	333 000
Y_0	111 000	111 000	111 000	111 000
Y_1	000 000	000 000	111 000	111 000
X'	000 111	000 222	000 222	000 333
Y'_0	000 111	000 111	000 111	000 111
Y'_1	000 000	000 000	000 111	000 111

对于码率为 1/2 的 Turbo 码，$6/R=12$ 个尾符号中的前 6 个符号由 3 个 XY_0 组成，后 6 个符号由 3 个 $X'Y'_0$组成。对于码率为 1/3 的 Turbo 码，$6/R=18$ 个尾符号中的前 9 个符号由 3 个 XXY_0 组成，后 9 个符号由 3 个 $X'X'Y'_0$组成。对于码率为 1/4 的 Turbo 码，$6/R=24$ 个尾符号中的前 12 个符号由 3 个 XXY_0Y_1 组成，后 12 个符号由 3 个 $X'X'Y'_0Y'_1$ 组成。对于码率为 1/5 的 Turbo 码，$6/R=30$ 个尾符号中的前 15 个符号由 3 个 $XXXY_0Y_1$ 组成，后 15 个符号由 3 个 $X'X'X'Y'_0Y'_1$组成。

在该 Turbo 编码器中采用了 $2^5\times2^n$ 的交织矩阵，其中 n 是满足式 $N_{\text{turbo}}\leqslant2^{n+5}$ 的最小整数。

2）WCDMA 中的 Turbo 编码器

Turbo 编码由两个 8 状态编码器和一个 Turbo 码内交织器组成的并行级联卷积编码(PCCC)实现，编码率为 1/3。Turbo 编码器的结构如图 4-26 所示。

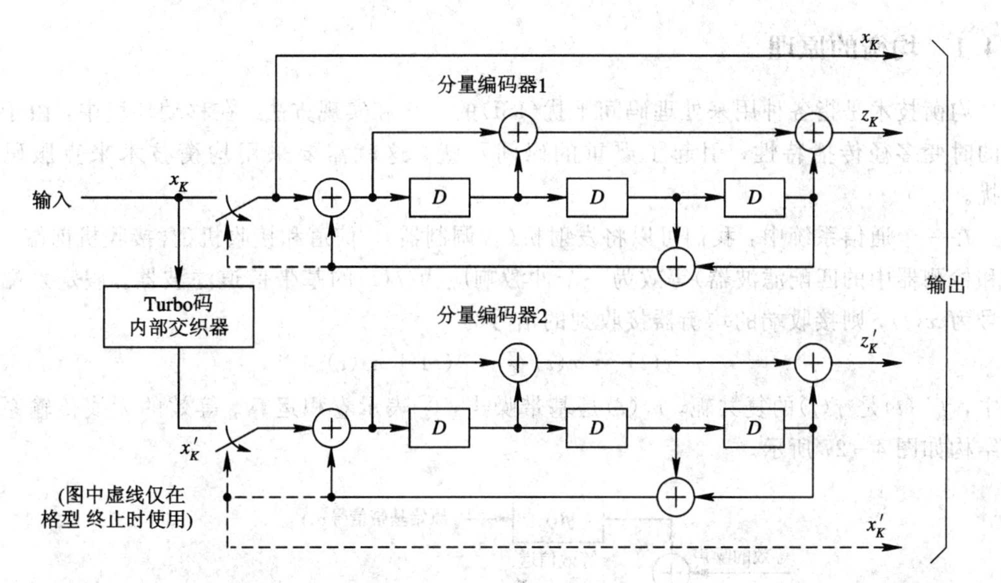

图 4-26 1/3 码率 Turbo 编码器

PCCC 8 状态编码器的传递函数为

$$G(D) = \left[1, \frac{g_1(D)}{g_0(D)}\right] \tag{4-78}$$

式中：

$$g_0(D) = 1 + D^2 + D^3$$
$$g_1(D) = 1 + D + D^3$$

PCCC 编码器的移位寄存器的初值为全零。

Turbo 编码器的输出格式为

$$x_1, z_1, z'_1, x_2, z_2, z'_2, \cdots, x_K, z_K, z'_K$$

这里 $x_1, x_2, \cdots, x_K$ 是输入比特；K 是比特数；$z_1, z_2, \cdots, z_K$ 和 $z'_1, z'_2, \cdots, z'_K$ 分别为第 1 和第 2 个分量编码器的输出。

Turbo 码内部交织器的输出可表示为 $x'_1, x'_2, \cdots, x'_K$。

在所有的信息比特都被编码以后，采用格型终止，将编码器中的剩余信息(尾比特)传给译码器，通过移位寄存器的反馈操作来得到尾比特。尾比特附加在信息比特编码输出符号的后面，共有 6 个。头三个尾比特用来终止第一个分量编码器(图 4-26 中上方开关位于下端位置)，同时第二个分量编码器被禁止；后三个尾比特用于终止第二个分量编码器(图 4-26 的下方开关位于下端位置)，同时第一个组成编码器被禁止。格状终止后发送的尾比特为

$$x_{K+1}, z_{K+1}, x_{K+2}, z_{K+2}, x_{K+3}, z_{K+3}, x'_{K+1}, z'_{K+1}, x'_{K+2}, z'_{K+2}, x'_{K+3}, z'_{K+3}$$

4.4 均 衡 技 术

4.4.1 均衡的原理

均衡技术是指各种用来处理码间干扰(ISI)的算法和实现方法。在移动环境中，由于信道的时变多径传播特性，引起了严重的码间干扰，这就需要采用均衡技术来克服码间干扰。

在一个通信系统中，我们可以将发射机(含调制器)、信道和接收机(含接收机前端、中频和检测器中的匹配滤波器)等效为一个冲激响应为 $f(t)$ 的基带信道滤波器。假定发端的信号为 $x(t)$，则接收端的均衡器接收到的信号为

$$y(t) = x(t) \otimes f^*(t) + n_b(t) \tag{4-79}$$

式中，$f^*(t)$ 是 $f(t)$ 的复共轭，$n_b(t)$ 是基带噪声，$\otimes$ 表示卷积运算。等效的无线传输系统的结构如图 4-27 所示。

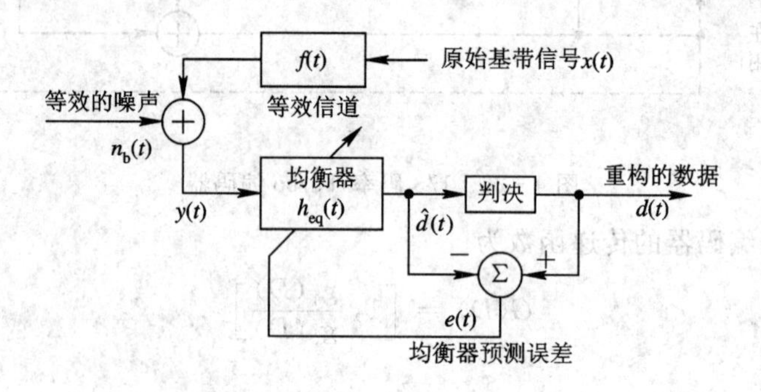

图 4-27　等效的无线传输系统的结构

设均衡器的冲激响应为 $h_{eq}(t)$，则均衡器的输出为

$$\begin{aligned}\hat{d}(t) &= x(t) \otimes f^*(t) \otimes h_{eq}(t) + n_b(t) \otimes h_{eq}(t) \\ &= x(t) \otimes g(t) + n_b(t) \otimes h_{eq}(t)\end{aligned} \tag{4-80}$$

式中，$g(t)=f^*(t)\otimes h_{eq}(t)$ 是 $f(t)$ 和均衡器的复合冲激响应。对于一个横向滤波式的均衡器，其冲激响应可以表示为

$$h_{eq}(t) = \sum_n c_n \delta(t-nT) \tag{4-81}$$

式中，c_n 是均衡器的复系数。

假定系统中没有噪声，即 $n_b(t)=0$，则在理想情况下，应有 $\hat{d}(t)=x(t)$，在这种情况下没有任何码间干扰。为了使 $\hat{d}(t)=x(t)$ 成立，$g(t)$ 必须满足下式：

$$g(t) = f^*(t) \otimes h_{eq}(t) = \delta(t) \tag{4-82}$$

该式就是均衡器要达到的目标，在频域中上式可以表示为

$$H_{eq}(f)F^*(-f) = 1 \tag{4-83}$$

式中，$H_{eq}(f)$ 和 $F^*(-f)$ 分别为 $h_{eq}(t)$ 和 $f(t)$ 的 Fourier 变换。

由式(4-83)可以看出，均衡器实际上就是等效基带信道滤波器的逆滤波器。如果信道

是一个频率选择性的信道，则均衡器将放大被衰落的频率分量，衰减被信道增强的分量，从而提供一个具有平坦频率响应和线性相位响应的 $g(t)$。如果信道是时变信道，则均衡器要跟踪信道的变化，使得式(4-83)基本得到满足。

在具体数字化实现时，设 $x(t)$ 和 $\hat{d}(t)$ 的采样值为 x_k 和 $\hat{d}_k$，则均衡器的设计就是按照某种最佳的准则来使 x_k 和 $\hat{d}_k$ 或者 x_k 和 d_k 之间达到最佳的匹配。例如，我们关心均衡器的输出采样点(波形)与发端波形是否一致，此时可使 x_k 和 $\hat{d}_k$ 的均方误差 $E\{|x_k-\hat{d}_k|^2\}$ 最小。如果我们将上述准则进行扩展，不直接关心波形而关心单个输出的符号 d_k 或输出符号的序列 $\boldsymbol{d}_k$，则我们可以采用最大后验概率(MAP)准则或最大似然(ML)准则，即

$$d_k = \underset{\tilde{d}_k}{\operatorname{argmax}}\, P(\tilde{d}_k \mid \boldsymbol{y}) \text{ 或 } d_k = \underset{\tilde{d}_k}{\operatorname{argmax}}\, p(\boldsymbol{y} \mid \tilde{d}_k) \tag{4-84}$$

$$\boldsymbol{d}_k = \underset{\tilde{\boldsymbol{d}}_k}{\operatorname{argmax}}\, P(\tilde{\boldsymbol{d}}_k \mid \boldsymbol{y}) \text{ 或 } \boldsymbol{d}_k = \underset{\tilde{\boldsymbol{d}}_k}{\operatorname{argmax}}\, p(\boldsymbol{y} \mid \tilde{\boldsymbol{d}}_k) \tag{4-85}$$

式中：$\boldsymbol{y}$ 表示输入的信号采样点组成的矢量，$\tilde{d}_k$、$\tilde{\boldsymbol{d}}_k$ 分别是可能的单个输出符号和输出符号序列的试验值。$P(\cdot)$ 表示联合概率，$p(\cdot)$ 表示联合概率密度函数。运算符号 argmax 表示选择使度量值(如 $P(\cdot)$)最大化的参数。式(4-84)和(4-85)的前一个等式分别是最大后验概率符号检测器和最大后验概率序列检测器，后一个等式分别是最大似然符号检测器和最大似然序列检测器。当然，我们关心的还可以直接是最终输出的比特，相应地也有最大后验概率比特检测器和最大似然比特检测器。

这么多的最佳判决准则中，究竟哪个准则最好？如果我们感兴趣的是信息数据的可靠性，那么最大后验概率准则(MAP)比最大似然准则(ML)更适合。然而，如果比特/符号/符号序列的先验概率相等，则很容易证明 MAP 准则和 ML 准则是等价的。

4.4.2　自适应均衡技术

自适应均衡器是一个时变滤波器，它必须动态地调整其特性和参数，使其能够跟踪信道的变化，在任何情况下都能够使式(4-83)或(4-84)或(4-85)得到满足。

自适应均衡器的基本结构如图 4-28 所示。图中符号的下标 k 表示离散的时间序号。

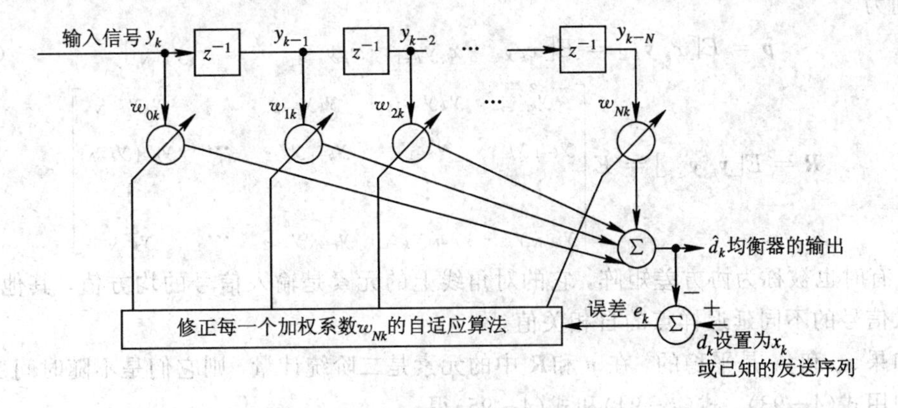

图 4-28　自适应均衡器的基本结构

图 4-28 中的自适应均衡器的基本结构称为横向滤波器结构。它有 N 个延迟单元(z^{-1})、$N+1$ 个抽头、$N+1$ 个可调的复数乘法器(权值)。这些权值通过自适应算法进行调整，调整的方法可以是每个采样点调整一次，或每个数据块调整一次。

在图4-28中，自适应算法是由误差信号e_k控制的，而e_k是通过比较均衡器的输出$\hat{d}_k$和本地产生的数据d_k得到的。d_k通常是已知的发送信号或已知发送序列(或称为训练序列)，即$d_k=x_k$。自适应算法利用e_k来最小化一个代价函数，它通过迭代的方法修正权值，从而逐步地减小代价函数。

为了描述图4-28中的自适应均衡算法，采用矢量和矩阵的方法比较方便。

均衡器的输入矢量$\boldsymbol{y}_k$可以定义为

$$\boldsymbol{y}_k = [y_k \quad y_{k-1} \quad y_{k-2} \quad \cdots \quad y_{k-N}]^{\mathrm{T}} \tag{4-86}$$

均衡器的输出为

$$\hat{d}_k = \sum_{n=0}^{N} w_{nk} y_{k-n} \tag{4-87}$$

权值矢量$\boldsymbol{w}_k$

$$\boldsymbol{w}_k = [w_{0k} \quad w_{1k} \quad w_{2k} \quad \cdots \quad w_{Nk}]^{\mathrm{T}} \tag{4-88}$$

利用式(4-86)和(4-88)，则式(4-87)可以写成

$$\hat{d}_k = \boldsymbol{y}_k^{\mathrm{T}} \boldsymbol{w}_k = \boldsymbol{w}_k^{\mathrm{T}} \boldsymbol{y}_k \tag{4-89}$$

若所希望的均衡器输出是已知的，即$d= x_k$，则误差信号e_k为

$$e_k = d_k - \hat{d}_k = x_k - \hat{d}_k \tag{4-90}$$

利用式(4-89)有

$$e_k = x_k - \boldsymbol{y}_k^{\mathrm{T}} \boldsymbol{w}_k = x_k - \boldsymbol{w}_k^{\mathrm{T}} \boldsymbol{y}_k \tag{4-91}$$

进而有

$$|e_k|^2 = x_k^2 - \boldsymbol{w}_k^{\mathrm{T}} \boldsymbol{y}_k \boldsymbol{y}_k^{\mathrm{T}} \boldsymbol{w}_k - 2x_k \boldsymbol{y}_k^{\mathrm{T}} \boldsymbol{w}_k \tag{4-92}$$

对上式求均值，就可以得到e_k的均方误差：

$$E[|e_k|^2] = E[x_k^2] - \boldsymbol{w}_k^{\mathrm{T}} E[\boldsymbol{y}_k \boldsymbol{y}_k^{\mathrm{T}}] \boldsymbol{w}_k - 2E[x_k \boldsymbol{y}_k^{\mathrm{T}}] \boldsymbol{w}_k \tag{4-93}$$

在上式中，为了方便起见，假定滤波器的权值已经收敛到最佳值，且不再随时间变化，故没有将权值$\boldsymbol{w}_k$包括在时间平均中。

为了对式(4-93)进行最小化，还用到一个互相关矢量$\boldsymbol{p}$和输入相关矩阵$\boldsymbol{R}$，它们的定义分别为

$$\boldsymbol{p} = E[x_k \boldsymbol{y}_k] = E[x_k y_k \quad x_k y_{k-1} \quad x_k y_{k-2} \quad \cdots \quad x_k y_{k-N}]^{\mathrm{T}} \tag{4-94}$$

$$\boldsymbol{R} = E[\boldsymbol{y}_k \boldsymbol{y}_k^*] = E\begin{bmatrix} y_k^2 & y_k y_{k-1} & y_k y_{k-2} & \cdots & y_k y_{k-N} \\ y_{k-1} y_k & y_{k-1}^2 & y_{k-1} y_{k-2} & \cdots & y_{k-1} y_{k-N} \\ \vdots & \vdots & \vdots & & \vdots \\ y_{k-N} y_k & y_{k-N} y_{k-1} & y_{k-N} y_{k-2} & \cdots & y_{k-N}^2 \end{bmatrix} \tag{4-95}$$

$\boldsymbol{R}$有时也被称为协方差矩阵，它的对角线上的元素是输入信号的均方值，其他交叉项为输入信号的不同延迟样点的自相关值。

如果x_k和$\boldsymbol{y}_k$是平稳的，在$\boldsymbol{p}$和$\boldsymbol{R}$中的元素是二阶统计量，则它们是不随时间变化的。

利用式(4-93)、式(4-94)和式(4-95)得：

$$\text{均方误差(MSE)} \equiv \xi = E[x_k^2] + \boldsymbol{w}^{\mathrm{T}} \boldsymbol{R} \boldsymbol{w} - 2\boldsymbol{p}^{\mathrm{T}} \boldsymbol{w} \tag{4-96}$$

将上式对$\boldsymbol{w}_k$求最小，就可以得到$\boldsymbol{w}_k$的最佳解。为确定最小的*MSE*(即MMSE)，可以利用上式的梯度(Gradient)。只要$\boldsymbol{R}$是非奇异的(其逆矩阵存在)，则当$\boldsymbol{w}_k$的取值使梯度为

0 时，*MSE* 最小。ξ 的梯度定义为

$$\nabla \equiv \frac{\partial \xi}{\partial \boldsymbol{w}} = \left[\frac{\partial \xi}{\partial w_0} \quad \frac{\partial \xi}{\partial w_1} \quad \cdots \quad \frac{\partial \xi}{\partial w_N} \right]^{\mathrm{T}} \tag{4-97}$$

将式(4-96)代入上式得：

$$\nabla = 2\boldsymbol{Rp} - 2\boldsymbol{p} \tag{4-98}$$

令 $\nabla=0$，可得 MMSE 对应的最佳权值为

$$\hat{\boldsymbol{w}} = \boldsymbol{R}^{-1}\boldsymbol{p} \tag{4-99}$$

将上式代入式(4-96)，并利用下列矩阵性质：对于一个方阵，有$(\boldsymbol{AB})^{\mathrm{T}}=\boldsymbol{B}^{\mathrm{T}}\boldsymbol{A}^{\mathrm{T}}$；对于一个对称矩阵，有 $\boldsymbol{A}^{T}=\boldsymbol{A}$ 和$(\boldsymbol{A}^{-1})^{\mathrm{T}}=\boldsymbol{A}^{-1}$。则可得均衡后的最小均方误差为

$$\begin{aligned}\xi_{\min} &= \mathrm{MMSE} = E[x_k^2] + (\boldsymbol{R}^{-1}\boldsymbol{p})^{\mathrm{T}}\boldsymbol{p} - 2\boldsymbol{p}^{\mathrm{T}}\hat{\boldsymbol{w}} = E[x_k^2] + \boldsymbol{p}^{\mathrm{T}}\boldsymbol{R}^{-1}\boldsymbol{p} - 2\boldsymbol{p}^{\mathrm{T}}\hat{\boldsymbol{w}} \\ &= E[x_k^2] - \boldsymbol{p}^{\mathrm{T}}\hat{\boldsymbol{w}}\end{aligned} \tag{4-100}$$

均衡技术可分为两类：线性均衡和非线性均衡。非线性均衡器包括判决反馈均衡器(DFE，Decision Feedback Equalizer)、最大似然符号检测器(Maximum Likehood Symbol Detector)和最大似然序列估值器(MLSE，Maximum Likehood Sequence Estimator)。均衡器的结构有横向滤波器型和格型等。均衡的算法有最小均方误差算法(LMS，Least Mean Square Error)、递归最小二乘法(RLS，Recursive Least Square)、快速递归最小二乘法(Fast RLS)、平方根递归最小二乘法(Square Root RLS)和梯度最小二乘法(Gradient RLS)等，如图 4-29 所示。下面两小节将对这两类均衡器分别加以讨论。

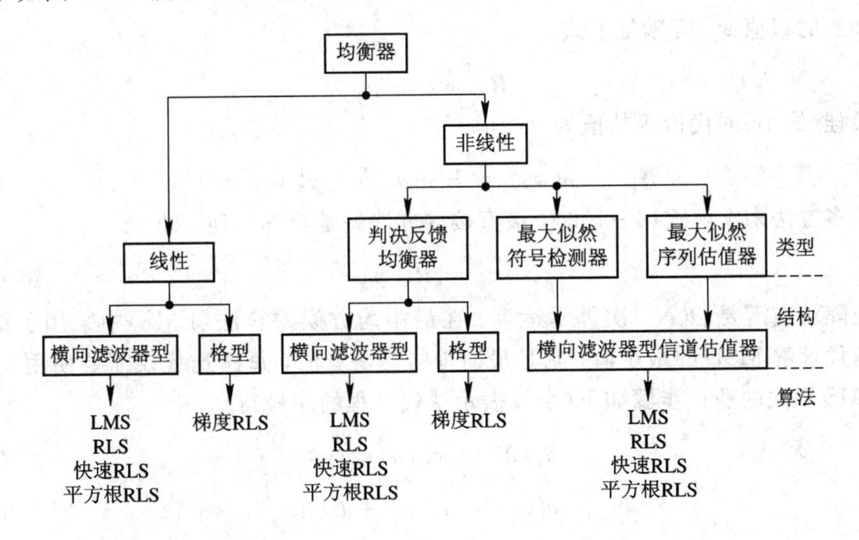

图 4-29　均衡器类型、结构和算法

*4.4.3　线性均衡技术

线性均衡器的基本结构是线性横向滤波器型结构，如图 4-30 所示。图中 c_n^* 是横向滤波器的复滤波系数(抽头权值)，时延单元长度为 T，抽头总数为 $N=N_1+N_2+1$，N_1 和 N_2 分别表示前向和后向部分的抽头数。

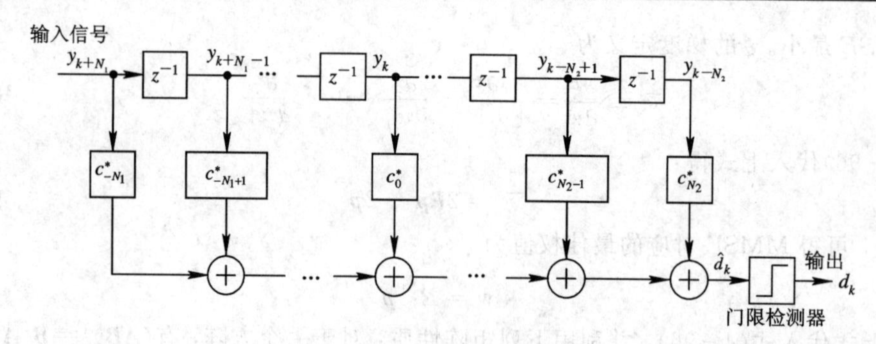

图 4-30　线性横向滤波器型结构

在该均衡器中，有

$$\hat{d}_k = \sum_{n=-N_1}^{N_2} (c_n^*) y_{k-n} \tag{4-101}$$

下面讨论两个典型的自适应算法：最小均方误差算法(LMS)和递归最小二乘法(RLS)。

1. 最小均方误差算法(LMS)

最小均方误差算法(LMS)与 MMSE 的原理相同。此时的估计误差式(4-90)被称为预测误差。对于一个给定的信道，其预测将取决于抽头的权值 $\boldsymbol{w}_N$，令代价函数 $J(\boldsymbol{w}_N)$ 即为均方误差(式(4-96))，则使 MSE 最小就是使下式为 0：

$$\frac{\partial}{\partial \boldsymbol{w}_N} J(\boldsymbol{w}_N) = -2\boldsymbol{p}_N + 2\boldsymbol{R}_{NN}\boldsymbol{w}_N = 0 \tag{4-102}$$

也就是抽头的权值 $\boldsymbol{w}_N$ 应满足下式：

$$\boldsymbol{R}_{NN}\hat{\boldsymbol{w}}_N = \boldsymbol{p}_N \tag{4-103}$$

此时的最佳(最小)的代价函数值为

$$J_{\text{opt}} = J(\hat{\boldsymbol{w}}_N) = E[x_k x_k^*] - \boldsymbol{p}_N^{\mathrm{T}}\hat{\boldsymbol{w}}_N = 0 \tag{4-104}$$

有很多方法来求解式(4-102)，最直接的方法就是矩阵求逆，即

$$\hat{\boldsymbol{w}}_N = \boldsymbol{R}_{NN}^{-1}\boldsymbol{p}_N \tag{4-105}$$

但矩阵求逆需要 $O(N^3)$ 次算术运算。在最小均方误差算法(LMS)中采用了统计梯度算法来迭代求解 MSE 的最小值，它是最简单的均衡算法，每次迭代仅需要使用 $2N+1$ 次运算。LMS 算法的迭代步骤如下(令 n 表示迭代过程的序号)：

$$\hat{\boldsymbol{d}}_k(n) = \boldsymbol{w}_N^{\mathrm{T}}(n) y_N(n) \tag{4-106}$$

$$e_k(n) = x_k(n) - \hat{\boldsymbol{d}}_k(n) \tag{4-107}$$

$$\boldsymbol{w}_N(n+1) = \boldsymbol{w}_N(n) - \alpha e_k^*(n) y_N(n) \tag{4-108}$$

式中：α 是步长，它控制着算法的收敛速度和稳定性。在一个实际的系统中，为了使该均衡器能够收敛，一个首要的条件是均衡器中的传播时延 $(N-1)T$ 要大于信道的最大相对时延。为了防止均衡器不稳定，α 的取值要满足下列条件：

$$0 < \alpha < \frac{2}{N}\sum_{i=1}^{N}\lambda_i \tag{4-109}$$

式中：λ_i 是协方差矩阵 $\boldsymbol{R}_{NN}$ 的第 i 个特征值。由于 $\sum_{i=1}^{N}\lambda_i = \boldsymbol{y}_N^{\mathrm{T}}(n)\boldsymbol{y}_N(n)$，因此 λ_i 是由输入

信号的功率控制的。

2. 递归最小二乘法(RLS)

LMS算法的缺点是收敛速度较慢，特别是当协方差矩阵 $\boldsymbol{R}_{NN}$ 的特征值相差较大(即 $\lambda_{max}/\lambda_{min} \gg 1$)时，收敛速度很慢。为了达到较快的收敛速度，递归最小二乘法中使用下面的代价函数(累积均方误差)：

$$J(n) = \sum_{i=1}^{n} \lambda^{n-i} e^{*}(i, n) e(i, n) \tag{4-110}$$

式中：λ 是加权因子，其值接近1但小于1。误差的定义为

$$e(i, n) = x(i) - \boldsymbol{y}_N^{\mathrm{T}}(i) \boldsymbol{w}_N(n) \qquad 0 \leqslant i \leqslant n \tag{4-111}$$

$$\boldsymbol{y}_N(i) = [y(i) \quad y(i-1) \quad \cdots \quad y(i-N+1)]^{\mathrm{T}} \tag{4-112}$$

$\boldsymbol{y}_N(i)$ 和 $\boldsymbol{w}_N(n)$ 分别是时间 i 的输入信号矢量和第 n 次迭代的抽头增益矢量。

为使 $J(n)$ 最小，应使 $J(n)$ 的梯度为0，即

$$\frac{\partial}{\partial \boldsymbol{w}_N} J(\boldsymbol{w}_N) = 0 \tag{4-113}$$

将式(4-111)和(4-112)代入式(4-113)得：

$$\boldsymbol{R}_{NN}(n) \hat{\boldsymbol{w}}_N(n) = \boldsymbol{p}_N(n) \tag{4-114}$$

式中：$\hat{\boldsymbol{w}}_N$ 是RLS均衡器的最佳权值；$\boldsymbol{R}_{NN}$ 是相关矩阵；$\boldsymbol{p}_N(i)$ 是互相关矢量。它们的表达式为

$$\boldsymbol{R}_{NN}(n) = \sum_{i=1}^{n} \lambda^{n-i} \boldsymbol{y}_N^{*}(i) \boldsymbol{y}_N^{\mathrm{T}}(i) \tag{4-115}$$

$$\boldsymbol{p}_N(n) = \sum_{i=1}^{n} \lambda^{n-i} x^{*}(i) \boldsymbol{y}_N(i) \tag{4-116}$$

根据式(4-115)，可以得到如下的 $\boldsymbol{R}_{NN}(n)$ 及其逆矩阵 $\boldsymbol{R}_{NN}^{-1}(n)$ 的递归表达式：

$$\boldsymbol{R}_{NN}(n) = \lambda \boldsymbol{R}_{NN}(n-1) + \boldsymbol{y}_N(n) \boldsymbol{y}_N^{\mathrm{T}}(n) \tag{4-117}$$

$$\boldsymbol{R}_{NN}^{-1}(n) = \frac{1}{\lambda}\left[\boldsymbol{R}_{NN}^{-1}(n-1) - \frac{\boldsymbol{R}_{NN}^{-1}(n-1)\boldsymbol{y}_N(n)\boldsymbol{y}_N^{\mathrm{T}}(n)\boldsymbol{R}_{NN}^{-1}(n-1)}{\lambda + \mu(n)}\right] \tag{4-118}$$

式中

$$\mu(n) = \boldsymbol{y}_N^{\mathrm{T}}(n) \boldsymbol{R}_{NN}^{-1}(n-1) \boldsymbol{y}_N(n) \tag{4-119}$$

利用上面的递归公式可以得到RLS算法的权值更新公式：

$$\boldsymbol{w}_N(n) = \boldsymbol{w}_N(n) + \boldsymbol{k}_N(n) e^{*}(n, n-1) \tag{4-120}$$

式中

$$\boldsymbol{k}_N(n) = \frac{\boldsymbol{R}_{NN}^{-1}(n-1)\boldsymbol{y}_N(n)}{\lambda + \mu(n)} \tag{4-121}$$

利用均衡器的权值，我们可得均衡器的输出为

$$\hat{\boldsymbol{d}}(n) = \boldsymbol{w}^{\mathrm{T}}(n-1) \boldsymbol{y}(n) \tag{4-122}$$

其误差为

$$e(n) = x(n) - \hat{\boldsymbol{d}}(n) \tag{4-123}$$

综合上面的推导过程，我们可以得到RLS算法的计算顺序是：在给定 $w(0)=k(0)=$

$x(0)=0$，$\boldsymbol{R}_{NN}^{-1}(0)=\delta\boldsymbol{I}_{NN}$（式中 $\boldsymbol{I}_{NN}$ 是一个 $N\times N$ 的单位矩阵，δ 是一个大的正常数）的初始条件下，先计算式（4－123）和（4－122），再计算式（4－121）和（4－120），最后计算式（4－119）和（4－118）。

在式（4－118）中，加权因子 λ 的不同取值将改变均衡器的性能。通常取 $0.8<\lambda<1$。λ 的取值对收敛速度没有影响，但对 RLS 的均衡器的稳定性有影响。λ 的取值越小，均衡器的跟踪能力越好。但是 λ 的取值太小，均衡器会不稳定。

上述讨论的 RLS 算法称为 Kalman RLS 算法，每次迭代需要 $2.5N^2+4.5N$ 次算术运算。

线性均衡器还可以通过格型结构来实现，如图 4－31 所示。

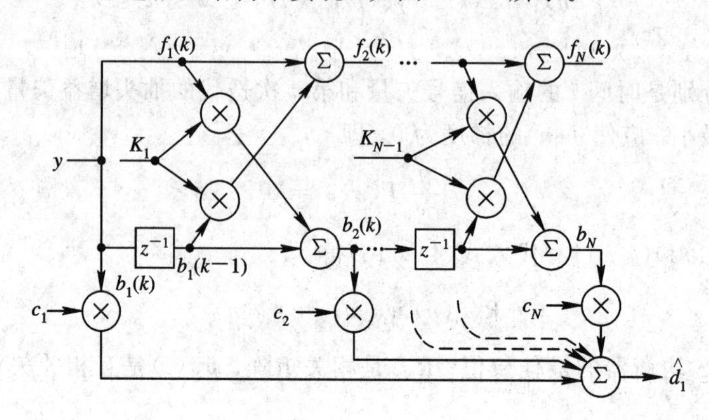

图 4－31 格型均衡器结构

格型均衡器中输出信号的递归公式为

$$f_1(k)=b_1(k)=y(k) \tag{4-124}$$

$$f_n(k)=y(k)-\sum_{i=1}^{n}K_i y(k-i) \tag{4-125}$$

$$b_n(k)=y(k-n)-\sum_{i=1}^{n}K_i y(k-n-i) \tag{4-126}$$

$$\hat{d}_k=\sum_{n=1}^{N}c_n(k)b_n(k) \tag{4-127}$$

格型均衡器的主要优点是数值计算具有稳定性和快速收敛性。

*4.4.4 非线性均衡技术

1. 判决反馈均衡器(DFE)

判决反馈均衡器（DFE）的结构如图 4－32 所示。它由前馈滤波器（FFF）（图中的上半部分）和反馈滤波器（FBF）（图中的下半部分）组成。FBF 将检测器的输出作为它的输入，通过调整其系数来消除当前码元中由过去检测的符号引起的 ISI。前馈滤波器有 N_1+N_2+1 个抽头，反馈滤波器有 N_3 个抽头，它们的抽头系数分别是 c_n^* 和 F_i^*。均衡器的输出可以表示为

$$\hat{d}_k=\sum_{n=N_1}^{N_2}c_n^* y_{k-n}+\sum_{i=1}^{N_3}F_i^* d_{k-i} \tag{4-128}$$

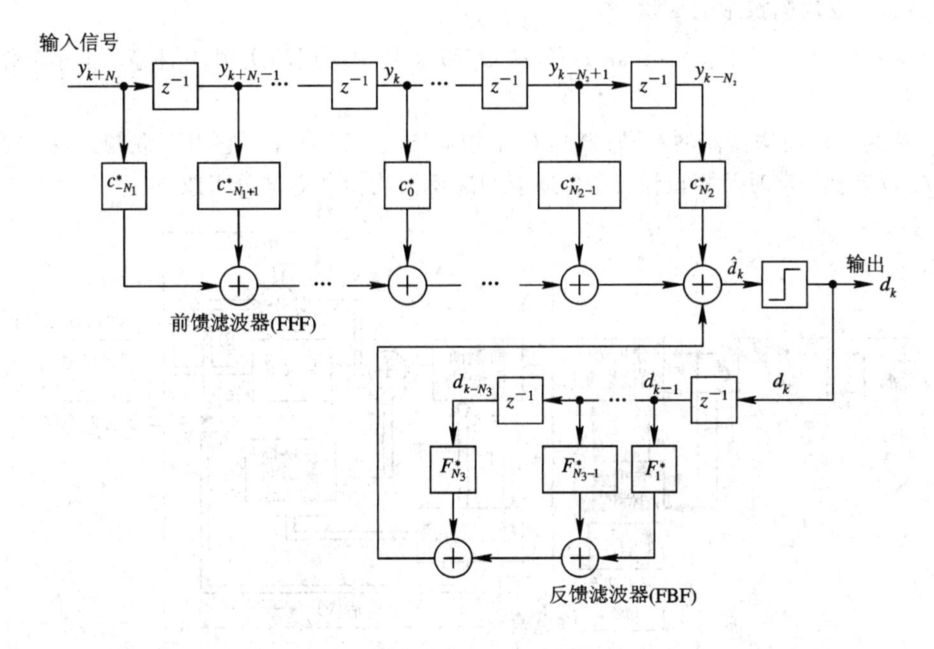

图 4-32 判决反馈均衡器(DFE)的结构

2. 最大似然序列估值(MLSE)均衡器

前面讨论的基于 MSE 的线性均衡器是在信道不会引入幅度失真的情况，使符号错误概率最小的最佳均衡器。然而，该信道条件在移动环境下是非常苛刻的，这就导致人们研究最佳或准最佳的非线性均衡器。这些均衡器的基本结构是采用最大似然接收机的结构。

最大似然序列估值(MLSE)均衡器的结构如图 4-33 所示。MLSE 利用信道冲激响应估计器的结果，测试所有可能的数据序列，选择概率最大的数据序列作为输出。图中 MLSE 单元通常采用 Viterbi 算法来实现。MLSE 均衡器是在数据序列错误概率最小意义上的最佳均衡器。该均衡器需要确知信道特性，以便计算判决的度量值。(在图 4-33 中，匹配滤波器是在连续的时间域上工作的，而信道估计器和 MSLE 单元是在离散时间域上工作的。)

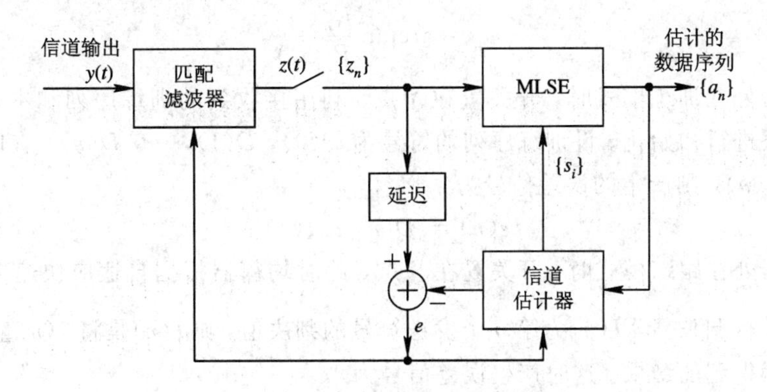

图 4-33 最大似然序列估值(MLSE)均衡器的结构

3. 非线性均衡技术的应用

下面将给出一个快速 Kalman DFE 在 GSM 系统中应用的实例。(注意：本小节使用了不同的符号。)

包括判决反馈均衡器的 GSM 接收机结构如图 4-34 所示。它由下混频及滤波器、抽样及 A/D 变换、定时及相位恢复、自适应判决反馈均衡器等部分组成。

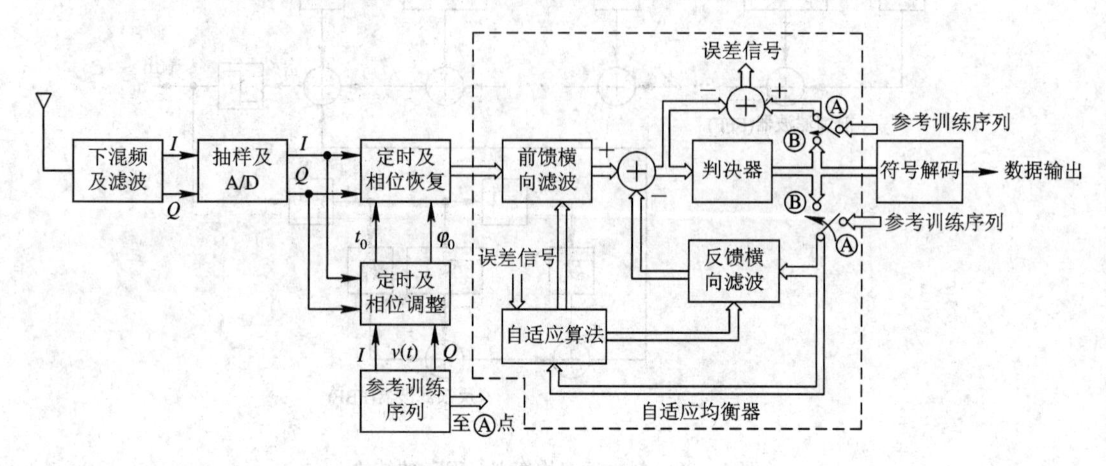

图 4-34 GSM 接收机框图

均衡器中，位定时和载波相位的调整过程如下：

每个比特取 K 个样点(例如 $K=4$)，得到的 K 个接收序列为 $r_i(t)$，$i=1, \cdots, K$。本地根据参考训练序列产生的 GMSK 已调信号为 $v(t)$，计算 $r_i(t)$ 和 $v(t)$ 的复相关函数 $R_i(t)$，$i=1, \cdots, K$。设 $R_i(t)$ 的同相分量和正交分量分别为 $R_i^I(t)$ 和 $R_i^Q(t)$，则 $R_i(t)$ 的振幅为 $A_i(t)=\sqrt{\{R_i^I(t)\}^2+\{R_i^Q(t)\}^2}$。假定 $A_j(t)$ 在所有的 $A_i(t)$ 中具有最大的峰值，其峰值在 t_j 处出现，则抽样时 t_0 应为

$$t_0 = t_j + \frac{(j-1)T_b}{K} \tag{4-129}$$

式中第二项是由不同接收样本序列引入的时延。由此可得载波相位的调整量为

$$\varphi_0 = \arctan\frac{R_j^Q(t_0)}{R_j^I(t_0)} \tag{4-130}$$

当均衡器处在训练模式时，开关置在Ⓐ点，利用接收到的训练序列和本地参考序列，对均衡器抽头进行初始化。设训练序列的符号为 $D(0)$，$D(1)$，…，$D(n)$，在时刻 n，均衡器的输出为 $I(n)$，则产生的误差信号为

$$e(n) = D(n) - I(n) \tag{4-131}$$

当均衡器处在跟踪模式时，开关置在Ⓑ点，此时均衡器根据自适应快速 Kalman 算法对抽头增益进行调整。设 $\hat{I}(n)$ 为第 n 个发送符号的判决值，则 $\hat{I}(n)$ 是将 $I(n)$ 量化到最接近的信息符号后得到的结果。这时产生误差信号为

$$\hat{e}(n) = \hat{I}(n) - I(n) \tag{4-132}$$

复数(M, N)判决反馈均衡器的具体结构如图 4-35 所示。该均衡器的输入为两个正

交支路(它可表示为一个复数 $y^I(n)+\mathrm{j}y^Q(n)$)，每一支路都经过前馈和反馈横向滤波器，其滤波器的系数均为复数，分别为 $\alpha_i(n)+\mathrm{j}\beta_i(n)$ 和 $r_i(n)+\mathrm{j}\delta_i(n)$。因为 $[y^I(n)+\mathrm{j}y^Q(n)]\cdot[\alpha_i(n)+\mathrm{j}\beta_i(n)]=[y^I(n)\alpha_i(n)-y^Q(n)\beta_i(n)]+\mathrm{j}[y^I(n)\beta_i(n)+y^Q(n)\alpha_i(n)]$，从而可得图中相乘和求和的结构。

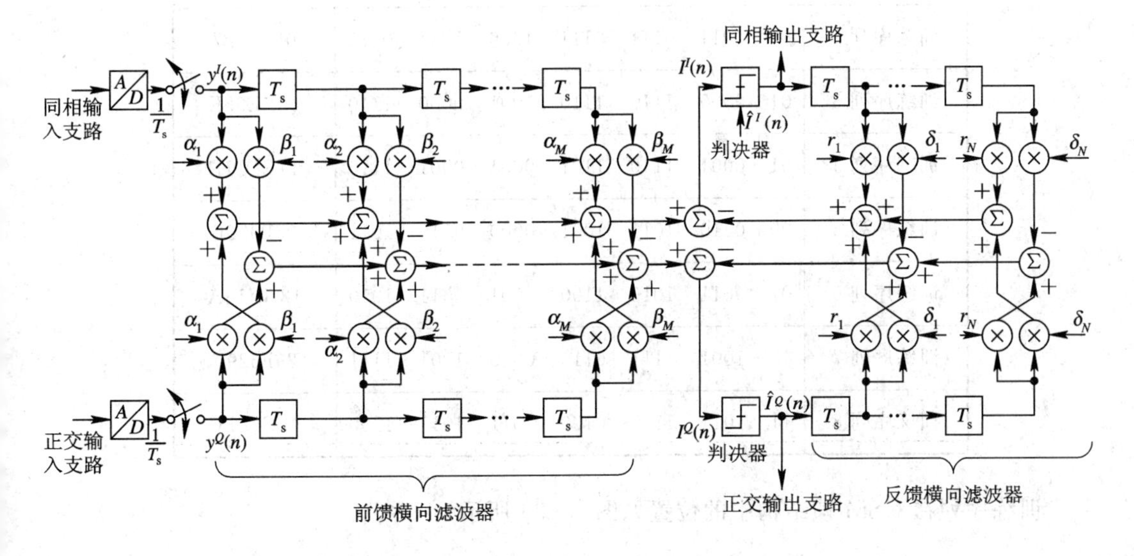

图 4-35　GSM 中判决反馈均衡器结构

设

$$C_L(n)=\{C_1^F(n),\ C_2^F(n),\ \cdots,\ C_M^F(n),\ C_1^B(n),\ C_2^B(n),\ \cdots,\ C_N^B(n)\}^T \qquad (4-133)$$

$$Y_L(n)=\{y(n),\ y(n-1),\ \cdots,\ y(n-M-1),\ \hat{I}(n),\ \hat{I}(n-1),\ \cdots,\ \hat{I}(n-N-1)\}^T \qquad (4-134)$$

其中

$C_i^F(n)=\alpha_i(n)+\mathrm{j}\beta_i(n)$　　$1\leqslant i\leqslant M$(为前馈横向滤波器的系数)

$C_i^B(n)=r_i(n)+\mathrm{j}\delta_i(n)$　　$1\leqslant i\leqslant N$(为反馈横向滤波器的系数)

$y(n)=y^I(n)+\mathrm{j}y^Q(n)$(为输入复序列)

$\hat{I}(n)=\hat{I}^I(n)+\mathrm{j}\,\hat{I}^Q(n)$(为输出复序列)

则复数快速 Kalman 算法(CFKA)的抽头增益迭代公式如下：

$$\boldsymbol{C}_L(n)=\boldsymbol{C}_L(n-1)+\boldsymbol{K}_L(n)\cdot e(n) \qquad (4-135)$$

式中：$\boldsymbol{K}_L(n)=\boldsymbol{P}_{LL}(n)\cdot\boldsymbol{Y}_L^*(n)$ 为 L 维 Kalman 增益矢量，且

$$\boldsymbol{P}_{LL}(n)=\left[\sum_{i=0}^{n}\lambda^{n-i}\boldsymbol{Y}_L^*(i)\cdot\boldsymbol{Y}_L^T(i)+\delta\lambda^n\boldsymbol{I}_{LL}\right]^{-1} \qquad (4-136)$$

其中，$\boldsymbol{I}_{LL}$ 为单位矩阵，$[\ ]^{-1}$ 表示矩阵[ ]的逆矩阵；δ 是一个很小的正常数，它的引入是为了保证 $\boldsymbol{P}_{LL}(n)$ 的非奇异性(Nonsingularity)

GSM 中的训练序列已在表 4-6 中给出。在具体实现过程中，考虑到信道冲激响应的宽度和定时抖动等问题，仅利用 26 bit 长的训练序列中的 16 bit 来进行相关运算。

表 4-6　GSM 的训练序列

序　号	二进制值(26 bit)	十六进制值
训练序列 1	00 1001 0111 0000 1000 1001 0111	0970897
训练序列 2	00 1011 0111 0111 1000 1011 0111	0B778B7
训练序列 3	01 0000 1110 1110 1001 0000 1110	10EE90E
训练序列 4	01 0001 1110 1101 0001 0001 1110	11ED11E
训练序列 5	00 0110 1011 1001 0000 0110 1011	06B906B
训练序列 6	01 0011 1010 1100 0001 0011 1010	13AC13A
训练序列 7	10 1001 1111 0110 0010 1001 1111	29F629F
训练序列 8	11 1011 1100 0100 1011 1011 1100	3BC4BBC

训练序列在 GSM 帧结构中的位置如图 4-36 所示。

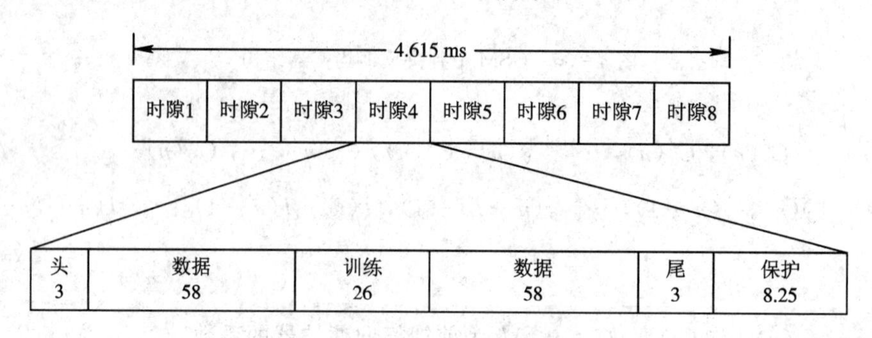

图 4-36　GSM 时隙结构

通过计算机模拟和分析比较，(2，3)DFE 是满足性能要求的最简单结构。在采用训练序列为(00100101110000100010010111)的情况下，在接收机中使用前述的相关同步法和 CFKA(2，3)DFE 在各种条件下的性能如下：

(1) 若信道有两条传播路径，两条路径的相对时延为 τ，第二条路径相对第一条路径的振幅为 b，则信道传输函数模型由下式表示：

$$H(\omega) = 1 - b\exp[-\mathrm{j}2\pi(f - f_0)\tau] \tag{4-137}$$

式中，f_0 表示信道传输函数相对于载波频率 f_c 的深衰落频率，$B=20\lg|1-b|$ 表示衰落深度。当 $B=-30$ dB，$f_0=0$，$\tau=1.35T_b$ 时，用于(2，3)DFE 中的 CFKA($\lambda=0.99$，$\sigma=10^{-9}$)的收敛速率如图 4-37 所示。从图中可以看到，CFKA 约经过 20 次迭代就可以收敛，而梯度算法($\Delta=0.03$)则需 500 次迭代才能收敛(梯度算法的迭代公式为 $C_L(n)=C_L(n-1)+\Delta\cdot Y_L^*(n)e(n)$，$\Delta$ 是控制抽头增益调整速度的参数)。

在采用前述的相关同步法后，当 $B=-15$ dB，$f_0=0$，τ 取不同值时，均衡前后的系统误比特性能如图 4-38 所示。从图中可以看到，采用 CFKA(2，3)DFE 后，系统的性能仅比无失真信道下的性能损失了 1.5 dB。

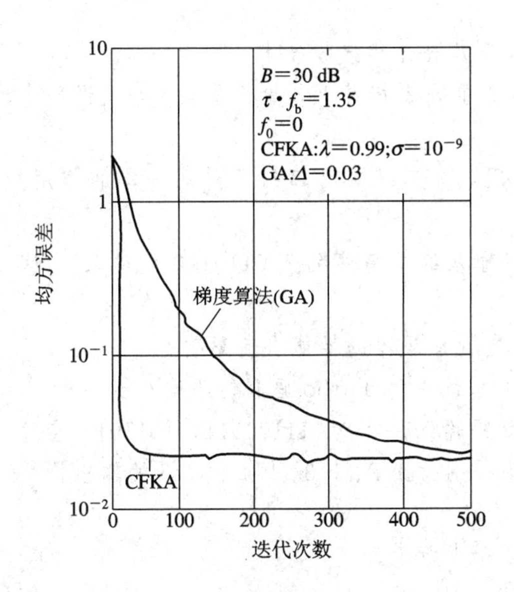

图 4-37　(2，3)DFE 中 CFKA 的收敛速度

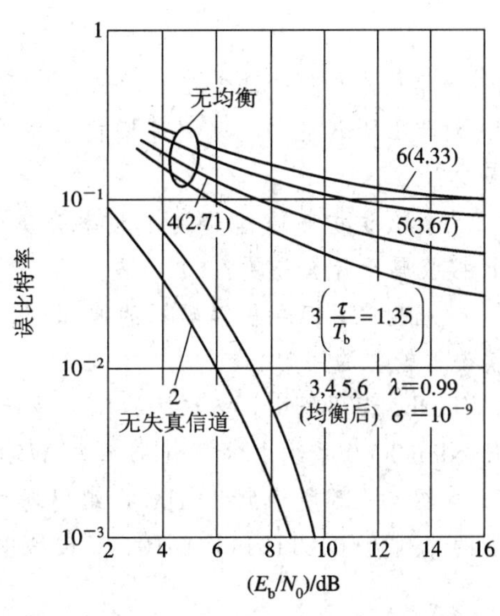

图 4-38　在 $B=-15$ dB，$f_0=0$，τ 取不同值时均衡前后的性能((2，3)DFE)

(2) 若信道模型为两条互相独立同分布的 Rayleigh 衰落路径，当运动速度为 $v=50$ km/h，τ 取不同值时，均衡前后的性能如图 4-39 所示。图中曲线 9 为单条路径下的性能。由图可以看出，两条路径下的性能优于单条路径下的性能，这表明两条路径的信道提供了某种意义上的分集功能。

在相同的信道条件下，当 E_b/N_0 一定时，误比特率与时延的曲线如图 4-40 所示。从图中可以看出，仅仅采用简单的(2，3)DFE，就可以获得相当优越的性能。

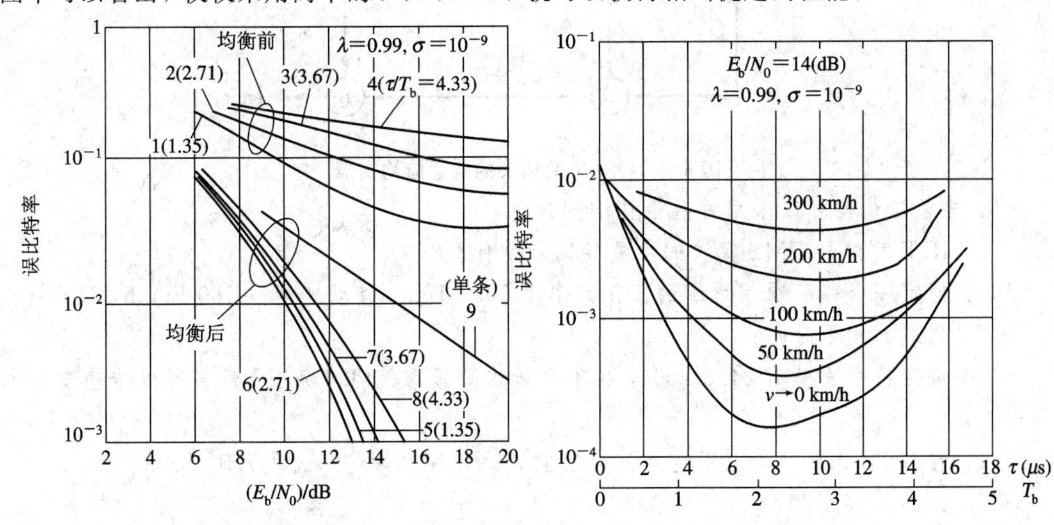

图 4-39　$v=50$ km/h 时均衡前后的性能比较

图 4-40　(2，3)DFE 的抗时延扩散性能

思考题与习题

1. 分集技术如何分类？在移动通信中采用了哪几种分集接收技术？

2. 对于DPSK信号，采用等增益合并方式，4重分集相对于3重分集，其平均误码率能降多少？

3. 为什么说扩频通信起到了频率分集的作用，而交织编码起到了时间分集的作用？RAKE接收属于什么分集？

4. 试画出(2, 1)卷积编码器的原理图。假定输入的信息序列为01101(0先输入)，试画出编码器输出的序列。

5. Turbo编码器中，交织器的作用是什么？它对译码器的性能有何影响？

6. cdma2000系统中的Turbo码与WCDMA系统中的Turbo码有何不同？

7. 在图4-25所示的Turbo码编码器中，如果输入序列为{111000111010110}，经过交织后的序列为{010110111010101}，试给出码率分别为1/2、1/3、1/4和1/5的输出符号序列。

8. 假定有一个两抽头的自适应均衡器如图4-41所示。

(1) 求出以 w_0、w_1 和 N 表示的MSE表达式；

(2) 如果 $N>2$，求出最小MSE；

(3) 如果 $w_0=0$，$w_1=-2$ 和 $N=4$ 样点/周期，MSE是多少？

(4) 如果参数与(3)中相同，$d_k=2\sin(2\pi k/N)$，MSE又是多少？

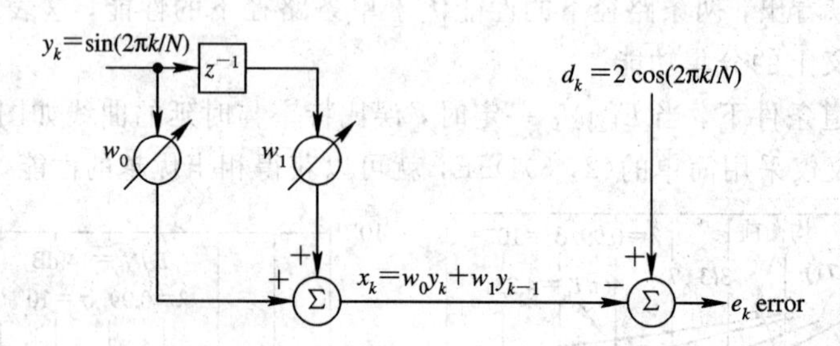

图4-41　一个两抽头的自适应均衡器

9. 自适应均衡可以采用哪些最佳准则？

10. RLS算法与LMS算法的主要异同点是什么？

11. 假定一个移动通信系统的工作频率为900 MHz，移动速度 $v=80$ km/h，试求：

(1) 信道的相干时间；

(2) 假定符号速率为24.3 ks/s，在不更新均衡器系数的情况下，最多可以传输多少个符号？

12. 在GSM系统中，应用均衡器后性能的改善程度如何？试举例说明。

第5章 组网技术

5.1 概 述

在前面几章的讨论中，我们主要解决了在移动环境下点对点的传输问题。本章将试图解决以下几个方面的问题：

(1) 对于给定的频率资源，大家如何来共享，即采用什么样的多址技术，使得有限的资源能传输更大容量的信息？

(2) 由于传播损耗的存在，基站和移动台之间的通信距离总是有限的。那么为了使用户在某一服务区内的任一点都能接入网络，需要在该服务区内设置多少基站？另一方面，对于给定的频率资源，如何在这些基站之间进行分配以满足用户容量的要求？这些是区域覆盖技术要解决的问题。

(3) 如何将服务区内的各个基站互连起来，并且要与固定网络(如 PSTN、ISDN、BISDN 等)互连，从而实现移动用户与固定用户、移动用户与移动用户之间的互连互通？也就是说，移动通信应采用什么样的网络结构？

(4) 移动通信的基本特点是用户在网络覆盖的范围内可任意移动。这就要解决下面两个问题：一是当移动用户从一个基站的覆盖区移动到另一个基站的覆盖区时，如何保证用户通信过程的连续性，即如何实现有效的越区切换？二是用户在移动网络中任意移动，网络如何管理这些用户，使网络在任何时刻都知道该用户当前在哪一个地区的哪一个基站覆盖的范围内，即如何解决移动性管理的问题？

(5) 如何在用户和移动网络之间，移动网络和固定网络之间交换控制信息，从而对呼叫过程、移动性管理过程和网络互连过程进行控制，以保证网络有序运行，即在移动通信网中应采用什么样的信令系统？

移动通信系统发展经历了第一代模拟移动通信系统、第二代数字移动通信系统和第三代移动通信系统(IMT-2000)。第一代移动通信系统包括 AMPS、TACS 和 NMT 等体制。第二代数字移动通信系统包括 GSM、IS-136(DAMPS)、PDC、IS-95 等体制。一个典型的数字蜂窝移动通信系统由下列主要功能实体组成(如图 1-16 所示)：移动台(MS)、基站分系统(BSS)(包括基站收发信机(BTS)和基站控制器(BSC))、移动交换中心(MSC)、原籍(归属)位置寄存器(HLR)、访问位置寄存器(VLR)、设备标识寄存器(EIR)、认证中心(AUC)和操作维护中心(OMC)。

本章将对上述五个问题和移动通信系统的组成进行介绍。

为了能够明确表示控制和信令的有关概念，这里简要阐述一下分层协议模型的概念。

移动通信的空中接口(或称无线接入部分)的协议和信令是按照分层的概念来设计的。

空中接口包括无线物理层、链路层和网络层，链路层还进一步分为介质接入控制层和数据链路层，物理层是最低层，参见图 1-18。

物理层(PHL)确定无线电参数，如：频率、定时、功率、码片、比特或时隙同步、调制解调、收发信机性能等。物理层将无线电频谱分成若干个物理信道，划分的方法可以按频率、时隙或码字或它们的组合进行，如频分多址(FDMA)、时分多址(TDMA)、码分多址(CDMA)等。物理层在介质接入控制层(MAC)的控制下，负责数据或数据分组的收发。

介质接入控制(MAC)层的主要功能有介质访问管理和数据封装等。具体地讲，第一功能是选择物理信道，然后在这些信道上建立和释放连接；第二功能是将控制信息、高层的信息和差错控制信息复接成适合物理信道传输的数据分组。介质接入控制层通过形成多种逻辑信道为高层提供不同的业务。例如，欧洲数字无绳电话系统(DECT)的 MAC 层为高层提供三个独立的业务：广播业务、面向连接的业务和无连接业务。

数据链路控制(DLC)层的主要功能是为网络层提供非常可靠的数据链路。例如，在 DECT 中，将 DLC 层分为两个平面：控制平面和用户平面。控制平面为内部控制信令和有限数量的用户信息提供非常可靠的传输链路，采用标准的链路接入步骤(LAPC)来提供完全的差错控制。在用户平面，提供了一组可供选择的业务，如供语音传输的透明无差错保护的业务，具有不同差错保护的支持电路交换模式和分组交换模式数据传输的其他业务。

网络层主要是信令层。它确定了用于链路控制、无线电资源管理、各种业务(呼叫控制、附加业务、面向连接的消息业务、无连接的消息业务)管理和移动性管理的各种功能。

在上述分层结构中，每一层利用低层提供的服务，通过适当逻辑控制步骤为高层提供更完善的服务。不同层次之间对话的语言称为原语，即不同层之间通过原语来实现信息交换。

原语分为四类：请求(Req)型原语，用于高层向低层请求某种业务；证实(Cfm)型原语，用于提供业务的层证实某个动作已经完成；指示(Ind)型原语，用于提供业务的层向高层报告一个与特定业务相关的动作；响应(Res)型原语，用于应答，表示来自高层的指示原语已收到。在每一层中，完成一个特定功能的单元称为一个功能实体。通常一层中包括若干个功能实体。例如，在图 1-18 中，网络层具有三个功能实体：呼叫控制，无线资源管理和移动性管理。为了在移动台和基站之间完成一个特定的功能，移动台和基站应具有相同的协议层次。例如，在移动台有第三层协议，基站也必须有第三层协议，这两个第三层称为对等层。在第三层中基站和移动台都有移动性管理实体，这两个功能相同的实体称为对等实体。因此，为了完成某一功能，对等实体之间需要交换许多消息。

具体原语格式和对等层之间交换的消息将在后面有关章节中叙述。

由于网络层和数据链路控制层的研究有很多成熟的协议可供借鉴，如在网络层的呼叫控制可采用简化的 ISDN 呼叫协议，在数据链路控制层可采用修正的 LAPD 协议(D 信道链路接入协议)等。这就使得多址协议的设计和选择，在空中接口中占有极其重要的地位。

5.2 多址技术

多址技术主要解决众多用户如何高效共享给定频谱资源的问题。

常规的多址方式有三种：频分多址(FDMA)、时分多址(TDMA)和码分多址(CDMA)。

5.2.1　频分多址(FDMA)

频分多址是指将给定的频谱资源划分为若干个等间隔的频道(或称信道)，供不同的用户使用。在模拟移动通信系统中，信道带宽通常等于传输一路模拟话音所需的带宽，如25 kHz或30 kHz。在单纯的FDMA系统中，通常采用频分双工(FDD)的方式来实现双工通信，即接收频率 f 和发送频率 F 是不同的。为了使得同一部电台的收发之间不产生干扰，收发频率间隔 $|f-F|$ 必须大于一定的数值。例如，在800 MHz频段，收发频率间隔通常为45 MHz。一个典型的FDMA频道划分方法如图5-1所示。

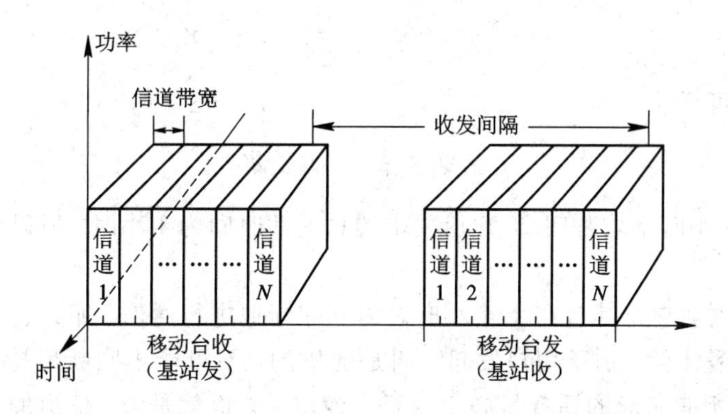

图5-1　FDMA的频道划分方法

在FDMA系统中，收发的频段是分开的，由于所有移动台均使用相同的接收和发送频段，因而移动台到移动台之间不能直接通信，而必须经过基站中转。

移动通信的频率资源十分紧缺，不可能为每一个移动台预留一个信道，只可能为每个基站配置好一组信道，供该基站所覆盖的区域(称为小区)内的所有移动台共用。这就是多信道共用问题。

在多信道共用的情况下，一个基站若有 n 个信道同时为小区内的全部移动用户所共用，当其中 $k(k<n)$ 个信道被占用之后，其他要求通信的用户可以按照呼叫的先后次序占用 $(n-k)$ 个空闲信道中的任何一个来进行通信。但基站最多可以同时保障 n 个用户进行通信。

究竟 n 个信道能为多少用户提供服务呢？共用信道之后必然会遇到所有信道均被占用，而新的呼叫不能接通的情况，但发生这种情况的概率有多大呢？这些就是下面将要讨论的问题。

1. 话务量与呼损率的定义

在话音通信中，业务量的大小用话务量来量度。话务量又分为流入话务量和完成话务量。流入话务量的大小取决于单位时间(1小时)内平均发生的呼叫次数 λ 和每次呼叫平均占用信道时间(含通话时间) S。显然 λ 和 S 的加大都会使业务量加大，因而可定义流入话务量 A 为

$$A = S \cdot \lambda \tag{5-1}$$

式中：λ 的单位是(次/小时)；S 的单位是(小时/次)；两者相乘而得到 A 应是一个无量纲的量，专门命名它的单位为“爱尔兰”(Erlang)。

根据式(5－1)的定义，可以这样来理解"爱尔兰"的含意：

已知1小时内平均发生呼叫的次数为λ(次)，用式(5－1)可求得

$$A(\text{爱尔兰}) = S(\text{小时 / 次}) \cdot \lambda(\text{次 / 小时})$$

可见这个A是平均1小时内所有呼叫需占用信道的总小时数。因此，1爱尔兰就表示平均每小时内用户要求通话的时间为1小时。

例如，全通信网平均每小时发生20次呼叫，即

$$\lambda = 20(\text{次 / 小时})$$

平均每次呼叫的通话时间为3分钟，即

$$S = 3(\text{分 / 次}) = \frac{1}{20}(\text{小时 / 次})$$

代入式(5－1)，可得

$$A = 20 \cdot \frac{1}{20} = 1\text{爱尔兰}$$

这就表示，1小时平均呼叫20次所要求的总通话时间为1小时，所以流入话务量等于1爱尔兰。

从一个信道看，它充其量在1个小时之内不间断地进行通信，那么它所能完成的最大话务量也就是1爱尔兰。由于用户发起呼叫是随机的，不可能不间断地持续利用信道，所以一个信道实际所能完成的话务量必定小于1爱尔兰。也就是说，信道的利用率不可能达到百分之百。

在信道共用的情况下，通信网无法保证每个用户的所有呼叫都能成功，必然有少量的呼叫会失败，即发生"呼损"。已知全网用户在单位时间内的平均呼叫次数为λ，其中有的呼叫成功了，有的呼叫失败了。设单位时间内成功呼叫的次数为λ_0($\lambda_0 < \lambda$)，就可算出完成话务量

$$A_0 = \lambda_0 \cdot S \tag{5-2}$$

流入话务量A与完成话务量A_0之差，即为损失话务量。损失话务量占流入话务量的比率即为呼叫损失的比率，称为"呼损率"，用符号B表示，即

$$B = \frac{A - A_0}{A} = \frac{\lambda - \lambda_0}{\lambda} \tag{5-3}$$

显然，呼损率B越小，成功呼叫的概率就越大，用户就越满意。因此，呼损率B也称为通信网的服务等级(或业务等级)。例如，某通信网的服务等级为0.05(即B＝0.05)，表示在全部呼叫中未被接通的概率为5％。但是，对于一个通信网来说，要想使呼叫损失小，只有让流入话务量小，即容纳的用户少些，这又是所不希望的。可见，呼损率与流入话务量是一对矛盾，要折中处理。

2. 完成话务量的性质与计算

设在观察时间T小时内，全网共完成C_1次通话，则每小时完成的呼叫次数为

$$\lambda_0 = \frac{C_1}{T} \tag{5-4}$$

完成话务量即为

$$A_0 = S \cdot \lambda_0 = \frac{1}{T} C_1 \cdot S \tag{5-5}$$

式中，C_1S 即为观察时间 T 小时内的实际通话时间。这个时间可以从另外一个角度来进行统计。若总的信道数为 n，而在观察时间 T 内有 $i(i<n)$ 个信道同时被占用的时间为 t_i $(t_i<T)$，那么可以算出实际通话时间为

$$\sum_{i=1}^{n} i \cdot t_i = 1 \cdot t_1 + 2 \cdot t_2 + 3 \cdot t_3 + \cdots + n \cdot t_n = C_1 \cdot S \tag{5-6}$$

将式(5-6)代入式(5-5)，可得完成话务量

$$A_0 = \frac{1}{T} C_1 \cdot S = \frac{1}{T} \sum_{i=1}^{n} i \cdot t_i = \sum_{i=1}^{n} i \frac{t_i}{T} \tag{5-7}$$

当观察时间 T 足够长时，t_i/T 就表示在总的 n 个信道中，有 i 个信道同时被占用的概率，可用 P_i 表示，式(5-7)就可改写为

$$A_0 = \sum_{i=1}^{n} i \cdot P_i \tag{5-8}$$

由此可见，完成话务量是同时被占用信道数(是随机量)的数学期望。因此可以说，完成话务量就是通信网同时被占用信道数的统计平均值，表示了通信网的繁忙程度。

例如，某通信网共有 8 个信道，从上午 8 时至 10 时共两个小时的观察时间内，统计出 i 个信道同时被占用的时间(小时数)如表 5-1 所示。

表 5-1 统计出的小时数

i	0	1	2	3	4	5	6	7	8
t_i	0.1	0.2	0.3	0.5	0.4	0.2	0.1	0.1	0.1

利用式(5-7)，有

$$A_0 = \frac{1}{2}(1\times0.2+2\times0.3+3\times0.5+4\times0.4+5\times0.2+6\times0.1+7\times0.1+8\times0.1)$$
$$= 3.5(\text{爱尔兰})$$

这说明在总共 8 个信道中，在 2 小时的观察时间内平均有 3.5 个信道同时被占用。每信道每小时的平均被占用时间为 3.5/8=0.4375 小时。因为一个信道最大可容纳的话务量是 1 爱尔兰，因此它的平均信道利用率就是 43.75%。

从这里看，信道利用率似乎不太高，但是进一步提高信道利用率将会使呼损率加大。它们之间的关系将在下面说明。

3. 呼损率的计算

对于多信道共用的移动通信网，根据话务理论，呼损率 B、共用信道数 n 和流入话务量 A 的定量关系可用爱尔兰呼损公式表示。爱尔兰呼损公式为

$$B = \frac{A^n/n!}{\sum_{i=1}^{n} A^i/i!} \tag{5-9}$$

在给定呼损率 B 的条件下，用式(5-9)可算出共用 n 个信道所能承受的流入话务量 A；在给定流入话务量 A 的条件下，用式(5-9)可算出为达到某一服务等级应取的共用信道数 n；在给定共用信道数 n 的条件下，用式(5-9)可算出各种流入话务量 A 时的服务等级。因此，式(5-9)是一个工程上非常实用的公式。虽然此式计算十分繁杂，但有数表可

供工程计算应用。

呼损率不同的情况下，信道利用率也是不同的。信道利用率 η 可用每小时每信道的完成话务量来计算，即

$$\eta = \frac{A_0}{n} = \frac{A(1-B)}{n} \tag{5-10}$$

用数表列出 B、n、A 和 η 的关系如表 5-2 所示。

表 5-2 呼损率和话务量与信道数及信道利用率的关系

B	1%		2%		5%		10%		20%		25%	
n	A	η(%)	A	η(%)	A	η(%)	A	η(%)	A	η(%)	A	η(%)
1	0.0101	1.0	0.020	2.0	0.053	5.0	0.111	10.0	0.25	20.0	0.33	25.0
2	0.1536	7.6	0.224	11.0	0.38	18.1	0.595	26.8	1.00	40.0	1.22	47.75
3	0.456	15.0	0.602	19.7	0.899	28.5	1.271	38.1	1.930	51.47	2.27	56.75
4	0.869	21.5	1.092	26.7	1.525	36.2	2.045	46.0	2.945	53.9	3.48	65.25
5	1.360	26.9	1.657	32.5	2.219	42.2	2.881	51.9	4.010	64.16	4.58	68.70
6	1.909	31.5	2.326	38.3	2.960	46.9	3.758	56.4	5.109	68.12	5.79	72.38
7	2.500	35.4	2.950	41.3	3.738	50.7	4.666	60.0	6.230	71.2	7.02	75.21
8	3.128	38.7	3.649	44.7	4.534	53.9	5.597	63.0	7.369	73.69	8.29	77.72
9	3.783	41.6	4.454	48.5	5.370	56.7	6.546	65.5	8.522	75.75	9.52	79.32
10	4.461	44.2	5.092	49.9	6.216	59.1	7.511	67.6	9.685	77.48	10.78	80.85
11	5.160	46.4	5.825	51.9	7.076	61.1	8.487	69.4	10.85	78.96	12.05	82.16
12	5.876	48.5	6.587	53.8	7.950	62.9	9.474	71.1	12.036	80.24	13.33	83.31
13	6.607	50.3	7.401	55.8	8.835	64.4	10.470	72.5	13.222	81.37	14.62	84.35
14	7.352	52.0	8.200	57.4	9.730	66.0	11.474	73.8	14.413	82.36	15.91	85.35
15	8.108	53.5	9.0009	58.9	10.623	67.2	12.484	74.9	15.608	83.24	17.20	86.00
16	8.875	54.9	9.828	60.1	11.544	68.5	13.500	75.9	16.807	84.03	18.49	86.67
17	9.652	56.2	10.656	61.4	12.461	69.6	14.422	76.9	18.010	84.75	19.79	87.31
18	10.437	57.4	11.491	62.6	13.385	70.6	15.548	77.7	19.216	85.40	21.20	88.33
19	11.230	58.9	12.333	63.6	14.315	71.5	16.579	78.5	20.424	86.00	22.40	88.42
20	12.031	59.5	13.181	64.6	15.249	72.4	17.163	79.3	21.635	86.54	23.71	88.91

由表可见，在维持 B 一定的条件下，随着 n 的加大 A 不断增长。当 $n<3$ 时，A 随 n 的增长接近指数规律；当 $n>6$ 时，则接近线性关系。在 B 一定的条件下，η 随着 n 的加大而增长，但在 $n>8$ 之后增长已很慢。因此，同一基站的共用信道数不宜过多。

4. 用户忙时的话务量与用户数

以上都是以全网的流入话务量 A 来计算的，那么究竟这些流入话务量可以容纳多少用户的通信业务呢？这需要根据每个用户的话务量多少来决定。每个用户在 24 小时内的话务量分布是不均匀的，网络设计应按最忙时的话务量来进行计算。最忙 1 小时内的话务量与全天话务量之比称为集中系数，用 k 表示，一般 $k=10\%\sim15\%$。每个用户的忙时话务量需

用统计的办法确定。设通信网中每一用户每天平均呼叫次数为C(次/天)，每次呼叫的平均占用信道时间为T(秒/次)，集中系数为k，则每用户的忙时话务量为

$$a = C \cdot T \cdot k \cdot \frac{1}{3600} \tag{5-11}$$

例如，$C=3$(次/天)，$T=120$(秒/次)，$k=10\%$，则用上式可算得$a=0.01$(爱尔兰/用户)。国外资料表明，公用移动通信网可按$a=0.01$设计，专业移动通信网可按$a=0.05$设计。由于电话使用的习惯不同，国内的用户忙时话务量一般会超过上述数据不少，建议公用移动通信网按$a=0.02\sim0.03$设计，专业移动通信网按$a=0.08$设计。

在用户的忙时话务量a确定之后，每个信道所能容纳的用户数m就不难计算：

$$m = \frac{A/n}{a} = \frac{\frac{A}{n} \cdot 3600}{C \cdot T \cdot k} \tag{5-12}$$

全网的用户数为$m \cdot n$。

以$a=0.01$(爱尔兰/用户)计算出每信道的用户数如表5-3所示(若a值不同，则需另行计算)。

表5-3 用户数的计算($a=0.01$)

B \ m \ n	1	2	3	4	5	6	7	8	9	10	11	12
5%	5	19	30	38	44	49	53	57	60	62	64	66
10%	11	30	42	57	58	63	67	70	73	75	77	79
20%	25	50	64	74	80	85	89	92	95	97	99	100

由表5-3可见，在确定共用信道数n的条件下，若允许降低服务等级(即加大呼损率B)，就可容纳更多的用户。如$n=8$，为保证$B=5\%$，全网只能容纳$57\times8=456$个用户；若将B提高到20%，全网就可容纳$92\times8=736$个用户了。这就是通信网设计时要折中考虑的问题。

5. 空闲信道的选取

移动通信网中，在基站控制的小区内有n个无线信道提供给$n\times m$个移动用户共同使用。那么，当某一用户需要通信而发出呼叫时，怎样从这n个信道中选取一个空闲信道呢？

空闲信道的选取方式主要可以分为两类：一类是专用呼叫信道方式(或称“共用信令信道”方式)；另一类是标明空闲信道方式。

(1) 专用呼叫信道方式。这种方式是指在网中设置专门的呼叫信道，专用于处理用户的呼叫。移动用户只要不在通话时就停在专用呼叫信道上守候。当移动用户要发起呼叫时，就在上行专用呼叫信道发出呼叫请求信号，基站收到请求后，在下行专用呼叫信道给主叫的移动用户指定当前的空闲信道，移动台根据指令转入空闲信道通话，通话结束后再自动返回到专用呼叫信道守候。当移动台被叫时，基站在专用呼叫信道上发出选呼信号，被呼移动台应答后即按基站的指令转入某一空闲话音信道进行通信。这种方式的优点是处理呼叫的速度快；但是，若用户数和共用信道数不多，则专用呼叫信道处理呼叫并不繁忙，它又不能用于通话，利用率不高。因此，这种方式适用于大容量的移动通信网，是公用移

动电话网所用的主要方式。我国规定 900 MHz 蜂窝移动电话网就采用这种方式。

(2) 标明空闲信道方式。标明空闲信道方式可分为"循环定位"、"循环不定位"、"标明多个空闲信道的循环分散定位"和"标明多个空闲信道的循环不定位"等多种方法。

① 循环定位。这种方式不设置专门的呼叫信道，所有的信道都可供通话，选择呼叫与通话可在同一信道上进行。基站在某一空闲信道上发出空闲信号，所有未在通话的移动台都自动地对所有信道进行循环扫描，一旦在某一信道上收到空闲信号，就定位在这个信道上守候。所有呼叫都在这个标定的空闲信道上进行。当这个信道被某一移动台占用之后，基站就转往另一空闲信道发出空闲信号。如果基站的全部信道被占用，基站就停发空闲信号，所有未在通话的移动台就不停地循环扫描，直到出现空闲信道，收到空闲信号才定位在该信道上。

当移动台被呼时，基站在标有空闲标志的空闲信道上发出选呼信号。所有定位在此空闲信道上的移动台都可收到这个选呼信号，在与本机的号码核对之后，若判定为呼叫本机即发出应答信号。基站在收到应答信号之后，立即将这个信道分配给被呼叫的移动台占用，另选一个空闲信道发空闲标志。其他移动台发现原定位的空闲信道已被占用，立即进行循环扫描，搜索新的标有空闲标志的空闲信道。

这种方式中，所有信道都可用于通话，信道的利用率高。此外，由于所有空闲的移动台都定位在同一个空闲信道上，因而不论移动台主呼或被呼都能立即进行，处理呼叫快。但是，正因为所有空闲移动台都定位在同一空闲信道上，它们之中有两个以上用户同时发起呼叫的概率(称同抢概率)也较大，即容易发生冲突，因此，这种方式只适用于小容量的通信网。

② 循环不定位方式。为减小同抢概率，移动台循环扫描而不定位应该是有利的。采用该方式时，基站在所有的空闲信道上都发出空闲标志信号，不通话的移动台始终处于循环扫描状态。当移动台主呼时，首先遇到任何一个空闲信道就立即占用。由于预先设置各移动台对信道扫描的顺序不同，两个移动台同时发出呼叫，又同时占用同一空闲信道的概率很小，这就有效地减小了同抢概率。只不过要主呼时不能立刻进行，要先搜索空闲信道，搜索到并定位之后才能发出呼叫，时间上稍微慢了一点。当移动台被呼时，由于各移动台都在循环扫描，无法接收基站的选呼信号。因此，基站必须先在某一空闲信道上发一个保持信号，指令所有循环扫描中的移动台都自动地对这个标有保持信号的空闲信道锁定。保持信号需持续一段时间，在等到所有空闲移动台都对它锁定之后，再改发选呼信号。被呼移动台对选呼信号应答，即占用此信道通信。其他移动台识别不是呼叫自己，立即释放此信道，重新进入循环扫描。

这种方式减小了同抢概率，但因移动台主呼时要先搜索空闲信道，被呼时要先锁定保持信号，这都占用了时间，所以建立呼叫就慢了。

我国通信体制规定，小容量移动电话网可采用标明空闲信道方式，也可采用共用信令信道方式。

5.2.2 时分多址(TDMA)

时分多址是指把时间分割成周期性的帧，每一帧再分割成若干个时隙(无论帧或时隙都是互不重叠的)。在频分双工(FDD)方式中，上行链路和下行链路的帧分别在不同的频率上。在时分双工(TDD)方式中，上、下行帧都在相同的频率上。TDD 的方式如图 5-2 所示。各个移动台在上行帧内只能按指定的时隙向基站发送信号。为了保证在不同传播时延情况下，各移动台到达基站处的信号不会重叠，通常上行时隙内必须有保护间隔，在该间隔内不传送信号。基站按顺序安排在预定的时隙中向各移动台发送信息。

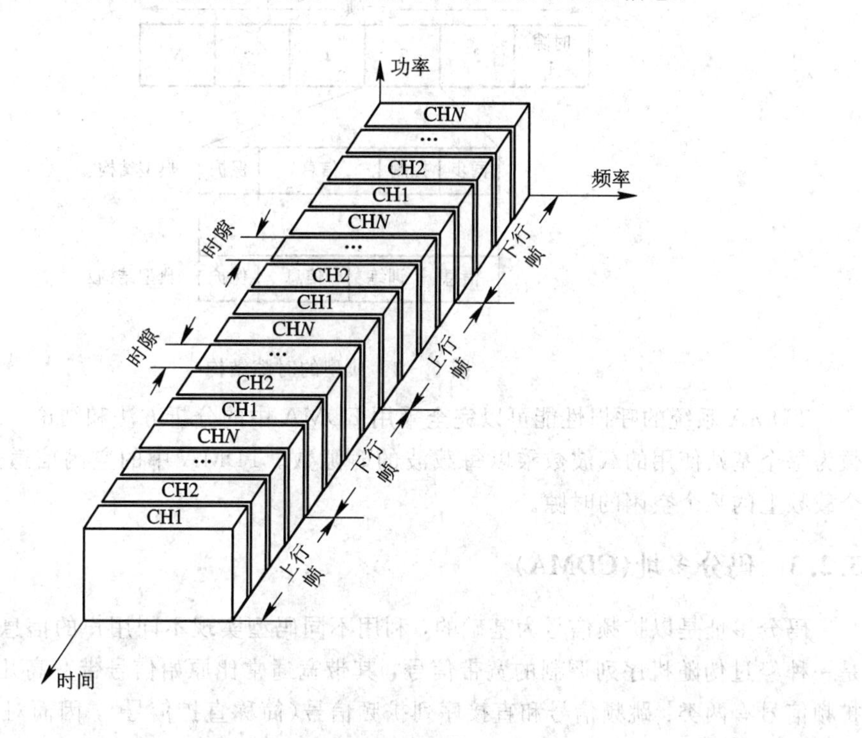

图 5-2 TDMA 示意图

不同通信系统的帧长度和帧结构是不一样的。典型的帧长在几毫秒到几十毫秒之间。例如：GSM 系统的帧长为 4.6 ms(每帧 8 个时隙)，DECT 系统的帧长为 10 ms(每帧 24 个时隙)，PACS 系统的帧长为 2.5 ms(每帧 8 个时隙)。TDMA 系统既可以采用频分双工(FDD)方式，也可以采用时分双工(TDD)方式。在 FDD 方式中，上行链路和下行链路的帧结构既可以相同，也可以不同。在 TDD 方式中，通常将在某频率上一帧中一半的时隙用于移动台发，另一半的时隙用于移动台接收；收、发工作在相同频率上。

在 TDMA 系统中，每帧中的时隙结构(或称为突发结构)的设计通常要考虑三个主要问题：一是控制和信令信息的传输；二是信道多径的影响；三是系统的同步。

为了解决上述问题，采取以下四方面的主要措施：一是在每个时隙中，专门划出部分比特用于控制和信令信息的传输。二是为了便于接收端利用均衡器来克服多径引起的码间干扰，在时隙中要插入自适应均衡器所需的训练序列。训练序列对接收端来说是确知的，接收端根据训练序列的解调结果，就可以估计出信道的冲击响应，根据该响应就可以预置均衡器的抽头系数，从而可消除码间干扰对整个时隙的影响。三是在上行链路的每个时隙中要留出一定的保护间隔(即不传输任何信号)，即每个时隙中传输信号的时间要小于时隙长度。这样可以克服因移动台至基站距离的随机变化，而引起移动台发出的信号到达基站接收机时刻的随机变化，从而保证不同移动台发出的信号，在基站处都能落在规定的时隙内，而不会出现相互重叠的现象。四是为了便于接收端的同步，在每个时隙中还要传输同步序列。同步序列和训练序列可以分开传输，也可以合二为一。

两种典型的时隙结构如图 5-3 所示。

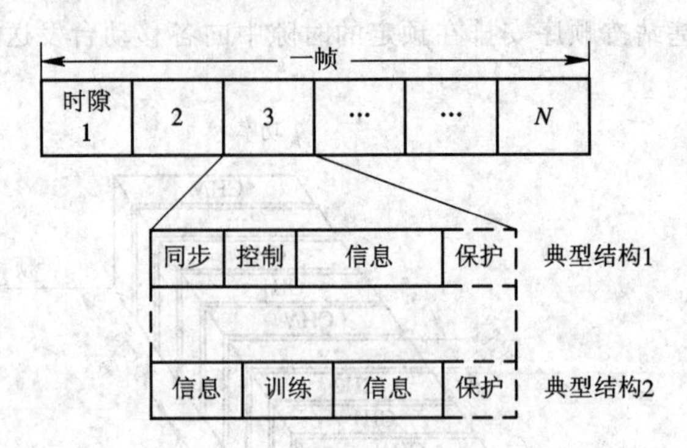

图 5-3　典型的时隙结构

TDMA 系统的呼损性能可以完全采用 FDMA 中的分析方法和结论。TDMA 中的信道数为每个基站使用的载波数乘以每载波的时隙数。TDMA 中的空闲信道选取是指选择某个载频上的某个空闲的时隙。

5.2.3　码分多址(CDMA)

码分多址是以扩频信号为基础的，利用不同码型实现不同用户的信息传输。扩频信号是一种经过伪随机序列调制的宽带信号，其带宽通常比原始信号带宽高几个量级。常用的扩频信号有两类：跳频信号和直接序列扩频信号(简称直扩信号)，因而对应的多址方式为跳频码分多址(FH-CDMA)和直扩码分多址(DS-CDMA)。

1. FH-CDMA

在 FH-CDMA 系统中，每个用户根据各自的伪随机(PN)序列，动态改变其已调信号的中心频率。各用户的中心频率可在给定的系统带宽内随机改变，该系统带宽通常要比各用户已调信号(如 FM、FSK、BPSK 等)的带宽宽得多。FH-CDMA 类似于 FDMA，但使用的频道是动态变化的。FH-CDMA 中各用户使用的频率序列要求相互正交(或准正交)，即在一个 PN 序列周期对应的时间区间内，各用户使用的频率在任一时刻都不相同(或相同的概率非常小)，如图 5-4(a)所示。

2. DS-CDMA

在 DS-CDMA 系统中，所有用户工作在相同的中心频率上，输入数据序列与 PN 序列相乘得到宽带信号。不同的用户(或信道)使用不同的 PN 序列。这些 PN 序列(或码字)相互正交，从而可像 FDMA 和 TDMA 系统中利用频率和时隙区分不同用户一样，利用 PN 序列(或码字)来区分不同的用户，如图 5-4(b)所示。

在 DS-CDMA 系统中，既可以利用完全正交的码序列来区别不同的信道，也可以利用准正交的 PN 序列来区别不同的用户(或信道)。

常用的正交序列为 Walsh 序列。例如，在码序列长度为 64 的情况下，可以有 64 个正交序列，用 W_0，W_1，…，W_{63}表示，这样就可以有 64 个逻辑信道。使用正交序列时，要求

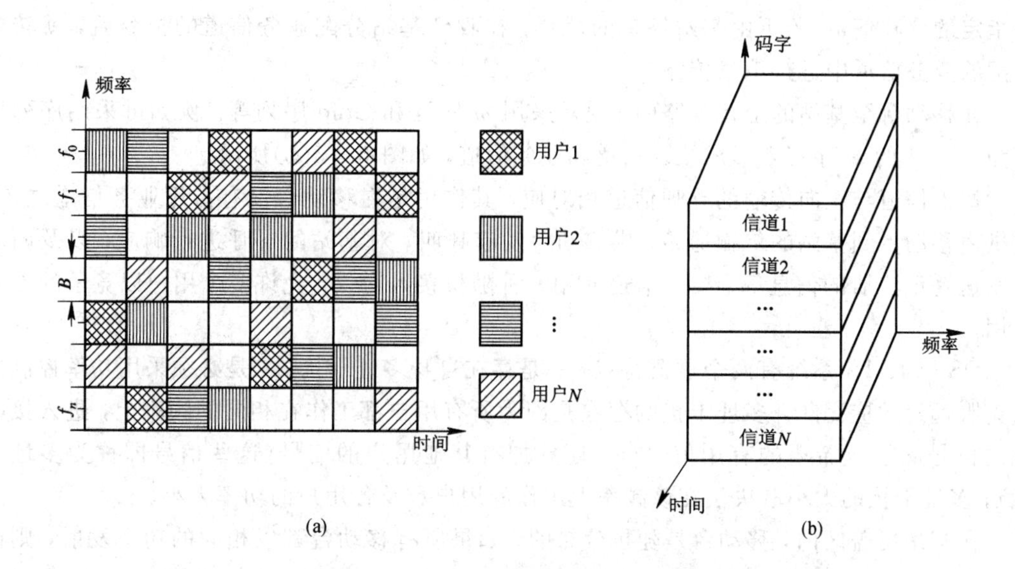

图 5-4 FH-CDMA 和 DS-CDMA 示意图

(a) FH-CDMA；(b) DS-CDMA

各个序列之间完全同步，因而它通常用于基站到移动台的下行链路，如图 5-5(a)所示。在下行链路的逻辑信道中，除了业务信道用于传输业务信息外，还有控制信道。控制信道包括导频信道、同步信道及寻呼信道。

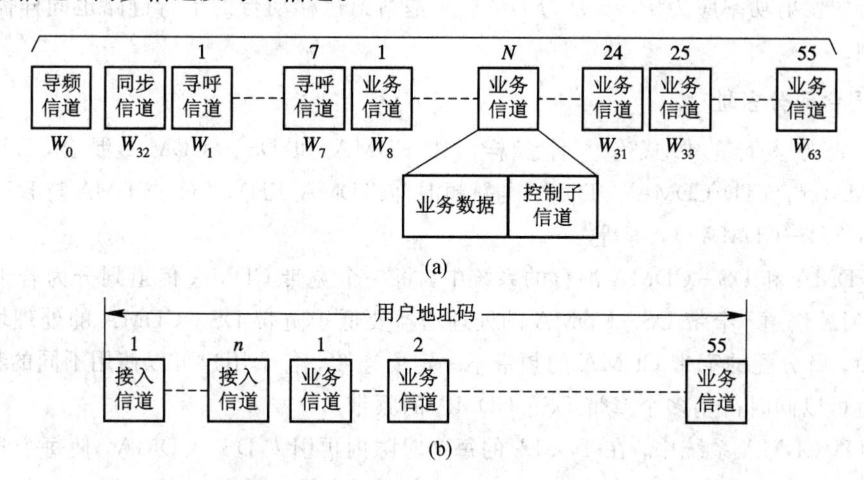

图 5-5 DS-CDMA 系统逻辑信道示意图

(a) 基站到移动台的下行链路；(b) 基站到移动台的上行链路

导频信道用于传送导频信息，由基站连续不断地发送一种直接序列扩频信号，供移动台从中获得前向信道的定时和提取相干载波以进行相干解调，并可通过对导频信号强度进行检测，以比较相邻基站的信号强度和决定什么时候需要进行越区切换。为了保证载波检测和提取的可靠性，导频信号的电平可以高于其他信号的电平。同步信道用于传送同步信息，在基站覆盖的通信范围内，各移动台可利用这种信息进行同步捕获。寻呼信道供基站在呼叫建立阶段传输控制信息。通常，移动台在建立同步后，就选择一个寻呼信道(或在基站指定的寻呼信道)监听由基站发来的信令，在收到基站分配业务信道的指令后，就转入指配的业务信道中进行信息传输。

在移动台至基站的上行链路中，通常采用 m 序列和 Gold 序列等。例如可采用序列周期为 $2^{42}-1$ 的 m 序列来形成接入信道和业务信道，如图 5-5(b)所示。

接入信道与正向传输的寻呼信道相对应，其作用是在移动台没有占用业务信道之前，提供由移动台到基站的传输通路，供移动台发起呼叫，对基站的寻呼进行响应，以及向基站发送登记注册的信息等。接入信道使用一种随机接入协议，允许多个用户以竞争的方式占用。

DS-CDMA 系统有两个重要特点：一是存在自身多址干扰；二是必须采用功率控制方法克服远近效应。自身多址干扰的存在是因为所有用户都工作在相同的频率上，进入接收机的信号除了所希望的有用信号外，还叠加有其他用户的信号(这些信号即称为多址干扰)。多址干扰的大小取决于在该频率上工作的用户数及各用户的功率大小。

在基站覆盖区内，移动台是随机分布的。如果所有移动台都以相同的功率发射，则由于移动台到基站的距离不同，在基站接收到的各用户的信号电平会相差甚远，这就会导致强信号抑制弱信号的接收，即所谓的“远近效应”。为了克服这一现象，使系统的容量最大，就要通过功率控制的方法，调整各用户的发送功率，使得所有用户信号到达基站的电平都相等。该电平的大小只要刚好达到满足信号干扰比要求的门限电平即可。在理想情况下，设门限信号功率为 P_r，移动台到基站的传输损耗为 $L(d)$(它是距离 d 和传播环境的函数)，则移动台的发射功率应为 $P_t = P_r/L(d)$ 。从基站到达移动台的下行链路也同样需要进行功率控制。

3. 混合码分多址

混合码分多址的形式有多种多样，如 FDMA 和 DS-CDMA 混合，TDMA 与 DS-CDMA 混合(TD/CDMA)，TDMA 与跳频混合(TDMA/FH)，FH-CDMA 与 DS-CDMA 混合(DS/FH-CDMA))，等等。

在 FDMA 和 DS-CDMA 混合的系统中，将一个宽带 CDMA 信道划分为若干个窄带 DS-CDMA 信道。窄带 DS-CDMA 的处理增益要低于宽带 DS-CDMA 的处理增益。在该系统中，所分配的窄带 CDMA 的频带不一定要连续，各个用户可以使用不同的频带，每个用户也可以同时占用多个窄带 DS-CDMA 的频带。

在 TD/CDMA 系统中，在 TDMA 的每个时隙内再引入 DS-CDMA，使每个时隙同时可传输多个用户的信息。每个时隙的 DS-CDMA 用户数和扩频增益通常大大小于直接采用 DS-CDMA 的系统。例如，在欧洲移动通信系统标准(GSM)的帧结构上，每个时隙扩展 16 倍，同时传输 8 个用户的信息。接收端可采用联合检测法同时检测 8 个用户的信息。TD/CDMA 的优点是减少了多址干扰和降低了接收机的复杂性。

在 TDMA/FH 系统中，每个 TDMA 时隙的载频是随机跳变的。每一帧改变一次工作频率。该技术已应用于 GSM 系统中，它可以有效地克服严重的同道干扰和多径衰落。

在 DS/FH-CDMA 中，DS-CDMA 的中心频率按照一个 PN 序列随机跳变。由于各个用户的中心频率不同，从而可以克服 DS-CDMA 中的远近效应。但基站的跳频同步相对较难实现。

5.2.4 空分多址(SDMA)

空分多址通过空间的分割来区别不同的用户。在移动通信中，能实现空间分割的基本技术就是采用自适应阵列天线，在不同的用户方向上形成不同的波束，如图 5-6 所示。不同的波束可采用相同的频率和相同的多址方式，也可采用不同的频率和不同的多址方式。在极限情况下，自适应阵列天线具有极小的波束和无限快的跟踪速度，它可以实现最佳的 SDMA。此时，在每个小区内，每个波束可提供一个无其他用户干扰的唯一信道。采用窄波束天线可以有效地克服多径干扰和同道干扰。尽管上述理想情况是不可实现的，它需要无限多个阵元，但采用适当数目的阵元，也可以获得较大的系统增益。

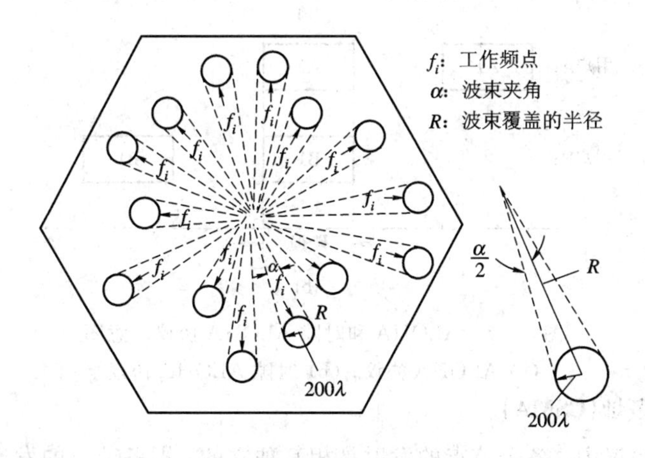

图 5-6 空分多址示意图

5.2.5 随机多址

1. ALOHA 协议和时隙 ALOHA

ALOHA 协议是一种最简单的数据分组传输协议。任何一个用户随时有数据分组要发送，就立刻接入信道进行发送。发送结束后，在相同的信道上或一个单独的反馈信道上等待应答。如果在一个给定的时间区间内，没有收到对方的认可应答，则重发刚发的数据分组。由于在同一信道上，多个用户独立随机地发送分组，就会出现多个分组发生碰撞的情况，碰撞的分组经过随机时延后重传。ALOHA 协议的示意图如图 5-7(a)所示。从图中可以看出，要使当前分组传输成功，必须在当前分组到达时刻的前后各一个分组长度内没有其他用户的分组到达，即易损区间为两倍的分组长度。

对于随机多址协议而言，其主要性能指标有两个：一是通过量(S)(指单位时间内平均成功传输的分组数)；二是每个分组的平均时延(D)。

假定分组的长度固定，信道传输速率恒定，到达信道的分组服从 Poisson 分布，则 ALOHA 协议的最大通过量 $S_{max}=1/2e=0.1839$。

为了改进 ALOHA 的性能，将时间轴分成时隙，时隙大小大于等于一个分组的长度，所有用户都同步在时隙开始时刻进行发送。该协议就称为时隙 ALOHA 协议，如图 5-7(b)所示。时隙 ALOHA 与 ALOHA 协议相比，将易损区间从 2 倍的分组长度减少到一个时隙，从而提高了系统的通过量。在到达分组服从 Poisson 分布的情况下，时隙 ALOHA 协议的最大通过量 $S_{max}=1/e=0.3679$。

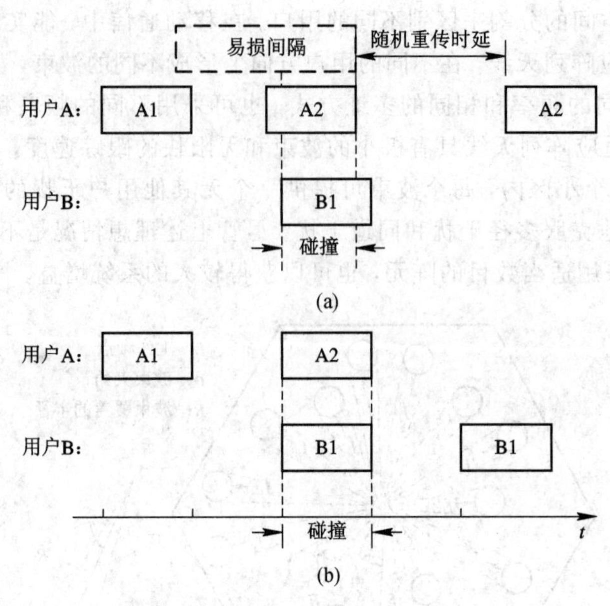

图 5-7　ALOHA 和时隙 ALOHA 协议示意图

(a) ALOHA 协议；(b) 时隙 ALOHA 协议

2. 载波侦听多址(CSMA)

在 ALOHA 协议中，各个节点的发射是相互独立的，即各节点的发送与否与信道状态无关。为了提高信道的通过量，减少碰撞概率，在 CSMA 协议中，每个节点在发送前，首先要侦听信道是否有分组在传输。若信道空闲(没有检测到载波)，才可以发送；若信道忙，则按照设定的准则推迟发送。

在 CSMA 协议中，影响系统的两个主要参数是检测时延和传播时延。检测时延是指接收机判断信道空闲与否所需的时间。假定检测时延和传播时延之和为 τ，如果某节点在 t 时刻开始发送一个分组，则在 $t+\tau$ 时刻以后所有节点都会检测到信道忙。因此只要在 $[t, t+\tau]$ 内没有其他用户发送，则该节点发送的分组将会成功传输，如图 5-8 所示。

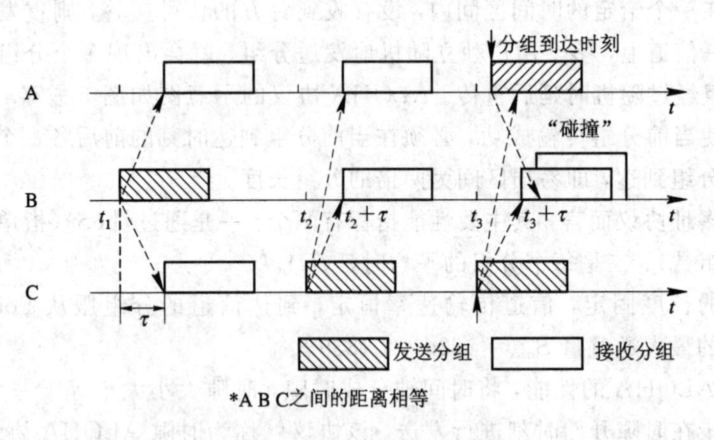

图 5-8　CSMA 协议示意图

当检测到信道忙时，有几种处理办法：一是暂时放弃检测信道，并等待一个随机时延，在新的时刻重新检测信道，直到检测到空闲信道，该协议称为非坚持 CSMA；二是坚持继续检测信道直至信道空闲，一旦信道空闲则以概率 1 发送分组，该协议称为 1-坚持 CSMA；三是继续检测信道直至信道空闲，此时以概率 p 发送分组，并以概率 $1-p$ 推迟发送，该协议称为 p-坚持 CSMA。

3. 预约随机多址

预约随机多址通常基于时分复用，即将时间轴分为重复的帧，每一帧分为若干时隙。当某用户有分组要发送时，可采用 ALOHA 的方式在空闲时隙上进行预约。如果预约成功，它将无碰撞地占用每一帧所预约的时隙，直至所有分组传输完毕。用于预约的时隙可以是一帧中固定的时隙，也可以是不固定的。预约时隙的大小可与信息传输时隙相同，也可以将一个时隙再分为若干个小时隙，每个小时隙供一个用户发送预约分组。

一个典型的预约随机多址协议称为分组预约多址(PRMA)。它是对 TDMA 的改进。PRMA 在 TDMA 的帧结构基础上，为每一个话音突发(或有声期)在 TDMA 帧中预约一个时隙(而不像 TDMA 那样，一路话音固定占用一个时隙，而不管该话路是否有话音要传输)。预约的方法是当一个话音突发到达时，该节点在一帧中寻找空闲时隙，并在空闲时隙上发送该突发的第一个分组，如果传输成功，则它就预约了后续帧中对应的时隙，直至该突发传输结束。

5.3　区域覆盖和信道配置

5.3.1　区域覆盖

在第 3 章中，我们知道传输损耗是随着距离的增加而增加的，并且与地形环境密切相关，因而移动台与基站之间的通信距离是有限的。例如：若基站天线高度为 70 m，工作频率为 450 MHz，天线增益为 8.7 dB，发射机功率为 25 W，移动台天线高度为 3 m，接收灵敏度为 −113 dBm，接收天线增益为 1.5 dB，则通信可靠性可达到 90% 的通信距离为 25 km。在 FDMA 系统中，通常每个信道有一部对应的收发信机。由于电磁兼容等因素的限制，在同一地点可同时工作的收发信机数目是有限制的(例如，小于 30 个)。因此，用单个基站覆盖一个服务区(通常称为大区制)可容纳的用户数是有限制的，无法满足大容量的要求。

为了使得服务区达到无缝覆盖，提高系统的容量，就需要采用多个基站来覆盖给定的服务区。(每个基站的覆盖区称为一个小区。)从理论上讲，我们可以给每个小区分配不同的频率，但这样需要大量的频率资源，且频谱利用率很低。为了减少对频率资源的需求和提高频谱利用率，我们需将相同的频率在相隔一定距离的小区中重复使用，只要使用相同频率的小区(同频小区)之间干扰足够小即可。

下面针对不同的服务区来讨论小区的结构和频率的分配方案。

1. 带状网

带状网主要用于覆盖公路、铁路、海岸等，如图 5-9 所示。

基站天线若用全向辐射，覆盖区形状是圆形的(图 5-9(b))。带状网宜采用有向天线，使每个小区呈扁圆形(图 5-9(a))。

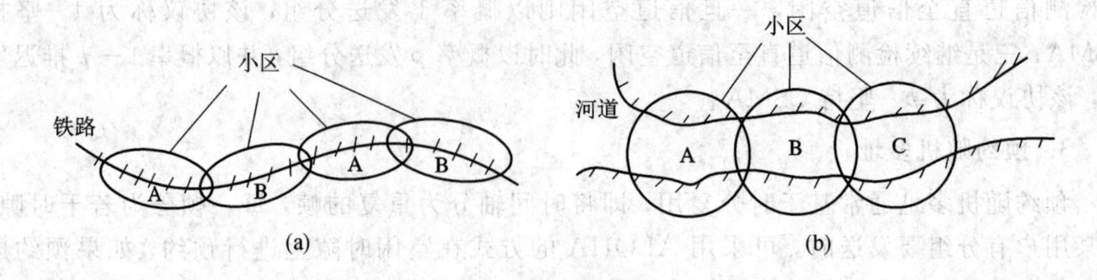

图 5-9 带状网

带状网可进行频率再用。若以采用不同信道的两个小区组成一个区群(在一个区群内各小区使用不同的频率，不同的区群可使用相同的频率)，如图 5-9(a)所示，称为双频制。若以采用不同信道的三个小区组成一个区群，如图 5-9(b)所示，称为三频制。从造价和频率资源的利用而言，当然双频制最好；但从抗同频道干扰而言，双频制最差，还应考虑多频制。

设 n 频制的带状网如图 5-10 所示。每一个小区的半径为 r，相邻小区的交叠宽度为 a，第 $n+1$ 区与第 1 区为同频道小区。据此，可算出信号传输距离 d_S 和同频道干扰传输距离 d_I 之比。若认为传输损耗近似与传输距离的四次方成正比，则在最不利的情况下可得到相应的干扰信号比见表 5-4。由表可见，双频制最多只能获得 19 dB 的同频干扰抑制比，这通常是不够的。

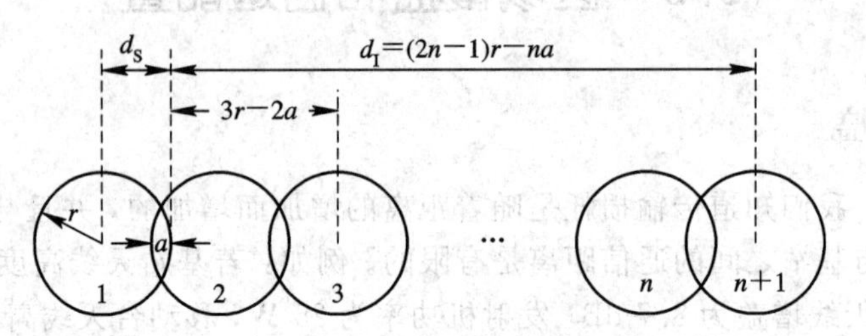

图 5-10 带状网的同频道干扰

表 5-4 带状网的同频干扰

		双频制	三频制	n 频制
d_S/d_I		$\frac{r}{3r-2a}$	$\frac{r}{5r-3a}$	$\frac{r}{(2n-1)r-na}$
I/S	$a=0$	−19 dB	−28 dB	$40\lg\frac{1}{2n-1}$
	$a=r$	0 dB	−12 dB	$40\lg\frac{1}{n-1}$

2. 蜂窝网

在平面区域内划分小区，通常组成蜂窝式的网络。在带状网中，小区呈线状排列，区群的组成和同频道小区距离的计算都比较方便；而在平面分布的蜂窝网中，这是一个比较复杂的问题。

(1) 小区的形状。全向天线辐射的覆盖区是个圆形。为了不留空隙地覆盖整个平面的服务区，一个个圆形辐射区之间一定含有很多的交叠。在考虑了交叠之后，实际上每个辐射区的有效覆盖区是一个多边形。根据交叠情况不同，有效覆盖区可为正三角形、正方形或正六边形，小区形状如图 5 - 11 所示。可以证明，要用正多边形无空隙、无重叠地覆盖一个平面的区域，可取的形状只有这三种。那么这三种形状中哪一种最好呢？在辐射半径 r 相同的条件下，计算出三种形状小区的邻区距离、小区面积、交叠区宽度和交叠区面积如表 5 - 5 所示。

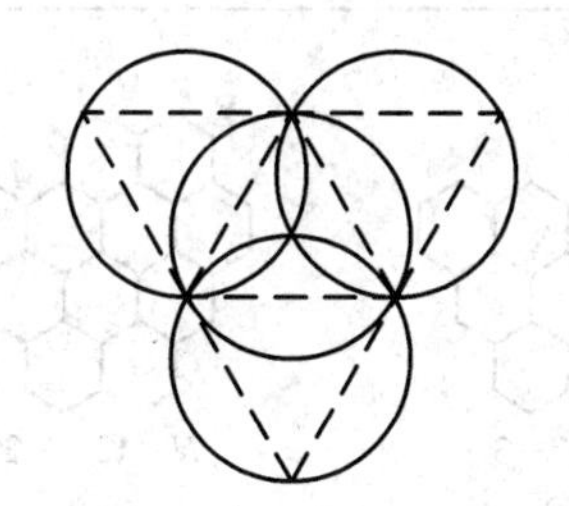
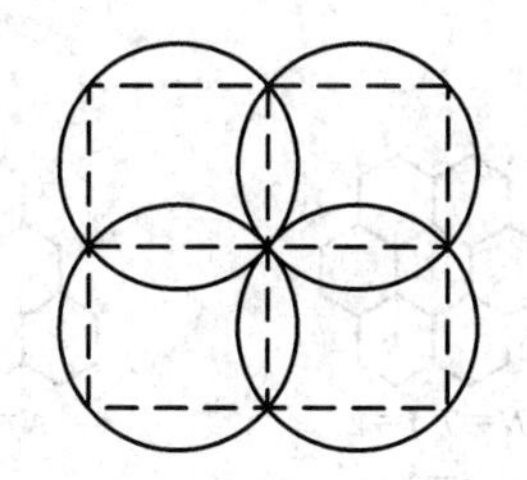

图 5 - 11 小区的形状

表 5 - 5 三种形状小区的比较

小区形状	正三角形	正方形	正六边形
邻区距离	r	$\sqrt{2}r$	$\sqrt{3}r$
小区面积	$1.3r^2$	$2r^2$	$2.6r^2$
交叠区宽度	r	$0.59r$	$0.27r$
交叠区面积	$1.2\pi r^2$	$0.73\pi r^2$	$0.35\pi r^2$

由表可见，在服务区面积一定的情况下，正六边形小区的形状最接近理想的圆形，用它覆盖整个服务区所需的基站数最少，也就最经济。正六边形构成的网络形同蜂窝，因此把小区形状为六边形的小区制移动通信网称为蜂窝网。

(2) 区群的组成。相邻小区显然不能用相同的信道。为了保证同信道小区之间有足够的距离，附近的若干小区都不能用相同的信道。这些不同信道的小区组成一个区群，只有不同区群的小区才能进行信道再用。

区群的组成应满足两个条件：一是区群之间可以邻接，且无空隙无重叠地进行覆盖；二是邻接之后的区群应保证各个相邻同信道小区之间的距离相等。满足上述条件的区群形状和区群内的小区数不是任意的。可以证明，区群内的小区数应满足式(5 - 13)：

$$N = i^2 + ij + j^2 \qquad (5-13)$$

式中，i，j 为正整数。由此可算出 N 的可能取值见表 5 - 6，相应的区群形状如图 5 - 12 所示。

表 5-6　群区小区数 N 的取值

j \ i （N）	0	1	2	3	4
1	1	3	7	13	21
2	4	7	12	19	28
3	9	13	19	27	37
4	16	21	28	37	48

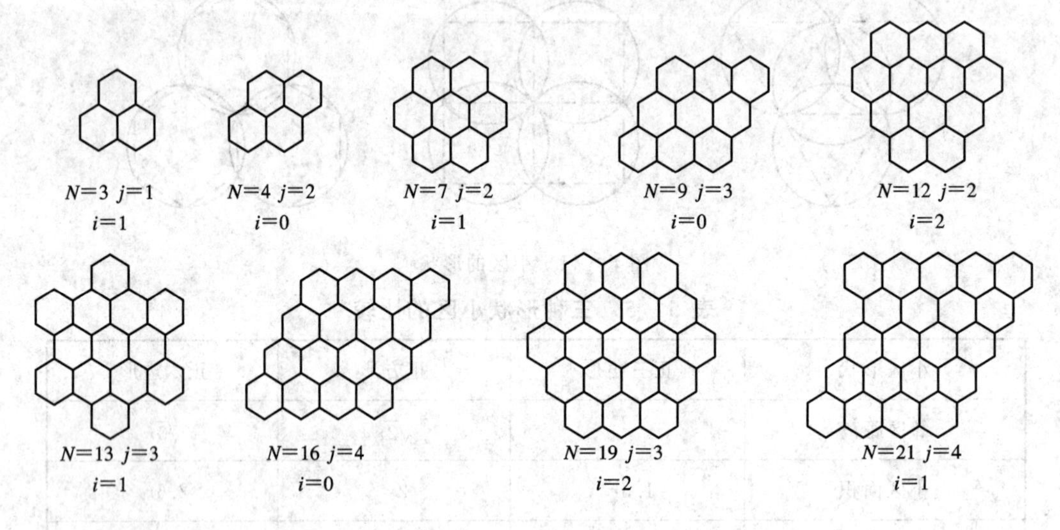

图 5-12　区群的组成

(3) 同频(信道)小区的距离。区群内小区数不同的情况下，可用下面的方法来确定同频(信道)小区的位置和距离。如图 5-13 所示，自某一小区 A 出发，先沿边的垂线方向跨 j 个小区，再向左(或向右)转 60°，再跨 i 个小区，这样就到达同信道小区 A。在正六边形的六个方向上，可以找到六个相邻同信道小区，所有 A 小区之间的距离都相等。

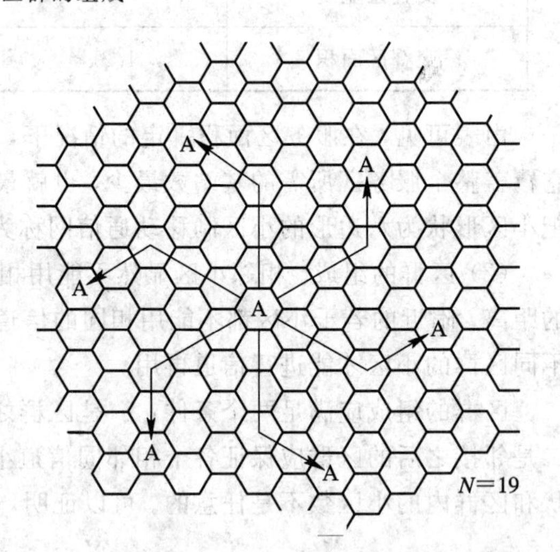

图 5-13　同信道小区的确定

设小区的辐射半径(即正六边形外接圆的半径)为 r，则从图 5-13 可以算出同信道小区中心之间的距离为

$$
\begin{aligned}
D &= \sqrt{3}r\sqrt{(j+i/2)^2+(\sqrt{3}i/2)^2} \\
&= \sqrt{3(i^2+ij+j^2)}\cdot r \\
&= \sqrt{3N}\cdot r
\end{aligned}
\tag{5-14}
$$

可见群内小区数 N 越大，同信道小区的距离就越远，抗同频干扰的性能也就越好。例

如：$N=3$，$D/r=3$；$N=7$，$D/r=4.6$；$N=19$，$D/r=7.55$。

(4) 中心激励与顶点激励。在每个小区中，基站可设在小区的中央，用全向天线形成圆形覆盖区，这就是所谓“中心激励”方式，如图 5 - 14(a)所示。也可以将基站设计在每个小区六边形的三个顶点上，每个基站采用三副 120°扇形辐射的定向天线，分别覆盖三个相邻小区的各三分之一区域，每个小区由三副 120°扇形天线共同覆盖，这就是所谓“顶点激励”方式，如图 5 - 14(b)所示。采用 120°的定向天线后，所接收的同频干扰功率仅为采用全向天线系统的 1/3，因此可以减少系统的同道干扰。另外，在不同地点采用多副定向天线可消除小区内障碍物的阴影区。

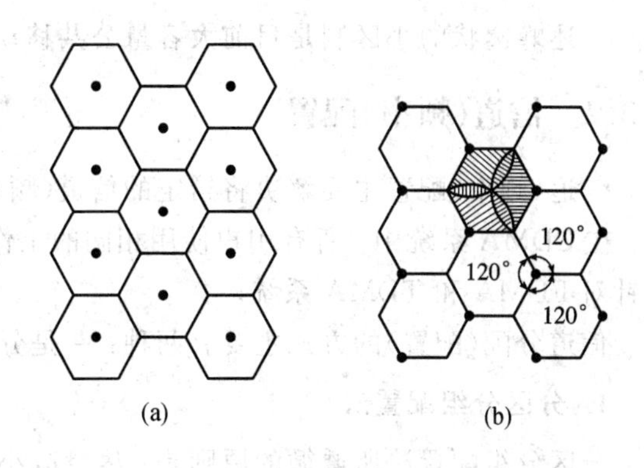

图 5 - 14 两种激励方式

(a) 中心激励；(b) 顶点激励

(5) 小区的分裂。在整个服务区中，每个小区的大小可以是相同的，这只能适应用户密度均匀的情况。事实上服务区内的用户密度是不均匀的，例如城市中心商业区的用户密度高，居民区和市郊区的用户密度低。为了适应这种情况，在用户密度高的市中心区可使小区的面积小一些，在用户密度低的市郊区可使小区的面积大一些，如图 5 - 15 所示。另外，对于已设置好的蜂窝通信网，随着城市建设的发展，原来的低用户密度区可能变成了高用户密度区，这时相应地在该地区设置新的基站，将小区面积划小。解决以上问题可用小区分裂的方法。

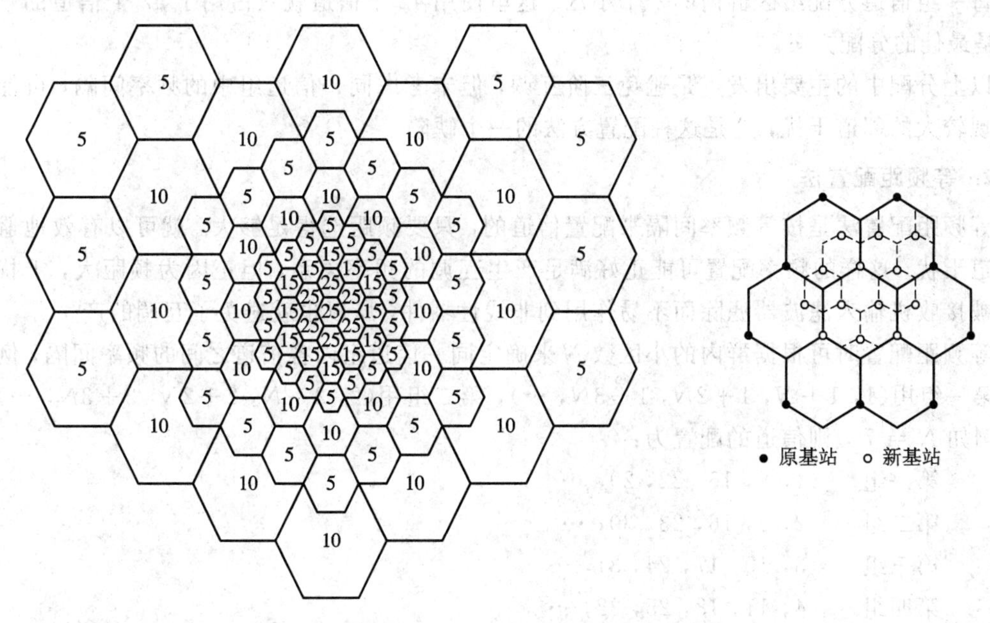

图 5 - 15 用户密度不等时的小区结构

图 5 - 16 小区分裂

以 120°扇形辐射的顶点激励为例，如图 5 - 16 所示，在原小区内分设三个发射功率更小一些的新基站，就可以形成几个面积更小些的正六边形小区，如图中虚线所示。

上述蜂窝状的小区制是目前大容量公共移动通信网的主要覆盖方式。

5.3.2 信道(频率)配置

信道(频率)配置主要解决将给定的信道(频率)如何分配给在一个区群的各个小区的问题。在CDMA系统中，所有用户使用相同的工作频率因而无需进行频率配置。频率配置主要针对FDMA和TDMA系统。

信道分配(配置)的方式主要有两种：一是分区分组配置法；二是等频距配置法。

1. 分区分组配置法

分区分组配置法所遵循的原则是：尽量减小占用的总频段，以提高频段的利用率；同一区群内不能使用相同的信道，以避免同频干扰；小区内采用无三阶互调的相容信道组，以避免互调干扰。现举例说明如下。

设给定的频段以等间隔划分为信道，按顺序分别标明各信道的号码为1，2，3，…。若每个区群有7个小区，每个小区需6个信道，按上述原则进行分配，可得到：

第一组　1，5，14，20，34，36
第二组　2，9，13，18，21，31
第三组　3，8，19，25，33，40
第四组　4，12，16，22，37，39
第五组　6，10，27，30，32，41
第六组　7，11，24，26，29，35
第七组　15，17，23，28，38，42

每一组信道分配给区群内的一个小区。这里使用42个信道就只占用了42个信道的频段，是最佳的分配方案。

以上分配中的主要出发点是避免三阶互调，但未考虑同一信道组中的频率间隔，可能会出现较大的邻道干扰，这是这种配置方法的一个缺陷。

2. 等频距配置法

等频距配置法是按等频率间隔来配置信道的，只要频距选得足够大，就可以有效地避免邻道干扰。这样的频率配置可能正好满足产生互调的频率关系，但正因为频距大，干扰易于被接收机输入滤波器滤除而不易作用到非线性器件，所以也就避免了互调的产生。

等频距配置时可根据群内的小区数 N 来确定同一信道组内各信道之间的频率间隔，例如，第一组用($1, 1+N, 1+2N, 1+3N, \cdots$)，第二组用($2, 2+N, 2+2N, 2+3N, \cdots$)等。例如 $N=7$，则信道的配置为：

第一组　1，8，15，22，29，…
第二组　2，9，16，23，30，…
第三组　3，10，17，24，31，…
第四组　4，11，18，25，32，…
第五组　5，12，19，26，33，…
第六组　6，13，20，27，34，…
第七组　7，14，21，28，35，…

这样同一信道组内的信道最小频率间隔为7个信道间隔。若信道间隔为25 kHz，则其最小频率间隔可达175 kHz。这样，接收机的输入滤波器便可有效地抑制邻道干扰和互调干扰。

如果是定向天线进行顶点激励的小区制，每个基站应配置三组信道，向三个方向辐射。例如 $N=7$，每个区群就需有21个信道组，整个区群内各基站信道组的分布如图5-17所示。

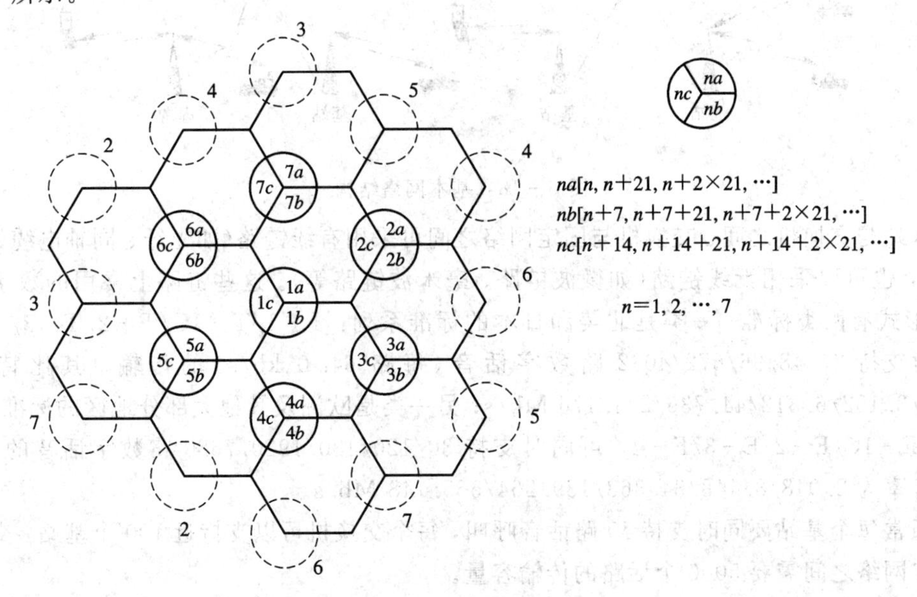

图5-17 三顶点激励的信道配置

以上讲的信道配置方法都是将某一组信道固定配置给某一基站，这只能适应移动台业务分布相对固定的情况。事实上，移动台业务的地理分布是经常会发生变化的，如早上从住宅区向商业区移动，傍晚又反向移动，发生交通事故或集会时又向某处集中。此时，某一小区业务量增大，原来配置的信道可能不够用了，而相邻小区业务量小，原来配置的信道可能有空闲，小区之间的信道又无法相互调剂，因此频率的利用率不高，这就是固定配置信道的缺陷。为了进一步提高频率利用率，使信道的配置能随移动通信业务量地理分布的变化而变化，有两种办法：一是“动态配置法”——随业务量的变化重新配置全部信道；二是“柔性配置法”——准备若干个信道，需要时提供给某个小区使用。前者如能理想地实现，频率利用率可提高20%～50%，但要及时算出新的配置方案，且能避免各类干扰，电台及天线共用器等装备也要能适应，这是十分困难的。后者控制比较简单，只要预留部分信道使各基站都能共用，即可应付局部业务量变化的情况，是一种比较实用的方法。

5.4 网络结构

5.4.1 基本网络结构

移动通信的基本网络结构如图5-18所示。基站通过传输链路和交换机相连，交换机再与固定的电信网络相连，这样就可形成移动用户↔基站↔交换机↔固定网络↔固定用户或移动用户↔基站↔交换机↔基站↔移动用户等不同情况的通信链路。

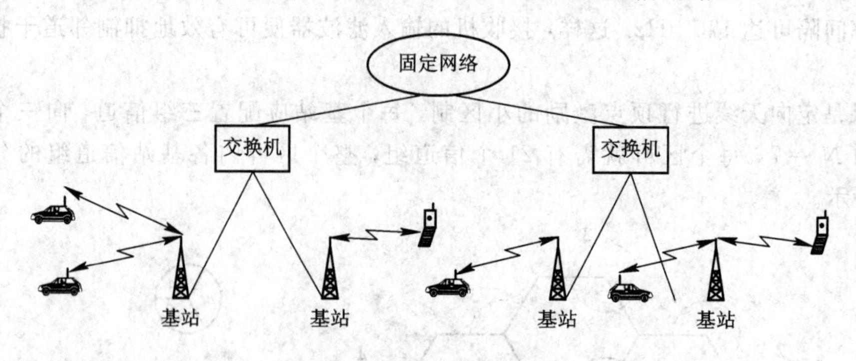

图 5-18　基本网络结构

基站与交换机之间、交换机与固定网络之间可采用有线链路(如光纤、同轴电缆、双绞线等)，也可以采用无线链路(如微波链路、毫米波链路等)。这些链路上常用的数字信号(DS)形式有两类标准。一类是北美和日本的标准系列：T-1/T-1C/T-2/T-3/T-4，可同时支持 24/48/96/672/4032 路数字话音(每路 64.0 kb/s)的传输，其比特率为 1.544/3.152/6.312/44.736/274.176 Mb/s；另一类是欧洲及其他大部分地区的标准系列：E-1/E-1C/E-2/E-3/E-4，可同时支持 30/120/480/1920/7680 路数字话音的传输，其比特率为 2.048/8.448/34.368/139.264/565.148 Mb/s。

通常每个基站要同时支持 50 路话音呼叫，每个交换机可以支持近 100 个基站，交换机到固定网络之间需要 5000 个话路的传输容量。

交换机的组成和基本原理如图 5-19 所示。交换机通常由交换网络(或称接续网络)、接口和控制系统组成。交换网络的作用是在控制系统的控制下，将任一输入线与输出线接通。它可以看成有 M 条入线和 N 条出线的网络，有 $M\times N$ 个交点，每个交点都可在控制系统的控制下连通和断开，如图 5-19(b) 所示。接口单元把来自用户线或中继线的各种不

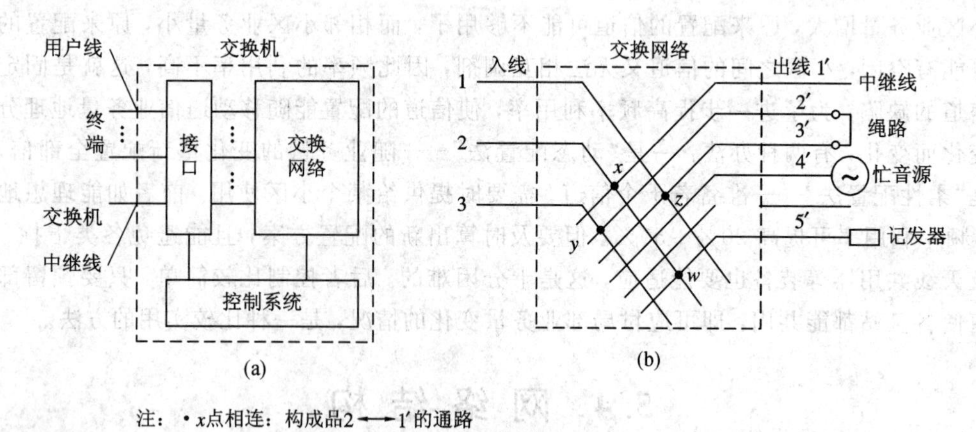

图 5-19　交换机的组成和基本原理
(a) 交换机的组成；(b) 交换机的基本原理

同的输入信令和消息转成统一的机内信令，以便控制单元或交换网络进行处理或接续。控制系统主要负责话路的接续控制，另外还负责通信网络的运行、管理和维护。

移动通信网络中使用的交换机通常称为移动交换中心(MSC)。它与常规交换机的不同之处是：MSC除了要完成常规交换机的所有功能外，它还负责移动性管理和无线资源管理(包括越区切换、漫游、用户位置登记管理等)。

在蜂窝移动网络中，为便于网络组织，将一个移动通信网分为若干个服务区，每个服务区又分为若干个MSC区，每个MSC区又分为若干个位置区，每个位置区由若干个基站小区组成。一个移动通信网由多少个服务区或多少个MSC区组成，这取决于移动通信网所覆盖地域的用户密度和地形地貌等。多个服务区的网络结构如图5-20所示。每个MSC(包括移动电话端局和移动汇接局)要与本地的市话汇接局、本地长途电话交换中心相连。MSC之间需互连互通才可以构成一个功能完善的网络。

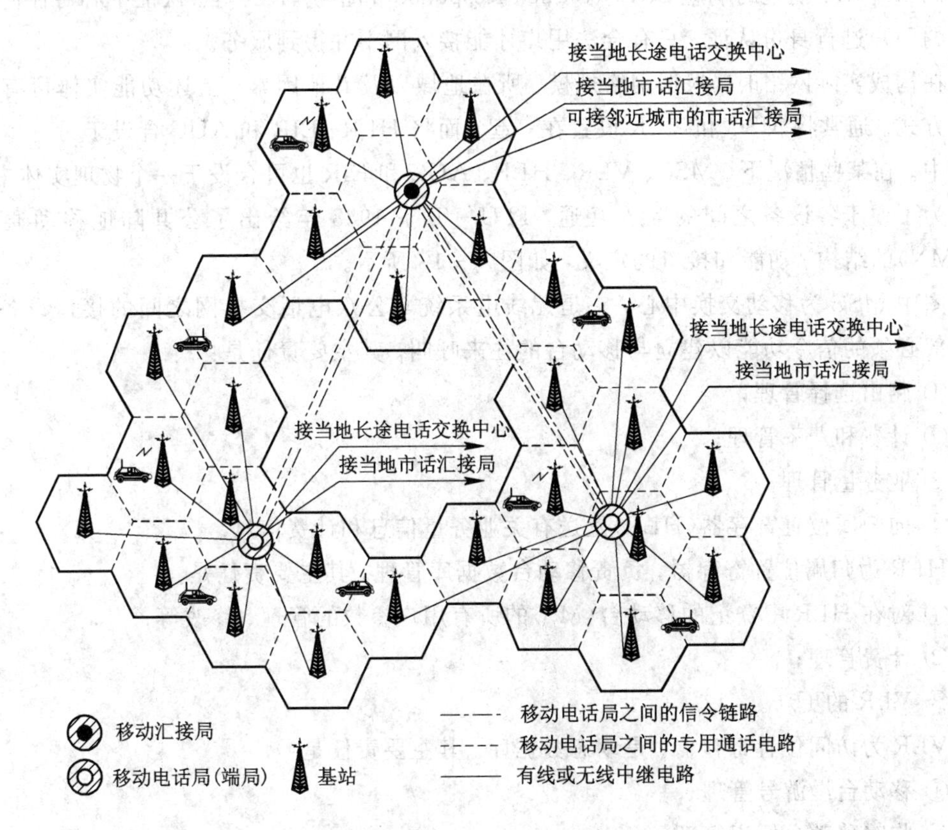

图5-20 多服务区的网络结构

5.4.2 数字蜂窝移动通信网的网络结构

在模拟蜂窝移动通信系统中，移动性管理和用户鉴权及认证都包括在MSC中。在数字移动通信系统中，将移动性管理、用户鉴权及认证从MSC中分离出来，设置原籍位置寄存器(HLR)和访问位置寄存器(VLR)来进行移动性管理，如图1-16所示。每个移动用户必须在HLR中注册。HLR中存储的用户信息分为两类：一类是有关用户的参数信息，例如用户类别，向用户提供的服务，用户的各种号码、识别码，以及用户的保密参数等。另一类是关于用户当前位置的信息，例如移动台漫游号码、VLR地址等，以及建立至移动台的呼叫路由。

访问位置寄存器(VLR)是存储用户位置信息的动态数据库。当漫游用户进入某个MSC区域时，必须向与该MSC相关的VLR登记，并被分配一个移动用户漫游号(MSRN)，在VLR中建立该用户的有关信息，其中包括移动用户识别码(MSI)、移动台漫游号(MSRN)、所在位置区的标志以及向用户提供的服务等参数，这些信息是从相应的HLR中传递过来的。MSC在处理入网和出网呼叫时需要查询VLR中的有关信息。一个VLR可以负责一个或若干个MSC区域。网络中设置认证中心(AUC)进行用户鉴权和认证。

认证中心是认证移动用户的身份以及产生相应认证参数的功能实体。这些参数包括随机号码RAND、期望的响应SRES(Signed Response)和密钥(KC)等。认证中心对任何试图入网的用户进行身份认证，只有合法用户才能接入网中并得到服务。

在构成实际网络时，根据网络规模、所在地域以及其他因素，上述功能实体可有各种配置方式。通常将MSC和VLR设置在一起，而将HLR、EIR和AUC合设于另一个物理实体中。在某些情况下，MSC、VLR、HLR、AUC和EIR也可合设于一个物理实体中。

为了便于各设备之间的互连互通，ITU-T于1988年给出了公共陆地移动通信网(PLMN)的结构、功能和接口的定义，如图1-17所示。

图中MSC为移动交换中心，它是无线电系统与公众电话交换网之间的接口设备，完成全部必须的信令功能以建立与移动台的往来呼叫。其主要责任是：

① 路由选择管理；

② 计费和费率管理；

③ 业务量管理；

④ 向归属位置寄存器(HLR)发送有关业务量信息和计费信息。

HLR为归属位置寄存器，负责移动台数据库管理。其主要责任是：

① 对在HLR中登记的移动台(MS)的所有用户参数的管理、修改等；

② 计费管理；

③ VLR的更新。

VLR为访问位置寄存器，是动态数据库。其主要责任是：

① 移动台漫游号管理；

② 临时移动台标识管理；

③ 访问的移动台用户管理；

④ HLR的更新；

⑤ 管理MSC区、位置区及基站区；

⑥ 管理无线信道(如信道分配表、动态信道分配管理、信道阻塞状态)。

图1-17中各接口的主要功能是：

(1) 人机接口(Sm接口)。Sm是用户与移动网之间的接口，在移动设备中包括键盘、液晶显示屏以及实现用户身份卡识别功能的部件。

(2) 移动台与基站之间的接口(Um 接口)。Um 是移动台与基站收发信机之间的无线接口，是移动通信网的主要接口。它包含信令接口和物理接口两方面的含义。无线接口的不同是数字移动网与模拟移动网的主要区别之一，也就是说，它们选用的无线接口标准不同。

(3) 基站与移动交换中心之间的接口(A 接口)。A 接口是网络中的重要接口，因为它连接着系统的两个重要组成部分：基站和移动交换中心。此接口所传递的信息主要有：基站管理、呼叫处理与移动特性管理等。

(4) 基站控制器(BSC)与基站收发信台(BTS)之间的接口(Abis 接口)。基站系统(BSS)包括 BSC 与 BTS 两部分，它们之间的接口称为 Abis 接口。此接口支持所有向用户提供的服务，并支持对 BTS 无线设备的控制和对无线资源的分配。

(5) 移动交换中心(MSC)与访问位置寄存器(VLR)之间的接口(B 接口)。VLR 是移动台在相应 MSC 控制区域内进行漫游时的定位和管理数据库。每当 MSC 需要知道某个移动台的当前位置时，就查询 VLR。当移动台启动与某个 MSC 有关的位置更新程序时，MSC 就会通知存储着有关信息的 VLR。同样，当用户使用特殊的附加业务或改变相关的业务信息时，MSC 也通知 VLR。需要时，相应的 HLR 也要更新。

(6) 移动交换中心(MSC)与归属位置寄存器(HLR)之间的接口(C 接口)。C 接口用于传递管理与路由选择的信息。呼叫结束时，相应的 MSC 向 HLR 发送计费信息。当固定网不能查询 HLR 以获得所需要的位置信息来建立至某个移动用户的呼叫时，有关的 GMSC(网关 MSC)就应查询此用户归属的 HLR，以获得被呼移动台漫游号码，并传递给固定网。

(7) 归属位置寄存器(HLR)与访问位置寄存器(VLR)之间的接口(D 接口)。D 接口用于有关移动台位置和用户管理的信息交换。为支持移动用户在整个服务区内发起或接收呼叫，两个位置寄存器间必须交换数据。VLR 通知 HLR 某个归属它的移动台的当前位置，并提供该移动台的漫游号码；HLR 向 VLR 发送支持对该移动台服务所需要的所有数据。当移动台漫游到另一个 VLR 服务区时，HLR 应通知原先为此移动台服务的 VLR 消除有关信息。当移动台使用附加业务，或者用户要求改变某些参数时，也要用 D 接口交换信息。

(8) 移动交换中心之间的接口(E 接口)。E 接口主要用于 MSC 之间交换有关越区切换的信息。当移动台在通话过程中从一个 MSC 服务区移动至另一个 MSC 服务区时，为维持连续通话，就要进行越区切换。此时，在相应 MSC 之间通过 E 接口交换在切换过程中所需的信息。

(9) 移动交换中心(MSC)与设备标识寄存器(EIR)之间的接口(F 接口)。F 接口用于在 MSC 与 EIR 之间交换有关移动设备管理的信息，例如国际移动设备识别码等。

(10) 访问位置寄存器 VLR 之间的接口(G 接口)。当某个移动台使用临时移动台标识号(TMSI)在新的 VLR 中登记时，G 接口用于在 VLR 之间交换有关信息。此接口还用于向分配 TMSI 的 VLR 检索此用户的国际移动用户识别码(IMSI)。

针对上述接口，不同的系统采用不同的信令接口协议，例如 GSM 系统中，各接口采用的协议为：Um(LAPDm)，Abis(LAPD，G703)，A(BSSAP/SCCP/MTP)，B、C、D 和 E(MAP/TCAP/SCCP/MTP)。在 IS－54 标准中，采用的网络标准为 IS－41，即在 B、C、D 和 E 等处使用 IS－41 MAP；A 接口可采用 TIA/EIA/IS－634 标准，也可采用基于 ISDN 的标准。具体接口的举例请见后面有关章节的叙述。

移动通信网的网络结构是随着技术的发展不断改进的。在模拟移动通信网中，没有专门的智能节点；在第二代数字移动通信网中，引入了HLR、VLR等智能节点；随着智能网(IN)技术的发展，第三代移动通信网将建立在更高级的智能平台上。未来的移动通信网的网络结构分为三个层次：最低层为通用信息接入网络，它能使人们利用各种空中接口标准，在不同的环境下(如室内、室外、卫星等)都能接入到网络中；其上是宽带信息传输网络(也称为核心交换网络)，它既能有效地运载大量用户的多种类型、多种速率的业务和高效地处理高密度的、高移动的用户呼叫，同时还能运载和处理大量的用户移动性管理等的控制和管理负荷；最高层为业务管理(控制)网络，它不仅能够提供现有网络业务的管理，还可以为用户提供生成自行设计新业务的能力以及在网络中迅速引入这些新业务的能力。此外，还有两个支持网络：一个是智能信令控制网络，它提供用户和网络之间的虚电路/信道的连接和同步、智能路由和特殊的网络业务功能；另一个是统一的网络管理，它提供全网的运行、维护和管理，它对保证服务质量和无线资源的最佳监测和使用是必需的。

本节叙述的网络结构属于集中式控制网络，也可以采用分布式控制；交换网络可以是电路交换网络，也可以是分组交换网络。

5.5 信　令

在移动通信网中，除了传输用户信息(如话音信息)之外，为使全网有秩序地工作，还必须在正常通话的前后和过程中传输很多其他的控制信号，诸如一般电话网中必不可少的摘机、挂机、空闲音、忙音、拨号、振铃、回铃以及无线通信网中所需的频道分配、用户登记与管理、呼叫与应答、越区切换和发射机功率控制等信号。这些和通信有关的一系列控制信号统称为信令。

信令不同于用户信息，用户信息是直接通过通信网络由发信者传输到收信者的，而信令通常需要在通信网络的不同环节(基站、移动台和移动控制交换中心等)之间传输，经各环节进行分析处理并通过交互作用而形成一系列的操作和控制，其作用是保证用户信息有效且可靠地传输。因此，信令可看作是整个通信网络的神经中枢，其性能在很大程度上决定了一个通信网络为用户提供服务的能力和质量。

严格地讲，信令是这样一个系统，它允许程控交换、网络数据库、网络中其他“智能”节点交换下列有关信息：呼叫建立、监控(Supervision)、拆除(Teardown)、分布式应用进程所需的信息(进程之间的询问/响应或用户到用户的数据)、网络管理信息。

信令分为两种：一种是用户到网络节点间的信令(称为接入信令)；另一种是网络节点之间的信令(称为网络信令)。在ISDN网中，接入信令称为1号数字用户信令系统(DDS1)；在移动通信中，接入信令是指移动台到基站之间的信令。网络信令称为7号信令系统(SS7)。

5.5.1 接入信令(移动台至基站之间的信令)

在第1章图1-18中，我们可以看到：第三层包括三个模块：连接管理、移动管理和无线资源管理。它们产生的信令，经过数据链路层和物理层进行传输。根据空中接口标准的不同，物理信道中传输信令的方式有多种形式。有的设有专用控制信道，有的不设专用控制信道。前者适用于大容量的公用通信网，后者适用于小容量的专用网络。但是，因为在通信过程中需要对状态进行检测以便进行功率控制、越区切换控制等，所以即使是设置了专用控制信道，有的信令还必须由话音信道传输，这些可称为随路信令。

按信号形式的不同，信令又可分为数字信令和音频信令两类。由于数字信令具有速度快、容量大、可靠性高等一系列明显的优点，它已成为目前公用移动通信网中采用的主要形式。不同的移动通信网络，其信令系统各具特色，下面几章将对几个典型系统的数字信令做具体的介绍。这里只介绍典型的数字信令格式。模拟信令的形式很多，它们仍在一些模拟移动通信系统中被广泛采用，这里也做简要的介绍。

1. 数字信令

随着移动通信网容量的扩大以及微电子技术的发展，从需求和可能两方面都促进了数字信令的发展，有逐步取代模拟音频信令的趋势。特别在大容量的移动通信网中，目前已广泛使用了数字信令。数字信令传输速度快，组码数量大，电路便于集成化，可以促进设备小型化且降低成本。需要注意的是，在移动信道中传输数字信令，除需要窄带调制和同步之外，还必须解决可靠传输的问题。因为在信道中遇到干扰之后，数字信号会发生错码，必须采用各种差错控制技术，如检错和纠错等，才能保证可靠的传输。

在传输数字信令时，为便于收端解码，要求数字信令按一定的格式编排。信令格式是多种多样的，不同通信系统的信令格式也各不相同。常用的信令格式如图 5 - 21 所示，它包括前置码(P)、字同步(SW)、地址或数据(A 或 D)、纠错码(SP)等四部分。

P	SW	A 或 D	SP

图 5 - 21　典型的数字信令格式

(1) 前置码(P)：前置码提供位同步信息，以确定每一码位的起始和终止时刻，以便接收端进行积分和判决。为便于提取位同步信息，前置码一般采用 1010……的交替码。接收端用锁相环路即可提取出位同步信息。

(2) 字同步码(SW)：字同步码用于确定信息(报文)的开始位，相当于时分制多路通信中的帧同步，因此也称为帧同步。适合作字同步的特殊码组很多，它们都具有尖锐的自相关函数，便于与随机的数字信息相区别。在接收时，可以在数字信号序列中识别出这些特殊码组的位置来实现字同步。最常用的是著名的巴克码。

(3) 地址或数据码(A 或 D)：通常包括控制、选呼、拨号等信令，各种系统都有其独特的规定。

(4) 纠错码(SP)：有时还称为监督码。不同的纠错编码有不同的检错和纠错能力。一般来说，监督位码元所占的比例越大，检(纠)错的能力就越强，但编码效率就越低。可见，纠错编码是以降低信息传输速率为代价来提高传输的可靠性的。移动通信中常用的纠错编码是奇偶校验码、汉明码、BCH 码和卷积码等。

基带数字信令常以二进制的 0 和 1 表示。在模拟移动通信中其码元速率一般在 $10^2 \sim 10^4$ b/s 范围内。为了在无线信道上传输这些信令，必须对载波进行调制。对于低速(小于几百b/s)数字信令，常用两次调制法，第一次调制采用 FSK 或 MSK。例如德国的 B_2 网中采用的 TEKAD 信令，其速率为 100 b/s，分别用 2070 Hz 代表“0”，1950 Hz 代表

"1"。经过一次调制后的数字信令，其频谱仍处在音频带内，因而可以和话音一样调制在载波上，在现有模拟移动通信的信道上传输，接收端检测也比较方便。

上述数字信令主要用于模拟移动通信系统。一个典型的用于 TACS 系统反向信道的信令格式如图 5-22 所示。图中由若干个字组成一条消息，每个字采用 BCH(48，36，5)进行纠错编码，然后重复 5 次，以提高消息传输的可靠性。

比特同步	字同步	数字色码	第一个字重复5次	第二个字重复5次	…	…
比特数：30	11	7	240	240	…	…

图 5-22 数字信令举例

在数字蜂窝系统中，均有严格的帧结构。例如，在 TDMA 系统的帧结构中，通常都有专门的时隙用于信令传输，或在每个时隙中设有专门的比特域用于信令传输。具体的信令传输格式将在后面各章中讨论。

2. 音频信令

音频信令是用不同的音频信号组成的。目前常用的有单音频信令、双音频信令和多音频信令等三种。这里给出几种常用的音频信令。

1) 带内单音频信令

用 0.3～3 kHz 范围内不同的单音作为信令的称为带内单音频信令。例如单频码(SFD)，它由 10 个带内单音组成，如表 5-7 所示。表中 F_1 至 F_8 用于选呼。基站发 F_9 表示信道忙，发 F_{10} 表示信道空闲。反过来，移动台发 F_{10} 表示信道忙，发 F_9 表示信道空闲。拨号信号为用 F_9 和 F_{10} 组成的 FSK 信号。

表 5-7 单 频 码 SFD

F_1	1124 Hz	F_6	1540 Hz
F_2	1200 Hz	F_7	1640 Hz
F_3	1275 Hz	F_8	1745 Hz
F_4	1355 Hz	F_9	1860 Hz
F_5	1446 Hz	F_{10}	2110 Hz

单音信令系统要求发端有多个不同频率的振荡器，收端有相应的选择性极好的滤波器，通常都用音叉振荡器和滤波器。这种信令的优点是抗衰落性能好，但每一单音必须持续 200 ms 左右，处理速度慢。

2) 带外亚音频信令

采用低于 300 Hz 的单音作信令。例如，用 67～250 Hz 间的 43 个频率点的单音可对 43 个移动台进行选台呼叫，也可进行群呼，一次呼叫时间为 4 s。通常要求频率准确度为 ±0.1%，稳定度为 ±0.01%，单音振幅为 $U_{pp}=4$ V，允许电平误差为 ±1 dB。

有一种用于选择呼叫接收机的音锁系统(CTCSS)用的就是亚音频信令。用户电台在接收期，若未收到有用信号，音锁系统起闭锁作用。只有当收到有用信号以及与本机相符的亚音频时，接收机的低频放大电路才被打开并进行正常接收。

例如，在美国电子工业协会(EIA)制定的CTCSS标准中，规定的两组频点分别为

EIA　A组：67.0，77.0，88.5，100.0，107.2，114.8，123.0，131.8，141.3，151.4，162.2，173.8，186.2，203.5，218.1，233.6，250.3 Hz

EIA　B组：71.9，82.5，94.8. 103.5，110.9，118.8，127.3，136.5，146.2，157.7，167.9，179.9，192.8，210.7，225.7，241.8 Hz

3）双音频拨号信令

拨号信令是移动台主叫时发往基站的信号，它应考虑与市话机有兼容性且适宜于在无线信道中传输，常用的方式有单音频脉冲、双音频脉冲、10中取1、5中取2以及4×3方式。

单音频脉冲方式是用拨号盘使2.3 kHz的单音按脉冲形式发送，虽然简单，但受干扰时易误动。双音频脉冲方式应用广泛，已比较成熟。10中取1是指用话带内的10个单音，每一单音代表一个十进制数。5中取2是指用话带内的5个单音，每次同时选发两个单音，共有 $C_5^2=10$ 种组合，代表0～9共10个数。

4×3方式就是市话网用户环路中用的双音多频(DTMF)方式，也是CCITT与我国国家标准中都推荐的用户多频信令。这种信令在与地面自动电话网衔接时不需译码转换，故为自动拨号的移动通信网普遍采用。它使用话带内的7个单音，将它们分为高音群和低音群。每次发送用高音群的一个单音和低音群的一个单音来代表一个十进制数。7个单音的分群以及它们组合所对应的码见表5-8。表中频率组成的排列与电话机拨号盘的排列相一致，使用十分方便。这种方式的优点是：每次发送的两个单音中，一个取自低音群，一个取自高音群，两者频差大，易于检出；与市话兼容，不需转换，传送速度快；设备简单，有国际通用的集成电路可用，性能可靠，成本低。此外，尚留有两个功能键“*”和“#”，可根据需要赋以其他功能。

表5-8　4×3方式的频率组成

高音群 / 低音群	1209 Hz	1336 Hz	1477 Hz
697 Hz	1	2	3
770 Hz	4	5	6
852 Hz	7	8	9
941 Hz	*	0	#

3. 信令传输协议

在数字蜂窝移动通信系统中，空中接口的信令分为三个层次，如图1-18所示。为了传输信令，物理层在物理信道上形成了许多逻辑信道，如广播信道(BCH)、随机接入信道(RACH)、接入允许信道(AGCH)和寻呼信道(PCH)等。这些逻辑信道按照一定的规则复接在物理层的具体帧的具体突发中。

在这些逻辑信道上传输链路层的信息。链路层信息帧的基本格式如图5-23所示，它包括地址段、控制字段、长度指示段、信息段和填充段。不同的信令可对这些字段进行取

舍。控制字段定义了帧的类型、命令或响应。

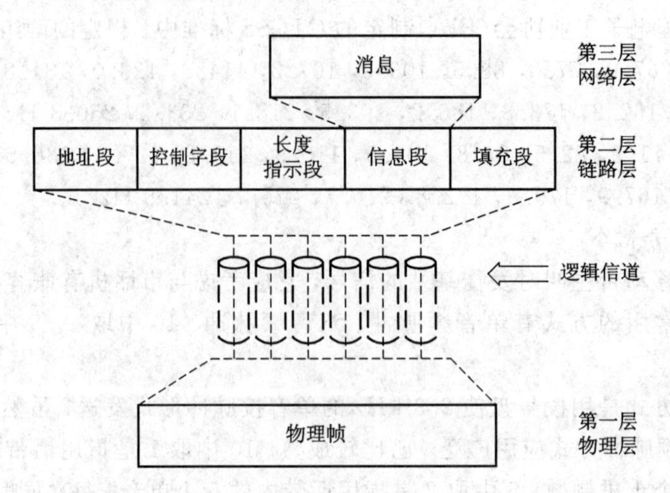

图 5－23 帧格式

在 GSM 系统中，链路层采用的是 LAPDm 协议(它是对 ISDN 中 LAPD 的改进)。它的控制字(共 8 个比特)如表 5－9 所示。表中给出了帧的类型、用途(命令或响应)及其基本含义(备注栏)。信息帧分为三类：I 帧、S 帧和 U 帧。

表 5－9 控制字的构成

	命令	响应	8 7 6	5	4 3 2 1	备 注
I 帧(信息传送)	I(信息)		N(R)	P	N(S) 0	信息帧
S 帧(监督)	RR	RR	N(R)	P/F	0 0 0 1	接收准备好
	RNR	RNR	N(R)	P/F	0 1 0 1	接收未准备好
	REJ	REJ	N(R)	P/F	1 0 0 1	拒绝
U 帧(无编号)	SABM		0 0 1	P	1 1 0 1	置异步平衡模式
		DM	0 0 0	F	1 1 1 1	非连接模式
	UI		0 0 0	P	0 0 1 1	无编号信息帧
	DISC		0 1 0	P	0 0 1 1	拆除逻辑链路
		UA	0 1 1	F	0 0 1 1	无编号应答帧

注：N(R)为接收机接收序号；N(S)为发信机发送序号；S 为监督功能比特；U 为无编号功能比特；P/F 为查询/终止比特，发送命令帧时为查询比特，发送响应帧时为终止比特。

信令的传输方式分为两类：一类是无证实(无应答)信息传输方式，另一类是有证实(应答)信息传输方式。

采用无证实信息传输方式时，仅使用 UI 帧，传输协议十分简单。该帧仅传输一次，如果传输正确，则将向第三层传送；如果传输错误，将被物理层丢弃(这主要是因为 GSM 的逻辑信道提供了检错能力，链路层不再检错)。

采用有证实信息传输方式时，帧的交换过程分为三个阶段：连接建立、数据传输和拆线。

在连接阶段，主叫方(发起通信方)利用“SABM”发出建立逻辑链接的请求，如果对方同意，则回送响应帧UA，这时逻辑链路已建立，双方可进行数据传输。在数据传输阶段，任一方都可以开始用I帧传输数据，发端对I帧进行编号0～7(模8)。在帧控制字中的N(S)表示当前发送帧的序号。接收端可以在反向传输信息帧中，用附带的方法进行应答，即在控制域中用N(R)表示已正确收到对方的第N(R)－1帧及以前的帧，目前希望接收第N(R)帧。接收端可以用RR帧和RNR帧予以应答，也可以用REJ通知对方第N(R)帧有错，请求重发。传输结束后进入拆线阶段。在拆线阶段，任一方可发出拆线请求帧DISC，如果对方同意，则发回UA帧。至此帧的交换过程结束。

为了实现对连接、移动性和无线资源进行管理，移动台和基站两侧第三层的对等层之间需要进行对话，这种对话是以消息的交换来实现的。这些消息是以装在链路层帧中的信息段的形式进行传输的，如图5-23所示。例如，呼叫建立过程的消息有：请求建立呼叫的消息SETUP及相应的应答消息SETUP ACK，网络(基站)表示呼叫建立过程已开始的消息CALL PROCEEDING，被叫收到SETUP消息通过网络向主叫发送的警示消息ALERTING，被叫接收呼叫后向网络和主叫发送的连接消息CONNECT及相关的应答消息CONNECT ACK，请求清除(结束)呼叫和释放信道的消息DISCONNECT，完成信道释放后发出RELEASE消息以应答DISCONNECT消息，对RELEASE的应答消息RELEASE COMPLETE，等等。

为了规范不同层次实体(或功能模块)及相同层次对等实体之间的信息交流，ISO定义了它们之间的会话语言，称为原语(PRIMITIVE)。它分为四类：请求(REQUEST，REQ)，指示(INDICATION，IND)，响应(RESPONSE，RES)和证实(CONFIRM，CON)。原语的基本格式是：属名-类型-参数。每一种原语不一定包括所有类型。

例如，物理层和链路层之间的原语：随机接入原语(PH-RA)表示移动台发送的接入请求及收到的应答(PH-RA-REQ，PH-RA-CON)以及随机接入请求到达基站(PH-RA-IND)；数据传送原语(PH-DATA)表示数据链路层对等实体之间通过物理层发送数据(PH-DATA-REQ)和接收数据(PH-DATA-IND)；物理连接建立原语(PH-CONNECT)和表示物理层连接已经建立原语(PH-CONNECT-IND)。

又如，链路层与第三层之间的原语：用于无证实消息传输的原语(DL-UNIT DATA-REQ/IND)，用于有证实消息数据传输的原语(DL-DATA-REQ/IND)，用于有证实消息传输链路建立/暂停/恢复/终止的原语(DL-ESTABLISH-REQ/IND/CON，DL-SUSPEND-REQ/CON，DL-RESUME-REQ/CON，DL-RELEASE-REQ/CON)，用于随机接入的原语(DL-RA-REQ/IND/CON)。

当然还有链路层和第三层管理层之间的原语(MDL-ERROR-IND，MDL-RELEASE-REQ)，无线资源管理层与物理层之间的原语(MPH-INFORMATION-REQ/IND/CON)，等等。

5.5.2 网络信令

常用的网络信令就是7号信令，它主要用于交换机之间、交换机与数据库(如HLR、

VLR、AUC)之间交换信息。

7号信令系统的协议结构如图5-24所示。它包括MTP、SCCP、TCAP、MAP、OMAP和ISDN-UP等部分。

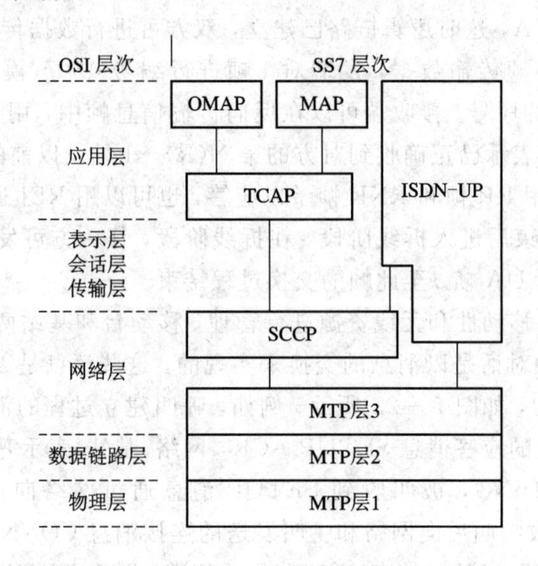

图5-24 7号信令系统的协议结构

消息传递部分(MTP)提供一个无连接[①]的消息传输系统。它可以使信令信息跨越网络到达其目的地。MTP中的功能允许在网络中发生的系统故障不对信令信息传输产生不利影响。

MTP分为三层。第一层为信令数据层，它定义了信号链路的物理和电气特性；第二层是信令链路层，它提供数据链路的控制，负责提供信令数据链路上的可靠数据传送；第三层是信令网络层，它提供公共的消息传送功能。

信令连接控制部分(SCCP)提供用于无连接和面向连接[②]业务所需的对MTP的附加功能。SCCP提供地址的扩展能力和四类业务。这四类业务是：0类是基本的无连接型业务；1类是有序的无连接型业务；2类是基本的面向连接型业务；3类是具有流量控制的面向连接型业务。

ISDN用户部分(ISDN-UP或ISUP)支持的业务包括基本的承载业务[③]和许多ISDN补充业务。ISDN-UP既可以使用MTP业务来进行交换机之间可靠、按顺序的信令消息传输，也使用SCCP业务作为点对点信令方式。ISDN-UP支持的基本承载业务就是建立、监视和拆除发端交换机和收端交换机之间64 kb/s的电路连接。

---

① 无连接是指消息(分组)在网络中完全“自由”地运行，到达相同目的地的消息可能会通过不同的路径到达目的地。

② 面向连接是指通信开始前双方要建立一条逻辑链路，通信过程中的所有信息(分组)都经过相同的中间节点按顺序到达目的节点，网络给每条逻辑链路分配一个逻辑号，在通信过程中所有消息仅需标明其逻辑号，从而简化了寻路过程，通信结束后再拆除该逻辑链路。

③ 承载业务是指搬运信息的业务，它以一定的服务质量将信息从源用户搬运到目的用户，而不改变信息的内容。

事务处理能力应用部分(TCAP)提供使与电路无关的信令应用之间交换信息的能力，TCAP提供操作、维护和管理部分(OMAP)和移动应用部分(MAP)应用等。

作为TCAP的应用，在MAP中实现的信令协议有IS-41、GSM应用等。

7号信令的网络结构如图5-25所示。

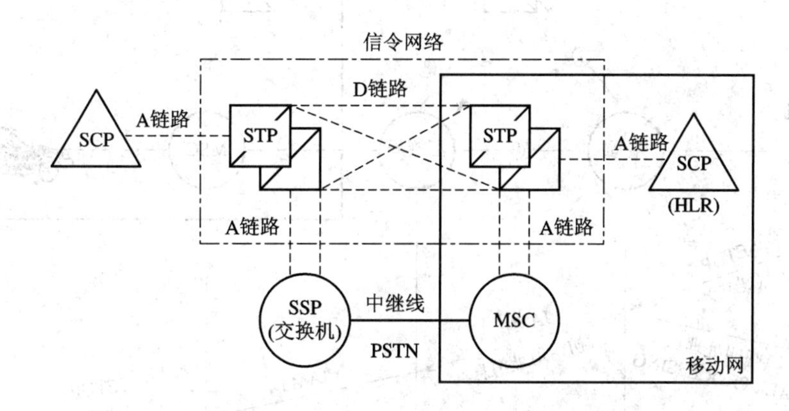

图5-25 7号信令的网络结构

7号信令网络是与现在PSTN平行的一个独立网络。它由三个部分组成：信令点(SP)、信令链路和信令转移点(STP)。信令点(SP)是发送信令和接收信令的设备，它包括业务交换点(SSP)和业务控制点(SCP)。

SSP是电话交换机，它们由SS7链路互连，完成在其交换机上发起、转移或到达的呼叫处理。移动网中的SSP称为移动交换中心(MSC)。

SCP包括提供增强型业务的数据库，SCP接收SSP的查询，并返回所需的信息给SSP。在移动通信中SCP可包括一个HLR或一个VLR。

STP是在网络交换机和数据库之间中转SS7消息的交换机。STP根据SS7消息的地址域，将消息送到正确的输出链路上。为了满足苛刻的可靠性要求，STP都是成对提供的。

在SS7信令网络中共有六种类型的信令链路，图5-25中仅给出A链路(Access Link)和D链路(Diagonal Link)。

5.5.3 信令应用

为了说明信令的作用和工作过程，下面以固定用户呼叫移动用户为例进行说明。呼叫过程如图5-26所示。

图5-26由信令网络和电话交换网络组成。电话交换网络由三个交换机(端局交换机、汇接局交换机和移动交换机)、两个终端(电话终端、移动台)以及中继线(交换机之间的链路)、ISDN线路(固定电话机与端局交换机之间的链路)和无线接入链路(MSC至移动台之间的等效链路)组成。固定电话机到端局交换机采用接入信令，移动链路也采用接入信令。交换机之间采用网络信令(7号信令)。

假定固定电话用户呼叫移动用户。用户摘机拨号后，固定电话机发出建立(SETUP)消息请求建立连接，端局交换机根据收到的移动台号码，确定出移动台的临时本地号码(TLDN)。

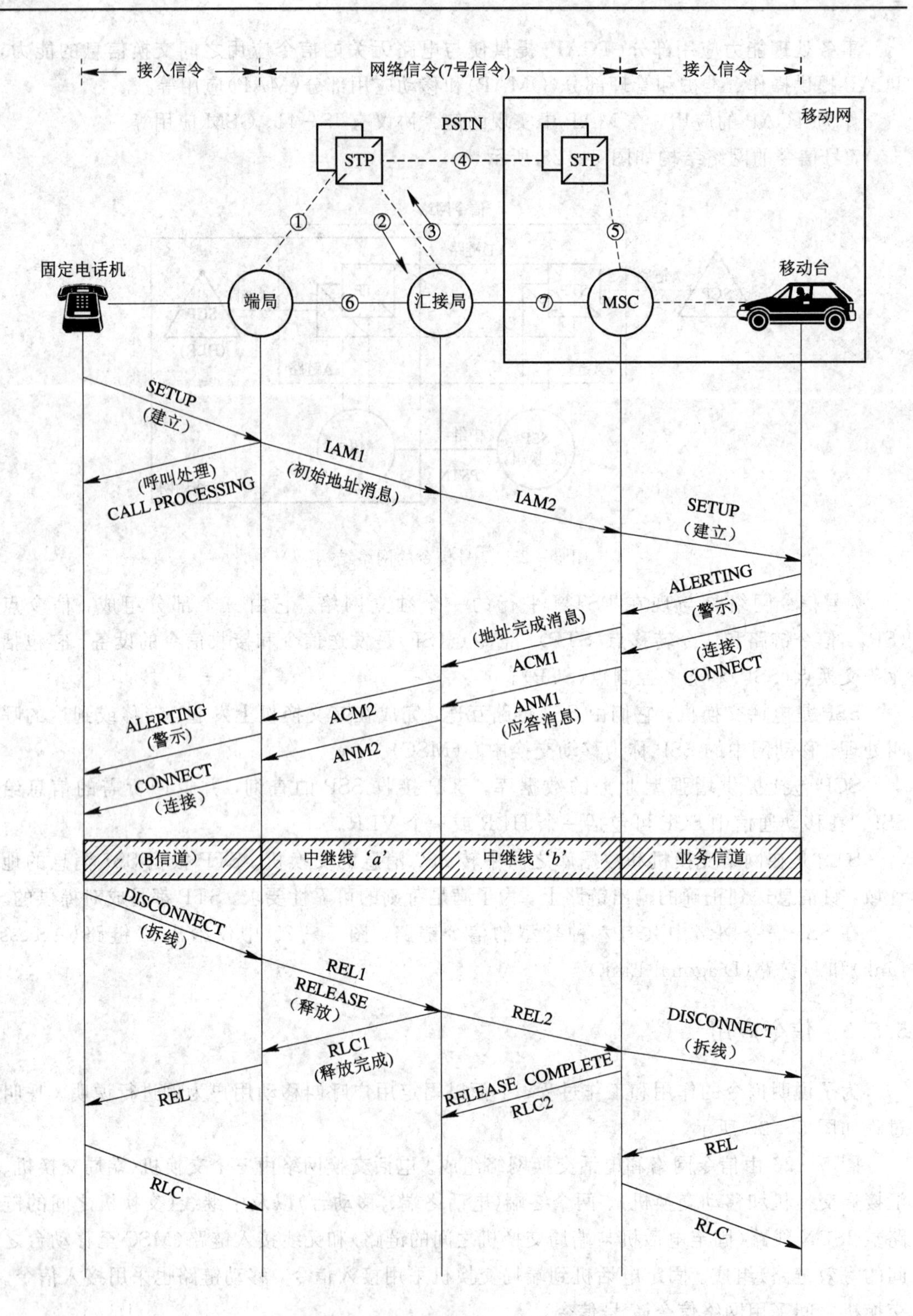

图 5-26 信令应用举例(呼叫控制)

在得知移动用户的 TLDN 后，端局交换机通过信令链路(①→②→③→④→⑤)向 MSC 发送初始地址消息(IAM)，进行中继链路的建立，并向固定电话机回送呼叫处理

(CALL PROCESSING)消息，指示呼叫正在处理。

IAM到达MSC后，MSC寻呼移动用户。寻呼成功后，向移动台发送建立(SETUP)消息。如果该移动用户是空闲的，则向MSC发送警示(ALERTING)消息，接着向移动台振铃。通过信令链路(⑤→④→②→③→①)向端局交换机发送地址完成消息(ACM)。该消息表明MSC已收到完成该呼叫所需的路由信息，并把有关该移动用户的信息、收费指示、端到端协议要求通知端局交换机。ACM到达端局交换机后，该交换机向固定电话端发送警示消息，固定电话机向用户送回铃音。

当移动用户摘机应答这次呼叫时，移动台向MSC发送连接(CONNECT)消息，将无线业务信道接通，MSC收到后，发给端局交换机一个应答消息(ANM)，指示呼叫已经应答，并将选定的中继线⑥和⑦接通。ANM到达后，端局交换机向固定电话机发送连接消息，将选定的B信道接通。至此固定用户通过B信道、中继链路⑥和⑦以及无线业务信道进行通话。

通话结束后，假定固定电话用户先挂机，它向网络发出拆线(DISCONNECT)消息，请求拆除链路，端局交换机通过信令链路发送释放消息(REL)，指明使用的中继线将要从连接中释放出来。MSC收到REL消息后，向移动用户发出拆线消息，移动台拆除业务信道后，向MSC发送REL消息，MSC以释放完成RLC(RELEASE COMPLETE)消息应答。

汇接交换机和MSC收到REL后，以释放完成消息(RLC)进行应答，以确信指定的中继线已在空闲状态，端局交换机和汇接交换机收到RLC后，将指定的中继线置为空闲状态。端局交换机拆除连接后向固定电话机发出REL消息，固定电话机以RLC消息应答。

在移动通信网络中，还有多种类型的信令交换过程，限于篇幅不一一列举。

5.6 越区切换和位置管理

5.6.1 越区切换

越区(过区)切换(Handover或Handoff)是指将当前正在进行的移动台与基站之间的通信链路从当前基站转移到另一个基站的过程。该过程也称为自动链路转移ALT(Automatic Link Transfer)。

越区切换通常发生在移动台从一个基站覆盖的小区进入到另一个基站覆盖的小区的情况下，为了保持通信的连续性，将移动台与当前基站之间的链路转移到移动台与新基站之间的链路。

越区切换包括三个方面的问题：

① 越区切换的准则，也就是何时需要进行越区切换；

② 越区切换如何控制；

③ 越区切换时的信道分配。

研究越区切换算法所关心的主要性能指标包括：越区切换的失败概率、因越区失败而使通信中断的概率、越区切换的速率、越区切换引起的通信中断的时间间隔以及越区切换发生的时延等。

越区切换分为两大类：一类是硬切换，另一类是软切换。硬切换是指在新的连接建立以前，先中断旧的连接。而软切换是指既维持旧的连接，又同时建立新的连接，并利用新旧链路的分集合并来改善通信质量，在与新基站建立可靠连接之后再中断旧链路。

在越区切换时，可以仅以某个方向(上行或下行)的链路质量为准，也可以同时考虑双向链路的通信质量。

1. 越区切换的准则

在决定何时需要进行越区切换时，通常根据移动台处接收的平均信号强度来确定，也可以根据移动台处的信噪比(或信号干扰比)、误比特率等参数来确定。

假定移动台从基站 1 向基站 2 运动，其信号强度的变化如图 5－27 所示。判定何时需要越区切换的准则如下：

(1) 相对信号强度准则(准则 1)：在任何时间都选择具有最强接收信号的基站。如图 5－27 中的 A 处将要发生越区切换。这种准则的缺点是：在原基站的信号强度仍满足要求的情况下，会引发太多不必要的越区切换。

(2) 具有门限规定的相对信号强度准则(准则 2)：仅允许移动用户在当前基站的信号足够弱(低于某一门限)，且新基站的信号强于本基站的信号情况下，才可以进行越区切换。如图 5－27 所示，在门限为 Th_2 时，在 B 点将会发生越区切换。

在该方法中，门限选择具有重要作用。例如，在图 5－27 中，如果门限太高取为 Th_1，则该准则与准则 1 相同。如果门限太低取为 Th_3，则会引起较大的越区时延，此时，可能会因链路质量较差而导致通信中断。另一方面，它会引起对同道用户的额外干扰。

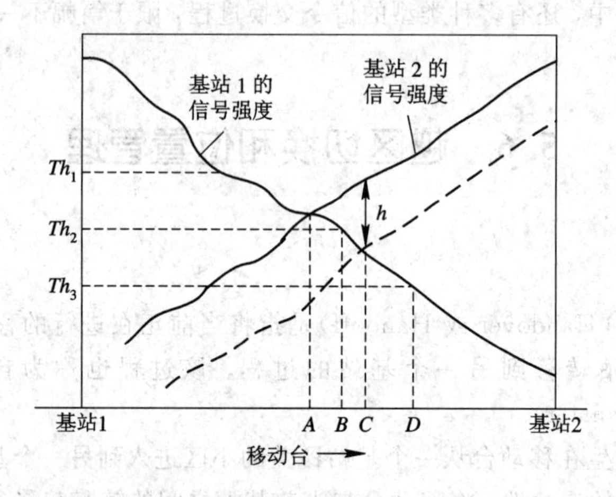

图 5－27 越区切换示意图

(3) 具有滞后余量的相对信号强度准则(准则 3)：仅允许移动用户在新基站的信号强度比原基站信号强度强很多(即大于滞后余量(Hysteresis Margin))的情况下进行越区切换。例如图 5－27 中的 C 点。该技术可以防止由于信号波动引起的移动台在两个基站之间来回重复切换，即“乒乓效应”。

(4) 具有滞后余量和门限规定的相对信号强度准则(准则 4)：仅允许移动用户在当前基站的信号电平低于规定门限并且新基站的信号强度高于当前基站一个给定滞后余量时进行越区切换。

2. 越区切换的控制策略

越区切换控制包括两个方面：一方面是越区切换的参数控制，另一方面是越区切换的过程控制。参数控制在上面已经提到，这里主要讨论过程控制。

在移动通信系统中，过程控制的方式主要有三种：

(1) 移动台控制的越区切换。在该方式中，移动台连续监测当前基站和几个越区时的候选基站的信号强度和质量。在满足某种越区切换准则后，移动台选择具有可用业务信道的最佳候选基站，并发送越区切换请求。

(2) 网络控制的越区切换。在该方式中，基站监测来自移动台的信号强度和质量，在信号低于某个门限后，网络开始安排向另一个基站的越区切换。网络要求移动台周围的所有基站都监测该移动台的信号，并把测量结果报告给网络。网络从这些基站中选择一个基站作为越区切换的新基站，把结果通过旧基站通知移动台并通知新基站。

(3) 移动台辅助的越区切换。在该方式中，网络要求移动台测量其周围基站的信号质量并把结果报告给旧基站，网络根据测试结果决定何时进行越区切换以及切换到哪一个基站。

在现有的系统中，PACS 和 DECT 系统采用了移动台控制的越区切换，IS-95 和 GSM 系统采用了移动台辅助的越区切换。

3. 越区切换时的信道分配

越区切换时的信道分配解决当呼叫要转换到新小区时，新小区如何分配信道这一问题，使得越区失败的概率尽量小。常用的做法是在每个小区预留部分信道专门用于越区切换。这种做法的特点是：因新呼叫使可用的信道数减少，要增加呼损率，但减少了通话被中断的概率，从而符合人们的使用习惯。

5.6.2 位置管理

在移动通信系统中，用户可在系统覆盖范围内任意移动。为了能把一个呼叫传送到随机移动的用户，就必须有一个高效的位置管理系统来跟踪用户的位置变化。

在现有的第二代数字移动通信系统中，位置管理采用两层数据库，即原籍(归属)位置寄存器(HLR)和访问位置寄存器(VLR)。通常一个 PLMN 网络由一个 HLR(它存储在其网络内注册的所有用户的信息，包括用户预定的业务、记账信息、位置信息等)和若干个 VLR(一个位置区由一定数量的蜂窝小区组成，VLR 管理该网络中若干位置区内的移动用户)组成。

位置管理包括两个主要的任务：位置登记(Location Registration)和呼叫传递(Call Delivery)。位置登记的步骤是在移动台的实时位置信息已知的情况下，更新位置数据库(HLR 和 VLR)和认证移动台。呼叫传递的步骤是在有呼叫给移动台的情况下，根据 HLR 和 VLR 中可用的位置信息来定位移动台。

与上述两个问题紧密相关的另外两个问题是：位置更新(Location Update)和寻呼(Paging)。位置更新解决的问题是移动台如何发现位置变化及何时报告它的当前位置。寻呼解决的问题是如何有效地确定移动台当前处于哪一个小区。

位置管理涉及网络处理能力和网络通信能力。网络处理能力涉及数据库的大小、查询的频度和响应速度等；网络通信能力涉及传输位置更新、查询信息所增加的业务量和时延等。位置管理所追求的目标就是以尽可能小的处理能力和附加的业务量，来最快地确定用户位置，以求容纳尽可能多的用户。

1. 位置登记和呼叫传递

在现有的移动通信系统中，将覆盖区域分为若干个登记区 RA(Registration Area)(在 GSM 中，登记区称为位置区 LA(Location Area))。当一个移动终端(MT)进入一个新的 RA 时，位置登记过程分为三个步骤：在管理新 RA 的新 VLR 中登记 MT(T_1)，修改 HLR 中记录服务该 MT 的新 VLR 的 ID(T_2)，在旧 VLR 和 MSC 中注销该 MT(T_3、T_4)。具体过程请参阅图 5－28。

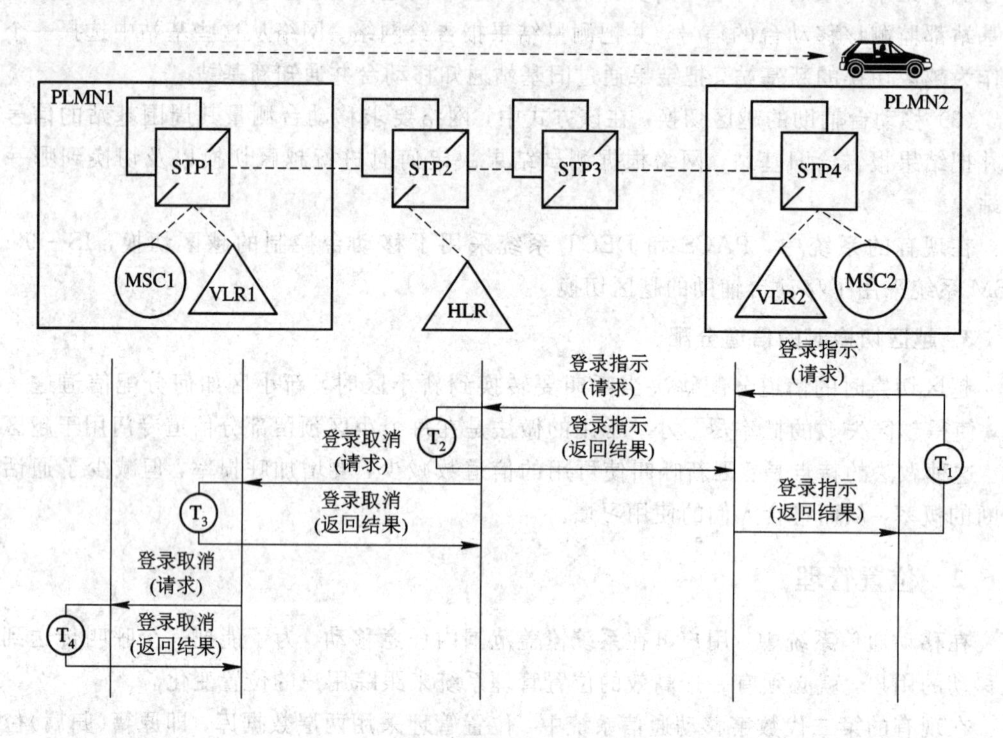

图 5－28　移动台位置登记过程

呼叫传递过程主要分为两步：确定为被呼 MT 服务的 VLR 及确定被呼移动台正在访问哪个小区，如图 5－29 所示。确定被呼 VLR 的过程和数据库查询过程如下：

(1) 主叫 MT 通过基站向其 MSC 发出呼叫初始化信号；

(2) MSC 通过地址翻译过程确定被呼 MT 的 HLR 地址，并向该 HLR 发送位置请求消息；

(3) HLR 确定出为被叫 MT 服务的 VLR，并向该 VLR 发送路由请求消息；该 VLR 将该消息中转给为被叫 MT 服务的 MSC；

(4) 被叫 MSC 给被叫的 MT 分配一个称为临时本地号码 TLDN(Temporary Local Directory Number)的临时标识，并向 HLR 发送一个含有 TLDN 的应答消息；

(5) HLR 将上述消息中转给为主叫 MT 服务的 MSC；

(6) 主叫 MSC 根据上述信息便可通过 SS7 网络向被叫 MSC 请求呼叫建立。

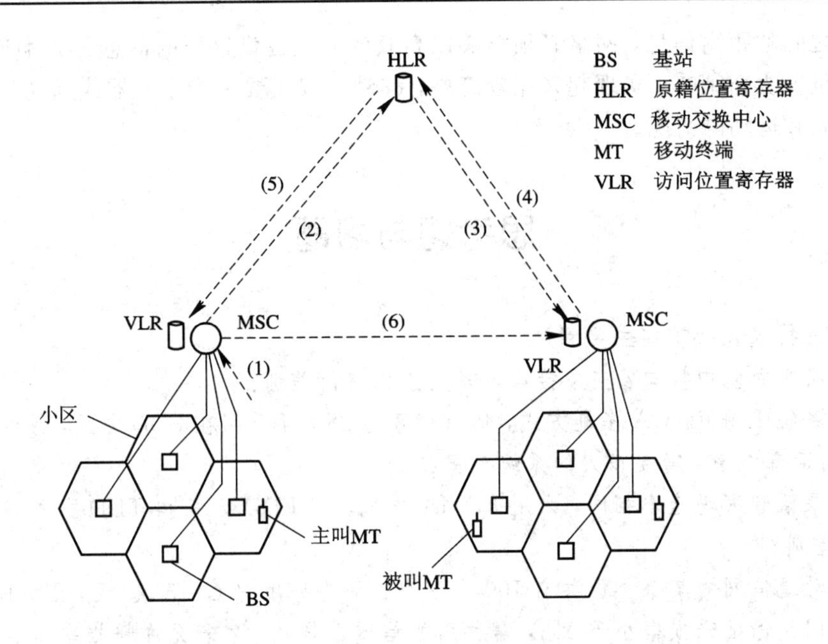

图 5-29 呼叫传递过程

上述步骤允许网络建立从主叫 MSC 到被叫 MSC 的连接。但由于每个 MSC 与一个 RA 相联系，而每个 RA 又有多个蜂窝小区，这就需要通过寻呼的方法，确定出被叫 MT 在哪一个蜂窝小区中。

2. 位置更新和寻呼

前面提到，在移动通信系统中，将系统覆盖范围分为若干个登记区(RA)。当用户进入一个新的 RA 时，它将进行位置更新。当有呼叫要到达该用户时，将在该 RA 内进行寻呼，以确定出移动用户在哪一个小区范围内。位置更新和寻呼信息都是在无线接口中的控制信道上传输的，因此必须尽量减少这方面的开销。在实际系统中，位置登记区越大，位置更新的频率越低，但每次呼叫寻呼的基站数目就越多。在极限情况下，如果移动台每进入一个小区就发送一次位置更新信息，则这时用户位置更新的开销非常大，但寻呼的开销很小；反之，如果移动台从不进行位置更新，这时如果有呼叫到达，就需要在全网络范围内进行寻呼，用于寻呼的开销非常大。

由于移动台的移动性和呼叫到达情况是千差万别的，因而一个 RA 很难对所有用户都是最佳的。理想的位置更新和寻呼机制应能够基于每一个用户的情况进行调整。

有以下三种动态位置更新策略：

(1) 基于时间的位置更新策略：每个用户每隔 ΔT 秒周期性地更新其位置。ΔT 的确定可由系统根据呼叫到达间隔的概率分布动态确定。

(2) 基于运动的位置更新策略：在移动台跨越一定数量的小区边界(运动门限)以后，移动台就进行一次位置更新。

(3) 基于距离的位置更新策略：当移动台离开上次位置更新后所在小区的距离超过一定的值(距离门限)时，移动台进行一次位置更新。最佳距离门限的确定取决于各个移动台的运动方式和呼叫到达参数。

基于距离的位置更新策略具有最好的性能，但实现它的开销最大。它要求移动台能有不同小区之间的距离信息，网络必须能够以高效的方式提供这样的信息。而对于基于时间和运动的位置更新策略，实现起来比较简单，移动台仅需要一个定时器或运动计数器就可以跟踪时间和运动的情况。

思考题与习题

1. 组网技术包括哪些主要问题?

2. 什么叫做空中接口?空中接口与多址方式有何差别?

3. 设系统采用 FDMA 多址方式，信道带宽为 25 kHz。问在 FDD 方式，系统同时支持 100 路双向话音传输，需要多大的系统带宽?

4. 如果话音编码速率相同，采用 FDMA 方式，问 FDD 方式和 TDD 方式需要的系统带宽有何差别?

5. 移动通信网的某个小区共有 100 个用户，平均每用户 $C=5$ 次/天，$T=180$ 秒/次，$k=15\%$。问为保证呼损率小于 5%，需共用的信道数是几个?若允许呼损率达 20%，共用信道数可节省几个?

6. 设某基站有 8 个无线信道，移动用户的忙时话务量为 0.01 爱尔兰，要求呼损率 $B=0.1$。问若采用专用信道方式能容纳几个用户?信道利用率为多少?若采用单信道共用和多信道共用方式，那么容纳的用户数和信道利用率分别为多少?试将这三种情况的信道利用率加以比较。

7. 在 TDMA 多址方式中，上行链路的帧结构和下行链路的帧结构有何区别?

8. 常用的 CDMA 系统可分为几类?其特点分别是什么?不同的用户信号是如何区分的?

9. DS-CDMA 与 TDMA、FDMA 相比有哪些主要差别?

10. 空分多址的特点是什么?空分多址可否与 CDMA、TDMA、FDMA 相结合?为什么?

11. 试述 CSMA 多址协议与 ALOHA 多址协议的区别和联系。

12. 试证明 ALOHA 协议的最大通过量为 1/(2e)。

13. 为什么说最佳的小区形状是正六边形?

14. 设某蜂窝移动通信网的小区辐射半径为 8 km，根据同频干扰抑制的要求，同信道小区之间的距离应大于 40 km，问该网的区群应如何组成?试画出区群的构成图、群内各小区的信道配置以及相邻同信道小区的分布图。

15. 设某小区制移动通信网，每个区群有 4 个小区，每个小区有 5 个信道。试用分区分组配置法完成群内小区的信道配置。

16. 什么叫中心激励?什么叫顶点激励?采用顶点激励方式有什么好处?两者在信道的配置上有何不同?

17. 移动通信网的基本网络结构包括哪些功能?

18. 通信网中交换的作用是什么?移动通信网中的交换与有线通信网中的交换有何不同?

19. 多服务区的移动通信网与单服务区的移动通信网有何异同?

20. PLMN包括哪些主要功能块和接口?各功能块的主要作用和各接口的主要功能是什么?

21. 什么叫信令?信令的功能是什么?可分为哪几种?

22. 什么叫DTMF?试举一例说明之。

23. 什么叫数字信令?它的基本格式是怎样的?

24. 什么叫做信令传输协议?网络不同层次之间是用什么方法交换信息的?试举例说明。

25. 7号信令的协议体系包括哪些协议?7号信令网络包括哪些主要部分?

26. 一次完整的话音通信过程包括哪些主要信令过程?

27. 什么叫越区切换?越区切换包括哪些主要问题?软切换和硬切换的差别是什么?

28. 在越区切换时,采用什么信道分配方法可减少通信中断概率?它与呼损率有何关系?

29. 什么叫做位置区?移动台位置登记过程包括哪几步?

30. 什么叫呼叫传递?其主要步骤有哪些?

第 6 章　频分多址(FDMA)模拟蜂窝网

蜂窝网移动通信系统采用频率再用技术，实现了小区制大容量公用移动电话系统。本章将着重讨论频分多址(FDMA)模拟蜂窝网系统的组成、主要功能、工作原理和系统的工作过程，使读者不仅掌握模拟蜂窝网系统本身的特点，而且为研究各种数字蜂窝网系统打下基础。

6.1　概　　述

6.1.1　发展简况

模拟蜂窝网是在 20 世纪 80 年代迅速发展并得到广泛应用的一种移动通信系统。其代表性的系统如表 6 - 1 所示。

表 6 - 1　模拟蜂窝系统一览表

国　家 / 项　目		美　国	英　国	北　　欧		日　本
系统名称		AMPS	TACS	NMT - 450	NMT - 900	NTT
频段/MHz	基站发射	870～890	935～960	463～467.5	935～960	915～940
	移动台发射	825～845	890～915	453～457.5	890～915	860～885
频道间隔/kHz		30	25	25	12.5	25
收发频率间隔/MHz		45	45	10	45	55
基站发射功率/W		100	100	50	100	25
移动台发射功率/W①		3	7	15	6	5
小区半径/km		2～20	2～20	1～40	0.5～20	2～20
区群小区数/N②		7/12	7/12	7/12	9/12	9/12
话　音	调制方式	FM	FM	FM	FM	FM
	频偏/kHz	±12	±9.5	±5	±5	±5
信　令	调制方式	FSK	FSK	FFSK	FFSK	FSK
	频偏/kHz	±8.0	±6.4	±3.5	±3.5	±4.5
	速率/(kb/s)	10	8	1.2	1.2	0.3
纠错编码	基　站	BCH(40,28)	BCH(40,28)	卷积码	卷积码	BCH(43,31)
	移动台	BCH(48,36)	BCH(48,36)	卷积码	卷积码	BCH(15,11)

注：① 表中所列数据为移动台最大额定功率，且为车载台数据。手机功率较小，约为 1 W。② 区群内小区分为两种，分别对应于分扇区和不分扇区两种情况。

早在 1975 年至 1978 年，美国 AT&T 公司就研制出了第一套蜂窝移动电话系统，取名为先进的移动电话系统，即 AMPS(Advanced Mobile Phone Service)系统。1979 年在芝加哥建成了世界上第一个蜂窝系统，进行了系统测试和技术评估。该系统包括一个移动电话交换局、10 个基站，覆盖面积 2100 平方英里。AMPS 系统于 1983 年投入商用。英国的 TACS(Total Access Communication System)系统将频道间隔改为 25 kHz，信令传输速率为 8 kb/s，其他很多方面与 AMPS 相似，因此 TACS 从选型到开通业务只用了两年时间，即于 1985 年就开始商业运行。北欧四国(丹麦、芬兰、挪威和瑞典)联合开发了 NMT 系统，1981 年底投入运行，工作频段为 450 MHz，1986 年更新为 900 MHz。日本的 NTT 系统于 1979 年末投入运行，发展也十分迅速。

我国于 1983 年规定蜂窝式移动电话系统频段为 870～889.975 MHz 与 915～935.975 MHz，频道间隔为 25 kHz。1990 年 8 月确定采用 TACS 制式，即频段为 890～915 MHz 与 935～960 MHz，双工频率间隔 45 MHz，并且规定自即日起停止引进非该频段的模拟蜂窝系统，原来已引进的各种系统可沿用到 2005 年。

由表 6-1 可见，各种系统有很多相似之处，但也有很大差异，它们之间互不兼容。其主要差异如下：

模拟蜂窝系统的工作频段分别是 450 MHz、800 MHz 和 900 MHz。其中，NMT-450 为 450 MHz，AMPS 为 800 MHz，TACS 等为 900 MHz。频道间隔多数为 25 kHz。AMPS 的频道间隔是 30 kHz，这是世界上唯一一个频道间隔 30 kHz 的系统。NMT-900 系统的频道间隔最窄，为 12.5 kHz。除了表 6-1 所列系统外，还有德国的 C-450 系统，其频道间隔有 10 kHz 和 20 kHz 两种可供选择。所有这些系统都有两类逻辑信道：业务信道和控制信道。业务信道主要传输模拟 FM 电话，同时还传输必要的模拟信令。控制信道可分为下行的寻呼信道和上行的接入信道，均传输数字信令。所有系统都使用 FSK 或FFSK调制，但频偏大小不同，频偏最大的是±8 kHz(AMPS 系统)，最小的只有±2.5 kHz(NMT 系统)。传输速率也有较大差异：最高速率是 10 kb/s(AMPS 系统)；其次是 8 kb/s(TACS 系统)；最低的是 NTT 系统，只有 0.3 kb/s。基站发射功率，除了 NTT 和 NMT-450 分别限制在 25 W 和 50 W 之外，其他系统最大功率均为 100 W。移动台(车载台)发射功率最大的是 15 W(NMT-450)，其他系统限制在 7 W 以下。手机发射功率一般在 1 W 左右。

由上可见，各种模拟蜂窝网系统差异较多，它们互不兼容，显然移动用户无法在各种系统之间实现漫游。

6.1.2　系统结构

通常，在一个大型蜂窝网移动电话系统中有若干个移动电话交换局(MTSO)，也称为移动交换中心(MSC)。图 6-1 示出由两个移动电话交换局构成的蜂窝网移动电话系统结构。这种类型的网络系统常称为公共陆地移动网(PLMN)。每一个 MTSO 均与公用电话交换网(PSTN)和所属基站(BS)连接，其连接方式通常有电缆、光纤或数字微波线路等，它们之间都有相应的接口标准。每个移动用户在其常驻地的 MTSO 经过登记注册即可入网，此移动电话交换局称为归属(或原籍)移动电话交换局(如 $MTSO_A$)，经它所登记的移动用户称为本地用户。当移动台进入另一个移动电话交换局所管辖地区时，该移动电话交换局(如 $MTSO_B$)称为被访问移动电话交换局，来访的移动用户称为漫游用户。

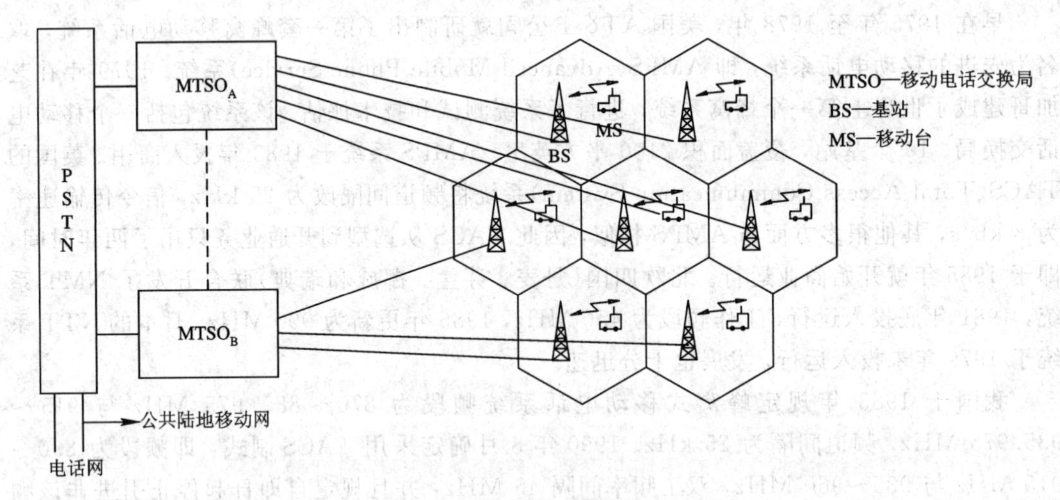

图 6-1 蜂窝网移动电话系统结构

由图 6-1 可见，蜂窝网移动电话系统本身由三大部分组成，即移动电话交换局(MTSO)、基站(BS)和移动台(MS)。其中，MTSO(或 MSC)是基站与市话网之间的接口，是蜂窝网控制中心，它不仅具有一般程控交换机所具有的交换、控制功能，还具有适应移动通信特点的移动性管理功能，以完成移动用户主呼或被呼所必需的控制。根据服务区域及移动用户的多少，在一个 MTSO 所管辖范围内建立几十个甚至几百个基站，通常以 7 个小区(采用扇区天线)或 12 个小区(采用全向天线)组成一个区群，区群之间互相邻接，并实现频率再用，提高频率利用率。

每个基站主要由基站控制器和多部信道机等组成，信道机的数量取决于基站同时与移动台通话的数目，它们以频分多址方式工作，对每个用户使用一对不同的双工频率进行发射和接收信号。基站信道机主要由发射机、接收机组成，控制器用于与移动电话局、移动台进行信令交换和控制。每个基站还配有定位接收机，监测移动台位置，以便为越区切换服务。

移动台可以是装载在汽车上的车载式无线电话机，也可以是手持式无线电话机。它们都由发射机、接收机、逻辑控制单元、按键式电话拨号盘和送受话器等组成，其主要差异在于发射机功率的大小和天线尺寸的不同。

6.1.3 主要功能

表 6-1 所列的各种蜂窝网移动通信系统均具有下列主要功能：

(1) 具有与公用电话网进行自动交换的能力。

(2) 双工通信，话音质量接近市话网标准。

(3) 双向自动拨号，包括移动用户与市话用户间的直接拨号以及移动台之间的直接拨号。移动用户可采用预拨号方式，在按“SEND”键前不占用链路，可把被叫号码存入寄存器中并在显示屏上显示。

(4) 用户容量大，一个系统一般能为几万个用户提供服务，还能适应业务增加需要，通过小区分裂以扩充容量。

(5) 采用小区制频率再用技术，当基站采用全向天线时，一个区群由 12 个小区组成，频率再用率为 1/12，其频道分配方法是等频距法，以尽可能减少邻道干扰。

(6) 具有自动过境切换频道技术，切换时间小于 20 ms。

(7) 设备通用性较强，通常基站、移动台等设备在网络覆盖范围内可以通用。

(8) 各地之间可以联网，具有自动漫游功能。

6.2　系统控制及其信令

蜂窝网移动电话系统是大容量、全自动的移动通信系统，除了要处理移动用户主呼和被呼之外，还必须在通话中不断监视信道质量，进行过区频道自动切换，并为漫游用户提供服务。

6.2.1　系统的控制结构

无论是 AMPS 系统还是 TACS 系统，其系统控制都涉及公用市话网、移动电话局、基站和移动台之间的话音和信令的传输与交换。蜂窝系统的控制结构如图 6-2 所示。

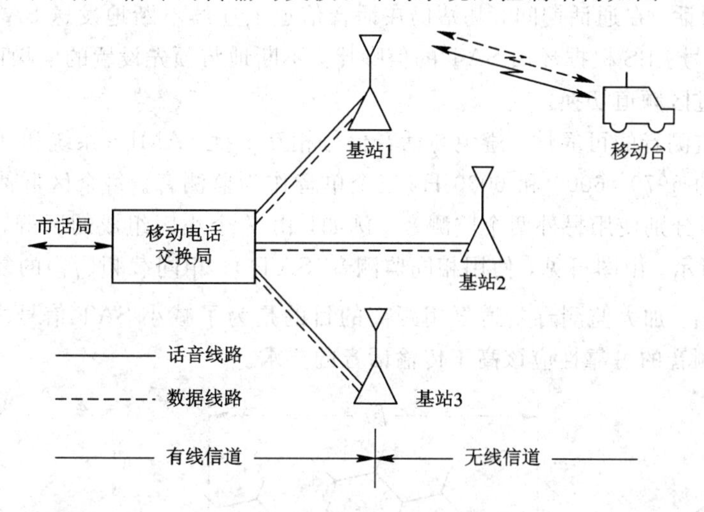

图 6-2　蜂窝系统的控制结构

由图 6-2 可见，系统中既有无线信道，又有有线信道，而且都有话音信道和控制信道之分。话音信道主要用于传送话音，而控制信道专用于传送控制信令。因为控制信道是为建立话音信道服务的，所以也把控制信道称为建立信道。通常，从基站(BS)至移动台(MS)的传输信道称为前向(或下行)信道，包括前向话音信道和前向控制信道；反之，从 MS 至 BS 的传输信道称为反向(或上行)信道，它也包括反向话音信道和反向控制信道。基站与移动电话交换局之间可分为有线数据线路和有线话音线路。上述信道的分类示于图 6-3 中。

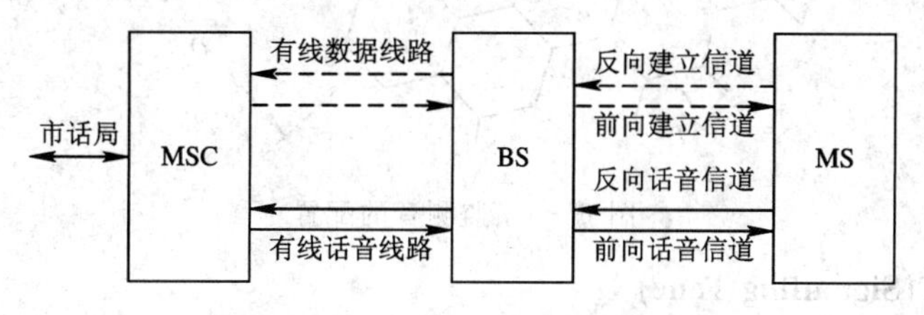

图 6-3　蜂窝系统的信道类型

基站既有无线信道，又有有线信道。为了适应无线网与有线网相互间的传输，基站必须自动进行有线和无线之间的转接与传输，其中包括有线和无线之间的信令转换。例如，移动台一开机就在前向控制信道上搜索空闲信令，为接收呼叫或发起主呼做好准备。当MS主呼时，在反向控制信道上向BS发送本机号码和被呼用户号码；当MS被呼时，应答信号和申请分配话音信道的信令也由反向控制信道发往BS，并经BS转接，传输到移动电话交换局。移动电话交换局起控制和协调作用。它与有线市话网交换的信令采用市话网的标准信令。此外，它还必须管理、分配无线信道，协调基站、移动台，使之正常工作。

6.2.2 控制信号及其功能

1. 监测音SAT(Supervisory Audio Tone)

监测音用于信道分配和对移动用户的通话质量进行监测。当某一话音信道要分配给某一移动用户时，BS就在前向话音信道上发送SAT信号。移动台检测到SAT信号后，就在反向话音信道上环回该SAT信号。BS收到返回的SAT信号后，就确认此双向话音信道已经接通，即可通话。在通话期间，基站仍在话音信道上连续不断地发送SAT信号，MS不断环回SAT信号。BS根据环回SAT的信噪比，不断地与预先设置的信噪比相比较，确定是否需要进行过区频道切换。

为了提高监测音的可靠性，避免与话音信号相互干扰，AMPS系统和TACS系统均采用话音频带外的5970、6000和6030 Hz三个单音作为监测音。每个区群使用其中一个监测音，相邻区群分别使用另外两个监测音。例如，由7个小区组成的区群，其监测音的分配如图6-4所示。由图可见，使用相同监测音(SAT_1)、相同载频(f_1)的复用距离是共道复用距离的$\sqrt{3}$倍。加大监测音共道复用距离的目的是为了减小SAT信号之间的干扰，这是因为传输监测音的可靠性应该高于传输话音的要求。

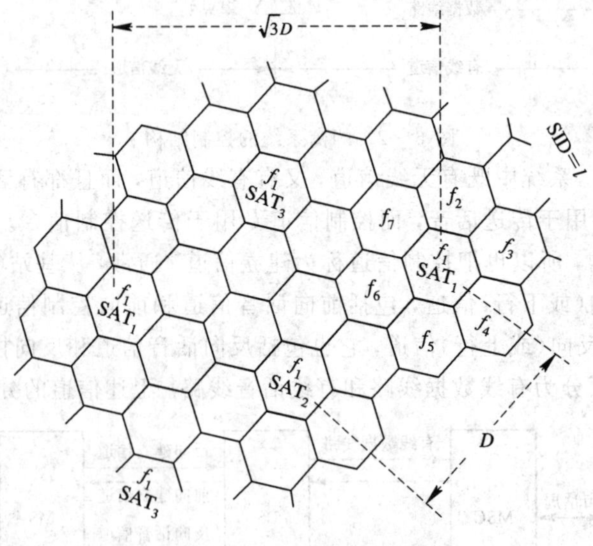

图6-4　监测音的配置

2. 信令音ST(Signalling Tone)

信令音在移动台至基站的反向话音信道中传输，它是10 kHz的音频信号。信令音的主要用途如下：第一，当MS收到BS发来的振铃信号时，MS在反向话音信道上向BS发送ST信号，表示振铃成功，一旦移动用户摘机通话，就停发ST信号；第二，移动台在过境切换频道前，在 MTSO 控制下，BS 在原来的前向话音信道上发送一个新分配的话音信道的指令，MS 收到该指令后，就发送 ST 信号以表示确认。

根据上述 SAT 和 ST 信号的有无，可以判断 MS 处于摘机还是挂机状态，如表 6-2 所示。例如，当基站收到移动台环回的 SAT 信号时，同时又收到 ST，则表示移动台处于挂机状态；若只收到环回的 SAT 信号，而未收到 ST，则表明此时移动台已摘机。

表 6-2　移动台摘机/挂机信号表

ST \ SAT	SAT 收到	SAT 未收到
ST 有	移动台挂机	移动台处于衰落环境中或移动台处于关机状态
ST 无	移动台摘机	

3. 定位与过境切换

在移动台通话过程中，为其服务的基站定位接收机不断监测来自移动台的信号电平，当发现环回的监测音 SAT 的电平低于某一指定值 SSH(Signal Strength for Handoff Request)，即信号电平降至请求过境切换的强度时，立即告知 MTSO，MTSO 当即命令邻近的 BS 同时监测该移动台的信号电平，并立即把测量结果向 MTSO 报告。MTSO 根据这些测量结果，就可判断移动台驶入了哪个小区，上述过程就称为定位。通过定位，就能确定是否需要以及如何进行过境切换。过境切换的过程如图 6-5 所示。

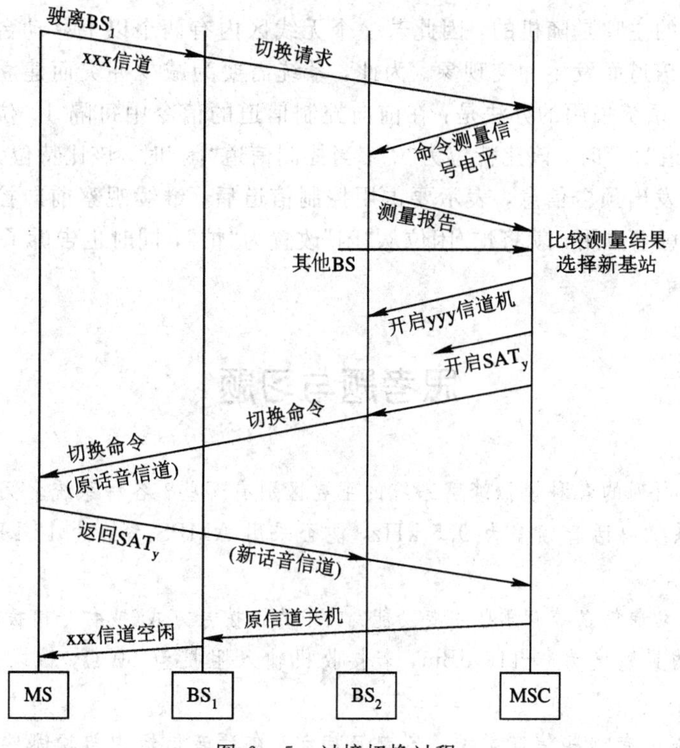

图 6-5　过境切换过程

图 6-5 中，假定移动台与基站 BS_1 在 xxx 话音信道上正在通话，由于移动台驶离 BS_1，当 BS_1 收到该移动台环回的 SAT 信号(或信噪比)电平低于门限值时，即向 MTSO 发

送过境切换请求并告知该移动台的信号电平。MTSO要求邻近小区的基站测试该移动台的信号强度，这些基站应将测量结果报告给MTSO，MTSO选择其中信号最强的基站(如图6-5中2号基站BS_2)，并为BS_2选择一个空闲话音信道yyy，开启BS_2的yyy信道发射机，发送监测音SAT_y。然后，MTSO通过BS_1向MS发送切换到新的话音信道yyy的指令，MS调谐到yyy信道，并进行收听，在收到SAT_y后立即向BS_2环回SAT_y。BS_2收到移动台环回的SAT_y后，告知MTSO，过境切换成功，原BS_1关闭xxx信道发射机，xxx信道转入空闲状态。

以上控制过程是自动进行的，时间短暂(几十毫秒)，通话双方不会感觉到有通话中断现象。

4. 寻呼与接入

所谓寻呼，是指当市话用户呼叫某一个移动用户时，MTSO通过某一个基站或位置区内的多个基站甚至所有基站发出呼叫信号，包括被呼用户号码以及话音信道指配代号等。这些寻呼信号是在前向控制信道上发送的。

所谓接入，是指移动台主呼时要求入网，为此在反向控制信道上传送入网信息，如将自己的用户识别号告知基站，并在前向控制信道上等候指配话音信道。接入过程如下：移动台开机后，在内存程序控制下，自动搜索控制信道。若为空闲，就发送入网信息，基站收到移动台发送的接入信息后，告知MTSO。MTSO核实其为有效用户后，就为基站台指配一对话音信道，移动台根据指配指令自动调谐到话音信道，这样就完成了接入过程。

5. 冲突退避

由于移动台的主呼是随机的，因此若一个无线区内有两个以上移动台同时发起主呼，就会因争用控制信道而发生冲突现象。为此，系统需要为减少冲突而建立一种退避规则。AMPS和TACS系统采用的办法是：在前向控制信道的信令中每隔10位发一个忙/闲标志位。当控制信道“忙”时，该比特位为“0”；当控制信道“闲”时，该比特位为“1”。移动台在反向控制信道中发出预告信息，表示要占用控制信道后，继续观察前向控制信道的忙/闲位。如果基站同意它占用，就将忙/闲位从“闲”改置为“忙”，同时也告诉了其他移动台此控制信道已被占用。

思考题与习题

1. 表6-1所列的各种模拟蜂窝系统的主要区别有哪些？各种系统之间能否实现漫游？

2. TACS系统中话音频偏为9.5 kHz，能否采用AMPS系统的12 kHz话音频偏？试定量分析其原因。

3. 蜂窝网移动通信系统有哪些主要功能？其中的预拨号方式(或称呼前拨号)有何优越性？

4. 某手机的灵敏度为 −110 dBm，若接收机输入阻抗为50 Ω，试求出相应的以电压表示的灵敏度。

5. 蜂窝系统中有哪些信道类型，各有何特点？在话音信道中传输哪些控制信令？

6. 过境切换的含义是什么？试简述过境切换的工作过程。

7. SAT信号有何作用？为何选用5970、6000和6030 Hz三种类型的监测音？

第 7 章　时分多址(TDMA)数字蜂窝网

本章着重讨论 TDMA 数字蜂窝移动通信系统的网络组成、传输方式和网络控制等内容，其中以 GSM 为主，并对 D-AMPS 和 PDC 系统做简要比较。

7.1　GSM 系统总体

GSM 的历史可以追溯到 1982 年，当时，北欧四国向欧洲邮电行政大会 CEPT(Conference Europe of Post and Telecommunications)提交了一份建议书，要求制定 900 MHz 频段的欧洲公共电信业务规范，建立全欧统一的蜂窝网移动通信系统，以解决欧洲各国由于采用多种不同模拟蜂窝系统造成的互不兼容，无法提供漫游服务的问题。同年成立了欧洲移动通信特别小组，简称 GSM(Group Special Mobile)。在 1982～1985 年期间，讨论焦点是制定模拟蜂窝网还是数字蜂窝网的标准，直到 1985 年才决定制定数字蜂窝网标准。1986 年，在巴黎对欧洲各国经大量研究和实验后所提出的 8 个数字蜂窝系统进行了现场试验。1987 年 5 月，GSM 成员国经现场测试和论证比较，选定窄带 TDMA 方案。1988 年，18 个欧洲国家达成 GSM 谅解备忘录，颁布了 GSM 标准，即泛欧数字蜂窝网通信标准。它包括两个并行的系统：GSM 900 和 DCS 1800，这两个系统功能相同，主要的差异是频段不同。在 GSM 标准中，未对硬件做出规定，只对功能、接口等做了详细规定，便于不同公司的产品可以互连互通。GSM 标准共有 12 项内容，如表 7-1 所示。

表 7-1　GSM　标　准

序号	内　容	序号	内　容
01	概述	07	MS 的终端适配器
02	业务	08	BS-MSC 接口
03	网络	09	网络互通
04	MS-BS 接口与协议	10	业务互通
05	无线链路的物理层	11	设备型号认可规范
06	话音编码规范	12	操作和维护

7.1.1　网络结构

数字蜂窝移动通信是在模拟蜂窝移动通信的基础上发展起来的，在网络组成、设备配置、网络功能和工作方式上，二者都有相同之处。但因数字蜂窝网采用全数字传输，因而在实现技术和管理控制等方面，均与模拟蜂窝网有较大的差异。简单说来，数字蜂窝网技术更先进，功能更完备且通信更可靠，并能适应方便地与其他数字通信网(如综合业务数字网ISDN、公用数据网PDN)的互连。

GSM蜂窝系统的网络结构如图7-1所示。由图可见，GSM蜂窝系统的主要组成部分可分为移动台、基站子系统和网络子系统。基站子系统(简称基站BS)由基站收发台(BTS)和基站控制器(BSC)组成；网络子系统由移动交换中心(MSC)、操作维护中心(OMC)、原籍位置寄存器(HLR)、访问位置寄存器(VLR)、鉴权中心(AUC)和移动设备识别寄存器(EIR)等组成。一个MSC可管理多达几十个基站控制器，一个基站控制器最多可控制256个BTS。由MS、BS和网络子系统构成公用陆地移动通信网，该网络由MSC与公用交换电话网(PSTN)、综合业务数字网(ISDN)和公用数据网(PDN)进行互连。

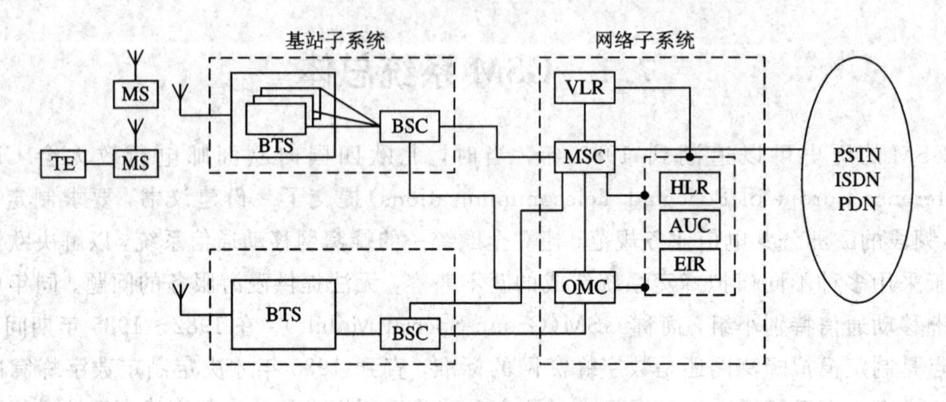

图7-1 GSM蜂窝系统的网络结构

1. 移动台(MS)

移动台是GSM移动通信网中用户使用的设备。移动台类型可分为车载台、便携台和手机。其中，手机小巧、轻便，而且功能也较强，因此使用手机的用户占移动用户的绝大多数。

移动台通过无线接口接入GSM系统，具有无线传输与处理功能。此外，移动台必须提供与使用者之间的接口，比如，为完成通话呼叫所需要的话筒、扬声器、显示屏和各种按键；或者提供与其他一些终端设备(TE)之间的接口，如与个人计算机或传真机之间的接口。

移动台的另外一个重要组成部分是用户识别模块(SIM)，亦称SIM卡。它基本上是一张符合ISO(开放系统互连)标准的"智慧"磁卡，其中包含与用户有关的无线接口的信息，也包括鉴权和加密的信息。使用GSM标准的移动台都需要插入SIM卡，只有当处理异常的紧急呼叫时，才可以在不用SIM卡的情况下操作移动台。SIM卡的应用使一部移动台可以为不同用户服务，因为GSM系统是通过SIM卡来识别移动用户的，这为今后发展个人通信打下了基础。

2. 基站子系统(BSS)

基站子系统(BSS)是GSM系统的基本组成部分。它通过无线接口与移动台相接，进行无线发送、接收及无线资源管理。另一方面，基站子系统与网络子系统(NSS)中的移动交换中心(MSC)相连，实现移动用户与固定网络用户之间或移动用户之间的通信连接。

基站子系统主要由基站收发信机(BTS)和基站控制器(BSC)构成。BTS可以直接与

BSC相连接，也可以通过基站接口设备(BIE)采用远端控制的连接方式与BSC相连接。此外，基站子系统为了适应无线与有线系统使用不同传输速率进行传输，在BSC与MSC之间增加了码变换器及相应的复用设备。

基站收发信机、天线共用器和天线是基站子系统的无线部分，它由基站控制器实施控制。基站控制器承担无线资源、参数及各种接口的控制与管理。

3. 网络子系统(NSS)

网络子系统对GSM移动用户之间的通信和移动用户与其他通信网用户之间的通信起着管理作用。其主要功能包括：交换、移动性管理与安全性管理等。NSS由很多功能实体构成，它们之间的信令传输都符合CCITT信令系统7号协议。下面分别讨论各功能实体的主要功能。

(1) 移动交换中心(MSC)。移动交换中心(MSC)是网络的核心，它提供交换功能并面向下列功能实体：基站子系统(BSS)、原籍位置寄存器(HLR)、访问位置寄存器(VLR)、鉴权中心(AUC)、移动设备标识寄存器(EIR)、操作维护中心(OMC)和固定网(公用电话网、综合业务数字网等)，从而把移动用户与固定网用户、移动用户与移动用户之间互相连接起来。

移动交换中心可以从三种数据库(即原籍位置寄存器、访问位置寄存器和鉴权中心)获取有关处理用户位置登记和呼叫请求等所需的全部数据。作为网络的核心，MSC还支持位置登记和更新、过境切换和漫游服务等项功能。

对于容量比较大的移动通信网，一个网络子系统可包括若干个MSC、VLR和HLR。为了建立固定网用户与GSM移动用户之间的呼叫，固定用户呼叫首先被接到入口移动交换中心，称为GMSC，由它负责获取移动用户的位置信息，且把呼叫转接到可向该移动用户提供即时服务的MSC，该MSC称为被访MSC(VMSC)。

(2) 原籍位置寄存器。原籍位置寄存器简称HLR。它可以看作是GSM系统的中央数据库，存储该HLR管辖区的所有移动用户的有关数据。其中，静态数据有移动用户号码、访问能力、用户类别和补充业务等。此外，HLR还暂存移动用户漫游时的有关动态信息数据。

(3) 访问位置寄存器。访问位置寄存器简称VLR。它存储进入其控制区域内来访移动用户的有关数据，这些数据是从该移动用户的原籍位置寄存器获取并进行暂存的，一旦移动用户离开该VLR的控制区域，则临时存储的该移动用户的数据就会被删除。因此，VLR可看作是一个动态用户的数据库。

实际情况下，VLR功能总是在每个MSC中综合实现的。

(4) 鉴权中心。GSM系统采取了特别的通信安全措施，包括对移动用户鉴权，对无线链路上的话音、数据和信令信息进行保密等。因此，鉴权中心存储着鉴权信息和加密密钥，用来防止无权用户接入系统和保证无线通信安全。

(5) 移动设备标识寄存器。移动设备标识寄存器(EIR)存储着移动设备的国际移动设备识别码(IMEI)，通过核查白色、黑色和灰色三种清单，运营部门就可判断出移动设备是属于准许使用的，还是失窃而不准使用的，还是由于技术故障或误操作而危及网络正常运行的MS设备，以确保网络内所使用的移动设备的唯一性和安全性。

(6) 操作维护中心。网络操作维护中心(OMC)负责对全网进行监控与操作。例如，系统的自检、报警与备用设备的激活，系统的故障诊断与处理，话务量的统计和计费数据的记录与传递，以及与网络参数有关的各种参数的收集、分析与显示等。

4. GSM 网络接口

在实际的 GSM 通信网络中，由于网络规模不同、运营环境不同以及设备生产厂家不同，因而上述各个部分可以有不同的配置方法。比如，把 MSC 和 VLR 合并在一起，或者把 HLR、EIR 和 AUC 合并为一个实体。不过，为了各个厂家所生产的设备可以通用，上述各部分的连接都必须严格符合规定的接口标准及相应的协议。

GSM 系统各部分之间的接口如图 7-2 所示。

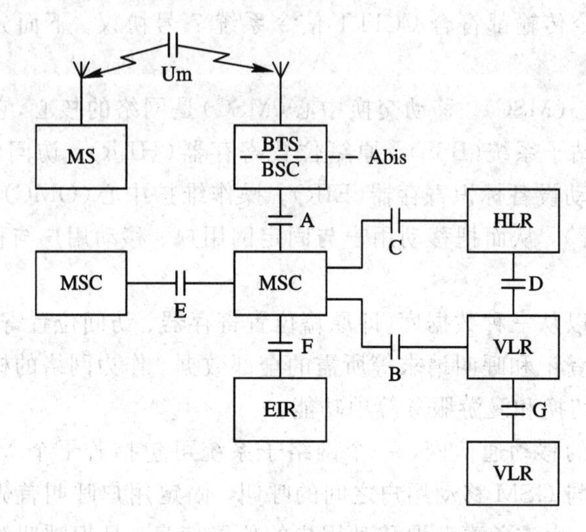

图 7-2　GSM 系统的接口

(1) 主要接口。GSM 系统的主要接口是指 A 接口、Abis 接口和 Um 接口。这三种主要接口的定义和标准化可保证不同厂家生产的移动台、基站子系统和网络子系统设备能够纳入同一个 GSM 移动通信网运行和使用。

① A 接口。A 接口定义为网络子系统(NSS)与基站子系统(BSS)之间的通信接口，从系统的功能实体而言，就是移动交换中心(MSC)与基站控制器(BSC)之间的互连接口，其物理连接是通过采用标准的 2.048 Mb/s PCM 数字传输链路来实现的。此接口传送的信息包括对移动台及基站的管理、移动性及呼叫接续管理等。

② Abis 接口。Abis 接口定义为基站子系统的基站控制器(BSC)与基站收发信机两个功能实体之间的通信接口，用于 BTS(不与 BSC 放在一处)与 BSC 之间的远端互连方式。它是通过采用标准的 2.048 Mb/s 或 64 kb/s PCM 数字传输链路来实现的。此接口支持所有向用户提供的服务，并支持对 BTS 无线设备的控制和无线频率的分配。

③ Um 接口(空中接口)。Um 接口(空中接口)定义为移动台(MS)与基站收发信机(BTS)之间的无线通信接口，它是 GSM 系统中最重要、最复杂的接口。此接口传递的信息包括无线资源管理、移动性管理和接续管理等，其内容将在 7.2 节中详细讨论。

(2) 网络子系统内部接口。它包括 B、C、D、E、F、G 接口。

① B 接口。B 接口定义为移动交换中心(MSC)与访问位置寄存器(VLR)之间的内部接口，用于 MSC 向 VLR 询问有关移动台(MS)当前位置的信息或者通知 VLR 有关 MS 的

位置更新信息等。

② C接口。C接口定义为MSC与HLR之间的接口，用于传递路由选择和管理信息，两者之间是采用标准的2.048 Mb/s PCM数字传输链路实现的。

③ D接口。D接口定义为HLR与VLR之间的接口，用于交换移动台位置和用户管理的信息，保证移动台在整个服务区内能建立和接收呼叫。由于VLR综合于MSC中，因此D接口的物理链路与C接口相同。

④ E接口。E接口为相邻区域的不同移动交换中心之间的接口，用于移动台从一个MSC控制区到另一个MSC控制区时交换有关信息，以完成越区切换。此接口的物理链接方式是采用标准的2.048 Mb/s PCM数字传输链路实现的。

⑤ F接口。F接口定义为MSC与移动设备标识寄存器(EIR)之间的接口，用于交换相关的管理信息。此接口的物理链接方式也是采用标准的2.048 Mb/s PCM数字传输链路实现的。

⑥ G接口。G接口定义为两个VLR之间的接口。当采用临时移动用户识别码(TMSI)时，此接口用于向分配TMSI的VLR询问此移动用户的国际移动用户识别码(IMSI)的信息。G接口的物理链接方式与E接口相同。

(3) GSM系统与其他公用电信网接口。GSM系统通过MSC与公用电信网互连，一般采用7号信令系统接口。其物理链接方式是通过在MSC与PSTN或ISDN交换机之间采用2.048 Mb/s的PCM数字传输链路来实现的。

7.1.2 GSM的区域、号码、地址与识别

1. 区域定义

GSM系统属于小区制大容量移动通信网，在它的服务区内设置有很多基站，移动通信网在此服务区内，具有控制、交换功能，以实现位置更新、呼叫接续、越区切换及漫游服务等功能。

在由GSM系统组成的移动通信网络结构中，其相应的区域定义如图7-3所示。

(1) GSM服务区。服务区是指移动台可获得服务的区域，即不同通信网(如PSTN或ISDN)用户无需知道移动台的实际位置而可与之通信的区域。

一个服务区可由一个或若干个公用陆地移动通信网(PLMN)组成。从地域而言，可以是一个国家或是一个国家的一部分，也可以是若干个国家。

(2) 公用陆地移动通信网(PLMN)。一个公用陆地移动通信网(PLMN)可由一个或若干个移动交换中心组成，在该区内具有共同的编号制度和共同的路由计划。PLMN与各种固定通信网之间的接口是MSC，由MSC完成呼叫接续。

(3) MSC区。MSC区系指一个移动交换中心所控制的区域，通常它连接一个或若干个基站控制器，每个基站控制器控制多个基站收发信机。从地理位置来看，MSC区包含多个位置区。

(4) 位置区。位置区一般由若干个小区(或基站区)组成，移动台在位置区内移动无需进行位置更新。通常呼叫移动台时，向一个位置区内的所有基站同时发寻呼信号。

(5) 基站区。基站区系指基站收发信机有效的无线覆盖区，简称小区。

(6) 扇区。当基站收发信天线采用定向天线时，基站区分为若干个扇区。若采用120°

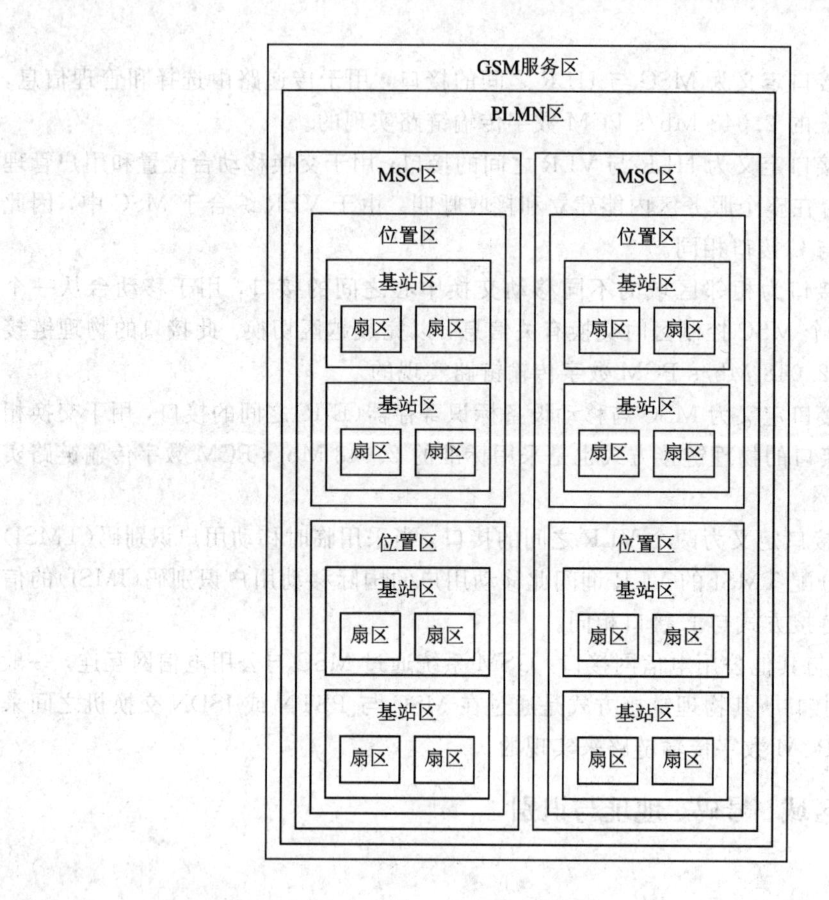

图 7－3　GSM 的区域定义

定向天线，一个小区分为 3 个扇区；若采用 60°定向天线，则一个小区分为 6 个扇区。

2. 号码与识别

GSM 网络是比较复杂的，它包含无线、有线信道，并与其他网络如 PSTN、ISDN、公用数据网或其他 PLMN 网互相连接。为了将一次呼叫接续传至某个移动用户，需要调用相应的实体。因此，正确寻址就非常重要，各种号码被用于识别不同的移动用户、不同的移动设备以及不同的网络。

各种号码的定义及用途如下：

(1) 移动用户识别码。在 GSM 系统中，每个用户均分配一个唯一的国际移动用户识别码(IMSI)。此码在所有位置(包括在漫游区)都是有效的。通常在呼叫建立和位置更新时，需要使用 IMSI。

IMSI 的组成如图 7－4 所示。IMSI 的总长不超过 15 位数字，每位数字仅使用 0～9 的数字。图中：

MCC：移动用户所属国家代号，占 3 位数字，中国的 MCC 规定为 460。

MNC：移动网号码，最多由两位数字组成，用于识别移动用户所归属的移动通信网。

MSIN：移动用户识别码，用以识别某一移动通信网(PLMN)中的移动用户。

由 MNC 和 MSIN 两部分组成国内移动用户识别码(NMSI)。

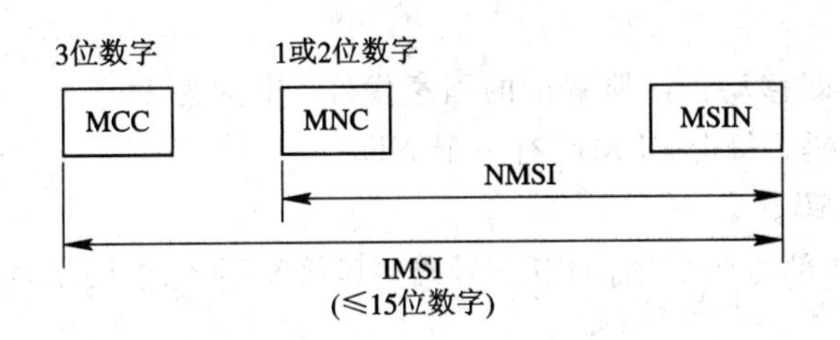

图 7-4　国际移动用户识别码(IMSI)的格式

(2) 临时移动用户识别码。考虑到移动用户识别码的安全性，GSM 系统能提供安全保密措施，即空中接口无线传输的识别码采用临时移动用户识别码(TMSI)代替 IMSI。两者之间可按一定的算法互相转换。访问位置寄存器(VLR)可给来访的移动用户分配一个 TMSI(只限于在该访问服务区使用)。总之，IMSI 只在起始入网登记时使用，在后续的呼叫中使用 TMSI，以避免通过无线信道发送其 IMSI，从而防止窃听者检测用户的通信内容，或者非法盗用合法用户的 IMSI。

TMSI 总长不超过 4 个字节，其格式可由各运营部门决定。

(3) 国际移动设备识别码。国际移动设备识别码(IMEI)是区别移动台设备的标志，可用于监控被窃或无效的移动设备。IMEI 的格式如图 7-5 所示。图中：

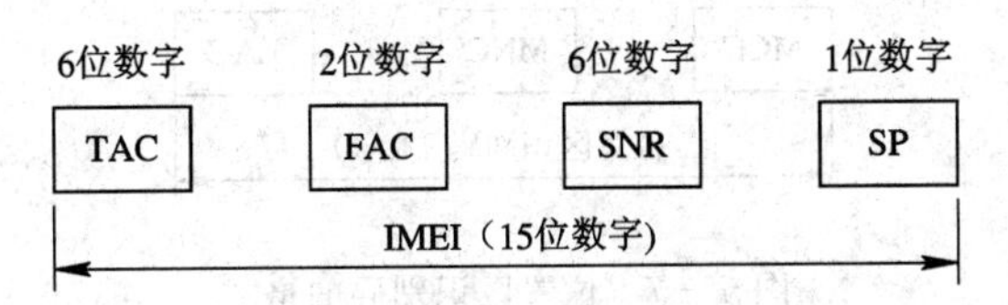

图 7-5　国际移动设备识别码(IMEI)的格式

TAC：型号批准码，由欧洲型号标准中心分配。

FAC：装配厂家号码。

SNR：产品序号，用于区别同一个 TAC 和 FAC 中的每台移动设备。

SP：备用。

(4) 移动台的号码。移动台的号码类似于 PSTN 中的电话号码，是在呼叫接续时所需拨的号码，其编号规则应与各国的编号规则相一致。

移动台的号码有下列两种：

① 移动台国际 ISDN 号码(MSISDN)。MSISDN 为呼叫 GSM 系统中的某个移动用户所需拨的号码。一个移动台可分配一个或几个 MSISDN 号码，其组成格式如图 7-6 所示。

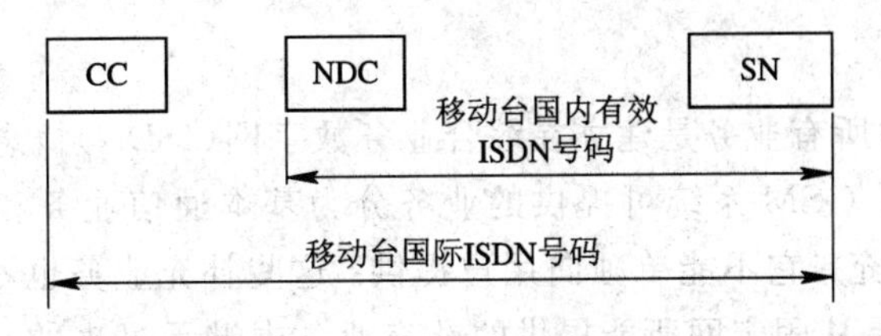

图 7-6　移动台国际 ISDN 的格式

图 7.6 中：

CC：国家代号，即移动台注册登记的国家代号，中国为 86。

NDC：国内地区码，每个 PLMN 有一个 NDC。

SN：移动用户号码。

由 NDC 和 SN 两部分组成国内ISDN号码，其长度不超过 13 位数。国际 ISDN 号码长度不超过 15 位数字。

② 移动台漫游号码(MSRN)。当移动台漫游到一个新的服务区时，由 VLR 给它分配一个临时性的漫游号码，并通知该移动台的 HLR，用于建立通信路由。一旦该移动台离开该服务区，此漫游号码即被收回，并可分配给其他来访的移动台使用。

漫游号码的组成格式与移动台国际(或国内)ISDN 号码相同。

(5) 位置区识别码和基站识别色码。

① 位置区识别码(LAI)。在检测位置更新和信道切换时，要使用位置区识别码(LAI)。LAI 的组成格式如图 7－7 所示。图中的 MCC 和 MNC 均与 IMSI 的 MCC 和 MNC 相同；位置区码(LAC)用于识别 GSM 移动通信网中的一个位置区，最多不超过两个字节，采用十六进制编码，由各运营部门自定。在 LAI 后面加上小区的标志号(CI)，还可以组成小区识别码。

图 7－7　位置区识别码的格式

② 基站识别色码(BSIC)。基站识别色码(BSIC)用于移动台识别相同载频的不同基站，特别用于区别在不同国家的边界地区采用相同载频且相邻的基站。BSIC 为一个 6 比特编码，其格式如图 7－8 所示。图中：

NCC：PLMN 色码，用来识别相邻的 PLMN 网。

BCC：BTS 色码，用来识别相同载频的不同的基站。

图 7－8　基站识别色码(BSIC)的格式

7.1.3　主要业务

GSM 系统定义的所有业务是建立在综合业务数字网(ISDN)概念基础上的，并考虑移动特点作了必要修改。GSM 系统可提供的业务分为基本通信业务和补充业务。补充业务只是对基本业务的扩充，它不能单独向用户提供。这些补充业务也不是专用于 GSM 系统的，大部分补充业务是从固定网所能提供的补充业务中继承过来的。因此，对补充业务不作详细讨论，有兴趣的读者可参阅 GSM 标准。下面着重讨论基本通信业务的分类及定义。

1. 通信业务分类

GSM 系统能提供 6 类 10 种电信业务，其编号、名称、业务类型及实现阶段见表 7－2。

表 7－2　GSM 电信业务分类

分类号	电信业务类型	编号	电信业务名称	实现阶段
1	话音传输	11	电话	E1
		12	紧急呼叫	E1
2	短消息业务	21	点对点 MS 终止的短消息业务	E3
		22	点对点 MS 起始的短消息业务	A
		23	小区广播短消息业务	FS
3	MHS 接入	31	先进消息处理系统接入	A
4	可视图文接入	41	可视图文接入子集 1	A
		42	可视图文接入子集 2	A
		43	可视图文接入子集 3	A
5	智能用户电报传送	51	智能用户电报	A
6	传真	61	交替的语音和 3 类传真　透　明	E2
			非透明	A
		62	自动 3 类传真　透　明	FS
			非透明	FS

注：E1 为必须项，第一阶段以前提供；E2 为必须项，第二阶段以前提供；E3 为必须项，第三阶段以前提供；A 为附加项；FS 为待研究；MS 为移动台；MHS 为消息处理系统。

2. 业务定义

(1) 电话业务。电话业务是 GSM 系统提供的最主要业务。GSM 移动通信网与固定网连接，可供移动用户与固定网电话用户之间实时双向会话，也可提供任两个移动用户之间的实时双向会话。

(2) 紧急呼叫业务。在紧急情况下，移动用户通过一种简单的拨号方式即可拨通紧急服务中心。这种简单的拨号可以是拨打紧急服务中心号码(在欧洲统一使用 112，在我国统一使用火警特殊号 119)。有些 GSM 移动台具有“SOS”键，一按此键就可接通紧急服务中心。紧急呼叫业务优先于其他业务，在移动台没有插入用户识别卡的情况下，也可按键后接通紧急服务中心。

(3) 短消息业务。短消息业务包括移动台之间点对点短消息业务以及小区广播短消息业务。

点对点短消息业务是由短消息业务中心完成存储和前转功能的。短消息业务中心是与 GSM 系统相分离的独立实体，不仅可服务于 GSM 用户，也可服务于具备接收短消息业务功能的固定网用户。点对点消息的发送或接收应在呼叫状态或空闲状态下进行，由控制信道传送短消息业务，其消息量限制为 160 个字符。

小区广播短消息业务是指 GSM 移动通信网以有规则的间隔向移动台广播具有通用意义的短消息，例如道路交通信息等。移动台连续不断地监视广播消息，并能在显示器上显示广播消息。此短消息也是在控制信道上传送的，移动台只有在空闲状态下才可接收广播消息，其消息量限制为 93 个字符。

(4) 可视图文接入。可视图文接入是一种通过网络完成文本、图形信息检索和电子函件功能的业务。

(5) 智能用户电报传送。智能用户电报传送能够提供智能用户电报终端间的文本通信业务。此类终端具有文本信息的编辑、存储和处理等能力。

(6) 传真。语言和 3 类传真交替传送的业务。自动 3 类传真是指能使用户经 PLMN 以传真编码信息文件的形式自动交换各种函件的业务。

7.2　GSM 系统的无线接口

GSM 数字蜂窝网的无线接口即 U_m 接口，是系统最重要的接口，也就是通常所称的空中接口。本节着重讨论 GSM 系统的无线传输方式及其特征。

7.2.1　GSM 系统无线传输特征

表 7－3 给出了 GSM 系统的主要参数，为便于比较，表中还列出了另外两种时分多址数字蜂窝网的对应参数。

表 7－3　GSM 等三种数字蜂窝网主要参数

		欧洲 GSM	美国 D－AMPS	日本 JDC
多址方式		TDMA/FDMA	TDMA/FDMA	TDMA/FDMA
频率/MHz	移动台(发)	890～915	824～849	940～956/1429～1453
	基　站(发)	935～960	869～894	810～826/1477～1501
载频间隔/kHz		200	30	25
时隙数/载频		8/16	3/6	3/6
调制方式		GMSK	π/4－QPSK	π/4－QPSK
加差错保护后的话音速率/(kb/s)		22.8	13	11
信道速率/(kb/s)		270.833	48.6	42
TDMA 帧长/ms		4.615	40	20
交织跨度/ms		40	27	27

1. TDMA/FDMA 接入方式

GSM 系统中，由若干个小区(3 个、4 个或 7 个)构成一个区群，区群内不能使用相同的频道，同频道距离保持相等，每个小区含有多个载频，每个载频上含有 8 个时隙，即每个载频有 8 个物理信道，因此，GSM 系统是时分多址/频分多址的接入方式，参见图 7-9 所示。有关物理信道及帧的格式后面将作详细讨论。

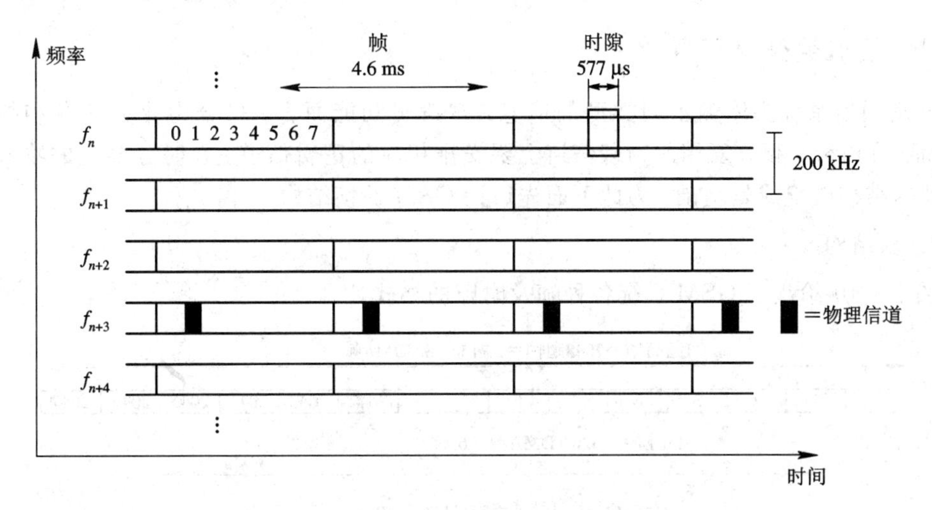

图 7-9　TDMA/FDMA 接入方式

2. 频率与频道序号

GSM 系统工作在以下射频频段：

上行(移动台发、基站收)　　890～915 MHz

下行(基站发、移动台收)　　935～960 MHz

收、发频率间隔为 45 MHz。

移动台采用较低频段发射，传播损耗较低，有利于补偿上、下行功率不平衡问题。

由于载频间隔是 0.2 MHz，因此 GSM 系统整个工作频段分为 124 对载频，其频道序号用 n 表示，则上、下两频段中序号为 n 的载频可用下式计算：

下频段　　$f_l(n)=(890+0.2\,n)$ MHz　　(7-1)

上频段　　$f_h(n)=(935+0.2\,n)$ MHz　　(7-2)

式中，$n=1\sim124$。例如 $n=1$，$f_l(1)=890.2$ MHz，$f_h(1)=935.2$ MHz，其他序号的载频依此类推。

前已指出，每个载频有 8 个时隙，因此 GSM 系统总共有 $124\times8=992$ 个物理信道，有的书籍中简称 GSM 系统有 1000 个物理信道。

3. 调制方式

GSM 的调制方式是高斯型最小移频键控(GMSK)方式，矩形脉冲在调制器之前先通过一个高斯滤波器。这一调制方案由于改善了频谱特性，从而能满足 CCIR 提出的邻信道功率电平小于 -60 dBW 的要求。高斯滤波器的归一化带宽 $B_t=0.3$，基于 200 kHz 的载频间隔及 270.833 kb/s 的信道传输速率，其频谱利用率为(1.35 b/s)/Hz。

4. 载频复用与区群结构

GSM 系统中，基站发射功率为每载波 500 W，每时隙平均为 500/8=62.5 W。移动台发射功率分为 0.8 W、2 W、5 W、8 W 和 20 W 五种，可供用户选择。小区覆盖半径最大为 35 km，最小为 500 m，前者适用于农村地区，后者适用于市区。

由于系统采取了多种抗干扰措施(如自适应均衡、跳频和纠错编码等)，同频道射频防护比可降到 $C/I=9$ dB，因此在业务密集区，可采用 3 小区 9 扇区的区群结构。

7.2.2　信道类型及其组合

蜂窝通信系统要传输不同类型的信息，按逻辑功能而言，可分为业务信息和控制信息，因而在时分、频分复用的物理信道上要安排相应的逻辑信道。在时分多址的物理信道中，帧的结构或组成是基础，为此下面先讨论 GSM 的帧结构。

1. 帧结构

图 7-10 给出了 GSM 系统各种帧及时隙的格式。

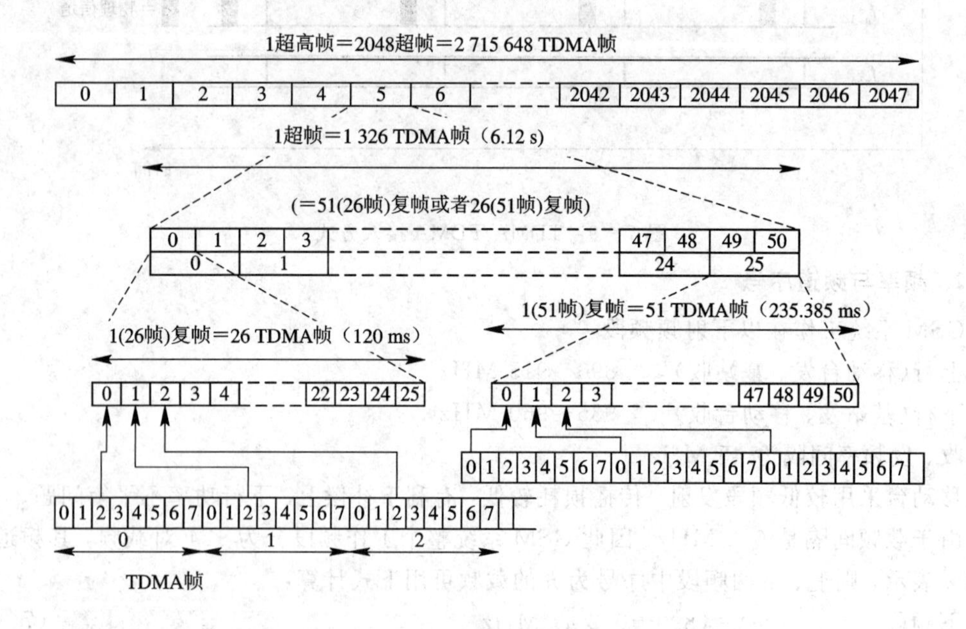

图 7-10　GSM 系统各种帧及时隙的格式

每一个 TDMA 帧分 0～7 共 8 个时隙，帧长度为 120/26≈4.615 ms。每个时隙含 156.25 个码元，占 15/26≈0.577 ms。

由若干个 TDMA 帧构成复帧，其结构有两种：一种是由 26 帧组成的复帧，这种复帧长 120 ms，主要用于业务信息的传输，也称为业务复帧；另一种是由 51 帧组成的复帧，这种复帧长 235.385 ms，专用于传输控制信息，也称为控制复帧。

由 51 个业务复帧或 26 个控制复帧均可组成一个超帧，超帧的周期为 1326 个TDMA帧，超帧长 $51\times26\times4.615\times10^{-3}\approx6.12$ s。

由 2048 个超帧组成超高帧，超高帧的周期为 2048×1326＝2 715 648 个 TDMA 帧，即 12 533.76 秒，也即 3 小时 28 分 53 秒 760 毫秒。

帧的编号(FN)以超高帧为周期，从 0 到 2 715 647。

GSM 系统上行传输所用的帧号和下行传输所用的帧号相同，但上行帧相对于下行帧来说，在时间上推后 3 个时隙，见图 7-11。这样安排，允许移动台在这 3 个时隙的时间内进行帧调整以及对收发信机进行调谐和转换。

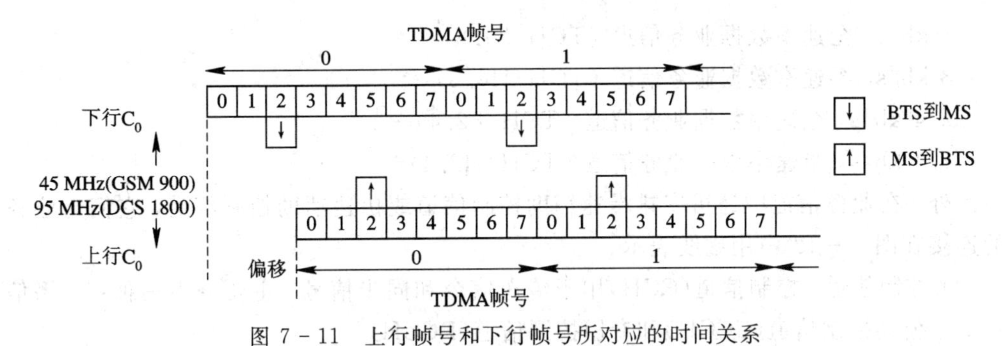

图 7－11　上行帧号和下行帧号所对应的时间关系

2. 信道分类

图 7－12 示出了 GSM 系统的信道分类。

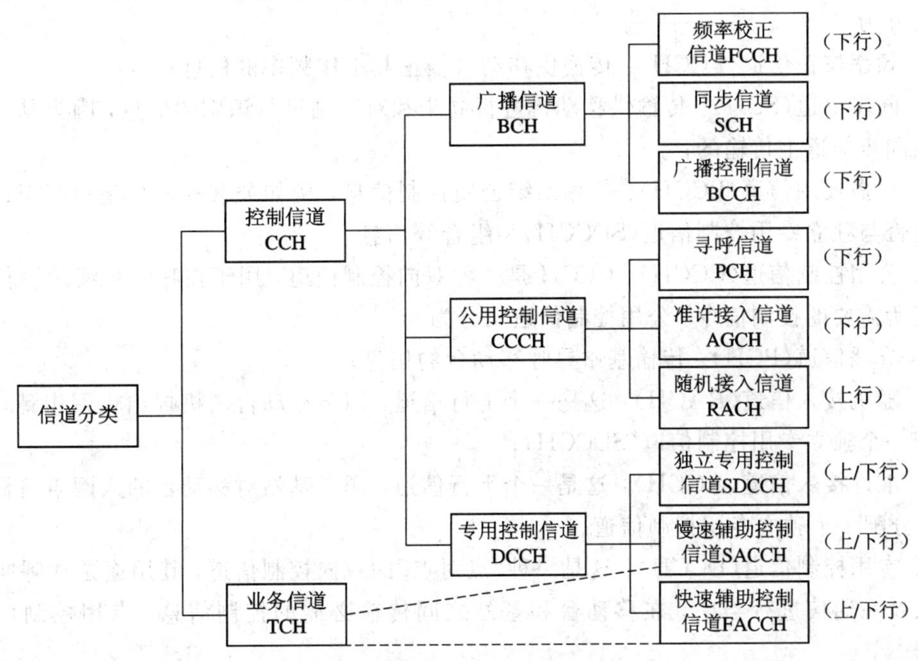

图 7－12　GSM 系统的信道分类

(1) 业务信道。业务信道 TCH 主要传输数字话音或数据，其次还有少量的随路控制信令。业务信道有全速率业务信道(TCH/F)和半速率业务信道(TCH/H)之分。半速率业务信道所用时隙是全速率业务信道所用时隙的一半。目前使用的是全速率业务信道，将来采用低比特率话音编码器后可使用半速率业务信道，从而在信道传输速率不变的情况下，信道数目可加倍。

① 话音业务信道。载有编码话音的业务信道分为全速率话音业务信道(TCH/FS)和半速率话音业务信道(TCH/HS)，两者的总速率分别为 22.8 kb/s 和 11.4 kb/s。

对于全速率话音编码，话音帧长 20 ms，每帧含 260 bit 话音信息，提供的净速率为 13 kb/s。

② 数据业务信道。在全速率或半速率信道上，通过不同的速率适配和信道编码，用户可使用下列各种不同的数据业务：

9.6 kb/s，全速率数据业务信道 (TCH/F9.6)

4.8 kb/s，全速率数据业务信道（TCH/F4.8）

4.8 kb/s，半速率数据业务信道（TCH/H4.8）

≤2.4 kb/s，全速率数据业务信道（TCH/F2.4）

≤2.4 kb/s，半速率数据业务信道（TCH/H2.4）

此外，在业务信道中还可安排慢速辅助控制信道或快速辅助控制信道，它们与业务信道的连接在图 7－12 中用虚线表示。

(2) 控制信道。控制信道(CCH)用于传送信令和同步信号，主要分为三种：广播信道(BCH)、公共控制信道(CCCH)和专用控制信道(DCCH)。

① 广播信道(BCH)。广播信道是一种“一点对多点”的单方向控制信道，用于基站向移动台广播公用的信息，传输的内容主要是移动台入网和呼叫建立所需要的有关信息。广播信道又分为

· 频率校正信道(FCCH)：传输供移动台校正其工作频率的信息；

· 同步信道(SCH)：传输供移动台进行同步和对基站进行识别的信息，因为基站识别码是在同步信道上传输的；

· 广播控制信道(BCCH)：传输系统公用控制信息，例如公共控制信道(CCCH)号码以及是否与独立专用控制信道(SDCCH)相组合等信息。

② 公用控制信道(CCCH)。CCCH 是一种双向控制信道，用于在呼叫接续阶段传输链路连接所需要的控制信令。公用控制信道又分为

· 寻呼信道(PCH)：传输基站寻呼移动台的信息；

· 随机接入信道(RACH)：这是一个上行信道，用于移动台随机提出入网申请，即请求分配一个独立专用控制信道(SDCCH)；

· 准许接入信道(AGCH)：这是一个下行信道，用于基站对移动台的入网申请作出应答，即分配一个独立专用控制信道。

③ 专用控制信道(DCCH)：这是一种“点对点”的双向控制信道，其用途是在呼叫接续阶段以及在通信进行当中，在移动台和基站之间传输必需的控制信息。专用控制信道又分为

· 独立专用控制信道(SDCCH)：用于在分配业务信道之前传送有关信令。例如，登记、鉴权等信令均在此信道上传输，经鉴权确认后，再分配业务信道(TCH)。

· 慢速辅助控制信道(SACCH)：在移动台和基站之间，需要周期性地传输一些信息。例如，移动台要不断地报告正在服务的基站和邻近基站的信号强度，以实现“移动台辅助切换功能”。此外，基站对移动台的功率调整、时间调整命令也在此信道上传输，因此 SACCH 是双向的点对点控制信道。SACCH 可与一个业务信道或一个独立专用控制信道联用。SACCH 安排在业务信道时，以 SACCH/T 表示；安排在控制信道时，以 SACCH/C 表示。

· 快速辅助控制信道(FACCH)：传送与 SDCCH 相同的信息，只有在没有分配 SDCCH的情况下，才使用这种控制信道。使用时要中断业务信息，把 FACCH 插入业务信道，每次占用的时间很短，约 18.5 ms。

由上可见，GSM 通信系统为了传输所需的各种信令，设置了多种控制信道。这样，除了因数字传输为设置多种逻辑信道提供了可能外，主要是为了增强系统的控制功能，同时

也为了保证话音通信质量。在模拟蜂窝系统中，要在通信进行过程中进行控制信令的传输，必须中断话音信息的传输，一般为 100 ms 左右，这就是所谓的“中断—猝发”的控制方式。如果这种中断过于频繁，会使话音产生可以听到的“喀喇”声，势必明显地降低话音质量。因此，模拟蜂窝系统必须限制在通话过程中传输控制信息的容量。与此不同，GSM 系统采用专用控制信道传输控制信令，除去 FACCH 外，不会在通信过程中中断话音信号，因而能保证话音的传输质量。其中，FACCH 虽然也采取“中断-猝发”的控制方式，但使用机会较少，而且占用的时间较短(约 18.5 ms)，其影响程度明显减小。GSM 系统还采用信息处理技术，以估计并补偿这种因为插入 FACCH 而被删除的话音。

3. 时隙的格式

在 GSM 系统中，每帧含 8 个时隙，时隙的宽度为 0.577 ms，其中包含 156.25 bit。TDMA 信道上一个时隙中的信息格式称为突发脉冲序列。

根据所传信息的不同，时隙所含的具体内容及其组成的格式也不相同。

(1) 常规突发(NB，Normal Burst)脉冲序列。常规突发脉冲序列亦称普通突发脉冲序列，用于业务信道及专用控制信道，其组成格式如图 7 - 13 所示。信息位占 116 bit，分成两段，各 58 bit。其中，57 位为数据(加密比特)，另用 1 位表示此数据的性质是业务信号或控制信号。这两段信息之间插入 26 位训练序列，用作自适应均衡器的训练序列，以消除多径效应产生的码间干扰。GSM 系统共有 8 种训练序列，可分别用于邻近的同频小区。由于选择了互相关系数很小的训练序列，因此接收端很容易辨别各自所需的训练序列，产生信道模型，作为时延补偿的参照。将训练序列放在两段信息的中间位置，是考虑到信道会快速发生变化，这样做可以使前后两部分信息比特和训练序列所受信道变化的影响不会有太大的差别。

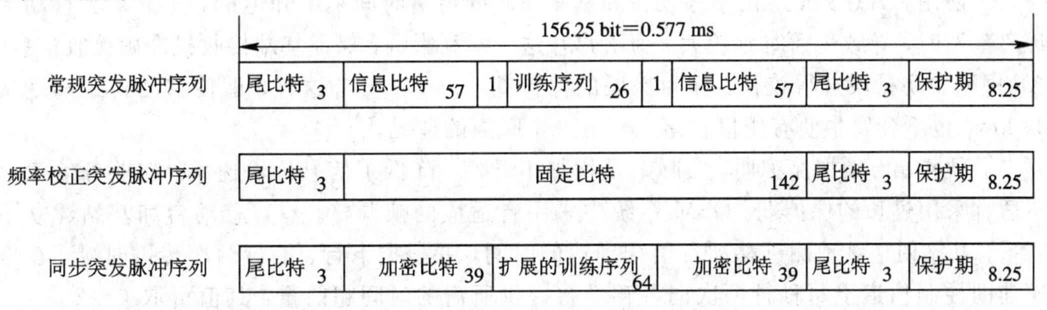

图 7 - 13　突发脉冲序列的格式

尾比特 TB(0,0,0)用于设置起始时间和结束时间，也称为功率上升时间和拖尾时间，各占 3 bit(约 11 μs)。因为在无线信道上进行突发传输时，起始时载波电平必须从最低值迅速上升到额定值；突发脉冲序列结束时，载波电平又必须从额定值迅速下降到最低值(例如−70 dB)。有效的传输时间是指载波电平维持在额定值的中间这一段时间，在时隙的前后各设置 3 bit，允许载波功率在此时间内上升和下降到规定的数值。

保护期 GP，占用 8.25 bit(约 30 μs)。这是为了防止不同移动台按时隙突发的信号因传播时延不同而在基站中发生前后交叠现象。

(2) 频率校正突发(FB，Frequency Correction Burst)脉冲序列。频率校正突发脉冲序列用于校正移动台的载波频率，其格式比较简单，参见图 7 - 13 所示。

起始和结束的尾比特各占 3 bit，保护期 8.25 bit，它们均与普通突发脉冲序列相同，其余的 142 bit 均置成“0”，相应发送的射频是一个与载频有固定偏移(频偏)的纯正弦波，以便于调整移动台的载频。

(3) 同步突发(SB，Synchronisation Burst)脉冲序列。同步突发脉冲序列用于移动台的时间同步。其格式参见图 7-13，主要组成包括 64 bit 的同步信号(扩展的训练序列)，以及两段各 39 bit 的数据，用于传输 TDMA 帧号和基站识别码(BSIC)。

前已指出，GSM 系统中每一帧都有一个帧号，帧号是以 3.5 小时左右为周期循环的。GSM 的特性之一是用户信息具有保密性，它是通过在发送信息前加密实现的，其中加密序列的算法以 TDMA 帧号为一个输入参数，因此在同步突发脉冲序列中携带 TDMA 帧号，为移动台在相应帧中发送加密数据是必需的。

基站识别码(BSIC)用于在移动台进行信号强度测量时区分使用同一个载频的基站。

(4) 接入突发(AB，Access Burst)脉冲序列。接入突发脉冲序列用于上行传输方向，在随机接入信道(RACH)上传送，用于移动用户向基站提出入网申请。

接入突发脉冲序列的格式如图 7-14 所示。由图可见，AB 序列的格式与前面三种序列的格式有较大差异。它包括 41 bit 的训练序列，36 bit 的信息，起始比特为 8 位(0,0,1,1,1,0,1,0)，而结束的尾比特为 3 位(0,0,0)，保护期较长，为 68.25 bit。

接入突发脉冲序列	尾比特 8	训练序列 41	加密比特 36	尾比特 3	保护期 68.25

图 7-14　接入突发脉冲序列的格式

当移动台在 RACH 上首次接入时，基站接收机开始接收的状况往往带有一定的偶然性，为了提高解调成功率，AB 序列的训练序列及始端的尾比特都选择得比较长。

在使用 AB 序列时，由于移动台和基站之间的传播时间是不知道的，尤其是当移动台远离基站时，导致传播时延较大。为了弥补这一不利影响，保证基站接收机准确接收信息，AB 序列中防护段选得较长，称为扩展的保护期，约 250 μs。这样，即使移动台距离基站 35 km，也不会发生使有用信息落入到下一个时隙的情况。

顺便指出，增加保护期，实际上是增加了开销，降低了信息传输速率。在业务信道上不适宜采用过长的保护期。GSM 系统中采用自适应的帧调整。一旦移动台和基站建立了联系，基站便连续地测试移动台信号到达的时间，并根据下行、上行两次传播时延，在慢速辅助控制信道上每秒钟两次向各移动台提供所需的时间超前量，其值可取 0～233 μs。移动台按这个超前量进行自适应的帧调节，使得移动台向基站发送的时间与基站接收的时间相一致。

除了上述四种格式之外，还有一种不发送实际信息的时隙格式，称为“虚设时隙”格式，用于填空，其结构和 NB 格式相同，但只发送固定的比特序列。

4. 信道的组合方式

逻辑信道组合是以复帧为基础的。所谓“组合”，实际上是将各种逻辑信道装载到物理信道上去。也就是说，逻辑信道与物理信道之间存在着映射关系。信道的组合形式与通信系统在不同阶段(接续或通话)所需要完成的功能有关，也与传输的方向(上行或下行)有关，除此之外，还与业务量有关。

(1) 业务信道的组合方式。业务信道有全速率和半速率之分，下面只考虑全速率情况。

业务信道的复帧含 26 个TDMA 帧，其组成的格式和物理信道(一个时隙)的映射关系如图 7-15 所示。图中给出了时隙 2(即 TS_2)构成一个业务信道的复帧，共占 26 个TDMA 帧，其中 24 帧 T(即 TCH)，用于传输业务信息；1 帧 A，代表随路的慢速辅助控制信道(SACCH)，传输慢速辅助信道的信息(例如功率调整的信令)；还有 1 帧 I 为空闲帧(半速率传输业务信息时，此帧也用于传输 SACCH 的信息)。

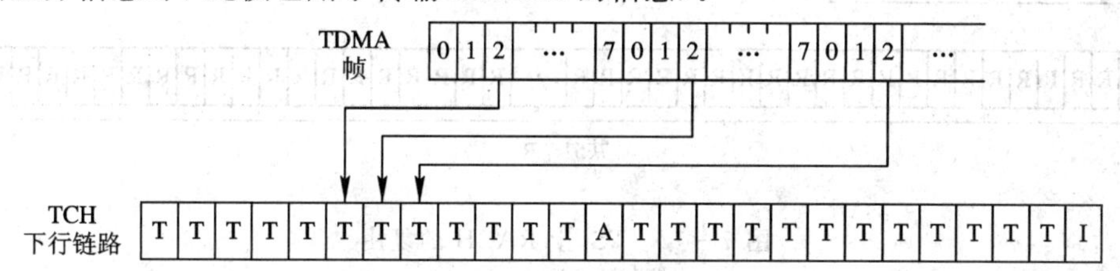

图 7-15　业务信道的组合方式

上行链路与下行链路的业务信道具有相同的组合方式，唯一的差别是有一个时间偏移，即相对于下行帧，上行帧在时间上推后 3 个时隙。

一般情况下，每一基站有 n 个载频(双工)，分别用 C_0，C_1，…，C_{n-1} 表示。其中，C_0 称为主载频。每个载频有 8 个时隙，分别用 TS_0，TS_1，…，TS_7 表示。C_0 上的 TS_2～TS_7 用于业务信道，而 C_0 上的 TS_0 用于广播信道和公共控制信道，C_0 上的 TS_1 用于专用控制信道。(在小容量地区，基站仅有一套收发信机，这意味着只有 8 个物理信道，这时 TS_0 既可用于公共控制信道又可用于专用控制信道，而把 TS_1～TS_7 用于业务信道。)其余载频 C_1～C_{n-1}上的 8 个时隙均用于业务信道。

(2) 控制信道的组合方式。控制信道的复帧含 51 帧，其组合方式类型较多，而且上行传输和下行传输的组合方式也不相同。

① BCH 和 CCCH 在 TS_0 上的复用。广播信道(BCH)和公用控制信道(CCCH)在主载频(C_0)的 TS_0 上的复用(下行链路)如图 7-16 所示。其中：

F(FCCH)：用于移动台校正频率；

S(SCH)：移动台据此读 TDMA 帧号和基站识别码 BSIC；

B(BCCH)：移动台据此读有关小区的通用信息；

I(IDEL)：空闲帧。

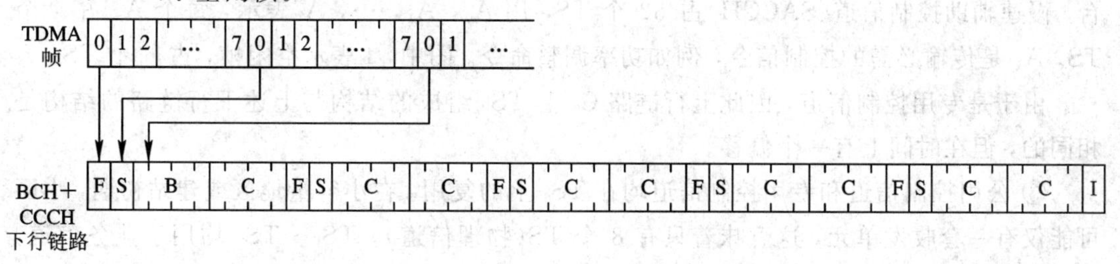

图 7-16　BCH 和 CCCH 在 TS_0 上的复用

由图可见，控制复帧共有 51 个 TS。值得指出，此序列是以 51 个帧为循环周期的，因此，虽然每帧只用了 TS_0，但从时间长度上讲，序列长度仍为 51 个 TDMA 帧。

如果没有寻呼或接入信息，F、S 及 B 总在发射，以便使移动台能够测试该基站的信号强度，此时 C(即 CCCH)用空位突发脉冲序列代替。

对于上行链路而言，TS_0 只用于移动台的接入，即 51 个 TDMA 帧均用于随机接入信道(RACH)，其映射关系如图 7－17 所示。

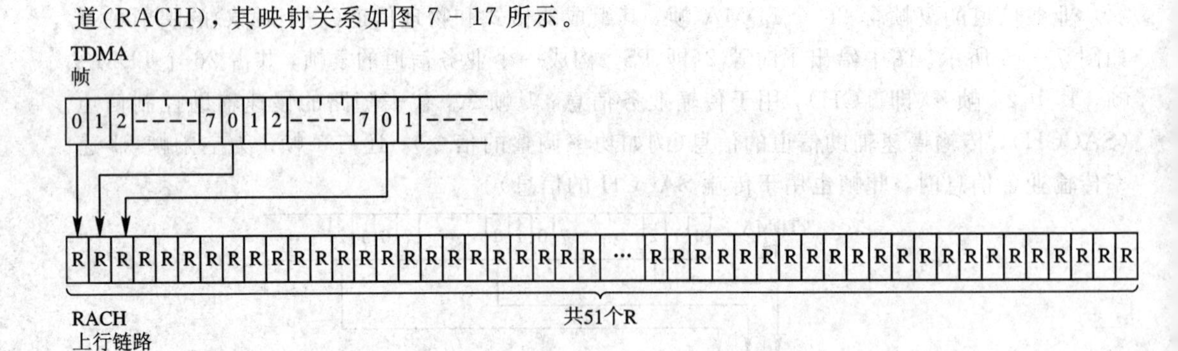

图 7－17 TS_0 上 RACH 的复用

② SDCCH 和 SACCH 在 TS_1 上的复用。主载频 C_0 上的 TS_1 可用于独立专用控制信道和慢速辅助控制信道。

下行链路 C_0 上的 TS_1 的映射如图 7－18 所示。下行链路占用 102 个 TS_1，从时间长度上讲是 102 个 TDMA 帧。

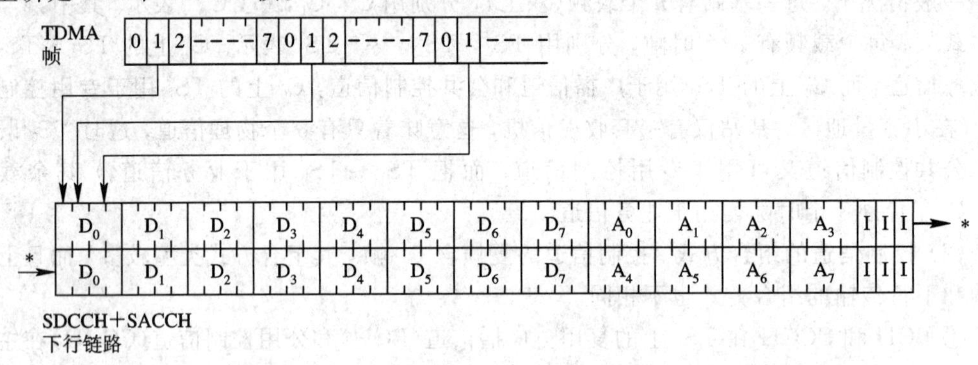

图 7－18 SDCCH 和 SACCH(下行)在 TS_1 上的复用

由于在呼叫建立及入网登记时所需比特率较低，因而可在这些 TS(TS_1)上放置 8 个 SDCCH(共有 64 个 TS)，图中用 D_0，D_1，…，D_7 表示，每个 D_x 占 8 个 TS。D_x 只在移动台建立呼叫时使用，在移动台转到 TCH 上开始通话或登记完毕后，可将 D_x 用于其他移动台。慢速辅助控制信道(SACCH)占 32 个 TS，用 A_0，A_1，…，A_7 表示，每个 A_x 占 4 个 TS。A_x 是传输必需的控制信令，例如功率调整命令。图中，I 表示空闲帧，占 6 个 TS。

由于是专用控制信道，因此上行链路 C_0 上 TS_1 组成的结构与上述下行链路的结构是相同的，但在时间上有一个偏移。

③ 公用控制信道和专用控制信道均在 TS_0 上的复用。在小容量地区或建站初期，小区可能仅有一套收发单元，这意味着只有 8 个 TS(物理信道)。TS_1～TS_7 均用于业务信道，此时 TS_0 既用于公用控制信道(包括 BCH、CCCH)，又用于专用控制信道(SDCCH、SACCH)，其组成格式如图 7－19 所示。其中，下行链路包括 BCH(F,S,B)、CCCH(C)、SDCCH(D_0～D_3)、SACCH(A_0～A_3)和空闲帧 I，共占 102 TS，从时间长度上讲是 102 个 TDMA 帧。

上行链路包括随机接入信道 RACH(R)、SDCCH(D_0～D_3)和 SACCH(A_0～A_3)，共占 102 TS。

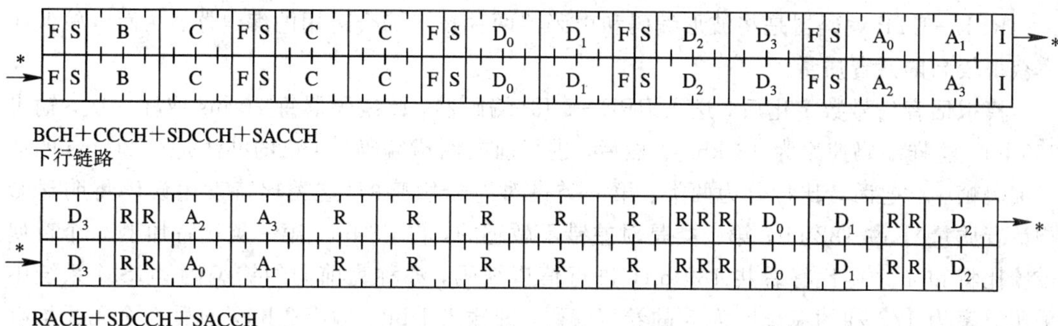

图 7-19　TS_0 上控制信道综合复用

从上述分析可知，如果小区只有一对双工载频(C_0)，那么 TS_0 用于控制信道，TS_1～TS_7 用于业务信道，即允许基站与 7 个移动台可同时传输业务。在多载频小区内，C_0 的 TS_0 用于公用控制信道，TS_1 用于专用控制信道，TS_2～TS_7 用于业务信道；每另加一个载频，其 8 个 TS 全部可用作业务信道。

7.2.3　话音和信道编码

数字话音信号在无线传输时主要面临三个问题：一是选择低速率的编码方式，以适应有限带宽的要求；二是选择有效的方法减少误码率，即信道编码问题；三是选用有效的调制方法，减小杂波辐射，降低干扰。下面着重讨论 GSM 系统中话音编码和信道编码的主要特点。

图 7-20 示出了 GSM 系统的话音编码和信道编码的组成框图。其中，话音编码主要由规则脉冲激励长期预测编码(RPE-LTP 编译码器)组成，而信道编码归入无线子系统，主要包括纠错编码和交织技术。

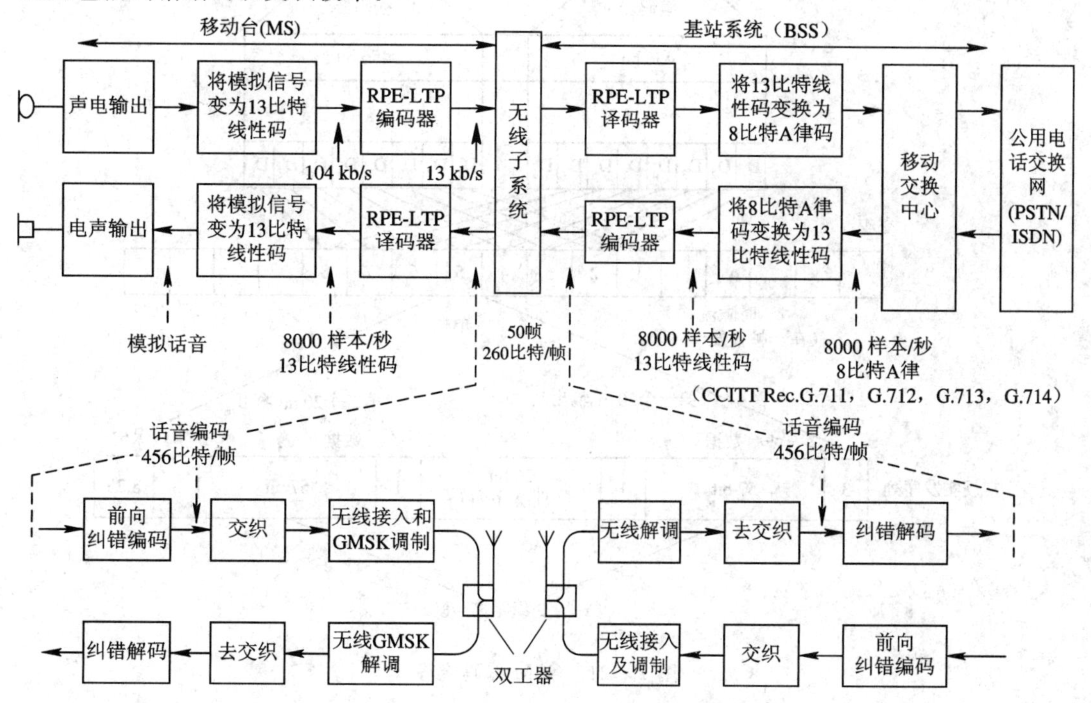

图 7-20　GSM 系统的话音和信道编码组成框图

RPE－LTP编码器是将波形编码和声码器两种技术综合运用的编码器，从而以较低速率获得较高的话音质量。

模拟话音信号数字化后，送入RPE－LTP编码器，此编码器每20 ms取样一次，输出260 bit，这样编码速率为13 kb/s。然后，进行前向纠错编码，纠错的办法是在20 ms的话音编码帧中，把话音比特分为两类：第一类是对差错敏感的(这类比特发生误码将明显影响话音质量)，占182 bit；第二类是对差错不敏感的，占78 bit。第一类比特加上3个奇偶校验比特和4个尾比特后共189 bit，进行信道编码，亦称为前向纠错编码。GSM系统中采用码率为1/2和约束长度为5的卷积编码，即输入1 bit，输出2 bit，前后5个码元均有约束关系，共输出378 bit，它和不加差错保护的78 bit合在一起共计456 bit。通过卷积编码后速率为456 bit/20 ms＝22.8 kb/s，其中包括原始话音速率13 kb/s，纠错编码速率9.8 kb/s。卷积编码后数据再进行交织编码，以对抗突发干扰。交织的实质是将突发错误分散开来，显然，交织深度越深，抗突发错误的能力越强。本系统采用的交织深度为8，参见图7－21所示的GSM编码流程，即把40 ms中的话音比特(2×456＝912 bit)组成8×114矩阵，按水平写入、垂直读出的顺序进行交织(见图7－22)，获得8个114 bit的信息段，每个信息段要占用一个时隙且逐帧进行传输。可见，每40 ms的话音需要用8帧才能传送完毕。

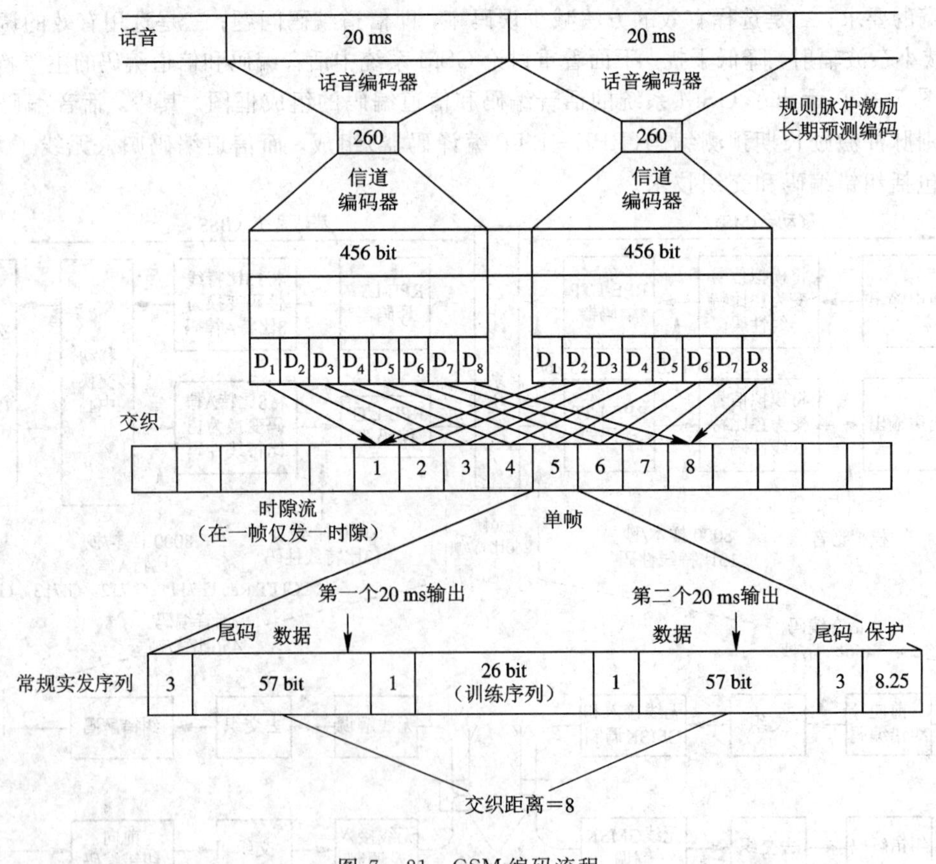

图7－21　GSM编码流程

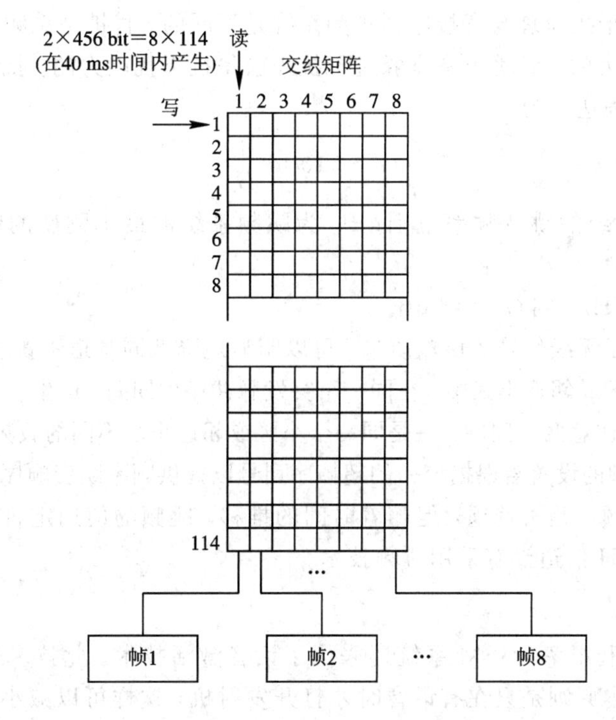

图 7 - 22　GSM 的交织方式

7.2.4　跳频和间断传输技术

1. 跳频

前已指出，在 GSM 系统中，采用自适应均衡抵抗多径效应造成的时散现象，采用卷积编码纠随机干扰，采用交织编码抗突发干扰，此外，还可采用跳频技术进一步提高系统的抗干扰性能。

跳频是指载波频率在很宽频率范围内按某种图案(序列)进行跳变。图 7 - 23 为 GSM 系统的跳频示意图。采用每帧改变频率的方法，即每隔 4.615 ms 改变载波频率，亦即跳频速率为 1/4.615 ms=217 跳/秒。

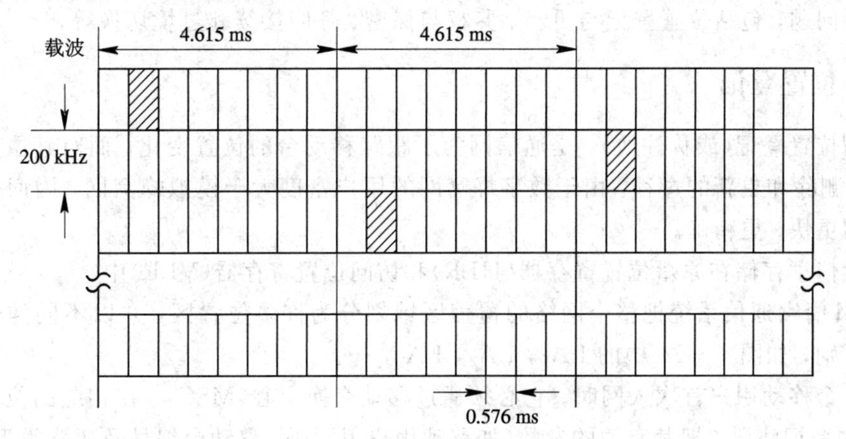

图 7 - 23　GSM 系统的跳频示意图

跳频系统的抗干扰原理与直接序列扩频系统是不同的。直扩是靠频谱的扩展和解扩处理来提高抗干扰能力的，而跳频是靠躲避干扰来获得抗干扰能力的。抗干扰性能用处理增益 G_P 表征，G_P 的表达式为

$$G_P = 10 \lg \frac{B_W}{B_C} \tag{7-3}$$

式中：B_W 为跳频系统的跳变频率范围；B_C 为跳频系统的最小跳变的频率间隔(GSM 的 B_C=200 kHz)。

若 B_W 取 15 MHz，则 G_P=18 dB。

跳频技术改善了无线信号的传输质量，可以明显地降低同频道干扰和频率选择性衰落。为了避免在同一小区或邻近小区中，在同一个突发脉冲序列期间，产生频率击中现象(即跳变到相同频率)，必须注意两个问题：一是同一个小区或邻近小区不同的载频采用相互正交的伪随机序列；二是跳频的设置需根据统一的超帧序列号以提供频率跳变顺序和起始时间。

顺便指出，跳频虽是可选项，但随着时间的推移，跳频的使用定将增加。需要说明的是，BCCH 和 CCCH 信道没有采用跳频技术。

2. 间断传输

为了提高频谱利用率，GSM 系统还采用了话音激活技术。此技术也被称为间断传输(DTx)技术，其基本原则是只在有话音时才打开发射机，这样可以减小干扰，提高系统容量。采用 DTx 技术，对移动台来说更有意义，因为在无信息传输时立即关闭发射机，可以减少电源消耗。

GSM 中，话音激活技术采用一种自适应门限话音检测算法。当发端判断出通话者暂停通话时，立即关闭发射机，暂停传输；当接收端检测出无话音时，在相应空闲帧中填上轻微的“舒适噪声”，以免给收听者造成通信中断的错觉。

7.3 GSM 系统的控制与管理

GSM 系统是一种功能繁多且设备复杂的通信网络，无论是移动用户与市话用户还是移动用户之间建立通信，必须涉及系统中的各种设备。下面着重讨论系统控制与管理中的几个主要问题，包括位置登记与更新、鉴权与保密、呼叫接续和过境切换等。

7.3.1 位置登记

所谓位置登记(或称注册)，是通信网为了跟踪移动台的位置变化，而对其位置信息进行登记、删除和更新的过程。由于数字蜂窝网的用户密度大于模拟蜂窝网，因而位置登记过程必须更快、更精确。

位置信息存储在原籍位置寄存器(HLR)和访问位置寄存器(VLR)中。

GSM 蜂窝通信系统把整个网络的覆盖区域划分为许多位置区，并以不同的位置区标志进行区别，如图 7-24 中的 LA_1，LA_2，LA_3，…。

当一个移动用户首次入网时，它必须通过移动交换中心(MSC)，在相应的位置寄存器(HLR)中登记注册，把其有关的参数(如移动用户识别码、移动台编号及业务类型等)全部存放在这个位置寄存器中，于是网络就把这个位置寄存器称为原籍位置寄存器。

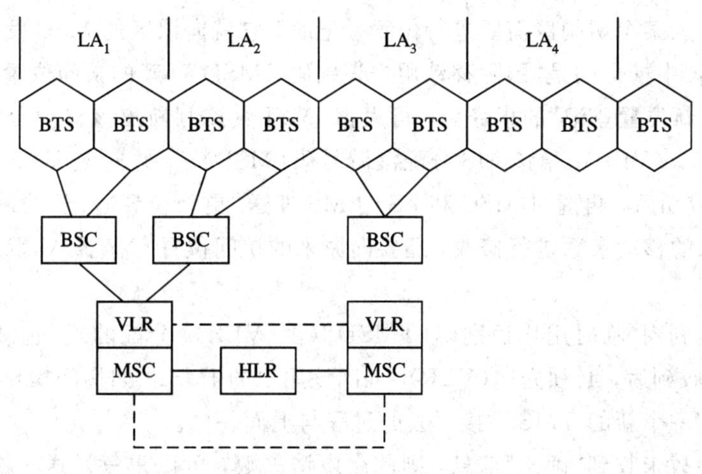

图 7 - 24　位置区划分示意

移动台的不断运动将导致其位置的不断变化。这种变动的位置信息由另一种位置寄存器，即访问位置寄存器(VLR)进行登记。移动台可能远离其原籍地区而进入其他地区“访问”，该地区的 VLR 要对这种来访的移动台进行位置登记，并向该移动台的 HLR 查询其有关参数。此 HLR 要临时保存该 VLR 提供的位置信息，以便为其他用户(包括固定的市话网用户或另一个移动用户)呼叫此移动台提供所需的路由。VLR 所存储的位置信息不是永久性的，一旦移动台离开了它的服务区，该移动台的位置信息即被删除。

位置区的标志在广播控制信道(BCCH)中播送，移动台开机后，就可以搜索此 BCCH，从中提取所在位置区的标志。如果移动台从 BCCH 中获取的位置区标志就是它原来用的(上次通信所用)位置区标志，则不需要进行位置更新。如果两者不同，则说明移动台已经进入新的位置区，必须进行位置更新，于是移动台将通过新位置区的基站发出位置更新的请求。

移动台可能在不同情况下申请位置更新。比如，在任一个地区中进行初始位置登记，在同一个 VLR 服务区中进行过区位置登记，或者在不同的 VLR 服务区中进行过区位置登记等。不同情况下进行位置登记的具体过程会有所不同，但基本方法都是一样的。图 7 - 25 给出的是涉及两个 VLR 的位置更新过程，其他情况可依此类推。

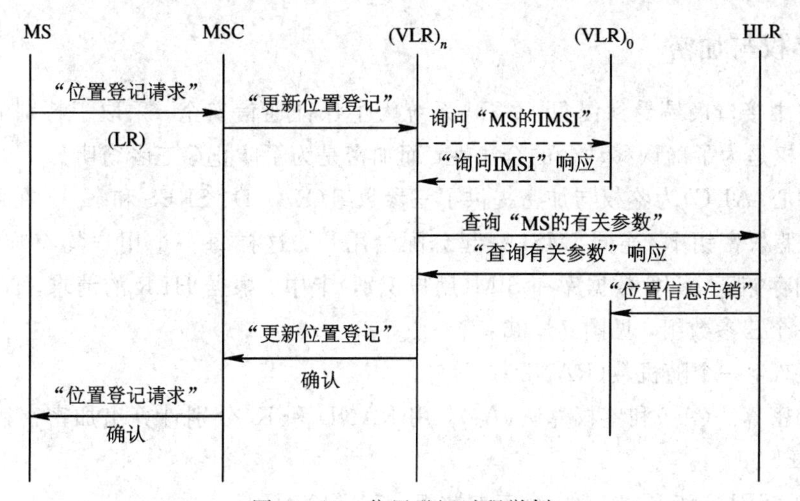

图 7 - 25　位置登记过程举例

当移动台进入某个访问区需要进行位置登记时，它就向该区的 MSC 发出“位置登记请求(LR)”。若 LR 中携带的是“国际移动用户识别码(IMSI)”，新的访问位置寄存器$(VLR)_n$在收到 MSC“更新位置登记”的指令后，可根据 IMSI 直接判断出该移动台(MS)的原籍位置寄存器(HLR)。$(VLR)_n$给该 MS 分配漫游号码(MSRN)，并向该 HLR 查询“MS 的有关参数”，获得成功后，再通过 MSC 和 BS 向 MS 发送“更新位置登记”的确认信息。HLR 要对该 MS 原来的移动参数进行修改，还要向原来的访问位置寄存器$(VLR)_o$发送“位置信息注销”指令。

如果 MS 是利用“临时用户识别码(TMSI)”(由$(VLR)_o$分配的)发起“位置登记请求”的，$(VLR)_n$在收到后，必须先向$(VLR)_o$询问该用户的 IMSI。如询问操作成功，$(VLR)_n$再给该 MS 分配一个新的 TMSI，接下去的过程与上面一样。

如果 MS 因故未收到“确认”信息，则此次申请失败，可以重复发送三次申请，每次间隔至少是 10 s。

移动台可能处于激活(开机)状态，也可能处于非激活(关机)状态。移动台转入非激活状态时，要在有关的 VLR 和 HLR 中设置一特定的标志，使网络拒绝向该用户呼叫，以免在无线链路上发送无效的寻呼信号，这种功能称之为“IMSI 分离”。当移动台由非激活状态转为激活状态时，移动台取消上述分离标志，恢复正常工作，这种功能称为“IMSI 附着”。两者统称为“IMSI 分离/附着”。

若 MS 向网络发送“IMSI 附着”消息时，因无线链路质量很差，故有可能造成错误，即网络认为 MS 仍然为分离状态。反之，当 MS 发送“IMSI 分离”消息时，因收不到信号，网络也会错认为该 MS 处于“附着”状态。

为了解决上述问题，系统还采取周期性登记方式，例如要求 MS 每 30 分钟登记一次。这时，若系统没有接收到某 MS 的周期性登记信息，VLR 就以“分离”作标记，称为“隐分离”。

网络通过 BCCH 通知 MS 其周期性登记的时间周期。周期性登记程序中有证实消息，MS 只有接收到此消息后才停止发送登记消息。

7.3.2 鉴权与加密

由于空中接口极易受到侵犯，GSM 系统为了保证通信安全，采取了特别的鉴权与加密措施。鉴权是为了确认移动台的合法性，而加密是为了防止第三者窃听。

鉴权中心(AUC)为鉴权与加密提供了三参数组(RAND、SRES 和 K_c)，在用户入网签约时，用户鉴权密钥 K_i 连同 IMSI 一起分配给用户，这样每一个用户均有唯一的 K_i 和 IMSI，它们存储于 AUC 数据库和 SIM(用户识别)卡中。根据 HLR 的请求，AUC 按下列步骤产生一个三参数组，见图 7 - 26。

首先，产生一个随机数(RAND)；

通过加密算法(A_8)和鉴权算法(A_3)，用 RAND 和 K_i 分别计算出加密密钥(K_c)和符号响应(SRES)；

RAND、SRES 和 K_c 作为一个三参数组一起送给 HLR。

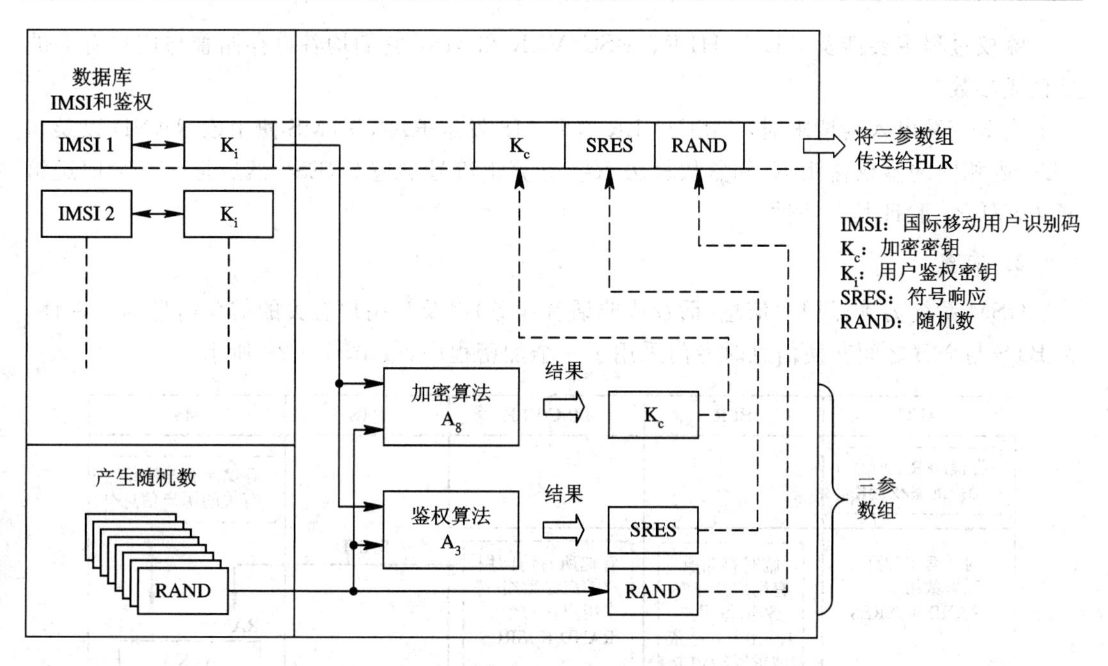

图 7－26　AUC 产生三参数组

1. 鉴权

无论是移动台主呼或被呼，都有鉴权过程，鉴权程序如图 7－27 所示。

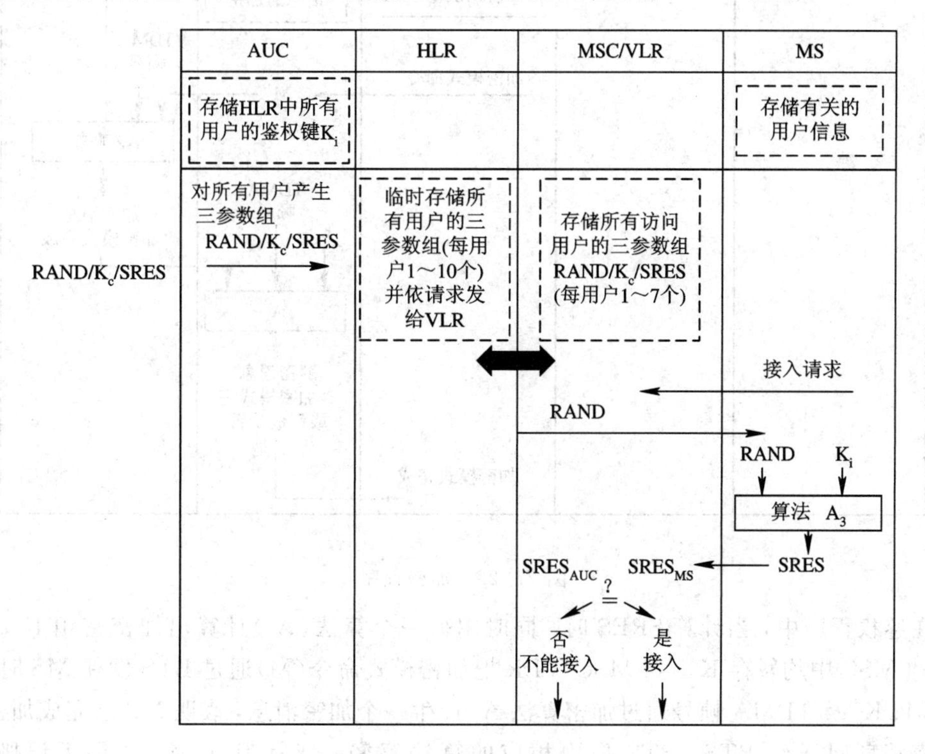

图 7－27　鉴权程序

鉴权过程主要涉及 AUC、HLR、MSC/VLR 和 MS，它们均各自存储着与用户有关的信息或参数。

当 MS 发出入网请求时，MSC/VLR 就向 MS 发送 RAND，MS 使用该 RAND 以及与 AUC 内相同的鉴权密钥 K_i 和鉴权算法 A_3，计算出符号响应 SRES，然后把 SRES 回送给 MSC/VLR，验证其合法性。

2. 加密

GSM 系统为确保用户信息(话音或非话音业务)以及与用户有关的信令信息的私密性，在 BTS 与 MS 之间交换信息时专门采用了一个加密程序，如图 7－28 所示。

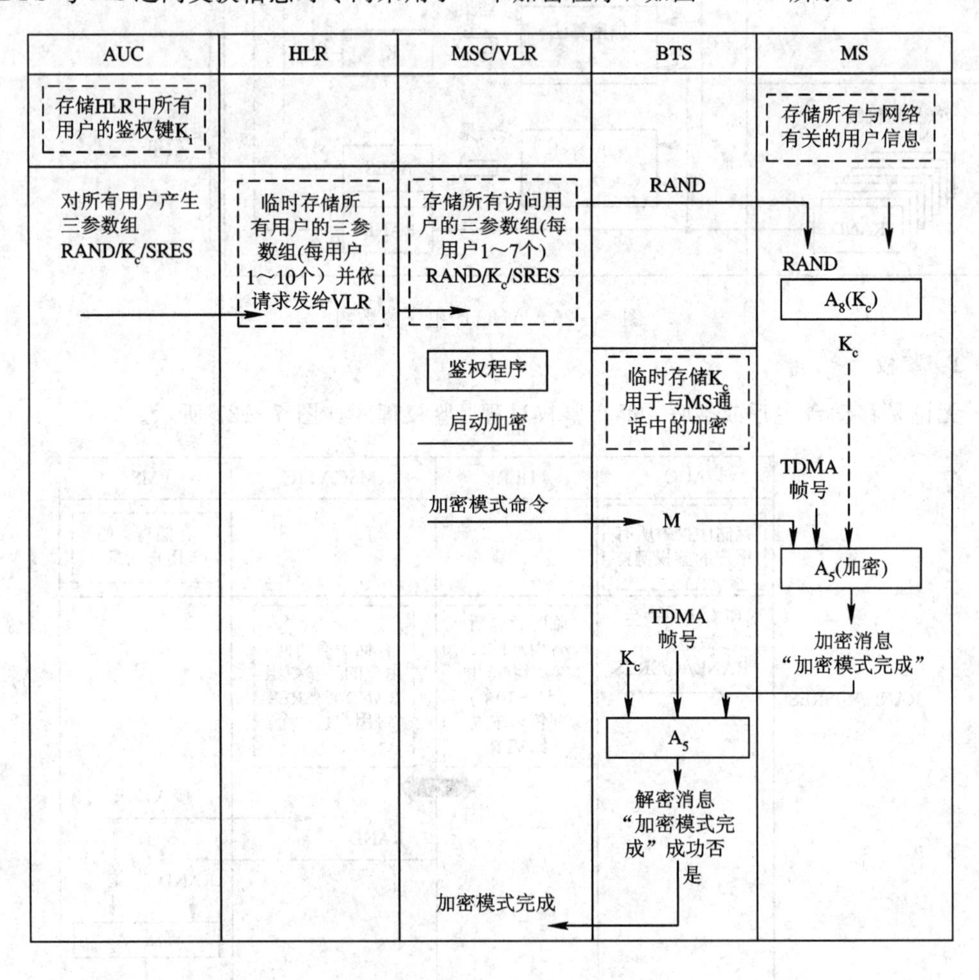

图 7－28 加密程序

在鉴权程序中，当计算 SRES 时，同时用另一个算法(A_8)计算出加密密钥 K_c，并在 BTS 和 MSC 中均暂存 K_c。当 MSC/VLR 把加密模式命令(M)通过 BTS 发往 MS 时，MS 根据 M、K_c 及 TDMA 帧号通过加密算法 A_5 产生一个加密消息，表明 MS 已完成加密，并将加密消息回送给 BTS。BTS 采用相应的算法解密，恢复消息 M，如果无误则告知 MSC/VLR，表明加密模式完成。

3. 设备识别

每一个移动台设备均有一个唯一的移动台设备识别码(IMEI)。在 EIR 中存储了所有移动台的设备识别码，每一个移动台只存储本身的 IMEI。设备识别的目的是确保系统中使用的设备不是盗用的或非法的设备。为此，EIR 中使用三种设备清单：

白名单：合法的移动设备识别号；

黑名单：禁止使用的移动设备识别号；

灰名单：是否允许使用由运营者决定，例如有故障的或未经型号认证的移动设备识别号。

设备识别程序如图 7－29 所示。

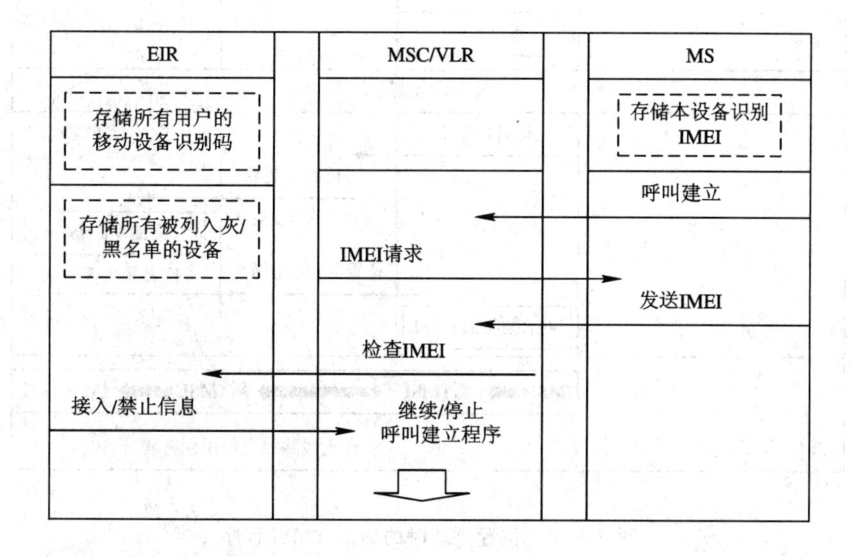

图 7－29 设备识别程序

设备识别在呼叫建立尝试阶段进行。例如，当 MS 发起呼叫时，MSC/VLR 要求 MS 发送其 IMEI，MSC/VLR 收到后，与 EIR 中存储的名单进行检查核对，决定是继续还是停止呼叫建立程序。

4. 用户识别码(IMSI)保密

为了防止非法监听进而盗用 IMSI，当在无线链路上需要传送 IMSI 时，均用临时移动用户识别码(TMSI)代替 IMSI，仅在位置更新失败或 MS 得不到 TMSI 时才使用 IMSI。

MS 每次向系统请求一种程序，如位置更新、呼叫尝试等，MSC/VLR 将给 MS 分配一个新的 TMSI。图 7－30 示出了位置更新时使用的新的 TMSI 程序。

由上述分析可知，IMSI 是惟一且不变的，但 TMSI 是不断更新的。在无线信道上传送的一般是 TMSI，从而确保了 IMSI 的安全性。

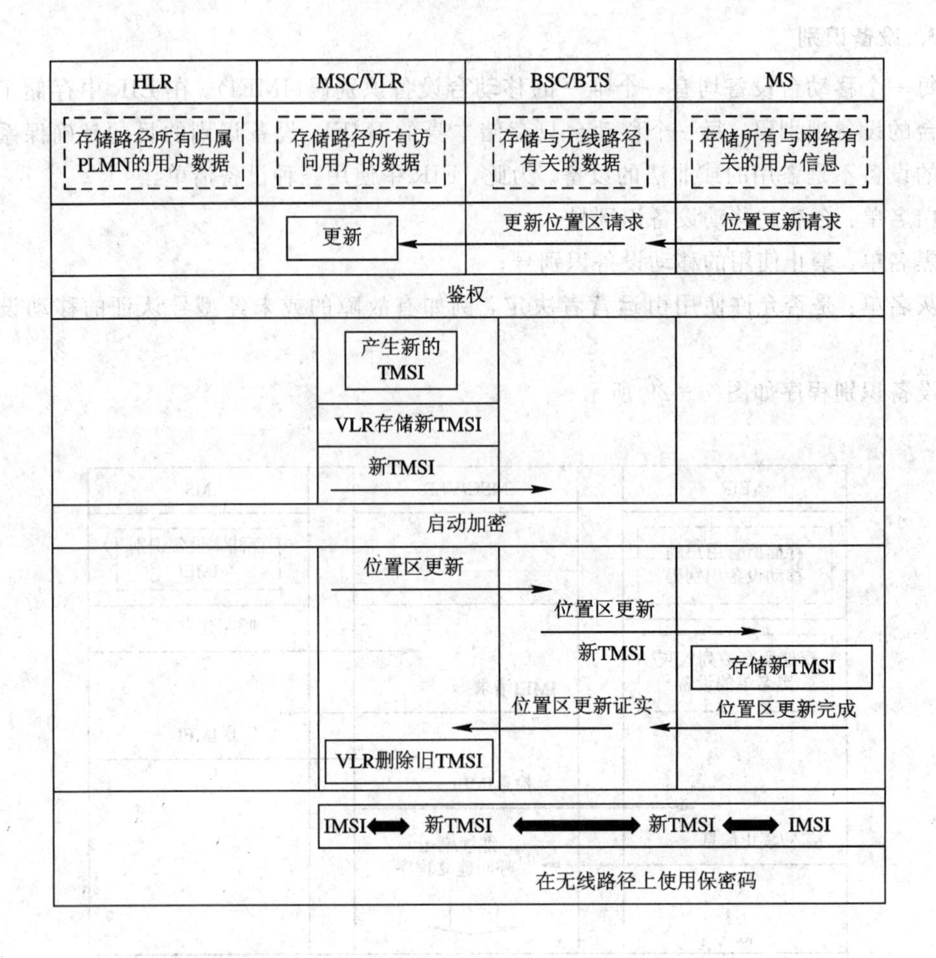

图 7 - 30 位置更新时的新的 TMSI 程序

7.3.3 呼叫接续

移动用户主呼和被呼的接续过程是不同的。下面分别讨论移动用户向固定用户发起呼叫(即移动用户为主呼)和固定用户呼叫移动用户(移动用户被呼)的接续过程。

1. 移动用户主呼

移动用户向固定用户发起呼叫的接续过程如图 7 - 31 所示。

移动台(MS)在随机接入信道(RACH)上，向基站(BS)发出“信道请求”信息，若 BS 接收成功，就给这个 MS 分配一个专用控制信道，即在准许接入信道(AGCH)上向 MS 发出“立即分配”指令。MS 在发起呼叫的同时，设置一定时器，在规定的时间内可重复呼叫，如果按预定的次数重复呼叫后，仍收不到 BS 的应答，则放弃这次呼叫。

MS 收到“立即分配”指令后，利用分配的专用控制信道(DCCH)与 BS 建立起信令链路，经 BS 向 MSC 发送“业务请求”信息。MSC 向 VLR 发送“开始接入请求”应答信令。VLR 收到后，经 MSC 和 BS 向 MS 发出“鉴权请求”，其中包含一随机数(RAND)，MS 按鉴权算法 A_3 进行处理后，向 MSC 发回“鉴权”响应信息。若鉴权通过，承认此 MS 的合法性，VLR 就给 MSC 发送“置密模式”信息，由 MSC 经 BS 向 MS 发送“置密模式”指令。MS

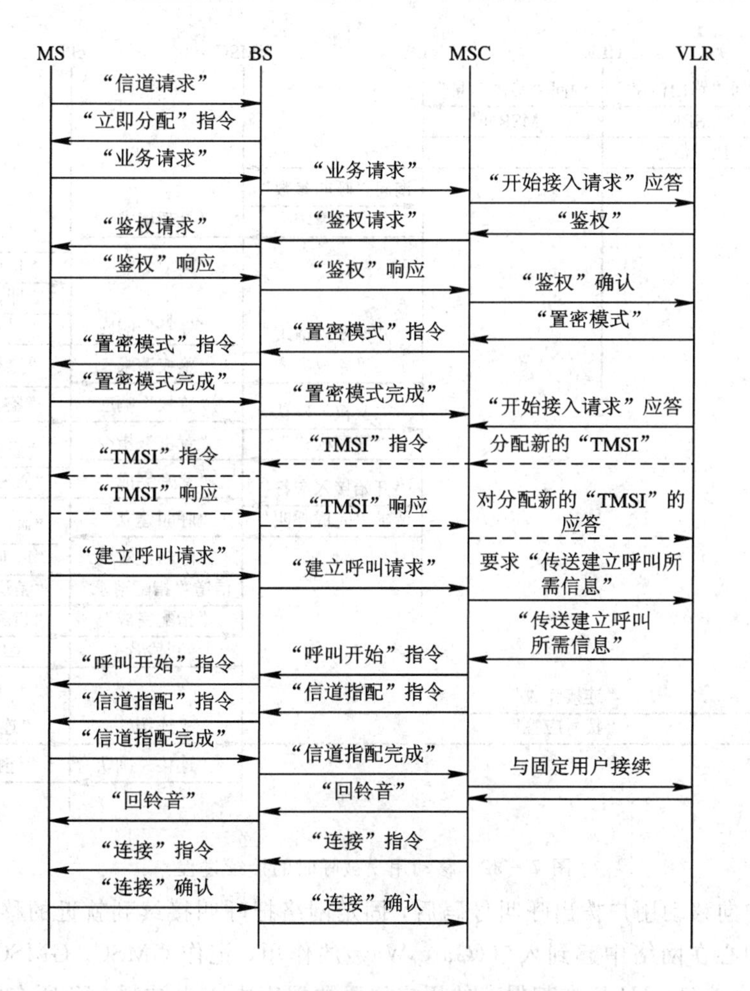

图 7 - 31　移动用户主呼时的接续过程

收到并完成置密后，要向 MSC 发送“置密模式完成”的响应信息。经鉴权、置密完成后，VLR 才向 MSC 作出“开始接入请求”应答。为了保护 IMSI 不被监听或盗用，VLR 将给 MS 分配一个新的 TMSI，其分配过程如图中虚线所示。

接着，MS 向 MSC 发出“建立呼叫请求”，MSC 收到后，向 VLR 发出指令，要求它传送建立呼叫所需的信息。如果成功，MSC 即向 MS 发送“呼叫开始”指令，并向 BS 发出分配无线业务信息的“信道指配”指令。

如果 BS 有空闲的业务信道(TCH)，即向 MS 发出“信道指配”指令。当 MS 得到业务信道时，向 BS 和 MSC 发送“信道指配完成”的信息。

MSC 在无线链路和地面有线链路建立后，把呼叫接续到固定网络，并和被呼叫的固定用户建立连接，然后给 MS 发送回铃音。被呼叫的用户摘机后，MSC 向 BS 和 MS 发送“连接”指令，待 MS 发回“连接”确认后，即转入通信状态，从而完成了 MS 呼叫固定用户的整个接续过程。

2. 移动用户被呼

固定用户向移动用户发起呼叫的接续过程如图 7 - 32 所示。

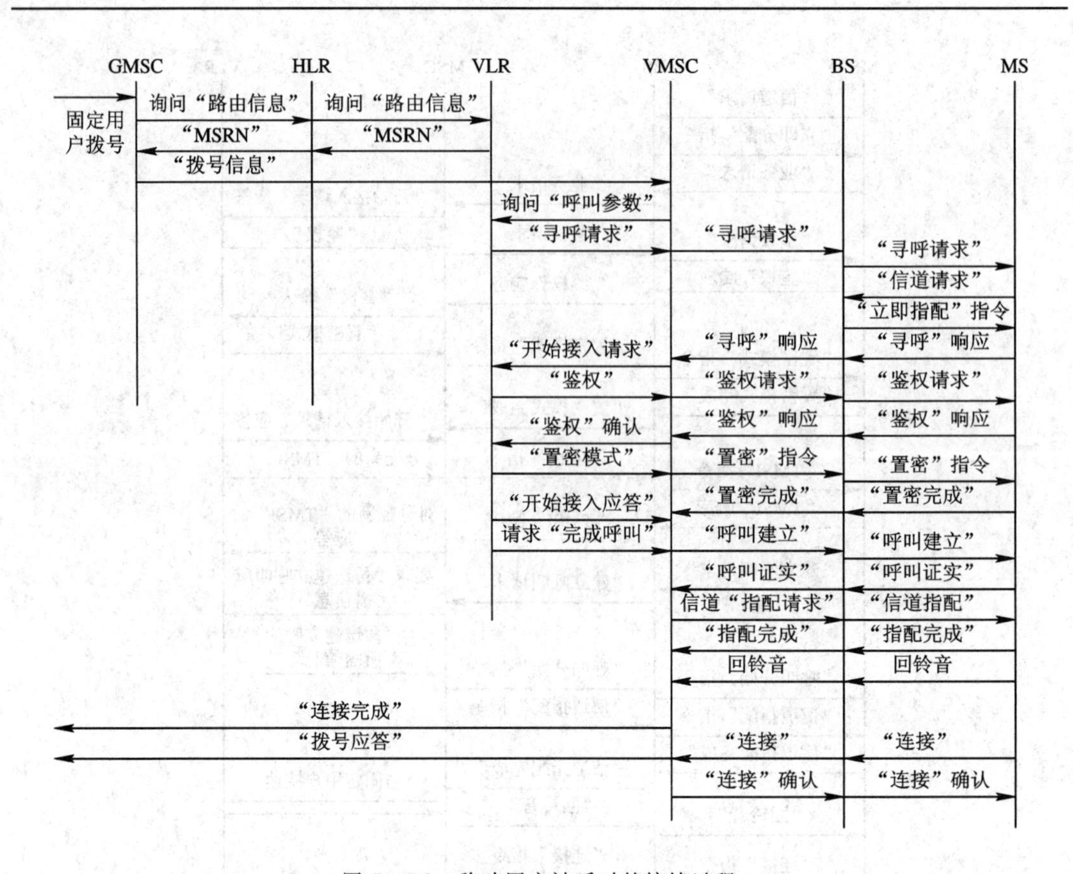

图 7-32 移动用户被呼时的接续过程

固定用户向移动用户拨出呼叫号码后，固定网络把呼叫接续到就近的移动交换中心，此移动交换中心在网络中起到入口(Gate Way)的作用，记作 GMSC。GMSC 即向相应的 HLR 查询路由信息，HLR 在其保存的用户位置数据库中查出被呼 MS 所在的地区，并向该区的 VLR 查询该 MS 的漫游号码(MSRN)。VLR 把该 MS 的(MSRN)送到 HLR，并转发给查询路由信息的 GMSC。GMSC 即把呼叫接续到被呼 MS 所在地区的移动交换中心，记作 VMSC。由 VMSC 向该 VLR 查询有关的“呼叫参数”，获得成功后，再向相关的基站(BS)发出“寻呼请求”。基站控制器(BSC)根据 MS 所在的小区，确定所用的收发台(BTS)，在寻呼信道(PCH)上发送此“寻呼请求”信息。

MS 收到寻呼请求信息后，在随机接入信道(RACH)向 BS 发送“信道请求”，由 BS 分配专用控制信道(DCCH)，即在公用控制信道(CCCH)上给 MS 发送“立即指配”指令。MS 利用分配到的 DCCH 与 BS 建立起信令链路，然后向 VMSC 发回“寻呼”响应。

VMSC 接到 MS 的“寻呼”响应后，向 VLR 发送“开始接入请求”，接着启动常规的“鉴权”和“置密模式”过程。之后，VLR 即向 VMSC 发回“开始接入应答”和“完成呼叫”的请求。VMSC 向 BS 及 MS 发送“呼叫建立”的信令。被呼 MS 收到此信令后，向 BS 和 VMSC 发回“呼叫证实”信息，表明 MS 已可进入通信状态。

VMSC 收到 MS 的“呼叫证实”信息后，向 BS 发出信道“指配请求”，要求 BS 给 MS 分配无线业务信道(TCH)。接着，MS 向 BS 及 VMSC 发回“指配完成”响应和回铃音，于是 VMSC 向固定用户发送“连接完成”信息。被呼移动用户摘机时，向 VMSC 发送“连接”信息。VMSC向主呼用户发送“拨号应答”信息，并向MS发送“连接”确认信息。至此，完成了固定用户呼叫移动用户的整个接续过程。

除去上述两种常用呼叫的接续过程外，还有移动台呼叫另一移动台的接续过程，这里不再介绍。

7.3.4　过区切换

所谓过区切换，是指在通话期间，当移动台从一个小区进入另一个小区时，网络能进行实时控制，把移动台从原小区所用的信道切换到新小区的某一信道，并保证通话不间断(用户无感觉)。如果小区采用扇区定向天线，当移动台在小区内从一个扇区进入另一扇区时，也要进行类似的切换。

过区切换(也称过境切换)无论在模拟蜂窝通信系统中，还是在数字蜂窝通信系统中，都是重要的网络控制功能。在模拟蜂窝系统中，移动台在通信时的信号强度是由周围的BS进行测量的，测量结果送给MSC，由MSC根据这些测量数据来判断该MS是否需要过区切换和应该切换到哪一个小区。一旦MSC认为此MS需要切换到一个新小区去，即由它启动此次过区切换，一方面通知新的BS启动指配的空闲频道，另一方面通过原来的BS通知MS把其工作频率切换到新的频道。这种做法需要在BS和MSC之间频繁地传输测量信息和控制信令，它不仅会增大链路负荷，而且要求MSC具有很强的处理能力。随着通信业务量的增大和小区半径的减小，过区切换必然会越来越频繁，这种方法已不能满足数字蜂窝网的要求。

GSM系统采用的过区切换办法称之为移动台辅助切换(MAHO)法。其主要指导思想是把过区切换的检测和处理等功能部分地分散到各个移动台，即由移动台来测量本基站和周围基站的信号强度，把测得结果送给MSC进行分析和处理，从而做出有关过区切换的决策。

时分多址(TDMA)技术给移动台辅助切换法提供了条件。GSM系统在一帧的8个时隙中，移动台最多占用两个时隙分别进行发射和接收，在其余的时隙内，可以对周围基站的广播控制信道(BCCH)进行信号强度的测量。当移动台发现它的接收信号变弱，达不到或已接近于信干比的最低门限值而又发现周围某个基站的信号很强时，它就可以发出过区切换的请求，由此来启动过区切换过程。切换能否实现还应由MSC根据网中的很多测量报告做出决定。如果不能进行切换，BS会向MS发出拒绝切换的信令。

过区切换主要有三种不同的情况，下面分别予以介绍。

(1) 同一个BSC控制区内不同小区之间的切换，也包括不同扇区之间的切换。这种切换是最简单的情况，如图7－33所示。首先由MS向BSC报告原基站和周围基站的信号强度，由BSC发出切换命令，MS切换到新TCH信道后告知BSC，由BSC通知MSC/VLR，某移动台已完成此次切换。

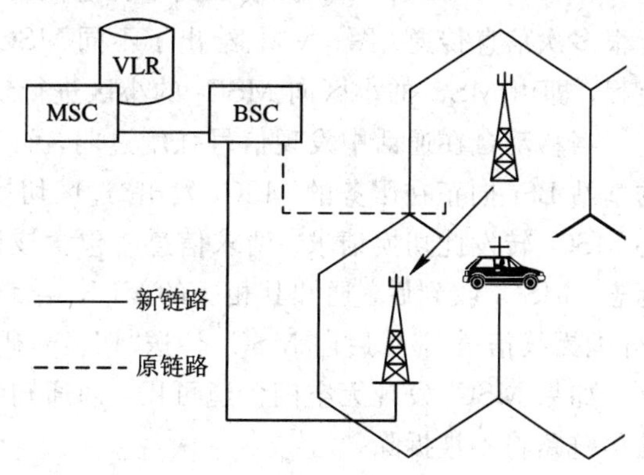

图7－33　同一个BSC的过区切换示意

若 MS 所在的位置区也变了，那么在呼叫完成后还需要进行位置更新。

(2) 同一个 MSC/VLR 业务区内，不同 BSC 控制区的小区之间的切换，如图 7-34 所示。这种切换由 MSC 负责切换过程，其切换的流程如图 7-35 所示。

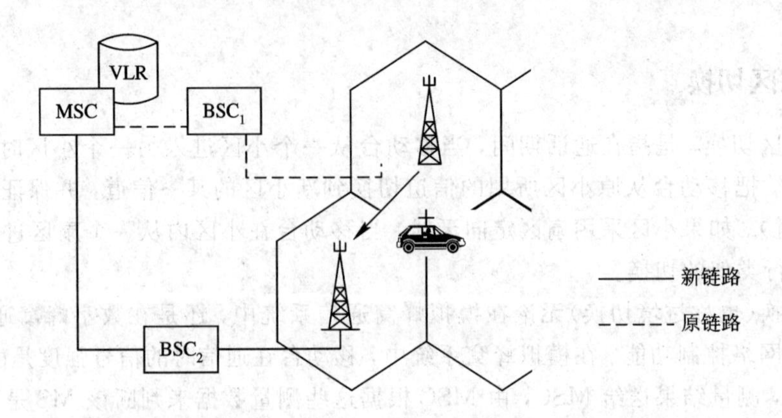

图 7-34 同一个 MSC/VLR 区内，不同 BSC 间的切换示意

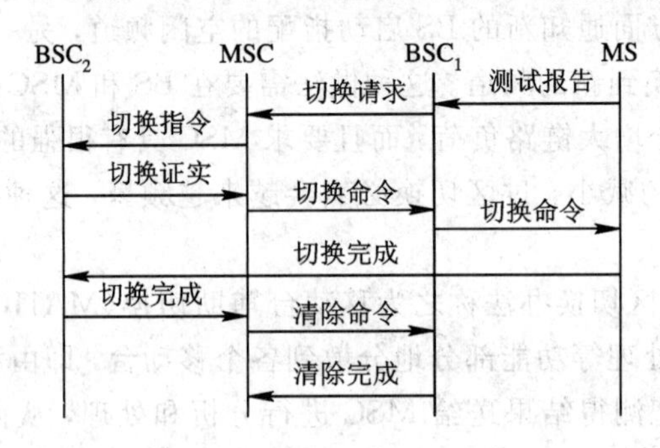

图 7-35 同一 MSC 的 BSC 间的切换流程

首先由 MS 向原基站控制器(BSC_1)报告测试数据，BSC_1 向 MSC 发送“切换请求”，再由 MSC 向 BSC_2(新基站控制器)发送“切换指令”，BSC_2 向 MSC 发送“切换证实”消息。然后 MSC 向 BSC_1、MS 发送“切换命令”；待切换完成后，MSC 向 BSC_1 发“清除命令”，释放原占用的信道。

(3) 不同 MSC/VLR 控制区的小区之间的切换。这是一种最复杂的切换，切换中需进行很多次信息传递。图 7-36 给出了不同 MSC/VLR 的小区切换示意图。图 7-37 为切换流程，即由 MSC_1 的小区向 MSC_2 的小区进行切换的过程。

当移动台在通话中发现信号强度过弱，而邻近的小区信号较强时，即可通过正在服务的基站 BS_1 向正在服务的 MSC_1 发出“过区切换请求”。由 MSC_1 向另一个新的移动交换中心 MSC_2 转发此切换请求。请求信息中包含该移动台的标志和所要切换到的新基站 BS_2 的标志。MSC_2 收到后，通知其相关的 VLR_2 给该 MS“分配切换号码”，并通知新的基站 BS_2“分配无线信道”，然后向 MSC_1 传送“切换号码”。

如果 MSC_2 发现无空闲信道可用，即通知 MSC_1 结束此次切换过程，这时 MS 现用的通信链路将不被拆除。

MSC_1 收到“切换号码”后，要在 MSC_1 和 MSC_2 之间建立起“地面有线链路”。完成后，MSC_2 向 MSC_1 发送“地面有线链路建立证实”信息，并向 BS_2 发出“切换指令”(HB)。而

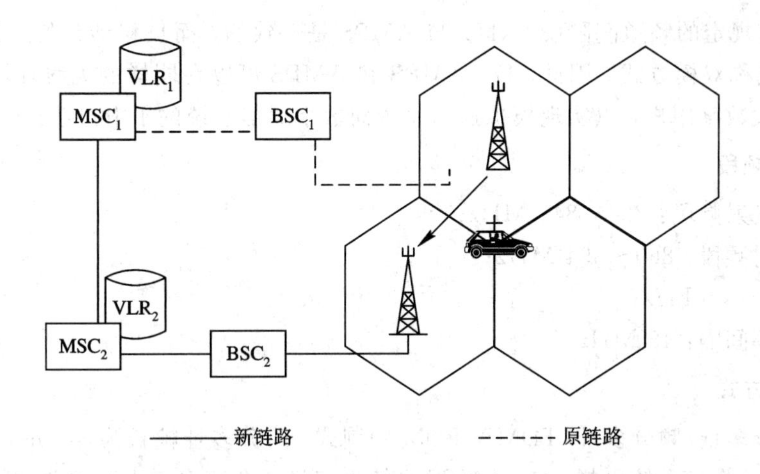

图 7-36　不同 MSC/VLR 的小区切换示意图

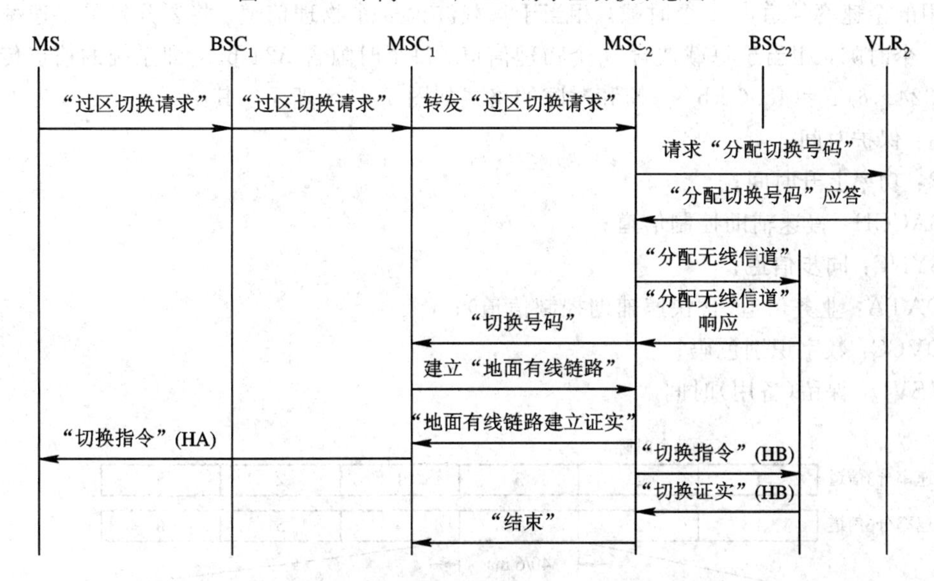

图 7-37　不同 MSC/VLR 的小区切换流程

MSC_1 向 MS 发送“切换指令”(HA)，MS 收到后，将其业务信道切换到新指配的业务信道上去。BS_2 向 MSC_2 发送“切换证实”信息(HB)，MSC_2 收到后向 MSC_1 发出“结束”信息，MSC_1 收到后，即可释放原来占用的信道，于是整个切换过程结束。

7.4　三种 TDMA 蜂窝系统分析比较

迄今为止，在国际上流行的 TDMA 蜂窝网移动通信系统，除了 GSM 外，还有美国的 D-AMPS(也称作 ADC)和日本的 PDC(原来称为 JDC 系统)。本节着重讨论它们之间的异同点，并就三种 TDMA 蜂窝网的容量进行分析比较。

7.4.1　D-AMPS 的特征

美国的 TDMA 蜂窝移动系统(D-AMPS)采用美国电子工业协会(EIA)制定的 IS-54

标准。该标准规定的频道间隔(30 kHz)与 AMPS 是一致的，而且移动台的工作模式是数/模兼容的，或称双模方式。因此，D-AMPS 和 AMPS 可以在同样的无线环境中并存，有利于逐步扩大数字用户，以实现模拟通信系统向数字通信系统的平滑过渡。

1. 工作频段

移动台发射频段：824～849 MHz；

基站发射频段：869～894 MHz；

频道间隔：30 kHz；

双工频率间隔：45 MHz。

2. 多址方式

采用时分多址/频分多址(TDMA/FDMA)制式。时分多址帧长为 40 ms，每帧含 6 个时隙。与 GSM 通信系统一样，D-AMPS 系统也定义了全速率与半速率两种物理信道，目前使用的全速率信道占 2 个时隙，相当于每载波含 3 个物理信道。将要开发的半速率信道只占一个时隙，相当于每载波含 6 个物理信道。每个时隙含 324 bit，即系统的信道传输速率为 324×6/40=48.6 kb/s。帧和时隙的格式如图 7-38 所示。其中：

G：保护时间；

R：功率上升时间；

SACCH：慢速辅助控制信道；

SYNC：同步信道；

DATA：业务信道(含快速辅助控制信道)；

DVCC：数字识别色码；

RSVD：保留(备用)时间。

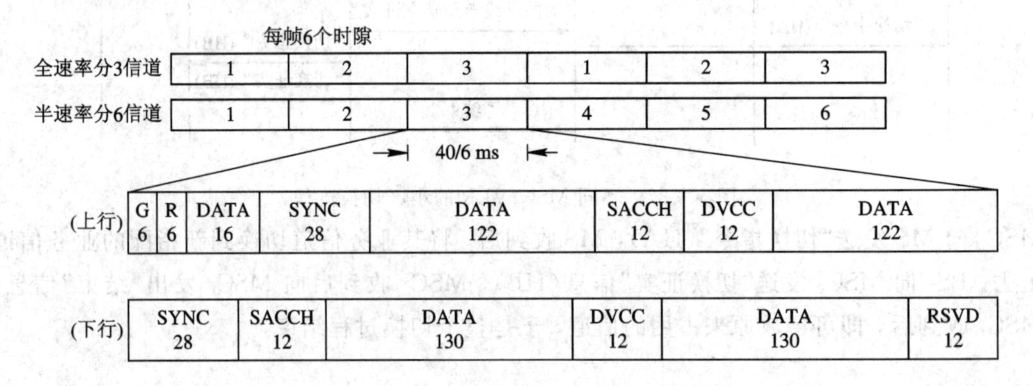

图 7-38 D-AMPS 的帧及时隙格式

这里，SACCH 安排在各个业务时隙之中，不同于 GSM 系统那样在业务复帧中专门安排 1 帧或 2 帧。同步信道传输的信息用于时隙同步、均衡训练和时隙识别。因此，同步序列应具有良好的相关特性。IS-54 定义了 6 种同步序列，可分别指配给不同的时隙，使接收机可以锁定在指定的时隙上。数字识别色码用作不同基站的标识，便于移动台区别不同的基站，它用 8 bit 可编成 $2^8=256$ 个不同的码字。为了防止传输中发生错误，8 bit 的码字采用缩短汉明码(12,8)形成 12 bit 的数字识别色码。

此外，由图7-38可见，上行时隙的格式与下行时隙的格式有所不同，其主要原因是下行传输时可不设保护时间与功率上升时间。上行传输时占用6 bit的保护时间，这是为了避免因传播时延而发生的时间交叠问题；而功率上升时间(6 bit)是不发射信息的，它用于满足移动台发射机达到额定功率所需要的时间。

需要指出的是，与GSM系统类似，上行帧与下行帧的偏移量是一个时隙再加88 bit，共计412 bit，约8.48 ms。

3. 话音编码

D-AMPS系统话音编码采用“矢量和激励线性预测(VSELP)”编码方式，编码速率为7.95 kb/s。在20 ms的话音编码帧中，共有159个信息比特，分为两类：1类是对差错敏感的77 bit；2类是对差错不敏感的82 bit。1类比特加上CRC校验位(7 bit)和尾比特(5 bit)，进行码率为1/2和约束长度为5的卷积编码，变成178个传输比特；2类比特不进行差错保护。两类比特之和为260 bit，相应的话音速率为260/20=13 kb/s。为防止突发性干扰的影响，这些传输比特在发送之前还要在40 ms的时间间隔中进行交织编码。

4. 控制信道

双模系统的移动台因为要与模拟系统相通，因而系统中必须保留AMPS原有的控制信道，但为了对数字传输进行必要的控制，就必须在业务信道中设置必需的专用控制信道。与GSM系统相似，IS-54标准的双模系统也设置了慢速辅助控制信道(SACCH)和快速辅助控制信道(FACCH)。由图7-38可见，在每一时隙中SACCH占有12 bit，其中6 bit是信息位，另外6位是经码率为1/2、约束长度为6的卷积编码器产生的，以提高抗干扰能力。编码后SACCH的速率为12×2/40=0.6 kb/s(全速率传输时，每帧用2个时隙)。FACCH同样采用占用业务信道的办法，即通常所说的“中断—猝发”模式，占用一个时隙中的260个业务比特。

如上所述，一个TDMA帧包括6个时隙，每时隙长为6.67 ms，包含324 bit。因此，数据总速率是48.6 kb/s。平均每用户的总速率是16.2 kb/s，其中：

话音编码：13 kb/s；

SACCH：0.6 kb/s；

DVCC：0.6 kb/s；

保护时间、上升时间及同步：2.0 kb/s。

5. 调制方式

D-AMPS系统使用的调制方式为π/4偏置的差分四相相移键控(π/4-DQPSK)，并采用平方根升余弦的基带滤波器，滚降系数为0.35。这种调制方式在30 kHz的频道间隔中传输48.6 kb/s的信息，频带利用率达到48.6/30=1.626(b/s)/Hz，比GSM系统的频带利用率高。不过这种调制方式不属于恒包络数字调制，通常对传输信道的线性度有较高要求。

7.4.2　PDC系统的特征

日本对数字蜂窝系统的开发起步较晚，在1990年才开始制定有关数字蜂窝通信系统的标准，经过几次修订，于1993年完成了RCR-STD-27B标准。这一标准没有考虑双模制式；但在无线传输方面，它采纳了与IS-54相似的技术；而在网络管理和控制方面，采取了和GSM相似的方案。可以说，RCR-STD-27B标准是在GSM标准和IS-54标准的基础上制定出来的。

1. 工作频段

移动台发射频率：940～956 MHz/1429～1453 MHz；

基站发射频率：810～826 MHz/1477～1501 MHz；

收发双工频率间隔：130 MHz/48 MHz；

频道间隔：25 kHz。

2. 多址方式

采用TDMA/FDMA制式，每载频分3个时隙(全速率)或6个时隙(半速率)，信道传输速率42 kb/s。

3. 信道分类

RCR-STD-27B定义了两类逻辑信道，即业务信道(TCH)和控制信道(CCH)，其分类方法见图7-39。

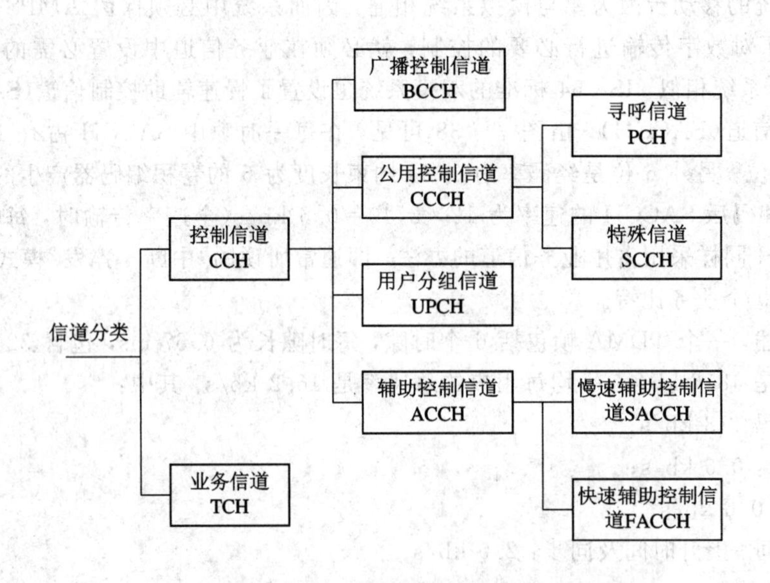

图7-39 PDC系统的信道分类

4. 时隙格式

PDC的TDMA帧长为20 ms，在全速率情况下，分为3个时隙，时隙长为20/3＝6.67 ms。时隙结构与逻辑信道类型及传输方向有关。图7-40显示出了两种典型的时隙格式，其中上部为业务时隙、上行传输(或称反向传输)，下部为控制时隙、下行传输(或称正向传输)。移动台发往基站时，保护期占6 bit；功率上升时间为4 bit；帧同步20 bit，位于时隙中部；8 bit的数字色码用来识别基站；1 bit的挪用标志用来区分业务信道中是否包含FACCH；15 bit为实时控制信令。每用户总数据速率280/0.02＝14 kb/s，其中业务数据率是224/0.02＝11.2 kb/s，其余2.8 kb/s用于各种开销。

反向

R	P	TCH (FACCH)	SW	CC	SF	D	TCH (FACCH)	G
4	2	112	20	8	1	15	112	6

业务帧

正向

R	P	TCH (FACCH)	SW	CC	SF	D	TCH (FACCH)
4	2	112	20	8	1	15	112

控制帧

R：　上升时间
P：　报头
TCH：　业务信道(话音)或FACCH
SW：　帧同步字
CC：　色码
SF：　挪用标志
D：　控制信令

图 7 - 40　PDC 的时隙格式

5. 话音编码和调制方式

采用 VSELP 话音编码技术，话音编码比特率为 6.7 kb/s，加差错保护比特率为 4.5 kb/s，总的话音传输速率为 11.2 kb/s。

调制方式为 π/4 - DQPSK，采用平方根升余弦基带滤波器，滚降系数为 0.5。

GSM、D - AMPS 和 PDC 三种 TDMA 蜂窝移动通信系统由于在开发背景、时间及要求等方面不尽相同，因而在技术性能和服务功能上也各有差异。为便于分析比较，表 7 - 4 列出了三种 TDMA 蜂窝通信系统的主要参数，供参考。

表 7 - 4　三种 TDMA 蜂窝通信系统的主要参数

系　统		GSM	D - AMPS(IS - 54)	PDC(RCR - STD - 27B)
发送频段/MHz	基　站	935～960	869～894	810～826/1477～1501
	移动台	890～915	824～849	940～956/1429～1453
双工频率间隔/MHz		45	45	130/48
频道带宽/kHz		200	30	25
多址方式		TDMA/FDMA	TDMA/FDMA	TDMA/FDMA
每载频的信道数		8/16	3/6	3/6
调制方式		GMSK($B_b T_b$=0.3)	π/4 - DQPSK(α=0.35)	π/4 - DQPSK(α=0.5)
信道传输速率/(kb/s)		270.83	48.6	42
话音编码方式		RPE - LTP	VSELP	VSELP
加差错保护后的话音速率/(kb/s)		22.8	13	11.2
数据速率/(kb/s)		1.2，2.4，4.8，9.6 及更高	2.4，4.8，9.6 及更高	1.2，2.4，4.8 及更高
过区切换方式		移动台辅助切换	移动台辅助切换	移动台辅助切换
小区最小半径/km		0.5	0.5	0.5

7.4.3 FDMA和TDMA蜂窝系统的通信容量

通信系统的通信容量可以用不同的表征方法进行度量。对于点对点的通信系统而言，系统的通信容量可以用信道效率(即在给定的可用频段中所能提供的最大信道数目)进行度量。一般来说，在有限的频段中，能提供的信道数目越多，系统的通信容量也越大。但对于蜂窝通信网而言，涉及频率再用和由此而产生的共道干扰问题，因此蜂窝系统的通信容量用每个小区的可用信道数进行度量比较适宜。每小区的可用信道数(ch/cell)即每小区允许同时工作的用户数(用户数/cell)，此数值越大，系统的通信容量也越大。此外，还可以用每小区的爱尔兰数(Erl/cell)、每平方公里的用户数(用户数/km^2)、每平方公里的爱尔兰数(Erl/km^2)以及每平方公里每小时的通话次数(通话次数/h・km^2)等等进行度量。当然，这些表征方法是相互有联系的，在一定条件下是可以相互转换的。

任何通信系统的设计都要满足通信质量的要求。对于话音质量，通常靠主观测试法进行检验，即根据主观平均印象分(MOS)来判断话音质量的好坏。为保证规定的话音质量，系统接收端的信号功率与干扰功率的比值必须大于一定数值(门限值)。习惯上，通常用信号的载波功率与干扰功率的比值 C/I(简称载干比)进行度量。例如，在模拟蜂窝系统中，通常规定以$(C/I)_S=18$ dB作为门限值。此时，解调后的基带信噪比(S/N)可达 38 dB，其话音质量相当于市话网的话音质量。

1. FDMA蜂窝系统的通信容量

蜂窝通信系统由若干个小区构成一个区群，区群之间实现频率再用，使用相同频率的小区称为共道小区，共道小区之间存在的相互干扰称为共道干扰。

若蜂窝网的每个区群含 7 个小区，各基站采用全向天线，共道小区的分布如图 7-41所示。共道小区以某一小区(图中为 1 号小区)为中心可分成许多层：第Ⅰ层 6 个；第Ⅱ层 6 个；第Ⅲ层 6 个…… 因为来自第Ⅰ层共道小区的干扰最强，起主导作用，故在进行分析时，可以只考虑这 6 个共道小区所产生的干扰。令小区半径为 r，两个相邻共道小区之间的距离为 $D=\sqrt{3N}r=\sqrt{21}r$。为把共道干扰控制在允许的数量而需要的 $D/r=\sqrt{3N}$值称为共道干扰抑制因子(或称共道再用因子)，即共道再用因子 α 为

$$\alpha=\frac{D}{r}=\sqrt{3N} \tag{7-4}$$

共道干扰分两种情况：其一是基站受邻近共道小区中移动台的干扰；其二是移动台受共道小区中基站的干扰。由于在频分多址(FDMA)蜂窝系统中，在每一个区群之内不允许有两个以上的电台同时使用同一个频率，因而可以画出上述两种情况的干扰分布，如图 7-42(a)与(b)所示。显然，二者的分析方法完全相同，不必分别讨论。

根据图 7-42 可得载干比的表示式为

$$\frac{C}{I}=\frac{C}{\sum_{i=1}^{6}I_i+n_0} \tag{7-5}$$

式中，C 是信号功率；n_0 是背景噪声功率(这里可忽略不计)；I_i 是来自第 i 个共道小区的干扰功率。

假如传播损耗与传播距离的 4 次方成比例，接收机收到的信号功率与第 i 个共道小区

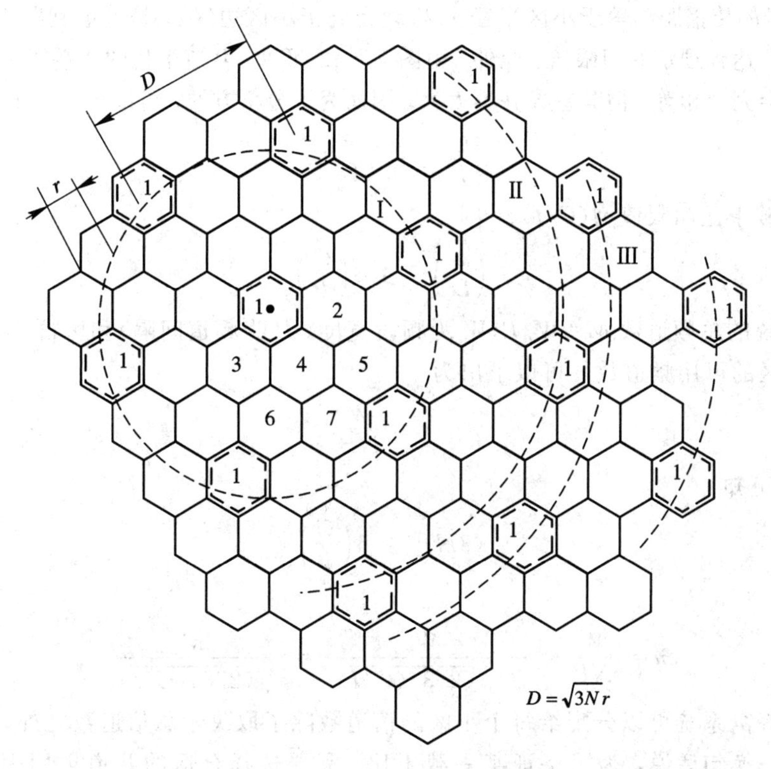

图 7－41　共道小区分布

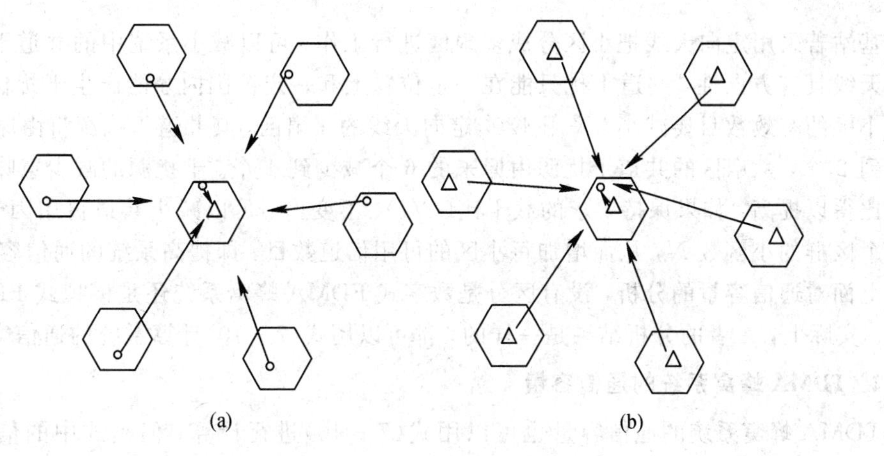

图 7－42　FDMA 蜂窝系统的共道干扰分布

(a) 上行链路；(b) 下行链路

的干扰功率可分别写成：

$$C = Ar^{-4}$$

$$I_i = AD_i^{-4}$$

式中，A 为比例常数。因此

$$\frac{C}{I} = \frac{r^{-4}}{\sum_{i=1}^{6} D_i^{-4}} \tag{7-6}$$

式中，取信号的传播距离等于小区半径 r(移动台处于小区边缘)，是考虑到载干比在最不利的情况下也要达到预定的门限值。此外，由图 7－42 可见，共道干扰的传播距离 D_i 在 i 的取值不同时不会完全相等，但其差异并不太大，因而为了分析方便，可以令 $D_i=D$，于是有

$$\frac{C}{I}=\frac{1}{6}\left(\frac{r}{D}\right)^{-4} \tag{7-7}$$

假如规定的载干比门限值为$(C/I)_S$，则

$$\left(\frac{r}{D}\right)^{-4}\geqslant 6\left(\frac{C}{I}\right)_S \tag{7-8}$$

蜂窝系统的总频道数 $M=W/B$(W 为频段宽度，B 为频道间隔)和区群小区数 N 确定后，每一小区的可用频道数 n 可以求出为

$$n=\frac{W}{NB} \tag{7-9}$$

由式(7－4)可知

$$(3N)^2\geqslant 6\left(\frac{C}{I}\right)_S$$

可得

$$n=\frac{W}{NB}\leqslant\frac{W}{B\sqrt{(2/3)(C/I)_S}}=\frac{M}{\sqrt{(2/3)(C/I)_S}} \tag{7-10}$$

上式说明：蜂窝系统可以分配给每个小区的信道数除了取决于总信道数之外，还取决于要求的载干比。换句话说，为了保证某一载干比，需要选择合适的共道再用因子或区群小区数。

基站若采用定向天线把小区分成多扇区进行工作，可以减小系统中的共道干扰。因为定向天线具有方向性，共道干扰只能在一定位置上和一定范围内才能产生干扰作用，所以共道小区的有效数目要减小。采用 120°定向天线的三扇区，其共道干扰源将由原来的 6 个减少到 2 个，六扇区的共道干扰源由原来的 6 个减少到 1 个。干扰源的减少意味着实际的载干比得以提高，如果保持要求的载干比$(C/I)_S$不变，则可以减小共道再用因子 α，即减少每个区群的小区数 N，从而增加每小区的可用信道数目，即提高系统的通信容量。

上面对通信容量的分析，没有区分是数字式 FDMA 蜂窝系统还是模拟式 FDMA 蜂窝系统。实际上，二者的分析结果是一样的，都可以用式(7－10)计算系统的通信容量。

2. TDMA 蜂窝系统的通信容量

TDMA 蜂窝系统的通信容量也可以用式(7－10)进行计算，但是式中的信道宽度在 FDMA 中即为频道宽度。在 TDMA 中，一个频道包含若干信道，为此采用等效信道宽度的概念。TDMA 系统划分信道的办法是首先把频段 W 划分成若干频道，然后在每一频道上再划分若干时隙。用户使用的信道是在某一频道上的某一时隙。若 TDMA 系统的频道宽度为 B_0，而每一频道包含 m 个时隙，则等效信道宽度为 B_0/m，相应的信道总数为 $M=mW/B_0$。

需要特别说明的是，尽管 TDMA 系统在每一频道上可以分成 m 个时隙作为 m 个信道使用，但是不能由此而说其等效信道总数比 FDMA 系统的信道总数增大 m 倍。因为话音编码速率确定后，传输一路话音所需要的频带也是确定的。TDMA 系统在一个频道上用 m 个时隙传输 m 路话音，它所占用的频道宽度必然比 FDMA 系统传输一路话音所需要的频

道宽度大 m 倍。从原理上说，在系统总频段相同的条件下，数字 TDMA 系统的等效信道总数和数字 FDMA 系统的信道总数是一样的。如果二者所要求的载干比$(C/I)_S$也是相同的，则二者的通信容量也是一样的。

例如，设通信系统的总频段为 96 kHz，各路数字话音速率为 16 kb/s，传输一路话音需要的带宽为 16 kHz。采用 FDMA 方式时，可划分的频道(即信道)总数为 96/16=6。采用 TDMA 方式时，如每个频道分 3 个时隙，则所需频道宽度为 3×16=48 kHz，因而只能把总频段划分为 2 个频道，即等效信道总数也是 2×3=6。

要提高数字蜂窝系统的通信容量，必须采用先进的技术措施。其中，最基本的办法是采用先进的话音编码技术。这种编码技术不仅要降低话音编码的数据率，而且要有效地进行差错保护。比如，在一个话音帧中，根据各类比特对差错敏感程度的不同分类进行编码保护，对差错敏感的比特(这些比特发生错误后会明显降低话音质量)要采用纠错能力较强的编码，而对差错不敏感的比特可以不进行编码保护。这样，采用先进话音编码的数字通信系统与模拟通信系统相比，在话音质量要求相同的情况下，所需的载干比$(C/I)_S$值可以降低，比如从 18 dB 降低到 10～12 dB，因而其共道再用因子可以减小，从而提高了通信系统的通信容量。

一般来说，在系统的总信道数目不变和每小区的可用信道数目不变的条件下，小区的半径越小，则单位面积的通信容量越大。但是小区半径的减小是以增加基站数目和缩短移动台过区切换时间为前提的。例如，小区半径减小到原来的 1/5，每小区覆盖面积要减小到原来的 1/25，原来由一个小区覆盖的地区必须由 25 个小区进行覆盖。这样，当移动台在快速移动中通信时，其过境切换的频度必然增大，这就要求通信网络以更快的速度进行信号强度测量以及进行切换信令的传输、处理和操作。TDMA 蜂窝网络由于采用了移动台辅助切换技术(MAHO)，能明显加快移动台的过区切换速度，其小区半径可以减小到 0.5 km，因而其单位面积的通信容量或者说通信系统的总容量可以提高。

3. 三种 TDMA 蜂窝系统的容量比较

不同的数字蜂窝系统占用不同的频段，而各自使用的话音编码、信道编码、调制方式、控制方式等都有所不同。因此，要客观地比较不同数字蜂窝系统在通信容量上的差异是比较复杂和困难的。如果比较的前提条件不合理，那么得到的比较结果是不公正的，甚至是不说明问题的。

要对任何蜂窝通信系统容量进行评估，重要而可靠的办法是对通信和话音质量进行标准的主观测试，从而准确地确定这种通信系统所需要的载干比$(C/I)_S$，根据$(C/I)_S$不难求出区群的小区数 N。三种 TDMA 蜂窝系统的$(C/I)_S$及 N 如表 7-5 所示。

表 7-5　三种 TDMA 系统的$(C/I)_S$及 N

系　统	GSM		D-AMPS		PDC	
$(C/I)_S$/dB	无跳频 11	有跳频 9	无天线分集 16	有天线分集 12	无天线分集 17	有天线分集 13
N	4	3	7	4	7	4

为了统一比较各系统的容量，设总频段 $W=25$ MHz，小区半径 $r=1$ km，每小区分三个扇区，呼损率 $B=2\%$，并令模拟系统的容量为 1(归一化)。计算结果如表 7－6 所示。

表 7－6　三种 TDMA 蜂窝系统与模拟蜂窝系统的容量比较

系　统	AMPS	GSM		D－AMPS		PDC	
总频段 W/MHz	25	25		25		25	
信道总数 M	833	1000		2500		3000	
区群小区数 N	7	4	3	7	4	7	4
ch/cell	119	250	333	357	625	429	750
Erl/cell	93	215	296	319	582	401	707
Erl/km^2	35.8	82.7	113.8	123	224	154	272
容量增益	1.0	2.3	3.2	3.4	6.3	4.3	7.6

上述的计算分析举例：

(1) AMPS：

信道总数 $M=\dfrac{\text{总频段宽度 } W}{\text{频道宽度 } \Delta f}=\dfrac{25\times10^6}{30\times10^3}=833$；

每小区的信道数$=\dfrac{M}{N}=\dfrac{833}{7}=119$(ch/cell)；

分三个扇区，每扇区的信道数 $n=119/3\approx40$；

由 $n=40$，呼损率 $B=2\%$，根据式(5－9)可以求得每扇区可支持的话务量为 $A_s=31$ Erl/扇区；

每小区的话务量 $A=3A_s=93$ Erl/cell；

小区半径 $r=1$ km，按正六边形计算，小区面积 $S=2.6$ km^2，每平方公里的话务量为

$$\frac{93}{2.6}=35.8\ (\text{Erl/km}^2)$$

(2) GSM：

信道总数 $M=\dfrac{25\times10^6\times8}{200\times10^3}=1000$；

$N=4$ 时，每小区信道数$=\dfrac{1000}{4}=250$ (ch/cell)；

每扇区信道数$=\dfrac{250}{3}=83$；

$n=83$，呼损率 $B=2\%$，根据式(5－9)可以求得每扇区可支持的话务量为 $A_s=71.6$ Erl/扇区，$A=3A_s=215$ (Erl/cell)；

每平方公里的话务量$=\dfrac{215}{2.6}=82.7$ (Erl/km^2)；

归一化容量$=\dfrac{82.7}{35.8}=2.3$(倍)。

由表中的计算结果可知：数字蜂窝系统的容量均大于模拟蜂窝系统的容量，最大可达AMPS系统的7.6倍，最小也有2.3倍；三种TDMA蜂窝系统中，D-AMPS和PDC的容量增益都大于GSM系统。不过，应该指出的是，影响数字蜂窝系统通信容量的重要因素之一是所用话音编码的比特率。三种系统中，话音编码速率(包括差错编码)是：GSM为22.8 kb/s，D-AMPS为13 kb/s，PDC为11.2 kb/s。其中，GSM的话音编码速率是PDC的2倍。显然，就进一步降低话音编码速率而言，GSM系统的潜力较大，更容易进一步提高它的通信容量。

此外，数字蜂窝系统采用跳频和分集等抗干扰技术，均有利于降低所需的载干比，减小共道再用因子，从而提高系统的容量。

7.5　GPRS——通用分组无线业务

在GSM系统中，每个TDMA时隙只能提供9.6 kb/s的传输速率。随着对高速无线数据业务，如Internet业务需求的高速增长，GSM推出了两种高速移动数据业务：HSCSD(高速电路交换数据业务)和GPRS(通用分组无线业务)。

HSCSD是采用无线链路的多时隙技术。在常规GSM话音及数据通信中，每信道占200 kHz带宽8个时隙中的一个，而HSCSD则同时利用多个时隙建立链路，每个时隙数据传输速率可由9.6 kb/s提高到14.4 kb/s。如使用4个TDMA时隙，HSCSD的传输速率可达57.6 kb/s。HSCSD业务的实现比较简单，它只需对无线链路协议做一些修改，而不需要对核心网络进行改造，因此其系统改造费用也比较低。

GPRS是GSM Phase2.1规范实现的内容之一，它的目标是提供高达115.2 kb/s速率的分组数据业务。GPRS应用与LAN原理相同，仅在实际传送和接收时才使用无线资源。使用GPRS，在一个小区内，上百个用户可以分享同一的带宽，多个用户共享一条无线信道，多个用户将数据分组打包在信道中传送。这样，用户既可以同时通信，又可以大大提高信道利用率。GPRS的另外一个优点是资费的合理性，用户只需按数据通信量付费即可，而不是像电路交换方式那样需对整个链路占用时间付费。

7.5.1　GPRS的网络结构

将现有GSM网络改造为能提供GPRS业务的网络需要增加两个主要单元：SGSN(GPRS服务支持节点)和GGSN(GPRS网关支持节点)。SGSN的工作是对移动终端进行定位和跟踪，并发送和接收移动终端的分组。GGSN将SGSN发送和接收的GSM分组按照其他分组协议(如IP)发送到其他网络。GPRS网络的逻辑结构如图7-43所示。

SGSN是GPRS网的主要设备，它负责分组的路由选择和传输，在其服务区负责将分组递送给移动台，它是为GPRS移动台构建的GPRS网的服务访问点。当高层的协议数据单元(PDU)要在不同的GPRS网络间传递时，源SGSN负责将PDU进行封装，目的SGSN负责解封装和还原PDU。在SGSN之间采用IP协议作为骨干传输协议，整个分组的传输过程采用Tunneling(隧道)协议。GGSN也维护相关的路由信息，以便将PDU通过隧道传送到正在为移动台服务的SGSN。SGSN完成路由和数据传输所需的与GPRS用户相关的信息均存储在HLR中。

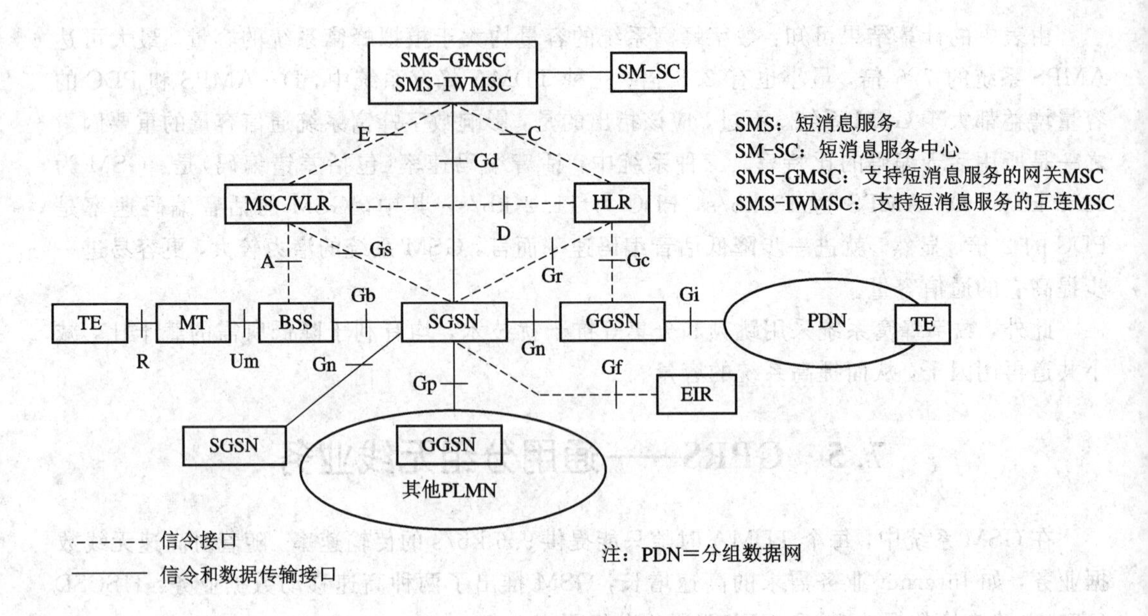

图 7-43　GPRS 网络的逻辑结构

SGSN 还有很多功能，例如处理移动管理和进行鉴权操作，并且具有注册功能。SGSN 连接到 BSC，处理从主网使用的 IP 协议到在 SGSN 和 MS 之间使用的 SNDCP 和 LLC 的协议转换，包括处理压缩和编码的功能。SGSN 也处理 GPRS 移动用户的认证，且当认证成功时，SGSN 处理 MS 到 GPRS 网的注册并处理它的移动管理。若 MS 想发送数据到外部网络或从外部网络接收数据，SGSN 在 SGSN 和相关的 GGSN 之间转发数据。

GGSN 像互联网和 X.25 一样，用于和外部网络的连接。从外部网络的角度看，GGSN 是到子网的路由器，因为 GGSN 对外部网络"隐藏"了 GPRS 的结构。当 GGSN 接收到地址为一个特定移动用户的数据时，GGSN 检查这个地址是否处于激活状态。如果处于激活状态，GGSN 就转发数据到相应的 SGSN；但如果不是激活的，则数据将丢弃。由移动台发出的分组被 GGSN 发送到目标网络。

在 GPRS 网络中，对 HLR 进行了升级，使其包含了 GPRS 用户数据信息。SGSN 通过 Gr 接口可以访问 HLR，GGSN 通过 Gc 接口可以访问 HLR。MSC/VLR 功能也得到了强化，SGSN 通过 Gs 接口可以访问 VLR，从而能更好地调和非 GPRS 之间的服务和功能。为了能在 GPRS 网中提供 SMS（短消息服务），SMS-GMSC（支持短消息服务的网关 MSC）和 SMS-IWMSC（支持短消息服务的互连 MSC）的功能也得到了加强，SGSN 通过 Gd 接口可以访问 SMS-GMSC 和 SMS-IWMSC。

为了与 SGSN 进行互连，基站子系统（BSS）把无线接口升级为增强版的链路层协议（无线链路控制（RLC）/多址接入控制（MAC）协议），使得用户能复用相同的物理资源。BSS 在数据发送或接收时分配资源给用户，随后还会重新分配。BSS GPRS 协议（BSSGP）提供了在一个 BSS 和一个 SGSN 之间传输用户数据所必需的无线相关的 QoS（服务质量）和路由信息。BSS 与 SGSN 之间的接口为 Gb 接口。

一个简单的 GPRS 网络之间的路由过程如图 7-44 所示。源移动台的 SGSN 封装移动台（MS）的分组，并将分组路由到合适的 GGSN-S。基于分组中的目的地址，分组通过分组数据网被传送到目的 GGSN-D。GGSN-D 检查与目的地址相关的路由信息，确定服务目的用户的 SGSN-D 并确定相关的隧道协议，将分组封装后传送给 SGSN-D。SGSN-D 最后将分组传送给目的移动用户。

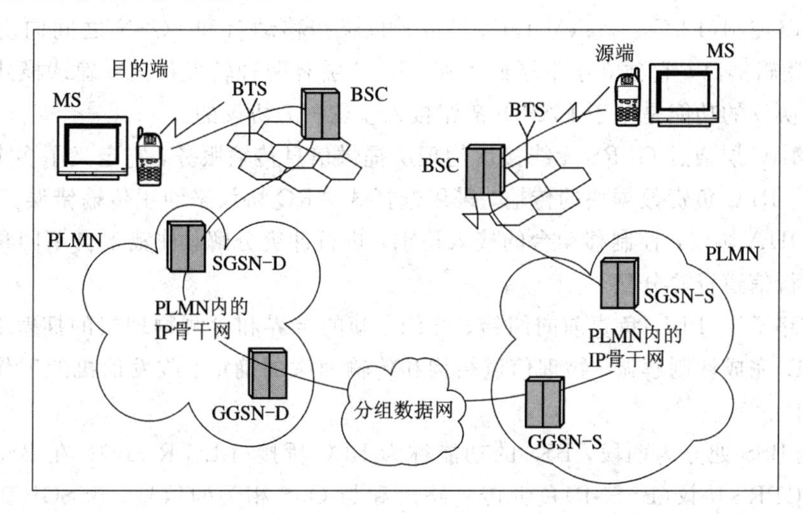

图 7-44　一个简单的 GPRS 网络之间的路由过程

7.5.2　GPRS 的协议

1. GPRS 的协议体系

GPRS 的协议体系如图 7-45 所示。

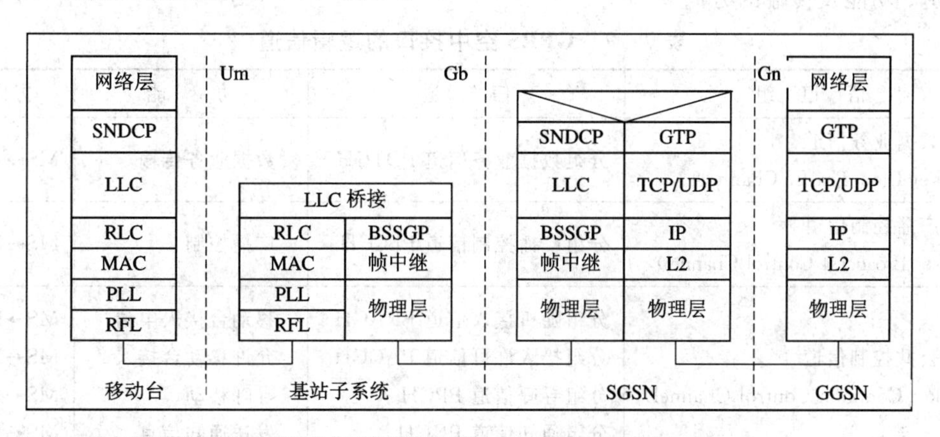

图 7-45　GPRS 的协议体系

GPRS 隧道协议(GTP，GPRS Tunneling Protocol)用来在 GPRS 支持节点(GSN)(GSN 是 GGSN 和 SGSN 的统称)之间传送数据和信令。它在 GPRS 的骨干网中通过隧道的方式来传输 PDU。所谓隧道，是在 GSN 之间建立的一条路由，使得所有由源 GSN 和目的 GSN 服务的分组都通过该路由进行传输。为了实现这种传输，需要将源分组重新封装成以目的 GSN 为目的地址的分组在 GPRS 骨干网中传输。

GTP 的下层是基于 TCP/IP 协议簇的标准 IP 骨干网。

在 SGSN 和 MS 之间，依赖子网的汇聚协议(SNDCP，Subnetwork Dependent Convergence Protocol)将网络层的协议映射到下面的逻辑链路控制(LLC)层，提供网络层业务的复接、加密、分段、压缩等功能。

逻辑链路控制(LLC，Logical Link Control)层在移动台和 SGSN 之间向上层提供可靠、保密的逻辑链路，它独立于下层而存在。LLC 层有两种转发模式：确认模式和非确认模式。LLC 协议的功能是基于 LAPD(链路接入步骤-D)协议的。

RLC/MAC 层通过 GPRS 无线接口物理层提供信息传输服务，它定义了多个用户共享信道的步骤。RLC 负责数据块的传输，采用选择式 ARQ 协议来纠正传输错误。MAC 层基于时隙 ALOHA 协议，控制移动台的接入请求，进行冲突分解，仲裁来自不同移动台的业务请求和进行信道资源分配。

物理链路子层(PLL)负责前向纠错、交织、帧的定界和检测物理层的拥塞等；物理射频子层(RFL)完成调制解调、物理信道结构和传输速率的确定、收发信机的工作频率和特性确定等。

LLC 在 BSS 处分为两段，BSS 的功能称为 LLC 桥接(LLC Relay)。在 BSS 和 SGSN 之间，BSS GPRS 协议(BSSGP)负责传输路由和与 QoS 相关的信息，BSSGP 工作在帧中继(Frame Relay)的协议之上。

2. GPRS 空中接口

GPRS 空中接口的逻辑信道如表 7-7 所示。它分为四个信道组：分组数据业务信道、分组广播控制信道、分组公共控制信道和分组专用控制信道。表中给出了各组信道中的具体信道、功能及传输的方向。

表 7-7 GPRS 空中接口的逻辑信道

信道组	信道	功能	方向
分组数据业务信道 (Packet Data Traffic Channel)	分组数据业务信道 PDTCH	数据业务传输	MS↔BSS
分组广播控制信道 (Packet Broadcast Control Channel)	分组广播控制信道 PBCCH	广播控制	MS←BSS
分组公共控制信道 (Packet Common Control Channel)	分组随机接入信道 PRACH 分组接入许可信道 PAGCH 分组寻呼信道 PPCH 分组通知信道 PNCH	移动台接入申请 允许移动台接入 寻呼移动 发送通知信息	MS→BSS MS←BSS MS←BSS MS←BSS
分组专用控制信道 (Packet Dedicated Control Channel)	分组辅助控制信道 PACCH 分组定时控制信道 PTCCH	传输确认、功率控制、资源分配等信息 时间提前控制信息	MS↔BSS MS↔BSS

GPRS 的 MAC 协议称为主从动态速率接入(MSDRA，Master-Slave Dynamic Rate Access)协议。它采用复帧结构，每一复帧由 51 帧或 52 帧组成。利用复帧组成的物理信道结构如图 7-46 所示(51 帧结构)。图中水平方向为一个复帧中不同时隙的编号，垂直方向为每个 TDMA 帧中的时隙编号(图中仅给出了 4 个时隙的情况，其他时隙的情况类似)。在该结构中，4 个时隙传输一个基本的无线数据块，用作分组数据信道(PDCH)。每个无线

数据块中的 4 个时隙是由相邻帧的时隙组成的，而不是由同一帧中的时隙组成的。例如，一个无线数据块由如下 4 个时隙组成：第 n 帧中的第 k 时隙＋第(n＋1)帧中的第 k 时隙＋第(n＋2)帧中的第 k 时隙＋第(n＋3)帧中的第 k 时隙，k＝0，1，…，7；n＝4，8，…，48。

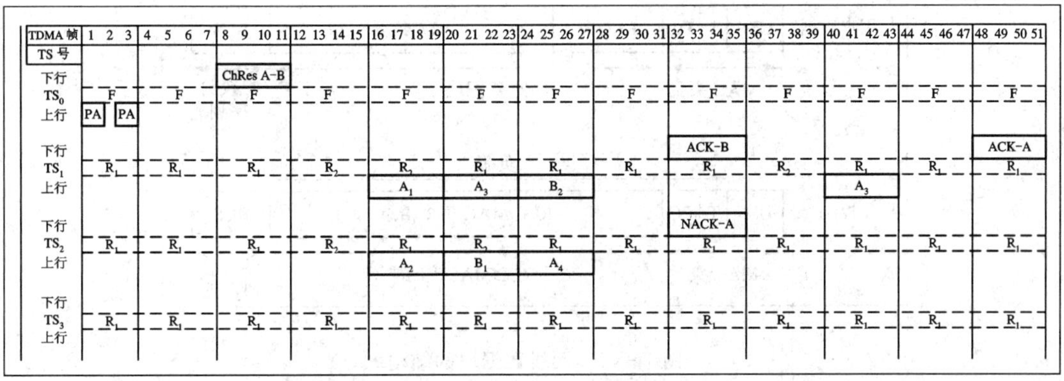

TDMA 帧 / TS 号	1 2 3	4 5 6 7	8 9 10 11	12 13 14 15	16 17 18 19	20 21 22 23	24 25 26 27	28 29 30 31	32 33 34 35	36 37 38 39	40 41 42 43	44 45 46 47	48 49 50 51
下行			ChRes A-B										
TS_0	F	F	F	F	F	F	F	F	F	F	F	F	F
上行	PA　PA												
下行									ACK-B				ACK-A
TS_1	R_1	R_1	R_1	R_2	R_2	R_1	R_1	R_1	R_1	R_2	R_1	R_1	R_1
上行					A_1	A_3	B_2				A_3		
下行									NACK-A				
TS_2	R_1	R_1	R_1	R_2	R_1	R_2	R_1	R_1	R_1	R_1	R_1	R_1	R_1
上行					A_2	B_1	A_4						
下行													
TS_3	R_1	R_1	R_1	R_1	R_1	R_1	R_1	R_1	R_1	R_1	R_1	R_1	R_1
上行													

注：图中示出了两个利用ARQ协议传输多个数据块的过程。数据流A(对应的数据块为A_i)是利用USF＝R_2分配的PDTCH传输的；数据流B(对应的数据块为B_i)是利用USF＝R_1分配的PDTCH传输的。

图 7－46　GPRS 的多时隙多帧结构(51 帧结构)

为了充分利用 PDCH 信道，系统中使用了一个 3 比特长的上行链路状态标志(USF，Uplink State Flag)。USF 放在每个下行无线数据块的开始点，它用来指明下一个上行无线数据块的状态。在信道预约命令中包括了已分配的 PDCH 的列表以及相应的每个信道的 USF 状态。一个 USF 值(USF＝Free)用来指明 PRACH，其他的 USF 值(USF＝R_1，R_2，…，R_7)用于为不同的移动台预约上行链路。利用 USF 可以在一个 PDCH 上复接多个移动台的无线数据块。利用 USF 可以进行高度动态的预约并保证高优先级业务的传输。无线数据块在预定的时隙传输后，BSS 应在随后的 PACCH 信道上发送应答。通过选择式 ARQ 来保证每一无线数据块的可靠传输。

在 GPRS 中，逻辑信道都可以映射到 PDCH 上。除 PTCCH 外，其他信道都占用 4 个突发(时隙)。在图 7－46 中，时隙 0(TS_0)用作 PRACH，TS_1～TS_3 用作 PDTCH。在 PDTCH 上使用了 USF R_1/R_2。

采用 52 帧的 PDCH 结构如图 7－47 所示。PDCH 的复帧结构包括 52 个 TDMA 帧，划分为 12 个数据块(每个数据块包含 4 帧)、2 个空闲帧和为 PTCCH 保留的 2 帧。

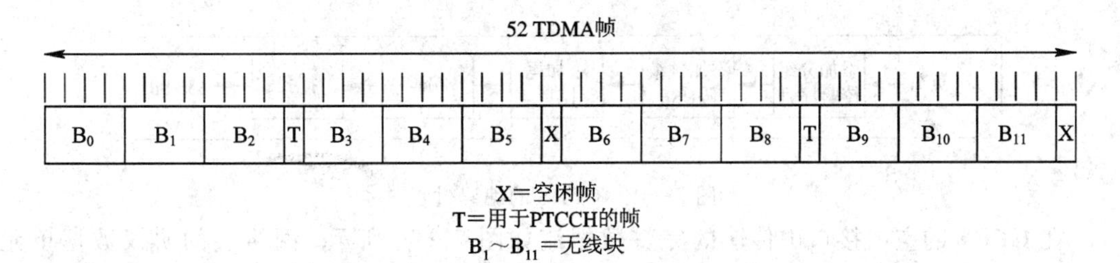

图 7－47　PDCH 的复帧结构(52 帧结构)

无线数据块的结构如图 7－48 所示，分为用户数据块和控制块。在 RLC 数据块中包括

RLC头和RLC数据。MAC头包括上行状态标志域(USF)、块类型指示域(T)和功率控制域(PC)。

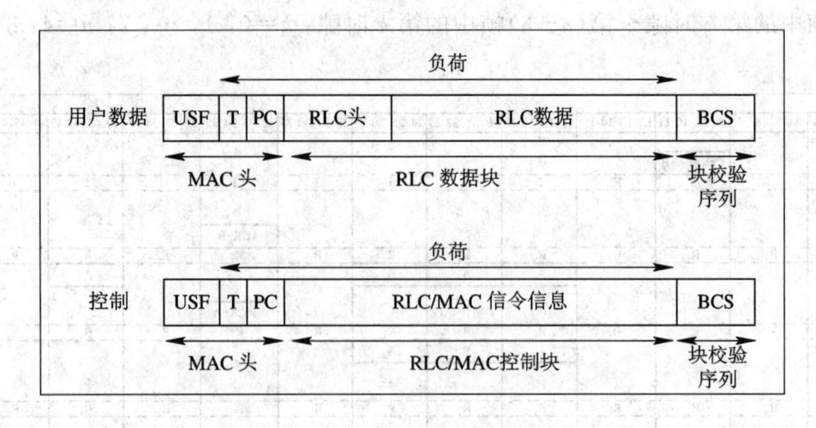

图7-48　无线数据块的结构

物理层采用的编码方案有四种：CS-1～CS-4，如表7-8所示。其编码过程如图7-49所示。为了检错加入了分组校验序列(BCS)，再添加预编码后的USF和尾比特后，经过卷积编码和打孔后形成固定长度为456比特的数据。根据不同的编码率，可以得到的数据率为8/12/14.4/20 kb/s。如果一个用户使用8个时隙，每个时隙的速率为14.4 kb/s，则该用户的最高速率可以达到8×14.4 kb/s=115.2 kb/s。编码后的数据在4个突发(时隙)中传输。

表7-8　四种编码方案的编码参数

方案	码率	上行状态标志USF	预编码USF	扣除USF和BCS的RLC	块校验序列BCS	尾比特	数据速率/(kb/s)	扣除RLC/MAC头的数据速率/(kb/s)
CS-1	1/2	3	3	181	40	4	9.05	8
CS-2	≈2/3	3	6	268	16	4	13.4	12
CS-3	≈3/4	3	6	312	16	4	15.6	14.4
CS-4	1	3	12	428	16	—	21.4	20

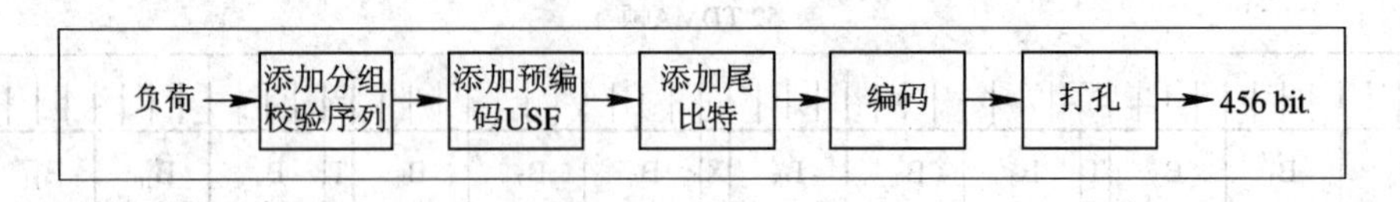

图7-49　GPRS的编码过程

在GPRS的空中接口中传输的完整数据流如图7-50所示。网络层的协议数据单元(N-PDU)在SNDCP层进行分段后传给LLC；LLC添加帧头和帧校验序列后形成LLC帧；LLC帧在RLC/MAC层再进行分段，封装成RLC块；RLC块经过卷积编码和打孔后形成456比特的无线数据块；无线数据块再分解为4个突发后，在4个时隙中传输。

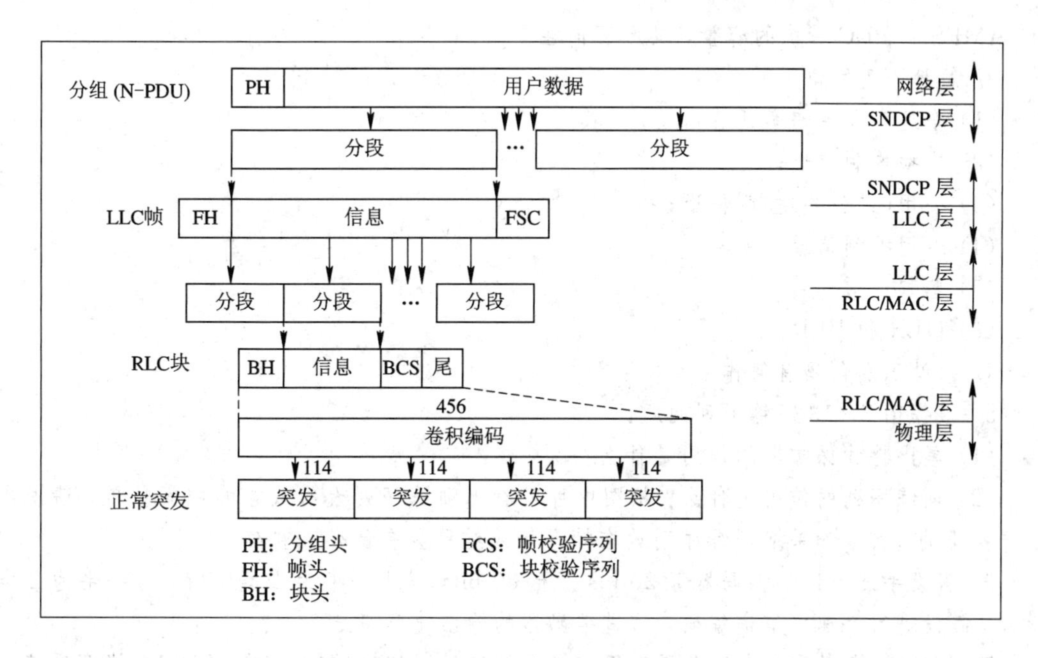

图7-50　GPRS的空中接口中的数据流

*7.5.3　增强型GPRS

增强型GPRS中采用了增强数据传输技术(EDGE)。EDGE采用与GSM相同的突发结构，能在符号速率不变的情况下，通过采用8-PSK调制技术来代替原来的GMSK调制，从而将GPRS的传输速率提高到原来的3倍，将GSM中每时隙的总速率从22.8 kb/s提高到69.2 kb/s。

相对于GPRS来讲，在增强型GPRS中还引入了"链路质量控制(LQC，Link Quality Control)"的概念。其方法一是通过估计信道的质量，选择最合适的调制和编码方式；二是通过逐步增加冗余度的方法来兼顾传输效率和可靠性。在传输开始时，使用高码率的信道编码(仅有很少的多余度)来传输信息。如果传输成功，则会产生高的比特率；如果传输失败，则增加发送附加编码的比特(冗余比特)，直至收端成功译码。当然，编码的比特发送得越多，最终传输的比特率越低，传输时延越大。因此，在增强型GPRS中，除了支持GPRS的链路自适应模式(混合ARQ类型Ⅰ)外，还支持增量冗余的链路控制模式(混合ARQ类型Ⅱ)。

增强型GPRS支持上述两种链路质量控制方法的组合。在逐步增加冗余度的方法中，初始调制和编码应根据信道质量估计结果选择最合适的调制和编码方式，然后采用冗余度递增的方法。

思考题与习题

1. 说明数字蜂窝系统比模拟蜂窝系统能获得更大通信容量的原因。
2. 试综合比较GSM、D-AMPS和PDC三种蜂窝系统的特征。GSM系统的容量低于

D－AMPS和PDC系统的容量，其原因何在？

3. 解释下列术语：

(1) 全速率和半速率话音信道；

(2) 广播控制信道；

(3) 公用(或公共)控制信道；

(4) 专用控制信道；

(5) 鉴权；

(6) HLR和VLR。

4. 基站识别色码有何作用？

5. 根据图7－13回答下列问题：

(1) 尾比特和保护期的作用是什么？

(2) 训练序列的作用是什么？从图中可以看出训练序列大约放在帧中间位置，请说出这样安排的优点。如果把训练序列放在帧开始或结尾会有什么影响？

6. 假设半速率话音编码器每20 ms产生80 bit，其中一半为1类比特，另一半为2类比特。假设进行半速率信道编码，信道编码器的输出速率将是多少？

7. TDMA蜂窝系统为什么要采用移动台辅助过区切换(MAHO)？FDMA蜂窝系统是否也可以这样做？

8. GSM系统在通信安全性方面采取了哪些措施？

9. GSM采取了哪些抗干扰措施？

10. 试画出一个移动台呼叫另一个移动台的接续流程。

11. GPRS系统在GSM系统的基础上增加了哪些功能单元？基于电路交换的GSM网络与基于分组交换的GPRS网络传输用户信息的过程有何不同？

12. GPRS系统的最高传输速率是多少？

13. 试述图7－46的工作原理。

第 8 章　码分多址(CDMA)移动通信系统(一)

CDMA 蜂窝通信系统问世以来，一方面受到许多人的支持和赞扬，另一方面也受到许多人的怀疑和非难。目前，CDMA 蜂窝通信系统的发展非常迅速，已成功地应用于第二代和第三代移动通信系统中，其优势已成为人们的共识。

在第 1 章曾经提到，1993 年 7 月美国 Qualcomm 公司开发的 CDMA 蜂窝体制被采纳为北美数字蜂窝标准，定名为 IS-95。IS-95 的载波频带宽度为 1.25 MHz，信道承载能力有限，仅能支持声码器话音和话带内的数据传输，被人们称为窄带码分多址(N-CDMA)蜂窝通信系统。

与此同时，受第三代移动通信发展的驱动，世界上许多国家纷纷提出了许多 CDMA 通信系统的方案和建议。如 cdma2000、WCDMA、TD-SCDMA 等。其中，cdma2000 是 IS-95 的发展。

本章介绍的内容主要是美国 Qualcomm 公司提出的 IS-95 CDMA 系统和 cdma2000。

8.1　概　　述

由于移动通信的迅速发展，在 20 世纪 80 年代中期，不少国家都在探索蜂窝通信系统如何从模拟向数字方向转变的办法。为此，美国蜂窝电信工业公司(CTIA)于 1988 年发布了一个称为“用户的性能需求(UPR)”的文件。其中，对第二代蜂窝通信系统提出的主要要求是：系统的容量至少是 AMPS 的 10 倍；通信质量等于或优于现有 AMPS 系统；易于过渡并和现有模拟系统兼容(双模式)；先进的特征；较低的成本；蜂窝开放网络结构(CONA)等。

IS-54 是遵循上述要求制定的，考虑到实现技术存在的困难，IS-54 需要分阶段达到 CTIA 提出的标准，即全速率传输(每载波 3 个信道)和半速率传输(每载波 6 个信道)两个阶段。Qualcomm 公司的 CDMA 系统也是遵循上述要求进行开发的，几次局部的现场测试说明这种蜂窝系统已能全面满足 CTIA 提出的标准。其后，有关单位讨论并通过了 Qualcomm 公司提交的标准文本，形成了 TIA/EIA 暂行标准 IS-95。

从 IS-95 的名称“双模宽带扩频蜂窝系统的移动台—基站兼容标准”来看，标准涉及的内容是关于蜂窝系统的“公共空中接口”(CAI)问题。实际上，无论是上面所说的几种 TDMA蜂窝系统，还是本书所介绍的 CDMA 蜂窝系统，其运行环境、业务要求和控制功能基本上都是相同的，因此它们的网络结构形式也大同小异。其基本组成部分都包括移动台、基站、移动交换中心、操作维护中心以及各种类型的数据库等。只要功能齐全，接口统一，这些组成部分允许有不同的配置方法，也可以用不同的名称。CDMA 系统和TDMA 系统的重要差异在于无线信道的构成，以及与之有关的无线接口和无线设备，当然也包括不同系统独有的特殊控制功能。为了说明 CDMA 技术在蜂窝系统中的应用特点，本书将主要介绍 CDMA 系统的传输方式和其特定的控制功能。

这里所说的双模式移动台是指既能以模拟调频方式工作，又能以扩频码分方式工作的移动台。或者说，这种移动台在模拟调频和码分多址两种制式不同的蜂窝系统中，均能向网中其他用户发起呼叫和接受其呼叫，而两种制式不同的蜂窝系统也均能向网中这种双模式的移动台发起呼叫和接受其呼叫，而且这种呼叫无论在定点上或在移动漫游过程中都是自动完成的。

在美国存在两种双模式移动台：其一为对 TDMA 数字系统和模拟调频系统兼容的移动台；其二为对 CDMA 数字系统和模拟调频系统兼容的移动台。前者的标准属于 IS－54，后者的标准属于 IS－95。

在双模式数字蜂窝系统的标准中，无论是无线设备的参数还是通信处理的程序，都必须兼顾现有的模拟蜂窝系统，要保证模拟调频系统和码分数字系统之间能进行模拟信息和数字信息的传输与交换。为此，IS－95 的兼容性要求包括两部分：一是对模拟工作的要求；二是对 CDMA 工作的要求。这里只介绍后者的有关内容。

8.1.1 码分多址的特征

在 CDMA 通信系统中，不同用户传输信息所用的信号不是靠频率不同或时隙不同来区分的，而是用各不相同的编码序列来区分的。换句话说，是靠信号的不同波形来区分的。如果从频域或时域来观察，多个 CDMA 信号是互相重叠的，接收机用相关器可以在多个 CDMA 信号中选出其中使用预定码型的信号。

在 CDMA 蜂窝通信系统中，用户之间的信息传输也是由基站进行转发和控制的。为了实现双工通信，正向传输和反向传输可以使用不同的频率，即通常所谓的频分双工(FDD)；也可以使用不同的时帧，即通常所谓的时分双工(TDD)。无论正向传输还是反向传输，除去传输业务信息外，还必须传送相应的控制信息。为了传送不同的信息，需要设置不同的信道。但是，CDMA 通信系统既不分频道又不分时隙，无论传送何种信息的信道，都靠采用不同的码型来区分。

码分多址蜂窝通信系统的特征如下：

(1) 根据理论分析，CDMA 蜂窝系统与模拟蜂窝系统或 TDMA 数字蜂窝系统相比具有更大的通信容量。这个问题将在下面介绍。

(2) CDMA 蜂窝系统的全部用户共享一个无线信道，用户信号的区分只靠所用码型的不同，因此当蜂窝系统的负荷满载时，另外增加少数用户只会引起话音质量的轻微下降(或者说信干比稍微降低)，而不会出现阻塞现象。在 FDMA 蜂窝系统或 TDMA 蜂窝系统中，在全部频道或时隙被占满以后，哪怕只增加一个用户也没有可能。CDMA 蜂窝系统的这种特征，使系统容量与用户数之间存在一种“软”的关系。在业务高峰期间，可以稍微降低系统的误码性能，以适当增多系统的用户数目，即在短时间内提供稍多的可用信道数。举例来说，如规定可同时工作的用户数为 50 个，当 52 个用户同时通话时，信干比的差异仅为 $10\lg(52/50)=0.17$ dB。这就是说，CDMA 蜂窝通信系统具有“软容量”特性，或者说“软过载”特性。

在其他蜂窝通信系统中，当用户过区切换而找不到可用频道或时隙时，通信必然中断，而 CDMA 蜂窝系统的软容量特性可以避免发生类似现象。

(3) CDMA 蜂窝系统具有"软切换"功能，即在过区切换的起始阶段，由原小区的基站与新小区的基站同时为过区的移动台服务，直到该移动台与新基站之间建立起可靠的通信链路后，原基站才中断它与该移动台的联系。CDMA 蜂窝系统的软切换功能既可以保证过区切换的可靠性(防止切换错误时反复要求切换)，又可以使通信中的用户不易察觉。

(4) CDMA 蜂窝系统可以充分利用人类对话的不连续特性来实现话音激活技术，以提高系统的通信容量。这个问题在下面还要介绍。

(5) CDMA 蜂窝系统以扩频技术为基础，因而它具有扩频通信系统所固有的优点，如抗干扰、抗多径衰落和具有保密性等。

8.1.2　CDMA 蜂窝通信系统的多址干扰和功率控制

1. CDMA 蜂窝通信系统的多址干扰

蜂窝通信系统无论采用何种多址方式，都会存在各种各样的外部干扰和系统本身产生的特定干扰。FDMA 与 TDMA 蜂窝系统的共道干扰和 CDMA 蜂窝系统的多址干扰都是系统本身存在的内部干扰。对于各种干扰来说，对蜂窝系统的容量起主要制约作用的是系统本身存在的自我干扰。例如，在 FDMA 系统和 TDMA 系统中，为了保证通信质量达到一定要求，通常要限定所需信号与共道干扰的比值(信干比)不小于某一门限值，这就要限制系统的频率再用距离不小于某一数值，因而限制了蜂窝系统的通信容量。在 CDMA 蜂窝系统中，同一小区的许多用户以及相邻小区的许多用户都工作在同一频率上，因此就频率再用方面来说，它是一种最有效的多址方式。但是 CDMA 蜂窝系统的多址干扰仍然会对系统的容量起到制约作用，因为随着同时工作的用户数目不断增多，多址干扰电平必然越来越大，当增加到一定程度时，将会使接收地点的信号电平与干扰电平之比值达不到要求。

CDMA 蜂窝系统的多址干扰分两种情况：一是基站在接收某一移动台的信号时，会受到本小区和邻近小区其他移动台所发信号的干扰；二是移动台在接收所属基站发来的信号时，会受到所属基站和邻近基站向其他移动台所发信号的干扰。图 8－1 是两种多址干扰的示意图。其中，图(a)是基站对移动台产生的正向多址干扰；图(b)是移动台对基站产生的反向多址干扰。

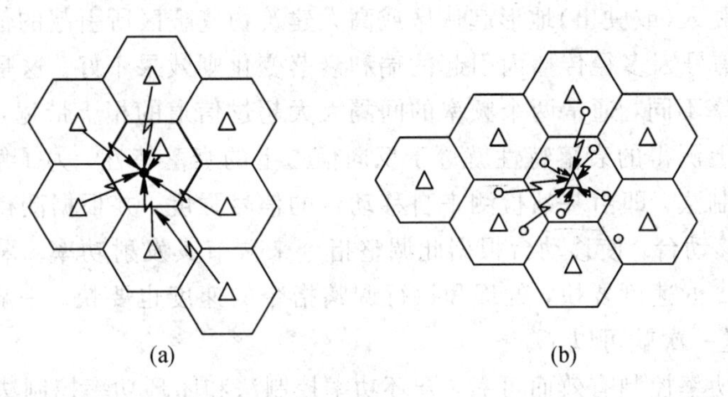

图 8－1　CDMA 蜂窝系统的多址干扰

电磁波沿地面传播所产生的损耗近似与传播距离的 4 次方成比例。信号经过不同传播距离时，其损耗会有非常大的差异。例如，距离的比值为 100 时，损耗的比值达 $100^4=10^8$(相当于 80 dB)。显然，近地强信号的功率电平会远远大于远地弱信号的功率电平。因为系统的许多电台共用一个频率发送信号或接收信号，所以近地强信号压制远地弱信号的现象很容易发生。人们把这种现象称之为“远近效应”。

2. CDMA 蜂窝通信系统的功率控制

CDMA 蜂窝系统的“远近效应”是一个非常突出的问题，它主要发生在反向传输链路上。移动台在小区内的位置是随机分布的，而且经常变化，同一部移动台可能有时处于小区边缘，有时靠近基站。如果移动台的发射机功率按照最大通信距离设计，则当移动台驶近基站时，必然会有过量而又有害的功率辐射。解决这个问题的办法是根据通信距离的不同，实时地调整发射机所需的功率，这就是通常所说的功率控制。

实际通信所需接收信号的强度只要能保证信号电平与干扰电平的比值达到规定的门限值就可以了，不加限制地增大信号功率不但没有必要，而且会增大电台之间的相互干扰。尤其像 CDMA 系统这种存在多址干扰的通信网络，多余的功率辐射势必降低系统的通信容量。为此，CDMA 蜂窝通信系统不但在反向链路上要进行功率控制，而且在正向链路上也要进行功率控制。

(1) 反向功率控制。反向功率控制也称上行链路功率控制。其主要要求是使任一移动台无论处于什么位置上，其信号在到达基站的接收机时，都具有相同的电平，而且刚刚达到信干比要求的门限。显然，能做到这一点，既可以有效地防止“远近效应”，又可以最大限度地减小多址干扰。

进行反向功率控制的办法可以是在移动台接收并测量基站发来的信号强度，并估计正向传输损耗，然后根据这种估计来调节移动台的反向发射功率。如果接收信号增强，就降低其发射功率；若接收信号减弱，就增加其发射功率。

功率控制的原则是：当信道的传播条件突然改善时，功率控制应作出快速反应(例如在几微秒时间内)，以防止信号突然增强而对其他用户产生附加干扰；相反，当传播条件突然变坏时，功率调整的速度可以相对慢一些。也就是说，宁可单个用户的信号质量短时间恶化，也要防止许多用户的背景干扰都增大。

这种功率控制方式也称开环功率控制法。其优点是方法简单、直接，不需要在移动台和基站之间交换控制信息，因而控制速度快并且节省开销。这种方法对于某些情况，例如车载移动台快速驶入(或驶出)地形起伏区或高大建筑物遮蔽区所引起的信号变化是十分有效的，但是对于信号因多径传播而引起的瑞利衰落变化则效果不好。这是指正向传输和反向传输使用的频率不同，通常两个频率的间隔大大超过信道的相干带宽，因此不能认为移动台在正向信道上测得的衰落特性就等于反向信道上的衰落特性。为了解决这个问题，可采用闭环功率控制法，即由基站检测来自移动台的信号强度，并根据测得的结果形成功率调整指令，通知移动台，使移动台根据此调整指令来调节其发射功率。采用这种办法的条件是传输调整指令的速度要快，处理和执行调整指令的速度也要快。一般情况下，这种调整指令 1 ms 发送一次就可以了。

为了使反向功率控制有效而可靠，开环功率控制法和闭环功率控制法可以结合使用。

(2) 正向功率控制。正向功率控制也称下行链路功率控制。其要求是调整基站向移动台发射的功率，使任一移动台无论处于小区中的任何位置上，收到基站的信号电平都刚刚达到信干比所要求的门限值。做到这一点，可以避免基站向距离近的移动台辐射过大的信号功率，也可以防止或减少由于移动台进入传播条件恶劣或背景干扰过强的地区而发生误码率增大或通信质量下降的现象。

和反向功率控制的方法类似，正向功率控制可以由移动台检测其接收信号的强度，并不断比较信号电平和干扰电平的比值。如果此比值小于预定的门限值，移动台就向基站发出增加功率的请求；如果此比值超过了预定的门限值，移动台就向基站发出减小功率的请求。基站收到调整功率的请求后，即按一定的调整量改变相应的发射功率。同样，正向功率控制也可在基站检测来自移动台的信号强度，以估计反向传输的损耗并相应调整其发射功率。

功率控制是 CDMA 蜂窝移动通信系统提高通信容量的关键技术，也是实现这种通信系统的主要技术难题之一。

8.1.3　IS－95 CDMA 蜂窝系统的工作频率

双模 CDMA 蜂窝系统使用美国联邦通信委员会(FCC)分配给蜂窝通信系统使用的频段。移动台向基站的传输频段是 824～849 MHz，基站向移动台的传输频段是 869～894 MHz。允许 CDMA 蜂窝系统占用的频段如表 8－1 所示。对一个指定的系统可以分配多个 CDMA 频道，同一个系统中的小区和扇区可使用其中的任一个 CDMA 频道。

在数字传输模式工作时，移动台可以按照预定的或要求的网络标志来安排其频率配置。如果移动台预定的或要求的网络标志没有被认出，它就开始向一个频率指配在“基本 CDMA 频道”上的基站进行捕获和同步。基本 CDMA 频道号码在系统 A 是 283，在系统 B 是 384。

如果基本 CDMA 频道的频率指配未起作用而没有选出预定的网络标志，移动台要试图捕获并同步到“辅助 CDMA 频道”的频率上，其频道号码在系统 A 是 691，在系统 B 是 777。

规定的频率容差是：基站发送的载波频率要保持在指配频率的 $\pm 5\times 10^{-8}$ 之内，移动台发送的载波频率要保持比基站发送的频率低 45 MHz±300 Hz。

表 8－1　CDMA 频道编号及相应的频率

系　　统	CDMA 可用的频率	模拟信道总　　数	CDMA 频道编　号	发射机频率/MHz	
				移动台	基站
A″ (1 MHz)	—	22	991 1012	824.040 824.670	869.040 869.670
	CDMA	11	1013 1023	824.700 825.000	869.700 870.000
A (10 MHz)	CDMA	311	1 311	825.030 834.330	870.030 879.330
	—	22	312 333	834.360 834.990	879.360 879.990

续表

系　统	CDMA 可用的频率	模拟信道总数	CDMA 频道编号	发射机频率/MHz	
				移动台	基站
B (10 MHz)	—	22	334 355	835.020 835.650	880.020 880.650
	CDMA	289	356 644	835.680 844.320	880.680 889.320
	—	22	645 666	844.350 844.980	889.350 889.980
A′ (1.5 MHz)	—	22	667 688	845.010 845.640	890.010 890.640
	CDMA	6	689 694	845.670 845.820	890.670 890.820
	—	22	695 716	845.850 846.480	890.850 891.480
B′ (2.5 MHz)	—	22	717 738	846.510 847.140	891.510 892.140
	CDMA	39	739 777	847.170 848.310	892.170 893.310
	—	22	778 799	848.340 848.970	893.340 893.970

8.1.4　IS-95 CDMA 蜂窝通信系统的时间基准

在数字蜂窝通信系统中，全网必须具有统一的时间标准，这种统一而精确的时间基准对 CDMA 蜂窝系统来说尤为重要。

CDMA 蜂窝系统利用“全球定位系统”(GPS)的时标，GPS 的时间和“世界协调时间”(UTC)是同步的，二者之差是秒的整倍数。

各基站都配有 GPS 接收机，保持系统中各基站有统一的时间基准，称为 CDMA 系统的公共时间基准。移动台通常利用最先到达并用于解调的多径信号分量建立时间基准。如果另一条多径分量变成了最先到达并用于解调的多径分量，则移动台的时间基准要跟踪到这个新的多径分量。

8.1.5　IS-95 CDMA 蜂窝系统的话音编码

IS-95 CDMA 蜂窝系统开发的声码器采用码激励线性预测(CELP)编码算法，也称为 QCELP 算法。其基本速率是 8 kb/s，但是可随输入话音消息的特征而动态地分为四种，即 8、4、2、1 kb/s，可以 9.6、4.8、2.4、1.2 kb/s 的信道速率分别传输。发送端的编码器对输入的话音取样，产生编码的话音分组(Packet)传输到接收端。接收端的解码器把收到的话音分组解码，再恢复成话音样点。

经过内部测试、现场测试和 MOS 测试表明，这种声码器的话音质量比其他模拟系统和数字系统的话音质量好，尤其在传播条件恶劣的情况下，改善更为明显。

使用可变速率的声码器，在发送时，调制器必须知道现在要传输的是什么速率；而接收时，解调器又必须判明当前接收的是什么速率。

8.2　CDMA 蜂窝通信系统的通信容量

蜂窝通信系统能提高其频谱利用效率的根本原因是利用电波的传播损耗实现了频率再用技术。只要两个小区之间的距离大到一定程度，它们就可以使用相同的频道而不产生明显的相互干扰。因为频道再用距离受所需载干比的限制，故模拟蜂窝系统只能做到 1/7 的小区共用相同的频道。由于数字蜂窝系统采用了有效的数字处理技术(如话音编码和信道编码等)，因此，在话音质量相同的条件下，可以降低所需载干比的门限，把每个区群的小区数减少到 4，即 1/4 的小区共用相同的频道，从而使数字蜂窝系统的容量大于模拟蜂窝系统。CDMA 蜂窝系统的所有小区都共用相同的频谱，这一点对提高 CDMA 蜂窝系统的通信容量非常有利。但是，不能说 CDMA 蜂窝系统的通信容量没有其他限制。限制CDMA 蜂窝系统通信容量的根本原因是系统中存在多址干扰。如果蜂窝系统允许 n 个用户同时工作，它必须能同时提供 n 个信道。n 越大，多址干扰越强。n 的极限是保证信号功率与干扰功率的比值大于或等于某一门限值，使信道能提供可以接受的话音质量。

首先考虑一般扩频通信系统(即暂不考虑蜂窝网络的特点)的通信容量。载干比可以表示为

$$\frac{C}{I}=\frac{R_b E_b}{I_0 W}=\frac{E_b/I_0}{W/R_b} \tag{8-1}$$

式中，E_b 是信息的一比特能量；R_b 是信息的比特率；I_0 是干扰的功率谱密度(干扰功率每赫)；W 是总频段宽度(在这里 W 也是 CDMA 信号所占的频谱宽度，即扩频带宽)；(E_b/I_0)类似于通常所说的归一化信噪比(E_b/N_0)，其取值决定于系统对误码率或话音质量的要求，并与系统的调制方式和编码方案有关；(W/R_b)是系统的扩频因子，即系统的处理增益。

n 个用户共用一个无线频道，每一用户的信号都受到其他 $n-1$ 个用户的信号干扰。若到达一接收机的信号强度和各个干扰强度都一样，则载干比为

$$\frac{C}{I}=\frac{1}{n-1} \tag{8-2}$$

或

$$n-1=\frac{W/R_b}{E_b/I_0} \tag{8-3}$$

通常 $n\gg1$，故 $C/I\approx1/n$，即

$$n=\frac{W/R_b}{E_b/I_0} \tag{8-4}$$

上述结果表明：在误码率一定的条件下，所需归一化信干比 E_b/I_0 越小，系统可以同时容纳的用户数越大。注意，这里所使用的假定条件，所谓“到达一接收机的信号强度和各个干扰强度都一样”，是指在正向传输时，基站向各移动台发送的信号应不加任何功率控

制；而在反向传输时，各移动台向基站发送的信号必须具有理想的功率控制。换句话说，式(8-2)和式(8-4)给出的结果对正向传输而言，是在没有功率控制的条件下得到的；对反向传输而言，是在理想功率控制的条件下得到的。此外，二者均没有考虑邻近小区的干扰。

在上述分析的基础上，下面根据CDMA蜂窝系统的特征对这里得到的公式逐步进行修正。

1. 话音激活期的影响

人类对话的特征是不连续的，对话的激活期(占空比 d)通常只有35%左右。当许多用户共享一个无线频道时，如果利用话音激活技术，使通信中的用户有话音才发射信号，没有话音就停止发射信号，那么任一用户在话音发生停顿时，所有其他通信中的用户都会因为背景干扰减小而受益。这就是说，话音停顿可以使背景干扰减小65%，能提高系统容量到1/0.35=2.86倍。FDMA和TDMA两种系统都能利用这种话音特性，实现信道的动态分配，以获得不同程度的容量提高。不过要做到这一点，二者都必须增加额外的控制开销，而且要实现信道的动态分配，还必然会带来时间延迟，而CDMA蜂窝系统获得这种好处是非常容易的。

令话音的占空比为 d，则式(8-4)变成

$$n=\frac{W/R_b}{E_b/I_0}\cdot\frac{1}{d} \tag{8-5}$$

2. 扇区的作用

在CDMA蜂窝系统中，采用有向天线进行分区能明显地提高系统容量。比如，用120°的定向天线把小区分成三个扇区，可以把背景干扰减小到原值的1/3，因而可以提高容量3倍。FDMA蜂窝系统和TDMA蜂窝系统利用扇形分区同样可以减小来自共道小区的共道干扰，从而减小共道再用距离，以提高系统容量，但是达不到像CDMA蜂窝系统那样，分成三个扇区系统容量就会增大3倍的效果。

令 G 为扇区数，式(8-5)变成

$$n=\frac{W/R_b}{E_b/I_0}\cdot\frac{G}{d} \tag{8-6}$$

3. 邻近小区的干扰

研究邻近小区的干扰要分两种情况，即正向传输和反向传输。

前面谈到，在CDMA蜂窝通信系统中，任一小区的移动台都会受到相邻小区基站的干扰，任一小区的基站也都会受到相邻小区中移动台的干扰。这些来自邻近小区的干扰必须作为背景干扰的组成部分来对待，其存在必然会影响系统的容量。

(1) 正向传输。在一个小区内部，同一基站不断地向所有通信中的移动台发送信号。任一移动台在接收有用信号时，基站发给所有其他用户的信号都要对这个移动台形成干扰。因为当移动台靠近或离开该基站时，有用信号和干扰信号同样增大或减小，所以若基站不进行功率控制，则该移动台无论处于小区的什么位置上，其接收到的载干比都不会变。但是，对邻近小区来的干扰而言，情况有所不同。由于传播距离的不同，移动台越靠近小区的边缘，邻近小区来的干扰越强，而有用信号的强度却趋向于最低。可见，移动台最

不利的接收位置是处于三个小区交界处，参见图 8－2。以下将针对这种最不利的条件进行分析。

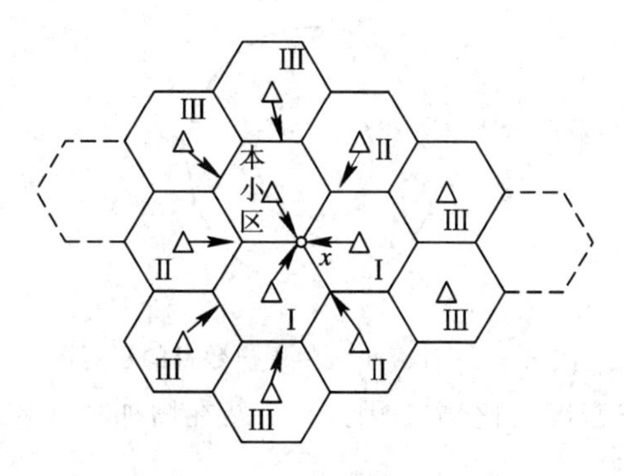

图 8－2　CDMA 系统中移动台受干扰的情况

假设各小区的基站都同时向 n 个用户发送功率相等的信号，在三个小区的交界处(图中 x 处)，来自本基站的有用信号功率为 ar^{-4}(a 为比例常数，r 为小区半径)；来自本基站的干扰信号功率为 $a(n-1)r^{-4}$；来自紧邻 2 个基站(图中的Ⅰ)的干扰信号功率为 $2anr^{-4}$；来自较远 3 个基站(图中的Ⅱ)的干扰信号功率为 $3an(2r)^{-4}$；来自更远 6 个基站(图中的Ⅲ)的干扰信号功率为 $6an(2.63r)^{-4}$。比这些基站更远的干扰可以忽略，于是得到载干比的表示式如下：

$$\frac{C}{I}=\frac{ar^{-4}}{a(n-1)r^{-4}+2anr^{-4}+3an(2r)^{-4}+6an(2.63r)^{-4}}$$

$$=\frac{1}{3.3n-1}\approx\frac{1}{3.3n}=\frac{0.3}{n} \tag{8-7}$$

如果不计邻近基站的干扰，此公式的分母只剩下第一项，可得 $C/I=1/(n-1)$，即式(8－2)的结果，而由于邻近基站的干扰不能忽略，故载干比将下降为原载干比的 1/3.3。

通常发射机的最大功率是根据最大通信距离进行计算的。这里，基站的发射功率必须保证移动台在小区交界处可以正常工作。但是，当移动台靠近基站时，如果基站仍然发射同样强的功率，则除去增大背景干扰外并无好处。为此，令基站发给每一个用户 i 的功率 P_i 根据移动台和基站的距离 r_i 进行调整。距离越大，功率越大；反之，则越小。即

$$P_i \propto r_i^{\beta} \tag{8-8}$$

式中，β 是一常数，可用试探法进行选择，一般选择 $\beta=2$ 比较合适。这里没有按照传播损耗的规律把 β 定为 4，是考虑到当移动台靠近其基站时，来自本小区基站的干扰与有用信号一起变化；而来自其他小区基站的干扰，虽然有减小，但改变的速度相对较慢。这时，如果基站把发向某个移动台的信号功率按 $\beta=4$ 的规律急剧减小，则可能使该移动台在基站附近的载干比达不到要求。

令移动台处于小区边缘($r_i=r$)所需的信号功率为 P_{m}，式(8－8)可写为

$$P_i = P_{\mathrm{m}}\left(\frac{r_i}{r}\right)^2 \tag{8-9}$$

假设在各个小区内，移动台的数目较多，而且是均匀分布的，根据图 8－3，可用以下公式来表示小区中的用户数目 n：

$$n = \gamma \int_0^r r_i \, \mathrm{d}r_i = \frac{\gamma r^2}{2} \tag{8-10}$$

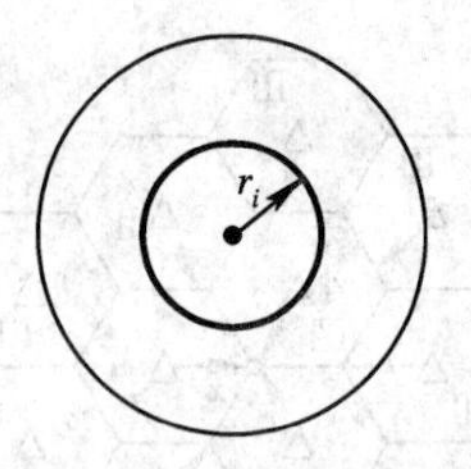

图 8-3 计算小区中用户数目的示意图

式中，γ 为一常数(与用户密度成比例)。因此，基站在增加功率控制后，发向全部用户的总功率为

$$P_\Sigma = \int_0^r P_\mathrm{m} \left(\frac{r_i}{r}\right)^2 \gamma r_i \, \mathrm{d}r_i = \frac{\gamma P_\mathrm{m} r^2}{4} \tag{8-11}$$

已知 $n=\gamma r^2/2$，所以

$$P_\Sigma = \frac{nP_\mathrm{m}}{2} \tag{8-12}$$

因为基站在未加功率控制时，发向全部用户的总功率为 nP_m，所以基站增加功率控制后能把其发射的总功率降低 1/2。显然，这样做对减少系统中的多址干扰是有好处的。

至此，我们再回过来计算基站增加功率控制后，移动台处于小区交界处的载干比。参考式(8-7)可得

$$\begin{aligned} \frac{C}{I} &= \frac{1}{\left(\frac{n-1}{2}\right) + 2\left(\frac{n}{2}\right) + 3\left(\frac{n}{2}\right)2^{-4} + 6\left(\frac{n}{2}\right)(2.63)^{-4}} \\ &= \frac{1}{1.656n} = \frac{0.6}{n} \end{aligned} \tag{8-13}$$

把此结果和式(8-7)相比，可以发现：当载干比要求相同时，后者可允许同时工作的用户数比前者增大一倍。

此外，不考虑邻近小区的干扰时，一个小区允许同时工作的用户数约为 $n=1/(C/I)$；在考虑邻近小区的干扰并且采用功率控制时，这种用户数降低为 $n=0.6/(C/I)$，即后者是前者乘以 0.6。这结果说明 CDMA 蜂窝系统和其他蜂窝系统类似，也存在一种信道再用效率 $F=0.6$。由此可把式(8-6)写成

$$n = \frac{W/R_\mathrm{b}}{E_\mathrm{b}/I_0} \cdot \frac{GF}{d} \tag{8-14}$$

式(8-14)可用来计算 CDMA 蜂窝系统正向传输的通信容量，即每小区的信道数，或每小区允许同时工作的用户数。

(2) 反向传输。设各小区中的移动台均能自动调整其发射功率，使任一移动台无论处于小区内的任何位置上，其信号功率在到达基站时，都能保持在某一额定值——即载干比的门限值。由于基站的位置是固定不变的，各移动台在其小区内是随机分布的(可以看成是均匀分布的)，因而基站附近的背景干扰不会因为某一移动台的位置变化而发生明显的变化。因此，反向功率控制应该按照传播损耗的规律来确定，即移动台(i)的发射功率(P_i)

与距离(r_i)的关系应该是

$$P_i \propto r_i^4 \tag{8-15}$$

用与式(8-9)相同的表示方法，可得

$$P_i = P_{\mathrm{m}}\left(\frac{r_i}{r}\right)^4 \tag{8-16}$$

式中，r 是小区半径，P_{m} 是移动台处于小区边缘处所需要的信号功率。

从概念上看，如果功率控制很完善，而且只考虑本小区中移动台的干扰，则基站接收某一信号的载干比也是$(C/I)=1(n-1)\approx 1/n$。实际上，来自邻近小区中移动台的干扰同样不能忽略，因为它必然会降低 CDMA 蜂窝系统的通信容量。

从图 8-4 可见，围绕某一小区 y 的四周，有 6 个距离最近的小区，它们构成的环路用Ⅰ表示；在这 6 个小区外面，有 12 个距离较远的小区，它们构成的环路用Ⅱ表示；依此类推。各小区中的移动台都根据它与各自基站的距离调整其功率，显然要计算邻近小区中各移动台对环路中心小区 y 的干扰并不简单。可以把来自一个邻近小区中所有移动台的干扰等效成由其基站发射来的干扰，因而小区 y 的基站收到的载干比为

$$\begin{aligned}\frac{C}{I} &= \frac{1}{(n-1)+6n\eta_1+12n\eta_2+18n\eta_3+\cdots} \\ &\approx \left(\frac{1}{1+6\eta_1+12\eta_2+18\eta_3}\right)\frac{1}{n}\end{aligned} \tag{8-17}$$

式中，η_1、η_2、η_3 是分别对应于环路Ⅰ、Ⅱ、Ⅲ的比例常数。由此可得信道再用效率

$$F = \frac{1}{1+6\eta_1+12\eta_2+18\eta_3} \tag{8-18}$$

采用数值计算或仿真技术，可以算出 F 的值大约是 0.65。

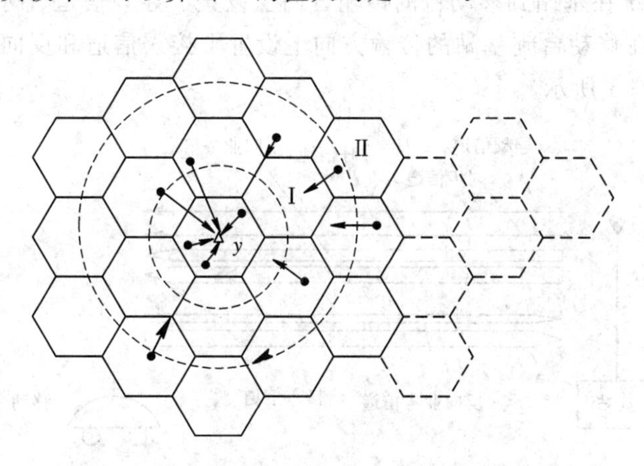

图 8-4　CDMA 系统中基站受干扰的情况

由此可见，反向传输和正向传输的信道再用效率大致一样。也就是说，作为通信容量的估算公式(8-14)，既可用于正向传输，也可用于反向传输。

几种蜂窝通信系统的通信容量比较如下：

模拟 FDMA 系统　　总频段宽度：1.25 MHz
　(AMPS)　　　　频道间隔：30 kHz
　　　　　　　　　信道数目：$1.25\times10^6/(30\times10^3)=41.7$

每区群小区数：7

通信容量：41.7/7=6

TDMA 系统　　总频段宽度：1.25 MHz

频道间隔：30 kHz

每载频时隙数：3

信道数目：$3\times1.25\times10^6/(30\times10^3)=125$

每区群小区数：4

通信容量：125/4=31.25

CDMA 系统　　总频段宽度：1.25 MHz

扇形分区数：3

通信容量：120

以 n 表示通信容量，三种系统的比较结果可以写成[23]

$$n_{(\text{CDMA})} = 20n_{(\text{FDMA})} = 4n_{(\text{TDMA})} \tag{8-19}$$

8.3 IS-95 CDMA 蜂窝系统的无线传输

8.3.1 信道组成

在 CDMA 蜂窝系统中，除去要传输业务信息外，还必须传输各种必需的控制信息。为此，CDMA 蜂窝系统在基站到移动台的传输方向上设置了导频信道、同步信道、寻呼信道和正向业务信道，在移动台到基站的传输方向上设置了接入信道和反向业务信道。这些信道的示意图如图 8-5 所示。

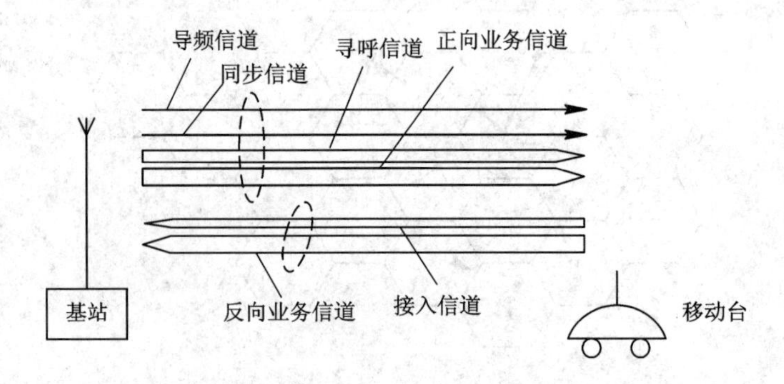

图 8-5 CDMA 蜂窝系统的信道示意图

IS-95 定义的正向传输逻辑信道如图 5-5(a)所示。图中包含 1 个导频信道，1 个同步信道，7 个寻呼信道和 55 个业务信道。

1. 导频信道

导频信道传输由基站连续发送的导频信号。导频信号是一种无调制的直接序列扩频信号，使移动台可迅速而精确地捕获信道的定时信息，并提取相干载波进行信号的解调。移动台通过对周围不同基站的导频信号进行检测和比较，可以决定什么时候需要进行过区切换。

2. 同步信道

同步信道主要传输同步信息(包括提供移动台选用的寻呼信道数据率)。在同步期间，移动台利用此同步信息进行同步调整。一旦同步完成，它通常不再使用同步信道，但当设备关机后重新开机时，还需要重新进行同步。当通信业务量很多，所有业务信道均被占用而不敷应用时，此同步信道也可临时改作业务信道使用。

3. 寻呼信道

寻呼信道在呼叫接续阶段传输寻呼移动台的信息。移动台通常在建立同步后，接着就选择一个寻呼信道(也可以由基站指定)来监听系统发出的寻呼信息和其他指令。在需要时，寻呼信道可以改作业务信道使用，直至全部用完。

4. 正向业务信道

正向业务信道共有四种传输速率(9600 b/s，4800 b/s，2400 b/s，1200 b/s)。业务速率可以逐帧(20 ms)改变，以动态地适应通信者的话音特征。比如，发音时传输速率提高，停顿时传输速率降低。这样做有利于减少 CDMA 系统的多址干扰，以提高系统容量。在业务信道中，还要插入其他的控制信息，如链路功率控制和过区切换指令等。

反向传输逻辑信道如图 5－5(b)所示。图中包含 55 个业务信道和 n 个接入信道。

5. 接入信道

当移动台没有使用业务信道时，接入信道提供移动台到基站的传输通路，在其中发起呼叫，对寻呼进行响应以及传送登记注册等短信息。接入信道和正向传输中的寻呼信道相对应，以相互传送指令、应答和其他有关的信息。不过，接入信道是一种分时隙的随机接入信道，允许多个用户同时抢占同一接入信道。每个寻呼信道所支持的接入信道数最多可达 32 个。

6. 反向业务信道

与正向业务信道相对应。

8.3.2　正向传输

CDMA 信道综合使用频分和码分多址技术。所谓频分多址，是指把可供使用的频段分成若干个宽为 1.25 MHz 的频道，它是传输扩频调制信号所需的最小带宽。在建网初始阶段，一个 CDMA 蜂窝服务区可以只占用一个这样的频道，以后随着通信业务量的增多，一个CDMA 蜂窝服务区可以占用多个这样的频道，使各个基站以频分方式使用这些频道。所谓码分多址，是指用正交沃尔什函数来区分不同用途的信道(如导频信道、同步信道、寻呼信道)，并用一对伪码的不同偏置进行四相调制来区分不同基站发出的信号。

图 8－6 是正向 CDMA 信道的功能框图。在上面已经介绍过，正向 CDMA 信道包含 1 个导频信道、1 个同步信道(必要时可以改作业务信道)、7 个寻呼信道(必要时可以改作业务信道)和 55 个(最多 63 个)正向业务信道。

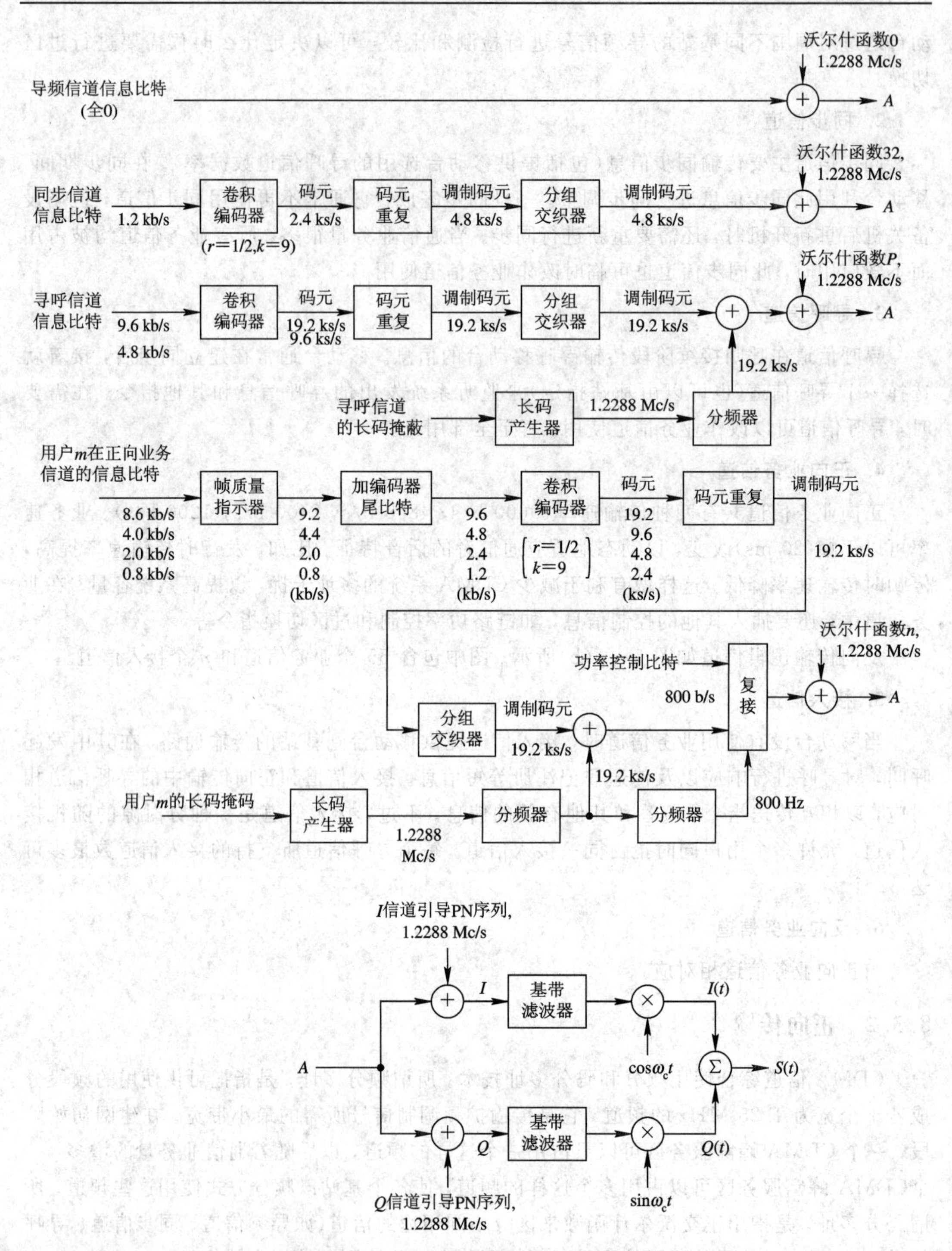

图 8-6 正向 CDMA 信道的功能框图

1. 数据速率

同步信道的数据速率为 1200 b/s，寻呼信道为 9600 b/s 或 4800 b/s，正向业务信道为 9600、4800、2400、1200 b/s。

正向业务信道的数据在每帧(20 ms)末尾含有 8 bit，称为编码器尾比特。在前面 TDMA 系统中也常用到尾比特，它的作用是把卷积码编码器置于规定的状态。此外，在 9600 b/s 和 4800 b/s 的数据中都含有帧质量指示比特(即 CRC 检验比特)，前者为 12 bit，后者为 8 bit。因而，正向业务信道的信息速率分别是 8.6，4.0，2.0，0.8 kb/s。

2. 卷积编码

数据在传输之前都要进行卷积编码，卷积码的码率为 1/2，约束长度为 9。

3. 码元重复

对于同步信道，经过卷积编码后的各个码元，在分组交织之前都要重复一次(每码元连续出现 2 次)。对于寻呼信道和正向业务信道，只要数据率低于 9600 b/s，在分组交织之前都要重复。速率为 4800 b/s 时，各码元要重复一次(每码元连续出现 2 次)；速率为 2400 b/s时，各码元要重复 3 次(每码元连续出现 4 次)；速率为 1200 b/s 时，各码元要重复 7 次(每码元连续出现 8 次)。这样做可使各种信息速率均变换成相同的调制码元速率，即 19 200 个调制码元每秒。

4. 分组交织

所有码元在重复之后都要进行分组交织。

同步信道所用的交织跨度等于 26.666 ms，相当于码元速率为 4800 B 时的 128 个调制码元宽度。交织器组成的阵列是 8 行×16 列(即 128 个单元)。

寻呼信道和正向业务信道所用的交织跨度等于 20 ms，这相当于码元速率为 19 200 B 时的 384 个调制码元宽度。交织器组成的阵列是 24 行×16 列(即 384 个单元)。

5. 数据掩蔽

数据掩蔽用于寻呼信道和正向业务信道，其作用是为通信提供保密。掩蔽器把交织器输出的码元流和按用户编址的 PN 序列进行模 2 相加。这种 PN 序列是工作在时钟为 1.228 8 MHz 的长码，每一调制码元长度等于 $1.2288\times10^6/19200=64$ 个 PN 子码宽度。长码经分频后，其速率变为 19 200 b/s，因而送入模 2 相加器进行数据掩蔽的是每 64 个子码中的第一个子码在起作用。

6. 正交扩展

为了使正向传输的各个信道之间具有正交性，在正向 CDMA 信道中传输的所有信号都要用六十四进制的沃尔什函数进行扩展。这种沃尔什函数的 64×64 矩阵可用以下的循环步骤产生：

$$\boldsymbol{H}_0=0$$

$$\boldsymbol{H}_2=\begin{vmatrix}0 & 0\\0 & 1\end{vmatrix}$$

$$\boldsymbol{H}_4=\boldsymbol{H}_{2\times2}=\begin{vmatrix}\boldsymbol{H}_2 & \boldsymbol{H}_2\\\boldsymbol{H}_2 & \overline{\boldsymbol{H}}_2\end{vmatrix}=\begin{vmatrix}0 & 0 & 0 & 0\\0 & 1 & 0 & 1\\0 & 0 & 1 & 1\\0 & 1 & 1 & 0\end{vmatrix}$$

$$
\boldsymbol{H}_8=\boldsymbol{H}_{2\times 4}=\begin{vmatrix}\boldsymbol{H}_4 & \boldsymbol{H}_4\\ \boldsymbol{H}_4 & \overline{\boldsymbol{H}}_4\end{vmatrix}=
\begin{array}{c}\\ \text{（} \\ \text{函} \\ \text{数} \\ \text{编} \\ \text{号} \\ \text{）} \\ \\ \end{array}
\begin{array}{c|cccccccc|}
 & \multicolumn{8}{c}{\text{（子码序号）}}\\
 & \underline{0} & \underline{1} & \underline{2} & \underline{3} & \underline{4} & \underline{5} & \underline{6} & \underline{7}\\
0 & 0 & 0 & 0 & 0 & 0 & 0 & 0 & 0\\
1 & 0 & 1 & 0 & 1 & 0 & 1 & 0 & 1\\
2 & 0 & 0 & 1 & 1 & 0 & 0 & 1 & 1\\
3 & 0 & 1 & 1 & 0 & 0 & 1 & 1 & 0\\
4 & 0 & 0 & 0 & 0 & 1 & 1 & 1 & 1\\
5 & 0 & 1 & 0 & 1 & 1 & 0 & 1 & 0\\
6 & 0 & 0 & 1 & 1 & 1 & 1 & 0 & 0\\
7 & 0 & 1 & 1 & 0 & 1 & 0 & 0 & 1
\end{array}
$$

$$
\boldsymbol{H}_{2N}=\begin{vmatrix}\boldsymbol{H}_N & \boldsymbol{H}_N\\ \boldsymbol{H}_N & \overline{\boldsymbol{H}}_N\end{vmatrix} \tag{8-20}
$$

号码为 0 的沃尔什函数 W_0 分配给导频信道，号码为 32 的沃尔什函数 W_{32} 分配给同步信道。号码为 1～7 的沃尔什函数 $W_1 \sim W_7$ 分配给寻呼信道，其余沃尔什函数分配给正向业务信道。沃尔什函数的子码速率为 1.228 8 Mc/s，并以 52.083 μs($64/1.228\,8\times10^6$)为周期重复，此周期就是正向业务信道调制码元的宽度。

7. 四相扩展

在正交扩展之后，各种信号都要进行四相扩展。四相扩展所用的序列称为引导 PN 序列。引导 PN 序列的作用是给不同基站发出的信号赋以不同的特征，便于移动台识别所需的基站。不同的基站使用相同的 PN 序列，但各自采用不同的时间偏置。由于 PN 序列的相关特性在时间偏移大于一个子码宽度时，其相关值就等于 0 或接近于 0，因而移动台用相关检测法很容易把不同基站的信号区分开来。通常，一个基站的 PN 序列在其所有配置的频率上，都采用相同的时间偏置，而在一个 CDMA 蜂窝系统中，时间偏置可以再用。

不同的时间偏置用不同的偏置系数表示，偏置系数共 512 个，编号从 0 到 511。偏置时间等于偏置系数乘以 64，单位是 PN 序列子码数目。例如，当偏置系数是 15 时，相应的偏置时间是 $15\times64=960$ 个子码，已知子码宽度为 $1/1.228\,8\times10^6=0.813\,8$ μs，故偏置时间为 $960\times0.813\,8=781.25$ μs。

0 偏置引导 PN 序列必须在时间的偶数秒(以基站传输时间为基准)起始传输，其他 PN 引导序列的偏置指数规定了它和 0 偏置引导 PN 序列偏离的时间值。如上所述，偏置指数为 15 时，引导 PN 序列的偏离时间为 781.25 μs，说明该 PN 序列要从每一偶数秒之后 781.25 μs 开始。

引导 PN 序列有两个：I 支路 PN 序列和 Q 支路 PN 序列，它们的长度均为 2^{15}(32 768)个子码。其构成是以下面的生成多项式为基础的：

$$
\left.\begin{aligned}
P_I(x) &= x^{15}+x^{13}+x^9+x^8+x^7+x^5+1\\
P_Q(x) &= x^{15}+x^{12}+x^{11}+x^{10}+x^6+x^5+x^4+x^3+1
\end{aligned}\right\} \tag{8-21}
$$

按此生成多项式产生的是长为 $2^{15}-1$ 的 m 序列。为了得到周期为 2^{15} 的 I 序列和 Q 序列，当生成的 m 序列中出现 14 个“0”时，在其中再插入一个“0”，使序列 14 个“0”的游程变成 15 个“0”的游程。

引导 PN 序列的周期长度是 32 768/1 228 800=26.66 ms，即每 2 秒有 75 个 PN 序列周期。信号经过基带滤波器之后，按照表 8-2 的相位关系进行四相调制。

两个支路的合成信号具有图 8-7 所示的相位点和转换关系。显然，它和典型的四相相移键控(QPSK)具有相同的信号相量图。值得注意的是，这里的四相调制是由两个不同的 PN 序列直接对输入码元进行扩展而得到的。(输入码元未经串/并变换。)

表 8-2 正向 CDMA 信号的相位关系

I	Q	相位
0	0	$\pi/4$
1	0	$3\pi/4$
1	1	$-3\pi/4$
0	1	$-\pi/4$

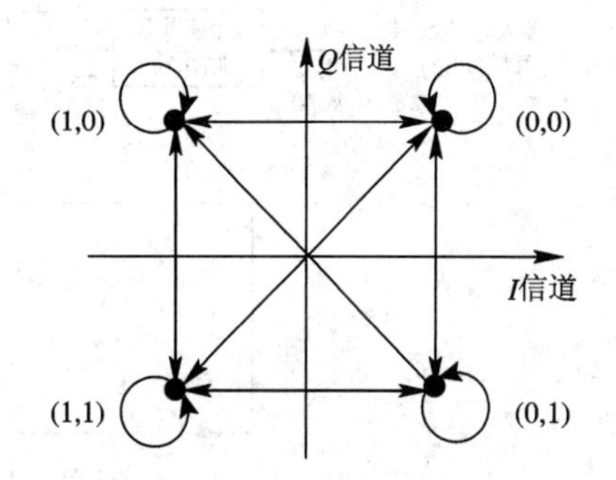

图 8-7 正向 CDMA 信道的信号相位点及其转换关系

8. 信道参数

表 8-3、表 8-4 和表 8-5 分别是同步信道参数、寻呼信道参数和正向业务信道参数。

表 8-3 同步信道参数

参数	数据率/(b/s)
	1200
PN 子码速率/(Mc/s)	1.2288
卷积编码码率	1/2
码元重复后出现次数	2
调制码元速率/B	4800
每调制码元的子码数	256
每比特的子码数	1024

表 8-4 寻呼信道参数

参数	数据率/(b/s)	
	9600	4800
PN 子码速率/(Mc/s)	1.2288	1.2288
卷积编码码率	1/2	1/2
码元重复后出现次数	1	2
调制码元速率/(B)	19 200	19 200
每调制码元的子码数	64	64
每比特的子码数	128	256

表 8-5 正向业务信道参数

参数	数据率/(b/s)			
	9600	4800	2400	1200
PN 子码速率/(Mc/s)	1.2288	1.2888	1.2288	1.2288
卷积编码码率	1/2	1/2	1/2	1/2
码元重复后出现次数	1	2	4	8
调制码元速率/B	19 200	19 200	19 200	19 200
每调制码元的子码数	64	64	64	64
每比特的子码数	128	256	512	1024

8.3.3　反向传输

反向 CDMA 信道由接入信道和反向业务信道组成。每个接入信道用不同码序列来区分，每个反向业务信道也用不同的码序列来区分。图 8－8 是反向 CDMA 信道的电路框图。

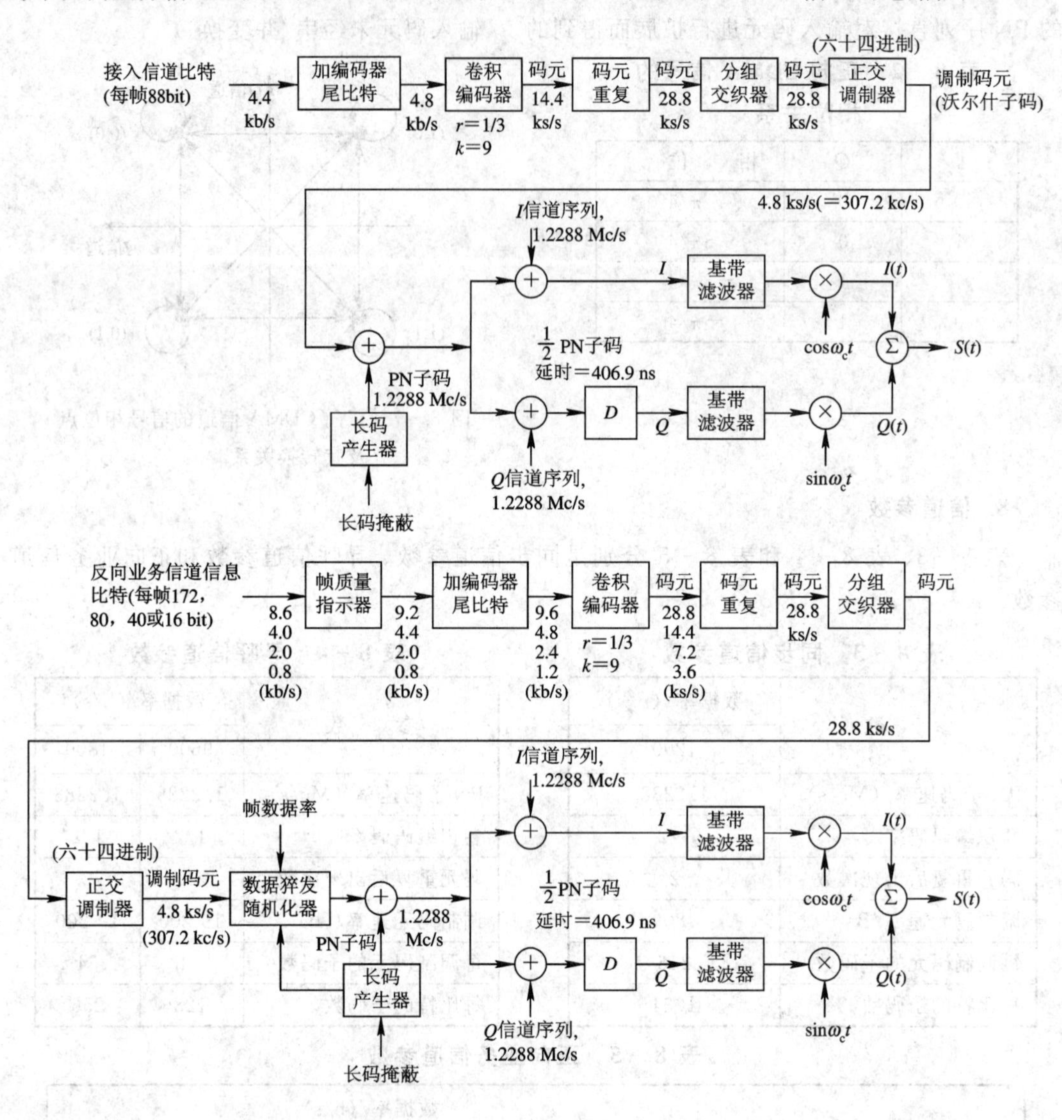

图 8－8　反向 CDMA 信道的电路框图

1. 数据速率

接入信道用 4800 b/s 的固定速率。反向业务信道用 9600、4800、2400 和 1200 b/s 的可变速率。两种信道的数据中均要加入编码器尾比特，用于把卷积编码器复位到规定的状态。此外，在反向业务信道上传送 9600 b/s 和 4800 b/s 数据时，也要加质量指示比特(CRC 校验比特)。

2. 卷积编码

接入信道和反向业务信道所传输的数据都要进行卷积编码，卷积码的码率为 1/3，约束长度为 9。

3. 码元重复

反向业务信道的码元重复方法和正向业务信道一样。数据速率为 9600 b/s 时，码元不重复；数据速率为 4800、2400 和 1200 b/s 时，码元分别重复 1 次、3 次和 7 次(每一码元连续出现 2 次、4 次和 8 次)。这样就使得各种速率的数据都变换成 28 800 码元每秒。这里不同的地方是重复的码元不是重复发送多次，相反，除去发送其中的一个码元外，其余的重复码元全部被删除。在接入信道上，因为数据速率固定为 4800 b/s，所以每一码元只重复 1 次，而且两个重复码元都要发送。

4. 分组交织

所有码元在重复之后都要进行分组交织，分组交织的跨度为 20 ms，交织器组成的阵列是 32 行×18 列(即 576 个单元)。

5. 可变数据速率传输

为了减少移动台的功耗和减小它对 CDMA 信道产生的干扰，对交织器输出的码元用一时间滤波器进行选通，只允许所需码元输出，而删除其他重复的码元。这种过程如图 8 - 9 所示。由图可见，传输的占空比随传输速率而变：当数据速率是 9600 b/s 时，选通门允许交织器输出的所有码元进行传输，即占空比为 1；当数据速率是 4800 b/s 时，选通门只允许交织器输出的码元有 1/2 进行传输，即占空比为 1/2；依此类推。在选通过程中，把 20 ms 的帧分成 16 个等长的段，即功率控制段，每段 1.25 ms，编号从 0 至 15。根据一定的规律，使某些功率段被连通，而某些功率控制段被断开。这种选通要保证进入交织器的重复码元只发送其中一个。不过，在接入信道中，两个重复的码元都要传输，见图 8 - 10。

通过选通门允许发送的码元以猝发的方式工作。它在一帧中占用哪一位置进行传输是受一 PN 码控制的。这一过程称为数据的猝发随机化。猝发位置根据前一帧中倒数第二功率控制段内的最末 14 个 PN 码比特进行计算，这 14 个比特表示为

$$b_0\ b_1\ b_2\ b_3\ b_4\ b_5\ b_6\ b_7\ b_8\ b_9\ b_{10}\ b_{11}\ b_{12} b_{13}$$

在图 8 - 9 的例子中，它们对应的比特取值为

0 0 1 0 1 1 0 1 1 0 0 1 0 0

数据猝发随机化算法如下：

数据速率为 9600 b/s 时，所用的功率控制段为

0, 1, 2, 3, 4, 5, 6, 7, 8, 9, 10, 11, 12, 13, 14, 15

数据速率为 4800 b/s 时，所用的功率控制段为

$$b_0,\ 2+b_1,\ 4+b_2,\ 6+b_3,\ 8+b_4,\ 10+b_5,\ 12+b_6,\ 14+b_7$$

数据速率为 2400 b/s 时，所用的功率控制段为

$$b_0(\text{如 } b_8=0)\text{或 } 2+b_1(\text{如 } b_8=1)$$

$$4+b_2(\text{如 } b_9=0)\text{或 } 6+b_3(\text{如 } b_9=1)$$

$$8+b_4(\text{如 } b_{10}=0)\text{或 } 10+b_5(\text{如 } b_{10}=1)$$

$$12+b_6(\text{如 } b_{11}=0)\text{或 } 14+b_7(\text{如 } b_{11}=1)$$

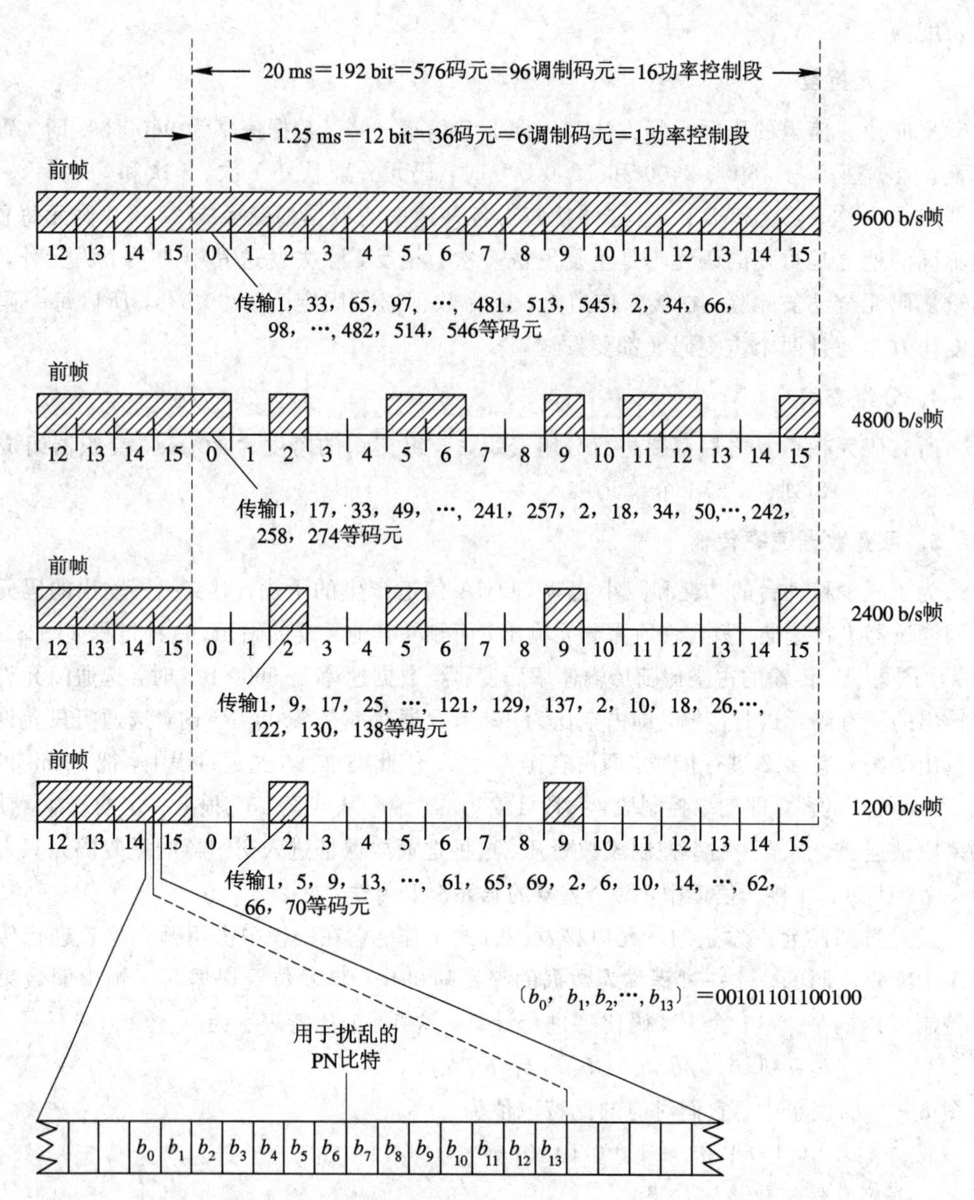

图 8－9 反向 CDMA 信道的可变数据率传输举例

数据速率为 1200 b/s 时，所用的功率控制段为

b_0（如 $b_8=0$ 和 $b_{12}=0$）或 $2+b_1$（如 $b_8=1$ 和 $b_{12}=0$）

或 $4+b_2$（如 $b_9=0$ 和 $b_{12}=1$）

或 $6+b_3$（如 $b_9=1$ 和 $b_{12}=1$）

$8+b_4$（如 $b_{10}=0$ 和 $b_{13}=0$）或 $10+b_5$（如 $b_{10}=1$ 和 $b_{13}=0$）

或 $12+b_6$（如 $b_{11}=0$ 和 $b_{13}=1$）

或 $14+b_7$（如 $b_{11}=1$ 和 $b_{13}=1$）

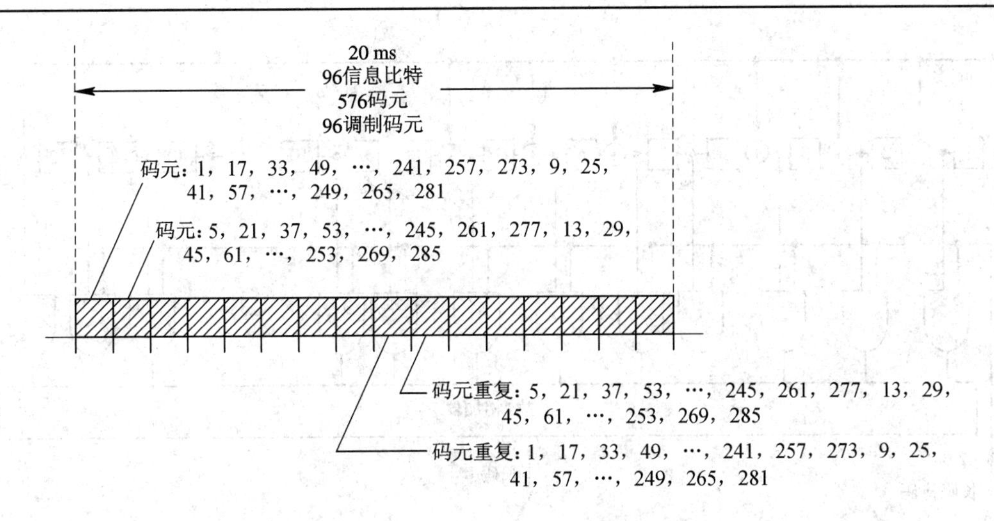

图 8-10　接入信道传输结构

6. 正交多进制调制

在反向 CDMA 信道中，把交织器输出的码元每 6 个作为一组，用 $2^6=64$ 进制的沃尔什函数之一(称调制码元)进行传输。沃尔什函数的构成见式(8-20)。调制码元的传输速率为 28 800/6=4800 s/s。调制码元的时间宽度为 1/4800=208.333 μs。每一调制码元含 64 个子码，因此沃尔什函数的子码速率为 64×4800=307.2 kc/s，相应的子码宽度为 3.255 μs。

要注意的是，正向 CDMA 信道和反向 CDMA 信道都使用六十四进制的沃尔什函数，但二者的应用目的不同，前者是为了区分信道，而后者是对数据进行正交码多进制调制，以提高通信质量。因为在反向 CDMA 信道中，不能像正向 CDMA 信道那样提供共享的导频信道，所以这种做法对于在衰落信道中难以提供精确导频的场合是很有必要的。

7. 直接序列扩展

在反向业务信道和接入信道传输的信号都要用长码进行扩展。前者是数据猝发随机化产生器输出的码流与长码模 2 相加；后者是六十四进制正交调制器输出的码流和长码模 2 相加(参考图 8-8)。

长码的周期是 $2^{42}-1$ 个子码并满足以下特征多项式的线性递归关系：

$$P(x)=x^{42}+x^{35}+x^{33}+x^{31}+x^{27}+x^{26}+x^{25}+x^{22}+x^{21}+x^{19}+x^{18}$$
$$+x^{17}+x^{16}+x^{10}+x^{7}+x^{6}+x^{5}+x^{3}+x^{2}+x^{1}+1 \qquad (8-22)$$

长码的各个 PN 子码是用一 42 位的掩码和序列产生器的 42 位状态矢量进行模 2 内乘而产生的，见图 8-11。

用于长码产生器的掩码根据移动台用来传输的信道类型而变。掩码的格式见图 8-12。当在接入信道传输时，掩码为：M_{41} 到 M_{33} 要置成“110001111”，M_{32} 到 M_{28} 要置成选用的接入信道号码，M_{27} 到 M_{25} 要置成对应的寻呼信道号码(范围是 1 到 7)，M_{24} 到 M_9 要置成当前的基站标志，M_8 到 M_0 要置成当前 CDMA 信道的引导 PN 偏置。

当在反向业务信道传输时，移动台要用到两个掩码中的一个：一个是公开掩码，另一个是私用掩码。这两个掩码都是该移动台所独有的。公开掩码如下：M_{41} 到 M_{32} 要置成“1100011000”，M_{31} 到 M_0 要置成移动台的电子序列号码(ESN)。为了防止和连号 ESN 相对应的长码之间出现过大的相关值，移动台的 ESN 要进行置换。

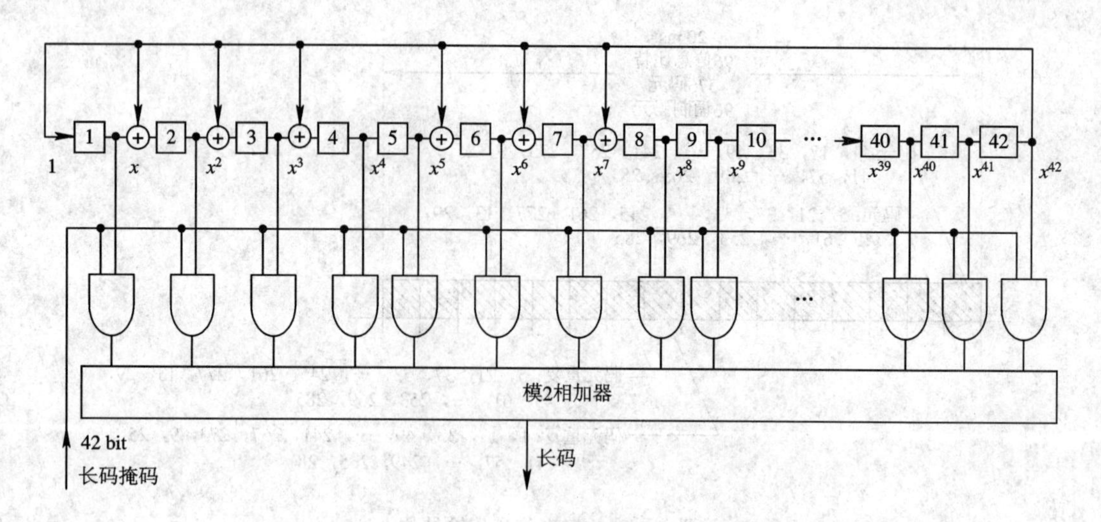

图 8-11 长码产生器

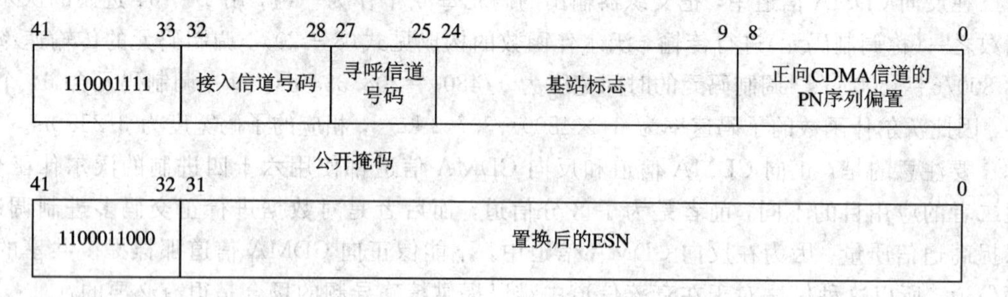

图 8-12 掩码格式

ESN 的置换规则如下：

$$\text{ESN}=(E_{31}, E_{30}, E_{29}, E_{28}, E_{27}, E_{26}, \cdots, E_{2}, E_{1}, E_{0})$$

置换后的 ESN 为

$$\begin{aligned}\text{ESN}=(&E_{0}, E_{31}, E_{22}, E_{13}, E_{4}, E_{26}, E_{17}, E_{8}, E_{30}, E_{21}, E_{12},\\ &E_{3}, E_{25}, E_{16}, E_{7}, E_{29}, E_{20}, E_{11}, E_{2}, E_{24}, E_{15}, E_{6},\\ &E_{28}, E_{19}, E_{10}, E_{1}, E_{23}, E_{14}, E_{5}, E_{27}, E_{18}, E_{9})\end{aligned}$$

私用掩码适用于用户保密通信，其格式由 TIA 规定。

8. 四相扩展

反向 CDMA 信道四相扩展所用的序列就是前面正向 CDMA 信道所用的 I 与 Q 引导 PN 序列。

如图 8-8 所示，经过 PN 序列扩展之后，Q 支路的信号要经过一个延迟电路，把时间延迟 1/2 个子码宽度(409.901 ns)，再送入基带滤波器。

信号经过基带滤波器之后，按照表 8-2 所示的相位关系进行四相调制。

合成信号的相位点及其转换关系如图 8-13 所示。显然，它和交错四相相移键控(OK-QPSK)具有相同的信号相量图。

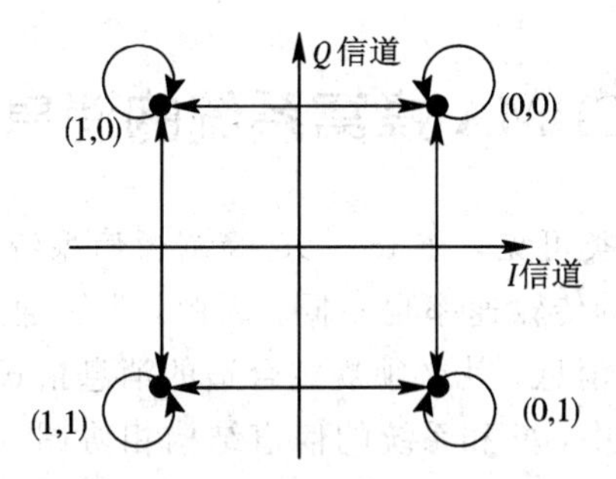

图 8－13　反向 CDMA 信道的信号相位点及其转换关系

9. 信道参数

表 8－6 和表 8－7 分别给出了反向业务信道参数和接入信道参数。

表 8－6　反向业务信道参数

参　　数	数据率/(b/s)			
	9600	4800	2400	1200
PN 子码速率/(Mc/s)	1.2288	1.2288	1.2288	1.2288
卷积编码码率	1/3	1/3	1/3	1/3
传输占空比/%	100	50	25	12.5
码元速率/B	28 800	28 800	28 800	28 800
每调制码元的码元数	6	6	6	6
调制码元速率/B	4800	4800	4800	4800
沃尔什子码速率/(kc/s)	370.20	370.20	370.20	370.20
调制码元宽度/μs	208.33	208.33	208.33	208.33
每码元的 PN 子码数	42.67	42.67	42.67	42.67
每调制码元的 PN 子码数	256	256	256	256
每沃尔什子码的 PN 子码数	4	4	4	4

表 8－7　接入信道参数

参　　数	数据率 4800 b/s
PN 子码速率/(Mc/s)	1.2288
卷积编码码率	1/3
码元重复出现次数	2
传输占空比/%	100
码元速率/B	28 800
每调制码元的码元数	6
调制码元速率/B	4800
沃尔什子码速率/(kc/s)	307.20
调制码元宽度/μs	208.33
每码元的 PN 子码数	42.67
每调制码元的 PN 子码数	256
每沃尔什子码的 PN 子码数	4

*8.4 IS-95 CDMA蜂窝系统的消息格式和信道结构

由上一节谈到的信道分类可见，在IS-95蜂窝通信系统中，由于各种信道的用途不同，所传的消息不同，所用的传输速率也不同，因此，为了通过无线信道传输和交换各种业务信息和多种多样的信令消息，就必须规定合适的消息格式和信道结构，以期把待传输的消息纳入规定的消息格式中，并和系统的信道结构相协调。下面分别对导频信道、同步信道、寻呼信道、正向业务信道、功率控制子信道、接入信道和反向业务信道等的消息格式和信道结构进行概略介绍。

8.4.1 导频信道

导频信道发送的是未调制的扩频信号。移动台从导频信道获取同步信道PN码的同步和交织帧定时。捕获导频信道码序列是移动台获得系统定时过程的第一步。

导频信道的扩展码序列是长为2^{15}(32 768子码)的PN码，子码速率为1.2288 Mc/s，序列重复时间为32 768/1.2288 MHz(=26.666 ms)，因此在每个2秒中，导频信道的序列恰好重复75次。基站在所有时间内都在激活的正向CDMA信道上发送导频信号。

基站利用导频PN序列不同的时间偏置来区分不同的正向CDMA信道。在一个CDMA蜂窝系统中导频PN序列可以再用。

不同的导频信道用不同的“偏置标志”(取值0～511)来区分。偏置标志可能有512个不同的数值，它规定了一个导频信道和“零偏置”导频信道码之间的时间偏置。

零偏置导频PN序列的输出时间是从基站传输时间的偶数秒开始的。其他的导频PN序列和零偏置导频PN序列之间的偏离(以子码计)等于标志值乘以64。例如，一导频PN序列的偏置标志值是15，则此导频PN序列的偏置将等于15×64=960个子码。在这种情况下，导频PN序列要在每个偶数秒之后781.25 μs开始。

一基站在所有正向CDMA信道中发送的导频信道采用的都是偏置相同的导频PN序列。

8.4.2 同步信道

同步信号是经过编码、交织、扩展调制的扩频信号，数据速率是1200 b/s。

同步信道消息由长度域、消息正文域和CRC域构成，如图8-14所示。在同步信道消息之后加上填充比特，以形成同步消息容器，使其总长度等于93 bit的整倍数，以便与同步信道结构相协调。填充比特均置“0”，且不进行CRC校验。

长度域以八进制数值表示同步消息的长度(含长度域、消息正文域和CRC域)，长度域共计8 bit，因此，同步信道消息的最大长度为8×255=2040 bit。

CRC域长30 bit，其生成多项式如下：

$$g(x)=x^{30}+x^{29}+x^{21}+x^{20}+x^{15}+x^{13}+x^{12}+x^{11}+x^{8}+x^{7}+x^{6}+x^{2}+x+1 \quad (8-23)$$

同步信道结构如图8-15所示。信道被划分成若干个超帧，超帧长80 ms，含96 bit。每个超帧分为三个同步信道帧，帧长80/3=26.666 ms。各帧的第一个比特为信息启动(SOM)比特。根据需要，用几个同步信道超帧传输一个同步消息容器，每个容器中第一个

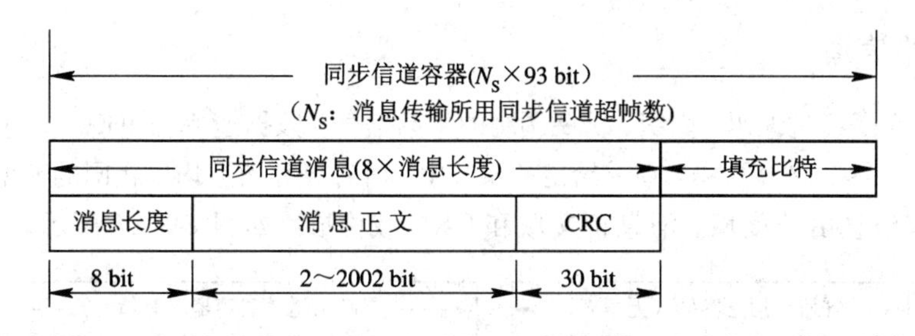

图 8 - 14　同步信道消息结构

同步信道帧的 SOM 置“1”，而把其后的所有 SOM 均置“0”。容器中应包括足够的填充比特，以把它延伸到后面新的同步信道容器第一个 SOM 的前一比特。

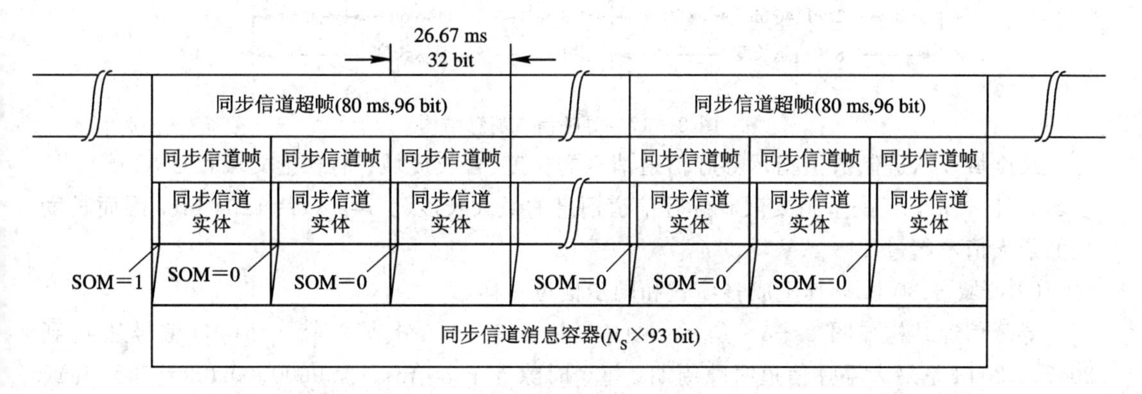

图 8 - 15　同步信道结构

在同步信道上传送的消息只能从同步信道超帧的起点处开始。当使用 0 偏置引导 PN 序列时，同步信道超帧要在偶数秒的时刻开始，也可在其后距离为三个同步信道帧或其倍数时刻开始；当所用的引导 PN 序列不是 0 偏置 PN 序列时，同步信道超帧将在偶数秒加上引导 PN 序列偏置时间的时刻开始，参见图 8 - 16 的正向信道引导 PN 序列偏置。

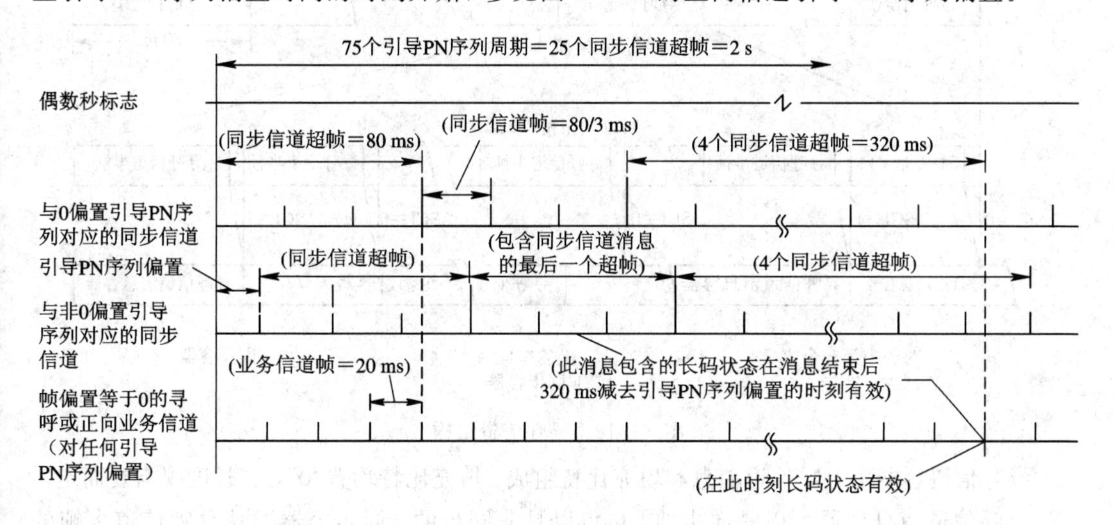

图 8 - 16　正向信道引导 PN 序列偏置

8.4.3 寻呼信道

寻呼信号也是经过编码、交织、扩展调制的扩频信号，数据速率为 9600 b/s 或者 4800 b/s(不支持 2400 b/s 和 1200 b/s)。在一给定的系统中，所有寻呼信道均以相同的速率发送信息。

寻呼信道消息由长度域、消息正文域和 CRC 域构成，如图 8－17 所示。

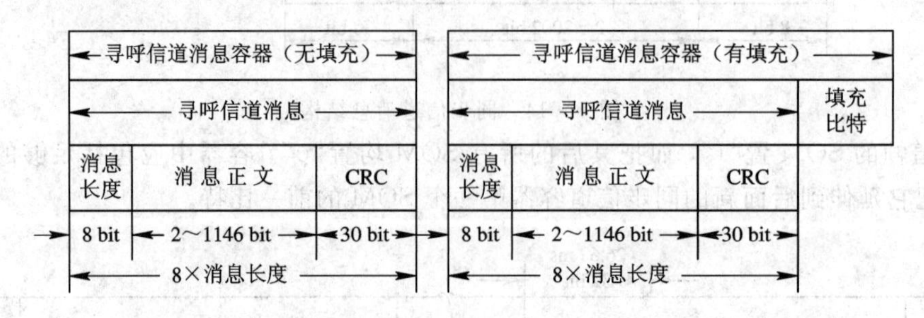

图 8－17 寻呼信道消息结构

长度域以八进制数值指示寻呼信道消息的长度(含长度域、消息正文域和 CRC 域)。长度域共计 8 bit，但是基站要限制寻呼信道消息的最大长度为 148×8＝1184 bit，因而长度域的最大值不超过 148。

CRC 域含 30 bit，其生成多项式和同步信道一样。

寻呼信道结构如图 8－18 所示。图中，把 163.84 s 分成 2048 个时隙(编号从 0 到 2047)，2048 是最大寻呼信道时隙周期。每个时隙等于 80 ms，含 9600×0.08 ＝768 bit 或者 4800×0.08＝384 bit。每个时隙再分成 4 个宽为 20 ms 的寻呼信道帧，每个寻呼信道帧含两个宽为 10 ms 的寻呼信道半帧。每个半帧的第一个比特称为同步容器指示(SCI)比特，其余为寻呼信道半帧实体。

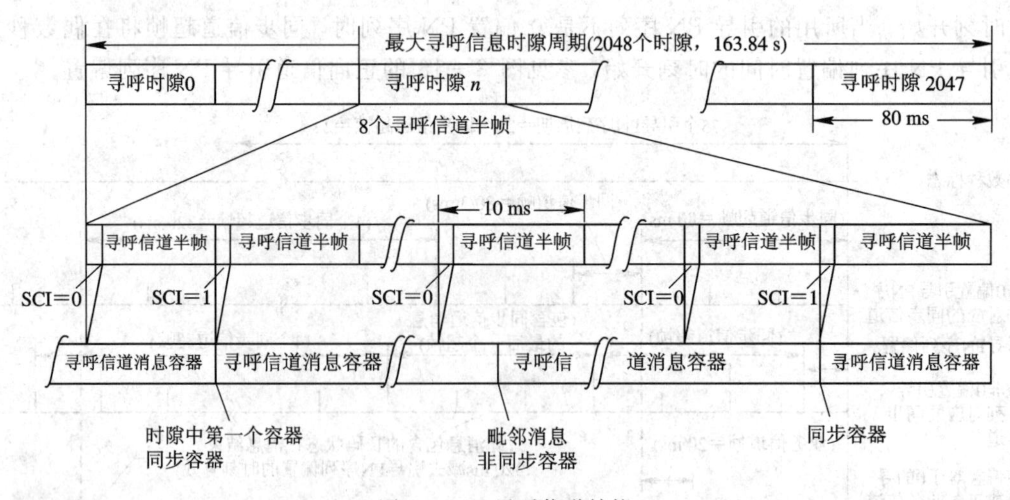

图 8－18 寻呼信道结构

寻呼信道容器由寻呼信道消息和填充比特组成。填充比特均置“0”，其长度视需要而定。

寻呼信道消息容器可以是同步的，也可以是非同步的。同步容器要从寻呼信道半帧的第二个比特开始，非同步容器要紧接着前面的消息容器立即开始。对后一种情况而言，前一个消息容器不加任何的填充比特(填充长度为零)，因而把这种寻呼信道消息称为毗邻寻呼信道消息。同步容器可使移动台易于和消息流同步，毗邻寻呼消息在一定条件下(比特差错率低时)可得到较大的寻呼信道容量。

如果寻呼信道消息容器从寻呼信道半帧的第二个比特开始，SCI 比特要置"1"；如果寻呼信道消息容器不从寻呼信道半帧的第二个比特开始，则 SCI 比特要置"0"。

当一个寻呼信道消息结束后而在下一个 SCI 比特之前，余下的比特数等于或多于 8 时，基站可以紧跟这个消息立即发送一个非同步消息容器，而且这个被跟随的消息容器不再包含任何的填充比特。

当一个寻呼信道消息结束后而在下一个 SCI 比特之前，余下的比特数少于 8 时，或者没有非同步消息容器要跟着发送时，基站要在该消息容器中设置足够的填充比特，使之扩展到下一个 SCI 比特的前一个比特，然后跟随该 SCI 比特立即发送一同步消息容器。

基站要把在每个寻呼信道时隙中出现的第一个消息以同步消息容器的形式发送，使得以时隙模式工作的移动台在激活之后立即获得同步。

寻呼信道数据要用寻呼信道长码进行掩蔽，掩码格式见图 8 - 19。

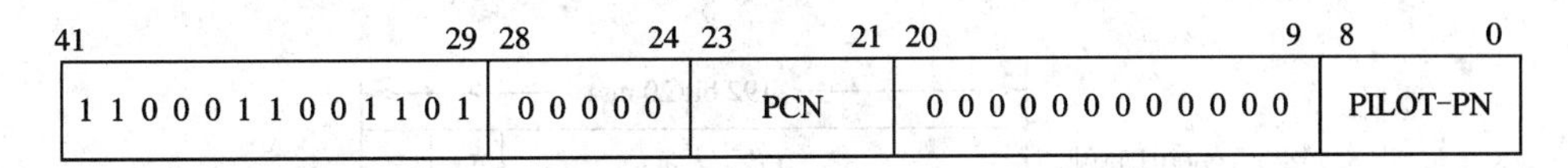

PCN：寻呼信道号

PILOT-PN：前向 CDMA 信道的引导 PN 序列偏置

图 8 - 19　寻呼信道掩码格式

在给定的基站中，寻呼信道的 I 信道和 Q 信道要与导频信道使用相同偏置的引导 PN 序列。寻呼信道的交织分组和帧的起点要和 0 偏置引导 PN 序列在每一偶数秒的时标处校准。

8.4.4　正向业务信道

在通话期间，基站用正向业务信道给移动台传送业务信息和信令信息。

基站在正向业务信道上以可变速率 9600、4800、2400 或 1200 b/s 传送信息，数据速率可以逐帧选择。虽然数据速率可以逐帧改变，但调制码元速率(靠码字重复)仍保持恒定，即为 19 200 B。

由于码字重复的原因，较低数据速率的调制码元可以用较低能量(E_s)发送。具体如表 8 - 8 所示。

表 8 - 8　码元能量与数据速率的关系

数据速率/(b/s)	每调制码元的能量
9600	$E_s=E_b/2$
4800	$E_s=E_b/4$
2400	$E_s=E_b/8$
1200	$E_s=E_b/16$

正向业务信道的消息结构也由长度域、消息正文域和 CRC 域构成，见图 8 - 20。

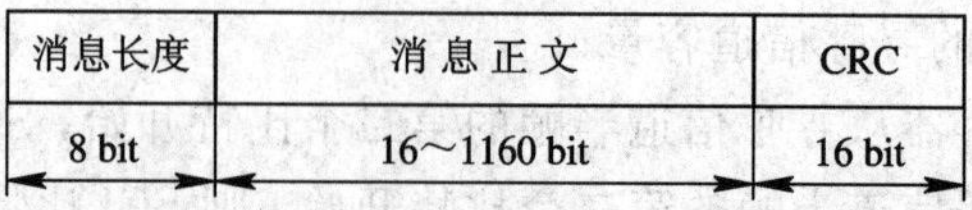

消息长度	消息正文	CRC
8 bit	16～1160 bit	16 bit

图 8-20 正向业务信道的消息结构

长度域用八进制数值指示消息长度(含长度域、消息正文域和 CRC 域)。长度域共计 8 bit，最小值等于 5，即消息长度为 5×8=40 bit；最大值等于 148，即消息长度为 148×8=1184 bit。

CRC 域共含 16 bit，其生成多项式为

$$g(x)=x^{16}+x^{12}+x^{5}+1 \tag{8-24}$$

同样，在消息结构后面附加必需的填充比特，以形成正向业务信道的消息容器。

正向业务信道划分成宽度为 20 ms 的业务信道帧。根据数据速率的不同，这种帧结构如图 8-21 所示。

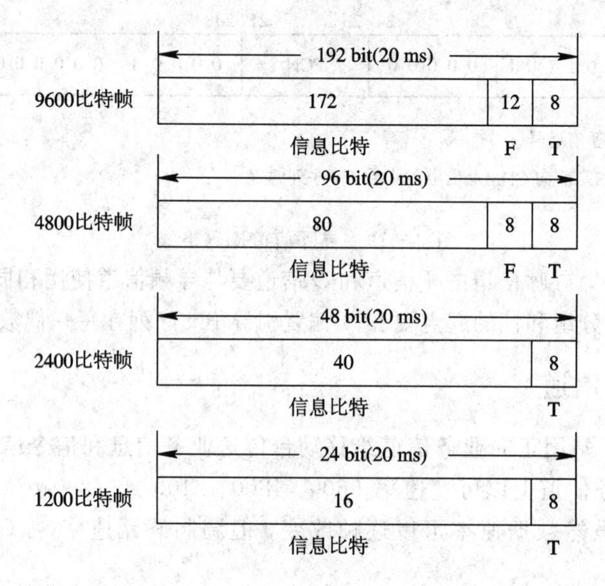

图 8-21 正向业务信道帧结构

数据速率为 9600 b/s 或 4800 b/s 时，分别使用 12 bit 或 8 bit 的帧质量指示(CRC)，其生成多项式分别为

$$\left.\begin{aligned} g(x)&=x^{12}+x^{11}+x^{10}+x^{9}+x^{8}+x^{4}+x+1 \\ g(x)&=x^{8}+x^{7}+x^{4}+x^{3}+x+1 \end{aligned}\right\} \tag{8-25}$$

正向业务信道掩码格式如图 8-22 所示。

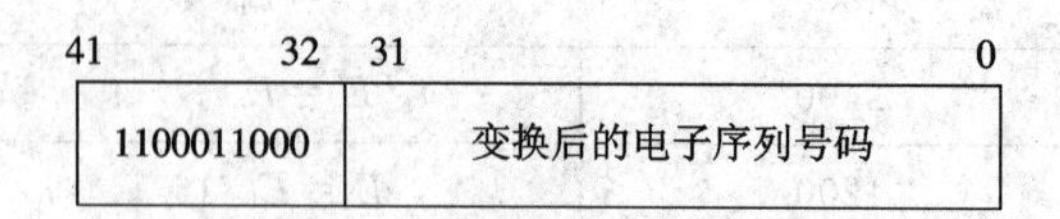

图 8-22 正向业务信道掩码格式

值得注意的是，在正向业务信道上所传输的信息有不同类型，通常分主要业务、辅助

业务和信令业务。具体传输哪一些业务由一种称之为“服务选择”的功能控制，而根据实际情况把这些业务信息综合到正向业务信道帧中进行传输的方法称为“复接选择”。当前，IS－95 CDMA 蜂窝系统采用的复接方法称为“复接选择 1”。(其他复接选择有待进一步研究。)当没有主要业务要发送时(主要业务为空白)，辅助业务可以占用整个帧进行传输，这种方式叫做“空白和猝发”；当存在主要业务要发送时，辅助业务和主要业务可以分享一个帧进行传输，这种方式叫做“混合和猝发”。同样，信令业务也可以和辅助业务一样通过“空白和猝发”或者“混合和猝发”方式进行传输。

在一帧中安排多少主要业务的比特数目，受“复接选择 1”的控制。当主要业务服务选择被激活时，如果在一帧中要发送信令业务或辅助业务，“复接选择 1”要限制主要业务的比特数，或者使之等于 0(实现“空白和猝发”)，或者使之少于 171(实现“混合和猝发”)。根据需要，“复接选择 1”可以把主要业务的比特数限制为 0、16、40、80 或 171，如图 8－23 所示。一个正向业务信道的消息结构可包含几个不同类型的业务信道帧，如“空白和猝发”帧与“混合和猝发”帧，而且最先出现的是信令业务信息。

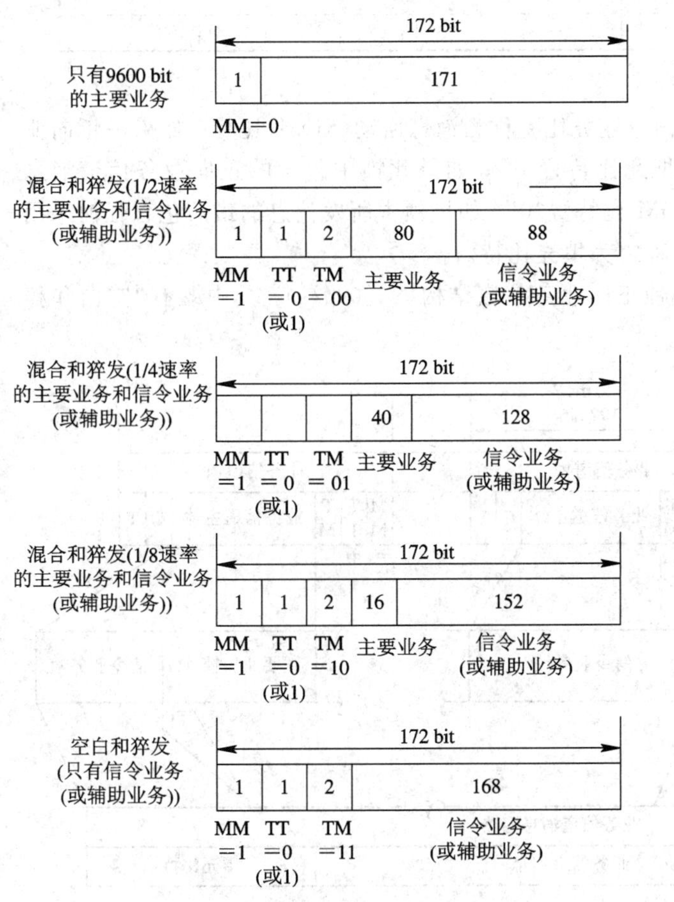

MM —混合模式比特
0：只有主要业务；
1：主要业务和信令业务或辅助业务
TT —业务类型比特
0：信令业务；
1：辅助业务
TM —业务模式比特
00：主要业务80 bit，信令或辅助业务88 bit；
01：主要业务40 bit，信令或辅助业务128 bit；
10：主要业务16 bit，信令或辅助业务152 bit；
11：信令业务或辅助业务168 bit

图 8－23　数据速率为 9600 b/s 时，正向业务信道在一帧中的信息复接

表 8－9 列出的是在各种数据速率时，用于“复接选择 1”的正向业务信道的业务复接。其中带 * 号的是可选项。

表 8－9 用于“复接选择 1”的正向业务信道的业务复接

数据速率/(b/s)	格式比特 混合模式(MM)	业务类型(TT)	业务模式(TM)	主要业务比特/帧	信令业务比特/帧	辅助业务比特/帧
9600	“0”	—	—	171	0	0
	“1”	“0”	“00”	80	88	0
	“1”	“0”	“01”	40	128	0
	“1”	“0”	“10”	16	152	0
*	“1”	“0”	“11”	0	168	0
*	“1”	“1”	“00”	80	0	88
*	“1”	“1”	“01”	40	0	128
*	“1”	“1”	“10”	16	0	152
*	“1”	“1”	“11”	0	0	168
4800	—	—	—	80	0	0
2400	—	—	—	40	0	0
1200	—	—	—	16	0	0

在正向业务信道帧中，第一个信令业务比特称为消息启动(SOM)比特。如果一正向业务信道消息在一帧中开始，基站要把此比特置“1”；如果此帧中包含的正向业务信道消息是在前一帧中开始，基站要把这 SOM 比特置“0”。如果帧中所发消息的最后包含任何未用的比特，基站要把这些比特置“0”，称之为填充比特。

作为例子，图 8－24 给出了一种正向业务信道结构(9600 b/s)，其中既有“空白和猝发”帧，也有“混合和猝发”帧。

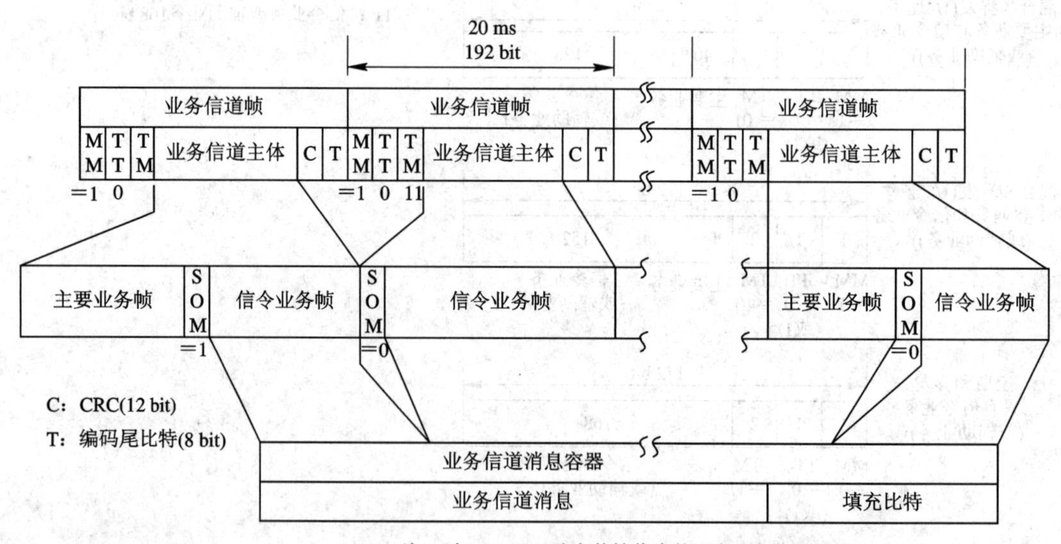

图 8－24 正向业务信道结构举例

此外，当没有服务选择被激活时，基站要用 1200 b/s 的速率发送一种无值业务信道数据，它由 16 个连“1”接着 8 个连“0”组成，用于“保活”运作，使移动台和基站维持连接。

8.4.5　功率控制子信道

功率控制比特要在正向业务信道上连续地进行传输，每 1.25 ms 发送 1 bit(“0”或“1”)，实际速率为 800 b/s。“0”比特表示移动台要增大其平均功率，“1”比特表示移动台要减小其平均功率。

基站的反向业务信道接收机在 1.25 ms 的时间间隔内(相当于 24 个调制码元宽度)，对特定移动台来的信号强度进行估值，并根据此估值来确定控制比特应该取“0”还是取“1”，然后采用插入技术，把此控制比特嵌入正向业务信道中进行传输。

把 20 ms 的时间间隔分成 16 个功率控制段，每段宽 1.25 ms，编号从 0 到 15。当基站在某一功率控制段从反向业务信道中估计出信号的强度时，它跟着就在此功率控制段的后面，把功率控制比特由另一功率控制段插入正向业务信道中。例如，在图 8-25 中，信号在编号 5 的功率控制段中从反向业务信道上被收到，功率控制比特将在编号 5+2=7 的功率控制段中由正向业务信道进行传输。

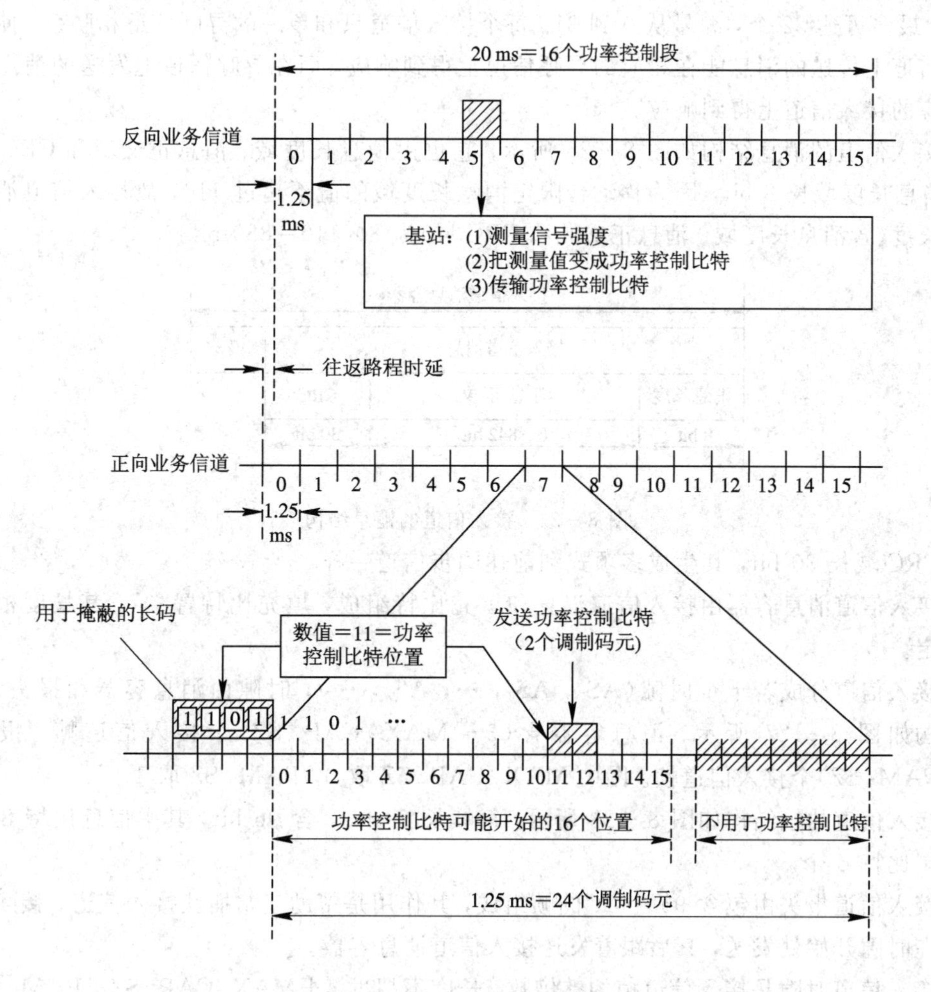

图 8-25　功率控制子信道的构成

一个功率控制比特的宽度严格地等于两个调制码元的宽度，即 2×1/19 200＝104.166 μs。因此，每一功率控制比特要占用正向业务信道中 2 个调制码元的位置，它是受数据掩蔽长码控制的。由图 8－25 可见，在 1.25 ms 的期间内，功率控制比特可以有 24 个开始位置，但只利用其中前面的 16 个之一作为开始位置，编号从 0 到 15。数据掩蔽长码经 64 次分频后，在 1.25 ms 内共有 24 个掩蔽比特，编号从 0 到 23。因为 4 个二进制比特可编成 2^4＝16 个十进制数值，所以这里只用 24 个掩蔽比特的最后 4 位(即 23、22、21、20)的取值确定功率控制比特的开始位置。比如，在图 8－25 中，它们的取值依次为 1011，相当于十进制数值 11，于是功率控制比特的位置编号是 11。

8.4.6 接入信道

移动台利用接入信道启动与基站的通信，并响应寻呼信道所传送的消息。接入信道使用随机接入协议，数据速率固定为 4800 b/s。

对应于正向 CDMA 信道上的每个寻呼信道，在反向 CDMA 信道上至少存在一个接入信道，最多可达 32 个，编号从 0 到 31。每个接入信道只和单一的寻呼信道相联系，使得在接入信道上传送的消息能在相应的寻呼信道上得到响应，而在寻呼信道上发送的消息也能在相应的接入信道上得到响应。

接入信道的消息结构如图 8－26 所示，它也由消息长度域、消息正文域和 CRC 域组成。消息长度域长 8 bit，因为移动台限定消息长度域的值不超过 110，故接入信道消息的最大长度(含消息长度域、消息正文域和 CRC 域)为 8×110＝880 bit。

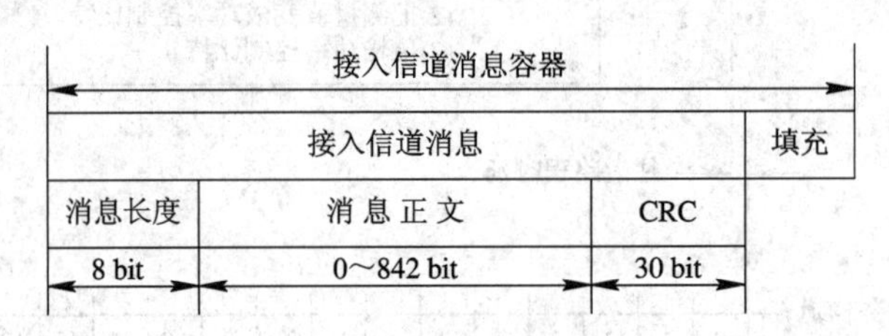

图 8－26　接入信道的消息结构

CRC 域长 30 bit，其生成多项式和前述同步信道一样。

接入信道消息容器由接入信道消息和填充比特组成，填充比特置“0”，其长度根据需要而定。

接入信道分成若干个时隙(AS_1，AS_2，…，AS_n，…)，时隙由消息容器和报头组成，其结构如图 8－27 所示。消息容器含(3＋MAX_CAP_SZ)个接入信道帧，报头含(1＋PAM_SZ)个接入信道帧。图中 MAX_CAP_SZ 取 0，PAM_SZ 取 1。

接入信道的帧结构如图 8－28 所示，每帧长 20 ms，含 96 bit，其中信息比特 88 个，编码尾比特 8 个。

接入信道报头由包含 96 个“0”的帧组成，其作用是帮助基站捕获接入信道。接入信道报头在时隙开始处发送，其后跟着发送接入信道消息容器。

接入信道时隙是接入信道帧的整倍数，长度不超过 4＋MAX_CAP_SZ＋PAM_SZ 个接入信道帧。接入信道时隙在接入信道帧的分界处开始和结束，和一特定寻呼信道结合的所有接入信道具有相同的时隙尺寸。

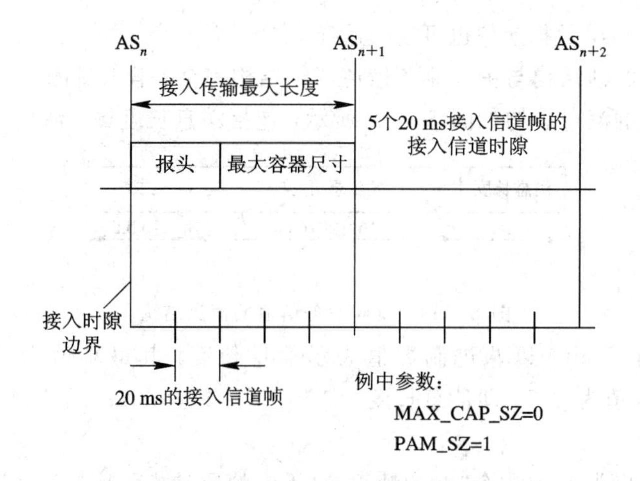

图 8-27　接入信道时隙结构

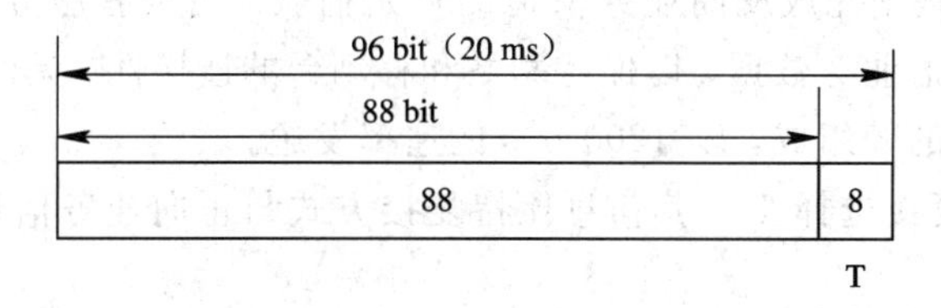

图 8-28　接入信道的帧结构

不同基站的接入信道时隙可以用不同的长度，因此移动台在传输之前要判定其所用接入信道时隙的长度和开始时间。

由此而构成的接入信道结构如图 8-29 所示。图中 N_{f_S} 是消息传输所需要的接入信道帧数，T 是编码尾比特。

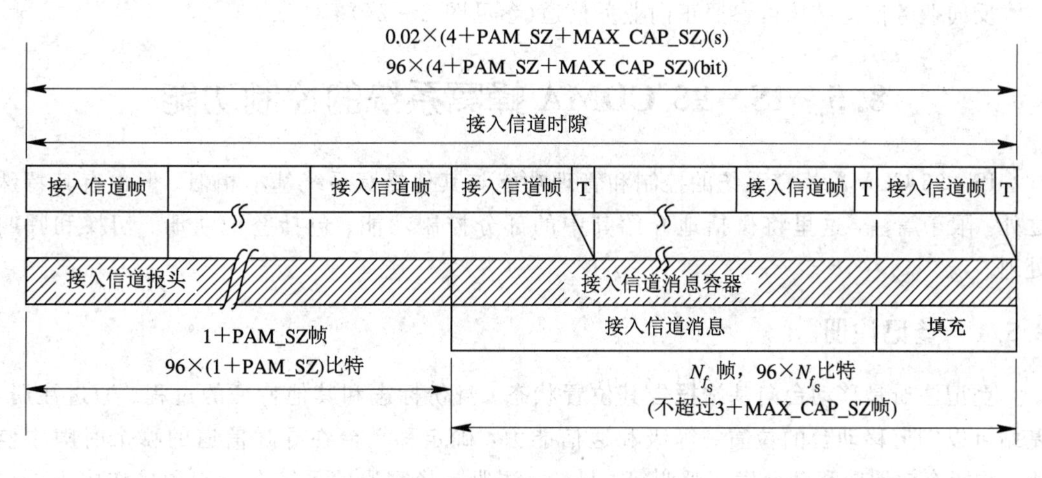

图 8-29　接入信道结构举例

8.4.7　反向业务信道

移动台在通信过程中用反向业务信道向基站传输话音、数据和信令信息，因而它的许多特征和正向业务信道一样。反向业务信道也以可变数据速率 9600、4800、2400、1200 b/s 传送信息，帧长也是 20 ms，数据速率也可逐帧选择。

反向业务信道的帧结构与正向业务信道的帧结构完全一样，见图 8－21。

反向业务信道的消息结构如图 8－30 所示，包括消息长度域、消息正文域和CRC 域。

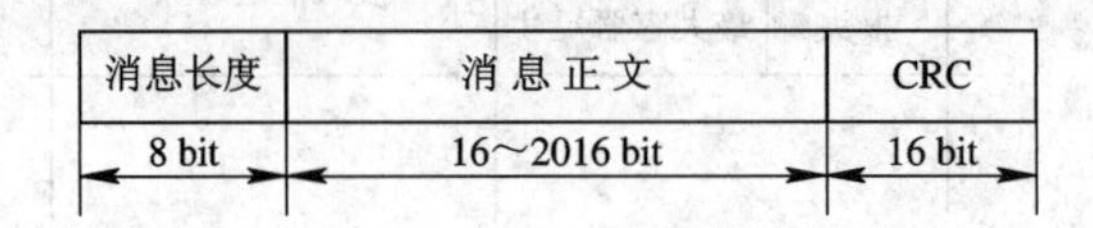

图 8－30 反向业务信道的消息结构

消息长度域含 8 bit，以八进制数值表示消息长度，其最小值为 5，即消息长度为 5×8＝40 bit；最大值为 255，即消息长度为 255×8＝2040 bit。CRC 域含 16 bit，其生成多项式见式(8－24)。

反向业务信道报头由 192 个"0"的帧组成(不含帧质量指示比特)，以 9600 b/s 的速率传送，其作用是帮助基站完成反向业务信道的初始捕获。当没有服务选择被激活的时候，移动台也发送一种无值业务数据，以保持基站和移动台的连接性。无值业务数据由包含 16 个"1"、跟着 8 个"0"的帧组成，以 1200 b/s 的速率发送。

移动台要支持"复接选择 1"。其信息比特复接方式与正向业务信道相同，见图 8－23 和表 8－9。

移动台可以使用一个或多个反向业务信道帧发送消息。反向业务信道帧中的第一个信令业务比特是消息开始(SOM)比特。如果此信令消息在当前帧开始，移动台要把其 SOM 比特置"1"；如果当前帧所含的信令消息是从前一帧开始的，移动台要把其 SOM 比特置"0"。如果用来发送一消息的最后帧中含有未用的比特，移动台要把这些比特的每一个都置成"0"，这种比特即填充比特。

反向业务信道结构可参照正向业务信道(参见图 8－24)。

8.5 IS－95 CDMA 蜂窝系统的控制功能

IS－95 CDMA 蜂窝系统的控制和管理功能与其他蜂窝系统基本相似，但也有其特殊之处。限于篇幅，这里将概括地介绍其中的部分控制功能，包括登记注册、切换和呼叫处理。

8.5.1 登记注册

登记注册是移动台向基站报告其位置状态、身份标志和其他特征的过程。通过注册，基站可以知道移动台的位置、等级和通信能力，确定移动台在寻呼信道的哪个时隙中监听，并能有效地向移动台发起呼叫等。显然，注册是蜂窝通信系统在控制和操作中不可少的功能。

IS－95 CDMA 系统支持以下几种类型的注册：

(1) 开电源注册。移动台打开电源时要注册，移动台从其他服务系统(如模拟系统)切换过来时也要注册。为了防止电源因连续多次接通和断开而需多次注册，通常移动台在打开电源后要延迟 20 s 才予以注册。

(2) 断电源注册。移动台断开电源时要注册，但只有它在当前服务的系统中已经注册过后才能进行断电源注册。

(3) 周期性注册。为了使移动台按一定的时间间隔进行周期性注册，移动台要设置一种计数器。计数器的最大值受基站控制。当计数值达到最大(或称计满、终止)时，移动台即进行一次注册。

周期性注册的好处是不仅能保证系统及时掌握移动台的状态，而且当移动台的断电源注册没有成功时，系统还会自动删除该移动台的注册。

周期性注册的时间间隔不宜太长也不宜太短。因为时间间隔太长了，系统不能准确地知道移动台的位置，这必然要在较多的小区或扇区中对移动台进行寻呼，从而增大寻呼信道的负荷。相反，如果时间间隔太短了，即注册次数过于频繁，虽然系统能较准确地知道移动台的位置，从而减少寻呼次数，但是却因此而要增加接入信道的负荷。因此，注册周期具有一折中值，能使寻呼信道和接入信道的负荷比较平衡。

(4) 根据距离注册。如果当前的基站和上次注册的基站之间的距离超过了门限值，则移动台要进行注册。移动台根据两个基站的纬度和经度之差来计算它已经移动的距离。移动台要存储最后进行注册的基站的纬度、经度和注册距离。

(5) 根据区域注册。为了便于对通信进行控制和管理，把蜂窝通信系统划分为三个层次，即系统、网络和区域。网络是系统的子集，区域是系统和网络的组成部分(由一组基站组成)。系统用“系统标志”(SID)区分，网络用“网络标志”(NID)区分，区域用“区域号”区分。属于一个系统的网络，由系统/网络标志(SID，NID)来区分；属于一个系统中某个网络的区域，用区域号加上系统/网络标志(SID，NID)来区分。为了说明问题，图8-31绘出一个系统与网络的简例。系统i包含三个网络，其标志号分别为t，u，v，在这个系统中的基站可以分别处于三个网络(SID=i，NID=t)，或(SID=i，NID=u)，或(SID=i，NID=v)之中；也可以不处于这三个网络之中，以(SID=i，NID=0)表示。

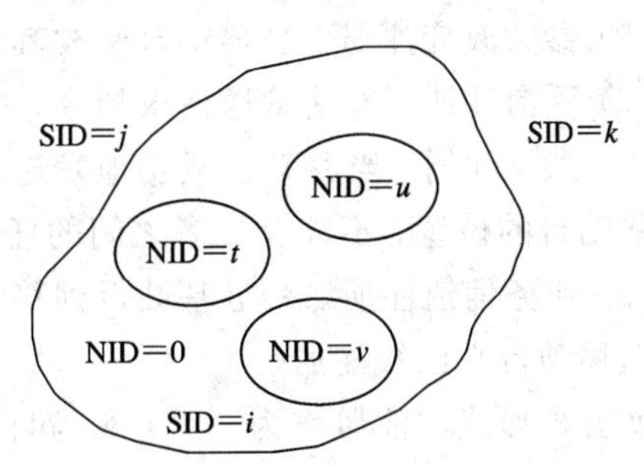

图8-31　系统与网络的示意图

基站和移动台都保存一张供移动台注册用的“区域表格”。

当移动台进入一个新区时，区域表格中没有它的登记注册，则移动台要进行以区域为基础的注册。注册的内容包括区域号与系统/网络标志(SID，NID)。

每次注册成功，基站和移动台都要更新其存储的区域表格。移动台为区域表格的每一次注册都提供一个计时器，根据计时的值可以比较表格中各次注册的寿命。一旦发现区域表格中注册的数目超过了允许保存的数目，则可根据计时器的值把最早的即寿命最长的注册删掉，保证剩下的注册数目不超过允许的数目。

允许移动台注册的最大数目由基站控制，移动台在其区域表格中至少能进行7次注册。

为了实现在系统之间以及网络之间漫游，移动台要专门建立一种“系统/网络表格”。移动台可在这种表格中存储4次注册，每次注册都包括系统/网络标志(SID，NID)。这种注册有两种类型：一是原籍注册；二是访问注册。如果要存储的标志(SID，NID)与原籍的标志(SID，NID)不符，则说明移动台是漫游者。漫游有两种形式：其一是要注册的标志(SID，NID)和原籍标志(SID，NID)中的SID相同，则移动台是网络之间的漫游者(或称外来NID漫游者)；其二是要注册的标志(SID，NID)和原籍标志(SID，NID)中的SID不同，则移动台是系统之间的漫游者(或称外来SID漫游者)。

移动台的原籍注册可以不限于一个网络或系统。比如移动台的原籍标志(SID，NID)是(2,3)，(2,0)，(3,1)，当它进入一个新的基站覆盖区时，基站的标志(SID，NID)是(2,3)，由于(2,3)在移动台的原籍表格中，因此可判断移动台不是漫游者。如果新基站的标志(SID，NID)是(2,7)，这时SID=2在移动台的原籍表格中，但(SID，NID)为(2,7)不在移动台的原籍表格中，故移动台是外来NID漫游者。如果基站的标志(SID，NID)是(4,0)，则SID=4不在移动台的原籍表格中，故移动台是外来SID漫游者。

移动台可以用一特殊的NID=65 535($=2^{16}-1$)表明它在一个系统中对所有的网络均不是漫游者(即移动台在一系统中对任一基站而言都不是漫游者)。

在蜂窝通信系统中，移动台可能在快速运动中通信，也可能经常在某处停留，或只在很小的范围内移动。在后两种情况下通信，一般不需要经常进行以区域为基础的注册。这和周期性的注册方式相比，在单位时间内的平均注册次数较低。

(6) 参数改变注册。当移动台修改其存储的某些参数时，要进行注册。

(7) 受命注册。基站发送请求指令，指挥移动台进行注册。

(8) 默认注册。当移动台成功地发送出一启动信息或寻呼应答信息时，基站能借此判断出移动台的位置，不涉及二者之间的任何注册信息的交换，这叫作默认注册。

(9) 业务信道注册。一旦基站得到移动台已被分配到一业务信道的注册信息时，则基站通知移动台它已被注册。

前五种形式的注册作为一组，称为自主注册，与移动台的漫游状态有关。

8.5.2　切换

基站和移动台支持三种切换方式。

(1) 软切换：移动台开始与新的基站通信但不立即中断它和原来基站通信的一种切换方式。软切换只能在同一频率的CDMA信道中进行。软切换是CDMA蜂窝系统独有的切换功能，可有效地提高切换的可靠性，而且若移动台处于小区的边缘，软切换能提供正向业务信道分集，也能提供反向业务信道分集，从而保证了通信的质量(说明见后)。

(2) CDMA到CDMA的硬切换：当各基站使用不同频率或帧偏置时，基站引导移动台进行的一种切换方式。

(3) CDMA到模拟系统的切换：基站引导移动台由正向业务信道向模拟话音信道切换。

切换的前提是及时了解各基站发射的信号到达移动台接收地点的强度。因此，移动台必须对基站发出的导频信号不断进行测量，并把测量结果通知基站。

基站发出的导频信号在使用相同频率时，只由引导PN序列的不同偏置来区分，每一可用导频要与它同一CDMA信道中的正向业务信道配合才有效。当移动台检测到一个足够强的导频而它未与任何一个正向业务信道相配合时，就向基站发送一导频测量报告，于是基站就给移动台指定一正向业务信道与该导频相对应，这样的导频称为激活导频或称有效导频。

同一 CDMA 信道的导频分为四类。

(1) 激活组：和分配给移动台的正向业务信道结合的导频。

(2) 候补组：未列入激活组，但具有足够的强度表明它与正向业务信道结合并能成功地被解调。

(3) 邻近组：未列入激活组和候补组，但可作为切换的备用导频。

(4) 剩余组：未列入上述(1)、(2)、(3)组的导频。

当移动台驶向一基站，然后又离开该基站时，移动台收到该基站的导频强度先由弱变强，接着又由强变弱，因而该导频信号可能由邻近组和候补组进入激活组，然后又返回邻近组，见图 8-32。在此期间，移动台和基站之间的信息交换如下：

(1) 导频强度超过门限(上)，移动台向基站发送一导频强度测量消息，并把导频转换到候补组。

(2) 基站向移动台发送一切换引导消息；

(3) 移动台把导频转换到激活组，并向基站发送一切换完成消息；

(4) 导频强度降低到门限(下)之下，移动台启动“切换下降计时器”；

(5) 切换下降计时器终止，移动台向基站发送一导频测量消息；

(6) 基站向移动台发送一切换消息；

(7) 移动台把导频从激活组转移到邻近组，并向基站发送一切换完成消息。

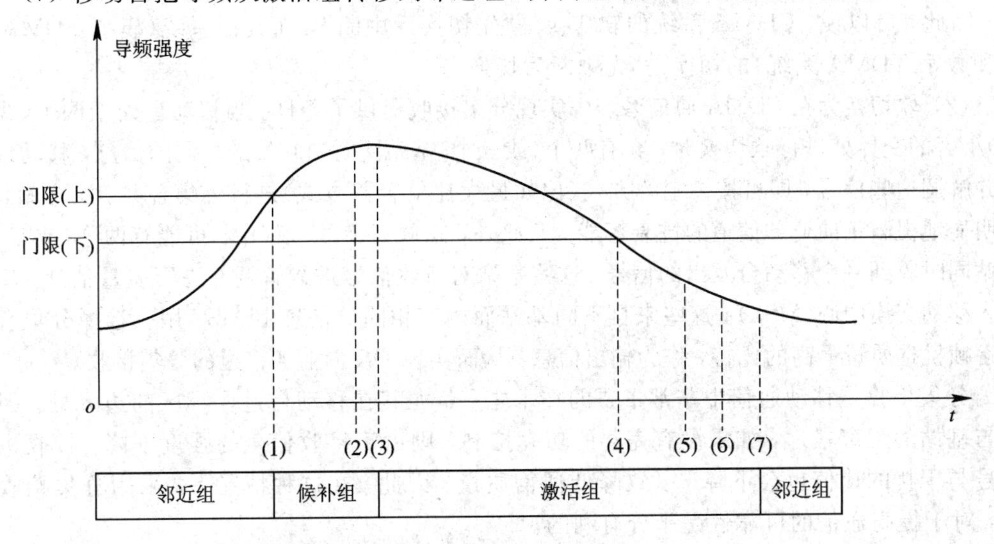

图 8-32　切换门限举例

移动台对其周围基站的导频测量是不断进行的，能及时发现邻近小区中是否出现导频信号更强的基站。如果邻近基站的导频信号变得比原先呼叫的基站更强，则表明移动台已经进入新的小区，从而可以被引导向这个新的小区切换。

切换受系统控制器的控制。切换不改变移动台的 PN 码编址。每个控制器在新的基站中指定一个新的调制解调器(Modem)，并告诉它使用什么 PN 码编址。此 Modem 寻找移动台的信号并开始向移动台发送信号。当移动台发现新基站的信号时，接着向基站报告切换已经成功，然后系统控制器即把通信转移到新小区的基站，并允许原来基站的 Modem 进入空闲状态，以用于新的分配。

下面概要地说明软切换的优点。

(1) 在一般模拟蜂窝系统中，当基站发现某一移动台发来的信号强度低到门限以下时，表明移动台已接近小区的边缘，于是基站就询问系统控制器是否有其他基站能收到这个移动台的信号而且有足够的强度。系统控制器向邻近小区的基站逐个发出切换请求的指令，于是这些基站使用扫描接收机寻找来自移动台的信号。倘若有一个基站通知系统控制器，表明它收到该移动台的信号，并具有合适的电平，于是切换即开始进行。系统控制器在新小区的信道中选出一个空闲信道，并指挥移动台转换到新的信道上，同时系统控制器将把通信从前一个基站转换到新的基站。

如果切换不成功，比如说，找不到空闲信道或转换信令的传输发生错误，则通信就会中断，使切换失败。此外，当移动台靠近两个小区的交界处需要切换时，两个小区的基站在该处的信号电平都较弱而且在起伏变化，这会导致移动台在两个基站之间反复要求切换，从而重复地往返传送切换消息，使系统控制器的负荷加重或引起过载，并增加中断通信的可能性。

CDMA 通信系统的软切换不改变频率，可减小通信中断的概率，更重要的是在切换的过程中移动台开始和一个新基站通信时，并不中断和原来基站的通信，因而当移动台靠近两个小区的交界处时，尽管两个基站发来的信号会起伏变化，但这对移动台的通信没有破坏作用。只有当移动台在新的小区建立起稳定通信之后，原来的小区基站才中断其通信控制。因此，可以说，CDMA 系统的软切换是“先切换后中断”，而其他系统(模拟 FDMA 系统和数字 TDMA 系统)的切换是“先中断后切换”。

(2) 软切换为在 CDMA 通信系统中实现分集接收提供了条件。当移动台处于两个(或三个)小区的交界处进行软切换时，会有两个(或三个)基站同时向它发送相同的信息，移动台搜索并解调这些信号，即可按一定的方式(比如最大比值合并方式)进行分集合并。这样做，可以明显地提高正向业务信道的抗衰落能力。此外，在软切换的过程中，可能有两个(或三个)基站同时收到一个移动台发出的信号，这些基站对所收信号进行解调并进行质量估计，然后送入移动交换中心(MSC)。这些来自不同基站而内容相同的信息由 MSC 用一选择分集合并器逐帧挑选质量最高的比特，作为输出信息，从而实现了反向业务信道的分集接收。

分集接收是移动通信中非常重要的技术之一。尤其在移动台进入小区的边界处，因为它与基站的距离最远，如果没有完善的功率控制，则由于接收信号的强度下降，接收机的信号与干扰的比值也会下降，以致降低通信质量。因此，在这种情况下，采用分集接收技术，对于提高通信的可靠性是十分有利的。

应该指出，这里所说的分集接收，是利用 CDMA 系统在切换过程中移动台和一个以上的基站交换信息的条件下实现的，着重点是说明软切换为分集接收提供了方便条件。但是，这不是说移动台或基站只在切换中才需要用分集技术。为了提高通信系统的抗衰落能力和可靠性，无论基站或移动台，都可以采用另外的分集接收措施，例如在基站采用空间分集，在移动台采用多径分集。

8.5.3 呼叫处理

1. 移动台呼叫处理

移动台呼叫处理状态如图 8 - 33 所示。

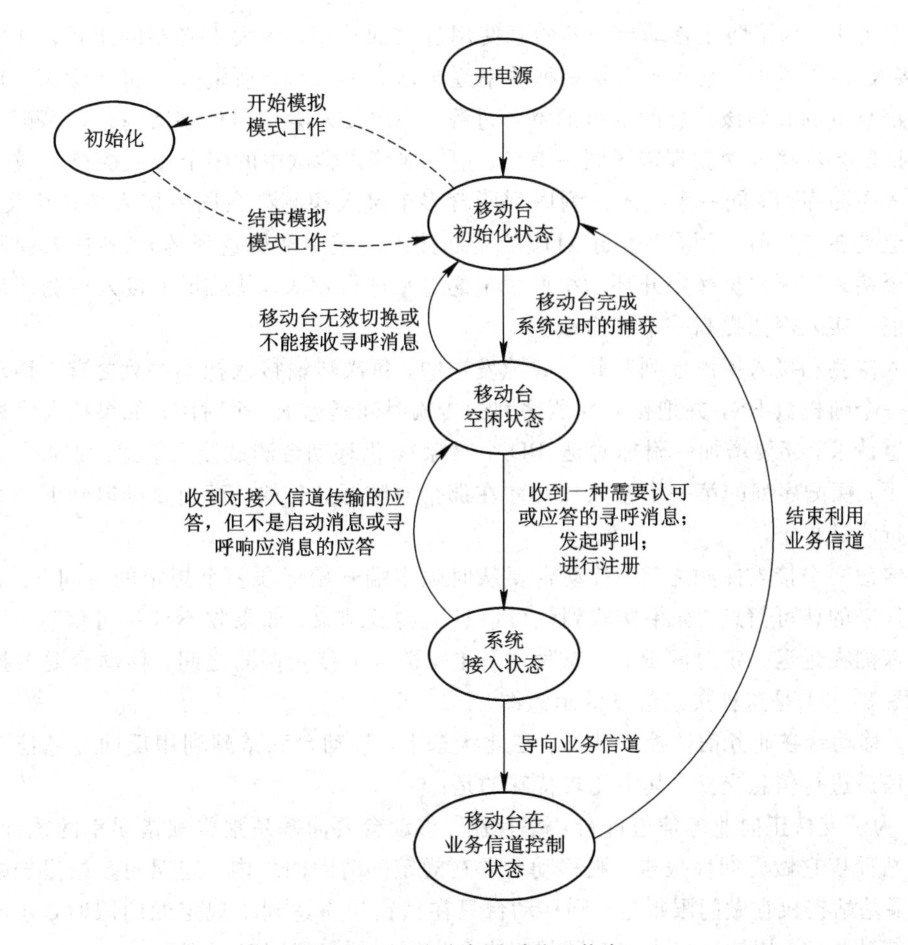

图 8-33　移动台呼叫处理状态

(1) 移动台初始化状态。移动台接通电源后就进入初始化状态。在此状态下，移动台首先要判定它要在模拟系统中工作还是要在 CDMA 系统中工作。如果是后者，它就不断地检测周围各基站发来的导频信号和同步信号。各基站使用相同的引导 PN 序列，但其偏置各不相同，移动台只要改变其本地 PN 序列的偏置，就能很容易地测出周围有哪些基站在发送导频信号。移动台比较这些导频信号的强度，即可判断出自己目前处于哪个小区之中，因为一般情况下，最强的信号是距离最近的基站发送的。

(2) 移动台空闲状态。移动台在完成同步和定时后，即由初始化状态进入空闲状态。在此状态下，移动台可接收外来的呼叫，可进行向外的呼叫和登记注册的处理，还能置定所需的码信道和数据率。

移动台的工作模式有两种：一种是时隙工作模式，另一种是非时隙工作模式。如果是后者，移动台要一直监听寻呼信道；如果是前者，移动台只需在其指配的时隙中监听寻呼信道，其他时间可以关掉接收机(有利于节电)。

(3) 系统接入状态。如果移动台要发起呼叫，或者要进行注册登记，或者收到一种需要认可或应答的寻呼信息，移动台即进入系统接入状态，并在接入信道上向基站发送有关的信息。这些信息可分为两类：一类属于应答信息(被动发送)；另一类属于请求信息(主动发送)。

在此，要解决的一个问题是当移动台在接入状态开始向基站发送信息时，应该使用多大的功率电平。为了防止移动台一开始就使用过大的功率，增大不必要的干扰，这里用到一种"接入尝试"程序，它实质上是一种功率逐步增大的过程。所谓一次接入尝试，是指传送某一信息直到收到该信息的认可的整个过程。一次接入尝试包括多次"接入探测"。一次接入尝试的多次接入探测都传送同一信息。把一次接入尝试中的多个接入探测分成一个或多个接入探测序列，同一个接入探测序列所含多个接入探测都在同一接入信道中发送（此接入信道是在与当前所用寻呼信道对应的全部接入信道中随机选择的）。各接入探测序列的第一个接入探测根据额定开环功率所规定的电平进行发送，其后每个接入探测所用的功率均比前一接入探测提高一个规定量。

接入探测和接入探测序列都是分时隙发送的，每次传输接入探测序列之前，移动台都要产生一个随机数 RS，并把接入探测序列的传输时间延迟 RS 个时隙。如果接入尝试属于接入信道请求，还要增加一附加时延（PD 个时隙），供移动台测试接入信道的时隙。只有测试通过了，探测序列的第一个接入探测才在那个时隙开始传输，否则要延迟到下一个时隙以后进行测试再定。

在传输一个接入探测之后，移动台要从时隙末端开始等候一个规定的时间 TA，以接收基站发来的认可信息。如果接收到认可信息则尝试结束；如果收不到认可信息，则下一个接入探测在延迟一定时间 RT 后被发送。在发送每个接入探测之间，移动台要关掉其发射机。图 8-34 是这种接入尝试的示意图。

(4) 移动台在业务信道控制状态。在此状态下，移动台和基站利用反向业务信道和正向业务信道进行信息交换。其中比较特殊的是：

① 为了支持正向业务信道进行功率控制，移动台要向基站报告帧错误率的统计数字。如果基站授权它做周期性报告，则移动台要在规定的时间间隔内，定期向基站报告统计数字；如果基站授权它做门限报告，则移动台只在帧错误率达到了规定的门限时，才向基站报告其统计数字。周期性报告和门限报告也可以同时授权或同时废权。

为此，移动台要连续地对它收到的帧总数和错误帧数进行统计。

② 无论移动台还是基站都可以申请"服务选择"。基站在发送寻呼信息或在业务信道工作时，能申请服务选择。移动台在发起呼叫、向寻呼信息应答或在业务信道工作时，都能申请服务选择。如果移动台（基站）的服务选择申请是基站（移动台）可以接受的，则它们开始使用新的服务选择。如果移动台（基站）的服务选择申请是基站（移动台）不能接受的，则基站（移动台）能拒绝这次服务选择申请，或提出另外的服务选择申请，移动台（基站）对基站（移动台）所提另外的服务选择申请也可以接受、拒绝或再提出另外的服务选择申请，这种反复的过程称为"服务选择协商"。当移动台和基站找到了双方可接受的服务选择或者找不到双方可接受的服务选择时，这种协商过程就结束了。

移动台和基站使用"服务选择申请指令"来申请服务选择或建议另一种服务选择，而用"服务选择应答指令"去接受或拒绝服务选择申请。

这里要用到的"服务选择 1"定义了双向变速率语音服务的要求。

2. 基站呼叫处理

基站呼叫处理有以下类型：

(1) 导频和同步信道处理。在此期间，基站发送导频信号和同步信号，使移动台捕获和同步到 CDMA 信道。同时，移动台处于初始化状态。

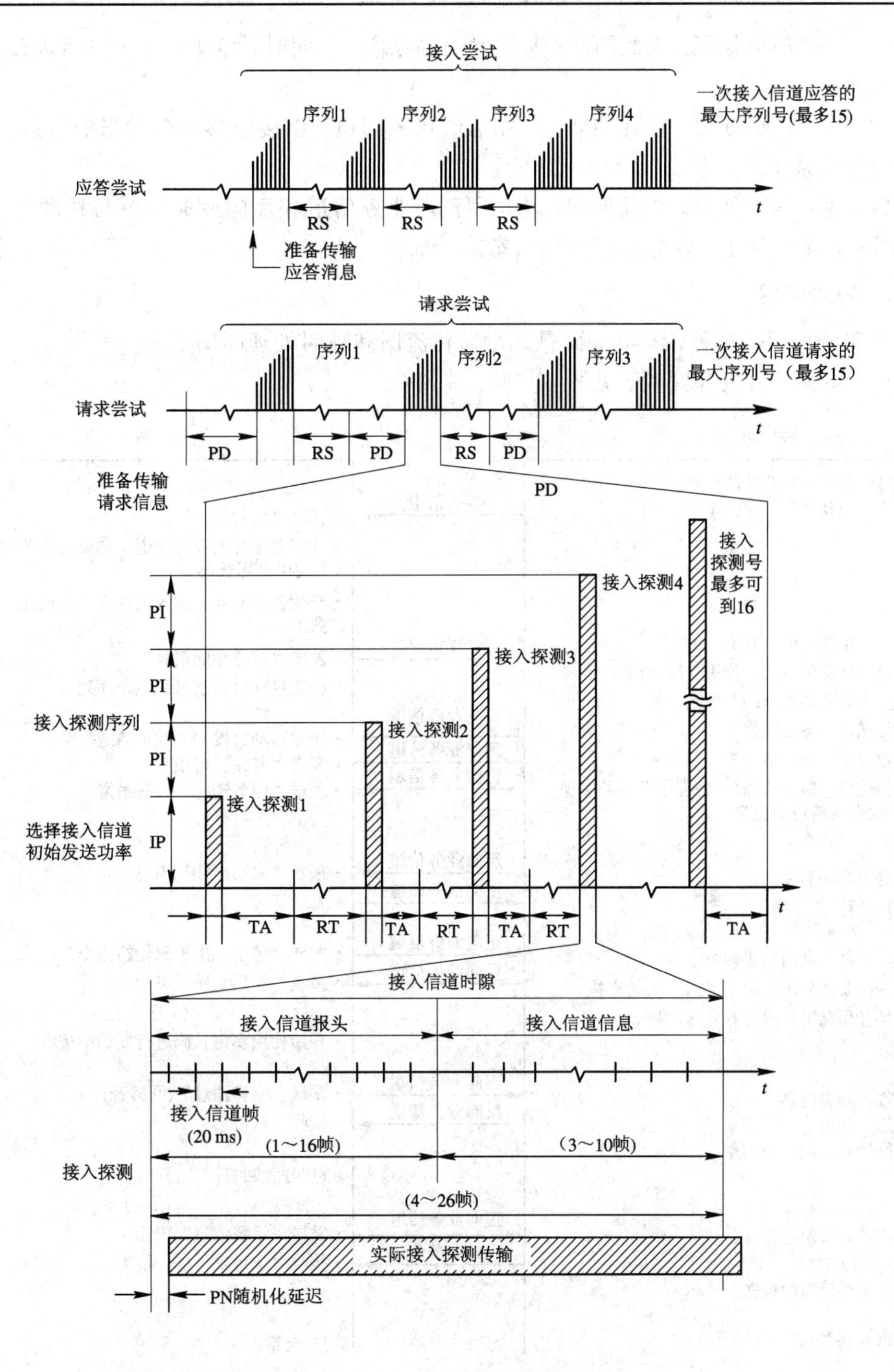

图 8 - 34　接入尝试示意图

(2) 寻呼信道处理。在此期间，基站发送寻呼信号。同时，移动台处于空闲状态或系统接入状态。

(3) 接入信道处理。在此期间，基站监听接入信道，以接收移动台发来的信息。同时，移动台处于系统接入状态。

(4) 业务信道处理。在此期间，基站用正向业务信道和反向业务信道与移动台交换信息。同时，移动台处于业务信道控制状态。

3. 呼叫流图

呼叫流程图分多种情况，下面是几个简化流图和呼叫处理的例子。

(1) 由移动台发起呼叫，见图 8-35。

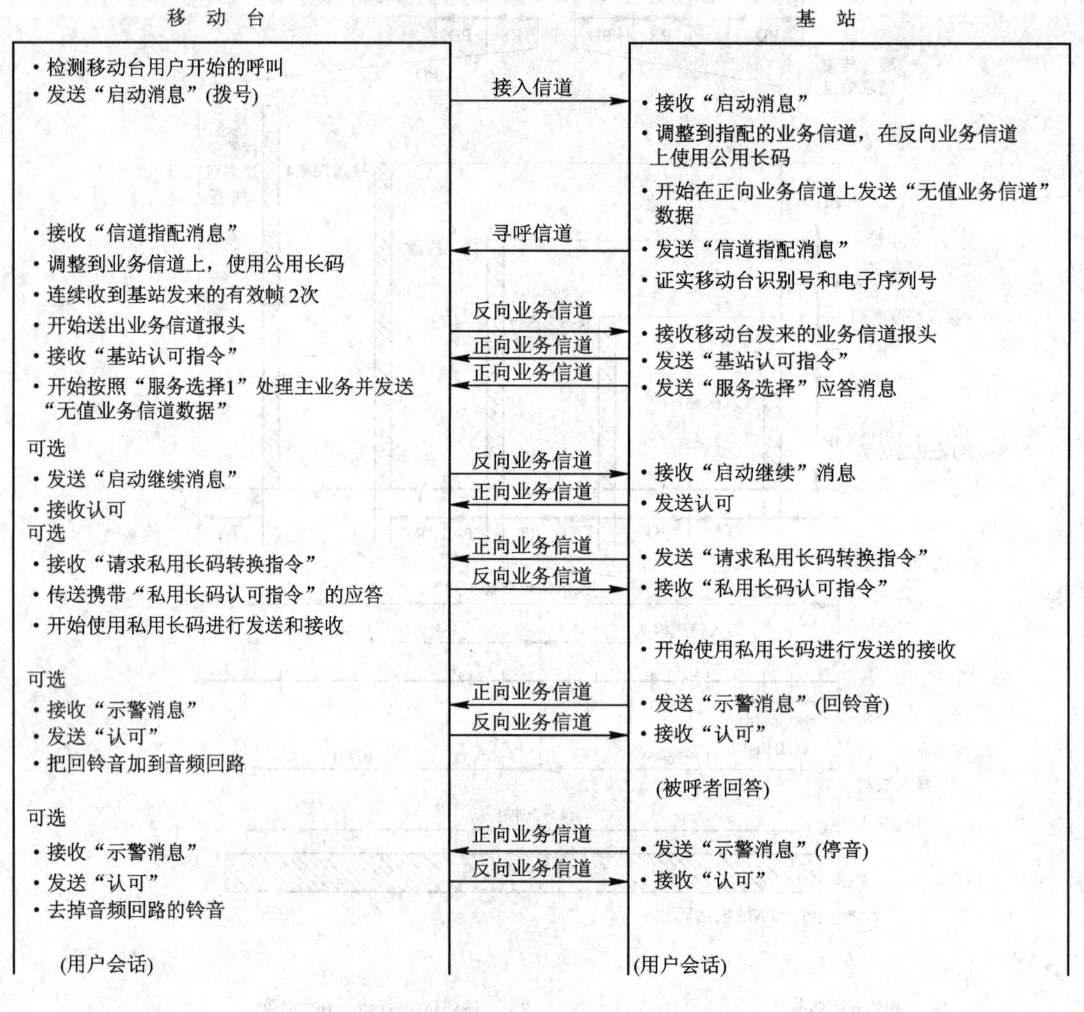

图 8-35　由移动台发起呼叫的简化流图
(使用“服务选择 1”)

(2) 以移动台为终点的呼叫，见图 8-36。

(3) 软切换期间的呼叫处理，见图 8-37。

(4) 连续软切换期间的呼叫处理，见图 8-38。

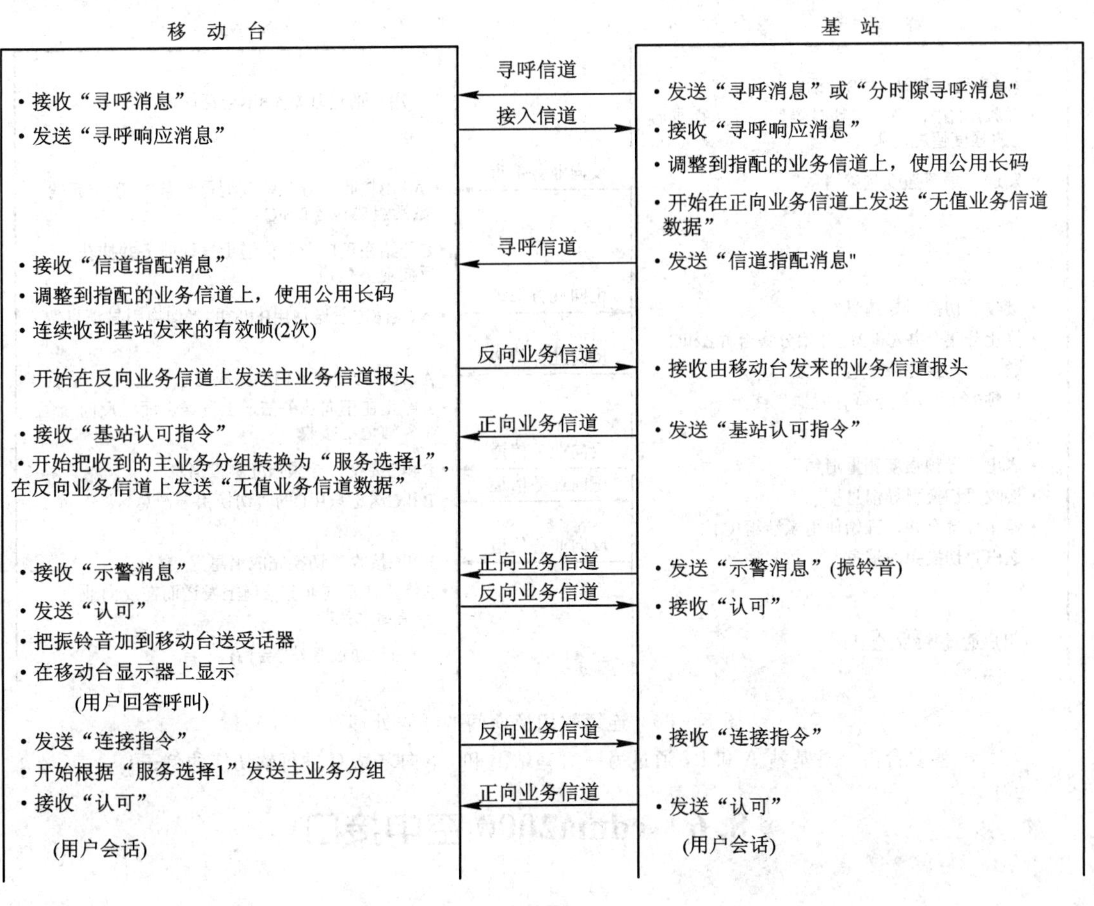

图 8-36　以移动台为呼叫终点的简化流图
(使用“服务选择 1”)

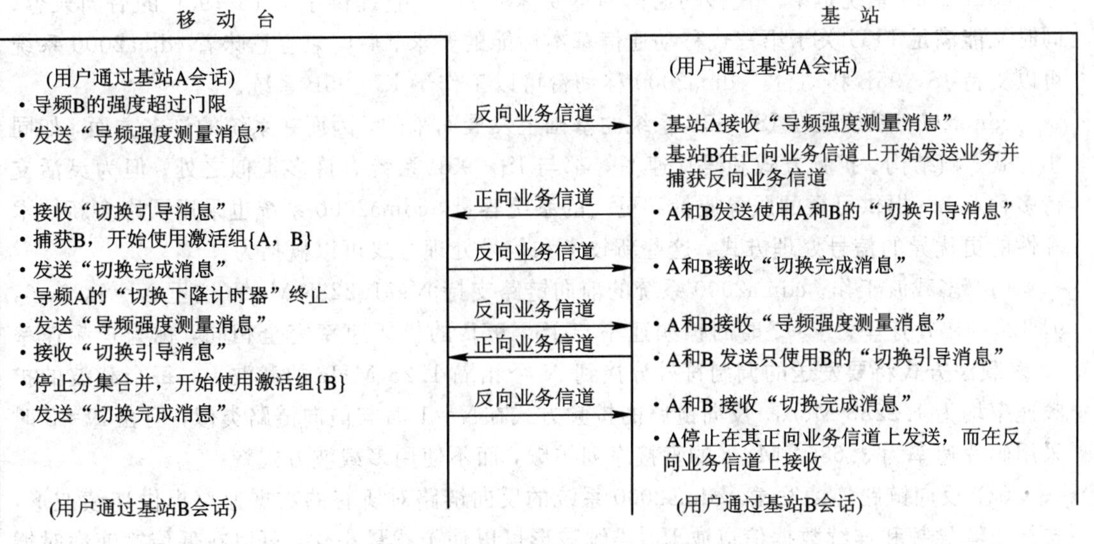

图 8-37　软切换期间的呼叫处理
(由基站 A 向基站 B 进行软切换的例子)

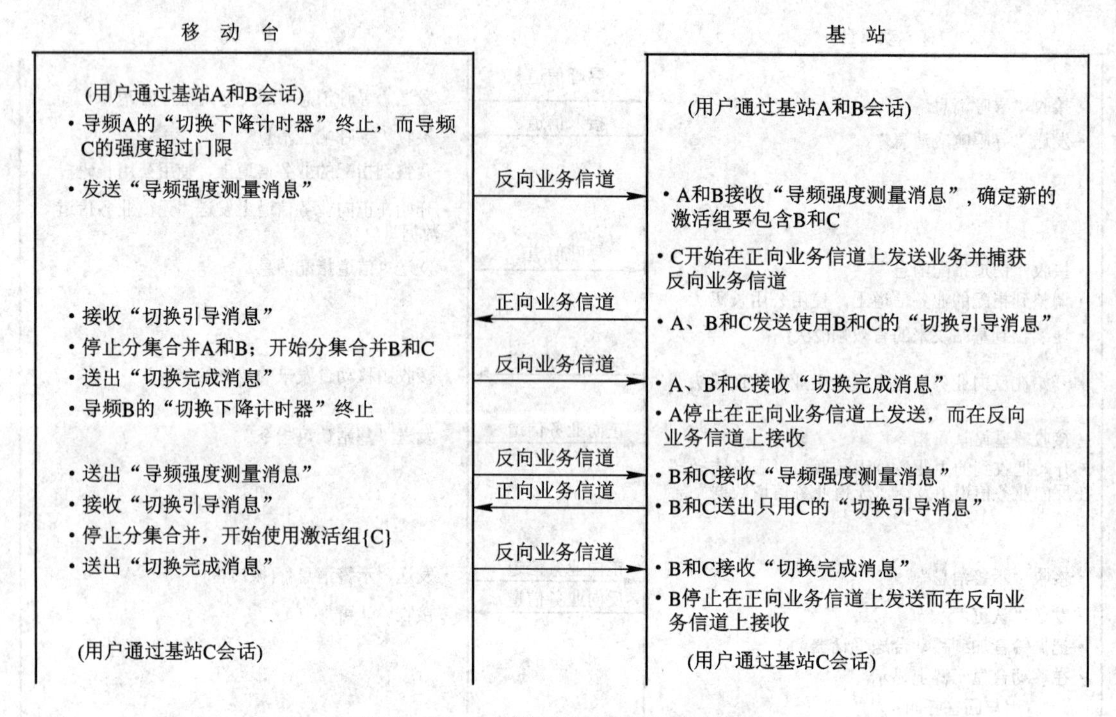

图 8 - 38 连续软切换期间的呼叫处理

(移动台由一对基站 A 和 B，通过另一对基站 B 和 C，向基站 C 进行软切换的例子)

*8.6 cdma2000 空中接口

8.6.1 cdma2000 空中接口的特点

cdma2000 系统是第三代移动通信的重要标准之一。它提供了与 IS - 95B 的后向兼容，同时又能满足 ITU 关于第三代移动通信基本性能的要求。后向兼容意味着 cdma2000 系统可以支持 IS - 95B 移动台，cdma2000 移动台可以工作于 IS - 95B 系统。

cdma2000 系统是在 IS - 95B 系统的基础上发展而来的，因而在系统的许多方面，如同步方式、帧结构、扩频方式和码片速率等都与 IS - 95B 系统有许多类似之处。但为灵活支持多种业务，提供可靠的服务质量和更高的系统容量，cdma2000 系统也采用了许多新技术和性能更优异的信号处理方式，这些新技术和信号处理方式可以概括为：

(1) 多载波工作。cdma2000 系统的前向链路支持 $N\times1.2288$ Mc/s(这里 $N=1, 3, 6, 9, 12$)的码片速率。$N=1$ 时的扩频速率与 IS - 95B 的扩频速率完全相同，称为扩频速率 1。多载波方式将要发送的调制符号分接到 N 个相隔 1.25 MHz 的载波上，每个载波的扩频速率均为 1.2288 Mc/s。反向链路的扩频方式在$N=1$ 时与前向链路类似，但在 $N=3$ 时采用码片速率为 3.6864 Mc/s 的直接序列扩频，而不使用多载波方式。

(2) 反向链路连续发送。cdma2000 系统的反向链路对所有的数据速率提供连续波形，包括连续导频和连续数据信道波形。连续波形可以使干扰最小化，可以在低传输速率时增加覆盖范围，同时连续波形也允许整帧交织，而不像突发情况那样只能在发送的一段时间内进行交织，这样可以充分发挥交织的时间分集作用。

(3) 反向链路独立的导频和数据信道。cdma2000 系统反向链路使用独立的正交信道区分导频和数据信道，因此导频和物理数据信道的相对功率电平可以灵活调节，而不会影响其帧结构或在一帧中符号的功率电平。同时，在反向链路中还包括独立的低速率、低功率、连续发送的正交专用控制信道，使得专用控制信息的传输不会影响导频和数据信道的帧结构。

(4) 独立的数据信道。cdma2000 系统在反向链路和前向链路中均提供称为基本信道和补充信道的两种物理数据信道，每种信道均可以独立地编码、交织，设置不同的发射功率电平和误帧率要求以适应特殊的业务需求。基本信道和补充信道的使用使得多业务并发时系统性能的优化成为可能。

(5) 前向链路的辅助导频。在前向链路中采用波束成型天线和自适应天线可以改善链路质量，扩大系统覆盖范围或增加支持的数据速率以增强系统性能。cdma2000 系统规定了码分复用辅助导频的产生和使用方法，为自适应天线的使用(每个天线波束产生一个独立的辅助导频)提供了可能。码分辅助导频可以使用准正交函数产生方法。

(6) 前向链路的发射分集。发射分集可以改进系统性能，降低对每信道发射功率的要求，因而可以增加容量。在 cdma2000 系统中采用正交发射分集(OTD)。其实现方法为：编码后的比特分成两个数据流，通过相互正交的扩频码扩频后，由独立的天线发射出去。每个天线使用不同的正交码进行扩频，这样保证了两个输出流之间的正交性，在平坦衰落时可以消除自干扰。导频信道中采用 OTD 时，在一个天线上发射公共导频信号，在另一个天线上发射正交的分集导频信号，保证了在两个天线上所发送信号的相干解调的实现。

cdma2000 系统支持通用多媒体业务模型，允许话音、分组数据、高速电路数据的并发业务的任意组合。cdma2000 也包括服务质量(QoS)控制功能，可以平衡多个并发业务时变化的 QoS 需求。

8.6.2　cdma2000 空中接口的分层结构

cdma2000 空中接口的重点是物理层、媒体接入控制(MAC)子层和链路接入控制(LAC)子层。链路接入控制(LAC)和媒体接入控制(MAC)子层设计的目的是为了满足在宽性能范围(1.2 kb/s 到大于 2 Mb/s)工作的高效、低延时的各种数据业务的需要；满足先进的支持多个可变 QoS 要求的并发的话音、分组数据、电路数据的多媒体业务的需要。

LAC 子层用于提供点到点无线链路的可靠的、顺序输出的发送控制功能。在必要时，LAC 子层业务也可使用适当的 ARQ 协议实现差错控制。如果低层可以提供适当的 QoS，LAC 子层可以省略(即为空)。

MAC 子层除了控制数据业务的接入外，还提供以下功能：

· 尽力而为的传送(Best-effort Delivery)。在无线链路中使用可以提供“尽力而为”可靠性的无线链路协议(RLP)进行可靠传输；

· 复接和 QoS 控制。通过仲裁竞争业务和接入请求优先级间的矛盾，保证已经协商好的 QoS 级别。

MAC 子层进一步可分为与物理层无关的汇聚功能(PLICF)和与物理层相关的汇聚功能(PLDCF)。PLICF 屏蔽物理层的细节，为 LAC 子层提供与物理层无关的 MAC 运行的步骤和功能。PLICF 利用 PLDCF 提供的服务来实现真正的通信过程。PLICF 使用的服务就是 PLDCF 提供的一组逻辑信道。PLDCF 完成从提供给 PLICF 的逻辑信道到物理层提供的逻辑信道之间的映射(Mapping)、复接和解复接、来自不同信道的控制信息的合并等，并提供实现 QoS 的能力。

cdma2000 定义了如下四种特定的 PLDCF ARQ 方式。

(1) 无线链路协议(RLP, Radio Link Protocol)。该协议利用“尽力而为”服务的方式为两个对等的 PLICF 实体提供高效的数据流服务。RLP 提供透明和不透明两种工作模式。在不透明工作模式中，采用 ARQ 协议来重传物理层未正确传输的数据分段。在该方式中，可能会引入时延。在透明工作模式中，RLP 不重传丢失的数据分段，但维持收发之间的字节同步并通知接收节点数据流中丢失的部分。RLP 的透明方式不会引入任何传输时延，这对通过 RLP 来传输话音业务是非常有用的。

(2) 无线突发协议(RBP, Radio Burst Protocol)。该协议利用“尽力而为”服务的方式通过一个共享的接入公共业务信道(CTCH)为相对较短的数据段提供传输服务机制。它用于传输少量的数据，而不会引入建立专用业务信道(DTCH)的开销。

(3) 信令无线链路协议(SRLP, Signaling Radio Link Protocol)。该协议所提供的服务类似于 RLP 为信令信息提供的“尽力而为”的数据流服务，但对专用信令信道是最佳的。

(4) 信令无线突发协议(SRBP, Signaling Radio Burst Protocol)。该协议类似于 RBP 利用“尽力而为”服务方式为信令消息提供的传输服务机制，但对信令信息和公用信令信道是最佳的。

8.6.3 cdma2000 空中接口的物理信道结构

1. 物理信道结构

cdma2000 空中接口中的物理信道分为前向/反向专用物理信道(F/R - DPHCH)和前向/反向公共物理信道(F/R - CPHCH)。前向/反向专用物理信道是以专用和点对点的方式在基站和单个移动台之间运载信息的，具体的信道如图 8 - 39 所示。前向/反向公共物理信道是以共享和点对多点的方式在基站和多个移动台之间运载信息的，具体的信道如图 8 - 40 所示。除图示信道以外，前向公共物理信道还包括前向快速寻呼信道(F - QPCH)和前向公共广播信道(F - BCCH)。cdma2000 前向信道和反向信道与 IS - 95 的差别如图 8 - 41 和 8 - 42 所示。

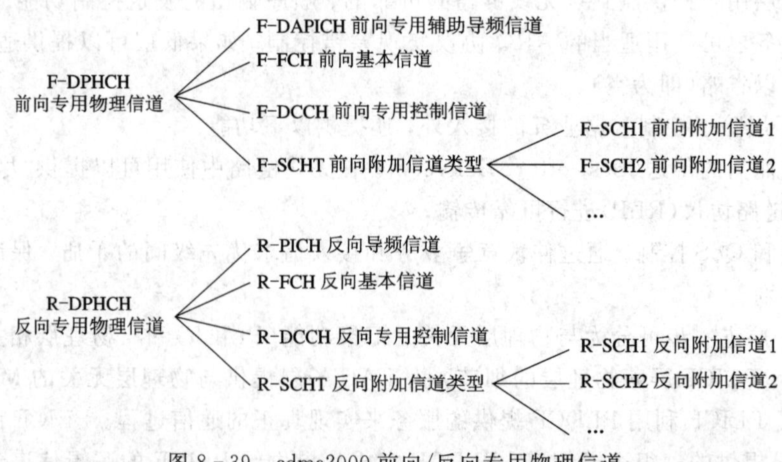

图 8 - 39 cdma2000 前向/反向专用物理信道

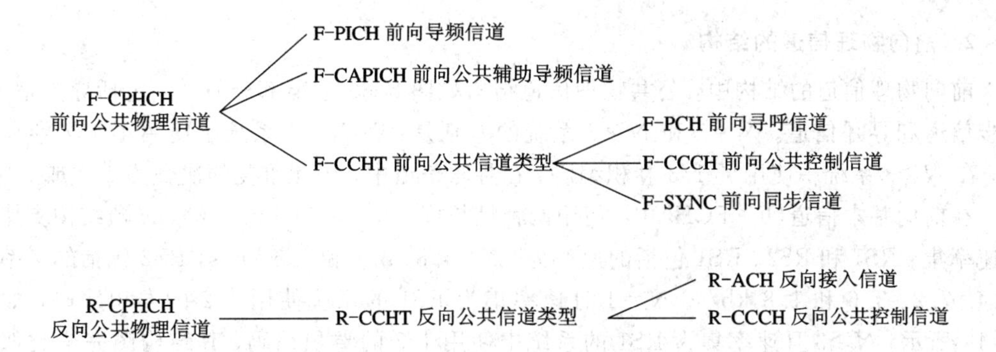

图 8-40　cdma2000 前向/反向公共物理信道

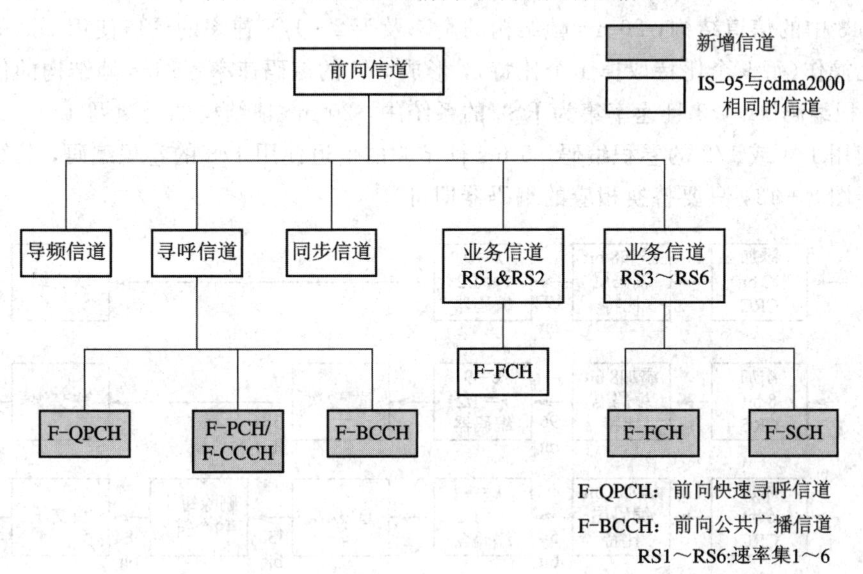

图 8-41　IS-95 和 cdma2000 前向物理信道的比较

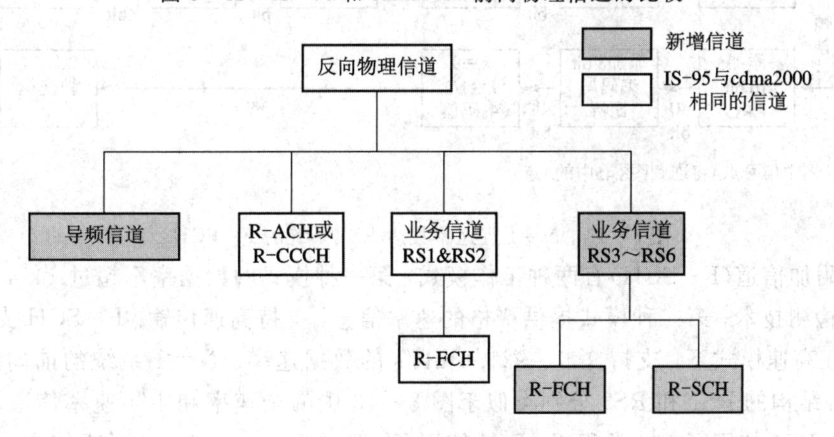

图 8-42　IS-95 和 cdma2000 反向物理信道的比较

2. 前向物理信道的结构

前向物理信道的结构中，公共物理信道结构如图 8-6 上半部分所示，包括导频信道、同步信道和寻呼信道。$N=1$ 和 $N\geqslant3$ 系统的差别是：在 $N=1$ 系统中使用了 1/2 卷积编码，在 $N\geqslant3$ 系统中使用了 1/3 卷积编码。在寻呼信道中，码元重复的次数为 1 次或 2 次。

在前向基本信道(F-FCH)中，使用两种帧长度：20 ms 和 5 ms。20 ms 帧结构支持两种速率集：RS1 和 RS2。RS1 包括的速率为 9.6、4.8、2.7 和 1.5 kb/s，RS2 包括的速率为 14.4、7.2、3.6 和 1.8 kb/s。$N=1$ 且速率集为 RS1 的系统使用 1/2 的卷积编码，如图 8-43 所示。$N\geqslant3$ 且速率集为 RS1 的系统中使用 1/3 的卷积编码，其结构图完全类似于图 8-43，只要将该图中的 1/2 的卷积编码用 1/3 的卷积编码来替换，输出的比特数进行相应的改动，并送入多载波调制器即可。$N=1$ 且速率集为 RS2 的系统中，其结构也类似于图 8-43 中的信道结构，20 ms 帧结构的全速及 1/2～1/8 速率的信道使用 1/3 的卷积编码加打孔操作(每 9 个比特取掉 1 个比特)，形成 3/8 的编码速率；5 ms 帧结构的信道使用 1/2 的卷积编码。$N\geqslant3$ 且速率集为 RS2 的系统中，20 ms 帧结构的全速及 1/2～1/8 速率的信道使用 1/4 或 1/2 的卷积编码，5 ms 帧结构的信道使用 1/3 的卷积编码，其结构图完全类似于图 8-43，只要替换相应的编码器即可。

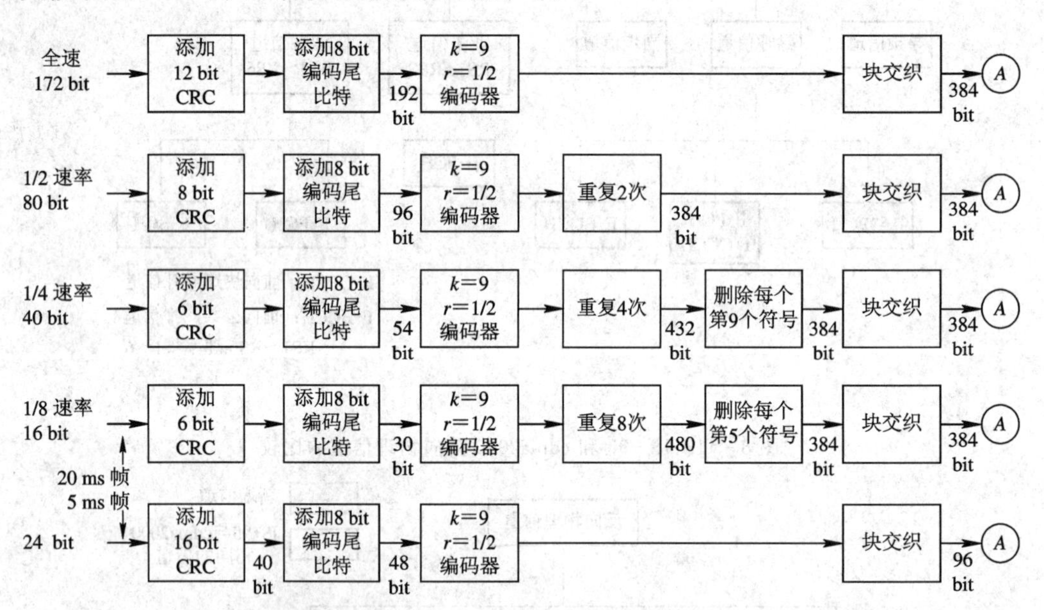

图 8-43　$N=1$ 且速率集为 RS1 系统的 F-FCH

前向附加信道(F-SCH)有两种工作模式：第一种模式的数据率不超过 14.4 kb/s，采用盲速率检测技术；第二种模式提供严格的速率信息，支持高速传输。F-SCH 支持 20 ms 帧结构，在高速模式下，支持 9.6～921.6 kb/s 的数据速率。$N=1$ 系统的前向附加信道(F-SCH)结构的 RS1 和 RS2 分别类似于图 8-43 中的全速率和 1/4 速率信道。在 $N\geqslant3$ 的系统中，RS1 使用了 1/3 卷积码，RS2 使用了 1/4 卷积码。在 $N=1$ 的系统中，RS2 使用了打孔操作(每 9 个比特取掉一个比特)。系统可以使用约束长度 $k=9$ 的卷积编码器，此时有 8 个尾比特；也可以采用 $k=4$ 的分量码构成的 Turbo 码。

$N=1$ 系统的前向专用控制信道(F - DCCH)的结构类似于图 8 - 43 中全速信道的结构和 5 ms 的帧结构。在 $N\geqslant 3$ 的系统中使用了 1/3 的卷积编码。

前向链路支持的码片速率为 $N\times 1.2288$ Mc/s，$N=1,3,6,9,12$。对于 $N=1$ 系统，扩频的方式类似于 IS - 95B，采用了 QPSK 调制和快速闭环功率控制。对于 $N\geqslant 3$ 系统有两种选择：多载波或直接扩频。在多载波方法中，将调制符号分接到 N 个间隔为1.25 MHz 的载波上，每个载波的扩频码速率为 1.2288 Mc/s；在 $N>1$ 的直扩方法中采用单载波，码片速率为 $N\times 1.2288$ Mc/s，如图 8 - 44 所示。$N=1$ 的单载波系统其扩展和调制过程如图 8 - 45 所示；多载波系统的扩展和调制过程如图 8 - 46 所示；$N=1,3,6,9$ 和 12 的单载波系统的扩展和调制过程如图 8 - 47 所示。

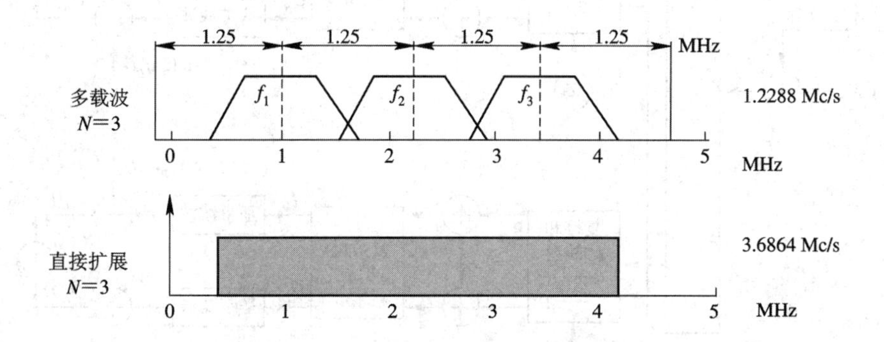

图 8 - 44　前向链路中的多载波和单载波调制

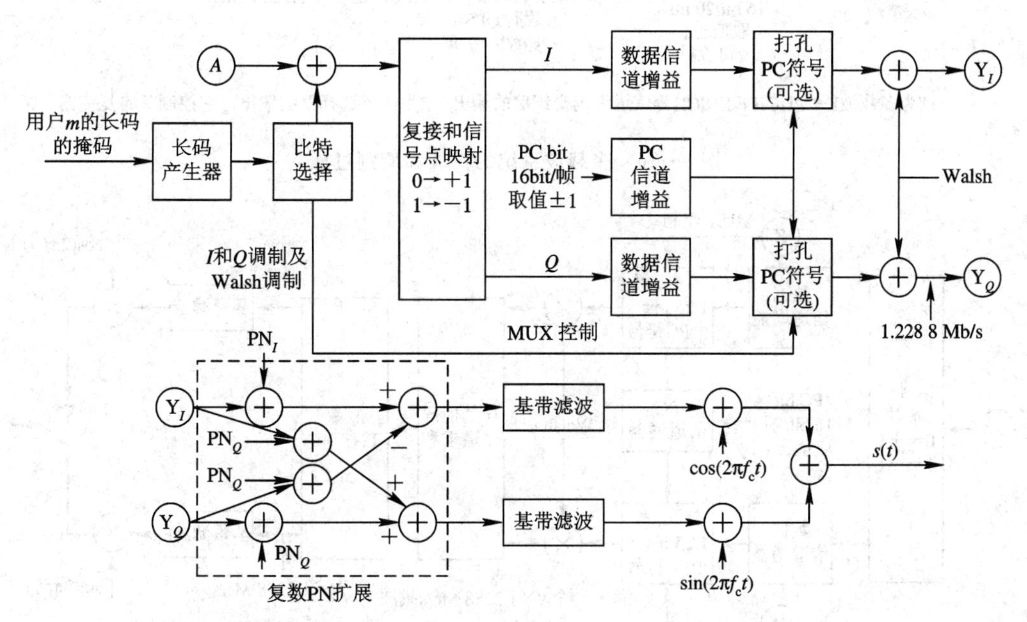

图 8 - 45　$N=1$ 单载波系统的扩展和调制过程

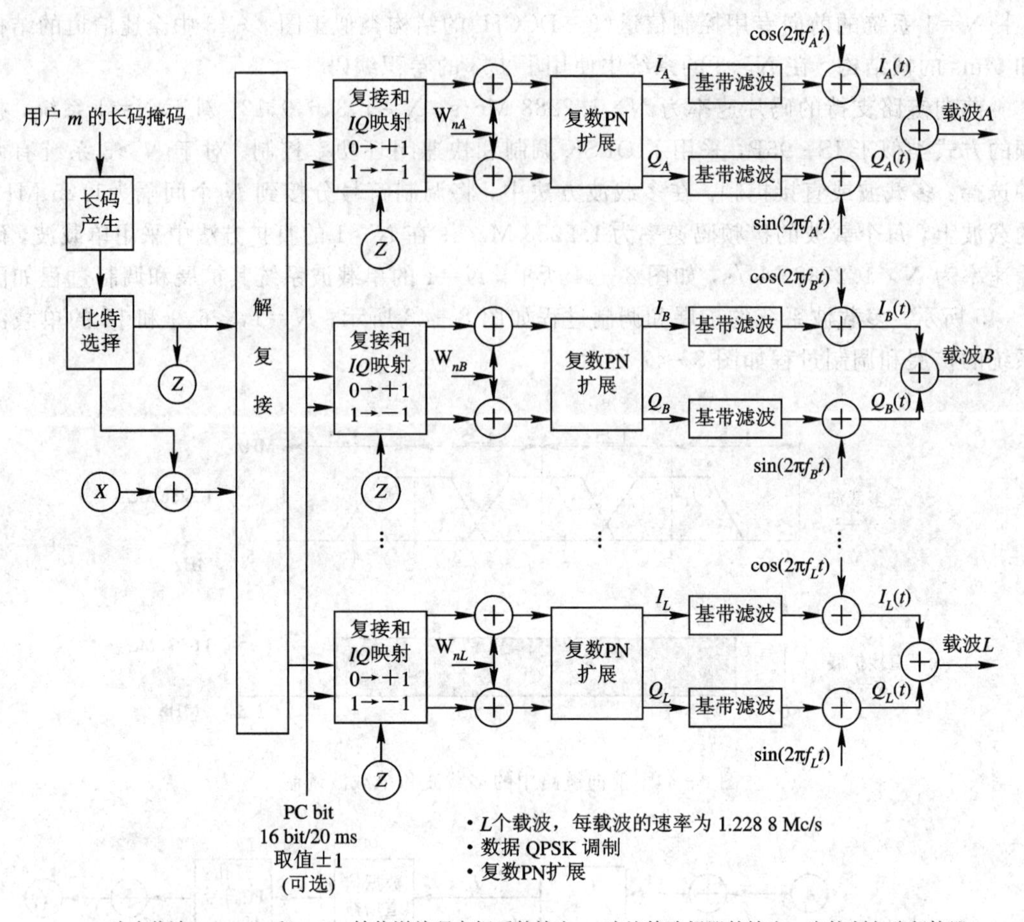

图 8-46　多载波系统的扩展和调制过程

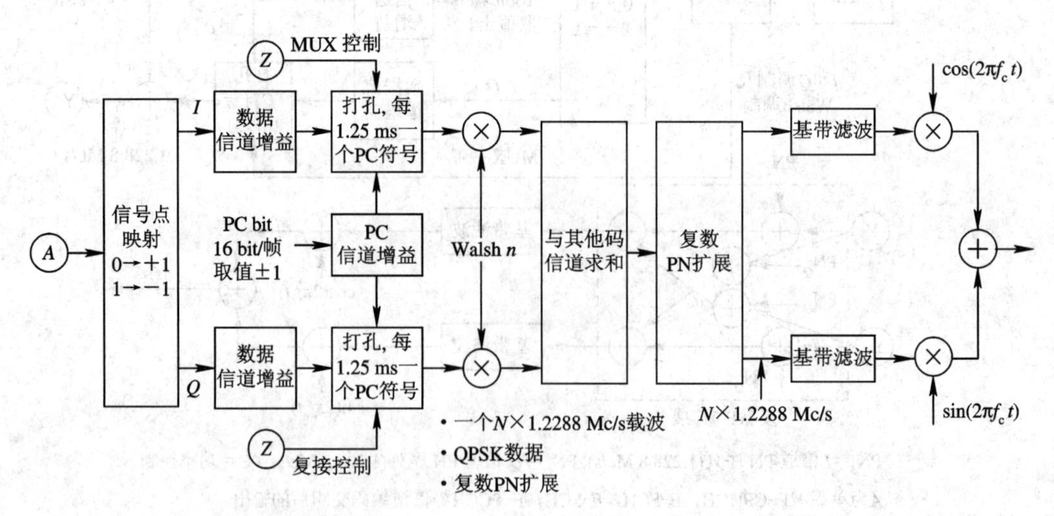

图 8-47　N=1,3,6,9 和 12 的单载波系统的扩展和调制过程

在 $N=1$ 单载波系统中，用户数据经过长 PN 码扰码后进行 I 和 Q 映射、增益控制，插入功率控制比特(采用打孔的方式)和 Walsh 序列扩展，再经过复数 PN 扩展(即完成 $(Y_I+jY_Q)\cdot(PN_I+jPN_Q)$ 运算)、基带滤波和频率搬移后产生已调信号。

在多载波系统中，用户数据经过长 PN 码扰码后分接到 N 个载波上，各路数据在每个载波上进行 I 和 Q 映射及 Walsh 序列扩展，再经过复数 PN 扩展、基带滤波和频率搬移后产生每路载波的已调信号。如果需要，也可插入 800 Hz 的功率控制比特。

cdma2000 前向信道还具有如下特征：

(1) 采用了多载波分集发送分集(MCTD)和正交发送分集(OTD)。MCTD 用于多载波系统，每个天线上可以发送一组载波。如在 $N=3$ 的系统中，若使用两个天线，则第一和第二个载波可以在一个天线上发送，第三个载波可以在另一个天线上发送；若使用三个天线，则每个载波分别在一个天线上发送。OTD 用于直扩系统，编码后的比特流分成两路，每一路分别采用一个天线，每个天线上采用不同的正交扩展码，从而维持两个输出流的正交性，并可消除在平坦衰落下的自干扰。

(2) 为了减少和消除小区内的干扰，采用了 Walsh 码。为了增加可用的 Walsh 码数量，在扩展前采用了 QPSK 调制。

(3) 采用了可变长度的 Walsh 码来实现不同的信息比特速率。当前向信道受 Walsh 码的数量限制时，可通过将 Walsh 码乘以掩码(Masking)函数来生成更多的码，以该方式产生的码称为准正交码。在 IS-95 A/B 中使用了固定长度为 64 的 Walsh 码；在 cdma2000 中，Walsh 码的长度为 4～128。在 F-FCH 中，Walsh 码的长度固定，RS3 和 RS5 使用长度为 128 的 Walsh 码，RS4 和 RS6 使用长度为 64 的 Walsh 码。需要使用 Walsh 码管理算法来使不同速率信道上的码相互正交。

(4) 使用了一个新的用于 F-FCH 和 F-SCH 的快速前向功率控制(FFPC)算法，快速闭环功率调整速率为 800 b/s。F-FCH 和 F-SCH 有两种功率控制方案：单信道功率控制和独立功率控制。在单信道功率控制中，系统的功率控制基于高速率信道的性能，低速率信道的功率增益取决于它与高速率的关系。在独立功率控制方案中，F-FCH 和 F-SCH 的功率增益是分开决定的。移动台运行两个外环(Outer Loop)算法(具有不同的信号干扰比目标)。

3. 反向物理信道结构

反向物理信道结构(参见图 8-39 和图 8-40)包括反向公共物理信道(R-ACH、R-CCCH)和反向专用物理信道(R-PICH、R-DCCH、R-FCH、R-SCH)。

反向接入信道(R-ACH)和反向公共控制信道(R-CCCH)的结构如图 8-48 所示。它们都是基于时隙 ALOHA 的多址接入信道，但 R-CCCH 扩展了 R-ACH 的能力，如可以提供低时延的接入步骤。在每个载频上，可以有多个接入信道。在 20 ms 帧 9.6 kb/s 的速率上，R-CCCH 和 R-ACH 是相同的，但 R-CCCH 还在 5 ms 和 10 ms 帧结构上支持 19.2 kb/s 和 38.4 kb/s 的速率。

反向导频信道(R-PICH)用于初始捕获、时间跟踪、RAKE 接收机相干参考的恢复和功率控制测量，其结构如图 8-49 所示。在信道中每个 1.25 ms 的功率组(PCG)中插入 1 个功率控制比特，用于前向功率控制。该功率控制信息采用时分复接的方式来传输。

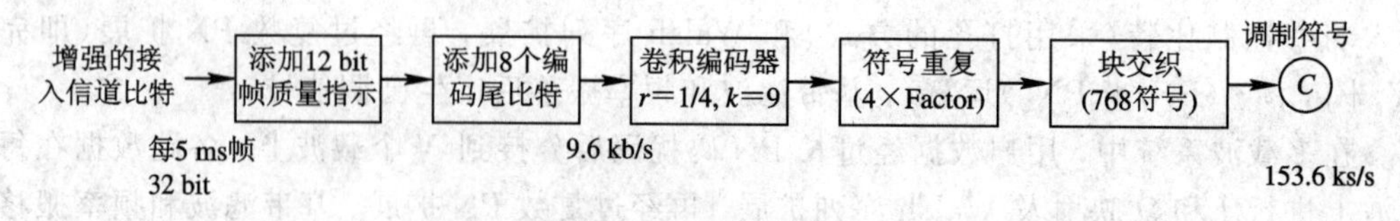

· 扩展速率1时增强接入信道的信道结构

(a)

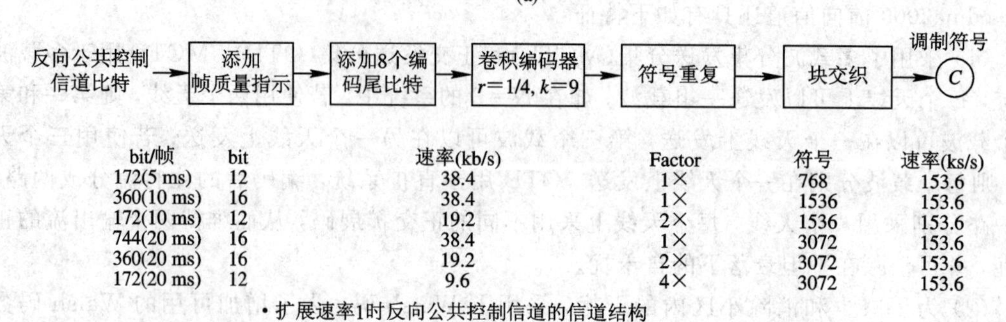

bit/帧	bit	速率(kb/s)	Factor	符号	速率(ks/s)
172(5 ms)	12	38.4	1×	768	153.6
360(10 ms)	16	38.4	1×	1536	153.6
172(10 ms)	12	19.2	2×	1536	153.6
744(20 ms)	16	38.4	1×	3072	153.6
360(20 ms)	16	19.2	2×	3072	153.6
172(20 ms)	12	9.6	4×	3072	153.6

· 扩展速率1时反向公共控制信道的信道结构

注：图中信号点C将连接到图8-50中的C点

(b)

图 8-48 反向接入信道(R-ACH)和反向公共控制信道(R-CCCH)的结构
(a) R-ACH；(b) R-CCCH

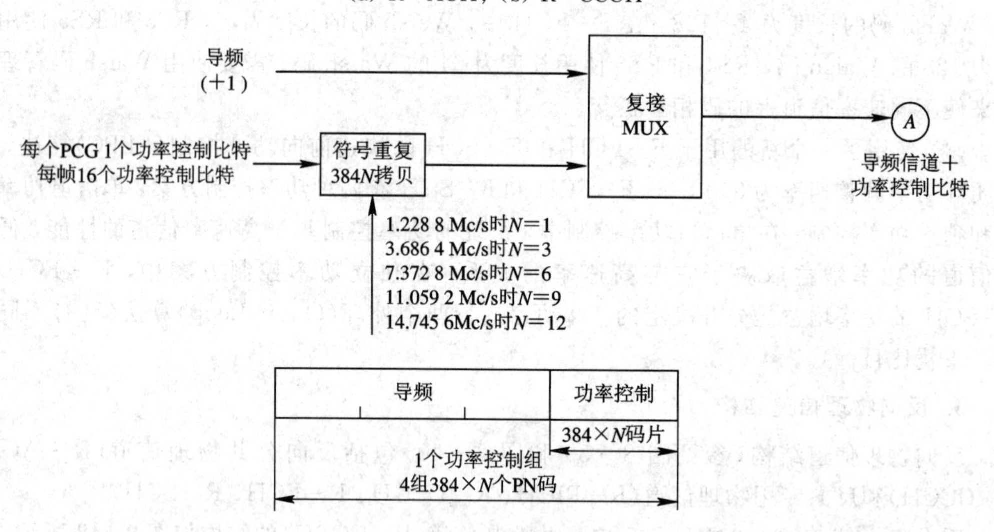

图 8-49 反向导频信道结构

反向专用控制信道(R-DCCH)、反向基本信道(R-FCH)和反向附加信道(R-SCH)的结构类似于图 8-48(b)中的信道结构。R-DCCH 信道使用 1/4 的卷积码，R-FCH 使用了卷积码或 Turbo 码，R-SCH 中也使用了卷积码或 Turbo 码。R-PICH 和R-DCCH 在同相 I 支路上传输，R-FCH 和 R-SCH 在正交 Q 支路上传输，如图 8-50 所示。

R-FCH 支持 5 ms 和 20 ms 的帧结构。5 ms 的帧每帧传输 24 比特。在 20 ms 帧中，R-FCH 在 RS3 和 RS5 中支持的速率为 1.5、2.7、4.8 和 9.6 kb/s，在 RS4 和 RS6 中支持的速率为 1.8、3.6、7.2 和 14.4 kb/s。在信道中使用了 $k=9$，$r=1/4$ 的卷积码。

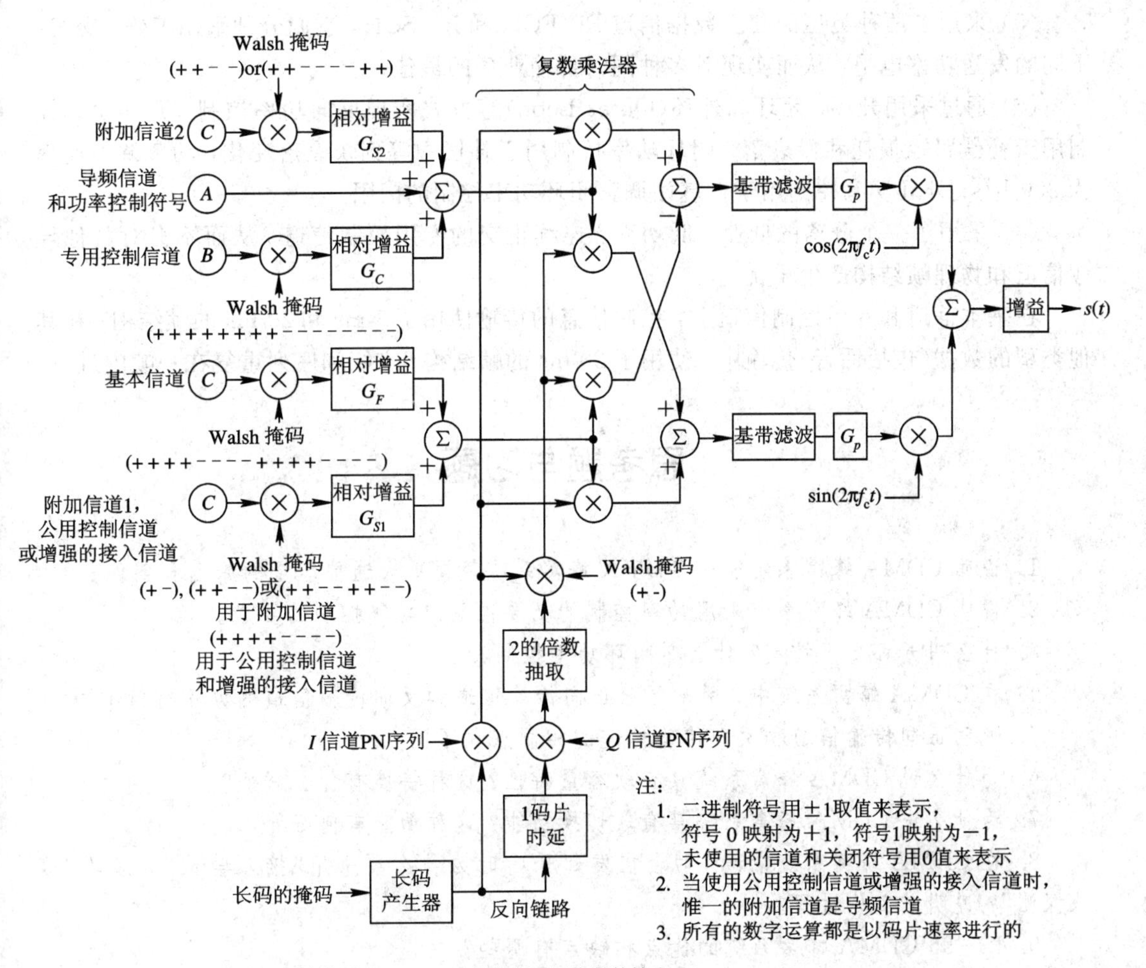

图 8-50　$N=1$ 和 $N=3$ 系统中反向链路调制过程中的 I 和 Q 支路的信道映射

R-SCH 工作在两种模式:第一种模式的数据速率不超过 14.4 kb/s,采用盲速率检测技术。第二种模式提供严格的速率信息,支持高速传输。在 RS3 中支持的高速分组传输的速率为 9.6、19.2、38.4、76.8 和 153.6 kb/s。当信道速率不大于 14.4 kb/s 时,使用 $k=9$,$r=1/4$ 的卷积码;在高速率的情况下,使用 Turbo 编码,卷积码是可选的。采用相同分量码构造不同码率的 Turbo 码,所有 R-SCH 使用的 Turbo 码的约束长度为 4,码率为 1/4、1/3 和 1/2。

综上所述,cdma2000 反向信道具有如下特征:

(1) 采用了连续的信号波形(连续的导频波形和连续的数据信道波形),从而使得传输信号对生物医学设备(如助听器等)的干扰最小化,并且可以用较低的速率来增加距离。连续的信号有利于使用帧间的时间分集和接收端的信号解调。

(2) 采用了可变长度的 Walsh 序列来实现正交信道。

(3) 通过信道编码速率、符号重复次数、序列重复次数等的调整来实现速率匹配。

(4) 通过将物理信道分配到 I 和 Q 支路,使用复数扩展使得输出信号具有较低的频谱旁瓣。

(5) 采用了两种类型的独立数据信道 R-FCH 和 R-SCH，它们分别采用编码、交织、不同的发送功率电平，从而实现对多种同时传输业务的最佳化。

(6) 通过采用开环、闭环和外环(Outer Loop)等方式实现反向功率控制。开环功率控制用于补偿路径损耗和慢衰落；闭环功率控制用于补偿中等到快衰落变化，功率调整速率为 800 b/s；外环功率控制用于在基站调整闭环功率控制的门限。

(7) 采用了一个分离的低速、低功率、连续正交的专用控制信道，从而不会对其他导频信道和物理帧结构产生干扰。

在基本信道和专用控制信道上，控制信息的传输使用了 5 ms 和 20 ms 的帧结构；在其他类型的数据(包括话音)传输中，使用了 20 ms 的帧结构。交织和序列重复在一帧内进行。

思考题与习题

1. 说明 CDMA 蜂窝系统能比 TDMA 蜂窝系统获得更大通信容量的原因和条件。
2. 说明 CDMA 蜂窝系统采用功率控制的必要性及对功率控制的要求。
3. 什么叫开环功率控制？什么叫闭环功率控制？
4. 在 CDMA 蜂窝系统中，用来区分正向传输信道和反向传输信道的办法有何不同？
5. 说明正向传输信道和反向传输信道的相同点和不同点。
6. 为什么说 CDMA 蜂窝系统具有软容量特性？这种特性有什么好处？
7. 为什么说 CDMA 蜂窝系统具有软切换功能？这种功能有何好处？
8. 在 CDMA 蜂窝系统中，移动台在发起呼叫时为什么要采用“接入尝试”和多次“接入探测”？说明其工作过程。
9. IS-95 CDMA 蜂窝系统的优点和缺点有哪些？
10. cdma2000 支持的最高数据速率是多少？此时的信道编码和扩频增益是多少？
11. IS-95 和 cdma2000 的信道结构有何异同点？
12. 为什么连续传输与突发传输相比有利于时间分集的实现？
13. 什么是复数 PN 序列扩展？它有什么优点？
14. 试举例说明不同长度的 Walsh 序列如何可以同时使用？

第 9 章　码分多址(CDMA)移动通信系统(二)

9.1　WCDMA 系统

9.1.1　WCDMA 系统结构

UMTS(Universal Mobile Telecommunications System，通用移动通信系统)是采用WCDMA(Wideband Code Division Multiple Access)无线接口技术的第三代移动通信系统，通常也把 UMTS 系统称为 WCDMA 通信系统。UMTS 系统采用了与第二代移动通信系统类似的结构，包括 UMTS 的陆地无线接入网络(UTRAN，UMTS Terrestrial Radio Access Network)和核心网络(CN，Core Network)。其中无线接入网络处理所有与无线有关的功能，而 CN 处理 UMTS 系统内所有的话音呼叫和数据连接，并实现与外部网络的交换和路由功能。CN 从逻辑上分为电路交换(CS，Circuit Switched)域(主要负责语音等业务的传输与交换)和分组交换(PS，Packet Switched)域(主要负责非语音类数据业务的传输与交换)。

用户设备(UE)＋UTRAN＋CN 构成一个完整的 WCDMA 移动通信系统。UE 与 UTRAN 之间的接口称为 Uu 接口(无线接口)，UTRAN 与 CN 之间的接口称为 Iu 接口。

WCDMA 是一种直接序列扩频码分多址(DS-CDMA)系统。WCDMA 无线接口的基本参数如表 9-1 所示。

表 9-1　WCDMA 无线接口基本参数

参数	值
频谱分配	FDD 模式：上行 1850～1910 MHz，下行 2110～2170 MHz
信道间隔	5 MHz
中心频率	200 kHz 的整数倍
上、下行频带间隔	134.8～245.2 MHz
码片速率	3.84 Mc/s
双工模式	FDD 或者 TDD
用户设备的发送功率	21、24、27 或者 33 dBm
接收机灵敏度	误码率为 0.001 情况下，基站－121 dBm，用户设备－117 dBm
功率控制步长	用户设备 1 dB、2 dB 或者 3 dB，基站 0.5 dB 或者 1 dB
发送功率控制命令下可能的最大发射功率变化范围	用户设备 26 dB，基站 12 dB
数据速率	乡村室外高速移动环境下 144 kb/s，市区和郊区室外中、低速移动环境下 384 kb/s，室内或者室外低速环境下 2 Mb/s

WCDMA 的无线帧长为 10 ms，分成 15 个时隙，采用固定的码片速率 3.84 Mc/s。通

过改变扩频因子可以适应不同的符号速率，即信道中的符号率取决于不同的扩频因子(SF)。SF 的取值与具体的双工模式有关。对于 FDD 模式，其上行链路扩频因子为4～256，下行链路扩频因子为 4～512；对于 TDD 模式，其上行和下行链路扩频因子均为 1～16。

无线空中接口指用户设备(UE)和网络之间的 Uu 接口，它分为控制平面和用户平面。控制平面由物理层、媒体接入控制(MAC)层、无线链路控制(RLC)层和无线资源控制(RRC)等子层组成。在用户平面的 RLC 子层之上有分组数据汇聚协议(PDCP)和广播/组播控制(BMC)。整个无线接口的协议结构如图 9-1 所示。

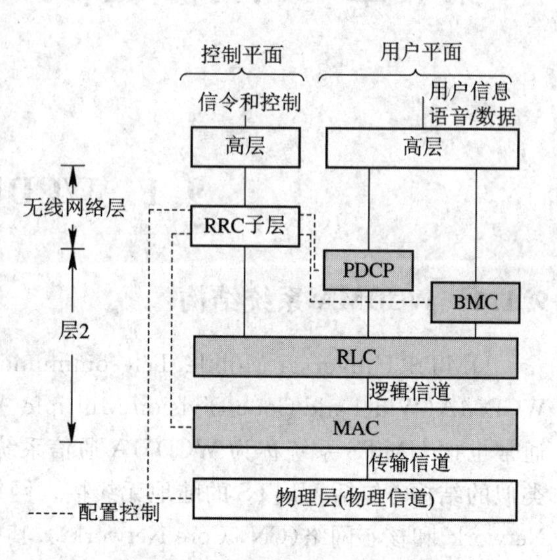

图 9-1　无线接口的分层结构

RRC(无线资源控制)层位于无线接口的第三层，它主要处理 UE 和 UTRAN 的第三层控制平面之间的信令，包括处理连接管理功能、无线承载控制功能、RRC 连接移动性管理和测量功能。

媒体接入控制(MAC)层屏蔽了物理介质的特征，为高层提供了使用物理介质的手段。MAC 层以逻辑信道的形式向高层提供信息传输服务，完成传输信息的有关变换，通过传输信道将信息发向物理层。

UTRAN 的结构如图 9-2 中的虚线框所示。

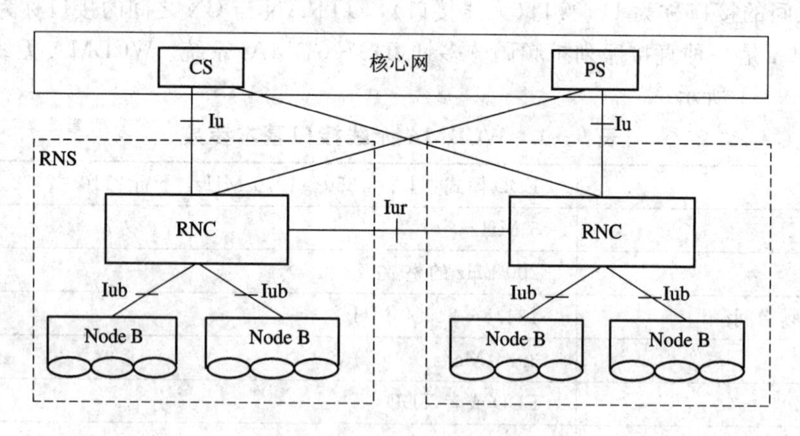

图 9-2　UTRAN 的结构

UTRAN 包含一个或几个无线网络子系统(RNS)。一个 RNS 由一个无线网络控制器(RNC)和一个或多个基站(Node B)组成。RNC 与 CN 之间的接口是 Iu 接口，Node B 和 RNC 通过 Iub 接口连接。在 UTRAN 内部，无线网络控制器(RNC)之间通过 Iur 互连。

Node B 是 WCDMA 系统的基站，主要完成 Uu 接口的物理层的功能，同时还完成如功率控制等一些无线资源的管理功能。它在逻辑上对应于 GSM 网络中的基站(BTS)。

RNC 用来分配和控制与之相连的 Node B 的无线资源。RNC 的主要功能包括：系统信息广播、接入控制、加密/解密、移动性管理、无线资源管理和控制、小区信息广播等。

CN 网络包括 PS 域和 CS 域两部分。3GPP(第三代移动通信伙伴计划)制定了多个 CN 网络结构的版本：R99、R4、R5、R6 等。在 R99 中，CN 的 CS 域与 GSM 的相同，PS 域采用 GPRS 的网络结构。在 R4 和 R5 中，CN 的 CS 域采用了基于 IP 的网络结构，原来的(G)MSC 被(G)MSC 服务器(Server)和电路交换媒体网关(CS－MGW)代替。(G)MSC 服务器(Server)用于处理信令，电路交换媒体网关(CS－MGW)用于处理用户数据。

9.1.2　WCDMA 无线接口

WCDMA 无线接口的分层结构如图 9－1 所示。本节对该协议的各层进行详细的讨论。

1. WCDMA 无线接口的物理层

传输信道是物理层提供给高层(MAC)的业务。根据其传输方式或所传输数据的特性，传输信道分为两类：专用信道(DCH)和公共信道。公共传输信道又分为 6 类：广播信道(BCH)、前向接入信道(FACH)、寻呼信道(PCH)、随机接入信道(RACH)、公共分组信道(CPCH)和下行共享信道(DSCH)。其中，RACH、CPCH 为上行公共信道，BCH、FACH、PCH 和 DSCH 为下行公共信道。

物理层通过信道化码(码道)、频率、正交调制的同相(I)和正交(Q)分支等基本的物理资源来实现不同的物理信道，并完成与上述传输信道的映射。与传输信道相对应，物理信道也分为专用物理信道和公共物理信道。一般的物理信道包括 3 层结构：超帧、帧和时隙。超帧长度为 720 ms，包括 72 个帧；每帧长为 10 ms，对应的码片数为 38 400 chip；每帧由 15 个时隙组成，一个时隙的长度为 2560 chip。由于采用了可变扩频因子的扩频方式，每时隙中传输的比特数取决于扩频因子的大小。

1) 上行物理信道

上行物理信道分为上行专用物理信道和上行公共物理信道。

(1) 上行专用物理信道。上行专用物理信道有两类，即上行专用物理数据信道(DPDCH)和上行专用物理控制信道(DPCCH)。DPDCH 用于为 MAC 层提供专用的传输信道(DCH)。在每个无线链路中，可能有 0、1 或若干个上行 DPDCH。DPCCH 用于传输物理层产生的控制信息。

在 WCDMA 无线接口中，传输的数据速率、信道数、发送功率等参数都是可变的。为了使接收机能够正确解调，必须将这些参数通过 DPCCH 在物理层控制信息中通知接收机。物理层控制信息由为相干检测提供信道估计的导频比特、发送功率控制(TPC)命令、反馈信息(FBI)、可选的传输格式组合指示(TFCI)等组成。TFCI 通知接收机在上行 DPDCH 的一个无线帧内同时传输的传输信道的瞬时传输格式组合参数(如扩频因子、选用的扩频码、DPDCH 信道数等)。在每一个无线链路中，只有一个上行 DPCCH。

上行专用物理信道(DPDCH)的帧结构如图 9－3 所示。每一长度 10 ms 的帧分为 15 个时隙，每一时隙的长度为 $T_{slot}=2560$ 个码片(chip)，对应于一个功率控制周期。DPDCH 和 DPCCH 通过并行码分复用的方式进行传输(参见图 9－6)。

图 9－3 中参数 k 决定了上行 DPDCH 中每时隙的比特数，它对应于物理信道的扩频系数 $SF=256/2^k$。$k=0$，…，6 对应的扩频因子为 256 到 4，对应的信道比特速率为 15～960 kb/s。

上行 DPCCH 的扩频因子总是 256，即上行 DPCCH 每时隙可传 10 bit 的控制信息。导

频字段长度 N_{pilot} 可以为 5～8 bit，它决定使用的导频图案集，TFCI 为传输格式指示，其域的长度 N_{TFCI} 为 0～2 bit，用于指示当前帧中 DPDCH 信道的信息格式，包括业务复接方式、信道编码方式、传输时间间隔(TTI)、在指定传输时间间隔中传输的比特数(Block Size)、CRC 图案、速率匹配系数等诸多参数。FBI 比特(其域长度 N_{FBI} 为 0～2 bit)用于支持移动台(UE)和基站之间的反馈技术，包括反馈式发射分集(FBD)和基站选择发送分集(SSDT)。TPC 为功率控制命令(其域长度 N_{TPC} 为 2 bit)，用于控制下行链路的发射功率。上行 DPCCH 中不同的比特组合确定了不同的时隙格式，实际使用中根据系统的配置由高层信令设定所用的时隙格式。这里的导频为确知的特殊图案，用于上行链路相干解调所需信道参数的估计。

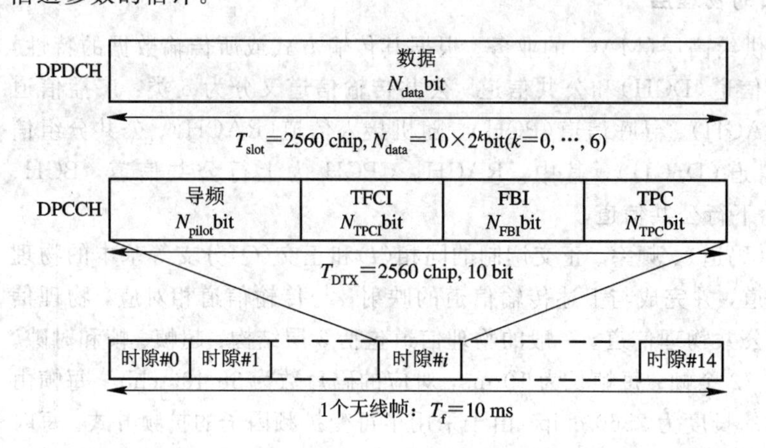

注：DPCCH的格式

N_{pilot}	N_{TPC}	N_{TFCI}	N_{FBI}
6	2	2	0
8	2	0	0
5	2	2	1
7	2	0	1
6	2	0	2
5	1	2	2

图 9-3 上行专用物理信道的帧结构

(2) 上行公共物理信道。与上行传输信道相对应，上行公共物理信道也分为两类。用于承载随机接入信道(RACH)的物理信道称为物理随机接入信道(PRACH)，用于承载公共分组(CPCH)的物理信道称为物理公共分组信道(PCPCH)。物理随机接入信道(PRACH)用于移动台在发起呼叫等情况下发送接入请求信息。PRACH 的传输基于时隙 ALOHA 的随机多址协议，接入请求信息可在一帧中的任一个时隙开始传输。

随机接入请求信息的发送格式如图 9-4 所示。它由一个或几个长度为 4096 chip 的前置序列和 10 ms 或 20 ms 的消息部分组成。随机接入突发前置部分中，长为 4096 chip 的序列由长度为 16 的扩频(特征)序列的 256 次重复组成，占两个物理时隙进行传输。随机接入消息部分的物理传输结构与上行专用物理信道的结构完全相同，但扩频比仅有 256、128、64 和 32 四种形式，占用 15 或 30 个时隙，每个时隙内可以传送 10/20/40/80 个比特。其控制部分的扩频比与专用信道的相同，但其导频比特仅有 8 bit 一种形式，导频比特图案与专用信道中 $N_{pilot}=8$ 的情况完全相同。在 10 ms 的消息格式中，随机接入消息中的 TFCI 的总比特数也为 $15\times2=30$ bit。无线帧中 TFCI 的值对应于当前随机接入信道消息部分的传输格式。在使用 20 ms 消息格式的情况下，TFCI 在第二个无线帧重复。

物理公共分组信道(PCPCH)是一条多用户接入信道，传送 CPCH 传输信道上的信息。在该信道上采用的多址接入协议是基于带冲突检测的时隙载波侦听多址(CSMA/CD)，用户可以将无线帧中的任何一个时隙作为开头开始传输，其传输结构如图 9-5 所示。PCPCH 的格式与 PRACH 类似，但增加了一个冲突检测前置码和一个可选的功率控制前

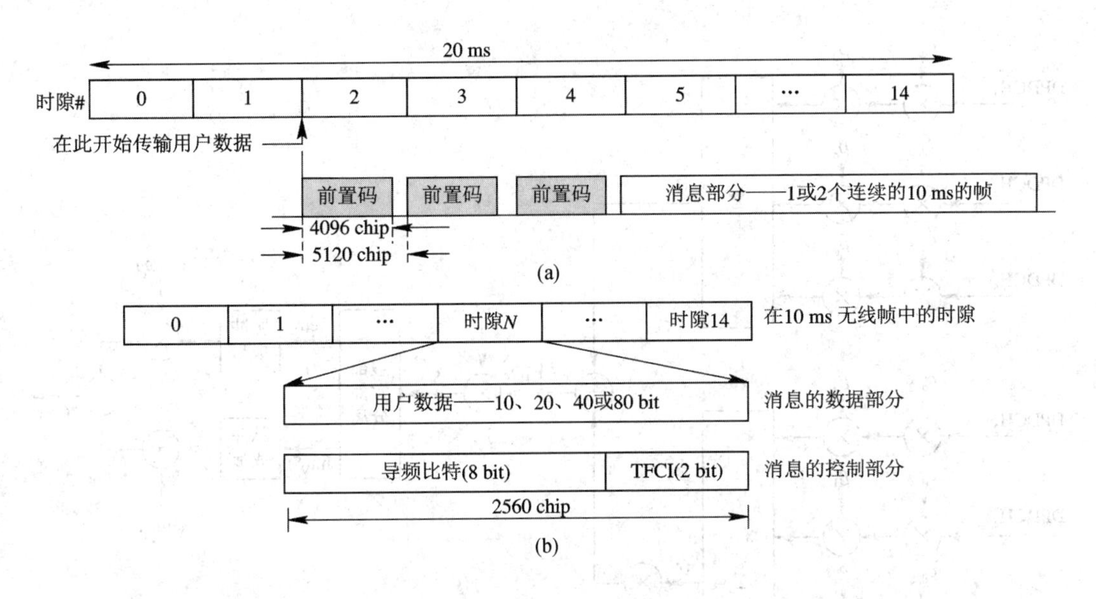

图 9－4　随机接入的发送格式

(a) PRACH 的格式；(b) 消息部分的格式

置码，消息部分可能包括一个或多个 10 ms 长的帧。与 PRACH 类似，消息有两个部分——高层用户数据部分和物理层控制信息部分。数据部分采用和 DPDCH 一样的扩频因子：4、8、16、32、64、128 和 256；控制部分的扩频因子为 256。

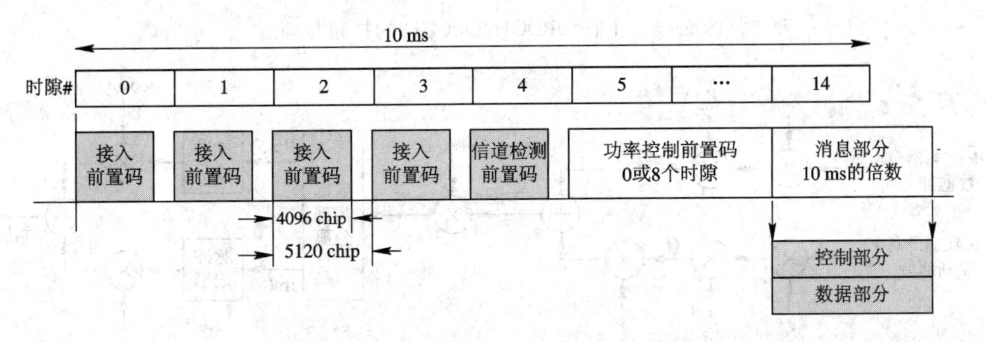

图 9－5　物理公共分组信道(PCPCH)上的传输结构

(3) 上行信道的扩频与调制。上行专用物理信道和上行公共物理信道的扩频和调制分别如图 9－6 和图 9－7 所示。

在上行 DPDCH/DPCCH 的扩频与调制中，1 个 DPCCH 和最多 6 个并行的 DPDCH 可以同时发送。所有的物理信道数据先被信道码 $c_{\mathrm{d},n}$ 或 c_c 扩频，再被乘以不同的增益 β(β_d 代表业务信道增益，β_c 代表控制信道增益)，合并后分别调制到两个正交支路 I 和 Q 上，最后还要经过复数扰码。PRACH 消息部分的扩频和调制与上行 DPDCH/DPCCH 的扩频和调制相似。

在上述扩展过程中，信道码 c_d($c_{\mathrm{d},n}$)或 c_c 扩频用的是正交可变扩展因子(OVSF)码，它的作用是保证所有用户不同物理信道之间的正交性。OVSF 码可以用图 9－8 所示的码树来定义。图中，OVSF 码可以描述为 $c_{\mathrm{SF,code\ number}}$，其中的 SF 代表了 DPDCH 的扩展因子，code number 是扩展码的编号。如 $c_{4,2}$ 表示的是扩展因子为 4 的第 2 号码，$c_{4,2}=(1,1,-1,-1)$。在 OVSF 的码树中，我们可按一定的规则来选取不同 SF 的相互正交的码，如 $c_{4,1}$ 和 $c_{2,2}$ 相互正交。

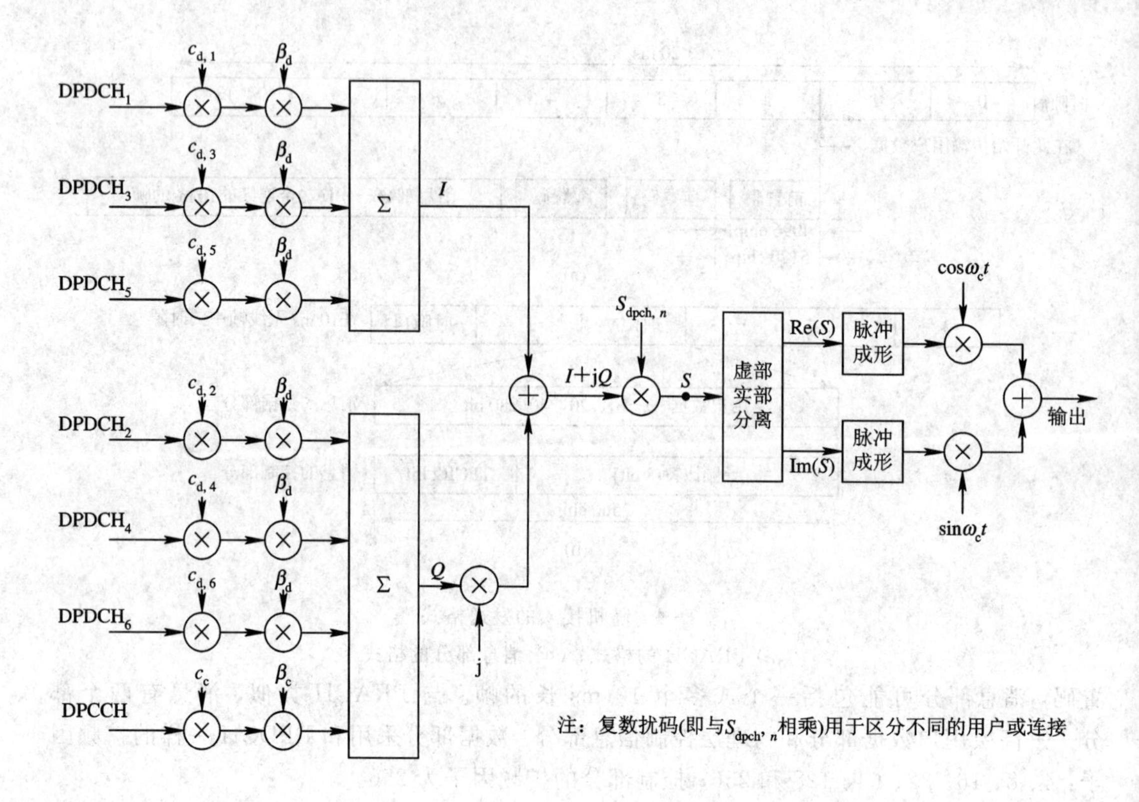

图 9-6　上行 DPDCH/DPCCH 的扩频与调制

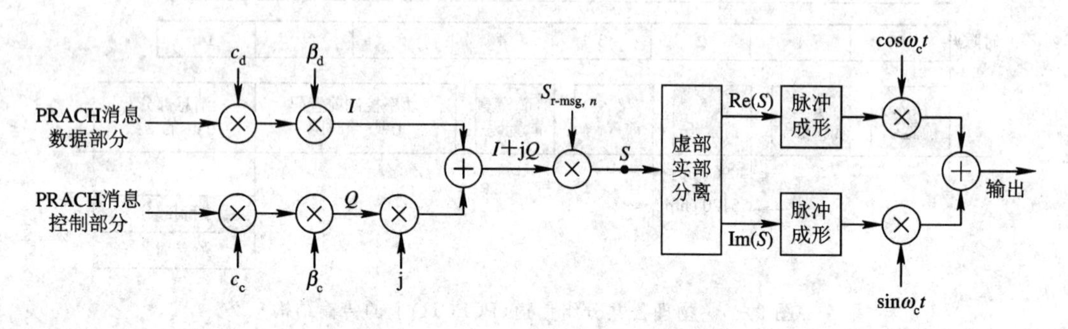

图 9-7　PRACH 消息部分的扩频和调制

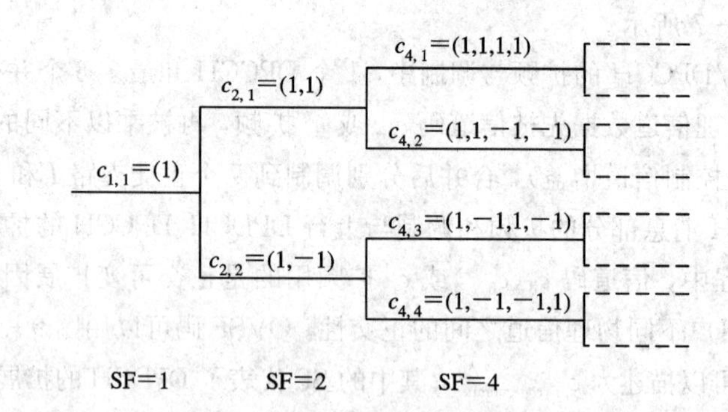

图 9-8　产生正交可变扩频因子码的码树

复数扰码是采用下列方法产生的：

$$c_{\text{scramb}} = c_1(w_0 + \mathrm{j}c_2'w_1) \tag{9-1}$$

其中，w_0 和 w_1 是码片速率的序列，定义为

$$w_0 = \{(+1+1)(+1+1)(+1+1)(+1+1)\cdots\} \tag{9-2}$$

$$w_1 = \{(+1-1)(+1-1)(+1-1)(+1-1)\cdots\} \tag{9-3}$$

c_1 是实数码片速率码；c_2' 是实数码片速率码 c_2 的抽取形式，抽取因子为 2。

c_2' 用下式给出：

$$c_2'(2k) = c_2'(2k+1) = c_2(2k) \qquad k = 0, 1, 2, \cdots \tag{9-4}$$

其中的 c_1 和 c_2 对于短扰码和长扰码来说其形成是不同的。

长扰码生成中，c_1 和 c_2 是通过两个二进制 m 序列的 38 400 个码片段模 2 加构成的。其中一个 m 序列采用本原多项式 $x^{25}+x^3+1$ 生成，另一个 m 序列采用多项式 $x^{25}+x^3+x^2+x+1$ 生成。长扰码实质上是一个 Gold 序列集的片段。c_1 移位 16 777 232 码片后成为 c_2。

短扰码中的 c_1 和 c_2 来自于复数四相序列 S(2)码的实部和虚部。复数四相序列 S(2)的取值为一个四元序列 $z_v(n)$（$n=0, 1, 2, 3$），其取值对应的复数值为(0：+1+j)，(1：−1+j)，(2：−1−j)，(3：+1−j)。四元序列 $z_v(n)$生成器的结构如图 9-9 所示，图中采用了模 2 和模 4 运算，映射器完成从四元序列到复数值的映射。

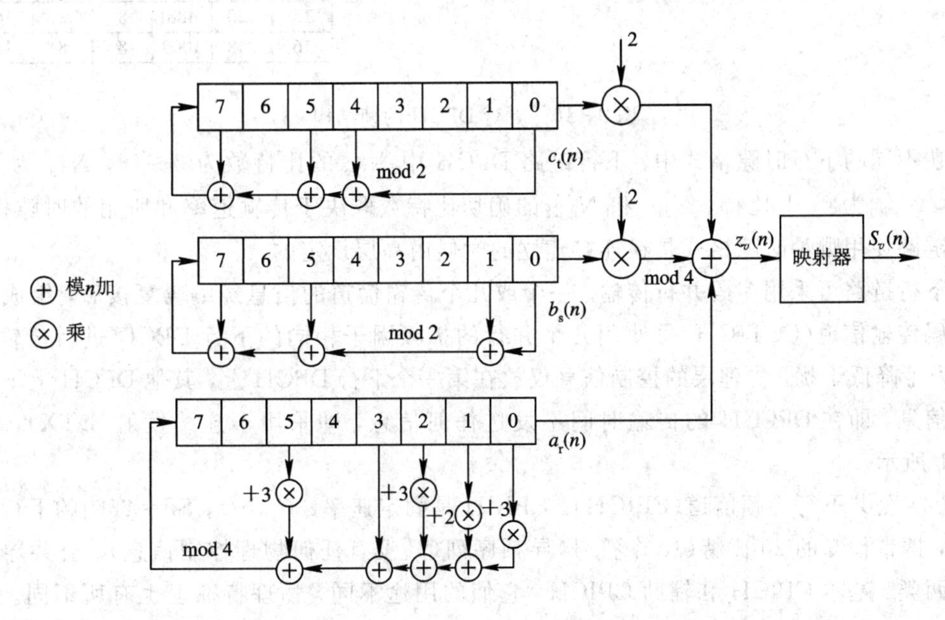

图 9-9　上行链路短扰码生成器

随机接入码由前置特征序列和前置扰码组成。前置扰码的生成方法与专用信道上长扰码实数部分的生成方法相同，不同之处在于只用前 4096 个码片。前置特征序列是长度为 16 的汉明码。

2) 下行物理信道

下行物理信道分为下行专用物理信道(DPCH)和下行公共物理信道(包括公共下行导频信道(CPICH)、基本公共控制物理信道(PCCPCH)、辅助公共控制物理信道(SCCPCH)、同步信道(SCH)、捕获指示信道(AICH)、寻呼指示信道(PICH))。

(1) 下行专用物理信道(DPCH)。下行 DPCH 由数据传输部分(DPDCH)和控制信息(导频比特、TPC 命令和可选的 TFCI)传输部分(DPCCH)组成，这两部分以时分复用的方式发送，如图 9-10 所示。下行信道也采用可变扩频因子的传输方式，每个下行 DPCH 时隙中可传输的总比特数由扩频因子 SF $=512/2^k$ 决定，扩频因子的范围由 512 到 4。

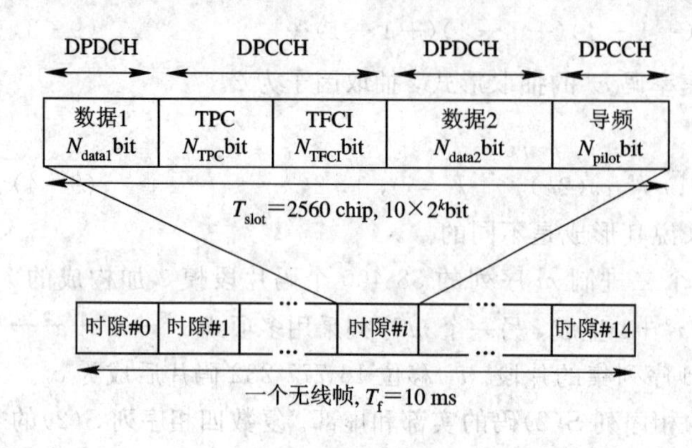

注：典型的时隙格式

序号	N_{data1}	N_{data2}	N_{TPC}	N_{TFCI}	N_{pilot}
1	0	2	2	2	4
2	2	14	2	0	2
3	2	12	2	2	2
4	2	12	2	0	4
5	2	10	2	2	4
6	2	8	2	0	8
7	2	6	2	2	8
8	6	28	2	0	4
9	6	26	2	2	4
10	6	24	2	0	8
11	6	22	2	2	8
12	12	48	4	8	8
13	28	112	4	8	8
14	56	232	8	8	16
15	120	488	8	8	16
16	248	1000	8	8	16

图 9-10　下行 DPCH 的帧结构

在不同的下行时隙格式中，下行链路 DPCH 中 N_{pilot} 的比特数为 2～16，N_{TPC} 为 2～8 比特，N_{TFCI} 为 0～8 比特，N_{data1} 和 N_{data2} 的确切比特数取决于传输速率和所用的时隙格式。下行链路使用哪种时隙格式是在连接建立的时候由高层设定的。

下行链路可采用多码并行传输。一个或几个传输信道的信息经编码复接后，组成的组合编码传输信道(CCTrCH)可使用几个并行的扩频因子相同的下行 DPCH 进行传输。此时，为了降低干扰，物理层的控制信息仅放在第一个下行 DPCH 上，其他 DPCH 上不传输控制信息，即在 DPCCH 的传输时间不发送任何信息，即采用不连续发射(DTX)，如图 9-11 所示。

(2) 公共下行导频信道(CPICH)。CPICH 是固定速率(30 kb/s，SF=256)的下行物理信道，携带预知的 20 比特(10 个符号)导频序列(且没有任何物理控制信息)。公共导频信道有两类：基本 CPICH 和辅助 CPICH，它们的用途不同，物理特征上也有所不同。每小区只有一个基本公共导频信道(PCPICH)，使用该小区的基本扰码进行加扰。所有小区的 PCPICH 均使用同样的信道化码进行扩频。基本 CPICH 是 SCH、PCCPCH、AICH、PICH 等下行信道的相位参考，也是其他下行物理信道的缺省相位参考。

辅助公共导频信道(SCPICH)每小区可以没有，也可以有一个或数个；可以在整个小区或仅在小区的一部分发送，可由基本或辅助扰码加扰，可以使用 SF=256 的任一信道化码进行扩频。辅助 CPICH 可以作为 SCCPCH 和下行 DPCH 的参考。

(3) 基本公共控制物理信道(PCCPCH 或基本 CCPCH)。基本 CCPCH 为固定速率(SF=256)的下行物理信道，用于携带 BCH。在每个时隙的前 256 个码片不发送任何信息(Tx

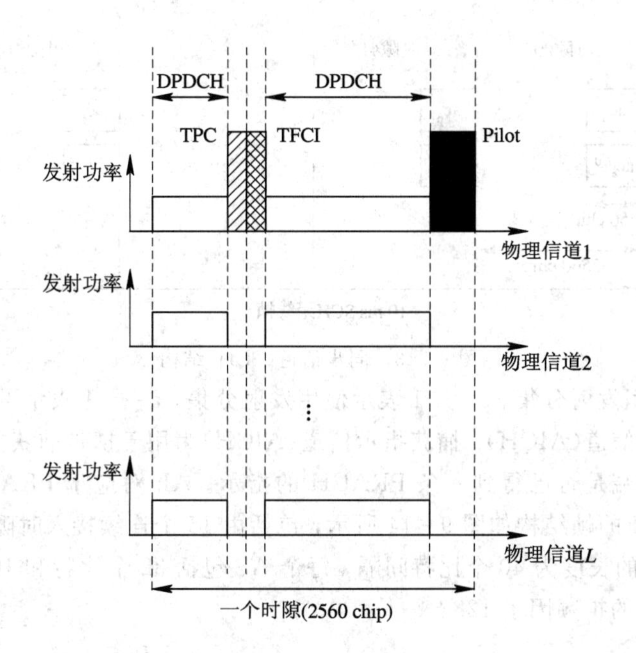

图 9-11　多码传输时下行链路的时隙格式

off)，因而可携带 18 比特的数据。基本 CCPCH 与下行 DPCH 的不同是没有 TPC 命令、TFCI 和导频比特。在每一时隙的前 256 个码片，即基本 CCPCH 不发送的期间，发送基本 SCH 和辅助 SCH(见图 9-13)。

(4) 辅助公共控制物理信道(SCCPCH 或辅助 CCPCH)。辅助 CCPCH 用于携带 FACH 和 PCH。有两类辅助 CCPCH：包括 TFCI 的和不包括 TFCI 的辅助 CCPCH，是否发送 TFCI 由 UTRAN 决定。辅助 CCPCH 可能的速率集和下行 DPCH 相同。辅助 CCPCH 的帧结构如图 9-12 所示，扩频因子的范围为 4～256。

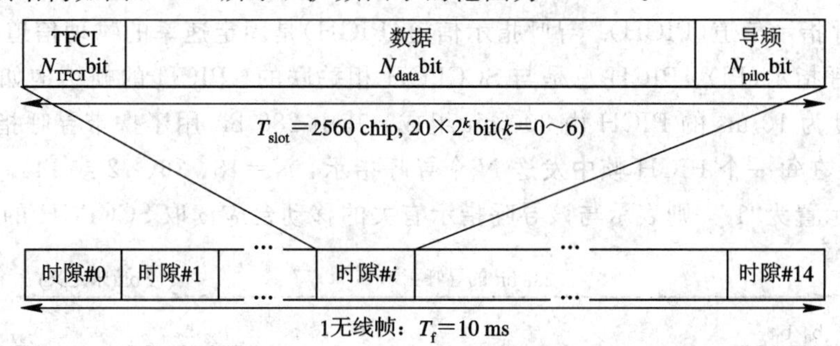

图 9-12　辅助公共控制物理信道(SCCPCH)的帧结构

(5) 同步信道(SCH)。同步信道(SCH)是用于小区搜索的下行信道。SCH 由两个子信道组成：基本 SCH 和辅助 SCH。SCH 无线帧的结构如图 9-13 所示。

基本同步码字(PSC)记作 c_p，其长度为 256 个码片，每时隙发送一次。系统中每个小区的 PSC 相同。辅助同步码字(SSC)记做 $c_s^{i,k}$，它由 15 个长度为 256 个码片的码组成，与基本 SCH 并行发送。$c_s^{i,k}$(i=1，2，…，64)中的 i 为本小区基本扰码所属的扰码组号，k=0，1，…，14为时隙号。图中的符号 a 对基本和辅助同步码字进行调制，a 指示

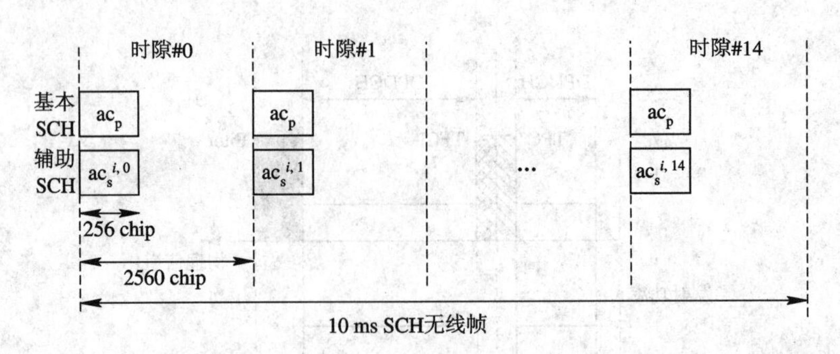

图 9-13　同步信道(SCH)结构

PCCPCH 是否使用发射分集。a=+1 表示使用发射分集，a=-1 表示不使用发射分集。

(6) 捕获指示信道(AICH)。捕获指示信道(AICH)为用于携带捕获指示(AI)的物理信道，它给出移动终端是否已得到一条 PRACH 的指示。AI_i 对应于 PRACH 或 PCPCH 上的特征码 i。AICH 的帧结构如图 9-14 所示，包括由 15 个连续接入时隙(AS)组成的重复序列，每一个 AS 的长度为 40 个比特间隔，每个 AS 包括 32 个比特和 1024 个码片长度的空部分，采用固定的扩频因子 128。

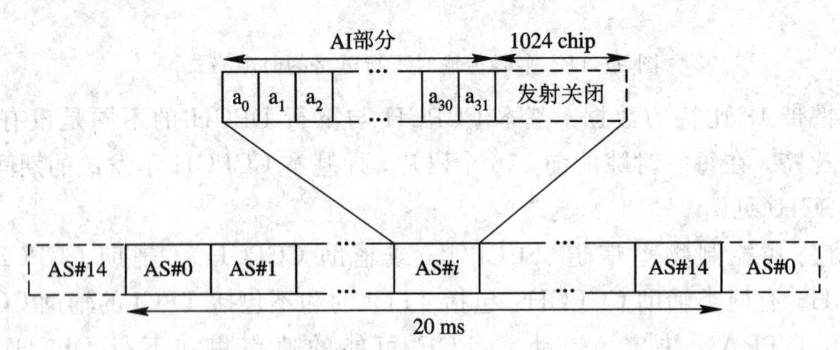

图 9-14　捕获指示信道(AICH)的结构

(7) 寻呼指示信道(PICH)。寻呼指示信道(PICH)是固定速率的物理信道(SF=256)，用于携带寻呼指示(PI)。PICH 总是与 SCCPCH 相关联的。PICH 的帧结构如图 9-15 所示。一个长度为 10 ms 的 PICH 由 300 bit 组成，其中 288 bit 用于携带寻呼指示，剩下的 12 bit 未用。在每一个 PICH 帧中发送 N 个寻呼指示，N=18、36、72 或 144。如果在某一帧中寻呼指示置为“1”，则表示与该寻呼指示有关的移动台应读取 SCCPCH 的对应帧。

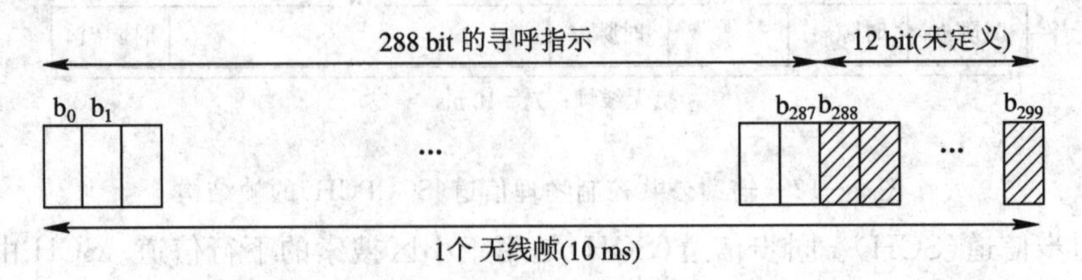

图 9-15　寻呼指示信道(PICH)的帧结构

(8) 下行链路的扩频和调制。除了 SCH 外，所有下行物理信道的扩频和调制过程如图 9-16 所示。数字调制方式是 QPSK。每一组两个比特经过串/并变换之后分别映像到 I 和 Q 支路。I 和 Q 支路随后用相同的信道码扩频至码片速率(实数扩频)，然后再用复数的扰

码 $S_{dl,n}$ 对其进行扰码。不同的物理信道使用不同的信道码，而同一个小区的物理信道则使用相同的扰码。

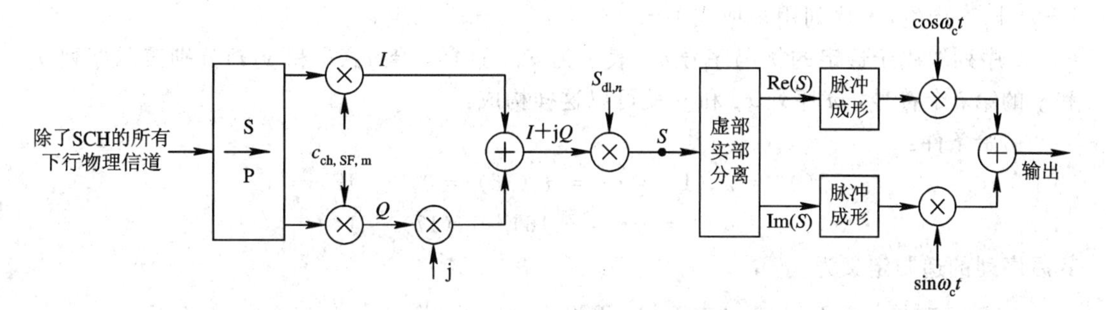

图 9-16　下行 DPCH 的扩频和调制

SCH 和其他下行物理信道的时分多路复用如图 9-17 所示。基本 SCH 和辅助 SCH 是码分多路的，并且在每个时隙的第 1 个 256 码片中同时传输。SCH 的传输功率可以通过增益因子 G_P 和 G_S 来分别加以调节，与 PCCPCH 的传输功率是不相关的。

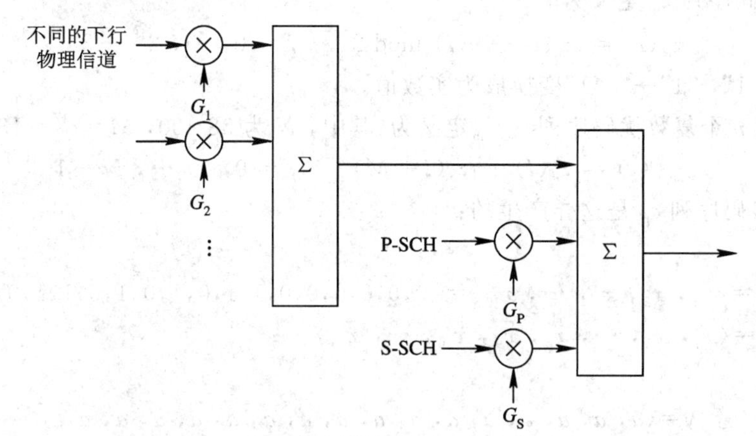

图 9-17　SCH 和下行物理信道的时分多路复用

图 9-16 中使用的信道化扩频码与上行中所用的信道化扩频码相同，为正交扩频因子(OVSF)码。基本 CPICH 使用 $c_{256,0}$，PCCPCH 使用 $c_{256,1}$，其余信道的扩频码由网络决定。

扰码的长度为 38 400 码片，共有 $2^{18}-1=262\ 143$ 个扰码，序号为 0，…，262 142，但实际上只用序号为 $k=0$，1，…，8191 的扰码，共 8192 个，分成 512 个集合。每个集合有 16 个码，其中一个是基本扰码，码序号为 $n=16\times i$，$i=0$，…，511，其他 15 个为辅助扰码，第 i 个集合中的码序号为 $16\times i+k$，$k=1$，…，15。

此外，在压缩模式下，要改变所使用的扰码，将序号为 k 的扰码替换成对应的两个扰码之一，序号分别为 $k+8192$ 和 $k+16\ 384$。

这 512 个基本扰码又分成 64 组，每组 8 个基本扰码，第 j 个扰码组包括的基本扰码序号为 $16\times 8\times j+16\times k$，其中 $j=0$，…，63；$k=0$，…，7。

一个小区对应一个基本扰码，相应地对应一个扰码集合，还包括 15 个辅助扰码。

在一个 CCTrCH 上可以混合使用基本扰码和辅助扰码。

扰码序列是通过将两个实数序列合并为一个复数序列构成的。每一个实数序列由如下两个 x 和 y 序列的对应位模 2 加而成，它实际上是一个 Gold 序列：x 序列用本原多项式 $1+x^7+x^{18}$ 产生，y 序列用多项式 $1+x^5+x^7+x^{10}+x^{18}$ 产生。

x 序列取决于选定的扰码序号 n，表示为 x_n。这样，令 $x_n(i)$ 和 $y(i)$ 分别表示序列 x_n 和 y 的第 i 个符号，m 序列 x_n 和 y 就可以这样构成：

初始条件：

$$x_0(0)=x_0(1)=\cdots=x_0(16)=0,\ x_0(17)=1$$

$$y(0)=y(1)=\cdots=y(16)=y(17)=1$$

其后序列的递归定义为

$$x_n(i+18)=x_n(i+7)+x_n(i)\ \mathrm{mod}\ 2 \qquad i=0,\ \cdots,\ 2^{18}-2$$

$$y(i+18)=y(i+10)+y(i+7)+y(i+5)+y(i)\ \mathrm{mod}\ 2 \qquad i=0,\ \cdots,\ 2^{18}-2$$

x_n 用如下的等式构成：

$$x_n(i)=x_0((i+n)\ \mathrm{mod}\ 2^{18}-1) \qquad i=0,\ \cdots,\ 2^{18}-2$$

第 n 个 Gold 码序列 z_n 定义为

$$z_n(i)=x_n(i)+y(i)\ \mathrm{mod}\ 2 \qquad i=0,\ \cdots,\ 2^{18}-2$$

经过“0”→“+1”，“1”→“−1”变换成为实数值。

最后，第 n 个复数扰码序列 c_{scramb} 定义为(其中，N 为 38 400，$M=2^{17}=131\ 072$)：

$$c_{\mathrm{scramb}}(i)=z_n(i)+\mathrm{j}z_n(i+M) \qquad i=0,\ 1,\ \cdots,\ N-1$$

基本同步码序列 c_{p} 是这样产生的：

令

$$a=\langle x_1,\ x_2,\ x_3,\ \cdots,\ x_{16}\rangle=\langle 0,0,0,0,0,0,1,1,0,1,0,1,0,1,1,0\rangle$$

$$b=\langle x_1,\ x_2,\ \cdots,\ x_8,\ \overline{x}_9,\ \overline{x}_{10},\ \cdots,\ \overline{x}_{16}\rangle$$

令

$$y=\langle a,\ a,\ a,\ a,\ a,\ a,\ a,\ a,\ a,\ a,\ a,\ a,\ a,\ a,\ a,\ a\rangle$$

则

$$c_{\mathrm{p}}=\langle y(0),\ y(1),\ y(2),\ \cdots,\ y(255)\rangle$$

其中，$y(i)$ 表示 y 的第 i 位。辅助同步码的产生方法如下：

令 $z=\{b,\ b,\ b,\ \bar{b},\ b,\ b,\ \bar{b},\ \bar{b},\ b,\ \bar{b},\ b,\ \bar{b},\ \bar{b},\ \bar{b},\ \bar{b},\ \bar{b}\}$，那么辅助同步码 $\{c_1,\ \cdots,\ c_{16}\}$ 就是哈达码序列同 z 序列进行对应比特位置模 2 加得到的结果。

哈达码序列有如下的递归定义：

$$\boldsymbol{H}_0=(0)$$

$$\boldsymbol{H}_k=\begin{bmatrix}\boldsymbol{H}_{k-1} & \boldsymbol{H}_{k-1}\\ \boldsymbol{H}_{k-1} & \overline{\boldsymbol{H}}_{k-1}\end{bmatrix} \qquad k\geqslant 1$$

辅助同步码中要使用的哈达码矩阵是 $\boldsymbol{H}_8$。对该矩阵的每一行进行编号，第一行编号为 0，以下依次编号，最后一行编号为 255。第 n 行的序列用 h_n 表示。

每 16 行选取矩阵 $\boldsymbol{H}_8$ 的一行就可选出 16 个可能的码序列 $n=0$，16，32，48，64，80，96，112，128，144，160，176，192，208，224，240。

令 $h_n(i)$ 和 $z(i)$ 分别表示序列 h_n 和 z 的第 i 个符号，则第 i 个时隙的辅助同步码为

$$c_{\mathrm{SCH},n}=\langle h_n(0)+z(0),\ h_n(1)+z(1),\ h_n(2)+z(2),\ \cdots,\ h_n(255)+z(255)\rangle$$

其中，$n=16\times(i-1)$，$i=1$，$\cdots$，16。

经过扩展和扰码后的复数扩展信号被分成 I 支路和 Q 支路，经过脉冲成形，再经过正交调制后发送。

(9) 下行链路发射分集。下行链路发射分集是指在基站方通过两根天线发射信号，每根天线被赋予不同的加权系数(包括幅度、相位等)，从而使接收方增强接收效果，改进下行链路的性能。发射分集包括开环发射分集和闭环发射分集。开环发射分集不需要移动台的反馈，基站的发射先经过空间时间块编码，再在移动台中进行分集接收解码，改善接收效果。闭环发射分集需要移动台的参与，移动台实时监测基站的两个天线发射的信号幅度和相位等，然后在反向信道里通知基站下一次应发射的幅度和相位，从而改善接收效果。

开环发射分集主要包括 TSTD(Time Switched Transmit Diversity，时间切换发射分集)和 STTD(Space Time block coding based Transmit antenna Diversity，空时发射分集)。

STTD 发射分集的编码过程如图 9-18 所示，输入的信道比特分为 4 比特一组 (b_0, b_1, b_2, b_3)，经过 STTD 编码后实际发往天线 1 的比特与原比特同为 (b_0, b_1, b_2, b_3)，实际发往天线 2 的比特为 $(-b_2, b_3, b_0, -b_1)$。

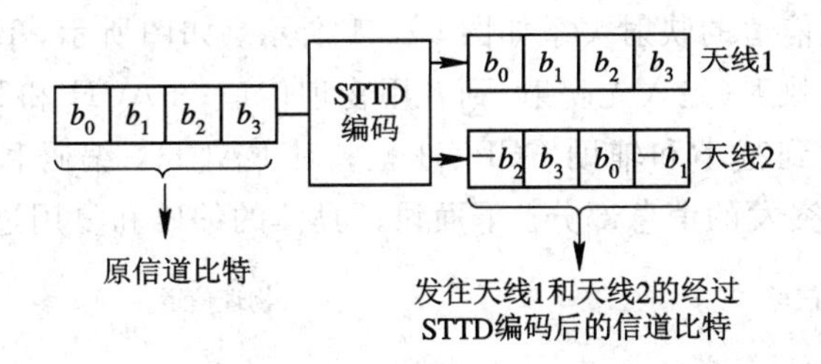

图 9-18　STTD 编码过程

下面以 DPCH 为例说明 STTD 编码的应用，其过程如图 9-19 所示，其中的信道编码、速率匹配和交织与在非分集模式下相同。为了使接收端能够确切地估计每个信道的特性，需要在每个天线上插入导频。

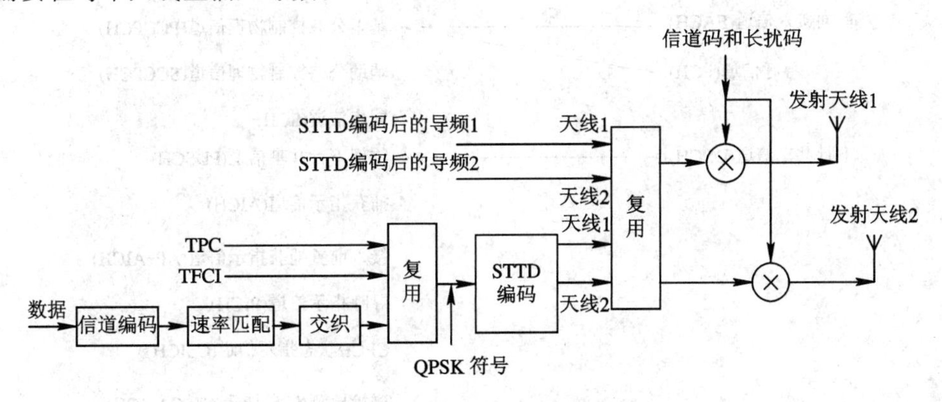

图 9-19　DPCH 的 STTD 编码过程

闭环发射分集实质上是一种需要移动台参与的反馈模式发射分集，只有 DPCH 采用闭环发射分集方式，需要使用上行信道的 FBI 域。DPCH 采用反馈模式发射分集的发射机结构如图 9-20 所示，其与通常的发射机结构的主要不同在于这里有两个天线的加权因子 w_1 和 w_2 (复数)。加权因子由移动台决定，并用上行 DPCCH 的 FBI 域中的 D 域来传送。

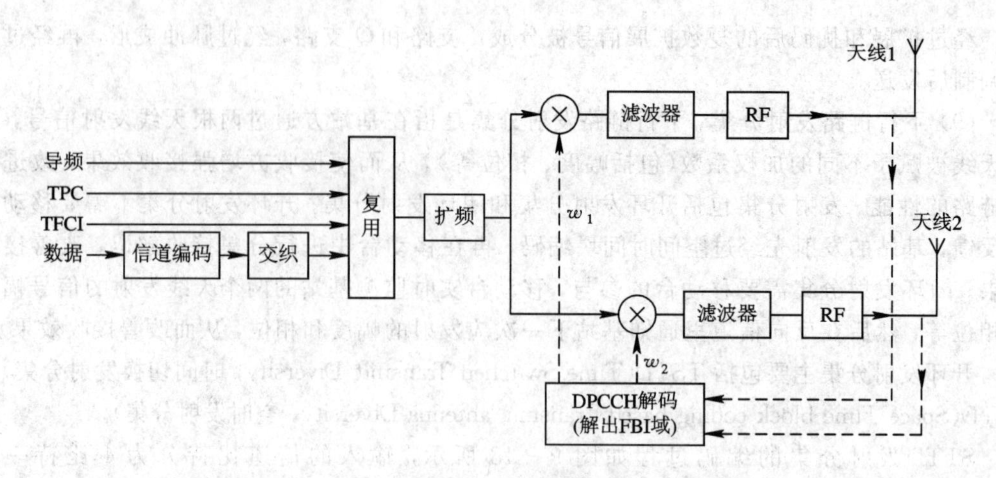

图 9-20　DPCH 采用反馈模式发射分集的发射机结构

3）业务信道的复接

传输信道到物理信道的映射关系如图 9-21 所示。如图所示，DCH 经编码和复用后，形成的数据流串行地映射(先入先映射)到专用物理信道；FACH 和 PCH 的数据流经编码、交织后分别直接映射到基本和辅助 CCPCH 上；对 RACH，编码和交织后的比特映射到 PRACH 的随机接入突发的消息部分。下面讨论具体的编码和复用过程。

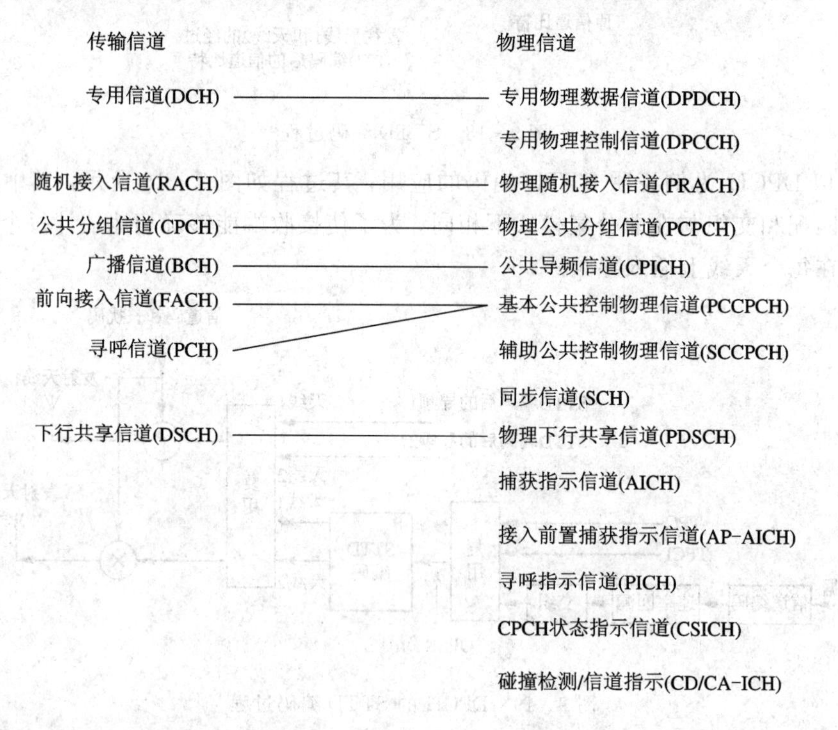

图 9-21　传输信道到物理信道的映射

(1) 物理层数据传输格式。在物理层和 MAC 间交互的所有传输信道规定为单向链路，即上行或下行，移动终端可以同时具有一个或多个传输信道。在物理层和 MAC 间信息交换的基本单元定义为传输块。典型的传输块为 RLC 的一个协议数据单元(PDU)，物理层为每一个传输块添加 CRC。

在同一时间使用同一个传输信道，在物理层和 MAC 间交换的一组传输块称为传输块集。传输块中的比特数定义为传输块的大小。在一个给定的传输块集中，传输块的大小总是固定的，也就是说，在一个传输块集中的所有传输块应是相同大小的。

MAC 层是按照固定的传输时间间隔向物理层传输数据块的。传输时间间隔(TTI)定义为传输块集的到达间隔，它等于物理层在无线接口中发送传输块集的周期。TTI 总是最小交织周期(10 ms)的倍数，MAC 层每个 TTI 向物理层发送一次传输块集。图 9－22 为在物理层与 MAC 间通过三个并行的传输信道同时交换传输块集的示例。每一个传输块集由大量的传输块组成。图中同时也示出了不同 TTI 的大小，可能的 TTI 大小为 10、20、40 和 80 ms。

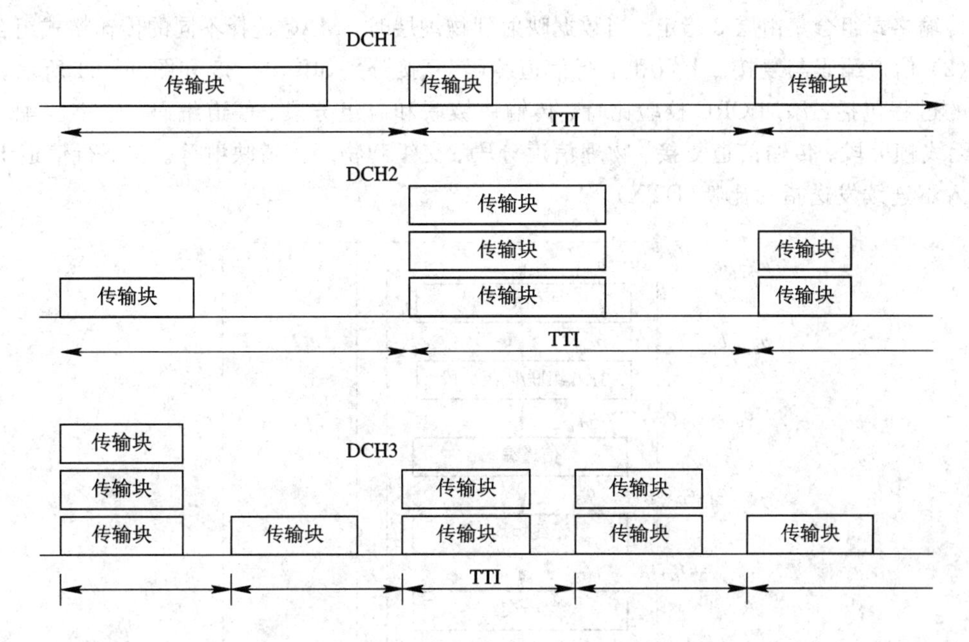

图 9－22　MAC 和物理层间数据的交换

传输格式定义为在一个传输信道上，在一个 TTI 中发送传输块集的格式。传输格式由两部分组成，分别称为动态部分和半静态部分。

动态部分的属性包括传输块大小、传输块集大小。

半静态部分的属性包括传输时间间隔、使用的差错保护方案(差错保护类型(Turbo 编码、卷积编码或不编码)、纠错编码速率、静态速率匹配参数、凿孔极限)以及 CRC 大小。

例如，某传输信道的传输格式可以描述为

动态部分：{320 bit，640 bit}。它表示传输块大小为 320 bit；传输块集由两个传输块组成，其大小为 640 bit。

半静态部分：{10 ms，卷积编码，静态速率匹配参数＝1}。它表示传输时间间隔为 10 ms，采用的纠错编码为卷积编码，静态速率匹配参数为 1。

传输格式组合集定义为在编码组合传输信道上的传输格式组合的集合。

例如：

· 动态部分：

组合 1　　DCH1：{20 bit，20 bit}；DCH2：{320 bit，1280 bit}；
　　　　　DCH3：{320 bit，320 bit}；

组合 2　DCH1：{40 bit，40 bit}；DCH2：{320 bit，1280 bit}；
DCH3：{320 bit，320 bit}；

组合 3　DCH1：{160 bit，160 bit}；DCH2：{320 bit，320 bit}；
DCH3：{320 bit，320 bit}。

· 半静态部分：

DCH1：{10 ms，卷积编码，静态速率匹配参数＝1}；

DCH2：{10 ms，卷积编码，静态速率匹配参数＝1}；

DCH3：{40 ms，Turbo 编码，静态速率匹配参数＝2}。

传输格式组合集由层 3 指定。当数据映射到物理层时，MAC 选择不同的传输格式组合。

(2) 信道编码与复接。上行和下行信道编码/复接分别如图 9－23 和图 9－24 所示。其基本的过程包括：添加 CRC 校验比特、传输块级联和码组分段、信道编码、速率匹配、交织、无线帧分段、传输信道复接、物理信道分段、交织和物理信道映射等。在下行信道中还需插入不连续发送指示比特(DTX)。

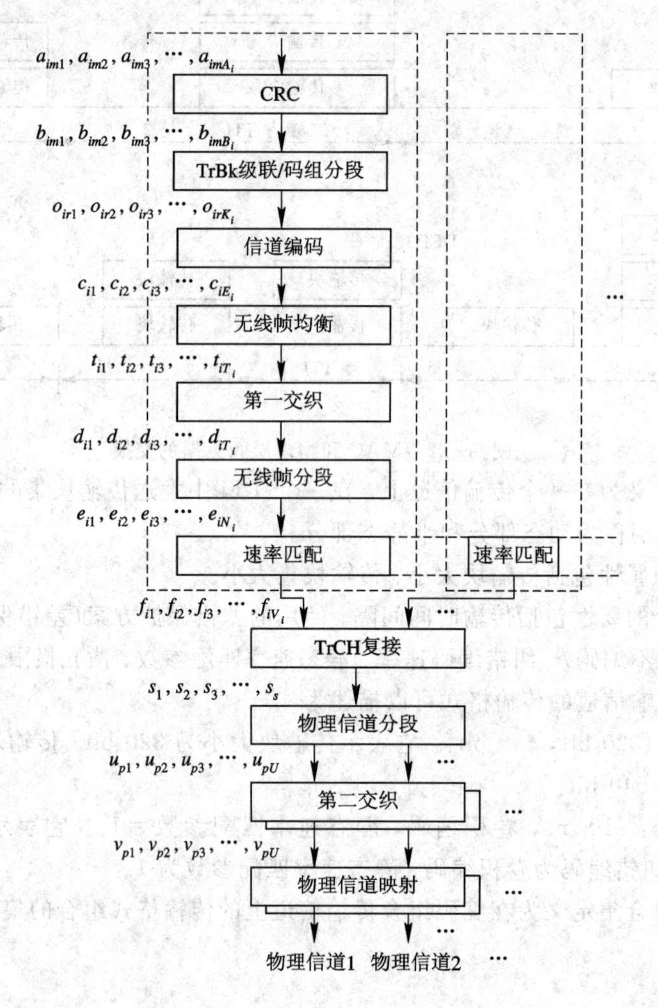

图 9－23　上行传输信道复接结构

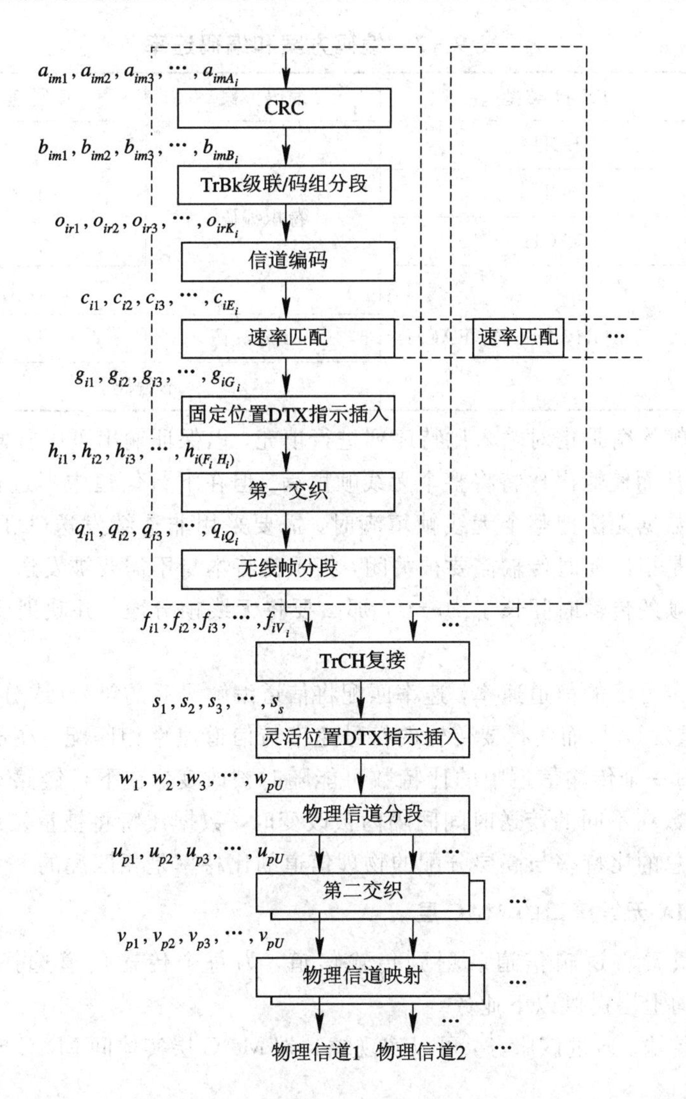

图 9-24　下行传输信道复接结构

CRC 为 24、16、12、8 或 0 bit，其生成多项式分别为

$$g_{\mathrm{CRC24}}(D) = D^{24} + D^{23} + D^{6} + D^{5} + D + 1$$

$$g_{\mathrm{CRC16}}(D) = D^{16} + D^{12} + D^{5} + 1$$

$$g_{\mathrm{CRC12}}(D) = D^{12} + D^{11} + D^{3} + D^{2} + D + 1$$

$$g_{\mathrm{CRC8}}(D) = D^{8} + D^{7} + D^{4} + D^{3} + D + 1$$

传输块级联和码块分段的功能是将一个 TTI 中的所有传输块级联到一起。如果级联后的比特数大于一个信道编码单元(码块)的最大允许比特数 Z，那么要将级联后的比特进行分段，分段后的码块具有相同的长度。码块的最大长度取决于 TrCH 的编码方式(卷积编码时，$Z=504$；Turbo 编码时，$Z=5114$；不编码时，Z 不受限)。

分段后的码块送给信道编码模块进行信道编码操作，从而形成无线帧。TrCH 可用的信道编码方案为卷积编码、Turbo 编码、不编码。不同类型的 TrCH 上使用的编码方案和编码速率如表 9-2 所示。

表 9-2 编码方案和编码速率

TrCH 类型	编码方案	编码速率
BCH	卷积编码	1/2
PCH		
RACH		
CPCH，DCH，DSCH，FACH		1/3，1/2
	Trubo 编码	1/3
	不编码	

上行无线帧均衡是指对输入比特序列进行填充，以保证输出可以分割成相同的大小为 T_i 的数据段，从而使输出比特将整个无线帧填满。但在下行信道中不进行比特填充，当无线帧要发送的数据无法把整个无线帧填满时，需要采用非连续发送(DTX)技术。DTX 指示比特的作用是指出何时传输需要被关闭，指示比特本身不需要被发送。

如果无线帧的传输时间长于 10 ms，那么要将无线帧分段，并映射到连续的物理信道帧上。

为适应固定分配的信道速率，速率匹配将信道编解码后的符号(或分段后的无线帧)进行打孔(或者重发)，从而使得要传输的符号速率与信道速率相匹配。在不同的传送时间间隔(TTI)内，每一个传输信道中的比特数可能随时被改变。在下行链路和上行链路中，当要传送的比特数在不同的传送时间间隔内被改变时，数据比特将被重发或者打孔，以确保在多路复用中总的比特率与高层分配的物理信道的比特率是相匹配的。

2. WCDMA 无线接口的 MAC 层

MAC 层负责将逻辑信道映射到传输信道，为每个传输信道选择合适的传输格式(TF)。MAC 向上层提供以下业务：

(1) 数据传输。通过该服务，可以实现端到端 MAC 层实体间 MAC SDU 的无分段、非确认的传输。

(2) 无线资源和 MAC 层参数的重新分配。该服务是由 RRC 来控制执行的。

(3) 测量报告。该服务向 RRC 报告本地测量结果。

MAC 层通过逻辑信道向高层提供服务，或者说逻辑信道是 MAC 层向上层提供数据传输服务的接口。逻辑信道类型是由其传输的信息类别来定义的。所有逻辑信道可分为两大类：控制信道和业务信道。控制信道包括同步控制信道(SCCH)、广播控制信道(BCCH)、寻呼控制信道(PCCH)、专用控制信道(DCCH)、公共控制信道(CCCH)以及共享控制信道(SHCCH)。业务信道包括专用业务信道(DTCH)和公共业务信道(CTCH)。

逻辑信道的信息经过 MAC 层后，将映射至相应的传输信道。以下列出了逻辑信道至传输信道的映射关系，反之亦然：BCCH 可映射至 BCH，也可映射至 FACH；PCCH 可映射至 PCH；CCCH 可映射至 RACH 和 FACH；DCCH 和 DTCH 可映射至 RACH 和 FACH，或 CPCH 和 FACH，或 RACH 和 DSCH，或 DCH 和 DSCH，或 DCH；DCCH 还可映射至 FAUSCH；CTCH 映射至 FACH；SHCCH 映射至 RACH 和 USCH/FACH 以及 DSCH。

MAC 层的主要功能有：进行逻辑信道和传输信道间的映射，为每一传输信道选择合适的传输格式，对每一移动终端(UE)的不同数据流进行优先级处理，对不同UE进行优先级处理，在DSCH和FACH上对不同用户的数据流进行优先级处理，在公用传输信道上识别不同移动终端(UE)，复用和解复用，业务流量监控，动态传输信道类型切换，对透明RLC进行加密和解密，为RACH和CPCH进行ASC选择。

3. WCDMA无线接口的链路层控制协议

在WCDMA无线接口的链路层中，除了上面讨论的MAC子层外，还包括无线链路控制(RLC)协议、运行在RLC之上的分组数据汇聚(PDCP)协议和广播/组播(BMC)协议。

1) 无线链路控制(RLC)协议

无线链路控制(RLC)协议主要完成对数据单元的分割和组装，加密和解密，用判决反馈重传实现对数据单元的差错控制，并通过收、发窗口进行流量控制等。RLC有三种工作模式：透明模式(Transparent Mode)、非确认模式(Unacknowledged Mode)和确认模式(Acknowledged Mode)。RLC的建立、释放和重新配置由RRC控制。

(1) 透明模式(Tr)。对于透明模式，发射端从高层接收业务数据单元，RLC将业务数据单元分割成一定大小的RLC协议数据单元而不附加任何RLC开销。如何对业务数据单元进行分割是在业务建立时决定的。通过逻辑信道，RLC将RLC协议数据单元送给MAC。选用哪个逻辑信道与信息位置有关。如果信息来自控制平面，可以选择BCCH、DCCH、PCCH、CCCH、SHCCH；如果信息来自用户平面，可以选择DTCH。接收端通过逻辑信道接收到协议数据单元，RLC将接收到的协议数据单元组装为RLC业务数据单元，并送到高层。

(2) 非确认模式(UM)。对于非确认模式，发射端从高层接收业务数据单元，RLC将业务数据单元分割成一定大小的RLC协议数据单元。如果业务数据单元的大小比协议数据单元小或业务数据单元大小不是协议数据单元的整数倍，则业务数据单元也可以与其他的业务数据单元级联。经过分段/级联的信息进行加密，再加上RLC非确认模式头后放置于发送缓冲区。通过逻辑信道，RLC将RLC协议数据单元送给MAC。与透明模式相似，选用哪个逻辑信道与信息位置有关。如果信息来自控制平面，可以选择CCCH、DCCH、SHCCH；如果信息来自用户平面，可以选择DTCH、CTCH。接收端通过逻辑信道接收到协议数据单元。RLC将接收到的协议数据单元去掉非确认模式头，解密，然后再将其组装为RLC业务数据单元。

(3) 确认模式(AM)。确认模式比较复杂，它包含反馈重传机制ARQ。通过ARQ，可以实现RLC层的差错控制。由于在物理层要加入纠错编码，同时在连续传输过程中只有错误的部分重传，因此这里的判决反馈重传实际上是选择性的混合反馈重传(Selective Hybrid ARQ)。RRC可以通过控制最大重传次数来控制RLC的时延、差错等特性。

此外，确认模式中还包括了捎带确认(Piggybacked)机制。捎带确认机制是指与上行或下行有关的数据流的确认信息嵌在反方向(下行或上行)的正常的数据流中。在RLC中，应用捎带确认机制后，原来的部分或全部填充比特被控制信息所取代，这样一方面可以提高传输效率，另一方面也可以实现信息的快速交换。

与非确认模式类似，发射端通过确认模式服务接入点(AM-SAP)从高层接收业务数据单元。RLC将业务数据单元(SDU)分段/级联为固定长度的有效载荷单元(PU)。一个AM协议数据单元(PDU)内有一个有效载荷单元(PU)，MUX决定在什么时候将哪一个协议数据单元送给MAC，通常控制协议数据单元在一个逻辑信道里传输，而数据协议数据单元在另外一个逻辑信道里传输，如图 9 - 25 所示。图中实线和虚线表示控制协议数据单元和数据协议数据单元在不同逻辑信道传输的情况。

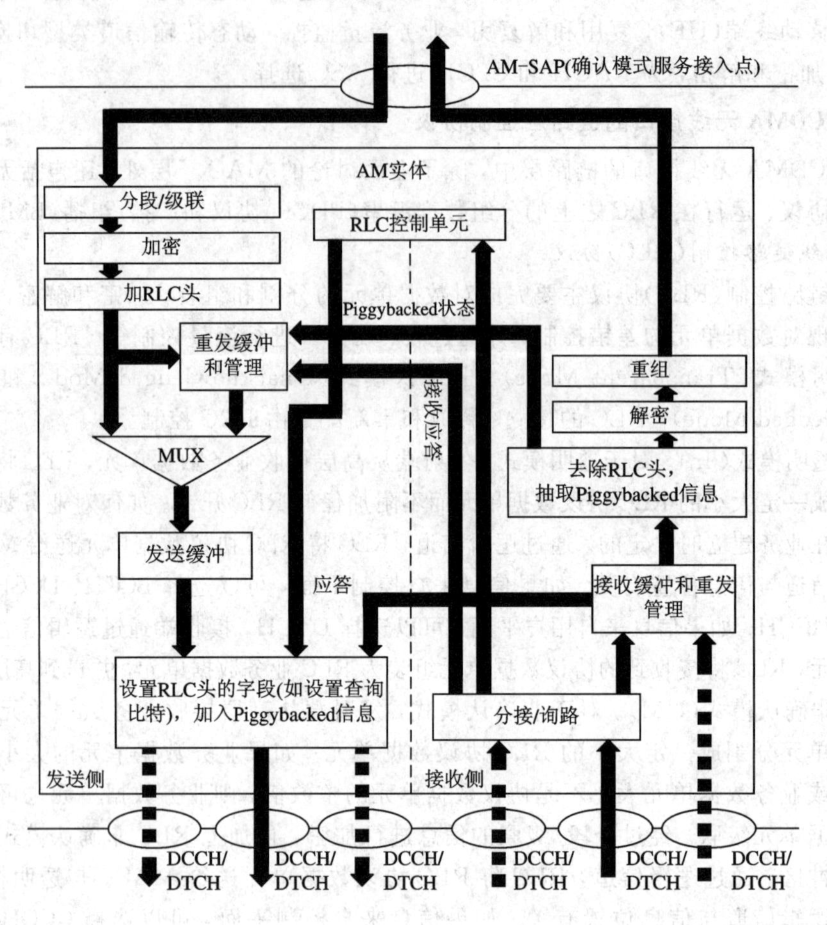

图 9 - 25　应答模式实体模型

接收端通过逻辑信道接收到协议数据单元。RLC 将接收的协议数据单元分成不同的有效载荷单元。如果有捎带确认机制，则控制信息也一起被提取出来。在接收到一个完整的业务数据单元之前，接收正确的有效载荷单元被放置于接收缓冲区中。如果传输的有效载荷单元有错，接收缓冲区会向发送端发送一个未确认的信息要求重传该有效载荷单元。如果经过多次重传后该有效载荷单元仍然有错，则包含该有效载荷单元的业务数据单元将被抛弃。在协议数据单元组装成业务数据单元后，RLC 通过 AM - SAP 将 RLC 业务数据单元送到高层。

2) 分组数据汇聚协议(PDCP)

目前，最常见的高层数据业务的传输协议有：网络层的 IPv4 与 IPv6、传输层的用户数据报协议(UDP)和传输控制协议(TCP)等。为了有效支持上述协议和其他新型的协议，而不需对 RLC 或 MAC 层进行任何改动，在 WCDMA 中引入了分组数据汇聚协议(PDCP)。

PDCP 以三种不同的 RLC 传输方式(确认、非确认和透明方式)来提供对网络协议数据单元(PDU)的发送和接收。PDCP 负责协议数据单元(PDU)从一种网络协议到一种 RLC 实体间的映射，并且完成了在传输实体端对网络 PDU 的冗余控制信息的压缩和在接收实体端的解压缩。

分组数据汇聚协议能够使不同的网络层协议与 RLC 层适配，从而使得用户数据能透明地通过 UTRAN 传输。PDCP 的另一个功能是提高时延敏感信息(如语音或图像)的传输效率。它通过使用经过 IETF 标准化的不同报头压缩和解压缩算法，以减小上层包的报头字段的尺寸来做到这一点。

进行报头压缩的主要目的是提高传输效率。传输效率在某种程度上取决于报头与整个包长度的比值。例如考虑 IPv6，其报头为 48 个字节，若包中的用户数据也是 48 个字节，则传输效率仅为 50%。若传输 13 kb/s 的编码语音，则需要大约 29.5 ms 的语音样本来构建一个包。因此，大的报头不仅需要较高的信道带宽并降低了传输效率，而且增加了时延。对报头的压缩是基于这样的事实，即许多报头字段在一个呼叫的生命周期内是保持不变的，而且在包和包之间也不发生变化。例如，一个 IP 报头的大多数字段保持不变。类似地，对 TCP 和 UDP，源和目标地址以及端口号同样是可以不变的。这样，完全可以只在一系列包的开始时传输一个带有完整报头的包，而从那以后只发送在此期间发生变化的那些字段。接收端保存完整的报头，并用它对接收到的报头解压缩。当然，若整个报头在某点发生变化，则必须向接收端发送完整的报头。

3) 广播/组播(BMC)协议

广播/组播(BMC)协议子层负责传输来自网络的需要广播或组播给小区内所有移动台的信息。BMC 子层仅存在于无线空中接口的用户平面上，它暂时存放从高层来的用户数据，直到将它们调度好后准备发送。它在一条公用业务信道(CTCH)上使用 RLC 的非确认模式来传输信息。对不希望在小区内广播的用户数据，BMC 对其进行透明传递。BMC 还完成其他一些功能，如在网络侧周期性地估计小区广播的业务量大小，并用一个指示原语将此信息转给 RRC 层。

4. WCDMA 无线接口的无线资源控制(RRC)

RRC 协议是 UTRAN 中高层协议的核心规范，其中包括了 UE 和 UTRAN 之间传递的几乎所有的控制信令，以及 UE 在各种状态下无线资源的使用情况、测量任务和执行的操作。

系统中无线资源包含 WCDMA 频率、不同信道类型、信道码、扩频因子、扰码和控制发射功率的能力等。RRC 对无线资源进行分配并发送相关信令。UE 和 UTRAN 之间控制信令的主要部分是 RRC 消息。RRC 消息承载了建立、修改、释放数据链路层和物理层协议实体所需的全部参数，同时也携带了非接入层(NAS)的一些信令，如移动性管理(MM)、连接管理(CM)、会话管理(SM)等。

下层的一些测量报告可以为 RRC 分配无线资源提供参考。控制操作和测量报告将通过 RRC 与低层的接入点进行交互。RRC 与低层的交互动作如图 9-26 所示。

RRC 层向上层提供信令连接以支持与上层之间的信息流交换。信令连接可在 UE 和核心网之间传输高层信息。对每个核心网域，最多只能同时存在一个信令连接；对于一个 UE，同时最多也只能存在一个 RRC 连接。

RRC 层的主要功能有：

- 广播由非接入层(核心网)提供的信息；
- 广播与接入层相关的信息；
- 建立、维持及释放 UE 和 UTRAN 之间的一个 RRC 连接；
- 建立、重新配置及释放无线承载；

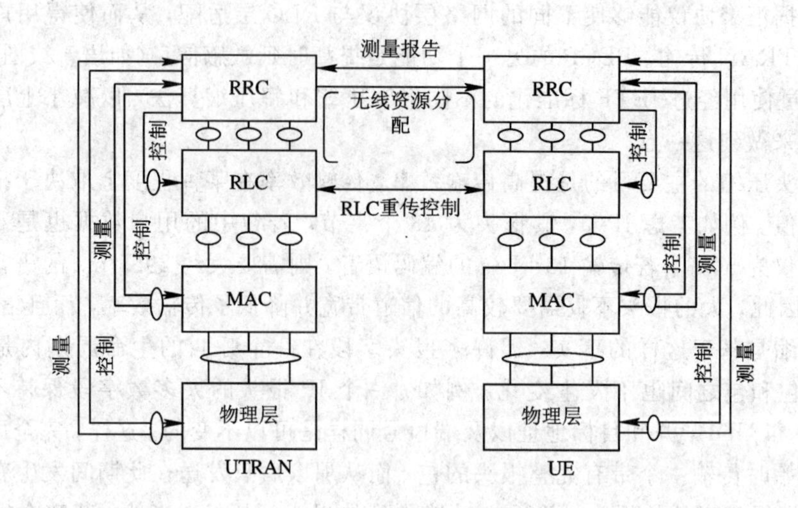

图 9-26 RRC 与低层的交互动作

- 分配、重新配置及释放用于 RRC 连接的无线资源；
- RRC 连接移动功能；
- 控制所需的 QoS；
- UE 测量的报告和对报告模式的控制；
- 外环功率控制；
- 安全模式控制；
- 慢速动态信道分配；
- 寻呼；
- 初始小区选择和重选；
- 上行链路 DCH 上无线资源的仲裁；
- RRC 消息完整性保护；
- 定时提前；
- 小区广播业务(CBS)控制。

RRC 的连接建立过程如图 9-27 所示。

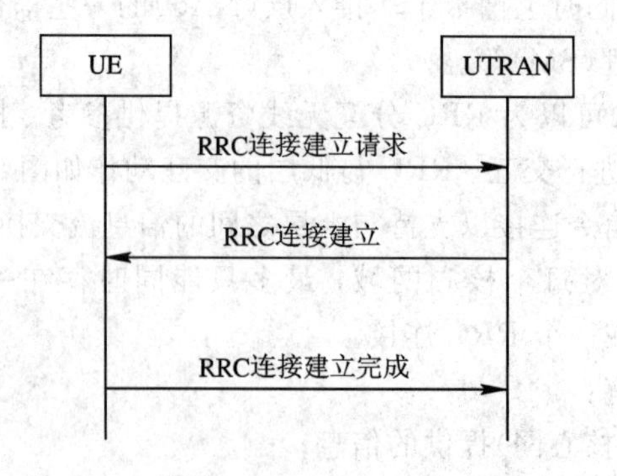

图 9-27 RRC 的连接建立过程

当具体实施上述连接建立过程时，在 UTRAN 中涉及到无线网络子系统(RNS)中的

Node B 和无线网络控制器(RNC)。RCC 的实体运行在 RNC 上。在具体的连接过程中还涉及到 Node B 到 RNC 之间的接口 Iub 和无线接口中的相关信道(参见图 9-2。)

*9.1.3　WCDMA 系统的网络

1. WCDMA 系统的网络结构

R99 版本中的网络结构如图 9-28 所示。

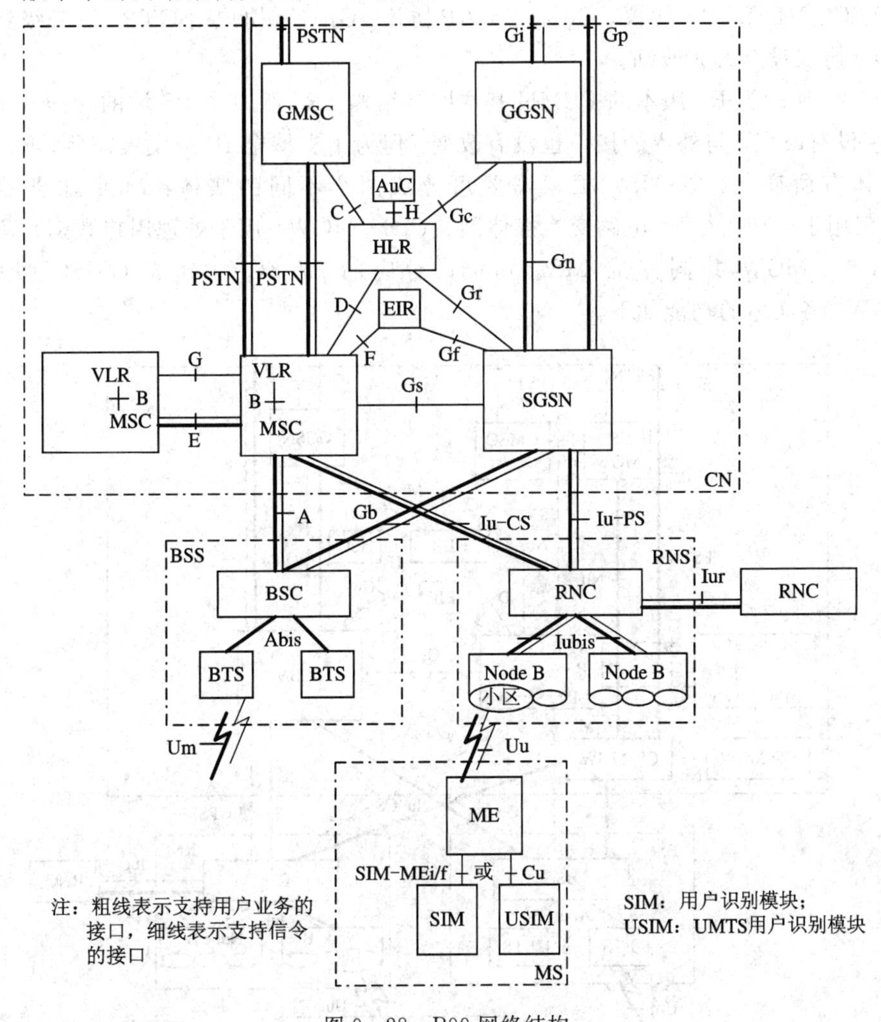

图 9-28　R99 网络结构

R99 网络结构的设计中充分考虑了第二代(2G)/第三代(3G)移动通信系统的兼容，以支持 GSM/GPRS/3G 的平滑过渡。因此，在核心网络中，CS 域和 PS 域是并列的。R99 中 CS 域的功能实体包括 MSC、VLR、GMSC 等。PS 域特有的功能实体包括 SGSN 和 GGSN，为用户提供分组数据业务。HLR、AuC、EIR 为 CS 域和 PS 域共用设备，在无线接入网中可支持 GSM 的 BSS 以及 UTRAN 的 RNS。

图 9-28 中的所有功能实体都可作为独立的物理设备。

1) CS 域的接口

A 接口和 Abis 接口定义在 GSM08 - series 技术规范中；Iu - CS 接口定义在

UMTS25.4xx-series 技术规范中；B、C、D、E、F 和 G 接口则以 7 号信令方式实现相应的移动应用部分(MAP)，用于完成数据交换。H 接口未提供标准协议。

2) PS 域的接口

PS 域的网络结构是基于 GPRS 的网络结构(见图 7-43)。Gb 接口定义在GSM08.14、08.16 和 08.18 技术规范中；Iu-PS 接口定义在 UMTS25.4xx-series 技术规范中；Gc、Gr、Gf、Gd 接口则是基于 7 号信令的 MAP 协议；Gs 实现 SGSN 与 MSC 之间的联合操作，基于 SCCP/BSSAP+协议；Ge 基于 CAP 协议；Gn/Gp 协议由 GTP V0 升级到 V1 版本；Ga/Gi 协议没有太大改动。

图 9-29 所示为 R4 版本的 PLMN 基本网络结构。R4 版本中 PS 域的功能实体SGSN 和 GGSN 没有改变，与外界的接口也没有改变。但为了支持全 IP 网发展需要，R4 版本中 CS 域实体有所变化，如 MSC 根据需要可分成两个不同的实体：MSC 服务器(MSC Server，仅用于处理信令)和电路交换媒体网关(CS-MGW，用于处理用户数据)。MSC 服务器和 CS-MGW 共同完成 MSC 功能；对应的 GMSC 也分成 GMSC 服务器和 CS-MGW。各实体的功能如下。

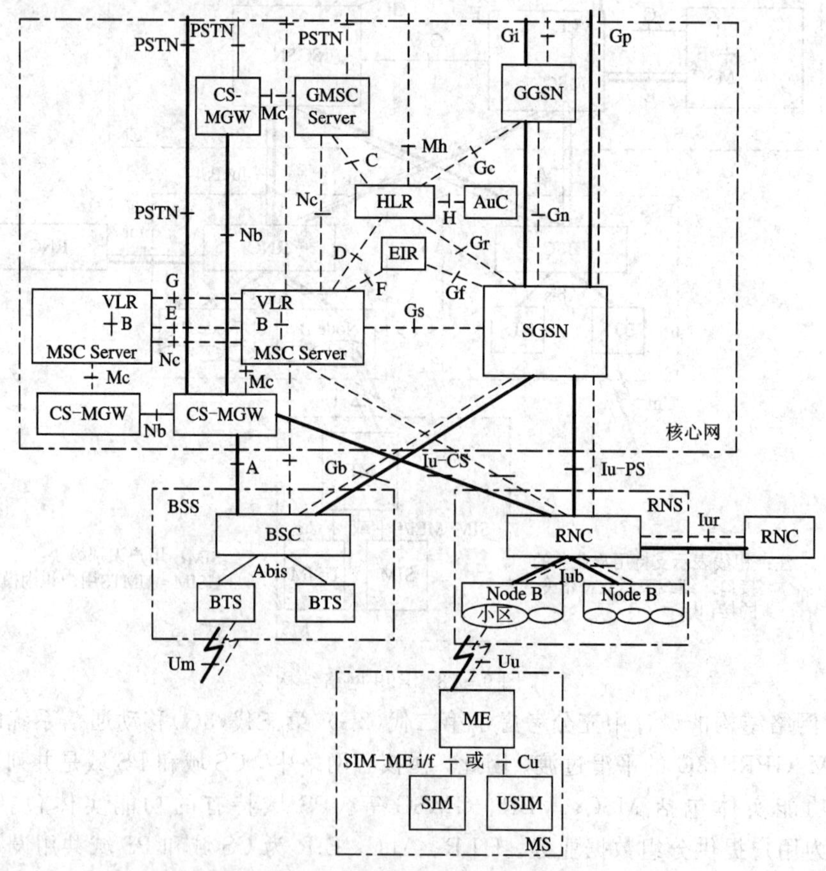

注：(1) 为了充分说明网络的平滑演进，我们把基站控制器(BSC)也加至网络结构图中

(2) 图中实线代表用户数据，虚线表示信令

(3) 目前没有协议对H接口和I接口的标准化进行描述

图 9-29 支持 CS 和 PS 业务的 PLMN 的基本配置(R4 版本)

(1) MSC 服务器(MSC Server)：主要由 MSC 的呼叫控制和移动控制组成，负责完成 CS 域的呼叫处理等功能。MSC 服务器终接用户－网络信令，并将其转换成网络－网络信令。MSC 服务器也可包含 VLR 以处理移动用户的业务数据和 CAMEL(Customized Applications for Mobile Network Enhanced Logic)相关数据。

(2) 电路交换媒体网关(CS－MGW)是 PSTN/PLMN 的传输终接点，并且通过 Iu 接口连接核心网和 UTRAN。CS－MGW 可以是从电路交换网络来的承载通道的终接点，也可以是从分组网来的媒体流(例如 IP 网中的 RTP 流)的终接点。在 Iu 上，CS－MGW 可支持媒体转换、承载控制和有效载荷处理(例如多媒体数字信号编解码器、回音消除器、会议桥等)，可支持 CS 业务的不同 Iu 选项(基于 AAL2/ATM 或基于 RTP/UDP/IP)。

(3) GMSC 服务器(GMSC Server)主要由 GMSC 的呼叫控制和移动控制组成。

图 9－30 是 R5 版本的 PLMN 基本网络结构(没有包括 IP 多媒体(IM)子系统部分)。R5 版本的网络结构和接口形式和 R4 版本基本一致，差别主要是当 PLMN 包括 IM 子系统时，HLR 被归属用户服务器(HSS)所替代；另外，BSS 和 CS－MSC、MSC 服务器之间同时支持 A 接口及 Iu－CS 接口，BSC 和 SGSN 之间支持 Gb 及 Iu－PS 接口。

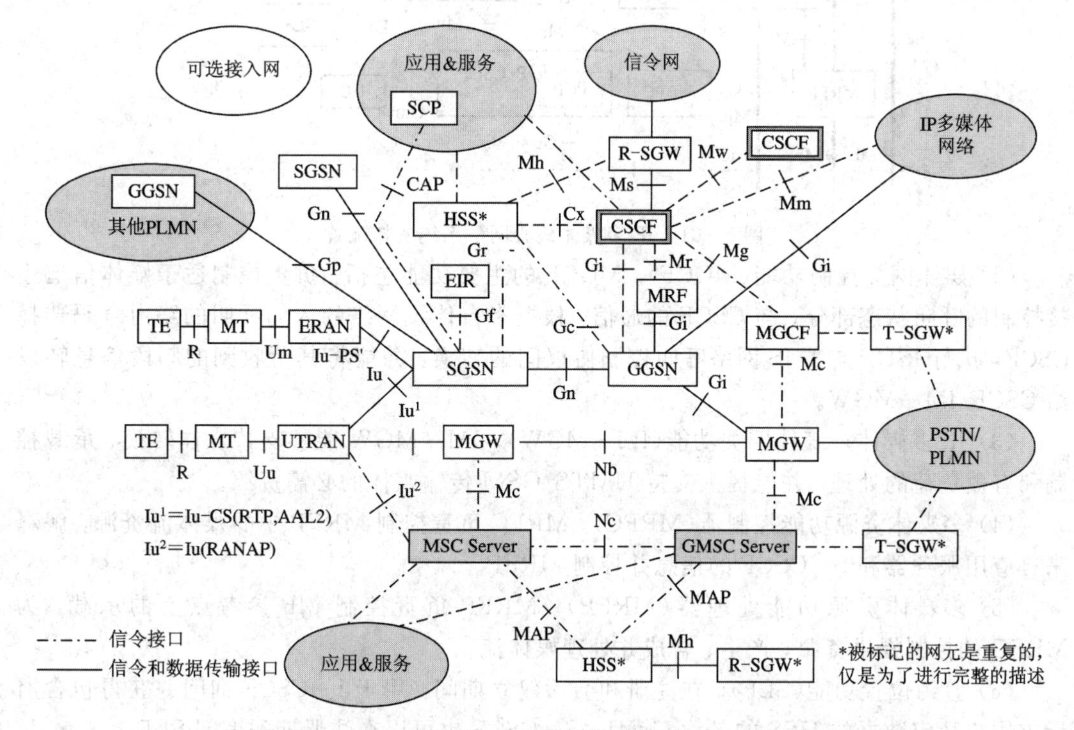

SCP：服务控制点；MGW：媒体网关；MRF：多媒体资源功能；ERAN：增强型无线接入网

图 9－30　R5 版本的 PLMN 基本网络结构

归属用户服务器(HSS)是指定用户的主数据库，包含支持网络实体处理呼叫/会话的相关签约信息。HSS 包括 HLR 和鉴权中心(AuC)。

R5 新增了漫游信令网关(R－SGW)和传输信令网关(T－SGW)；新增了 IP 多媒体子系统(IMS)。

IP 多媒体核心网子系统实体配置如图 9－31 所示。下面简要介绍该子系统的各实体功能。

(1) 呼叫服务器控制功能(CSCF)。CSCF 可起到代理 CSCF(P－CSCF)、服务 CSCF

(S-CSCF)或询问 CSCF(I-CSCF)的作用。

① P-CSCF 是 IP 多媒体核心网子系统(IMS)内的第一个接触点，接受请求并进行内部处理或在翻译后接着转发。

② S-CSCF 实现 UE 的会话控制功能，维持网络运营商支持该业务所需的会话状态。

③ I-CSCF 是运营网络内关于所有到用户的 IMS 连接的主要接触点，用于所有与该网络内签约用户或当前位于该网络业务区内漫游用户相关的连接。

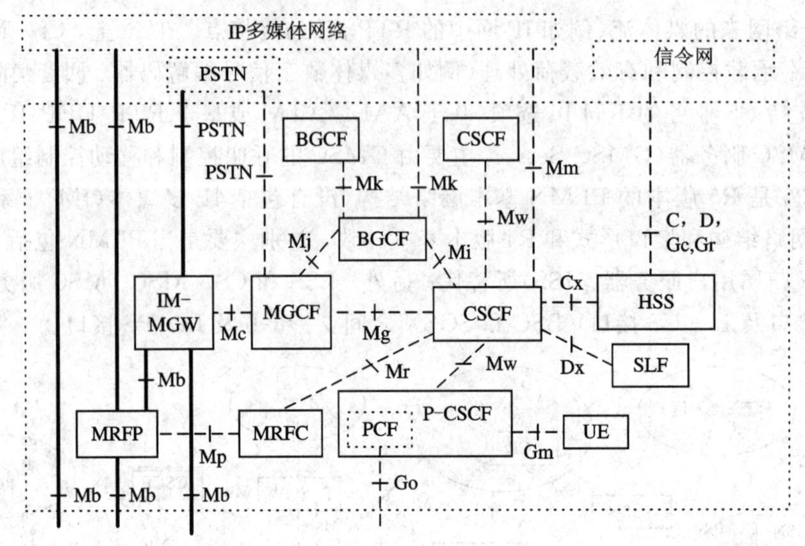

图 9-31　IP 多媒体核心网子系统实体配置

(2) 媒体网关控制功能(MGCF)。MGCF 的主要功能包括：负责控制适于媒体信道连接控制的呼叫状态部分，与 CSCF 的通信，根据来自传统网络的入局呼叫的路由号码选择 CSCF，执行 ISUP 与 IMS 网络呼叫控制协议间的转换，并能将其所收到的频段信息转发给 CSCF/IM-MGW。

(3) IP 多媒体—媒体网关功能(IM-MGW)。IM-MGW 能够支持媒体转换、承载控制和有效负荷的处理，并能提供支持 UMTS/GSM 传输媒体的必需资源。

(4) 多媒体资源功能控制器(MRFC)。MRFC 负责控制 MRFP 中的媒体流资源，解释来自应用服务器和 S-CSCF 的信息并控制 MRFP。

(5) 多媒体资源功能处理器(MRFP)。MRFP 负责控制 Mb 参考点上的承载，为 MRFC 的控制提供资源，产生、合成并处理媒体流。

(6) 签约位置功能(SLF)。在注册和会话建立期间，用于 I-CSCF 询问并获得包含所请求用户特定数据的 HSS 的名称。而且，S-CSCF 也可以在注册期间询问 SLF。

(7) 突破网关控制功能(BGCF，Breakout Gateway Control Function)。BGCF 的主要功能是选择在哪个网络中将发生 PSTN 突破。如果 BGCF 确定将发生突破的网络与 BGCF 所在的网络相同，则 BGCF 会选择一个 MGCF，负责与 PSTN 进行互操作。如果突破发生在其他网络内，则 BGCF 将会话信令转发给其他 BGCF 或 MGCF(这将根据所选网络内的实体配置来确定)，与 PSTN 进行互操作。

2. WCDMA 系统的接入网络协议模型

图 9-32 为 UTRAN 地面接口的通用协议模型。

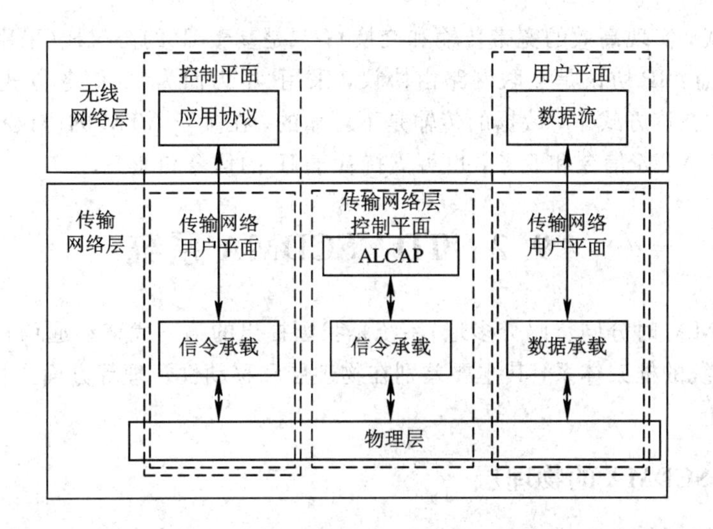

图 9-32　UTRAN 地面接口的通用协议模型

UTRAN 从层次上可以分为无线网络层和传输网络层两部分。UTRAN 涉及的内容都是与无线网络层相关的，而传输网络层使用标准的传输技术，根据 UTRAN 的具体应用进行选择。从无线网络层的角度，UTRAN 分为用户平面和控制平面。从传输网络层的角度，它也分为传输网络用户平面和传输网络控制平面。用户平面的数据承载和控制平面的信令承载都属于传输网络层的用户平面。传输网络层用户平面的数据承载在实时操作期间由传输网络层控制平面直接控制。各平面的主要协议介绍如下。

(1) 控制平面。控制平面包含应用层协议(如无线接入网应用部分(RANAP)、无线网络子系统应用部分(RASAP)、Node B 应用协议(NBAP))和传输层应用协议的信令承载。该信令承载的建立通过操作维护来完成。

(2) 用户平面。用户收发的所有信息，例如语音和分组数据，都经过用户平面传输。用户平面包括数据流和相应的承载，每个数据流的特征都由一个或多个接口的帧协议来描述。

(3) 传输网络层控制平面。传输网络层控制平面为传输层内的所有控制信令服务，不包含任何无线网络层信息。它包括为用户平面建立传输承载(数据承载)的接入链路控制应用部分(ALCAP)协议，以及 ALCAP 需要的信令承载。(ALCAP 是专门针对 AAL2 连接的信令协议，负责 AAL2 点对点连接的建立、维持和维护，其协议规程为 Q.2630.2。)

传输网络层控制平面位于控制平面和用户平面之间。它的引入使无线网络层控制平面的应用协议与在用户平面中为数据承载而采用的技术相互之间可以完全独立。使用传输网络层控制平面的时候，无线网络层用户平面中数据承载的传输建立方式如下：对无线网络层控制平面的应用协议进行一次信令处理，通过接入链路控制应用部分(ALCAP)协议建立数据承载。该 ALCAP 协议是针对用户平面技术而定的。

控制平面和用户平面的独立性要求必须进行一次 ALCAP 的信令处理。值得注意的是，ALCAP 不一定用于所有类型的数据承载，如果没有 ALCAP 的信令处理，传输网络层控制平面就没有存在的必要了。在这种情况下，我们采用预先配置的数据承载。另外，传输网络控制层的 ALCAP 协议不同于为应用协议或在实时操作期间的 ALCAP 建立信令承载。

在传输网络层中采用了两种基本的协议栈：一是基于 ATM 的协议栈(链路层采用 ATM 协议，ATM(异步传输模式)以短信元(53 字节)为基本的传输和交换单元，采用快速分组交换的方式，实现高效的宽带传输和交换)；二是基于IP的协议栈(采用任何可用的链路层协议)。注意：IP协议是互联网路由协议，采用“尽力而为”的服务方式提供端到端无连接数据传输。在该方式中，数据的传输是不可靠的。在基于ATM的协议栈中，可以支持宽带SS7信令、ATM信令和业务，也可支持基于IP的信令和业务。

*9.2 TD-SCDMA系统

TD-SCDMA(时分同步码分多址)系统是我国提出的第三代移动通信标准，该系统采用WCDMA系统的框架体系，其主要差别在物理层和移动性管理等方面。本小节主要对这两方面加以讨论。

9.2.1 TD-SCDMA的物理层

TD-SCDMA系统的多址接入方案属于DS-CDMA，码片速率为1.28 Mc/s，扩频带宽约为1.6 MHz，采用TDD工作方式。它的下行(前向链路)和上行(反向链路)的信息是在同一载频的不同时隙上进行传送的。在TD-SCDMA系统中，其多址接入方式上除具有DS-CDMA特性外，还具有TDMA的特点。因此，TD-SCDMA的接入方式也可以表示为TDMA/CDMA。

TD-SCDMA的基本物理信道特性由频率、码字和时隙决定。其帧结构将10 ms的无线帧分成两个5 ms子帧，每个子帧中有7个常规时隙和3个特殊时隙。信道的信息速率与符号速率有关，符号速率由1.28 Mc/s的码片速率和扩频因子(SF)所决定，上、下行信道的扩频因子在1～16之间，因此调制符号速率的变化范围为80.0 ks/s～1.28 Ms/s。

TD-SCDMA系统空中接口的体系结构可参照图9-1。物理层是空中接口的最底层，支持比特流在物理介质上的传输。物理层与数据链路层的MAC子层及网络层的RRC子层相连。物理层向MAC层提供不同的传输信道，传输信道定义了信息是如何在空中接口上传输的。物理信道在物理层定义，物理层受RRC的控制。

物理层向高层提供数据传输服务，这些服务的接入是通过传输信道来实现的。为提供数据传输服务，物理层需要完成以下功能：

- 传输信道错误检测和上报；
- 传输信道的FEC编译码；
- 传输信道和编码组合传输信道的复用/解复用；
- 编码组合传输信道到物理信道的映射；
- 物理信道的调制/扩频和解调/解扩；
- 频率和时钟(码片、比特、时隙和子帧)同步；
- 功率控制；
- 物理信道的功率加权和合并；
- RF处理；
- 速率匹配；
- 无线特性测量，包括FER、SIR、干扰功率等；
- 上行同步控制；

· 上行和下行波束成形(智能天线)；

· UE 定位(智能天线)。

TD-SCDMA 的传输信道与 WCDMA 的传输信道基本相同。

TD-SCDMA 的物理信道采用四层结构：系统帧、无线帧、子帧和时隙/码字。时隙用于在时域上区分不同的用户信号，具有 TDMA 的特性。TD-SCDMA 的物理信道信号格式如图 9-33 所示。

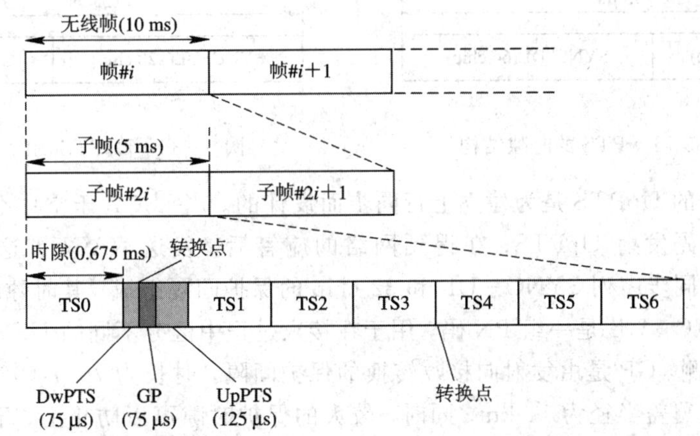

图 9-33　TD-SCDMA 的物理信道信号格式

TD-SCDMA 系统帧结构的设计考虑到了对智能天线和上行同步等新技术的支持。一个 TDMA 帧长为 10 ms，分成两个 5 ms 子帧。这两个子帧的结构完全相同。每一子帧又分成长度为 675 μs 的 7 个常规时隙和 3 个特殊时隙。这 3 个特殊时隙分别为 DwPTS、GP 和 UpPTS。在 7 个常规时隙中，TS0 总是分配给下行链路，而 TS1 总是分配给上行链路。上行时隙和下行时隙之间由转换点分开。在 TD-SCDMA 系统中，每个 5 ms 的子帧有两个转换点(UL 到 DL 和 DL 到 UL)。通过灵活地配置上、下行时隙的个数，使 TD-SCDMA 适用于上、下行对称及非对称的业务模式。TD-SCDMA 帧结构如图 9-34 所示，图中分别给出了时隙对称分配和不对称分配的例子。

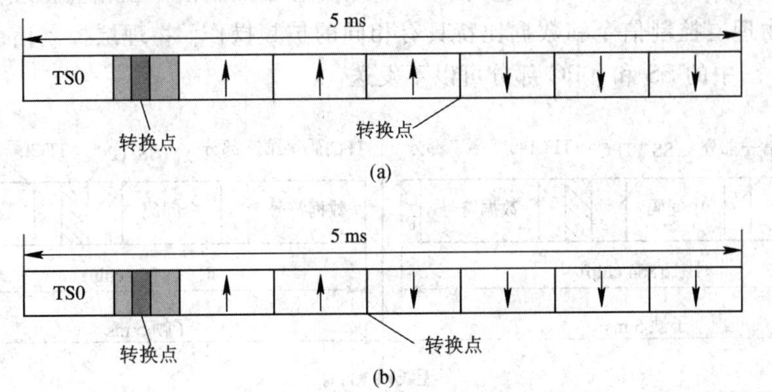

图 9-34　TD-SCDMA 帧结构

(a) DL/UL 对称分配；(b) DL/UL 不对称分配

每个子帧中的DwPTS是作为下行导频和同步而设计的。该时隙由长为64 chip的下行同步序列SYNC－DL和32 chip的保护间隔组成，其时隙结构如图9－35所示。图中SYNC－DL是一组PN码，用于区分相邻小区。系统中定义了32个码组，每组对应一个SYNC－DL序列，SYNC－DL PN码集在蜂窝网络中可以复用。将DwPTS放在单独的时隙，便于下行同步的迅速获取，同时也可以减小对其他下行信号的干扰。

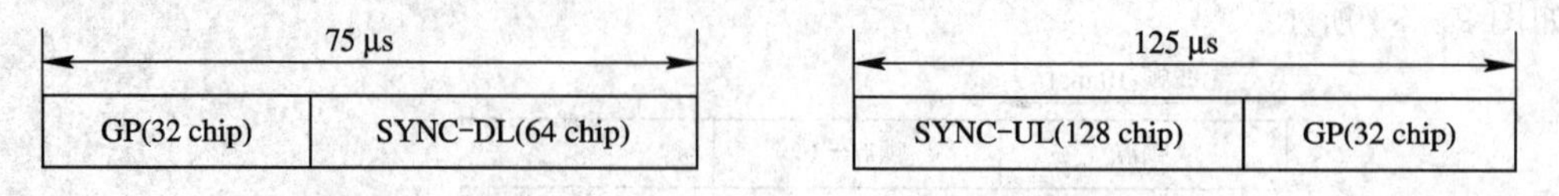

图9－35　DwPTS的时隙结构　　　图9－36　UpPTS的时隙结构

每个子帧中的UpPTS是为建立上行同步而设计的。当UE处于空中登记和随机接入状态时，它将首先发射UpPTS；在得到网络的应答后，发送RACH。这个时隙由长为128 chip的上行同步序列SYNC－UL和32 chip的保护间隔组成，其时隙结构如图9－36所示。图中SYNC－UL是一组PN码，用于在接入过程中区分不同的UE。

在Node B侧，GP是由发射向接收转换的保护间隔，时长为75 μs(96 chip)，可用于确定基本的小区覆盖半径为11 km。同时，较大的保护时隙可以防止上、下行信号互相之间的干扰，还可以允许终端在发出上行同步信号时进行一些时间提前。

TD－SCDMA系统采用的突发结构如图9－37所示，图中CP表示码片长度。突发由两个长度分别为352 chip的数据符号、一个长为144 chip的中间码(训练序列)和一个长为16 chip的GP组成。数据块的总长度为704 chip，所包含的符号数等于352除以扩频因子(1/2/4/8/16)。

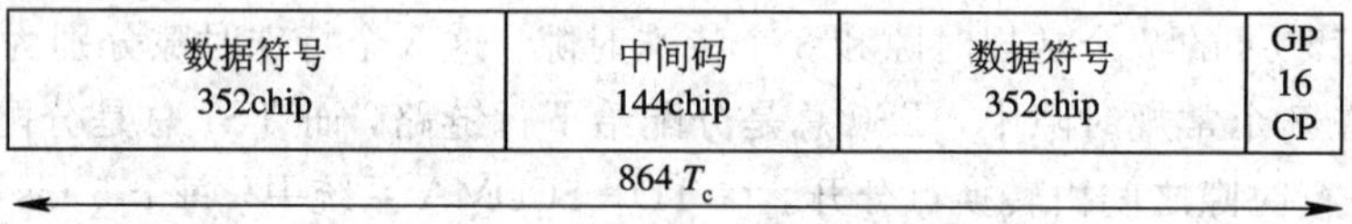

数据符号 352chip	中间码 144chip	数据符号 352chip	GP 16 CP

864 T_c

图9－37　TD－SCDMA系统突发结构

TD－SCDMA系统的突发结构传送的物理层控制信令包括传输格式合成指示(TFCI)、发射功率控制(TPC)和同步偏移(SS)。物理层控制信令在相应物理信道的数据部分发送，即物理层控制信令和数据比特具有相同的扩频操作。物理层控制信令的结构如图9－38所示，图中的SS和TPC部分可以不发送。

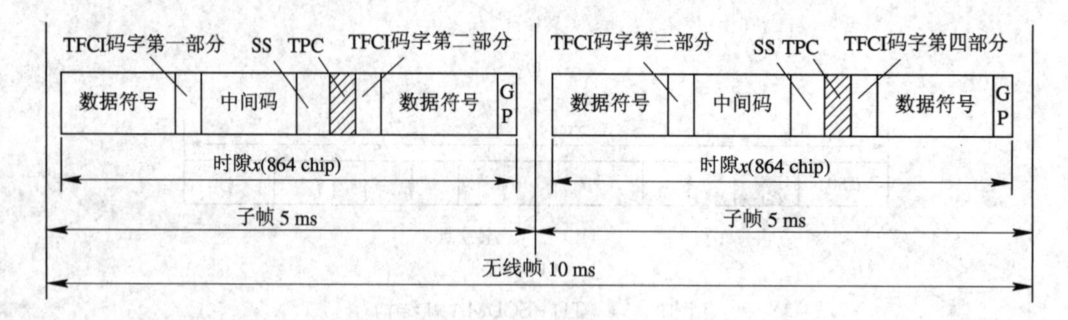

图9－38　发送SS和TPC时的物理层控制信令结构

对于每个用户，TFCI 信息将在每 10 ms 无线帧里发送一次。编码后的 TFCI 符号分为四个部分，在子帧内和数据块内都是均匀分布的。TFCI 的发送是由高层信令配置的。

对于每个用户，TPC 信息在每 5 ms 子帧里发送一次，这使得 TD-SCDMA 系统可以进行快速功率控制。

对于每个用户，SS 信息在每 5 ms 子帧里发送一次。SS 用于命令终端每 M 帧进行一次时序调整，调整步长为$(k/8)T_c$。其中，T_c 为码片周期，M 值和 k 值由网络设置，并在小区中进行广播。上行突发中没有 SS 信息，但是 SS 位置予以保留，以备将来使用。

TD-SCDMA 的信道编码、复用、传输信道到物理信道的映射与 WCDMA 系统类似，这里给出其广播信道的编码、交织和映射的过程，如图 9-39 所示。(图中，MA 为突发中的中间码。)

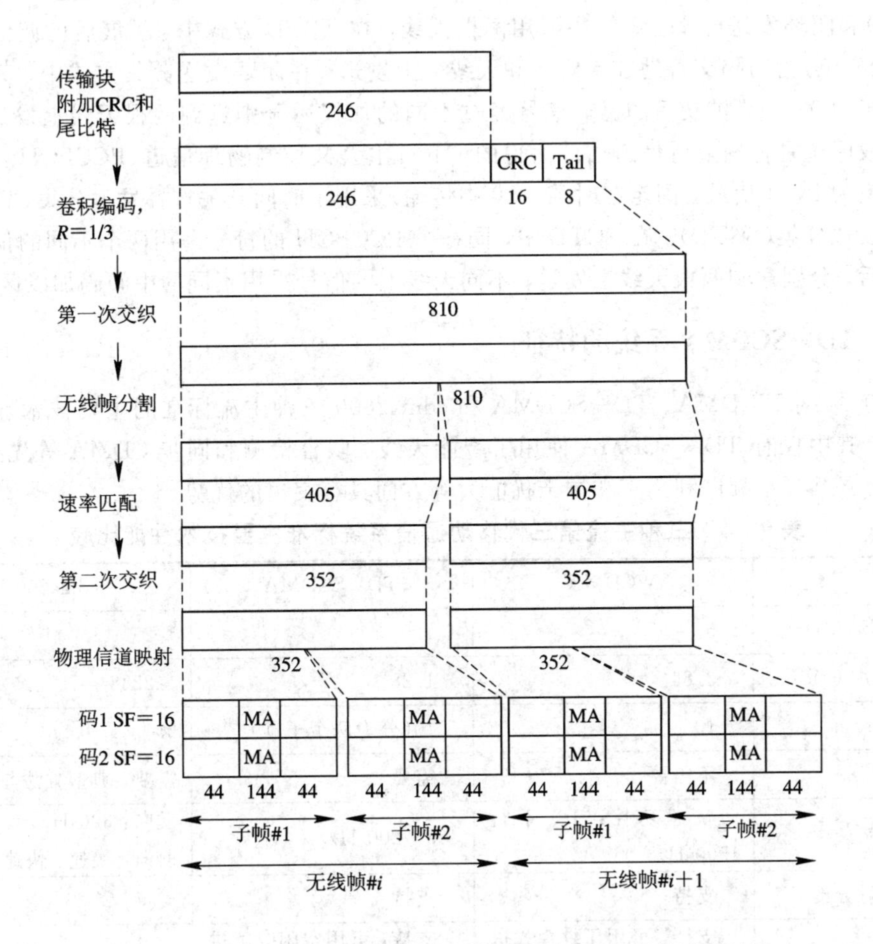

图 9-39　TD-SCDMA 广播信道数据块的编码、交织及映射过程

图中，数据块长为 246 比特，加上 16 位 CRC 和 8 位的尾(Tail)比特后，经过 1/3 卷积码和交织后形成 810 个符号。再经过无线帧分割成为两个 405 个符号的块。405 个符号的块经过速率匹配(打孔)后成为 352 个符号的块，并且再次进行交织。交织后的 352 个符号分为 8 块，每块 44 个符号。每块经过 QPSK 符号映射和 SF=16 的扩展后形成速率为 1.28 Mc/s 的码片流进行传输，在该过程中还要加上扰码。

在TD-SCDMA中采用的功率控制方案是：上行采用开环+闭环功率控制，下行采用闭环功率控制，其参数如表9-3所示。

表9-3 TD-SCDMA的功率控制参数

	上行	下行
功率控制速率	可变 闭环：0～200次/s 开环：延时大约200～3575 μs	可变 闭环：0～200次/s
步长	1 dB、2 dB、3 dB(闭环)	1 dB、2 dB、3 dB(闭环)

为了提高抗多径性能，下行专用物理信道(DPCH)采用了时间开关选择发射分集(TSTD)和闭环发送分集。系统中采用两根天线，在TSTD方式中，扩展后已调信号以每个子帧(5 ms)为间隔交替地在天线1和天线2上发送。在闭环发送分集方式中，其天线部分类似于图9-20，扩展后的已调信号经过不同的加权后分别送到两根天线上发送，其天线的加权因子是根据上行信道估计而得的。下行主公共控制物理信道(PCCPCH)(对应的传输信道为BCH信道，固定在时隙TS0中传输)采用了时间开关选择发射分集(TSTD)和空间码发送分集(SCTD)。在SCTD中，同一个PCCPCH的符号采用两个不同的信道码进行扩展后，分别送到两根天线上发送；不同天线上的信号采用不同的中间码加以区分。

9.2.2 TD-SCDMA系统的特征

表9-4对WCDMA、TD-SCDMA和cdma2000三种主流标准的主要技术性能进行了比较。其中仅有TD-SCDMA使用了智能天线、联合检测和同步CDMA等先进技术，因此在系统容量、频谱利用率和抗干扰能力等方面具有突出的优势。

表9-4 三种主流第三代移动通信系统标准主要技术性能比较

	WCDMA	TD-SCDMA	cdma2000
载频间隔/MHz	5	1.6	1.25
码片速率/(Mc/s)	3.84	1.28	1.2288
帧长/ms	10	10(分为两个子帧)	20
基站同步	不需要	需要	需要，典型方法是GPS
功率控制	快速功控：上、下行1500 Hz	0～200 Hz	反向：800 Hz 前向：慢速、快速功控
下行发射分集	支持	支持	支持
频率间切换	支持，可用压缩模式进行测量	支持，可用空闲时隙进行测量	支持
检测方式	相干解调	联合检测	相干解调
信道估计	公共导频	DwPCH、UpPCH、中间码	前向、反向导频
编码方式	卷积码 Turbo码	卷积码 Turbo码	卷积码 Turbo码

TD-SCDMA与其他第三代移动通信系统标准相比具有较为明显的优势，主要体现在如下几个方面。

(1) 频谱灵活性和支持蜂窝网的能力。TD-SCDMA采用TDD方式，仅需要1.6 MHz(单载波)的最小带宽，因此频率安排灵活，不需要成对的频率，可以使用任何零碎的频段，能较好地解决当前频率资源紧张的矛盾。若一个运营网络上仅有5 MHz的带宽，则可支持3个载波，可在一个地区组成蜂窝网(由3小区构成区群，在每个区群中，每小区使用一个不同的载频)，提供高速移动业务。

(2) 高频谱利用率。TD-SCDMA频谱利用率高，抗干扰能力强，系统容量大，适于在人口密集的大、中城市传输对称与非对称业务；尤其适合移动Internet业务。

(3) 适用于多种使用环境。

TD-SCDMA系统全面满足ITU的要求，适用于多种环境。

业务模型、信道模型和系统模型将对无线资源管理(RRM)算法的设计产生决定性的影响。由于业务参数模型和信道模型对所有第三代移动通信系统是相同的，因而决定各系统RRM不同的因素主要是物理层技术。和其他第三代移动通信系统相比，TD-SCDMA系统在物理层技术上采用了智能天线、联合检测、上行同步以及特殊的帧结构等，因此，该系统的RRM设计比较灵活。其中最具有代表性的是该系统的RRM算法和采用了接力切换、动态信道分配(DCA)技术，并且智能天线对各个算法的影响也较大，下面对这些内容作简要讨论。

1. DCA技术

TD-SCDMA系统中的任何一条物理信道都是通过它的载频/时隙/扩频码的组合来标记的。信道分配实际上就是一种无线资源的分配过程。DCA算法具有如下特点：

(1) 能够较好地避免干扰，使信道重用距离最小化，从而高效率地利用有限的无线资源，提高系统容量。

(2) 适应第三代移动通信业务的需要，尤其是高速率的上、下行不对称的数据业务和多媒体业务。

在DCA技术中，信道并不是固定地分给某个小区，而是被集中在一起进行分配的。只要能提供足够的链路质量，任何小区都可以将空闲信道分给呼叫。在实际运行中，RNC集中管理一些小区的可用资源，根据各个小区的网络性能参数、系统负荷情况和业务的QoS参数，动态地将信道分配给用户。在小区内分配信道的时候，相邻小区的信道使用情况对于RNC来说是已知的，不需要再通过小区间的信令交互获得。动态信道分配技术一般包括两个方面：一是把资源分配到小区，也叫做慢速DCA；二是把资源分配给承载业务，也叫做快速DCA。

慢速DCA的主要任务是进行各个小区间的资源分配，在每个小区内分配和调整上、下行链路的资源，测量网络端和用户端的干扰，并根据本地干扰情况为信道分配优先级。

快速DCA包括信道分配和信道调整两个过程。信道分配时根据其需要资源单元的多少为承载业务分配一条或多条物理信道；一般要根据慢速DCA得到的该小区信道优先级列表，在优先级最高的时隙中分配资源单元。信道调整(也就是信道重分配)可以通过RNC对小区负荷情况、终端移动情况和信道质量的监测结果，动态地对资源单元(主要是时隙和码道)进行调配和切换。快速DCA算法的效率和复杂度主要取决于移动终端的多时隙和多码道控制能力。

具体的DCA算法可以多种多样。基于干扰的DCA是目前普遍被研究和使用的DCA算法，它对信道的排序、分配和调整都基于UE和网络端(Node B)的实时干扰测量。除该算法以外，多载波基站的DCA的主要问题是系统中增加了频率资源，但是DCA的原理和基本实现过程保持不变。

2. 智能天线技术的应用

在基于CDMA技术的移动通信系统中，采用智能天线技术可以提高系统容量，减少用户间的干扰，扩大小区的覆盖范围，提高网络的安全性以及实施用户定位等。因此，智能天线将在第三代及其以后的移动通信系统中获得广泛的应用。采用智能天线技术后必将影响到网络的许多功能，如无线资源管理和移动性管理等。

由于空间方位成为可利用的资源，因而在对系统资源进行分配和管理时，既要考虑最大限度地利用系统容量，又要协调好各种资源之间的相互关系，以便尽可能地降低用户之间的干扰，只有这样才能保证系统的整体性能达到最优状态。

1）智能天线对于DCA的影响

智能天线的引入可以极大地提升系统性能，但会对DCA的策略和方案带来较大影响。

在TDD系统中，如果不采用智能天线，对一个用户来说，同一时隙内除有用信号之外的其他信号功率都是影响其通信质量的干扰和噪声。采用了智能天线进行波束赋形之后，只有来自于主瓣和较大旁瓣方向的干扰才会对用户信号带来影响。智能天线的波束赋形有效地降低了用户间的干扰，其实质是对不同用户的信号在空间上进行区分。

如果DCA在进行信道分配时，能够尽量地把相同方向上的用户分散到不同的时隙中，即使得在同一个时隙内的用户分布在不同的方向上，这样可以充分发挥智能天线的空分功效，使多址干扰降至最小。要达到这一目的，需要增加DCA对用户空间信息的获取和处理功能。

智能天线能够对信号的到达方向DOA进行估计，DCA可以根据各时隙内用户的位置为新用户分配时隙，使用户波束内的多址干扰尽量减小。图9-40所示为按照时隙干扰大小分配用户位置的原理示意。如图所示，如果将新用户分配在时隙1中，将发生波束重叠，引起用户间的干扰；如将新用户分配在时隙2中，波束无重叠。因此，应将用户2优先分配在时隙2中。

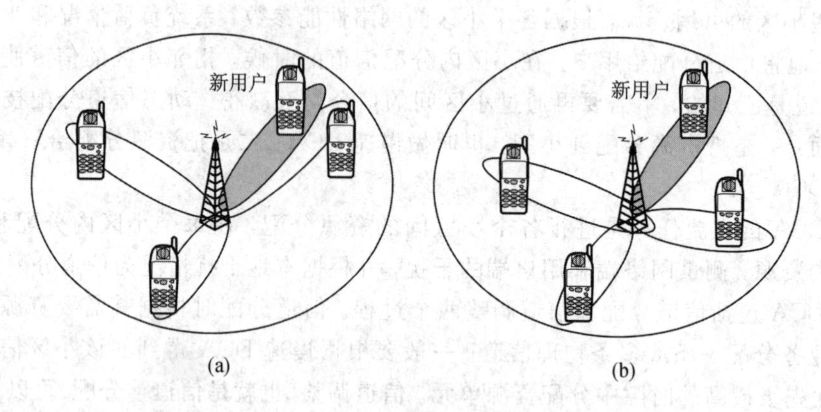

图9-40　按照时隙干扰大小分配用户时隙位置的原理

(a) 时隙1；(b) 时隙2

为 DCA 算法增加分配空间资源的能力，首先要获得用户的位置信息，并根据用户所在位置进行定向波束的干扰测量。这样在 DCA 算法中依然可以按照新用户在不同时隙中所受干扰的大小来选择时隙，这里是指用户方向上的干扰，而不是整个小区用户在该时隙产生的干扰。

2) 智能天线对功率控制的影响

智能天线对功率控制的影响表现在以下几个方面：

(1) 使功率控制的流程发生变化。无智能天线时，功率控制根据 SIR 测量值和目标值周期进行调整。有智能天线时，首先将主波束对准要调整的用户，然后再进行相关的测量。

(2) 对功率控制的要求降低了。在有智能天线的情况下，当主波束对准该用户时，由于天线增益较高，相对于没有智能天线时可以大大降低用户功率。如果波束赋形的速度跟上用户移动的速度，则对功率控制的速度要求也低。这也是 TD－SCDMA 系统对功率控制速度要求不高的原因。

(3) 在有智能天线的情况下，功率控制的平衡点方程变得复杂。传统的功率控制建模方法已不再适用。这种情况下的功率控制算法建模与具体的智能天线算法相关。

3) 智能天线对分组调度的影响

分组调度算法的功能是在分组用户之间分配分组数据业务，提高用户利用空中接口资源的能力。在传统的 CDMA 系统中，分组调度方式主要有码分和时分两种。

(1) 码分方式，即大量用户同时占用有限的信道资源，因此对 E_b/N_0 的要求高，传输速率低，传输时延长，但是空中接口的干扰水平比较稳定，对移动台的要求也比较低。

(2) 时分方式是指在每个调度周期将空中接口的可利用资源只分给一个或少数几个用户，它对 E_b/N_0 的要求较低；用户在很短的时间内以很高的速率进行传输，因此平均时延比码分方式小，但是随着用户数的增加，每个用户需要等待更长的时间才能传输。

实际上，分组调度是时分和码分方式的组合。采用智能天线之后，引入了波束资源，空中接口可利用资源的模型发生了变化，因此算法模型也要进行改变，并且在分组调度的方式中增加了一维——空分。那么新的调度方式将包括时分与空分相结合方式，码分与空分相结合方式，时分、码分、空分三者相结合的混合方式。智能天线技术的引入将使系统能够同时对更多的分组用户进行服务，减少时延；利用波束资源，通过空分降低用户间的多址干扰能够增加分组用户的传输速率；同时，利用智能天线对 UE 的定位功能，还可以根据位置信息优化用户的调度速率，从而更加有效地利用系统的资源。

3. 接力切换

接力切换是 TD－SCDMA 移动通信系统的核心技术之一。其设计思想是利用智能天线和上行同步等技术，在对 UE 的距离和方位进行定位的基础上，根据 UE 方位和距离信息作为辅助信息来判断目前 UE 是否移动到了可进行切换的相邻基站的临近区域。如果 UE 进入切换区，则 RNC 通知该基站做好切换的准备，从而达到快速、可靠和高效切换的目的。这个过程就像是田径比赛中的接力赛一样，因而形象地被称为“接力切换”。接力切换与智能天线和上行同步等技术有机结合，巧妙地将软切换的高成功率和硬切换的高信道利用率综合起来，是一种具有较好系统性能的切换方法。

实现接力切换的必要条件是：网络要准确获得 UE 的位置信息，包括 UE 的信号到达方向(DOA)和 UE 与基站之间的距离。在 TD－SCDMA 系统中，由于采用了智能天线和上行同步技术，系统能够比较容易地获得 UE 的位置信息。具体过程是：

(1) 利用智能天线和基带数字信号处理技术，可以使天线阵根据每个 UE 的到达方向(DOA)为其进行自适应的波束赋形。对每个 UE 来讲，好像始终都有一个高增益的天线在自动地跟踪它。基站根据智能天线的计算结果就能够确定 UE 的 DOA，从而获得 UE 的方向信息。

(2) 利用上行同步技术，系统可以获得 UE 信号传输的时间偏移，进而计算得到 UE 与基站之间的距离(它等于移动台到基站之间的传输时延除以电波传播的速度)。

(3) 经过前两步之后，系统就可准确获得 UE 的位置信息。

接力切换分三个过程，即测量过程、判决过程和执行过程。

(1) 接力切换的测量过程。在 UE 和基站通信过程中，UE 需要对本小区基站和相邻小区基站的导频信号强度进行测量。UE 的测量可以周期性地进行，也可以由事件触发进行，还可以由 RNC 指定所执行的测量。当前服务小区的导频信号强度在一段时间 T_1 内持续低于某一个门限值 T－DROP 时，UE 向 RNC 发送由接收信号强度下降事件触发的测量报告，从而可启动系统的接力切换测量过程。

接力切换测量开始后，当前服务小区不断地检测 UE 的位置信息，并将它发送到 RNC。RNC 可以根据这些测量信息分析判断 UE 可能进入哪些相邻小区，即确定哪些相邻小区最有可能成为 UE 切换的目标小区，并作为切换候选小区。在确定了候选小区后，RNC 通知 UE 对它们进行监测和测量，把测量结果报告给 RNC。RNC 根据确定的切换算法判断是否进行切换。如果判决应该进行切换，则 RNC 可根据 UE 对候选小区的测量结果确定切换的目标小区，然后系统向 UE 发送指令，开始实行切换过程。

(2) 接力切换的判决过程。接力切换的判决过程是根据各种测量信息合并综合系统信息，依据一定的准则和算法，来判决 UE 是否应当切换和如何进行切换的。UE 或 Node B 测量触发一个测量报告到 RNC，切换模块对测量结果进行处理。首先处理当前小区的测量结果，如果其服务质量还足够好，则判决不对其他监测小区的测量报告进行处理。如果服务质量介于业务需求门限和质量好门限之间，则激活切换算法对所有的测量报告进行整体评估。如果评估结果表明，监测小区中存在比当前服务小区信号更好的小区，则判决进行切换；如果当前小区的服务质量已低于业务需求门限，则立即对监测小区进行评估，选择信号最强的小区进行切换。一旦判决切换，则 RNC 立即执行控制算法，判断目标基站是否可以接受该切换申请。如果允许接入，则 RNC 通知目标小区对 UE 进行扫描，确定信号最强的方向，做好建立信道的准备并反馈给 RNC。RNC 还要通过原基站通知 UE 无线资源重新配置的信息，并通知 UE 向目标基站发 SYNC－UL，取得上行同步的相关信息。接着，RNC 发信令给原基站拆除信道，同时与目标小区建立通信。

(3) 接力切换的执行过程。接力切换的执行过程，就是当系统收到 UE 发出的切换申请，并且通过算法模块的分析判决已经同意 UE 可以进行切换的时候(满足切换条件)，执行将通信链路由当前服务小区切换到目标小区的过程。由于当前服务小区已经检测到了 UE 的位置信息，因此，当前服务小区可以将 UE 的位置信息及其他相关信息传送到 RNC。RNC 再将这些信息传送给目标小区，目标小区根据得到的信息对 UE 进行精确的定位和波束赋形。UE 在与当前服务小区保持业务信道连接的同时，网络通过当前服务小区的广播信道或前向接入信道通知 UE 目标小区的相关系统信息(同步信息、目标小区使用的扰码、传输时间和帧偏移等)，这样就可以使UE在接入目标小区时，能够缩短上行同步的过程(这也意味着切换所需要的执行时间较短)。当UE的切换准备就绪时，由RNC通过当前服务小区向UE发送切换命令。UE在收到切换命令之后开始执行切换过程。UE根据已得到的目标小区的相应信息，接入目标小区，同时网络侧释放原有链路。

接力切换是介于硬切换和软切换之间的一种新的切换方法。与软切换相比，两者都具有较高的切换成功率、较低的掉话率以及较小的上行干扰等优点。它们的不同之处在于接力切换并不需要同时有多个基站为一个移动台提供服务，因而克服了软切换需要占用的信道资源较多，信令复杂导致系统负荷加重，以及增加下行链路干扰等缺点。与慢切换相比，两者都具有较高的资源利用率、较为简单的算法，以及系统相对较轻的信令负荷等优点。不同之处在于，接力切换断开原基站和与目标基站建立通信链路几乎是同时进行的，因而克服了传统硬切换掉话率较高、切换成功率较低的缺点。接力切换的突出优点是切换成功率高和信道利用率高。

思考题与习题

1. WCDMA的帧结构是如何组成的？

2. WCDMA码片速率是多少？可传输的数据速率是多少？

3. WCDMA的上、下行的时隙突发结构有何异同？

4. WCDMA的上、下行扩频和调制有何异同？

5. WCDMA系统中采用了几种纠错编码方案？

6. 试述传输信道的复接原理。

7. 试述MAC层的主要功能。

8. 试述RLC中应答模式的工作原理。

9. 无线资源管理的主要功能是什么？

10. 一个可独立运行的最简的WCDMA系统应由哪些基本单元组成？

11. WCDMA网络中为什么要分为电路交换域和分组交换域？基于IP的电路交换域与传统的GSM的电路交换域有何异同点？

12. 基于ATM的协议栈与基于IP的协议栈有何差别？给出一个最简的能完成移动通信基本功能的协议栈。

13. WCDMA网络中有哪些主要接口？

14. TD-SCDMA系统支持的最大小区半径是多少？为什么？

15. TD-SCDMA系统如何支持不对称速率传输？上行和下行的最大数据速率是多少？

16. TD-SCDMA的物理层与WCDMA的物理层有何异同点？

17. 智能天线的应用可以带来哪些好处？智能天线可否用于GSM系统？

18. 接力切换与传统的切换有哪些区别？

第10章 移动通信的展望

移动通信从产生到现在的历史并不长，然而其发展速度却远远超出了人们的预料。尤其是最近十几年来，随着微电子技术、计算机技术和软件工程的发展，移动通信设备在质量、使用方便性和可靠性等方面的发展日新月异。从个人通信的时代迈向了万物互联的时代。

纵观移动通信的发展历程，移动通信的发展可分为六个阶段：

(1) 第一代移动通信以模拟调频、频分多址为主体技术，包括以蜂窝网系统为代表的公用移动通信系统、以集群系统为代表的专用移动通信系统以及无绳电话，主要向用户提供模拟话音业务。

(2) 第二代移动通信以数字传输、时分多址或码分多址为主体技术，简称数字移动通信，包括数字蜂窝系统、数字无绳电话系统和数字集群系统等，主要向用户提供数字话音业务和低速数据业务。

(3) 第三代(3G)移动通信以CDMA为主要技术，向用户提供2 Mb/s～10 Mb/s的多媒体业务。

(4) 第四代(4G)移动通信采用20 MHz的系统带宽，使用OFDM和多天线等技术，向用户提供100 Mb/s甚至1 Gb/s的数据速率。

(5) 第五代(5G)移动通信采用更大的系统带宽(100 MHz(6 GHz频率以下)，400 MHz(6 GHz频率以上))，采用演进的OFDM技术、更低时延的资源分配技术，可向用户提供10 Gb/s～20 Gb/s的数据速率。

(6) 后5G(B5G)或第六代、第七代移动通信技术，将重点发展卫星移动通信、应用智能技术来构建新的传输模式、新的传输和组网协议、新的资源管控方法，以适应空天地一体化万物智慧互联的需求。

10.1 个人通信和万物互联概述

10.1.1 个人通信的概念

长期以来，人们就有一种美好的愿望：未来总有一天会做到无论任何人(Whoever)在任何时候(Whenever)和任何地点(Wherever)都能和另一个人(Whomever)进行任何方式(Whatever)的通信。以往，人们曾把这种愿望称之为幻想，然而随着科学技术的发展，这种愿望已经不是幻想，而是可以实现的了。人们把这种向往中的通信称为“个人通信”，而把实现个人通信的网络称之为个人通信网(PCN)。

个人通信的愿望虽然早已存在，但个人通信网的设想却是在1988年才正式提出来的。其后，PCN在世界范围内立即引起了巨大的反响和共鸣，一些通信发达的国家纷纷开展了

PCN 的体系结构和实现技术的研究，提出了形形色色的设想和方案，有关 PCN 的国际标准的制定也受到许多国际组织的重视。

目前，对个人通信定义的提法尚未统一，因而实现个人通信的目标和途径也各不相同。

移动通信的根本特征是移动性(Mobility)。移动性有两种含义：一是“终端移动性”(Terminal Mobility)；二是“个人移动性”(Personal Mobility)。基于终端移动性的通信属于“通信到终端”，基于个人移动性的通信称为“通信到个人”。所谓通信到终端，是指给每个终端分配一个特定的“终端号码”(类似于电话单机的号码)，呼叫者只要拨通终端号码，即可与使用该终端的个人进行通信。如果被呼者远离其终端，即使拨通其终端号码，也不能和被呼者进行实时通信。倘若终端的体积很小，重量很轻，使用者可以随身携带，那么，无论使用者在什么地方，只要不超过通信网络的覆盖区，均可向其发起呼叫并与之建立通信，从而实现了个人通信业务(PCS)。

所谓通信到个人，是指给每一个通信者都分配一个特定的“个人号码”，个人号码与终端号码没有必然的联系，也不限制通信者是不是随身携带其终端。通信时，利用当时当地的通信设施(固定的或移动的)，按照被呼者的个人号码进行呼叫，无论被呼者处于什么地方，均可找到被呼者并与之通信。这种通信方式取消了必须携带终端的约束，但要求通信系统(或多种网络的综合系统)必须具有足够大的覆盖范围和智能化很强的管理功能，这是个人通信的长远目标和方向。国际电信联盟(ITU)在其 ITU - TSSG1 建议中所提的“通用个人通信”(UPT，Universal Personal Telecommunication)可以说明这种个人通信的含义，其定义是：“UPT 允许在个人移动的情况下获得电信业务。它能使一个 UPT 用户享用一组由用户规定的预订业务，并利用一个对网络透明的 UPT 个人号码，跨越多个网络，在任何地理位置的任何一个固定的移动的终端上发起或接受呼叫。它只受终端和网络能力以及网络经营者的规定所限制。”

实际上，为了实现通信到终端，使终端在不同的地点获得通信业务，通信网络除去要具有承载所需业务的能力外，还必须具有对终端进行识别和定位的能力。同样，为了实现通信到个人，通信网络要对不同地点的个人进行寻呼和提供所需的通信路由，也必须具有对有关的终端进行识别和定位的能力。而且，通信到终端的发展趋向也是最后达到和通信到个人相同的目标，只是要以随身携带终端为必要的条件。

10.1.2　实现个人通信的途径

个人通信的设想激发了人们的浓厚兴趣。从 1988 年以来，人们对如何实现个人通信曾提出过各种各样的方案，也发生过一些争论，甚至相互非议。一般来说，实现个人通信的途径有以下几种。

(1) 规划、设计和开发一种覆盖世界范围的全新个人通信网。这种方法可以按照个人通信的理想目标，自由地精选先进技术和优化网络结构，而不受现有通信设施和现用技术体制的影响和约束。但任何事物的发展都必须从现实出发，通信设施的发展也具有继承性，因而脱离目前世界各国的通信现状和已有基础，去规划一种全新而遍及全球的个人通信网，即便有可能，也不容易落实。

(2) 选择现有的某一种移动通信网络进行扩充和改造，实现一个遍及全球、功能齐全和适应各种运行环境的个人通信网。这种办法对现有各种通信设备的开发者、制造商和运营公司特别有吸引力。例如，他们都希望自己生产或经营的通信网络，经过改进和提高，能占领移动通信市场。当前，国外有许多公司推出的移动通信设备能提供个人通信业务。尽管这种个人通信业务只是局部的，或者说只是在其系统范围内实现了某种个人通信功能，然而这也说明，在现有的一些通信网络中，实现初步的个人通信服务是可能的。当然，这还不是人们向往中的个人通信网络。

实际上，利用和改造某一种通信网络向个人通信网发展的方案都带有一定的局限性，主要表现在以下几个方面：

① 把蜂窝通信系统的小区分为宏小区、微小区和微微小区，混合配置，以适应城市和乡村、户内和户外的不同需要并扩大个人通信的服务范围。

蜂窝系统在城市人口密集的地区使用是很成功的，但是要在人烟稀少的边远地区及沙漠、森林、山区、海上与空中等特殊环境中应用却是不现实的。

1988年，英国政府曾给英、美、日、西班牙等国的科研机构和公司组成的三个集团发放许可证，授权他们在英国建立个人通信网。经过论证，最后批准DCS-1800为英国通信网标准。DCS-1800是以GSM为基础的，其主要参数与GSM大致相同。

② 把无绳电话系统由室内应用扩展到室外应用，通过Telepoint覆盖整个服务地区，并赋予双向呼叫、越区切换和漫游功能，以提供个人通信业务。

无绳电话系统以公用市话网为依托，其辐射功率小，作用距离短，当人们在室内活动或在街道上漫步时使用比较方便。但是在人口稀少的边远地区，或在公用电话没有普及的地区，或者使用者在快速行驶的载体上，其使用都是有困难的。

例如，美国的PACS(Personal Access Communication Services)、日本的PHS(Personal Handphone System)和西欧的DECT(Digital European Cordless Telephone)等公用无绳电话系统都能提供个人通信服务，但都不是人们想象中的个人通信网(PCN)。

③ 利用无线局域网(Wireless LAN)加微信或QQ等实时通信应用来实现个人通信服务。由于无线局域网的不断进步，以及它在公共场所、商店、办公室、家庭、学校、园区或智慧城市区域的广泛覆盖，可以为用户提供较高速率的信息服务。在此基础上，通过微信或QQ等实时通信应用，可以进行实时个人信息、话音和视频通信服务。

④ 利用中、低轨道移动通信卫星实现个人通信网络。因为移动卫星通信在海上、空中和地形复杂而人口稀疏的环境中应用具有独特的优点，不仅覆盖范围大，而且不受地形的限制，对于解决边远地区的通信和形成陆海空联合的立体通信系统而言是最有效的办法。尽管如此，当这种通信系统的使用者进入室内(如大楼的底层)或其他隐蔽场所时，仍然无法保证通信畅通，而且在人口密集的城市中，单靠卫星通信，即使卫星系统采用多波束天线实现频率再用，也难以满足这种地区对通信容量的要求。

不难看出，上述任何一种单独的系统，要覆盖世界上所有的地区和各个角落并提供满意的服务，都是做不到的，解决的办法是多种系统的综合利用。

(3) 综合利用现有各种通信网络，发挥各自的优点，取长补短，在统一要求和统一标准的条件下，突破关键技术，解决各种网络之间的互连互通，加强通信网络的智能化管理功能，以实现全球性的个人通信网。

10.1.3 万物互联的概念

随着通信技术的发展，人们不仅关心人和人之间的通信，更加关注人和机器、人和物、机器与机器、物与机器等人和事物之间的各种通信。也就是整个社会将进入万物互联(IoT，Internet of Things)的时代，我们需要为万物互联社会提供通信方案，构建以用户为中心的全方位的信息生态系统。

第五代移动通信(5G)系统除保证大容量的个人通信服务外，一个重要目标就是为万物互联(IoT)提供低时延、高可靠的通信手段。我国IMT-2020(5G)推进组2014年5月发布白皮书"5 G愿景与需求"指出：5G(第五代移动通信)将以可持续发展的方式，满足未来超千倍的移动数据增长需求，将为用户提供光纤般的接入速率，"零"时延的使用体验，千亿设备的连接能力，超高流量密度、超高连接数密度和超高移动性等多场景的一致服务，业务及用户感知的智能优化，同时将为网络带来超百倍的能效提升和超百倍的比特成本降低，最终实现"信息随心至，万物触手及"的总体愿景。

万物互联时代的通信应当具有如下五个特性(5X-5eXtra)：具有"超低的时延(eXtra low delay，零时延)、超大的流速(eXtra high data rate)"，来满足"超快的移动(eXtra high speed，可以大于500 km/h)、超密的链接(eXtra high density，千亿设备)、超远的覆盖(eXtra far coverage)"。

5G及未来的无线通信系统，将使信息传输和利用突破时空限制，提供极佳的交互体验，为用户带来身临其境的信息盛宴；将拉近万物的距离，便捷地实现人与万物的智能互联。

10.2 关于移动通信的国际标准和研究进展

综合利用现有多种移动通信系统，逐步向个人通信网过渡，这是比较现实的办法，但这并不是说，统一的、高效能的个人通信网可以简单地用分散、独立的多种系统拼凑而成。为了把多种通信系统有机地综合在一起，改造并提高，最后达到全球个人通信网的要求，其中最根本也是最关键的是必须建立统一的技术标准和规范，使所有的研制者和生产者都遵循这种标准和规范。

21世纪的移动通信市场非常巨大，但市场竞争也非常激烈。各个国家和地区的标准化组织都希望把自己基于本国现有通信设施而提出的建议纳入国际标准，以期其现有的通信设施能够平滑地过渡到新一代移动通信系统，或者与新一代移动通信系统反向兼容。这种经济利益的驱动使各国的制造商和运营商对制定第三代、第四代、第五代、甚至第六代移动通信的国际标准都表现出极大的热情和积极性。可以说，国际标准的制定不仅仅是通信技术的较量，也体现了对未来全球通信市场的竞争。

10.2.1 第三代移动通信系统标准制定的过程

第三代移动通信系统的理论研究、技术开发和标准制定工作早在20世纪80年代中期就已经开始了。第三代移动通信的主要发展目标是：能提供高质量业务，包括话音、低速和高速数据(从几kb/s到2 Mb/s)，并具有多媒体接口；能支持面向电路和面向分组业务；

能工作在各种通信环境，包括城市和乡村、丘陵和山地、空中和海上以及室内场所；具有更高的频谱效率，能提供更大的通信容量；能与固定网络兼容，和现有移动通信网互连互通并实现全球漫游；网络结构可配置成不同形式，以适应各种服务需要，如公用、专用、商用和家用；具有高级的移动性管理，能保证大量用户数据的存储、更新、交换和实时处理等。

关于第三代移动通信系统的标准，开始主要是由国际电信联盟(ITU)主导的，最初提出时使用的系统名称为“未来公共陆上移动通信系统”(FPLMTS)，后改名为“国际移动2000”(IMT-2000)。

1998年12月，世界各国已向ITU提交的无线传输技术(RTT)建议有：

(1) 以TDMA为基础的两种：

· DECT，来自ETSI计划(EP)DECT。

· UWC-136(Universal Wireless Communications)，来自美国TIA TR45.3。

(2) 以CDMA为基础的八种：

· WINS W-CDMA (Wireless Multimedia and Messaging Service Wideband CDMA)，来自美国TR46.1。

· TD-SCDMA (Time-Division Synchronous CDMA)，来自中国电信技术研究院(CATT)。

· W-CDMA (Wideband CDMA)，来自日本ARIB。

· CDMAⅡ (Asynchronous DS-CDMA)，来自韩国TTA。

· UTRA (UMTS Terrestrial Radio Access)，来自ESTI SMG2。

· NA：W-CDMA(North American Wideband CDMA)，来自美国TIPI-ATIS。

· CDMA2000 (Wideband CDMA(IS-95))，来自美国TIA TR45.5。

· CDMA Ⅰ(Multiband Synchronous DS-CDMA)，来自韩国TTA。

在以上建议中，除DECT只适用于室内和步行环境外，其他都适用于室内、步行和车载环境。

(3) 用于卫星系统的五种：

· SAT-CDMA，轨道高度2000 km，轨道平面7个，总共49颗低轨道卫星，来自韩国TTA。

· SW-CDMA(Satellite Wideband CDMA)，来自ESA。

· SW-CTDMA(Satellite Wideband Hybrid CDMA/TDMA)，来自ESA。

· ICO-RTT，轨道高度10 390 km，轨道平面2个，总共10颗中轨道卫星，来自ICO Global Communication。

· Horizons(Horizons Satellite System)，来自Inmarsat。

从候选提案的技术特点来看，CDMA技术占据了绝大多数，宽带CDMA技术无疑是第三代移动通信系统无线接入技术的主流，而其典型代表是UTRA FDD和CDMA2000。

为了实现全球统一的第三代移动通信系统标准，RTT提案完成以后，不同候选技术尤其是CDMA中的直扩方式间的融合成为一个最大的难题。以全球移动通信运营者为主形成的运营者融合组织(OHG)通过多次国际会议和技术讨论，对采用CDMA技术的RTT进行了融合。

在OHG和其他标准化组织的不断努力下，采用CDMA多址方式的不同RTT技术走向逐渐明朗化：以UTRA FDD为代表的直扩CDMA按照OHG的建议进行必要的修改，而CDMA2000则专注于多载波方式。

在技术规范的标准化方面，为了加快第三代移动通信系统的标准化进程，推动第三代移动通信系统及早投入商用，原本由ITU完成的标准化工作也由地区性的标准化组织——第三代移动通信伙伴计划3GPP及3GPP2取而代之，ITU-R建议的绝大部分将直接引用这两大标准化组织的规范。

3GPP由ARIB(日本)、CWTS(中国)、ETSI(欧洲)、T1(北美)、TTA(韩国)、TIC(日本)等6个成员组成。该组织以欧洲ETSI UTRA提案和日本ARIB WCDMA提案为蓝本，制定以GSM网络为基础的第三代移动通信标准。该标准的多址方式采用直接序列扩频，具有FDD及TDD两种双工方式。我国提出的TD-SCDMA也在该组织中与UTRA TDD进行融合。

3GPP2则由ARIB、CWTS、TTA、TTC和TIA等五个成员组成。该组织将完成与IS-95及IS-41后向兼容的第三代移动通信标准CDMA2000，其多址方式为多载波CDMA，码片速率为1.2288 Mc/s的1或3倍。

1999年11月赫尔辛基TG8/1会议通过了“IMT-2000无线接口技术规范”建议，该建议中最终确定下来的第三代移动通信系统无线传输技术分为CDMA和TDMA两类，具体包括：

- CDMA DS：UTRA FDD(WCDMA)；
- CDMA MC：CDMA2000 MC；
- CDMA TDD：UTRA TDD及TD-SCDMA；
- TDMA SC：UWC-136；
- TDMA MC：DECT。

该规范建议经ITU-R第八研究组通过后，在2000年5月的世界无线电通信大会上成为国际电联建议。

在此以后，3GPP对WCDMA的标准不断完善和增强，已推出不同版本的第三代标准R99(1999.10)、R4(2001.3)、R5(2002.3)和R6(2004.1)等。3GPP2也在对CDMA2000的标准进行完善和增强。

10.2.2　第三代系统的演进和第四代(4G)移动通信的研究和开发

对于第三代移动通信，2003年年底全球已发放120个IMT-2000的运行牌照。仅以日本为例，第三代移动通信2001年10月开始商用(WCDMA技术)，2004年3月已有300万用户，网络已覆盖99%以上的地区。

在第三代(3G)移动通信系统开始商用后，大家就开始考虑后续如何发展，即开始部署第三代系统的演进和第四代(4G)移动通信系统的研究和开发。后续发展分为两个思路：一是对已有3G标准的增强，以满足未来用户的需求；二是研制全新的标准。第一种思路可以称为3G的演进，如3GPP提出了高速下行分组接入(HSDPA)，其数据率可以达到10.8 Mb/s；3GPP2提出了1xEV-DV，其速率可以达到5.4 Mb/s。

为了研究和标准化未来移动通信系统的发展，国际上成立了多个标准化组织和论坛，不同的组织有不同的设想。

ITU-R对未来系统发展的看法包括两部分：一是IMT-2000系统(3G)的演进，二是超IMT-2000的系统(3G以后的新系统)。IMT-2000的演进发展以支持新出现的应用、产品和服务，其地面无线接口的能力在2005年左右扩展到了30 Mb/s。ITU设想的新一代系统为超IMT-2000(后来称为IMT-advanced或4G)，该无线接入系统在高速移动环境下可提供高达100 Mb/s左右的峰值速率，在低移动性的环境下可提供高达1 Gb/s左右的峰值速率。

在新型移动通信系统的标准制定过程中，3GPP发挥了主导的作用。在第三代移动通信的演进过程中，推出了LTE(Long Term Evolution)的标准(R8和R9版，俗称3.9G，后来商用过程中归为4G)。LTE的标准分为两类，一类是以频分双工(FDD)为基础的FDD LTE系统，另一类是以时分双工(TDD)为基础的TDD LTE系统。LTE的标准中下行可以支持100 Mb/s～300 Mb/s，上行可以支持50 Mb/s～75 Mb/s。其主要技术包括采用OFDMA的空中接口，可扩展的系统带宽(最高达20 MHz)，灵活和增强的MIMO模式，支持FDD和TDD，全IP核心网，增强的多媒体广播(eMBMS)，自优化自组织网络(SON)，支持CSFB和VoLTE的话音传输方案等。

3GPP推出的满足IMT-Advanced(或4G)要求的新系统标准称为LTE-A(LTE-Advanced)(R10-R13版)，下行可以支持400 Mb/s～1000 Mb/s，上行可以支持500 Mb/s。其主要的技术包括：满足4G要求、载波聚合可达100 MHz带宽的FDD-TDD技术、增加了MIMO的技术和异构网络技术(Het-net)，增强的小区干扰协调技术(eICIC)和增强的干扰消除技术(FeICIC)；支持宏蜂窝和微蜂窝的多点协调传输技术(CoMP)、中继技术、LTE和WLAN(WiFi)的无缝互操作以及LTE＋WiFi的链路聚合技术，在下行链路采用高阶调制技术等。

IEEE 802下的多个工作组也在进行未来无线通信的标准化工作。如IEEE 802.11n标准的WLAN实际传输速率达到600 Mb/s，IEEE 802.11ac标准的WLAN实际传输速率达到1.73 Gb/s～6.9 Gb/s。

另外，在亚洲还有4GMF(4G Mobile Forum)、mITF、K4G等组织积极参与4G的标准研制。在我国，国家高科技计划(863计划)和国家自然科学基金委员会等部门也在积极推动未来移动通信技术的研究和标准化工作。FuTURE(Future Technology for Universal Radio Environment)计划是国家“十五”863计划通信技术主题个人通信分项研究计划，其总体目标是：研究通用无线电环境关键技术，重点突破和掌握宽带个人通信、无线互联网和高空通信平台的核心技术，最终建立一个集区位通信(包括WLAN/HAN/VAN/PAN(无线局域网/家域网/车域网/个域网))、新一代蜂窝移动通信(Beyond 3G)和高空通信平台为一体的通用无线电环境，支持人机互动、机器与机器互动、自动、自治等面向未来的多媒体新业务，在蜂窝移动、区位通信和高空通信环境下的传输速率分别达到或超过20 Mb/s、100 Mb/s和1 Gb/s。我国还设置了新一代宽带无线移动网重大科技专项，为3G系统的演进和4G标准的研发发挥了重要的作用。特别是在以TDD为基础的系统标准制定中发挥了主导作用。

我国学者还提出了利用LAS-CDMA的方式在2 MHz/5 MHz～20 MHz/50 MHz带宽内分别提供16 Mb/s/32 Mb/s/128 Mb/s/1228 Mb/s传输速率的传输方案。

综上所述，我们可用图 10－1 来概括移动和无线通信的发展进程。它包括广域覆盖(Wide Area Coverage)的移动通信系统和局域覆盖(Local Area Coverage)的无线局域网。第二代移动通信系统(2G)包括 GSM 和 CDMAOne。在 GSM 系统的发展过程中，出现了 GPRS、EDGE 等。3G 的主要标准是 WCDMA、CDMA2000 和 TD－SCDMA；其初期的演进系统包括 WCDMA 的 HSDPA、HSUPA(高速上行分组接入)以及 CDMA2000 的 1xEV－DO(仅传输数据)和 1xEV－DV(同时可以传输话音和数据)等，应用最广泛的是后来 3GPP(R8－R9)的 LTE(俗称 3.9G 或商用的 4G 系统)。第四代移动通信系统的标准是 LTE－A。

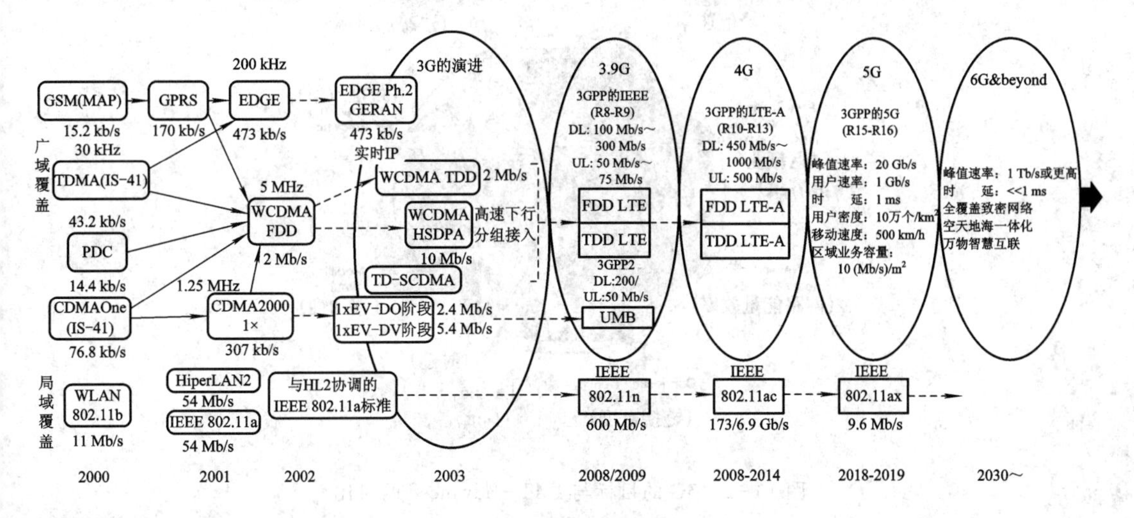

图 10－1　移动通信的发展进程

无线局域网标准在 IEEE 802.11/11b/11g/11a(传输速率可达 54 Mb/s)等标准的基础上推出了 IEEE 11ac/11ax 等标准，其传输速率接近 10 Gb/s。无线局域网可以看成是 Internet 网的无线延伸，而移动通信系统可以看成是电信网络的无线延伸，这两者的融合是当前的一个重要发展趋势。当前无线局域网和移动通信系统的技术正在高速发展，这两者在未来标准化进程中，都会展现自己的风采。

2019 年一个典型的智能手机，可以支持的移动通信的制式有 GSM/EDGE(850，900，1800，1900 MHz)，UMTS/HSPA＋/DC－HSDPA(850，900，1700/2100，1900，2100 MHz)，CDMA EV－DO Rev. A (800，1900 MHz)，TD－SCDMA 1900(F)、2000(A)，FDD－LTE(频段 1，2，3，4，5，7，8，12，13，14，17，18，19，20，25，26，29，30，66，71)，TD－LTE(频段 34，38，39，40，41，42，46，48)，千兆级 LTE，4×4 MIMO 和 LAA 技术；可以支持无线局域网的标准有 IEEE 802.11 a/b/g/n/ac/ax(具有 2×2 MIMO 技术)。

10.2.3　第五代移动通信系统及未来移动通信的研究和开发

对第五代移动通信系统的具体的要求：在办公室环境要满足数十(Tb/s)/km² 的流量密度；在密集住宅提供 Gb/s 用户体验速率；在体育场、露天集会等场所提供 100 万个/km² 连接数；在地铁等场所提供 6 人/m² 的超高用户密度；在快速路达到毫秒级端到端时延；在高铁上支持 500 km/h 以上的高速移动；在广域覆盖情况下提供 100 Mb/s 用户体验速率。5G 的目标与 IMT－advanced(4G)的对比如图 10－2 所示。5G 的可能应用如图 10－3 所示，主要分为三种场景：增强性宽带(eMBB：Enhanced Mobile Broadband)，大规模机器类通信(mMTC：massive Machine Type Communications)，极高可靠和低时延通信(uRLLC：ultra-Reliable and Low Latency Communications)。可能的应用包括：3D视频，UHD屏，在云中工作和娱乐，虚拟现实，工业自动化，重要使命的应用，自驾驶车，智慧城市，语音，智慧家庭建筑和Gbps应用等。

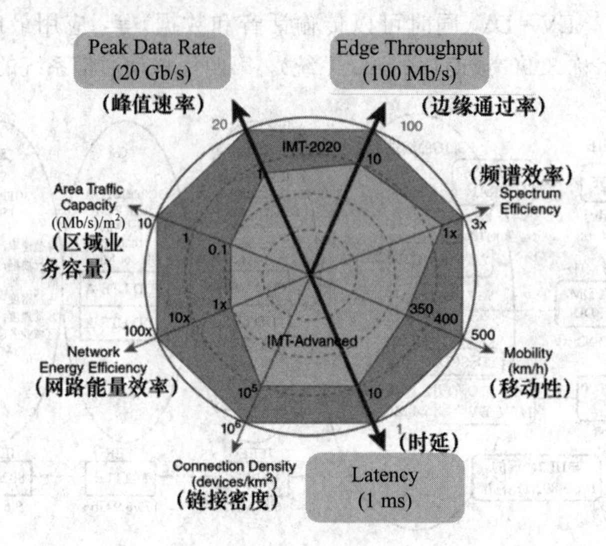

图 10-2　5G 的目标与 IMT-advanced 的对比

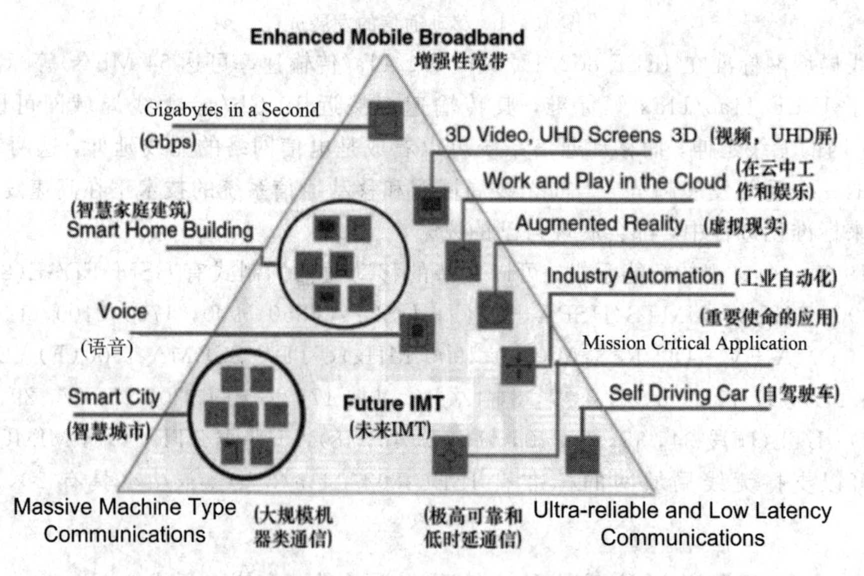

图 10-3　5G 的可能应用场景

2017年12月21日，在3GPP RAN第78次全体会议上，非独立组网5G NR首发版本正式冻结并发布。

2018年6月13日，3GPP 5G NR标准SA(Standalone，独立组网)方案在3GPP第80次TSG RAN全会正式完成并发布，这标志着首个真正完整意义的国际5G标准正式出炉。

2018年6月28日，中国联通公布了5G部署：将以SA为目标架构，前期聚焦eMBB，

5G网络计划2020年正式商用。

2019年6月6日，工信部正式向中国电信、中国移动、中国联通、中国广电发放5G商用牌照，中国正式进入5G商用元年。

随着5G标准的出台，从2018年起已开始6G和未来移动通信的研究。

人们对6G及未来移动通信系统的研究充满想象，如峰值速率为1 Tb/s或更高、时延更小(大大小于1 ms)、全覆盖致密网络、空天地海一体化、万物智慧互联等。

为了实现这些目标，一是要寻找新的频谱资源，如太赫兹频段(100 GHz～10 THz)，二是已有频谱资源动态共享。美国FCC于2015年开展推动动态频谱共享，在3.5 GHz上推出CBRS(公众无线宽带服务)，通过集中的频谱访问数据库系统来动态管理不同类型的无线流量，以提高频谱使用效率。简单来讲，就是若某一使用者不用，则其他使用者可以接入使用，这样不仅能有效减少资源浪费，也可减少拥塞的问题。不过，面向6G，动态频谱共享显然还要在该基础上进行发展，可采用分布式的共享控制来降低动态频谱接入系统的管理费用，提升频谱效率。

由于网络业务量的剧增和传播频率的提高，6G网络的“致密化”程度也将达到前所未有的水平，届时，我们的周围将充满小基站，并通过大规模的天线进行更加有效的空分复用，以成千倍地提高网络容量。

由于卫星网络的飞速发展，近年来波音、空客、亚马逊、Google、Facebook、SpaceX等高科技企业纷纷投资低轨卫星通信领域，提出了OneWeb、Starlink等十余个低轨卫星通信系统方案，目标是实现全球互联网覆盖，若这些方案得以实施，未来五年内将有20 000余颗低轨卫星进入太空。因此，实现6G的一个可选方案是与卫星网络的融合。英国电信集团(BT)首席网络架构师Neil McRae对6G通信进行了展望，他认为6G将是“5G+卫星网络”，在5G的基础上集成卫星网络来实现全球覆盖，并有望在2025年得到商用。

2018年11月，我国科技部拟将“与5G/6G融合的卫星通信技术研究与原理验证”课题，列入国家重点研发计划“宽带通信和新型网络”重点专项中，开展与卫星网络融合的研究。

随着人类在深空和深海活动的增加，未来移动通信系统定能支持我们自由地“上九天揽月，下五洋捉鳖”，实现空天地海一体化。

10.3 未来移动通信中的关键技术

10.3.1 自适应编码调制技术

1. 可变速率调制技术

未来移动通信系统不仅要传输不同速率和不同质量要求的多种业务，而且因为移动信道的传播性能经常会随时间和传播地点而随机变化，所以移动通信系统必须具有自适应改变其传输速率的能力，以便能灵活地为多种业务提供合适的传输速率，而且能在保证传输质量的前提下，根据传播条件实时地调整其传输速率(信道条件好，提高速率；信道条件差，降低速率)，以充分发挥所用频谱的效率。

实现可变速率调制的方法有以下几种：

(1) 可变速率正交振幅调制(VR-QAM)。QAM是一种振幅和相位联合键控技术。电平数越多，每码元携带的信息比特数就越多。可变速率QAM根据信道质量的好坏，自适应地增多或减少QAM的电平数，从而在保持一定传输质量的情况下，可以尽量提高通信系统的信息传输速率。作为例子，图10-4给出一种星型QAM的星座图。实现VR-QAM的关键是如何实时判断信道条件的好坏，以改变QAM的电平数。

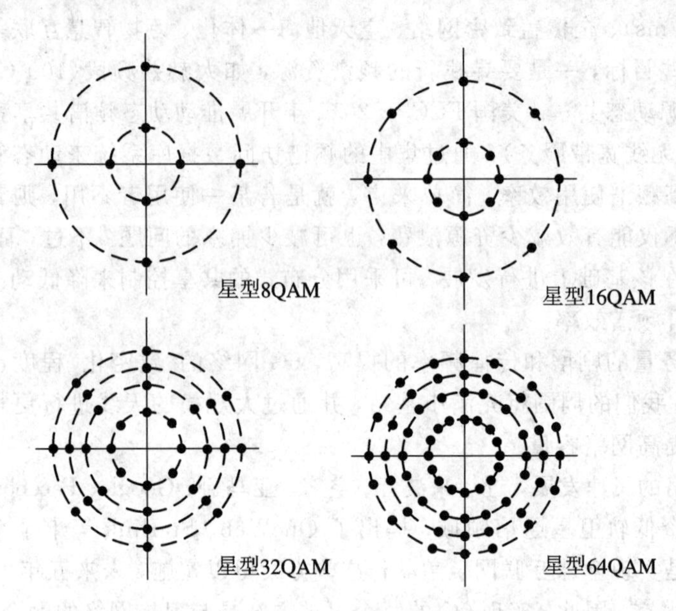

图10-4 星型QAM的星座图

在5G(3GPP R15版)中采用方型QPSK、16QAM、64QAM和256QAM，其复信号表达式如下：(它们对应的比特组分别是$(b(2i), b(2i+1))$，$(b(4i))$，$b(4i+1)$，$b(4i+2)$，$b(4i+3))$，$(b(6i), b(6i+1), b(6i+2), b(6i+3), b(6i+4), b(6i+5))$和$(b(8i), b(8i+1), b(8i+2), b(8i+3), b(8i+4), b(8i+5), b(8i+6), b(8i+7))$，每个比特的取值为“0”或“1”)。

QPSK：

$$d(i)=\frac{1}{\sqrt{2}}[(1-2b(2i)+\mathrm{j}(1-2b(2i+1))] \tag{10-1}$$

16QAM：

$$d(i)=\frac{1}{\sqrt{10}}\{(1-2b(4i)[2-(1-2b(4i+2))]+ \\ \mathrm{j}(1-2b(4i+1))[2-(1-2b(4i+3))]\} \tag{10-2}$$

64QAM：

$$d(i)=\frac{1}{\sqrt{42}}\{(1-2b(6i))[4-(1-2b(6i+2))[2-(1-2b(6i+4))]]+ \\ \mathrm{j}(1-2b(6i+1))[4-(1-2b(6i+3))[2-(1-2b(6i+5))]]\} \tag{10-3}$$

256QAM：

$$d(i)=\frac{1}{\sqrt{170}}\{(1-2b(8i))[8-(1-2b(8i+2))[4-(1-2b(8i+4))$$

$$[2-(1-2b(8i+6))]]]+j(1-2b(8i+1))[8-(1-2b(8i+3))$$
$$[4-(1-2b(8i+5))[2-(1-2b(8i+7))]]]\} \quad (10-4)$$

(2) 可变扩频增益码分多址(VSG-CDMA)。这种技术靠动态改变扩频增益和发射功率以实现不同业务速率的传输。在传输高速业务时降低扩频增益，为保证传输质量，可相应提高其发射功率；在传输低速业务时增大扩频增益，在保证业务质量的条件下，可适当降低其发射功率，以减少多址干扰。

(3) 多码码分多址(MC-CDMA)。待传输的业务数据流经串/并变换器后，分成多个(1，2，…，M)支路，支路的数目随业务数据流的不同速率而变，当业务数据速率小于等于1倍基本速率时，串/并变换器只输出1个支路；当业务数据速率大于基本速率而小于2倍基本速率时，串/并变换器输出2个支路；依此类推，最多可达M个支路，即最大业务速率可达基本速率的M倍。MC-CDMA 通信系统中的每个用户都用到两种码序列，其一是区分不同用户身份的标志码PN_i，其二是区分不同支路的正交码集$\{pn_1, pn_2, \cdots, pn_M\}$，这样，第$i$个用户的第$j$个支路所用扩频码为$C_i = PN_i \times pn_j$。

(4) 可变扩频因子——正交频分和码分复用(VSF-OFCDM)。可变扩频因子——正交频分和码分复用(VSF-OFCDM)是 OFDM 和 CDM(码分复用)的结合，它根据小区的干扰情况动态调整扩频因子，通过选用不同的子载波数和在时间或频域上的扩展来实现不同速率的传输。

2. 自适应编码调制

自适应编码调制(AMC)将不同速率的编码与不同的调制方式结合起来，系统根据收发信道的情况动态选择最佳的编码组合。

例如，我们可以采用 QPSK、8PSK、16QAM、64QAM 等调制方式，可以采用码率为$R=1/4$、$1/2$或$3/4$的 Turbo 码。可以有下列七种调制和码率的组合：QPSK $R=1/4$，QPSK $R=1/2$，QPSK $R=3/4$，8PSK $R=3/4$，16QAM $R=1/2$，16QAM $R=3/4$和64QAM $R=3/4$，如表 10-1 所示。在码片速率为 3.84 Mc/s，采用 20 个码字、64QAM、$R=3/4$时可以达到 10.8 Mb/s 的数据速率；如改用 QPSK $R=1/4$，则速率为 1.2 Mb/s。

表 10-1　不同调制编码方案(MCS)提供的信息速率

MCS	码片速率 = 3.84 Mc/s			SF = 32			帧长 = 0.67 ms	
	20 个码字			1 个码字			码率 R	调制
	信息速率 /(Mb/s)	每帧的信息比特数 (bit)	每帧的信息比特数 (octets)	信息速率 /(Mb/s)	每帧的信息比特数 (bit)	每帧的信息比特数 (octets)		
7	10.8000	7200	900	0.54	360	45	3/4	64QAM
6	7.2000	4800	600	0.36	240	30	3/4	16QAM
5	4.8000	3200	400	0.24	160	20	1/2	16QAM
4	5.4000	3600	450	0.27	180	22.5	3/4	8PSK
3	3.6000	2400	300	0.18	120	15	3/4	QPSK
2	2.4000	1600	200	0.12	80	10	1/2	QPSK
1	1.2000	800	100	0.06	40	5	1/4	QPSK

NTT DoCoMo 在 4.635 GHz 频段、101.5 MHz 带宽内利用自适应调制编码的方法，配合 VSF-OFCDM 调制可以达到的通过率如图 10-5 所示。系统在时域的扩展因子为

16，频域的扩展因子为1，采用15个码字，6种调制编码的方案(MCS)；在每个天线测量到的接收SNR为6.0、14.0、22.0 dB时，可以达到的通过量为100、200和300 Mb/s。从图中可以看到，通过采用自适应调制编码(AMC)，系统可以达到每一种调制的最佳传输速率。

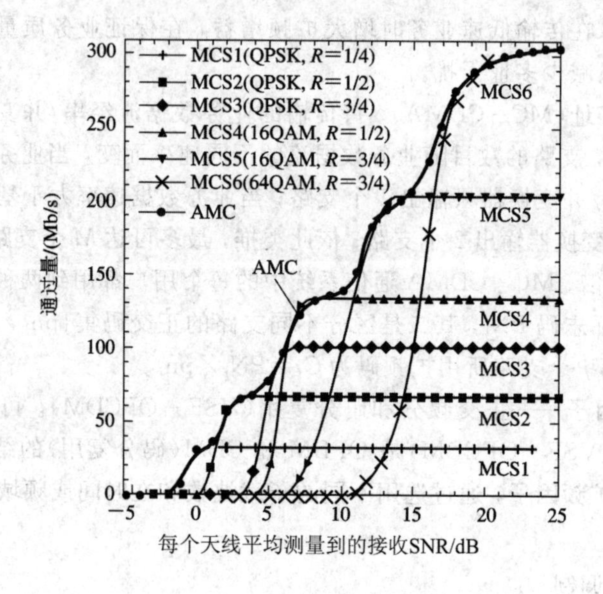

图 10-5 自适应调制编码的通过率

3. 改进的多载波调制

为了得到更加高效的调制，有很多对OFDM的改进方案。

在OFDM调制过程中，为了减少已调信号的峰平功率比(PAPR)，在LTE的上行链路可采用单载波FDMA(SC-FDMA)。SC-FDMA的典型实现形式就是DFT-spread-OFDM(DFT-s-OFDM)。其表达式为：$\boldsymbol{y}=\boldsymbol{F\Theta D x}$；$\boldsymbol{x}=(x_1, x_2, \cdots, x_M)^{\mathrm{T}}$是$N_{\mathrm{DFT}}\times 1$的输入QAM调制的符号，$\boldsymbol{D}$是$N_{\mathrm{DFT}}\times N_{\mathrm{DFT}}$点的离散傅里叶变换，$\boldsymbol{\Theta}$是$N_{\mathrm{FFT}}\times N_{\mathrm{DFT}}$点的子载波映射矩阵(通常$N_{\mathrm{FFT}}>N_{\mathrm{DFT}}$，这也是扩展(Spread)的含义)，$\boldsymbol{F}$是$N_{\mathrm{FFT}}\times N_{\mathrm{FFT}}$的IFFT。$\boldsymbol{y}$经过并串变换，插入前缀(CP)后，发往信道。在接收端的解调类似于OFDM，但在FFT后需加入子载波的反映射(去扩展)和频域均衡(均衡可以采用MMSE算法)，再经过IDFT和并串变换后输出。DFT-s-OFDM的PAPR约比OFDM好3 dB(99%概率)。

另外，为了克服OFDM的限制，提出了滤波OFDM(F-OFDM，Filtered OFDM)。F-OFDM将整个频带分成若干个子带(Subband)，然后对每个子带进行滤波。为了进一步减少带外辐射，采用矩形脉冲的OFDM进行平滑处理(Windowed OFDM)，使其具有平滑的上升和下降边缘，从而降低已调信号的带外辐射。

在具体的滤波过程中，可以采用滤波器组(Filter Bank)的形式(对应的调制称为FBMC，Filter Bank Multicarrier)，每个滤波器组可以对应一个用户；也可以对一组相邻的子载波进行滤波(对应的调制称为UFMC，Universal Filtered Multicarrier)，这样可以减缓用户之间频率偏移的影响；也可以对单个子载波进行滤波(对应的调制称为GFDM，Generalized Frequency Division Multiplexing)。上述调制信号的频谱密度函数如图10-6所示。从图中可以看出GFDM的带外比传统的OFDM小25 dB～30 dB。

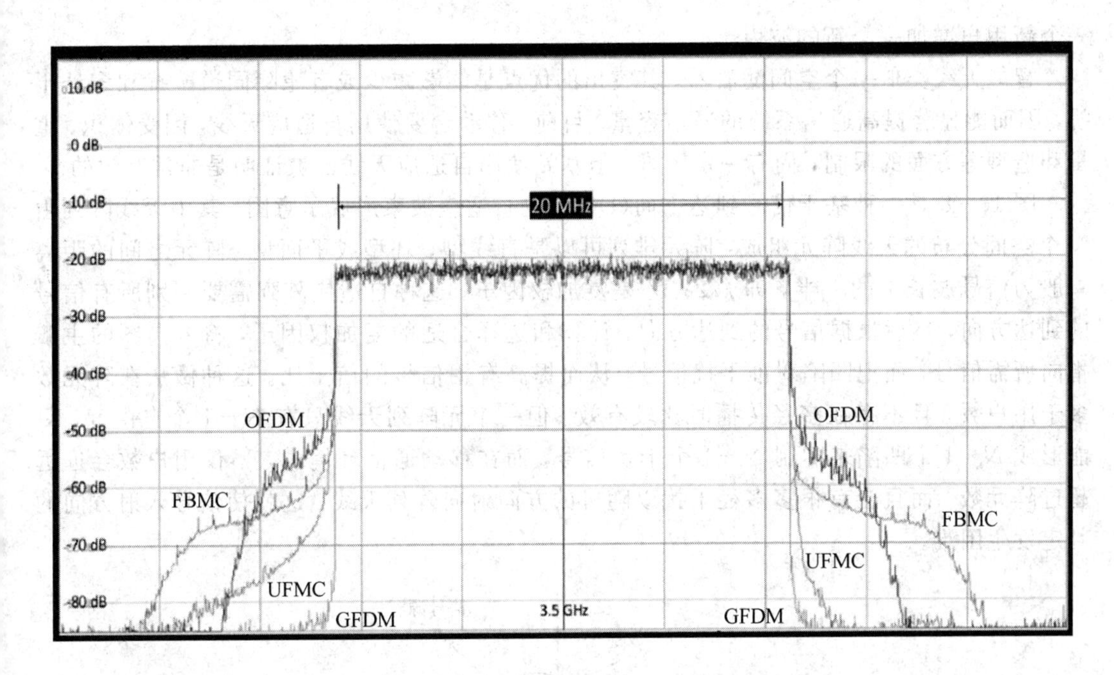

图 10-6　20 MHz 带宽 LTE 下行 OFDM 信号(第一层(最外层))与 FBMC(第二层)、UFMC(第三层)、GFDM(第四层(最里层))的比较

10.3.2　多输入多输出技术

广义的多输入多输出(MIMO)技术包括：智能天线、空时编码、用于提高系统容量的 MIMO 等、多点协同处理技术。

1. 智能天线技术

智能天线是一种自适应阵列天线。自适应阵列天线已经经历了 40 年的发展历史。雷达中首先发展并应用了自适应波束形成技术，但直到 20 世纪 80 年代后期，随着移动通信的迅猛发展和频谱资源的日益紧张，人们才开始重视把自适应天线技术应用到移动通信领域，以提高频谱利用率。实现自适应阵列天线的基本办法是通过调节各阵元信号幅度和相位的加权因子(统称复加权因子)，使天线的方向图可以在任意方向上具有尖峰(波束)或者凹陷。发射机把高增益天线波束对准通信中的接收机，这样既可以增大通信距离(距离不变时，可节约发射功率)，又可以减少对其他方向上接收机的干扰。接收机把高增益天线波束对准通信中的发射机，可增大接收信号的强度，同时把零点对准其他干扰信号的入射方向，还可滤除同道干扰和多址干扰，从而提高接收信号的信干比。智能天线的理想目标是能在发射机或接收机快速移动时，以一个或多个高增益的窄波束分别对准并跟踪所需信号的方向，同时以波束零点对准并跟踪干扰信号的方向，此时通信系统中的许多用户可以占用同一个信道工作而互不干扰，这就实现了所谓的“空分多址(SDMA)”，如图 10-7 所示。系统可以为每

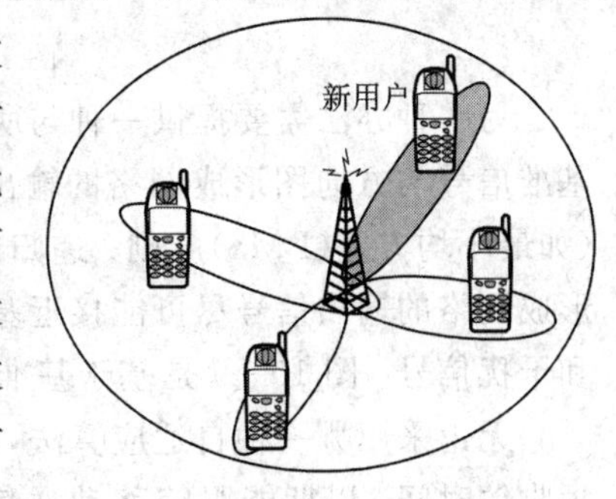

图 10-7　利用智能天线实现空分多址示意图

一个新用户增加一个新的波束。

智能天线类似一个空间滤波器，其突出的优点是能够减少或者滤除同道干扰和多址干扰，因而能显著提高通信系统的通信容量。目前，移动台要使用自适应天线，因受体积、重量和造型等方面的限制，尚有一定困难，但基站使用自适应天线已被证明是非常有效的。

图 10-8 是一种基于信号到达方向(DOA)的自适应波束形成示意图，其中天线阵列由 N 个空间分布的天线阵元组成，阵元排列可以是直线型、环型或平面型，阵元之间的距离一般为信号波长 λ 的一半，即 $\lambda/2$；W 是复加权因子。这种自适应阵列需要判别所有信号的到达方向，然后根据信号的到达方向，计算和选择合适的复加权因子，将方向图的主瓣指向所需信号，而把凹陷对准干扰信号，从而提高有用信号的信干比。这种做法在阵元数多于用户数，且不存在多径传播时比较有效。但一个元阵列天线只有 $N-1$ 个自由度，只能形成 $N-1$ 个凹陷来抑制 $N-1$ 个干扰信号，而在移动通信环境中，不仅用户数会远远超过阵元数，而且会有很多多径干扰以随机的方向射向阵列天线，这就使信号入射方向的判定发生困难。

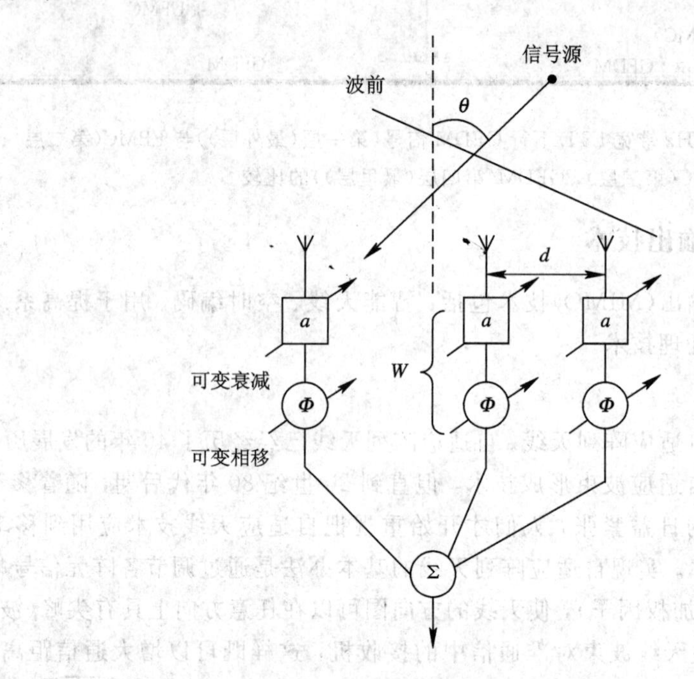

图 10-8　自适应波束形成示意图

另一种办法需要提供一种与所需信号密切相关而与噪声和干扰无关的基准信号，用此基准信号与方向图形成网络的输出信号相减，产生一误差信号，然后按照选定的算法准则(如最小均方差(LMS)准则、递归最小平方(RLS)准则等)，对复加权因子 W 进行调整，使形成网络的输出信号尽可能接近基准信号，并从输出信号中消除与基准信号不相关的噪声和干扰信号。图 10-9 是基于基准信号的阵列天线示意图。

无论采用哪一种自适应算法，都要在保证性能要求的前提下，尽可能减少运算量，缩短收敛时间，以期能跟踪移动通信环境的动态变化。基准信号的产生可以采用下列几种办法：

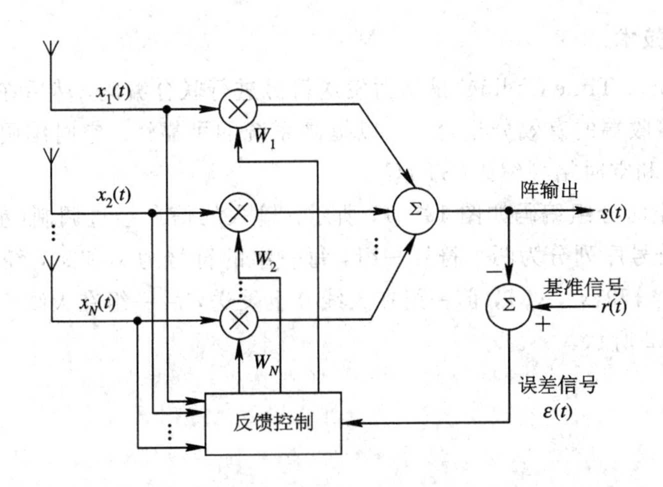

图 10-9　基于基准信号的阵列天线示意图

(1) 利用发送同步信号的引导序列来产生参考信号。因为各个用户的同步引导序列通常不是独特的，所以这种方法不能区分所需信号和同道干扰。

(2) 为各个用户发送专门的训练序列或引导序列，用来产生参考信号。显然，这种方法会增大信道的额外开销。

(3) 在码分多址移动通信系统中，因为接收端知道发送端所用的扩频码，所以利用提取环路很容易获得所需的参考信号。

在未来移动通信系统中可能会使用大规模阵列天线，如 1024 或 2048 个阵元的天线。为了实现更加高效的空间复用，可以根据用户的空间位置，形成三维(3D)的点波束并随用户移动，如图 10-10 所示。

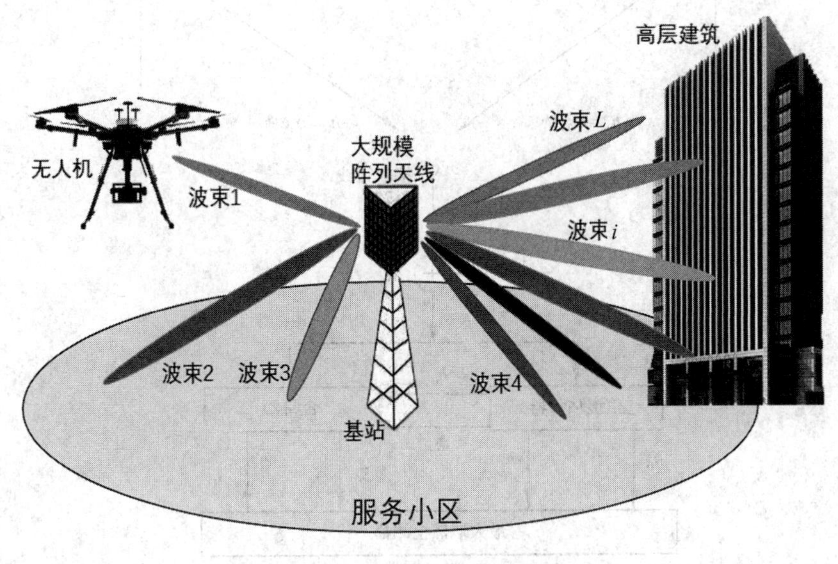

图 10-10　3D 波束示意图

2. 空时编码技术

空时编码(Space Time Coding)是指对发送符号进行联合编码，然后在多个天线上同时发送，从而实现接收端的有效分集合并，以提高系统的可靠性。空时编码分为两类：空时分组编码(STBC)和空时格型编码(STTC)。

一个简单的空时分组编码如图 10-11 所示。输入的信息经过调制(星座映射)后生成符号序列。假定符号序列分为两个符号一组，每一组的符号为 s_0 和 s_1，经过编码生成两个新的码组 $\{s_0, -s_1^*\}$ 和 $\{s_1, s_0^*\}$，前一组在天线 0 上发送，后一组在天线 1 上发送，其接收机的框图如 10-12 所示。

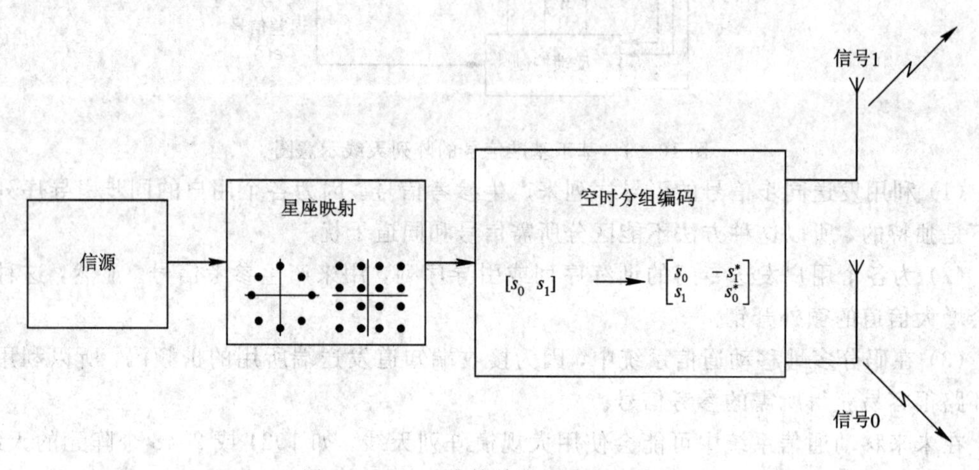

图 10-11 一个简单的空时分组编码

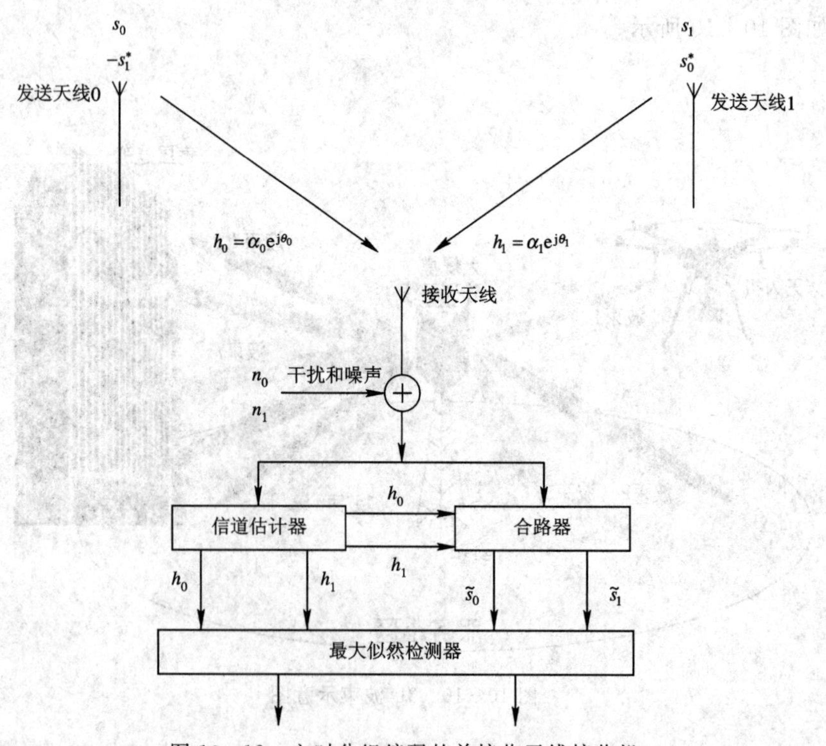

图 10-12 空时分组编码的单接收天线接收机

在时间 t 的信道模型为：发送天线 0 到接收天线的传输损耗函数为 $h_0(t)$，发送天线 1 到接收天线的传输损耗函数为 $h_1(t)$。假定衰落在两个符号区间内是恒定的，即

$$\begin{aligned} h_0(t) &= h_0(t+T) = h_0 = \alpha_0 e^{j\theta_0} \\ h_1(t) &= h_1(t+T) = h_1 = \alpha_1 e^{j\theta_1} \end{aligned} \tag{10-5}$$

式中，T 表示符号周期。接收信号可以表示为

$$\begin{aligned} r_0 &= r(t) = h_0 s_0 + h_1 s_1 + n_0 \\ r_1 &= r(t+T) = -h_0 s_1^* + h_1 s_0^* + n_1 \end{aligned} \tag{10-6}$$

这里，r_0 和 r_1 为 t 和 $t+T$ 时刻的接收信号，n_0 和 n_1 表示噪声和干扰的复数随机变量。

图 10-12 中的合路器生成以下两个合并后的信号送往最大似然检测器：

$$\begin{aligned} \tilde{s}_0 &= h_0^* r_0 + h_1 r_1^* \\ \tilde{s}_1 &= h_1^* r_0 - h_0 r_1^* \end{aligned} \tag{10-7}$$

将式(10-5)和式(10-6)代入式(10-7)，有

$$\begin{aligned} \tilde{s}_0 &= (\alpha_0^2 + \alpha_1^2) s_0 + h_0^* n_0 + h_1 n_1^* \\ \tilde{s}_1 &= (\alpha_0^2 + \alpha_1^2) s_1 + h_0 n_1^* + h_1^* n_0 \end{aligned} \tag{10-8}$$

上式的合并与发端使用一个天线、收端使用两个天线进行最大比合并的效果是相同的。合并后的信号送给最大似然检测器进行解调判决。

令

$$\boldsymbol{s} = [s_0,\ s_1]^{\mathrm{T}},\ \boldsymbol{r} = [r_0,\ r_1]^{\mathrm{T}},\ \boldsymbol{n} = [n_0,\ n_1]^{\mathrm{T}}$$

$$\tilde{\boldsymbol{s}} = [\tilde{s}_0,\ \tilde{s}_1]^{\mathrm{T}},\ \boldsymbol{H} = \begin{bmatrix} h_0 & h_1 \\ h_1^* & -h_0^* \end{bmatrix}^{\mathrm{T}}$$

则

$$\boldsymbol{r} = \boldsymbol{H} \cdot \boldsymbol{s} + \boldsymbol{n} \tag{10-9}$$

$$\tilde{\boldsymbol{s}} = \underset{s \in s}{\operatorname{argmax}} \| \boldsymbol{r} - \boldsymbol{H} \cdot \tilde{\boldsymbol{s}} \| \tag{10-10}$$

式中，$\boldsymbol{s}$ 是所有发送信号的可能的组合。

上述空时码可以拓展到多个接收天线的情况，此时式(10-9)就是每一个天线上信号的表达式，即

$$\boldsymbol{r}_m = \boldsymbol{H}_m \cdot \boldsymbol{s} + \boldsymbol{n}_m \tag{10-11}$$

M 个接收天线的表达式为

$$\tilde{\boldsymbol{s}} = \underset{s \in S}{\operatorname{argmax}} \sum_{m=1}^{M} \| \boldsymbol{r}_m - \boldsymbol{H}_m \cdot \tilde{\boldsymbol{s}} \|^2 \tag{10-12}$$

上述例子中的空时编码的码率为 1，我们也可以将其推广到更多的发送天线，构造不同码率的空时分组编码。例如，一个 4 发送天线且码率为 1/2 的空时分组编码矩阵如下(矩阵中的每一行在一个天线上发送)：

$$\boldsymbol{s} = \begin{bmatrix} +s_0 & -s_1 & -s_2 & -s_3 & +s_0^* & -s_1^* & -s_2^* & -s_3^* \\ +s_1 & +s_0 & +s_3 & -s_2 & +s_1^* & +s_0^* & +s_3^* & -s_2^* \\ +s_2 & -s_3 & +s_0 & +s_1 & +s_2^* & -s_3^* & +s_0^* & +s_1^* \\ +s_3 & +s_2 & -s_1 & +s_0 & +s_3^* & +s_2^* & -s_1^* & +s_0^* \end{bmatrix} \tag{10-13}$$

另一类空时编码就是空时格型编码。一个采用 8PSK 调制、8 状态的空时格型编码的

编码过程如图 10－13 所示。图的右下方是编码矩阵，左下方是状态转换图，右上方是 8PSK 星座图，左上方是输入的已调符号和经过空时编码后在天线 1(TX1)和天线 2(TX2)上的输出符号。编码矩阵指出在当前状态下(如为 1)，输入为某值(如 5)的情况下对应的输出(如 55)，该输出的第一个符号在 TX1 上发送，第二个符号在 TX2 上发送。状态转换图指出了在当前状态下，在不同的输入时所对应的下一个状态。每一个状态有 8 个输出状态，每一个状态转移的分支从上到下分别对应输入 0，1，…，7。在不同的系统中可以选择不同的状态，如 16、32 状态等，随着状态数的增加，系统的性能有所改善。另外，还可以选择不同的调制，如 4PSK、16QAM 等。

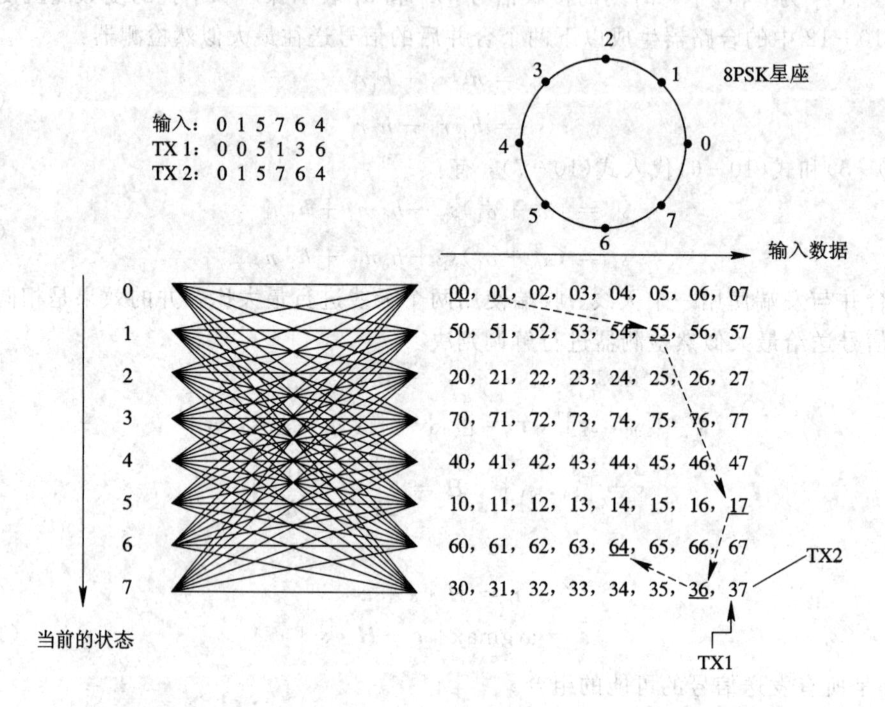

图 10－13　2 发送天线采用 8PSK 调制的 8 状态空时编码

3. 用于提高系统容量的 MIMO 技术

前面讨论的多发送天线多接收天线系统(或称为多输入多输出(MIMO)系统)主要是为了提高系统的可靠性，增加分集增益。MIMO 系统的另一个非常重要的用途是提高系统的传输容量。一个有 N 个发送天线和 M 个接收天线的系统，用 MIMO(M, N)来表示。一个 MIMO(3, 3)系统如图 10－14 所示，输入调制符号 b1，b2，b3，…，轮流在发送天线 1、2 和 3 上发送，接收端通过信号处理算法(如 V－BLAST 算法)将空间中已混合在一起的信号分离出来，以后每一路再单独解调。通过这种方法可实现空间复接。假定 N 个发送天线的功率相等，且不相关，每个接收天线上 SNR 比为 ρ，信道矩阵为 $\boldsymbol{H}$，则 MIMO 系统的信道容量可表示为

$$C_{\mathrm{EP}} = \mathrm{lb}\left[\det\left(\boldsymbol{I}_M + \frac{\rho}{N}\boldsymbol{H}\boldsymbol{H}^*\right)\right] \quad (\mathrm{b/s})/\mathrm{Hz} \qquad (10-14)$$

式中，$\boldsymbol{H}^*$ 表示 $\boldsymbol{H}$ 的共轭转置，$\boldsymbol{I}_M$ 是单位矩阵，det( )表示行列式。

如果 $L=\min\{M, N\}$，则 MIMO(M, N)系统的容量可以随线性增长。

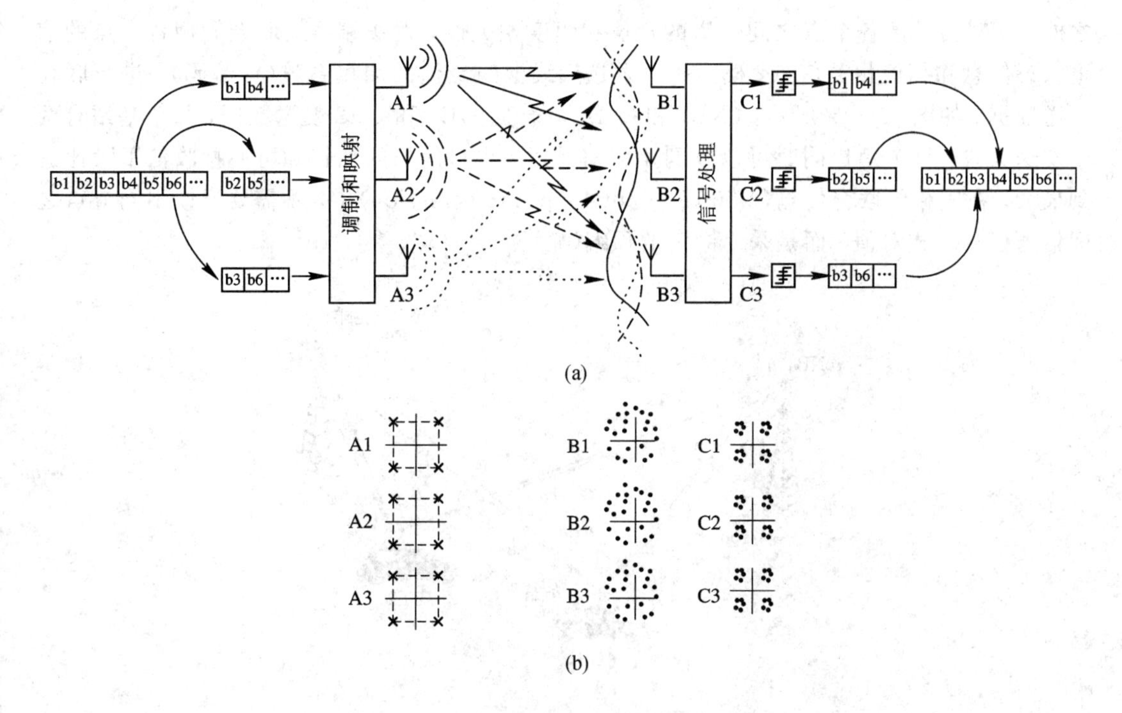

图 10-14　MIMO(3, 3)原理图

(a) 传输过程示意图；(b) 图(a)中各点的信号星座示意图

自从 Teletar 发明在总发送功率恒定的情况下，利用 MIMO 可以极大提高系统的容量后，Wolniansky 等于 1998 年演示了利用 V-BLAST 算法实现 20 (b/s)/Hz 的频谱效率；Foschini 等演示了在理想条件下、18 dB 的 SNR 时，MIMO(16, 12)可以实现 36 (b/s)/Hz 的频谱效率。

MIMO 技术已成为 3G/4G/5G 及未来移动通信的核心技术。如在 3GPP 的 3G 标准采用了 MIMO(4, 4)后，将系统的传输容量从单天线的 10.8 Mb/s 提高到了 21.6 Mb/s。在 5G 的标准中支持多种形式下行的发射天线可以有 8 个，上行的发射天线可以有 4 个，因此可以支持 MIMO(4, 4)、MIMO(4, 8)和 MIMO(8, 4)等多种模式。

4. 多点协同处理(CoMP)技术

多点协同处理(CoMP, Coordinated Multiple Points)技术可以看成多天线技术从单小区向多小区的延伸。在下行链路中，多点协同处理技术是指多个地理上不同的站点(一个宏站，也可以是一个射频拉远单元(RRU)、一个中继站(Relay)或者微微站)对同一个用户或者多个用户进行协同传输。协同多点处理技术所关心的是如何有效利用多小区多节点的信道快衰的变化，合理运用多天线传输/接收，来提高系统的容量和覆盖。因此该技术对不同地理节点之间的通信链路(又称回传链路，Backhaul Link)的数据/信令的传输速率和时延有较高的要求。

下行 CoMP 技术按照协同的方式可以分成以下两大类型。

(1) 多点联合处理(Joint Processing, JP)：在多个点上同时准备好数据，在同一个时频资源上，多个点对一个终端同时发送数据，在接收终端进行相干合并或非相干合并。

相干联合传输(Coherent Joint Transmission)：终端除了反馈每个点的信道状态信息

之外，还需要反馈各个点之间信道的相位和幅度相关性，发送端需要联合利用各个点的信道状态信息和相位相关信息，确定每个发送天线上的最佳的加权系数(预编码)，进行联合发送数据。如图10－15所示，eNB1和eNB2联合向UE1和UE2发送数据，每个基站有两个发送天线，每个用户同时可以收到4路信号，这4路信号的加权和可使接收信干噪比达到最大。在非相干联合传输(Non-coherent Joint Transmission)中，不需要反馈不同节点之间信道信息的相对值，而是采用固定的预编码。

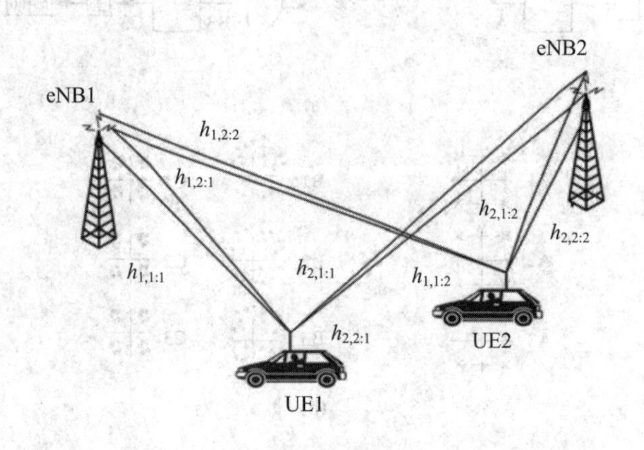

图10－15 下行协同多点处理(CoMP)传输示意图

(2) 协调调度(Coordinated Scheduling)：在同一个时频资源上，多个点根据反馈的信道状态，协同选择其中的一个点并协同确定发送的权值后，向终端发送。

在上行CoMP技术中，多个站点联合接收一个终端发送的信息。如在图10－15中，eNB1和eNB2同时接收UE1和UE2发送的数据。上行数据可以通过多小区(如eNB1和eNB2)的协作统一解析得到，包括多小区联合检测、软合并、多小区联合均衡等。

在多点协同处理中参与联合的节点集合的确定是一个重要的问题。有几种集合的概念，一是协同集合(CoMP Cooperating Set)：集合中的各个节点在相同时频资源上，直接或者间接参与对一个终端的数据传输。协同集合对于终端来说可能是透明的，也可能是不透明的。其中：① 间接参与，是指协同集合内的节点/小区，对终端不进行实际数据发送或接收，但是参与了终端在时频资源上的调度或者波束赋形权值的计算过程；② 直接参与，是指在时频资源上实际给终端发送数据或接收数据。

二是测量集合(CoMP Measurement Set)：包括终端进行测量或者报告信道状态信息(CS)的节点/小区。该测量的对象是快衰信道，用于动态的协同与调度。

三是CoMP RRM测量集合(RRM Measurement Set)：包括需要进行RRM测量的节点/小区。这个CoMP资源测量(CoMP Resource Measurement,CRM)是反映大尺度衰落的。当终端在移动时，系统可以根据CRM来更新CoMP CSI的测量集合。

采用CoMP技术，可以提高传输的抗干扰能力，显著提升小区边缘用户的信号质量，提升网络容量。

10.3.3 软件无线电

由于移动通信的迅猛发展，目前多种多样的通信体制层出不穷，形形色色的通信标准竞争激烈，频谱资源日益紧张，提高频谱利用率的新技术迅速发展，通信产品的更新换代越来越快，产品生存周期越来越短，而对多种通信体制之间的互连和对移动终端的兼容性要求也日益迫切。这样，原来以硬件为主来设计无线通信设施的方法已难以适应这种形势发展的需要。为此，人们设想研制一种基本的可编程硬件平台，只要在硬件平台上改变注入的软件即可形成不同标准的通信设施(如终端和基台等)。这样，无线通信新体制、新系统和新产品的研制与开发，将逐步由以硬件为主转移为以软件为主。这就是软件无线电的基本思路。

软件无线电的关键思想是尽可能在靠近天线的部位(中频甚至射频)进行宽带 A/D 和 D/A 变换，然后用高速数字信号处理器(DSP)和专用的可编程处理器相配合进行软件处理，以实现尽可能多的无线通信功能(信号产生和接收处理、调制解调、编译码、链路控制、语音业务传输等)。图 10-16 是软件无线电的结构简图。在实际应用中，要求发射机能判明可用的传输信道，探测可行的传播路径，选择合适的多址方式和调制制度，自适应控制天线波束使之指向正确方向和使用合适的功率电平等。接收机应能判明所需信道和邻近信道的能量分布，识别接收信号的模式，自适应抵消干扰，能估计所需信号的多径特性，采用自适应均衡，最佳合并与利用所需信号的多径能量，对信道调制进行最佳译码和判决，并通过前向纠错以降低误码率等。此外，软件无线电还可通过众多的软件工具来支持增值业务。

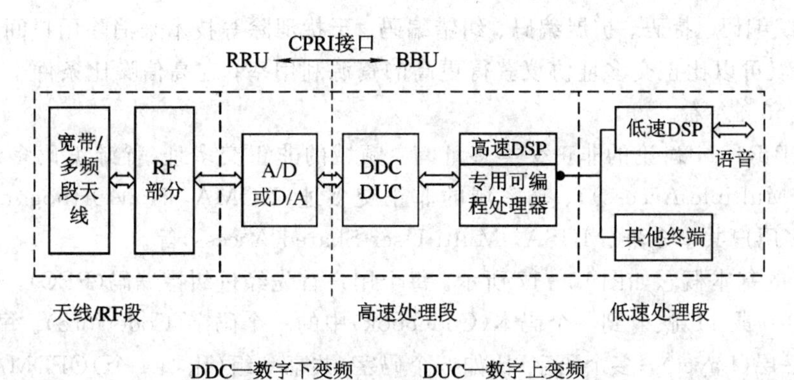

图 10-16 软件无线电结构简图

软件无线电的概念自提出以来，得到了国际上尤其是各国军事部门的广泛重视。目前，其研究工作无论在军事通信方面，还是在民用通信方面，都显示出广阔的应用前景。早期的软件无线电的典型代表是美国提出的军用软件无线电“易通话(Speakeasy)”，它于 1994 年演示了第一期工程的研究成果。此后，有多个公司和组织提出了软件无线电的实现方案和研究计划，我国提出的 TD-SCDMA 标准的基本技术就是软件无线电技术。

软件无线电是无线通信系统从模拟走向数字化以后的另一次飞跃，即从数字化走向软件化。其突出的优势是不仅能满足当前技术发展的需要，而且能适应未来技术发展的需要。也许只有软件无线电的全面实现，才能使我们在任何时间、任何地点与任何人进行通信的梦想得以实现。

软件无线电技术已经成为移动通信系统的基础性技术。在基站系统中，可以将射频部分和基带部分分开。如图 10-16 所示，在 A/D 或 D/A 与 DSP 处理部分之间形成 CPRI 链路接口。该接口的左侧称为 RRU（Remote Radio Unit，包括射频部分和 A/D 或 D/A 部分），右侧称为 BBU(Base Band Unit，主要是基带处理和控制部分)。为了适应不同移动通信的标准和工作频段，可以将 BBU 资源统一集中或分层设置，形成一个基站共享的基带池，以便共用和扩展。由于软件无线电技术的进步，改变了移动通信接入网络的结构。例如：中国移动公司提出了 C－RAN(Centralized RAN)的概念，就是将 BBU 与 RRU 分离，RRU 尽量靠近天线，BBU 迁移并集中到中心机房。这样非常有利于小区间的协同工作。

软件无线电是无线资源虚拟化的基础，在此基础上可以引入网络功能虚拟化(NFV)和软件定义的网络(SDN)，可以根据移动通信系统的不同应用需求，对无线电资源进行动态分割和功能重新定义。

10.3.4 新型多址技术

在前面的章节中，我们对常用的正交多址协议(FDMA、TDMA、OFDMA)进行了描述。在一个移动通信系统中，上行链路和下行链路可以采用不同的多址技术。例如：在 LTE 系统中，上行采用 SC－FDMA，下行采用 OFDMA。

在正交多址协议中，在每个小区内，每个用户是独立地占用一个物理资源块，相互之间无干扰。与之相对应的另一调制是非正交多址协议，也就是在每个小区，有多个用户同时使用相同的物理资源块，此时存在相同小区不同用户的干扰，需要采用适当的干扰处理技术，如交织编码、扰码、扩展编码、纠错编码、干扰消除等技术来消除用户间的干扰。非正交多址协议可以比正交多址协议获得更高的资源利用率；在高信噪比条件下，资源利用率可以提高 50%左右。

在 3GPP R16 中讨论的非正交类多址有：频域的非正交多址(稀疏编码多址(SCMA，Spare Code Multiple Access))、功率域的非正交多址(NOMA，Non-Orthogonal Multiple Access)和多用户共享多址(MUSA，Multi-User Shared Access)等。

SCMA 的基本概念如图 10－17 所示。每个用户首先经过纠错编码(FEC)，然后每个符号(00，01，10 或 11)映射到一个码本(Codebook)中的一个码字(Codeword)。每个码字(或用户)称为一层(Layer)，多个码字(比如 6 个码字)共享一组(比如 4 个)OFDMA 的时频资源块。由于 SCMA 的稀疏特性，使得接收端很容易通过迭代的消息传递算法(MPA，Message Passing Algorithm)实现准最佳的检测。

功率域的非正交多址 NOMA 是通过给不同的用户分配不同的功率来共享相同的 OFDMA 的时频块，如图 10－18 所示。在下行链路中，给用户 1(UE1)分配较小的功率 P_1，给用户 2(UE2)分配较大的功率 P_2，系统的总功率 $P_{total}=P_1+P_2$。在接收端，用户 1 采用串行干扰的方法进行解调。因为到达用户 1 的用户 2 的信号较强，用户 1 可以先提取出用户 2 的信号，然后将接收的信号减去用户 2 的信号，再进行用户 1 自身信号的译码。而用户 2 接收到的自身信号较强，可以直接译码。

MUSA 的概念如图 10－19(a)所示。MUSA 上行使用特别的复数域多元码(序列)来作为扩展序列，此类序列即使很短(如长度为 8，甚至 4)时，也能保持相对较低的互相关。例如，其中一类 MUSA 复数扩展序列，其序列中每一个复数的实部/虚部取值于一个多元实数集合。甚至一种非常简单的 MUSA 扩展序列，其元素的实部/虚部取值于一个简单三元集合{－1，0，1}，也能获得相当优秀的性能。该简单序列中元素相应的星座图如图 10－19

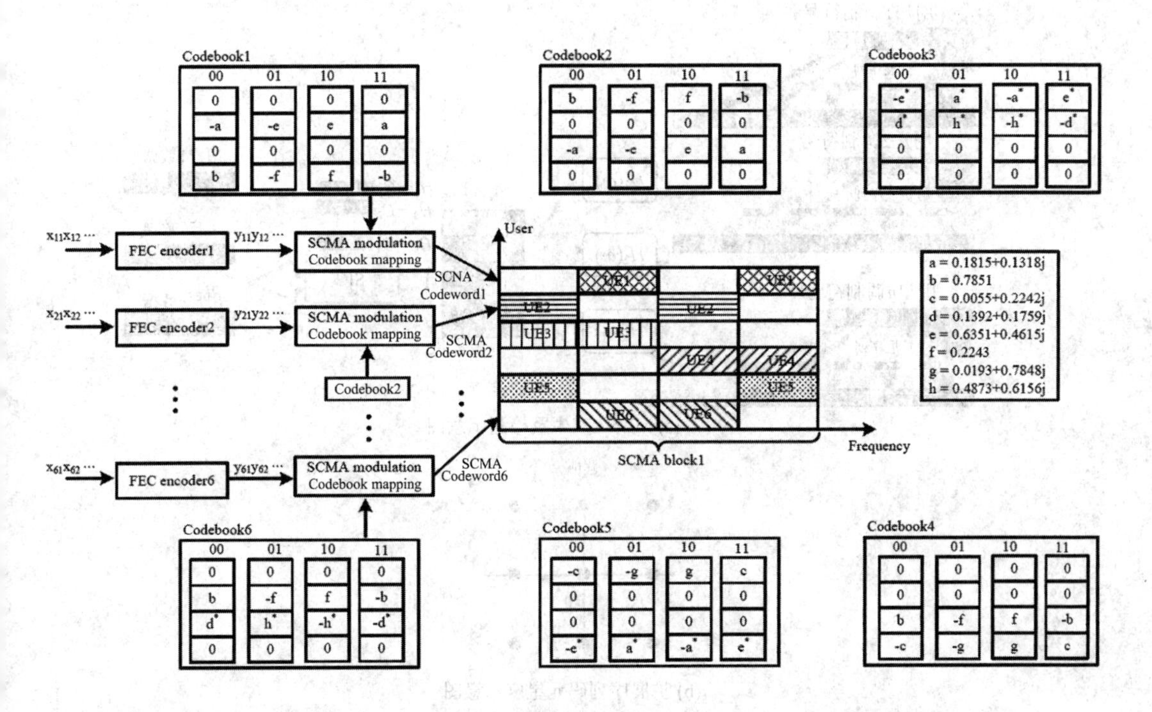

图 10－17　SCMA 基本概念示意图(6 用户、4 个资源块)

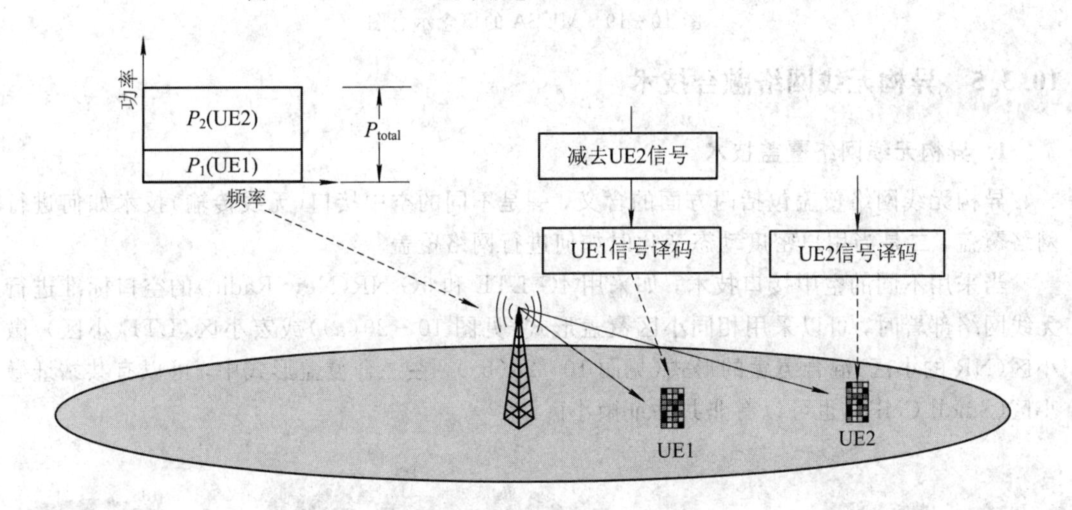

图 10－18　NOMA 原理示意图

(b)所示。正因为 MUSA 复数域多元码的优异特性，再结合先进的 SIC 接收机，MUSA 可以支持相当多的用户在相同的时频资源上共享接入。值得指出的是，这些大量共享接入的用户都可以通过随机选取扩展序列，然后将其调制符号扩展到相同时频资源的方式来实现。从而 MUSA 可以让大量共享接入的用户想发就发，不发就深度睡眠，而并不需要每个接入用户先通过资源申请、调度、确认等复杂的控制过程才能接入。这个免调度过程在海量连接场景尤为重要，能极大减轻系统的信令开销和实现难度。

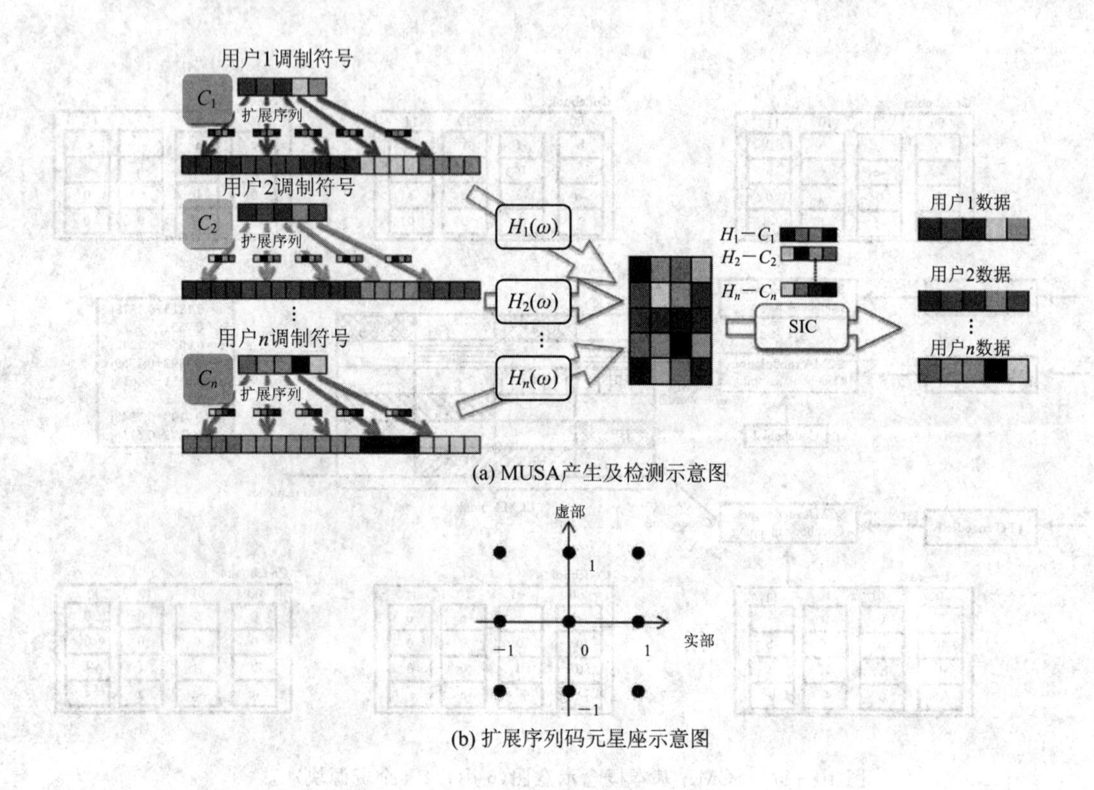

(a) MUSA产生及检测示意图

(b) 扩展序列码元星座示意图

图 10-19　MUSA 的概念示意图

10.3.5　异构无线网络融合技术

1. 异构无线网络覆盖技术

异构无线网络覆盖包括两方面的含义，一是不同的空中接口(无线传输)技术如何进行网络覆盖，二是当用户密度动态变化时如何进行网络覆盖。

当采用不同的空中接口技术，如采用 4G LTE 和 5G NR(New Radio)的空口标准进行无线网络部署时，可以采用相同小区覆盖形式(见图 10-20(a))或宏小区(LTE 小区)/微小区(NR 的小区)混合覆盖的形式(见图 10-20(b))。在混合覆盖形式中，可以有共站址微小区(Small Cell)，也可以有非共站址微小区。

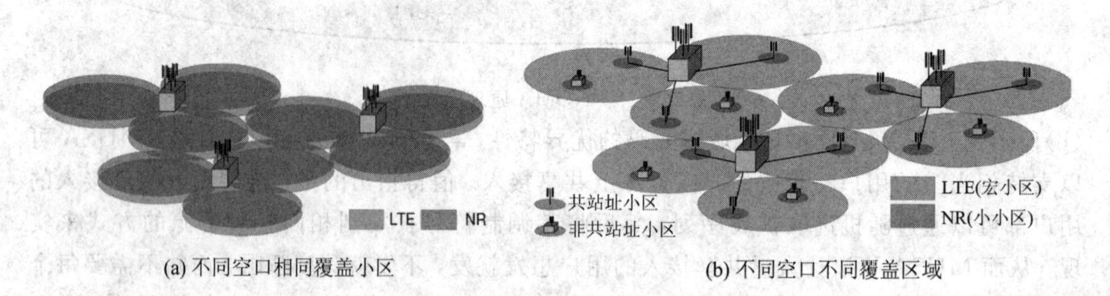

(a) 不同空口相同覆盖小区　　(b) 不同空口不同覆盖区域

图 10-20　异构网络覆盖示意图

当网络中的用户动态变化时，可以动态改变小区覆盖面积的大小和形状，以适应不同的用户密度，提高整体网络容量。其基本技术是，一个覆盖小区可以有多个性能相同的接入点构成。在覆盖区域内预先部署好若干接入点，在实际运行时可以动态改变每个小区包含的接入点数，从而形成覆盖不同用户密度的网络。如图 10－21 所示为西安电子科技大学远望谷体育馆的无线覆盖示意图。在体育馆内，接入点分布如图 10－21(a)所示；所有接入点可以构成一个小区，如图 10－21(b)所示；也可以根据用户的分布，构成多个小区，如小区 1 和小区 2 分别覆盖南北看台，小区 3 和小区 4 分别覆盖东西看台。当体育馆举行大型开学和毕业典礼时，可在体育馆中心场地形成多个覆盖小区。

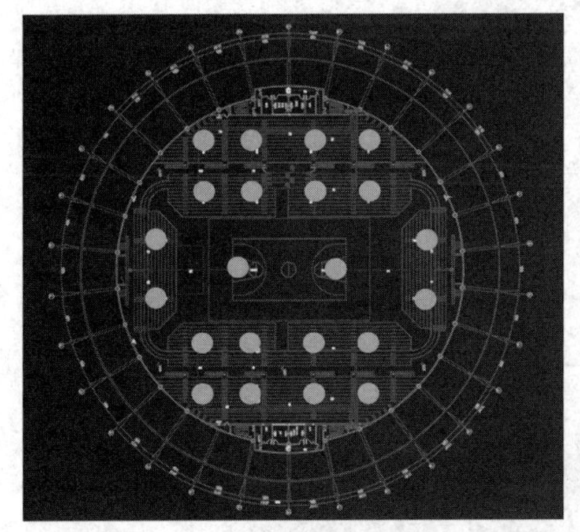

(a) 接入点分布

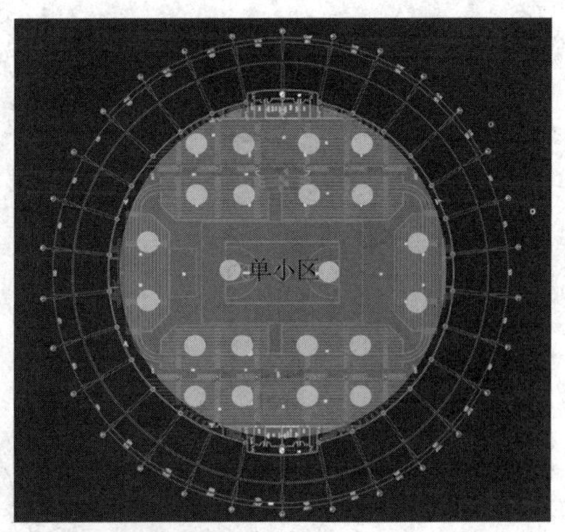

(b) 单小区覆盖

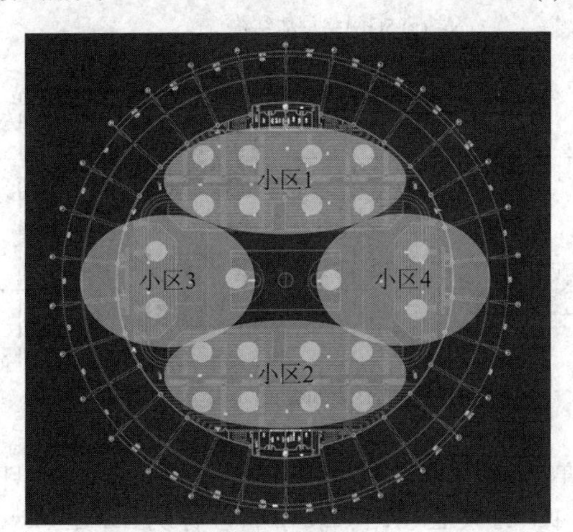

(c) 混合小区覆盖

● 4G/5G共模接入点

图 10－21　异构小区网络覆盖示意图

2. 异构接入网络融合技术

一个典型的单一体制无线网(如 5G 网络)的总体结构和功能实体之间的接口(参考点)定义如图 10－22 所示。在无线网络总体结构(见图 10－22(a))中，包括两大部分：接入网(RAN)部分和核心网(CN)部分。5G 的基站称为 gNB，多个 gNB 构成无线接入网(NG-RAN)，gNB之间通过 Xn 接口互连。5G 的核心网络(NGC)包括接入和移动性管理功能(AMF)和用户平面功能(UPF)。gNB 的主要功能包括无线资源管理、IP 报头的压缩和数据加密、接入控制、用户数据路由、寻呼、系统信息广播和测量等。AMF 功能包括非接入服务(NAS)信令处理和安全、移动性管理、接入鉴权等。UPF 的主要功能包括移动锚点管理、分组的路由和转发、PDU 操控等。

5G 网络各功能实体(用户终端(UE)，接入网(RAN)，控制平面功能(CP functions)、用户平面功能(UP functions)、应用功能(AF)、数据网络(DN))之间接口(参考点)的定义如图 10-22(b)所示，分别用 NG1～NG6 来表示。

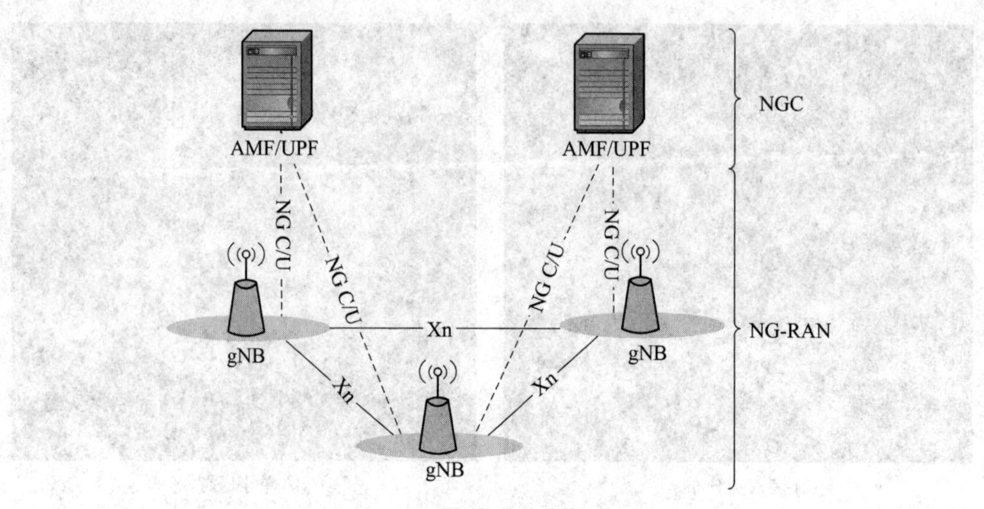

(a) 5G网络总体结构

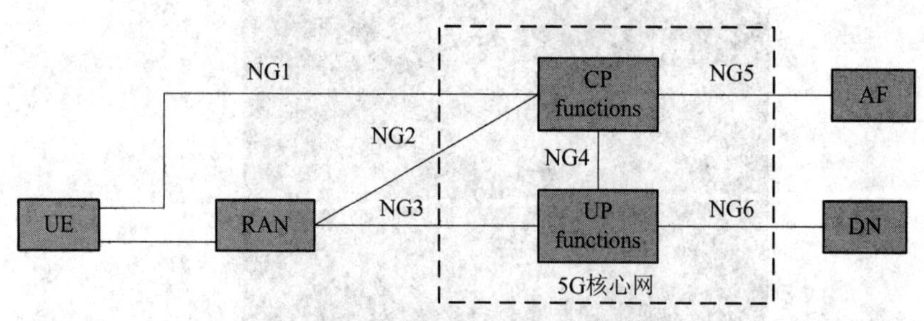

(b) 功能实体之间接口(参考点)的定义

图 10-22　单一体制无线网的总体结构和功能实体之间的接口定义

4G 的基站称为 eNB，4G 的核心网络(LTE CN)称为 EPC (Evolved Packet Core)。EPC 是一个全 IP 的网络，它由移动性管理实体(MME，Mobility Management Entity)、服务网关(SGW，Serving Gateway)、PDN 网关(PGW，PDN Gateway)、策略和计费规则功能(PCRF，Policy and Charging Rules Function)网元等构成。

4G 和 5G 接入网络异构融合部署的总体结构如图 10-23 所示。

在七种可选的组网方式中，独立组网的有三种：Option 1 是采用 E-UTRAN ＋ EPC 的 4G 独立组网模式；Option 2 是 NG RAN(NR)＋NGC 并采用 5G NR 空口的独立(SA，Standalone)组网模式；Option 5 是 NG RAN(Evolved E-UTRA 空口)＋NGC 并采用演进的 E-UTRA 空口独立组网。异构融合组网的有两种基本模式：以 4G 核心网 EPC 进行融合的模式(Option 3 和 3a)和以 5G 核心网 NGC 进行融合的模式(Option 4 和 4a，Option 7 和 7a)。这两个模式均为非独立(NSA，Non-standalone)组网模式，如图 10-24 所示。

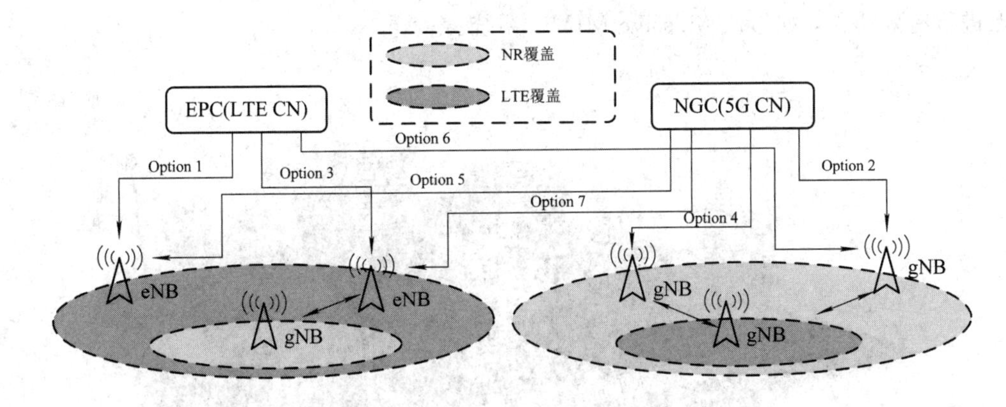

图 10-23　4G 和 5G 接入网络异构融合部署的总体架构

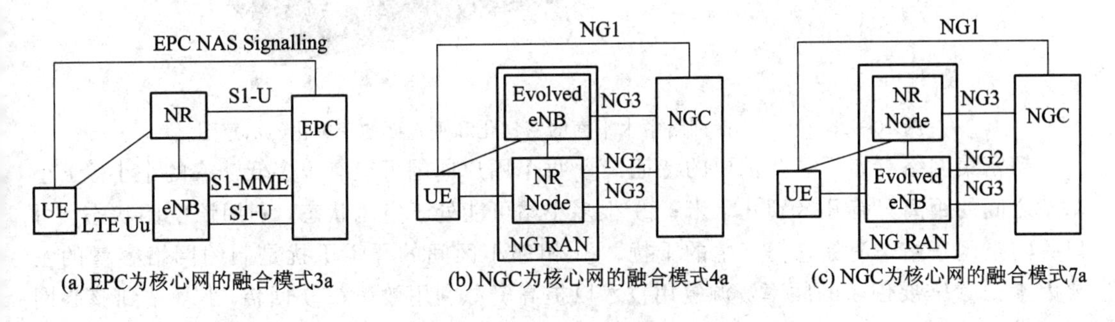

图 10-24　网络融合模式

在以 EPC 为核心网的融合模式 3a(Option 3a，如图 10-24 (a)所示)中支持 4G LTE 和 5G NR 两种空中接口。在该模式中，以 E-UTRA 作为锚点 RAN(Anchor RAN)(或主 RAN)，NR 作为从 RAN(Secondary RAN)。另外在该模式中 NR 和 EPC 之间也可以没有接口(Option 3)。在 NGC 为核心的融合模式 4a(Option 4a，如图 10-24 (b)所示)中支持 Evolved E-UTRA 和 5G NR 两种空中接口。该模式是以 NR 作为锚点 RAN(Anchor RAN)，以 Evolved E-UTRA 作为从 RAN(Secondary RAN)。另外在该模式中，Evolved eNB 与 NGC 之间也可以没有接口(Option 4)。在 NGC 为核心的融合模式 7a(Option 7a，如图 10-24 (c)所示)中也支持 Evolved E-UTRA 和 5G NR 两种空中接口，但在该模式中，以 Evolved E-UTRA 作为锚点 RAN(anchor RAN)，以 NR 作为从 RAN(Secondary RAN)；另外在该模式中，NR 与 NGC 之间也可以没有接口(Option 7)。

3. 超密集异构网络技术

超密集(无线)网络(UDN，Ultra-Dense Networks)通常指网络中的小区数远超于活动用户数(也就是说接入点的密度远远大于用户密度)或者小区的密度超过 10^3 个小区/km^2。超密集组网的典型应用场景主要包括办公室、密集住宅、密集街区、校园、大型集会场所、体育场、地铁等。

无线网络的密集化可以有两个维度：水平面的密集化和垂直面的密集化，如图 10-25 所示。水平面的密集化可以通过将小基站部署在树上、灯柱上、各种设施的柱子上和建筑物的墙上实现。垂直面的密集化可以将小基站部署在高层建筑的办公室、会议室、餐厅和建筑物的室内。密集化的部署可以是中心式的，也可以是分布式的。中心式的部署可使各节点进行有效协作，如形成 Massive MIMO 系统。

图 10-25 在小小区网络中水平面的密集化和垂直面的密集化的示意图

超密集网络有如下一些重要的特征：① 每个用户周围可能有很多低功率的小小区，小基站之间的距离只有几米到几十米；② 很多小站可能处于空闲状态，利用该空闲状态，可以关闭空闲基站来消除它们产生的干扰；③ 相邻小区间的严重干扰是制约网络容量的主要因素；④ 需要创新的频率资源复用技术以提高资源利用效率；⑤ 回传(小基站到核心网的传输)是一个挑战性的难题，要保证理想的低时延高速回传，对运营商来说是非常困难的；⑥ 在电波传播方面，有很高的概率是视距传播(LOS，Line-of-sight)，此时需要新的电波传播模型来描述无线网络信号和干扰传播特性。

衡量超密集网络的主要性能指标有：① 覆盖概率(任一用户的 SINR 大于给定门限的概率)和中断概率(任一用户的 SINR 低于给定门限的概率)；② 速率覆盖(任一用户的速率大于给定门限的概率)和中断概率(任一用户的速率低于给定门限的概率)；③ 平均频谱效率；④ 单位面积频谱效率(ASE)；⑤ 网络通过量；⑥ 能量效率(网络通过量或 ASE 与单位面积的功耗的比值)；⑦ 公平性等。

为了研究和设置超密集无线网络，其主要的关键技术有：

(1) 电波传播模型。在超密集网络中，接入点之间距离很短，LOS 分量变成主要考虑的问题。另外，在室内小区部署在很多楼层，需要考虑三维的传播模型。这就需要对传统的用于宏蜂窝且主要考虑 Rayleigh 衰落的模型进行修正，需要采用 Rician 信道(考虑 LOS)衰落模型。目前有两斜率传播模型和多斜率传播模型，分别如式(10-14)和式(10-15)所示。

$$l(r)=\begin{cases}r^{-\alpha_0}, & r\leqslant R_c\\ \eta r^{-\alpha_1}, & r\geqslant R_c\end{cases} \tag{10-14}$$

式中：R_c是临界距离(Critical Distance)，α_0是近场路径损耗指数，α_1是长距离路径损耗指数，且 $0\leqslant\alpha_0\leqslant\alpha_1$，$\eta=R_c^{\alpha_1-\alpha_0}$是保证连续性的常量。

$$l_n(r)=\begin{cases}l_n^{L}(r)=A_n^{L}r^{-\alpha_n^{L}}, & \text{LOS}\\ l_n^{NL}(r)=A_n^{NL}r^{-\alpha_n^{NL}}, & \text{NLOS}\end{cases} \tag{10-15}$$

式中：右侧上半部分是第 n 段 LOS 路径损耗，下半部分是第 n 段 NLOS 路径损耗。其中 A_n^{L} 和 A_n^{NL} 是在参考点 $r=1$ 处的路径损耗值，α_n^{L} 和 α_n^{NL} 分别是 LOS 路径和 NLOS 路径的损耗指数。

电波传播模型对网络中的干扰控制、覆盖概率、网络通过量具有重要影响。

(2) 邻近小基站的发现。如何检测到一个给定用户邻近的基站对网络的最佳运行非常重要。由于相邻基站的同步信号是在相互干扰的范围内，如何管理这些基站同步信号的复用是一个难题。

(3) 用户关联。最简单的办法，是选择一个接收信号最强的基站。但是在超密集异构网络环境下，用户如何选择接入的基站是非常富有挑战性的问题，它要考虑基站空闲模式的利用、网络干扰、回传链路可用性、移动切换的频繁度、多基站协作信号处理、单一或多 RAT 下的多重关联、用户的 QoS 或 QoE 等因素。它既要满足单个用户的要求，又要能使网络容量最大化，以便为更多的用户服务，同时要使网络控制开销最小。

(4) 接入点动态组合。在超密集组网场合，从用户的角度，逻辑上可以不再采用小区的概念，可以根据用户的当前位置，动态确定为其服务的接入点的组合，当用户位置变化后，动态改变接入的组合，如图 10-26 所示。当用户 UE1 沿虚线移动时，在不同的位置点 p1、p2、p3 时，为其服务的接入点组合如图中对应的圆圈所包括的接入点所示。在不同的地点和不同的时刻，为每个用户服务的接入点组合中的接入点数量和覆盖面积的大小可以是动态变化的。

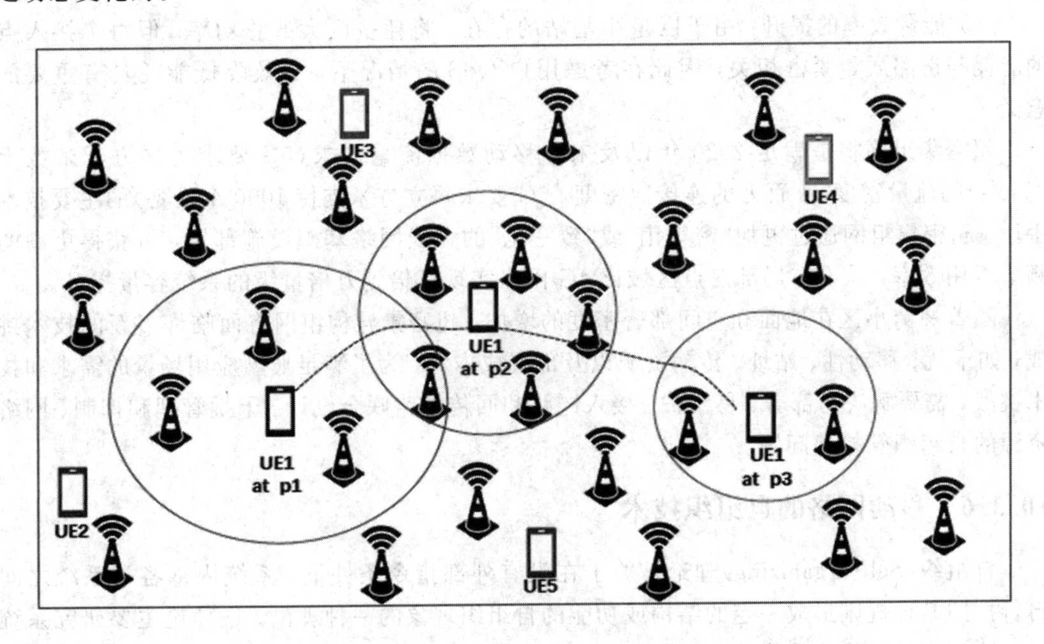

图 10-26　接入点动态组合示意图

(5) 移动性管理。在超密集网络中，密集的部署使得小区边界数量剧增，加之形状不规则，导致频繁复杂的切换。为了满足不同运动速度、不同运动方式的移动性需求，需要新的切换算法。

(6) 小基站到核心网的回传链路的构建。在超密集部署基站的情况下，如何构建基站到核心网络的低时延高容量传输链路也是非常具有挑战性的问题，可以采用毫米波

(mmWave)链路、中继链路、大规模 MIMO 回传链路等。

(7) 干扰管控。在密集异构移动通信网络中，由于大量的小区存在着同频干扰、共享频谱资源干扰、不同覆盖层次(宏蜂窝/微蜂窝)间的干扰，所以干扰管控是超密集无线网络能否正常运行的决定性因素，可以通过多小区协同、多域协同、负载均衡等手段来实现干扰避免、干扰抵消、干扰对齐、干扰转移、干扰利用等。

当前干扰管理和抑制策略主要包括自适应小小区分簇、基于集中控制的多小区相干协作传输和基于分簇的多小区频率资源协调技术。自适应小小区分簇通过调整每个子帧、每个小小区的开关状态并动态形成小小区分簇，关闭没有用户连接或者无需提供额外容量的小小区，从而降低对邻近小小区的干扰。基于集中控制的多小区相干协作传输，通过合理选择周围小区进行联合协作传输，终端对来自于多小区的信号进行相干合并避免干扰，对系统频谱效率有明显提升。基于分簇的多小区频率资源协调，按照整体干扰性能最优的原则，对密集小基站进行频率资源的划分，相同频率的小站为一簇，簇间为异频，可较好地提升边缘用户体验。

由于用户部署的大量节点的开启和关闭具有突发性和随机性，使得网络拓扑和干扰具有大范围动态变化特性；而各小站中较少的服务用户数也容易导致业务的空间和时间分布出现剧烈的动态变化。这就需要准确有效地感知相邻节点的干扰状态，采用可密性干扰规避技术，通过有效协作，实行对干扰和有用信号的联合管控，从而保证随着基站密度的增加，网络的空间吞吐量也随之增加直至饱和。

(8) 能量效率的提升：由于巨量小基站的存在，将耗费巨大的总功率。但每个接入点的能耗与链路质量紧密相关，因此在考虑用户 QoS 的情况下，有效降低能耗具有重要的意义。

超密集组网将是满足 2020 年以及未来移动数据流量需求(5G 要求每平方千米数十(Tb/s)的流量密度、1 百万的连接数密度，6G 要求每立方米支持 1000 个设备)的主要技术手段。超密集组网通过更加“密集化”或“致密化”的无线网络基础设施部署，可获得更高的频率复用效率，从而在局部热点区域比 4G 网络实现百倍到万倍量级的系统容量提升。

随着蜂窝小区在地面和空间部署密度的增加，超密集异构组网将面临许多新的技术挑战，如干扰、移动性、站址、传输资源以及部署成本等。为了满足典型应用场景的需求和技术挑战，需要解决易部署、易维护、接入链路和回传链路联合设计、干扰管理和抑制、网络资源的自组织管控等问题。

10.3.6 移动网络的自组织技术

自组织(Self-organizing)理论是关于在没有外部指令条件下，系统内部各子系统之间自行按照某种规则形成一定的结构或功能的自组织现象的一种理论。该理论主要研究系统从混沌无序的初态向稳定有序的终态演化的过程和规律。自组织系统是一个智能系统，它能够检测到环境和系统(如通信网络)的变化(即有学习能力)，并能够根据这些变化自主智能地做出决策，以响应(适应)这些变化，从而保证系统(如通信网络)达到既定的目标(如无论何时何地都需要高可靠的通信)。

所谓移动网络的自组织技术，或简称自组织网络(SON，Self-Organizing Network)技术，就是在尽量减少人为干预的情况下，以尽可能低的成本实现移动通信网络的部署、运行和维护。具体的网络管理工作流程包括：性能管理(PM，Performance Management)、故障管理(FM，Fault Management) 和配置管理(CM，Configuration Management)。

在 4G/5G 以及未来网络中采用自组织技术的主要原因：由于小小区基站和异构部署方式的广泛应用，网络接入点的不规则随机布署剧增，小区的动态分簇协作、智能终端的使用导致用户业务的巨大差异性和高动态性，终端的高移动性、信道衰落的高动态性、网络负荷的不均衡性、小区内/小区间干扰以及同构/异构网络间各类干扰的复杂性，使得以经验丰富的专业人员为主的人工规划和固定周期运维的网络运维模式无法满足这些巨大规模高动态变化需求。人工模式一是成本高且容易出错，二是网络资源利用率低，会出现网络拥塞，不能满足用户 QoS 的要求，三是不能适应网络设备随时增补、实时重新配置、设备故障及时处置等要求。

自组织网络的主要功能分为三大类：自配置(Self-configuration)、自优化(Self-optimization)和自愈(Self-healing)。典型的自组织运行应用场景(Use Cases)分为规划(Planning)、部署(Deployment)、优化(Optimization)和维护(Maintenance)。

(1) 规划是指根据容量、覆盖和性能变化的要求，网络设备软硬件更新带来的技术变更的要求，商务变更的要求，对位置、硬件配置、无线电参数、传输参数和网络集成进行规划。

(2) 部署是指安装新的基站或接入点时的硬件安装和初始配置，网络认证、软件安装、传输参数和无线电参数的设置，网络集成、测试等。

(3) 优化主要指根据新安装的站点、扩大容量的需求、网络环境的变化、用户的分布和网络负荷的动态变化等，进行无线电参数和传输参数的优化。

(4) 维护主要指硬件的扩展和替换、软件更新、网络监视、故障修复等。

2010 年 NGMN 联盟(Next Generation Mobile Network Alliance)建议的 SON 10 个最重要提升运行效率的应用场景是：运维对 SON 的支持(O&M support for SON)，自动邻居关联(Automatic Neighbor Relation)，路测最小化(Minimization of Drive Tests)，越区切换优化(Handover Optimization)，负载均衡(Load Balancing)，小区中断补偿(Cell Outage Compensation)，节能(Energy Saving)，共用信道优化(Common Channel Optimization)，家庭收发站和宏基站收发站之间的交换(Interactions between Home-and Macro BTS)，核心网的 SON(SON in CN)、QoS 优化等。

3GPP 在 2008 年开始标准化，在 NGMN 公布的应用场景后，标准化的应用场景有：路测最小化(MTD，Minimization of Drive Tests)，覆盖和容量优化(CCO，Coverage and Capacity Optimization)，节能(ES，Energy Saving)，干扰减少(Interference Reduction)，PCI(Physical Cell-ID)自动配置(Automated Configuration of PCI)，移动鲁棒性优化(MRO，Mobility Robustness Optimization)，移动负载均衡(MLB，Mobility Load Balancing)，随机接入信道优化(RACH，Random Access Channel Optimization)，自动邻居关联功能(ANR，Automatic Neighbor Relation Function)，小区间干扰协调(ICIC，Inter-Cell Interference Coordination)，自动无线电配置(ARCF，Automatic Radio Configuration Function)，自动软件管理(Automatic Software Management)等。

一个典型的 SON 控制流程如图 10－27 所示。图中的移动通信网络，根据系统性能指标(如覆盖率、容量、可用性和可靠性)的状态，进行性能管理(PM)。性能管理的实现通过控制器(SON功能模块)来实施；SON的功能模块输出系统控制参数，这些参数通过配置管理(CM)对系统进行配置。一个SON功能可能对应多个系统参数。一个抽象的SON自动化操作流程如图10-28所示，它以知识库为基础，具体的操作包括：传感器(Sensor)的感知、监视(Monitoring)、分析(Analysis)、规划(Planning)、执行(Execution)、系统动作(Actuators)。

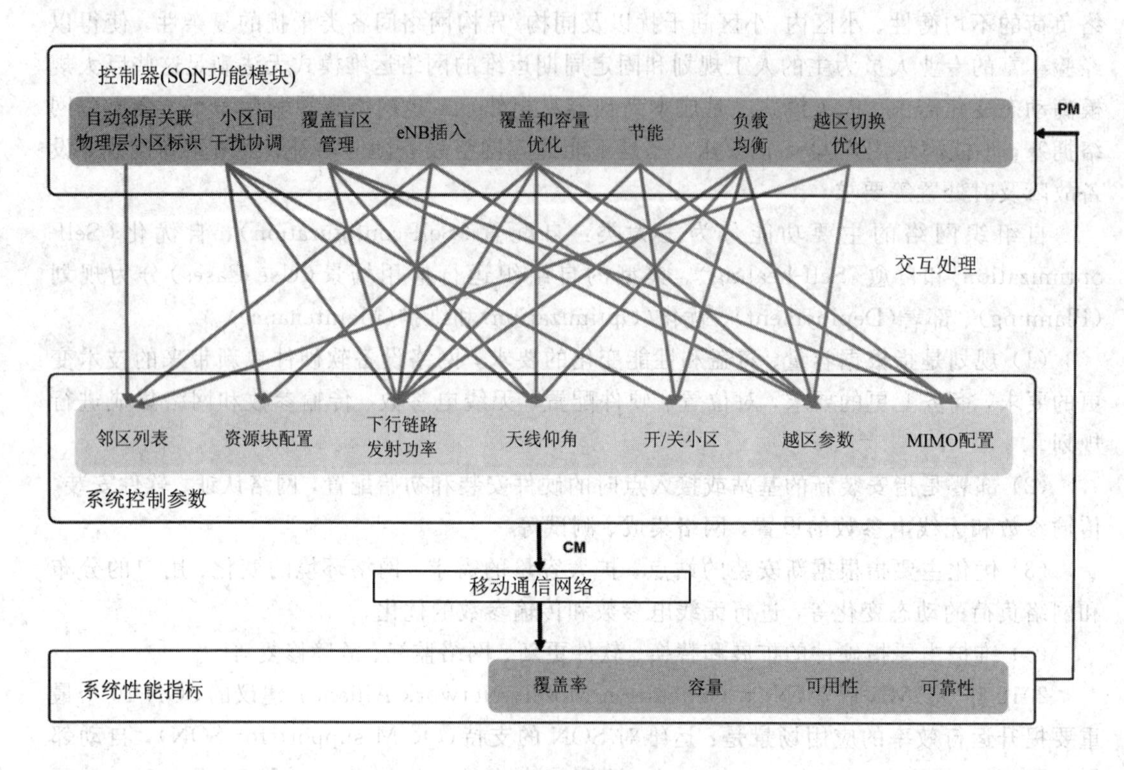

图10-27 一个SON控制流程示意图

SON功能的操作在空间和时间上可以有不同的尺度范围。在空间尺度范围，可以分为网元(NE，Network Element)(如eNB范围)管理、区域管理(DM，Domain Management)和网络域管理(Network Management)，如图10-29(a)所示。在时间尺度范围，可以从秒、分钟、小时、天到月，如图10-29(b)所示。

在本章中，我们提到的多个场景均可以应用自组织技术，例如：在图10-10 3D MIMO系统中，我们可以根据用户的位置和移动情况，自主动态地确定波束的指向和宽带；在图10-21异构小区网络覆盖中，可以根据用户密度和容量需求，自主动态地确定小区的结构、资源复用方式和覆盖范围；在图10-26接入点动态组合中，可以根据用户的位置、信号强度、干扰情况、运动路线，自主动态地确定服务的接入点组合、接入点组合的动态切换的方案。

自组织技术是发挥网络资源效能、提升网络服务能力、适应用户变化、降低运行和实现成本、减少所需设备数量、增强网络价值的核心技术。随着网络规模和复杂性的增加，以及智能算法的发展，自组织网络技术将发挥越来越重要的作用。

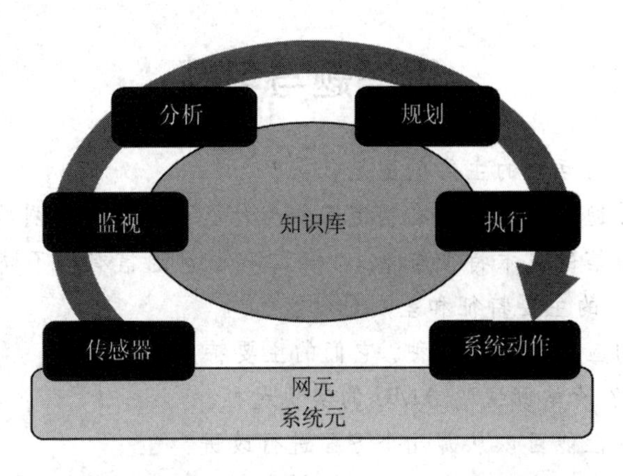

图 10-28 一个抽象的 SON 自动化操作流程

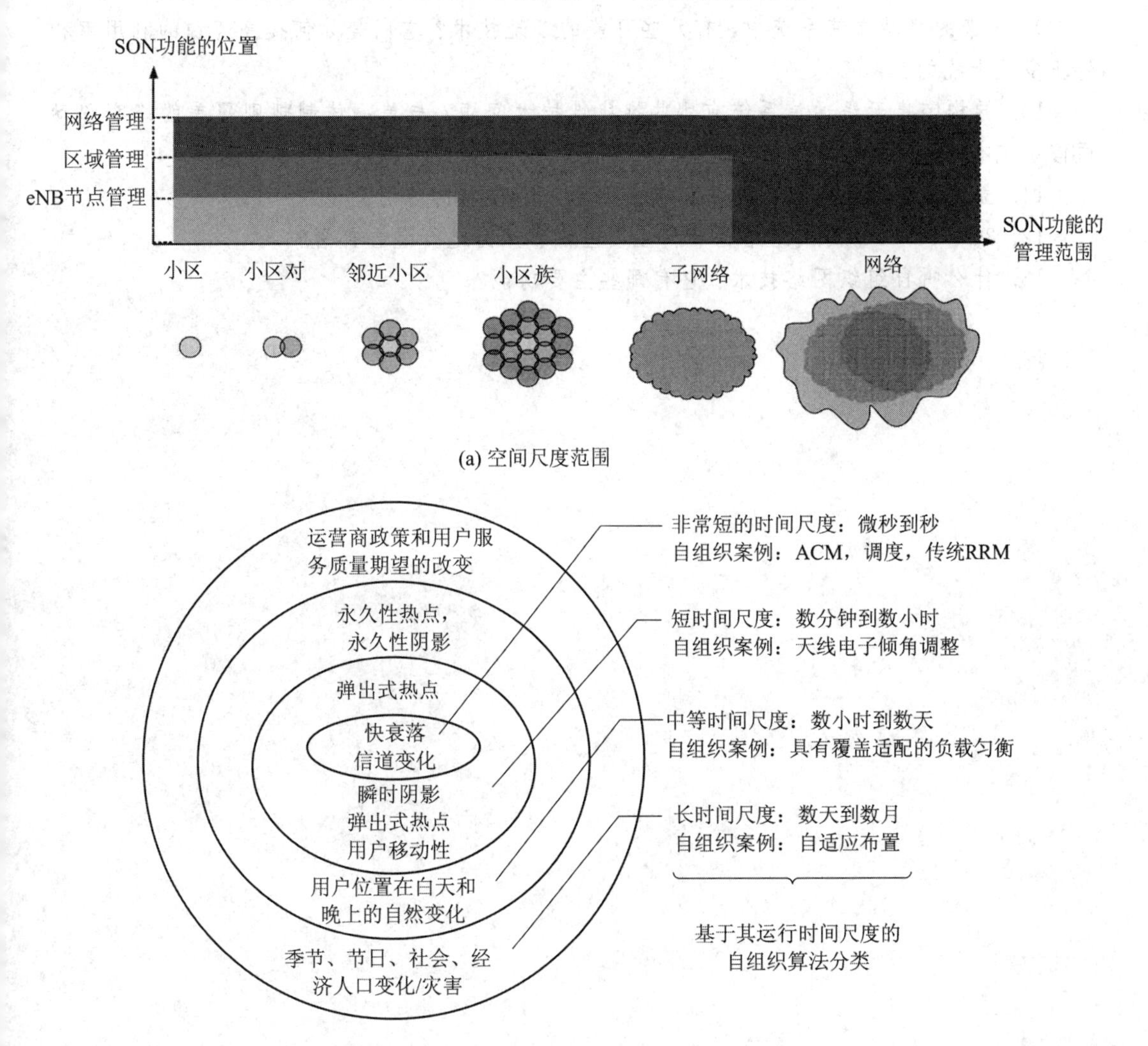

图 10-29 SON 功能操作的空间和时间尺度

思考题与习题

1. 个人通信和万物互联的主要差别是什么？

2. 有关未来移动通信系统的标准制定工作为什么会有非常激烈的竞争？

3. 第三代移动通信的技术特征与第一、第二代移动通信有何不同？

4. 4G、5G和6G的主要特征和差别是什么？

5. 多天线技术的应用方式有几种？它们的主要特点是什么？

6. 什么是AMC？请举例说明AMC的实现过程。

7. 多载波调制的性能可以从哪几个方面进行改进？

8. 多天线系统有哪些应用方式？各种方式对天线阵元的布设结构有何要求？

9. 未来的移动通信系统中，有哪些可能的多址技术？它们是如何提高资源的利用率和处理多址干扰的？

10. 异构密集无线通信系统有哪些挑战性技术问题？与单一体制规则覆盖的蜂窝移动通信系统有哪些主要差别？

11. 立体覆盖的无线网络与平面覆盖的无线网络有何区别？

12. 3G、4G、5G的网络结构有何主要差别？如何进行混合部署？

13. 什么叫自组织网络技术？它有哪些主要功能？

附录　移动通信常用词汇中英文对照表

2G	second generation	第二代
3G	3rd generation	第三代
3GPP	3rd generation partnership project	第三代合作项目
3GPP2	3rd generation partnership project 2	第三代合作项目 2
4G	4th generation	第四代
4GMF	4G mobile forum	第四代移动论坛

A

A/D	analog to digital	模拟/数字
AAL	ATM adaptation layer	ATM 适配层
AAL2	ATM adaptation layer type 2	ATM 适配层类型 2
AAL5	ATM adaptation layer type 5	ATM 适配层类型 5
AB	access burst	接入突发
AC	admission control	接纳控制
ACCH	associated control channel	随路控制信道
ACH	access channel	接入信道
ACK	acknowledgement	应答
ACM	address complete message	地址完成消息
AFC	automatic frequency control	自动频率控制
AGC	automatic gain control	自动增益控制
AGCH	access grant channel	接入允许信道
AI	acquisition indicator	捕获指示器
AICH	acquisition indication channel	捕获指示信道
AKA	authentication and key agreement	认证和密钥协商机制
ALCAP	access link control application part	接入链路控制应用部分
ALT	automatic link transfer	自动链路转移
AM	amplitude modulation	调幅
AM	acknowledge mode	确认模式
AMC	adaptive modulation coding	自适应调制编码
AMPS	advanced mobile phone service	先进移动电话服务
AMR	adaptive multi rate	自适应多速率
ANM	answer message	应答消息
AOA	angle of arrival	到达方位角
ARIB	association of radio industries and businesses	无线电工业与商务协会
ARQ	automatic repeat request	自动重发请求
AS	access slot	接入时隙
ASK	amplitude shift keying	振幅键控

ATM	asynchronous transfer mode	异步转移模式
AUC	authentication centre	鉴权(认证)中心
AWGN	additional white Gaussian noise	加性高斯白噪声

B

B3G	beyond 3G	超(后)3G
BCC	BTS color code	BTS色码
BCCH	broadcast control channel	广播控制信道
BCFE	broadcast control function entity	广播控制功能实体
BCH	broadcast channel	广播信道
BCS	block check sequence	分组校验序列
BER	bit error rate	误比特率
BG	border gateway	边界网关
BGCF	breakout gateway control function	突破网关控制功能
BISDN	broadband ISDN	宽带综合业务网
BLER	block error ratio	误块率
BMC	broadcast/multicast control	广播/多播控制
BPSK	binary phase shift keying	二进制相移键控
BS	base station	基站
BSC	base station controller	基站控制器
BSC	binary symmetric channel	二进制对称信道
BSIC	base station identity code	基站识别色码
BSS	base station system	基站系统
BSSGP	BSS GPRS protocol	BSS GPRS 协议
BTMA	busy tone multiple access	忙音多址
BTS	base transceiver station	基站收发信机
BU	bad urban	恶劣城市地区

C

CA	code assignment	码分配
CAI	common air interface	公共空中接口
CAPICH	common auxiliary pilot channel	公共辅助导频信道
CATT	China academy of telecommunication technology	中国电信技术研究院
CB	cell broadcast	小区广播
CBC	cell broadcast centre	小区广播中心
CBR	constant bit rate	固定比特率
CBS	cell broadcast service	小区广播业务
CC	call control	呼叫控制
CCCH	common control channel	公共控制信道
CCF	call control function	呼叫控制功能
CCH	control channel	控制信道
CCHT	common channel type	公用信道类型
CCIR	consultative committee on international radio	国际无线电咨询委员会
CCITT	international consultative committee on	

	telegraphy and telephone	国际电报电话咨询委员会
CCPCH	common control physical channel	公共控制物理信道
CCTrCH	coded composite transport channel	编码组合传输信道
CD	collision detection	冲突检测
CDMA	code division multiple access	码分多址
CDPD	cellular digital packet data	蜂窝数字分组数据
CELP	code excited linear prediction(coding)	码激励线性预测(编码)
CEPT	conference Europe of post and telecommunications	欧洲邮电行政大会
CFKA	complex fast Kalman algorithm	复数快速 Kalman 算法
CG	counting gateway	计费网关
CM	connection management	连接管理
CN	core network	核心网
COST	the European co-operative for science and technical research	欧洲科研合作计划
CP	chip period	码片周期
CP	clock pulse	时钟脉冲
CPCCH	common power control channel	公共功率控制信道
CPCH	common packet channel	公共分组信道
CPHCH	common physical channel	公共物理信道
CPICH	common pilot channel	公共导频信道
CQI	channel quality indicator	信道质量指示
CRC	cyclic redundancy check	循环冗余校验
CRNC	controlling radio network controller	控制无线网络控制器
CRNTI	cell radio network temporary identity	小区无线网络临时识别
CS	circuit switch	电路交换
CS	code scheme	编码方案
CSCF	call server control function	呼叫服务器控制功能
CSMA	carrier sense multiple access	载波检测多址
CT-2	cordless telephone second generation	第二代无绳电话
CTCH	common traffic channel	公共业务信道
CTIA	cellular telecommunication industry association	美国蜂窝工业协会
CTrCH	common transport channel	公共传输信道
CWTS	China wireless telecommunication standard group	中国无线通信标准组

D

D/A	digital to analog	数字/模拟
D-AMPS	digital AMPS	数字 AMPS
DAPICH	dedicated auxiliary pilot channel	专用辅助导频信道
DC	dedicated control	专用控制
DCA	dynamic channel allocation	动态信道分配
DCCH	dedicated control channel	专用控制信道
DCFE	dedicated control function entity	专用控制功能实体
DCH	dedicated channel	专用信道
DCN	digital communication network	数字通信网络
DCS-1800	digital communication system at 1800MHz	1800MHz 数字通信系统
DECT	digital enhanced cordless telecommunications	数字增强无绳通信系统

DECT	digital European cordless telephone	欧洲数字无绳电话
DFE	decision feedback equalizer	判决反馈均衡器
DFT	discrete Fourier transform	离散傅立叶变换
DHO	diversity handover	分集切换
DISC	disconnect	拆除连接
DL	downlink	下行链路
DLC	digital link control	数字链路控制
DM	disconnect mode	非连接模式
DNS	domain name server	域名服务器
DOA	direction of arrival	到达方向
DPCCH	dedicated physical control channel	专用物理控制信道
DPCH/DPHCH	dedicated physical channel	专用物理信道
DPDCH	dedicated physical data channel	专用物理数据信道
DQPSK	differential QPSK	差分四相键控
DS	direct spreading	直接扩频
DSCH	downlink shared channel	下行共享信道
DSP	digital signal processing	数字信号处理器
DSS1	digital subscriber signaling No. 1	1号数字用户信令系统
DSSS	direct sequence spread spectrum	直接序列扩谱
DTCH	dedicated traffic channel	专用业务信道
DTMF	dual tone multiple frequency	双音多频
DTX	discontinuous transmission	不连续发射
DwPCH	downlink pilot channel	下行导频信道
DwPTS	downlink pilot time slot	下行导频时隙

E

EDGE	enhanced data rate for GSM evolution	GSM演进的增强数据速率
EFR	enhanced full rate	增强型全速率
EGPRS	enhanced GPRS	增强型GPRS
EIA	electronic industry association	美国电子工业协会
EIR	equipment identity register	设备标识寄存器
ESA	European space agency	欧洲空间局
ESN	electronic serial number	电子序列号码
ETSI	European telecommunication standard institute	欧洲电信标准协会

F

FACCH	fast associated control channel	快速辅助控制信道
FACH	forward access channel	前向接入信道
FAUSCH	fast uplink signalling channel	快速上行信令信道
FB	feedback	反馈
FB	frequency correction burst	频率校正突发
FBD	feedback diversity	反馈式发射分集
FBF	feedback filter	反馈滤波器
FBI	feedback information	反馈信息
FBI	final block indicator	数据块指示域

FCC	federal communication commission	美国联邦通信委员会
FCCH	frequency correction channel	频率校正信道
FCH	fundamental channel	基本信道
FDD	frequency division duplex	频分双工
FDMA	frequency division multiple access	频分多址
FEC	forward error correction	前向纠错
FER	frame error rate	误帧率
FFF	feedforward filter	前馈滤波器
FFPC	fast forward power control	快速前向功率控制
FFSK	fast FSK	快速 FSK
FFT	fast Fourier transfer	快速傅立叶变换
FH	frequency hopping	跳频
FM	frequency modulation	调频
FPACH	fast physical access channel	快速物理接入信道
FPLMTS	future public land mobile telecommunication system	未来公用陆地移动通信系统
FSK	frequency shift keying	频移键控
FT	frame type	帧类型
FTAM	file transmission access and management	文件传输、接入和管理
FuTURE	future technology for universal radio environment	未来通用无线环境技术

G

GC	general control	通用控制
GERAN	GSM/EDGE radio access network	GSM/EDGE 无线接入网
GFSK	Gaussian frequency shift keying	高斯移频键控
GGSN	GPRS gateway support node	GPRS 网关支持节点
GI	guard interval	保护间隔
GMM	GPRS mobility management	通用分组无线业务移动性管理
GMSC	gateway MSC	MSC 网关
GMSK	Gaussian filtered minimum shift keying	高斯滤波最小频移键控
GP	guard period	保护周期
GPRS	general packet radio service	通用分组无线业务
GPS	global positioning system	全球定位系统
GSM	global system for mobile communication (group special mobile)	全球移动通信系统
GSN	GPRS support node	GPRS 支持节点
GTP	GPRS tunneling protocol	GPRS 隧道协议
GWSSUS	Gaussian wide-sense stationary uncorrelated scatterers	高斯广义平稳不相关散射模型

H

HAN	home area network	家域网
HARQ	hybrid automatic repeat request	混合自动重发请求
HC	handover control	切换控制
HCS	hierarchical cell structure	混合小区结构
HCS	header check sequence	报头校验序列

HHO	hard handover	硬切换
HLR	home location register	归属位置寄存器
HO	handover	切换
HS	high speed	高速
HSCSD	high speed circuit switched data	高速电路交换数据
HSDPA	high speed downlink packet access	高速下行分组接入
HS-DSCH	high speed downlink shared channel	高速下行共享信道
HSS	home subscriber server	归属用户服务器
HSUPA	high speed uplink packet access	高速上行分组接入
HT	hill terrain	典型山区

I

IAM	initial address message	初始地址消息
ICC	international conference on communications	国际通信会议
ICI	inter-carrier interference	子载波之间的干扰
ICO	intermediate circular orbit	中圆轨道
IDFT	inverse discrete Fourier transform	离散反傅立叶变换
IEEE	the institute of electrical and electronics engineers	电器和电子工程师协会
IETF	internet engineering task force	因特网工程工作小组
IFFT	inverse fast Fourier transform	快速反傅立叶变换
IM	IP multimedia	IP 多媒体
IMARSAT	International maritime telecommunication satellite organization	国际海事通信卫星组织
IMEI	international mobile equipment identity	国际移动设备码
IMS	IP multimedia core network subsystem	IP 多媒体核心网子系统
IMSI	international mobile subscriber identity	国际移动用户标识码
IMT-2000	international mobile telecommunications 2000	国际移动通信 2000
IMTS	improved mobile telephone service	改进的移动电话服务
IN	intelligent network	智能网
IP	internet protocol	因特网协议
IPv4	IP version 4	IP 第四版本
IPv6	IP version 6	IP 第六版本
IR	incremental redundancy	冗余递增
IS-95	interim standard No. 95	美国 CDMA 蜂窝系统标准
ISDN	integrated service digital network	综合业务数字网
ISI	intersymbol interference	码间干扰
ISO	international standard organization	国际标准化组织
ISUP/ISDN-UP	ISDN user part	综合业务数字网用户部分
ITU	international telecommunication union	国际电信联盟
IWF	inter working function	互通功能
IWMSC	interworking MSC	互连 MSC
IWU	Interworking unit	互通单元

J

JD	joint detection	联合检测

L

L1	layer 1	层1
L2	layer 2	层2
L3	layer 3	层3
LA	location area	位置区
LAC	link access control	链路接入控制
LAI	location area identity	位置区识别码
LAN	local aera network	局域网
LAPC	link access procedure C	链路接入步骤C
LAPD	link access procedure D	链路接入步骤D
LAS-CDMA	large area synchronous CDMA	大区同步CDMA
LC	load control	负荷控制
LCU	logical control unit	逻辑控制单元
LDP	label distribution protocol	标记分布协议
LLC	logical link control	逻辑链路控制
LLR	logarithm likelihood ratio	对数似然比
LMS	least mean square error	最小均方误差
LPF	lowpass filter	低通滤波器
LQC	link quality control	链路质量控制
LR	location registration	位置登记

M

M3UA	MTP3 user adaptation layer	消息传输部分3级用户适配层
MA	multiple access	多址接入
MA	middle-amble	突发中的中间码
MAC	medium access control	媒体接入控制
MAHO	mobile assisted handover	移动台辅助切换
MAI	multiple access interference	多址干扰
MAP	mobile application part	移动应用部分
MBMS	multimedia broadcast /multicast service	多媒体广播/组播业务
MCC	mobile user country code	移动用户所属国家代码
MC-CDMA	multiple code CDMA	多码码分多址
MC-CDMA	multiple carrier CDMA	多载波码分多址
MCS	modulation and code scheme	调制和编码方案
MCTD	multiple carrier transmit diversity	多载波发送分集
MC-TDMA	multiple carrier TDMA	多载波时分多址
ME	mobile equipment	移动设备
MFD	maximum free distance	最大自由距离
MGCF	media gateway control function	媒体网关控制功能
MGW	media gateway	媒体网关
MHS	message handle system	消息处理系统
MIMO	multiple input and multiple output	多输入多输出
ML	maximum likelihood	最大似然
MLSD	maximum likelihood symbol detector	最大似然符号检测器

MLSE	maximum likelihood sequence estimator	最大似然序列估值器
MM	mobility management	移动管理
MMSE	minimum mean square error	最小均方误差
MNC	mobile network code	移动网号码
MOS	mean opinion score	主观平均印象分
MPLS	multi-protocol label switching	多协议标记交换
MRC	maximal ratio combing	最大比合并
MRF	media resource function	媒体资源功能
MRFC	media resource function controller	媒体资源功能控制器
MRFP	media resource function processor	媒体资源功能处理器
MS	mobile station	移动台
MSC	mobile switching center	移动业务交换中心
MSDRA	master-slave dynamic rate access	主从动态速率接入
MSIN	mobile subscriber identity	移动用户识别号
MSISDNN	mobile subscriber ISDN number	移动用户国际 ISDN 号码
MSK	minimum shift keying	最小频移键控
MSRN	mobile subscribe roaming number	移动用户漫游号
MT	mobile terminal	移动终端
MTP	message transfer part	消息传输部分
MTP3 - B	message transfer part level 3 - broadband	消息传输部分 3 级——宽带
MTSO	mobile telephone switch office	移动电话交换局
MUD	multiuser detection	多用户检测
MUI	mobile user identifier	移动用户标识符
MUX	multiplex	复接

N

NAS	non access stratum	非接入层
NB	normal burst	常规突发
NBAP	node B application part	节点 B 应用部分
NCC	neighbor PLMN color code	PLMN 色码
NDC	national district code	国内地区码
NFSK	non-coherent frequency shift code	非相干频移键控
NID	network identity	网络标志
NMS	network management system	网络管理系统
NMSI	national mobile subscriber identity	国内移动用户识别码
NMT	Nordic mobile telephone	北欧移动电话
NNI	network node interface	网络节点接口
NSS	network subsystem	网络子系统

O

O&M	operations and maintenance	操作维护
OFCDM	orthogonal frequency code division multiplexing	正交频分和码分复用
OFDM	orthogonal frequency division multiplexing	正交频分复用
OFDMA	orthogonal frequency division multiple address	正交频分多址
OHG	operator harmonization organization	运营者融合组织

OMAP	operations, maintenance and administration part	操作维护和管理部分
OMC	operations and maintenance center	操作维护中心
OQPSK	offset QPSK	交错四相键控
OSI	open system interconnection	开发系统互连
OTD	orthogonal transmit diversity	正交发射分集
OVSF	orthogonal variable spreading factor	正交可变扩频因子

P

PA	paging area	寻呼区
PABX	private automatic branch exchange	专用自动交换机
PACCH	packet associated channel	分组辅助控制信道
PACS	personal access communication services	个人接入通信业务
PAGCH	packet access grant channel	分组接入许可信道
PAN	personal area network	个域网
PAR	peak-to-average ratio	峰值平均功率比
PBCCH	packet broadcast control channel	分组广播控制信道
PC	power control	功率控制
PCCC	parallel concatenated convolutional code	并行级联卷积码
PCCCH	packet common control channel	分组公共控制信道
PCCH	paging control channel	寻呼控制信道
PCCPCH	primary common control physical channel	基本公共控制物理信道
PCG	power control group	功率控制组
PCH	paging channel	寻呼信道
PCM	pulse code modulation	脉冲编码调制
PCN	personal communication network	个人通信网
PCPCH	physical common packet channel	物理公共分组信道
PCPICH	physical common pilot channel	基本公共导频信道
PCS	personal communication system	个人通信系统
PDC	personal digital cellular	个人数字蜂窝系统
PDCH	packet dedicated control channels	分组专用控制信道
PDCP	packet data convergence protocol	分组数据汇聚协议
PDN	public data network	公用数据网
PDP	power delay profile	功率时延谱
PDSCH	physical downlink shared channel	物理下行链路共享信道
PDTCH	packet data traffic channel	分组数据业务信道
PDU	protocol data unit	协议数据单元
PG	processing gain	处理增益
PHS	personal handyphone system	个人便携电话系统
PHY	physical layer	物理层
PI	paging indicator	寻呼指示器
PICH	paging indicator channel	寻呼指示信道
PLDCF	physical layer dependent convergence function	物理层相关的汇聚功能
PLICF	physical layer independent convergence function	物理层无关的汇聚功能
PLL	physical link layer	物理链路子层
PLMN	public land mobile network	公共陆地移动网
PM	phase modulation	调相

PN	pseudo noise	伪随机噪声
PNCH	packet notification channel	分组通知信道
PNFE	paging and notification function entity	寻呼与通知功能实体
PPCH	packet paging channel	分组寻呼信道
PPP	point-to-point protocol	点对点协议
PRACH	physical random access channel	物理随机接入信道
PRMA	packet reservation multiple access	分组预约多址
PS	packet switch	分组交换
PSC	primary synchronization code	基本同步码字
PSK	phase shift keying	相移键控
PSTN	public switched telephone network	公共电话交换网络
PTCCH	packet timing control channel	分组定时控制信道
PTM	point to multipoint	点到多点
PTT	push to talk	按讲开关
PU	payload unit	有效载荷单元
PUSCH	physical uplink shared channel	物理上行链路共享信道

Q

QAM	quadrature amplitude modulation	正交幅度调制
QoS	quality of service	服务质量
QPCH	quick paging channel	快速寻呼信道
QPSK	quadrature phase shift keying	四相相移键控

R

RA	rural area	乡村地区
RA	registration area	登记区
RAB	radio access bearer	无线接入承载
RACH	random access channel	随机接入信道
RAN	radio access network	无线接入网
RANAP	radio access network application part	无线接入网应用部分
RBC	radio bearer control	无线承载控制
RBP	radio burst protocol	无线突发协议
REJ	reject	拒绝
REL	release	释放
RF	radio frequency	射频
RFE	routing function entity	路由功能实体
RFL	radio frequency layer	射频子层
RL	radio link	无线链路
RLC	radio link control	无线链路控制
RLC	release complete	释放完成
RLCP	radio link control protocol	无线链路控制协议
RLP	radio link protocol	无线链路协议
RLS	recursive least square	递归最小二乘法
RNC	radio network controller	无线网络控制器
RNR	receiver not ready	接收未准备好

RNS	radio network subsystem	无线网络子系统
RNSAP	radio network system application part	无线网络系统应用部分
RNT	radio network terminal	无线网络终端
ROHC	robust header compression	顽健的头压缩
RPE - LTP	regular pulse excited long-term prediction	规则脉冲激励长期预测
RR	radio resources	无线资源
RR	receiver ready	接收准备好
RRC	radio resource control	无线资源控制
RRM	radio resource management	无线资源管理
RSC	recursive system convolutional code	递归系统卷积码
RSCP	received signal code power	接收信号码功率
RSGW	roaming signalling gateway	漫游信令网关
RSSI	received signal strength indicator	接收信号强度指示器
RTT	radio transmission technology	无线传输技术
RU	resource unit	资源单元
RU	receive unit	接收单元
Rx	receiver	接收机

S

SA	service area	服务区域
SA	smart antenna	智能天线
SABM	set asynchronization balance mode	置异步平衡模式
SABP	service area broadcast protocol	服务区广播协议
SACCH	slow associated control channel	慢速随机控制信道
S - ALOHA	slotted ALOHA	时隙 ALOHA
SAP	service access point	服务接入点
SAT	supervisory audio tone	检测音
SAT - CDMA	satellite CDMA	卫星 CDMA
SAW	stop-and-wait	停止与等待模式
SAW	surface acoustic wave	声表面波
SB	synchronization bit	同步比特
SB	stealing bit	窃取比特
SBM	subnetwork bandwidth management	子网带宽管理
SBSP	special burst scheduling period	特殊突发设置周期
SCC	system control center	系统控制中心
SCCC	serial concatenated convolutional code	串行级联卷积码
SCCH	synchronization control channel	同步控制信道
SCCP	signalling connection control part	信令连接控制部分
SCCPCH	secondary common control physical channel	辅助公共控制物理信道
SCFE	shared control function entity	共享控制功能实体
SCH	synchronization channel	同步信道
SCH	supplemental channel	辅助信道
SCHT	supplemental channel type	辅助信道类型
SCI	synchronization capacity indicator	同步容量指示
SCP	service control point	业务控制点
SCPICH	secondary common pilot channel	辅助公共导频信道

SCTD	space code transmit diversity	空间码发送分集
SC-TDMA	single carrier TDMA	单载波时分多址
SCTP	stream control transmission protocol	流控制传输协议
SDCCH	stand-alone dedicated control channel	独立专用控制信道
SDH	synchronization digital hierarchy	同步数字序列
SDMA	space division multiple access	空分多址
SDU	service data unit	业务数据单元
SF	spreading factor	扩频因子
SFN	system frame number	系统帧序号
SGSN	serving GPRS supported node	GPRS 服务支持节点
SGW	signaling gateway	信令网关
SHCCH	shared control channel	共享控制信道
SIB	system information block	系统信息块
SID	system identity	系统标志
SIM	subscriber identity module	用户识别模块
SIR	signal interference ratio	信噪比
SLF	subscription location function	签约位置功能
SM	session management	会话管理
SMS	short message service	短消息业务
SN	subscriber number	移动用户号码
SNDCP	subnetwork dependent convergence protocol	依赖子网的汇聚协议
SNMP	simple network management protocol	简单网络管理协议
SOM	start of message	信息启动比特
SOVA	soft output Viterbi algorithm	软输出 Viterbi 译码
SP	switching point	切换点
SP	signalling point	信令点
SR	selective repeat	选择性重传
SRB	signaling radio bearer	信令无线承载
SRBP	signaling radio burst protocol	信令无线突发协议
SRES	signed response	签字后的响应
SRLP	signaling radio link protocol	信令无线链路协议
SRNC	serving RNC	服务 RNC
SRNS	serving RNS	服务无线网络子系统
SS	spread spectrum	扩展频谱
SS	synchronization shift	同步偏移
SS7	signalling system No. 7	7 号信令系统
SSC	secondary synchronization code	辅助同步码字
SSCF	service specific coordination function	特定业务协调功能
SSCOP	service specific connection oriented protocol	特定业务面向连接协议
SSDT	site selection diversity transmission	基站选择分集发送
SSH	signal strength for handoff request	切换请求信号强度
SSP	service switch point	业务交换点
ST	signalling tone	信令音
STBC	space time block code	空时分组码
STP	signalling transfer point	信令转移点
STTC	space time trellis code	空时格型码
STTD	space time transmit diversity	空时传输分集

SW-CDMA	satellite wideband CDMA	卫星宽带 CDMA
SW-CTDMA	satellite wideband hybrid CDMA/TDMA	卫星宽带混合 CDMA/TDMA
SYNC	synchronization	同步
SYNC-DL	synchronous downlink	下行同步码
SYNC-UL	synchronous uplink	上行同步码

T

TACS	total access communication system	全接入通信系统
TB	tail bit	尾比特
TBS	transport block set	传输块集
TCAP	transaction capabilities application part	事务能力应用部分
TCH	traffic channel	业务信道
TCP	transfer control protocol	传输控制协议
TCTF	target channel type field	目标信道类型域
TDD	time division duplex	时分双工
TDMA	time division multiple access	时分多址
TD-SCDMA	time division synchronous CDMA	时分同步码分多址
TE	terminal equipment	终端设备
TETRA	trans-European trunked radio	全欧集群无线电
TF	transport format	传输格式
TFC	transport format combination	传输格式组合
TFCI	transport format combination indicator	传输格式组合指示
TFCS	transport format combination set	传输格式组合集
TFI	transport format indicator	传输格式指示
TFS	transport format set	传输格式集
TH	time hopping	跳时
TIA	telecommunication industry association	(美国)电信工业协会
TLDN	temporary local directory number	临时本地号码
TME	transmission mode entity	传送模式实体
TMSI	temporary mobile subscriber identity	临时移动用户识别
TPC	transmit power control	发射功率控制
TrM	transparent mode	透明模式
TrCH	transport channel	传输信道
TS	time slot	时隙
TSGW	transmission signalling gateway	传输信令网关
TSN	transmission sequence number	传输序列号
TSTD	time switched transmit diversity	时间切换发射分集
TTI	transmission time interval	传输时间间隔
TU	typical urban	典型市区
Tx	transmit	发送

U

UA	unnumbered acknowledgment	无编号应答帧
UARFCN	UTRA absolute radio frequency channel number	UTRA 绝对射频信道编号
UDP	user datagram protocol	用户数据报协议

UE	user equipment	用户设备
UHF	ultra high frequency	甚高频
UI	unnumbered information frame	无编号帧
UL	uplink	上行链路
UM	unacknowledged mode	非确认模式
UMTS	universal mobile telecommunication system	通用移动通信系统
UpPCH	uplink pilot channel	上行导频信道
UpPTS	uplink pilot time slot	上行导频时隙
UPT	universal personal telecommunication	通用个人通信
USCH	uplink shared channel	上行共享信道
USF	uplink state flag	上行链路状态标志
USIM	UMTS subscriber identity module	通用移动通信系统用户识别模块
UTRA	UMTS terrestrial radio access	UMTS 陆地无线接入
UTRAN	UMTS terrestrial radio access network	UMTS 陆地无线接入网
UWC	universal wireless communications	通信无线通信

V

VAN	vehicle area network	车域网
V - BLAST	vertical Bell laboratories layered space-time	垂直贝尔实验室分层空时结构
VBR	variable bit rate	可变比特速率
VC	virtual circuit	虚电路
VCC	virtual circuit connection	虚电路连接
VCO	voltage controlled oscillator	压控振荡器
VHF	very high frequency	超高频
VLR	visit location register	访问位置寄存器
VMSC	visited MSC	被访 MSC
VR - QAM	variable rate QAM	变速率 QAM
VSELP	vector sum excited linear prediction	矢量和激励线性预测
VSF	variable spread factor	可变扩频因子
VSG - CDMA	variable spread gain CDMA	可变扩频增益的码分多址

W

WARC	world administrative radio conference	世界无线电管理会议
WCDMA	wideband code division multiple access	宽带码分多址
WLAN	wireless local area network	无线局域网
WWRF	wireless world research forum	世纪无线研究论坛
WWW	world wide web	万维网

参 考 文 献

[1] ELNASHAR A, ELSAIDNY M A. Practical Guide to LTE-A. VoLTE and IOT: Paving the way towards 5G, 2018.

[2] IMT-2020(5G)推进组. 5G的愿景与需求、5G概念白皮书、5G技术架构, 2014.

[3] AHMADI S. 5G NR Architecture, Technology, Implementation, and Operation of 3GPP New Radio Standards. Academic Press, 2019.

[4] 袁志峰, 等. 面向5G的MUSA多用户共享接入. 电信网技术, 2015(5), 28-30.

[5] KAMEL M, et al. Ultra-Dense Network: A Survey. IEEE Communications Surveys & Tutorials, Vol. 18, NO. 4, Fourth Quarter 2016.

[6] HäMäLäINEN S, et al. edited, LTE Self-organising Networks(SON). 2012 John Wiley & Sons, Ltd.

[7] ALIU O G, et al. A Survey of Self Organisation in Future Cellular Networks, IEEE COMMUNICATIONS SURVEYS & TUTORIALS, VOL. 15, NO. 1, FIRST QUARTER 2013, 336-361.